邁向加薪之路！從職場範例學

# Excel 函數×函數 組合應用

感謝您購買旗標書，
記得到旗標網站
www.flag.com.tw
更多的加值內容等著您…

● FB 官方粉絲專頁：旗標知識講堂

● 旗標「線上購買」專區：您不用出門就可選購旗標書！

● 如您對本書內容有不明瞭或建議改進之處，請連上旗標網站，點選首頁的 聯絡我們 專區。

若需線上即時詢問問題，可點選旗標官方粉絲專頁留言詢問，小編客服隨時待命，盡速回覆。

若是寄信聯絡旗標客服 email，我們收到您的訊息後，將由專業客服人員為您解答。

我們所提供的售後服務範圍僅限於書籍本身或內容表達不清楚的地方，至於軟硬體的問題，請直接連絡廠商。

學生團體　訂購專線：(02)2396-3257 轉 362
　　　　　傳真專線：(02)2321-2545

經銷商　服務專線：(02)2396-3257 轉 331
　　　　將派專人拜訪
　　　　傳真專線：(02)2321-2545

國家圖書館出版品預行編目資料

邁向加薪之路！從職場範例學 Excel 函數×函數組合應用/
施威銘研究室 作. -- 初版.--
臺北市：旗標, 2019 . 11　面；公分

ISBN 978-986-312-609-6 (平裝)

1. Excel (電腦程式)

312.49E9　108016291

作　者／施威銘研究室

發 行 所／旗標科技股份有限公司

台北市杭州南路一段15-1號19樓

電　話／(02)2396-3257(代表號)

傳　真／(02)2321-2545

劃撥帳號／1332727-9

帳　戶／旗標科技股份有限公司

監　督／陳彥發

執行企劃／林佳怡

執行編輯／林佳怡、林宛萱

美術編輯／林美麗

封面設計／吳語涵

校　對／林佳怡、林宛萱、粘馨云

新台幣售價：580 元

西元 2023 年 8 月 初版 5 刷

行政院新聞局核准登記-局版台業字第 4512 號

ISBN 978-986-312-609-6

PREFACE

Excel 函數這麼多，用法沒辦法全背起來啊！

表格資料看起來很簡單啊，可是要用什麼函數來做呢？

前輩給的公式常出錯，但不知道怎麼改只能慢慢複製/貼上！

老闆狂催！但資料筆數太多，光是複製＋貼上就手酸了！

好不容易改好公式，老闆又多加資料，公式全亂了！

以上情境相信是很多上班族的日常，但是多數人對於 Excel 的「函數」有莫名的恐懼，覺得函數很難懂，經常搞不清楚函數裡要放什麼資料，尤其看到儲存格裡一長串的公式，更是心生畏懼。當需要進行資料統計或分析時，只能慢慢複製貼上，資料量不大時還可以應付，當資料有千筆、萬筆時，不使用函數可能要處理個三天三夜啊！

其實不用把函數想得太複雜，也不用死背函數，只要在需要用時查詢「函數」的格式，再依照格式帶入適當的資料，只要給對資料就能順利計算出結果了。為此本書幫你整理了職場上必備的各項函數，並帶你以實例來練習，只要學會書裡的函數及組合應用技巧，就能讓你**立即派上用場**，擺脫工作總是做不完的困境。

施威銘研究室

2019/11/08

ABOUT RESOURCES

# 範例檔案

本書的範例檔案，請透過網頁瀏覽器（如：IE、Firefox、Chrome、…等）連到以下網址，將檔案下載到您的電腦中，以便跟著書上的說明進行操作。

範例檔案下載連結：

**http://www.flag.com.tw/DL.asp?F9009**

(輸入下載連結時，請注意大小寫必需相同)

將檔案下載至您的電腦後，只要解開壓縮檔案，就會看到如右圖的檔案內容。

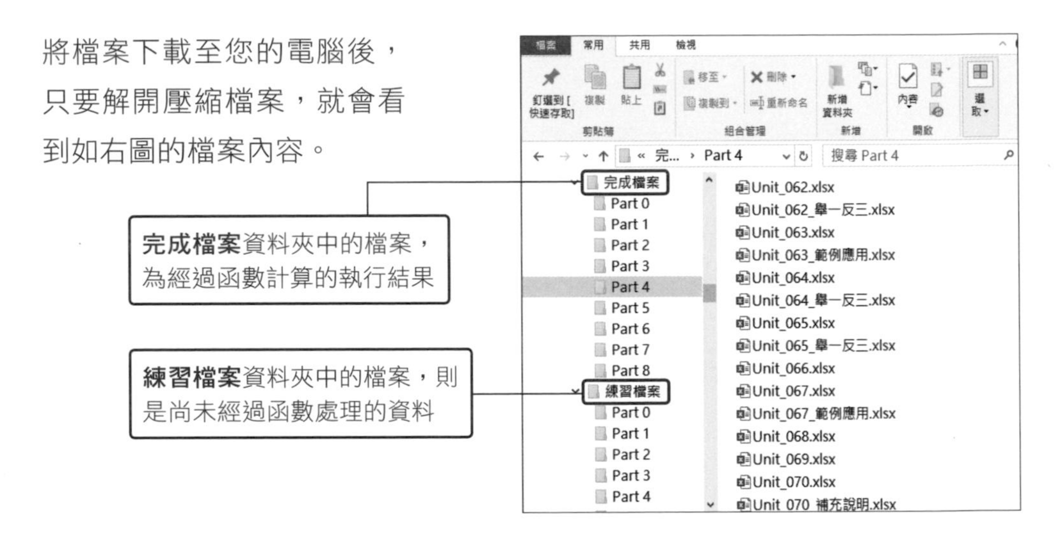


為方便您跟著書中的內容操作，並節省輸入資料的時間，我們將各單元尚未經過函數計算的檔案放置在**練習檔案**資料夾中的各「篇」資料夾，檔案名稱以「單元編號」來命名，若同一個單元有多個範例檔案，會在「單元編號」後面加上序號。**完成檔案**資料夾，則是收錄各單元經過函數計算的結果檔案，方便您做對照。

CONTENTS

# 目錄

## Part 0 公式與函數的基礎知識



## Part 1 資料的彙整與計算

# Part 3 從大量資料中取出想要的資料

## Part 4 日期與時間資料的處理

Part 5

# 文字資料的處理

# Part 6 財務資料處理

# Part 7 重複資料的驗證

# Part 8 其它實用技巧及跨工作表的處理

# 附錄 函數語法索引及函數字母索引

Part 0

# 公式與函數的基礎知識

在職場中進行各種表單製作，我們常會遇到「這要用什麼函數來計算呢？」或是「腦海中浮現 SUMIF 這個函數好像可以依條件加總，可是要帶入什麼資料呢？」，或是「好不容易拼湊出公式，但卻出現錯誤訊息」。

會遇到這些狀況是必然的，因為 Excel 提供了上百個函數，要記住所有函數的語法並懂得運用實在不容易。不過，只要徹底弄懂「公式」及「函數」的基本觀念，當要撰寫公式時再查詢函數的語法，就能輕鬆得到想要的結果了！

本篇將從「公式」及「函數」的基本觀念開始介紹，若您已經具備基礎知識可以略過本篇的內容，直接進入第 1 篇，由範例中學習函數 × 函數的應用。

# Unit 001 建立公式

要將工作表中的數值資料進行加、減、乘、除等運算時，你不需要一邊按計算機一邊將計算結果填入儲存格，只要在 Excel 中輸入**公式**就能完成計算。而且當資料來源有變動時，公式的計算結果也會立即更新。首先，帶你認識 Excel **公式**的用法。

## 公式的表示法

Excel 的公式和數學公式很類似，通常數學公式的表示法為：

```
B1 = A1 + A2
```

若要在 Excel 中輸入這樣的公式，則會變成在 B1 儲存格中輸入：

```
= A1 + A2
```

意思是 Excel 會將 A1 儲存格的值加上 A2 儲存格的值，然後將結果顯示在 B1 儲存格中。

## 運算子

Excel 的公式運算分成**參照**、**算術**、**文字**與**比較**四大類，下表依照運算的優先順序列出所有運算子：

| 優先順序 | 類型 | 運算子 | 說明 | 範例 |
|---|---|---|---|---|
| 高 | 參照 | : | 連續的儲存格範圍 | C1:C5 |
| ↓ | | , | 不連續的多個儲存格 | C1:C5,B3:B5 |
| | | 半形空格 | 儲存格交會部份（交集） | C1:C5 A3:E3 的交集為 C3 |
| | 算術 | % | 百分比 | 30% |
| | | ^ | 次方（乘冪） | 6^2 |
| | | * 和 / | 乘法和除法 | B1*C1、C1/B1 |
| | | + 和 - | 加法和減法 | B1+C1、C1-B1 |
| | 文字 | & | 連接字串 | "一月" & "銷量" |
| | 比較 | = | 等於 | C1=B1 |
| | | <> | 不等於 | C1<>B1 |
| | | > | 大於 | C1>B1 |
| | | < | 小於 | C1<B1 |
| | | >= | 大於等於 | C1>=B1 |
| 低 | | <= | 小於等於 | C1<=B1 |

## 輸入公式

輸入公式時必須以**等號**（=）起首，例如：「=A1+A2」，這樣 Excel 才知道我們輸入的是公式，而不是一般文字資料。請開啟**練習檔案\Part 0\Unit_001** 練習輸入公式。

例如，我們想在 E3 儲存格計算「張善元」這位業務員四月～六月的銷售總額，因此 E3 儲存格的公式為「=B3+C3+D3」。

**01** 請選取要輸入公式的儲存格，也就是 E3 儲存格，接著輸入「=」：

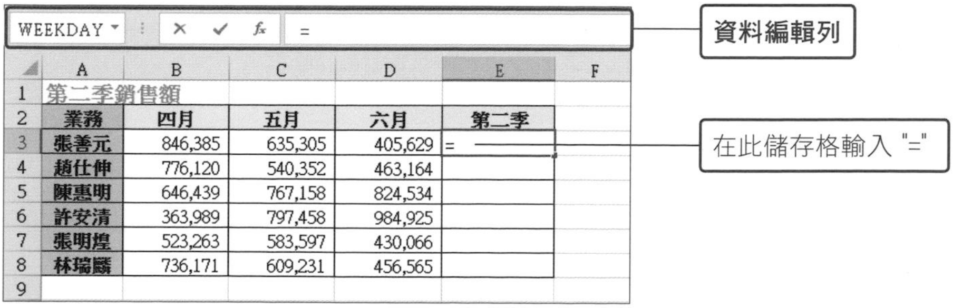

WEEKDAY ▾ | ✕ ✓ fx | =

資料編輯列

| | A | B | C | D | E | F |
|---|---|---|---|---|---|---|
| 1 | 第二季銷售額 | | | | | |
| 2 | 業務 | 四月 | 五月 | 六月 | 第二季 | |
| 3 | 張善元 | 846,385 | 635,305 | 405,629 | = | |
| 4 | 趙仕伸 | 776,120 | 540,352 | 463,164 | | |
| 5 | 陳惠明 | 646,439 | 767,158 | 824,534 | | |
| 6 | 許安清 | 363,989 | 797,458 | 984,925 | | |
| 7 | 張明煌 | 523,263 | 583,597 | 430,066 | | |
| 8 | 林瑞麟 | 736,171 | 609,231 | 456,565 | | |
| 9 | | | | | | |

在此儲存格輸入 "="

**02** 接著要輸入 "=" 之後的公式，即「B3+C3+D3」。請在儲存格 B3 上按一下，Excel 便會將「B3」輸入到儲存格及**資料編輯列**中：

B3 | =B3

| | A | B | C | D | E | F |
|---|---|---|---|---|---|---|
| 1 | 第二季銷售額 | | | | | |
| 2 | 業務 | 四月 | 五月 | 六月 | 第二季 | |
| 3 | 張善元 | 846,385 | 635,305 | 405,629 | =B3 | |
| 4 | 趙仕伸 | 776,120 | 540,352 | 463,164 | | |
| 5 | 陳惠明 | 646,439 | 767,158 | 824,534 | | |
| 6 | 許安清 | 363,989 | 797,458 | 984,925 | | |
| 7 | 張明煌 | 523,263 | 583,597 | 430,066 | | |
| 8 | 林瑞麟 | 736,171 | 609,231 | 456,565 | | |

此時 B3 被虛線框包圍住

B3 自動輸入到儲存格中

**03** 再來請輸入「+」，然後選取 C3 儲存格後，繼續輸入「+」，再選取 D3 儲存格，便可完成公式的輸入。

D3 | =B3+C3+D3

公式建立好了

| | A | B | C | D | E | F |
|---|---|---|---|---|---|---|
| 1 | 第二季銷售額 | | | | | |
| 2 | 業務 | 四月 | 五月 | 六月 | 第二季 | |
| 3 | 張善元 | 846,385 | 635,305 | 405,629 | =B3+C3+D3 | |
| 4 | 趙仕伸 | 776,120 | 540,352 | 463,164 | | |
| 5 | 陳惠明 | 646,439 | 767,158 | 824,534 | | |
| 6 | 許安清 | 363,989 | 797,458 | 984,925 | | |
| 7 | 張明煌 | 523,263 | 583,597 | 430,066 | | |
| 8 | 林瑞麟 | 736,171 | 609,231 | 456,565 | | |

運算元與儲存格的框線會用一樣的顏色，以利辨識

**04** 最後，按下**資料編輯列**上的**輸入**鈕 ✓ 或直接按下 Enter 鍵，公式的計算結果就會顯示在 E3 儲存格中：

E3 | =B3+C3+D3

| | A | B | C | D | E | F |
|---|---|---|---|---|---|---|
| 1 | 第二季銷售額 | | | | | |
| 2 | 業務 | 四月 | 五月 | 六月 | 第二季 | |
| 3 | 張善元 | 846,385 | 635,305 | 405,629 | 1,887,319 | |
| 4 | 趙仕伸 | 776,120 | 540,352 | 463,164 | | |
| 5 | 陳惠明 | 646,439 | 767,158 | 824,534 | | |
| 6 | 許安清 | 363,989 | 797,458 | 984,925 | | |
| 7 | 張明煌 | 523,263 | 583,597 | 430,066 | | |
| 8 | 林瑞麟 | 736,171 | 609,231 | 456,565 | | |



熟練公式後，可以直接透過鍵盤輸入 "=B3+C3+D3"，再按下 Enter 鍵來輸入，省下滑鼠、鍵盤交替使用的麻煩

## 更新公式的計算結果

公式的計算結果會隨著儲存格的內容變動而自動更新。以剛才的範例來說，當已經輸入公式後，才發現「張善元」的四月銷售金額打錯了，應該是 "864,385" 才對。當我們將 B3 儲存格的值從 "846,385" 改成 "864,385"，E3 儲存格中的計算結果會自動從 "1,887,319" 更新為 "1,905,319"。

E3　=B3+C3+D3

| | A | B | C | D | E | F |
|---|---|---|---|---|---|---|
| 1 | 第二季銷售額 | | | | | |
| 2 | 業務 | 四月 | 五月 | 六月 | 第二季 | |
| 3 | 張善元 | 846,385 | 635,305 | 405,629 | 1,887,319 | |
| 4 | 趙仕伸 | 776,120 | 540,352 | 463,164 | | |
| 5 | 陳惠明 | 646,439 | 767,158 | 824,534 | | |
| 6 | 許安清 | 363,989 | 797,458 | 984,925 | | |
| 7 | 張明煌 | 523,263 | 583,597 | 430,066 | | |
| 8 | 林瑞麟 | 736,171 | 609,231 | 456,565 | | |

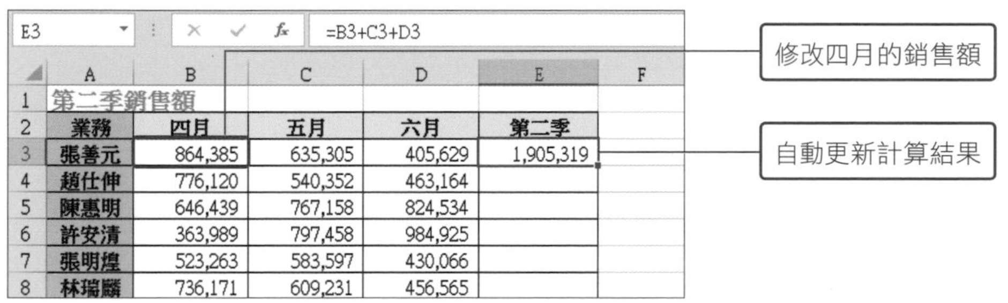
E3　=B3+C3+D3

| | A | B | C | D | E | F |
|---|---|---|---|---|---|---|
| 1 | 第二季銷售額 | | | | | |
| 2 | 業務 | 四月 | 五月 | 六月 | 第二季 | |
| 3 | 張善元 | 864,385 | 635,305 | 405,629 | 1,905,319 | |
| 4 | 趙仕伸 | 776,120 | 540,352 | 463,164 | | |
| 5 | 陳惠明 | 646,439 | 767,158 | 824,534 | | |
| 6 | 許安清 | 363,989 | 797,458 | 984,925 | | |
| 7 | 張明煌 | 523,263 | 583,597 | 430,066 | | |
| 8 | 林瑞麟 | 736,171 | 609,231 | 456,565 | | |

若是在 B3 儲存格更改數值後，E3 儲存格沒有自動更新計算結果，請點選**檔案**頁次，再點選**選項**，開啟 **Excel 選項**交談窗後，切換到**公式**頁次，檢查**活頁簿計算**功能，看看是否選成**手動**項目了，請改選成**自動**項目，就會自動更新計算結果了。

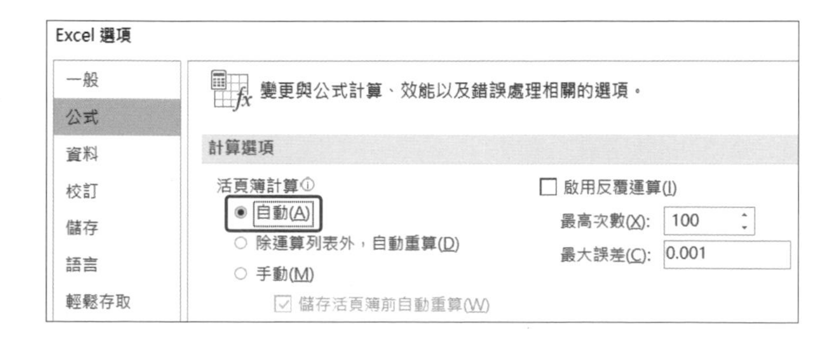

# Unit 002 使用函數

**函數**是 Excel 根據各種需要，為了快速完成計算與處理而事先定義的公式，Excel 2019 內建了約 470 個函數，除了可進行常用的加總、平均計算，也能依設定的條件取出資料，甚至可以進行日期／時間、字串轉換以及統計方面的計算。

## 使用函數的好處

使用函數的好處，可大幅縮短輸入公式的時間，也可以精簡公式。例如**練習檔案\Part 0\Unit_002_01** 的範例，要計算第一季的總應付帳款，使用函數就可以讓公式變得很簡潔。

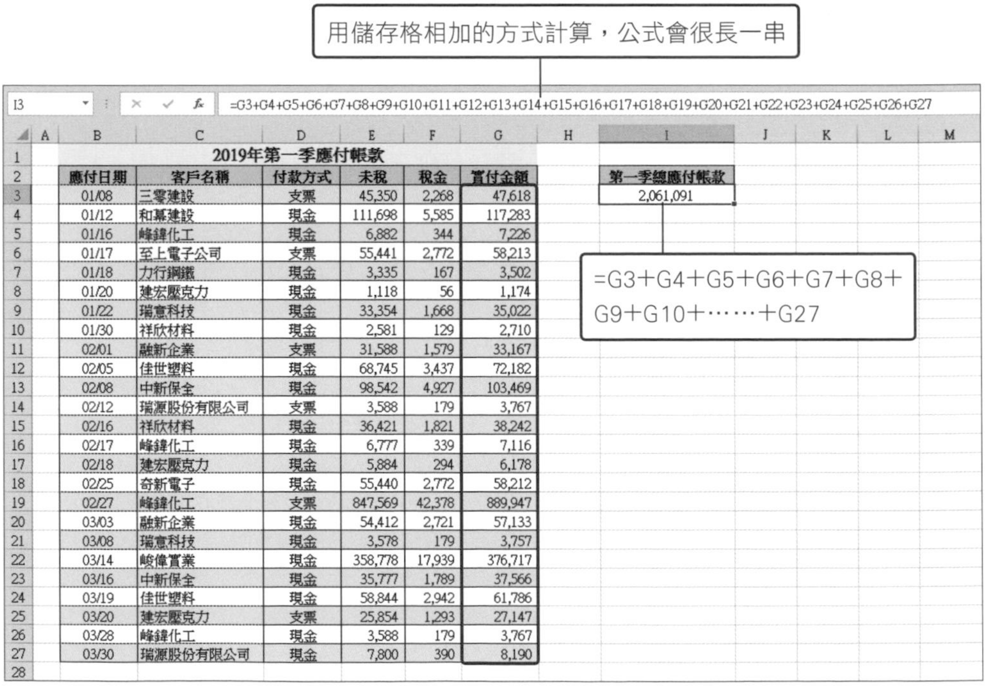

用儲存格相加的方式計算，公式會很長一串

I3 =G3+G4+G5+G6+G7+G8+G9+G10+G11+G12+G13+G14+G15+G16+G17+G18+G19+G20+G21+G22+G23+G24+G25+G26+G27

2019年第一季應付帳款

| 應付日期 | 客戶名稱 | 付款方式 | 未稅 | 稅金 | 實付金額 |
|---|---|---|---|---|---|
| 01/08 | 三零建設 | 支票 | 45,350 | 2,268 | 47,618 |
| 01/12 | 和幕建設 | 現金 | 111,698 | 5,585 | 117,283 |
| 01/16 | 峰鍏化工 | 現金 | 6,882 | 344 | 7,226 |
| 01/17 | 至上電子公司 | 支票 | 55,441 | 2,772 | 58,213 |
| 01/18 | 力行鋼鐵 | 現金 | 3,335 | 167 | 3,502 |
| 01/20 | 建宏壓克力 | 現金 | 1,118 | 56 | 1,174 |
| 01/22 | 瑞意科技 | 現金 | 33,354 | 1,668 | 35,022 |
| 01/30 | 祥欣材料 | 現金 | 2,581 | 129 | 2,710 |
| 02/01 | 融新企業 | 支票 | 31,588 | 1,579 | 33,167 |
| 02/05 | 佳世塑料 | 現金 | 68,745 | 3,437 | 72,182 |
| 02/08 | 中新保全 | 現金 | 98,542 | 4,927 | 103,469 |
| 02/12 | 瑞源股份有限公司 | 支票 | 3,588 | 179 | 3,767 |
| 02/16 | 祥欣材料 | 現金 | 36,421 | 1,821 | 38,242 |
| 02/17 | 峰鍏化工 | 現金 | 6,777 | 339 | 7,116 |
| 02/18 | 建宏壓克力 | 現金 | 5,884 | 294 | 6,178 |
| 02/25 | 奇新電子 | 現金 | 55,440 | 2,772 | 58,212 |
| 02/27 | 峰鍏化工 | 支票 | 847,569 | 42,378 | 889,947 |
| 03/03 | 融新企業 | 現金 | 54,412 | 2,721 | 57,133 |
| 03/08 | 瑞意科技 | 現金 | 3,578 | 179 | 3,757 |
| 03/14 | 峻偉實業 | 現金 | 358,778 | 17,939 | 376,717 |
| 03/16 | 中新保全 | 現金 | 35,777 | 1,789 | 37,566 |
| 03/19 | 佳世塑料 | 現金 | 58,844 | 2,942 | 61,786 |
| 03/20 | 建宏壓克力 | 支票 | 25,854 | 1,293 | 27,147 |
| 03/28 | 峰鍏化工 | 現金 | 3,588 | 179 | 3,767 |
| 03/30 | 瑞源股份有限公司 | 現金 | 7,800 | 390 | 8,190 |

| 第一季總應付帳款 |
|---|
| 2,061,091 |

=G3+G4+G5+G6+G7+G8+G9+G10+……+G27

使用 SUM 函數來加總，公式不但精簡，也能節省輸入時間

I3 =SUM(G3:G27)

| | A | B | C | D | E | F | G | H | I |
|---|---|---|---|---|---|---|---|---|---|
| 1 | | 2019年第一季應付帳款 | | | | | | | |
| 2 | | 應付日期 | 客戶名稱 | 付款方式 | 未稅 | 稅金 | 實付金額 | | 第一季總應付帳款 |
| 3 | | 01/08 | 三零建設 | 支票 | 45,350 | 2,268 | 47,618 | | 2,061,091 |
| 4 | | 01/12 | 和幕建設 | 現金 | 111,698 | 5,585 | 117,283 | | |
| 5 | | 01/16 | 峰鍏化工 | 現金 | 6,882 | 344 | 7,226 | | |
| 6 | | 01/17 | 至上電子公司 | 支票 | 55,441 | 2,772 | 58,213 | | |
| 7 | | 01/18 | 力行鋼鐵 | 現金 | 3,335 | 167 | 3,502 | | |
| 8 | | 01/20 | 建宏壓克力 | 現金 | 1,118 | 56 | 1,174 | | |
| 9 | | 01/22 | 瑞意科技 | 現金 | 33,354 | 1,668 | 35,022 | | |
| 10 | | 01/30 | 祥欣材料 | 現金 | 2,581 | 129 | 2,710 | | |
| 11 | | 02/01 | 融新企業 | 支票 | 31,588 | 1,579 | 33,167 | | |
| 12 | | 02/05 | 佳世塑料 | 現金 | 68,745 | 3,437 | 72,182 | | |
| 13 | | 02/08 | 中新保全 | 現金 | 98,542 | 4,927 | 103,469 | | |
| 14 | | 02/12 | 瑞源股份有限公司 | 支票 | 3,588 | 179 | 3,767 | | |
| 15 | | 02/16 | 祥欣材料 | 現金 | 36,421 | 1,821 | 38,242 | | |
| 16 | | 02/17 | 峰鍏化工 | 現金 | 6,777 | 339 | 7,116 | | |
| 17 | | 02/18 | 建宏壓克力 | 現金 | 5,884 | 294 | 6,178 | | |
| 18 | | 02/25 | 奇新電子 | 現金 | 55,440 | 2,772 | 58,212 | | |
| 19 | | 02/27 | 峰鍏化工 | 支票 | 847,569 | 42,378 | 889,947 | | |
| 20 | | 03/03 | 融新企業 | 現金 | 54,412 | 2,721 | 57,133 | | |
| 21 | | 03/08 | 瑞意科技 | 現金 | 3,578 | 179 | 3,757 | | |
| 22 | | 03/14 | 峻偉實業 | 現金 | 358,778 | 17,939 | 376,717 | | |
| 23 | | 03/16 | 中新保全 | 現金 | 35,777 | 1,789 | 37,566 | | |
| 24 | | 03/19 | 佳世塑料 | 現金 | 58,844 | 2,942 | 61,786 | | |
| 25 | | 03/20 | 建宏壓克力 | 支票 | 25,854 | 1,293 | 27,147 | | |
| 26 | | 03/28 | 峰鍏化工 | 現金 | 3,588 | 179 | 3,767 | | |
| 27 | | 03/30 | 瑞源股份有限公司 | 現金 | 7,800 | 390 | 8,190 | | |

=SUM(G3:G27)

## ◗ 函數的類別

Excel 將函數依用途分成不同類別，在還不熟悉函數時，可切換到**公式**頁次，從**函數庫**中依類別尋找要使用的函數。以下簡單說明各類函數的作用。

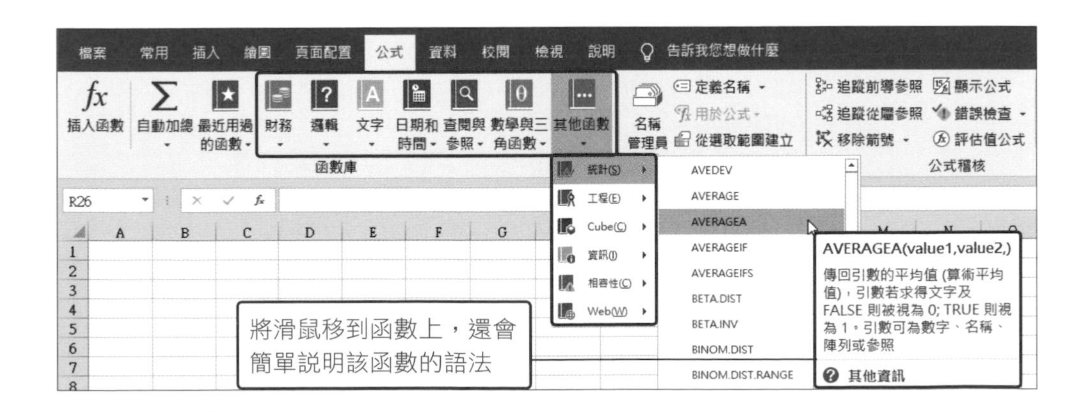

| 類別 | 說明 |
|---|---|
| **財務** | 用於利息、支付日期、投資報酬率、資產折舊、……等，與財務相關的計算。 |
| **邏輯** | 依條件判斷某個值為 TRUE（真）或 FALSE（假）。 |
| **文字** | 取出字串中的指定字元、互換全形或半形字元、使用新字串來替換舊字串、刪除空白、……等。 |
| **日期和時間** | 可回傳特定日期的序列值、計算兩個日期之間相差天數或月數、從日期資料分別取出年／月／日、回傳時間的序列值。 |
| **查閱與參照** | 搜尋符合條件的資料，或是參照儲存格取得列編號或欄編號。 |
| **數學與三角函數** | 可進行加總、四捨五入、回傳最小公倍數、取絕對值、圓周率、平方根、三角函數、……等數學計算。 |
| **統計** | 可在資料範圍中取得中位數、標準差、正規分佈、機率計算、回傳獨立性檢定結果、回傳兩個資料集間的相關係數。 |
| **工程** | 將二進位轉成十進位或是將十進位轉成十六進位等進位轉換、回傳兩個數字的位元、回傳誤差函數、回傳複數的正切值。 |
| **Cube** | 回傳關鍵效能指標屬性、回傳Cube 中的成員或 Tuple、回傳一個集合中的第 N 個值、……等。 |
| **資訊** | 回傳儲存格的格式、位置，或是依條件判斷回傳 TRUE 或 FALSE。 |
| **相容性** | 自 Excel 2010 開始被新函數取代的函數。雖然 Excel 2019／2016／2013 仍然可繼續使用這些舊函數，但未來的版本不一定可以繼續使用。 |
| **Web** | 自 Excel 2013 版開始新增的函數類別，可從網路或區域網路取得資料。 |
| **資料庫** | 此類別函數雖然沒有顯示在**公式**頁次下的**函數庫**，但是按下**插入函數**鈕，可從**或選取類別**列示窗中選取。**資料庫**函數，會將資料清單或是資料庫中符合條件的資料，進行加總、最大值、最小值、平均值的計算。 |

## ● 函數的組成結構

每個函數都是由**函數名稱**、**括號**和**引數**所組成，這就是函數的語法（或稱函數格式）。請開啟**練習檔案\Part 0\Unit_002_02**，在此以計算平均的 AVERAGE 函數來說明：

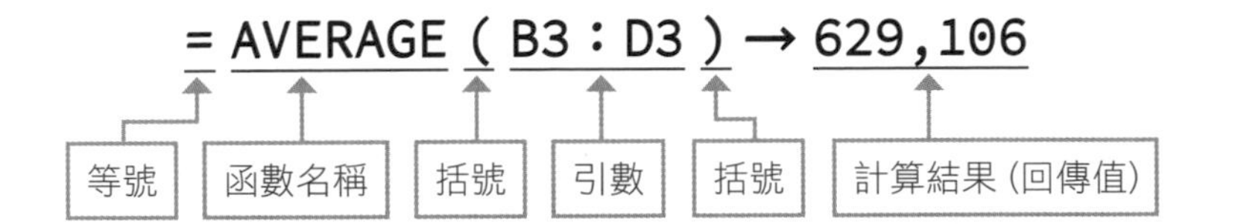


E3 =AVERAGE(B3:D3) 輸入函數

| | A | B | C | D | E | F |
|---|---|---|---|---|---|---|
| 1 | 第二季銷售額 | | | | | |
| 2 | 業務 | 四月 | 五月 | 六月 | 第二季平均 | |
| 3 | 張善元 | 846,385 | 635,305 | 405,629 | 629,106 | |
| 4 | 趙仕伸 | 776,120 | 540,352 | 463,164 | | |
| 5 | 陳惠明 | 646,439 | 767,158 | 824,534 | | |
| 6 | 許安清 | 363,989 | 797,458 | 984,925 | | |
| 7 | 張明煌 | 523,263 | 583,597 | 430,066 | | |
| 8 | 林瑞麟 | 736,171 | 609,231 | 456,565 | | |
| 9 | | | | | | |

計算結果 (回傳值)

- **等號**：務必輸入半形「=」，若是沒有輸入等號，Excel 會視為「字串」資料。
- **函數名稱**：AVERAGE 即是函數名稱，從函數的英文字意，可大略得知函數的功能。在輸入公式時，函數名稱可用大寫英文或小寫英文輸入，當公式輸入完畢，Excel 會自動轉換成全大寫。
- **括號**：請輸入半形小括號。括號是用來括住引數，有些函數雖然沒有引數，但括號還是不能省略。
- **引數**：函數計算時必須使用的資料。例如：=SUM(1,3,5) 即表示要計算 1、3、5 三個數字的加總，其中的 1,3,5 就是引數。
- **回傳值**：回傳公式計算後的結果，或依條件取出資料。

## 引數

函數的**引數**（也有人稱為「參數」）除了輸入數值外，也可以輸入字串、儲存格範圍，或是公式、函數。當函數有多個引數時，引數與引數之間以半形「,」（逗號）做區隔。底下為引數的類型：

| 類型 | 說明 | 範例 |
|---|---|---|
| **數值** | 在括號中直接輸入數值。 | 例如：=SUM(102,150,88,65) |
| **字串** | 可輸入中文、英文、特殊符號或日期，但必須以雙引號「"」括起來。 | 例如：=LEN("台北市")<br>例如：=REPT("★",SUM(B3:D3)) |
| **儲存格參照** | 可輸入單一儲存格位置、儲存格範圍或是已定義名稱的儲存格範圍。 | 例如：=SUM(B1：D8)，計算 B1 儲存格到 D8 儲存格範圍的值。<br>例如：=AVERAGE(五月營業額)，表示要計算已定義名稱範圍的平均。 |
| **邏輯值** | TRUE 或 FALSE。輸入大寫或小寫都可以。 | 例如：=VLOOKUP(A1,C2:F10,3,FALSE)<br>例如：=IF(A5>=20,000,"達到標準","未達標準") |
| **公式或函數** | 在引數中輸入公式或函數，這部份的公式或函數會優先計算，計算後的結果會當成原本函數的引數使用。 | 例如：=INT(AVERAGE(B3：B10))<br>會先計算出 B3：B10 的平均，再用 INT 函數無條件捨去小數只取整數 |

## 輸入函數

對函數及引數有大致的概念後，接著我們就實際練習看看如何輸入函數。請開啟**練習檔案\Part 0\Unit_002_03**。

### 開啟「插入函數」交談窗

對於函數還不是很熟悉的人，建議利用**插入函數**交談窗來輸入函數。

## 01 開啟「插入函數」交談窗

請選取 F3 儲存格，按下**資料編輯列**上的**插入函數**鈕 $f_x$ (或按下**公式**頁次**函數庫**區的**插入函數**鈕)，此時，**資料編輯列**會自動輸入 "="，並且開啟**插入函數**交談窗：

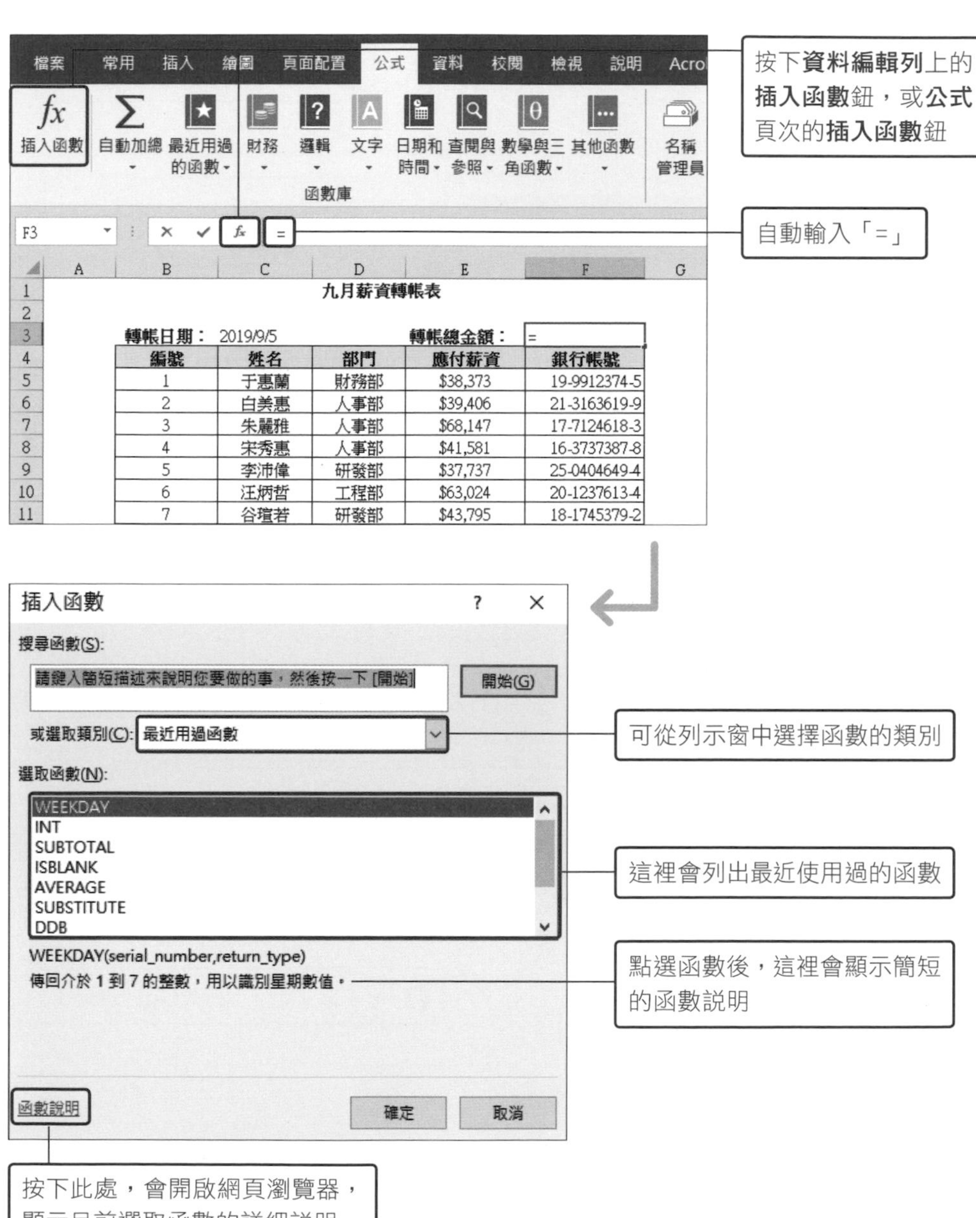

## 02 選取函數

請從**或選取類別**列示窗中，點選**數學與三角函數**，再選取 **SUM** 函數：

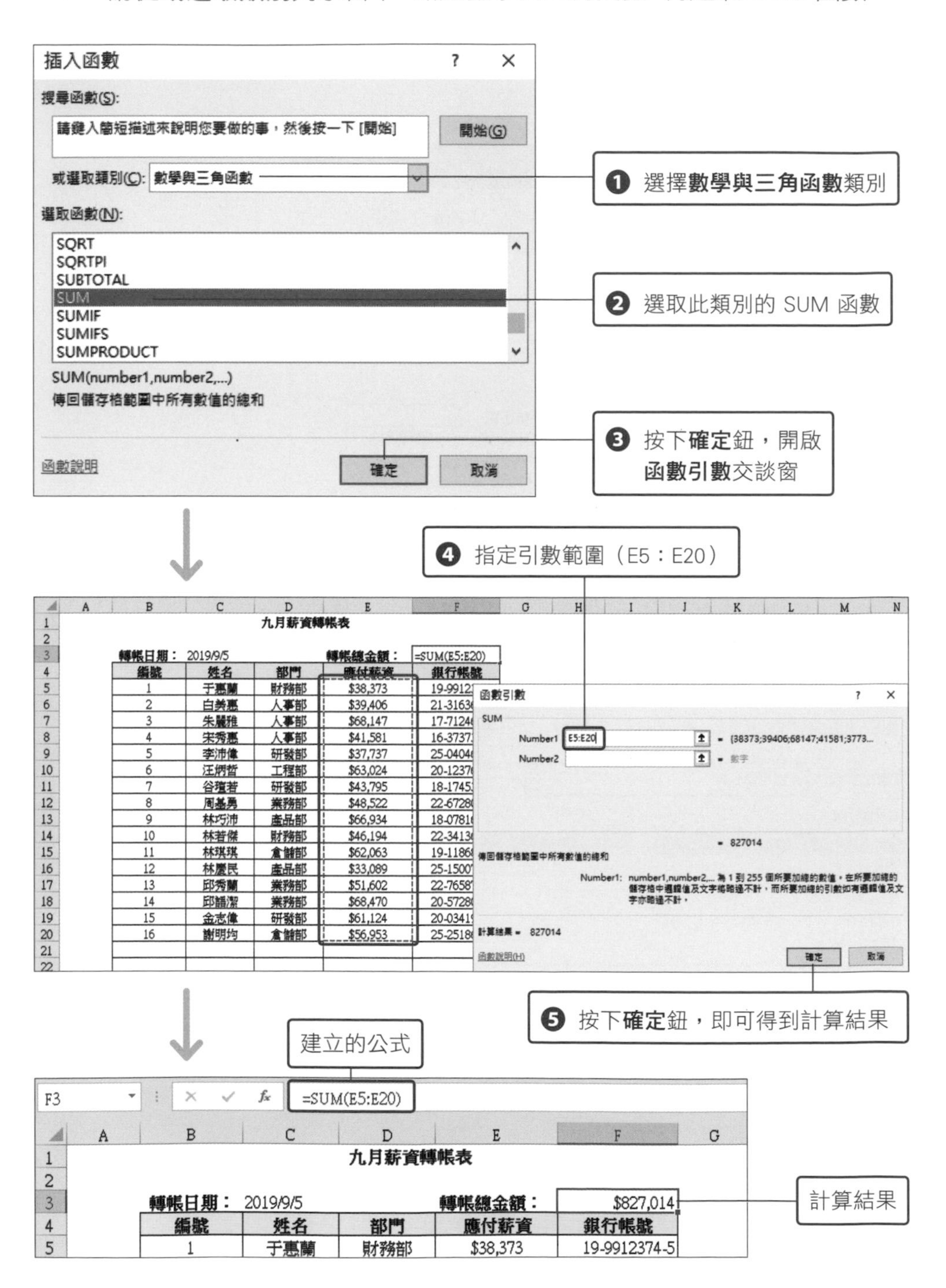

### 直接在儲存格中輸入函數

若你已經知道要使用哪個函數來計算，可以直接在儲存格中輸入 "="，再輸入函數名稱，此時儲存格下方會列出相關的函數清單，當清單中出現想用的函數後，用滑鼠雙按函數即可自動輸入到儲存格中：

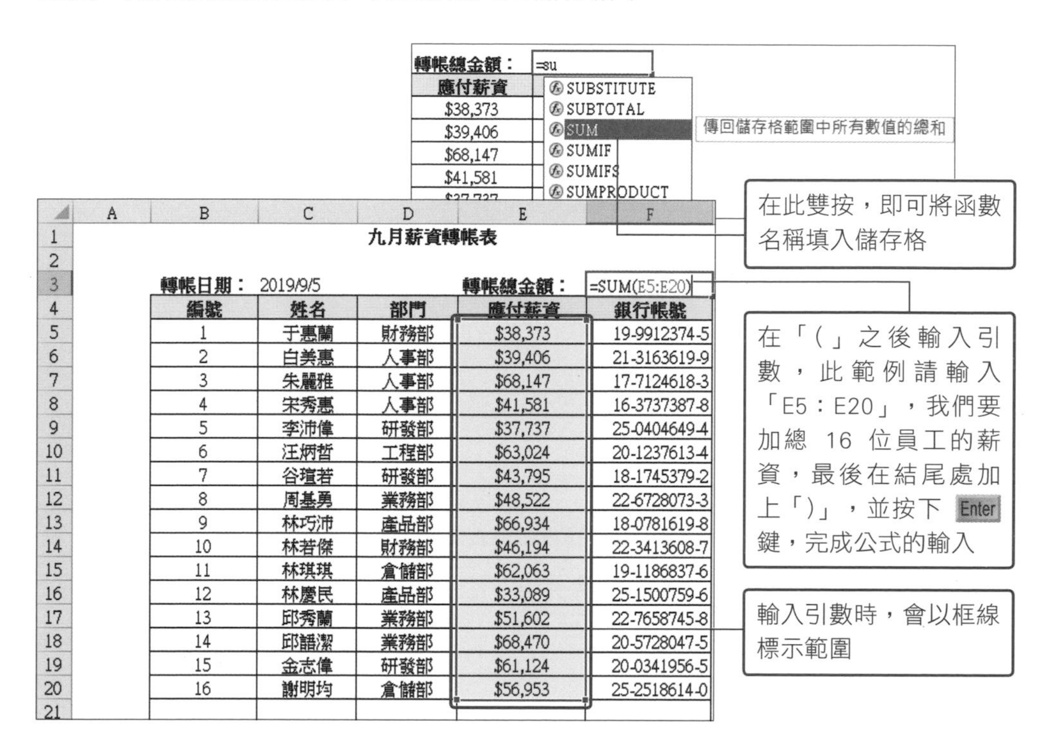


| 編號 | 姓名 | 部門 | 應付薪資 | 銀行帳號 |
|---|---|---|---|---|
| 1 | 于惠蘭 | 財務部 | $38,373 | 19-9912374-5 |
| 2 | 白美惠 | 人事部 | $39,406 | 21-3163619-9 |
| 3 | 朱麗雅 | 人事部 | $68,147 | 17-7124618-3 |
| 4 | 宋秀惠 | 人事部 | $41,581 | 16-3737387-8 |
| 5 | 李沛偉 | 研發部 | $37,737 | 25-0404649-4 |
| 6 | 汪炳哲 | 工程部 | $63,024 | 20-1237613-4 |
| 7 | 谷瑄若 | 研發部 | $43,795 | 18-1745379-2 |
| 8 | 周基勇 | 業務部 | $48,522 | 22-6728073-3 |
| 9 | 林巧沛 | 產品部 | $66,934 | 18-0781619-8 |
| 10 | 林若傑 | 財務部 | $46,194 | 22-3413608-7 |
| 11 | 林琪琪 | 倉儲部 | $62,063 | 19-1186837-6 |
| 12 | 林慶民 | 產品部 | $33,089 | 25-1500759-6 |
| 13 | 邱秀蘭 | 業務部 | $51,602 | 22-7658745-8 |
| 14 | 邱語潔 | 業務部 | $68,470 | 20-5728047-5 |
| 15 | 金志偉 | 研發部 | $61,124 | 20-0341956-5 |
| 16 | 謝明均 | 倉儲部 | $56,953 | 25-2518614-0 |

## 變更引數設定

當函數存入儲存格以後，若想變更引數設定，請選取函數所在的儲存格，然後按下**插入函數**鈕 fx，即會開啟**函數引數**交談窗，讓你重新設定引數。或者在選取儲存格後，直接在**資料編輯列**中修改引數。

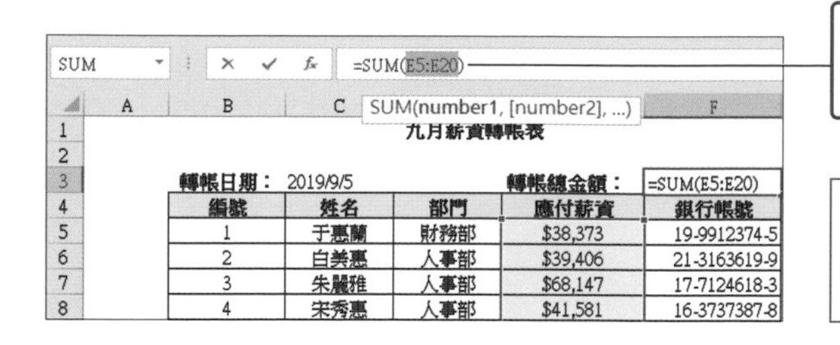


| 編號 | 姓名 | 部門 | 應付薪資 | 銀行帳號 |
|---|---|---|---|---|
| 1 | 于惠蘭 | 財務部 | $38,373 | 19-9912374-5 |
| 2 | 白美惠 | 人事部 | $39,406 | 21-3163619-9 |
| 3 | 朱麗雅 | 人事部 | $68,147 | 17-7124618-3 |
| 4 | 宋秀惠 | 人事部 | $41,581 | 16-3737387-8 |

選取儲存格後，將插入點移到**資料編輯列**中，即可修改內容

**Hot Key**

在選取儲存格後，按下 F2 鍵，也可進入編輯狀態，修改公式內容。

Unit 003

# 複製公式

大多數的統計資料、明細表、銷售表、…等，其資料具有共同的屬性或規則，只要輸入一次公式，就可以複製到其他欄或其他列，節省我們逐一輸入公式的時間。

## 複製公式的方法

要將公式複製到其他儲存格，最快的方法就是利用**自動填滿**功能，只要拖曳儲存格右下角的**填滿控點** ■ 即可。請開啟**練習檔案\Part 0\Unit_003_01**：

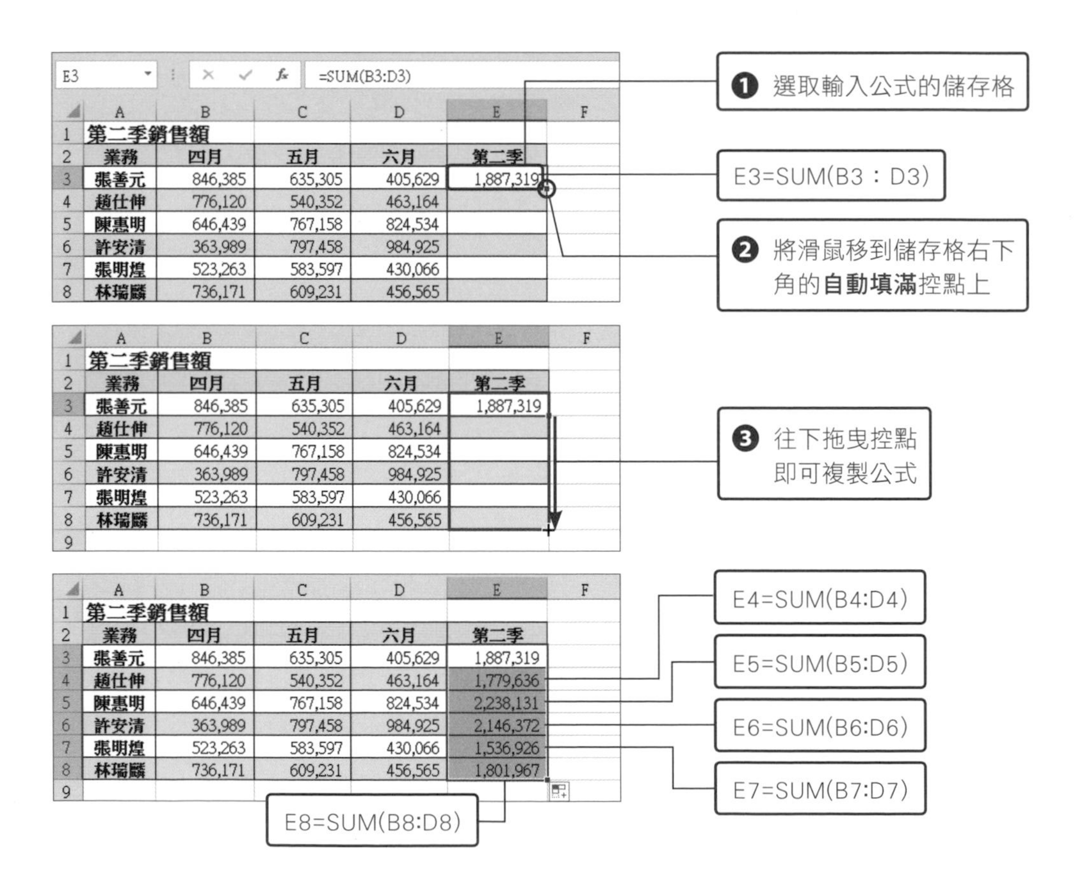


| | A | B | C | D | E |
|---|---|---|---|---|---|
| 1 | 第二季銷售額 | | | | |
| 2 | 業務 | 四月 | 五月 | 六月 | 第二季 |
| 3 | 張善元 | 846,385 | 635,305 | 405,629 | 1,887,319 |
| 4 | 趙仕伸 | 776,120 | 540,352 | 463,164 | 1,779,636 |
| 5 | 陳惠明 | 646,439 | 767,158 | 824,534 | 2,238,131 |
| 6 | 許安清 | 363,989 | 797,458 | 984,925 | 2,146,372 |
| 7 | 張明煌 | 523,263 | 583,597 | 430,066 | 1,536,926 |
| 8 | 林瑞麟 | 736,171 | 609,231 | 456,565 | 1,801,967 |

## ◐ 只要複製公式，不複製儲存格格式

複製公式後，你是否發現儲存格格式也跟著變動了，原本是在資料的偶數列填滿藍色，複製 E3 儲存格的公式後儲存格格式也跟著複製了，變成填滿白色。若不想連儲存格格式也一併複製，可以在複製後，按下**自動填滿選項**鈕 ，再點選**填滿但不填入格式**。

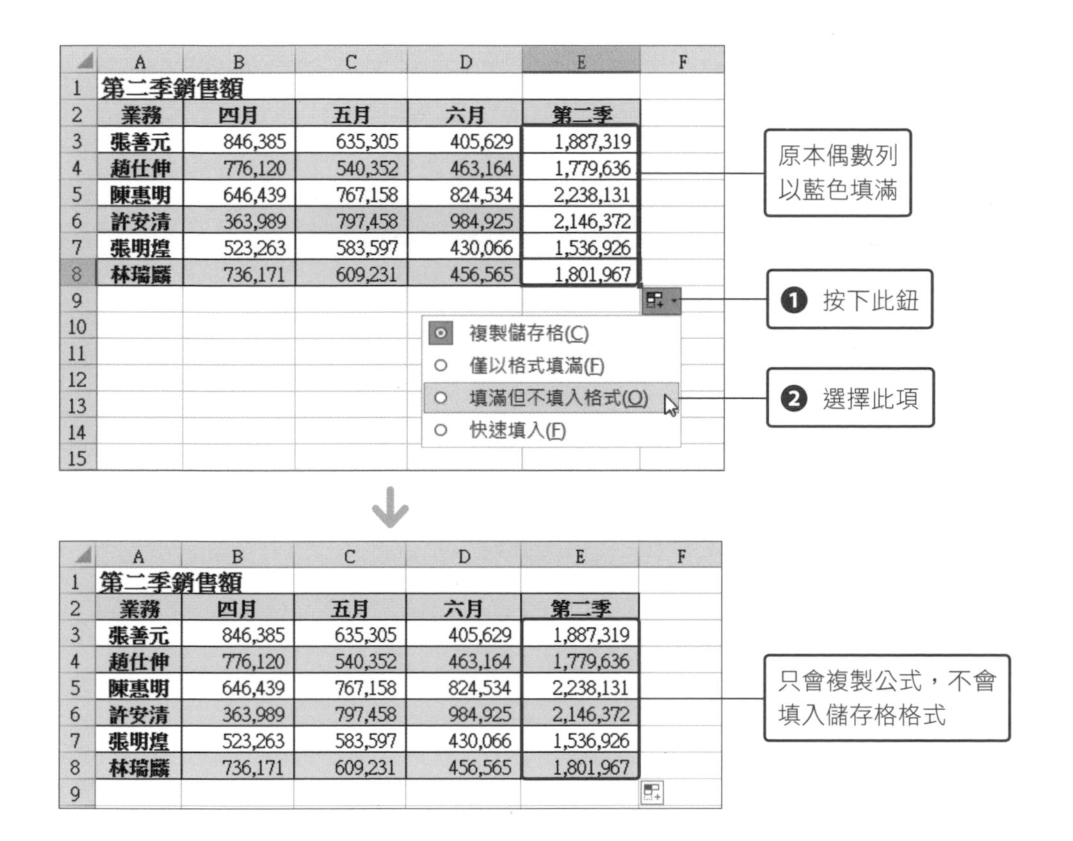

| | A | B | C | D | E | F |
|---|---|---|---|---|---|---|
| 1 | 第二季銷售額 | | | | | |
| 2 | 業務 | 四月 | 五月 | 六月 | 第二季 | |
| 3 | 張善元 | 846,385 | 635,305 | 405,629 | 1,887,319 | |
| 4 | 趙仕伸 | 776,120 | 540,352 | 463,164 | 1,779,636 | |
| 5 | 陳惠明 | 646,439 | 767,158 | 824,534 | 2,238,131 | |
| 6 | 許安清 | 363,989 | 797,458 | 984,925 | 2,146,372 | |
| 7 | 張明煌 | 523,263 | 583,597 | 430,066 | 1,536,926 | |
| 8 | 林瑞麟 | 736,171 | 609,231 | 456,565 | 1,801,967 | |



## ◐ 只保留計算結果，不保留公式

有時我們會將單一欄的資料分拆到不同欄位，例如：將完整的品名及價格資料，分拆成「品名」及「價格」兩個欄位。由於這兩個欄位是透過公式提取出資料，若是刪掉來源參照的資料，公式就會發生錯誤。請開啟**練習檔案\Part 0\Unit_003_02**，來練習：

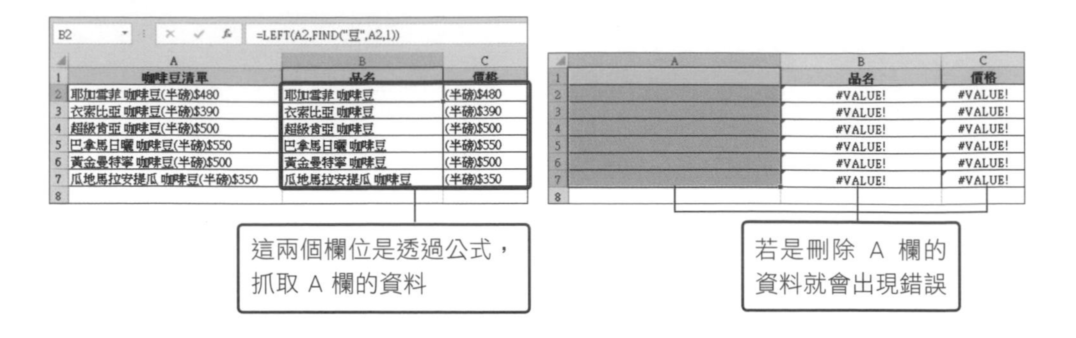


此時有個簡單的解決方法，那就是將公式計算的結果複製到其他儲存格，並以「值」的方式貼上。

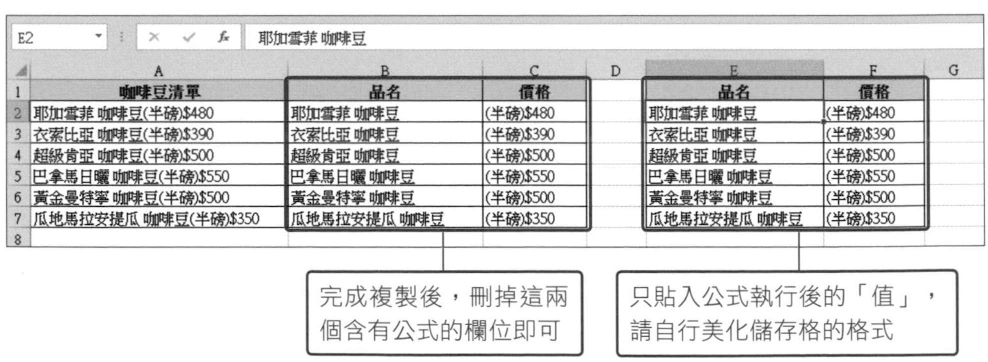

# Unit 004 儲存格的「相對參照」與「絕對參照」位址

若公式中以「B1」這樣的儲存格參照指定位址，在複製公式時，儲存格的參照位址會隨著複製的位置自動調整，例如往下複製公式，「B1」會變成「B2」，這就是**相對參照位址**；如果要固定參照的位址，不希望隨著複製的位置而改變，那麼只要在儲存格的欄列編號前加上「$」，例如「$B$1」，就會變成**絕對參照位址**，底下我們以實例說明。

## 相對參照位址

**相對參照位址**是以輸入公式的儲存格為基準，當公式複製到其他欄與列時，公式內的參照位置也會自動調整。你可以開啟**練習檔案\Part 0\Unit_004_01**來練習：

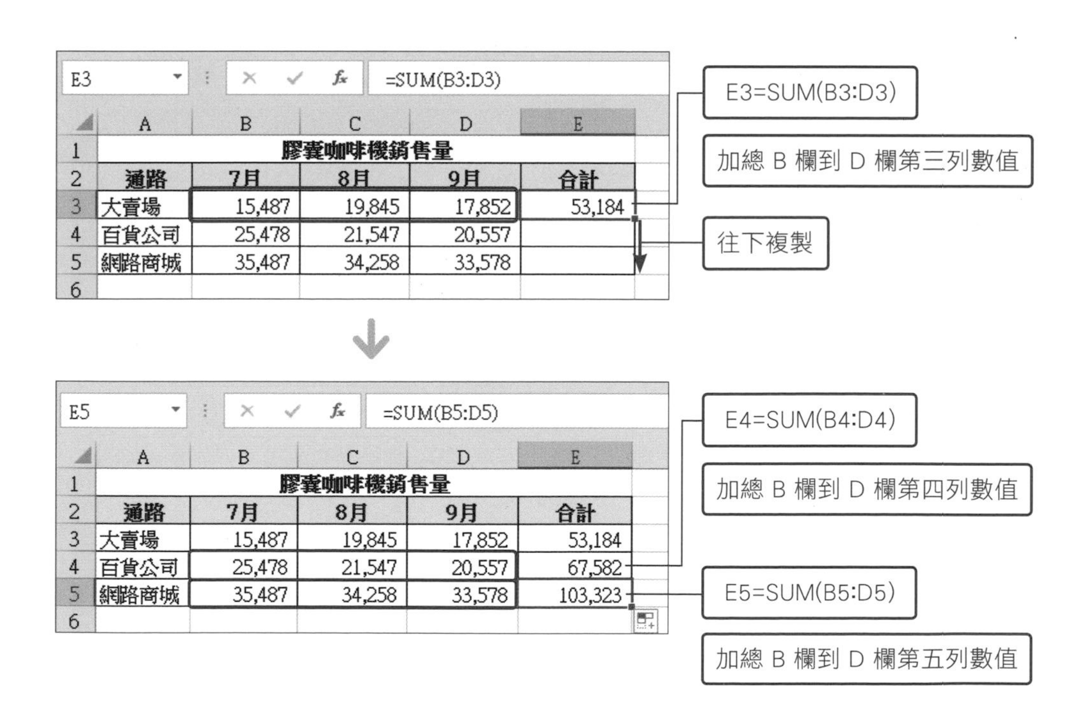


| 膠囊咖啡機銷售量 | | | | |
|---|---|---|---|---|
| 通路 | 7月 | 8月 | 9月 | 合計 |
| 大賣場 | 15,487 | 19,845 | 17,852 | 53,184 |
| 百貨公司 | 25,478 | 21,547 | 20,557 | 67,582 |
| 網路商城 | 35,487 | 34,258 | 33,578 | 103,323 |

## ▶ 絕對參照位址

若是希望公式複製到其他儲存格時，不要變更參照位址，那就要以**絕對參照位址**的方式來固定。例如「$C$2」的格式，只要在欄編號及列編號之前加上「$」，就會固定參照的位址。「$」符號可以手動輸入，也可以在指定儲存格後，按一下 F4 鍵切換。請開啟**練習檔案\Part 0\Unit_004_02** 來練習：

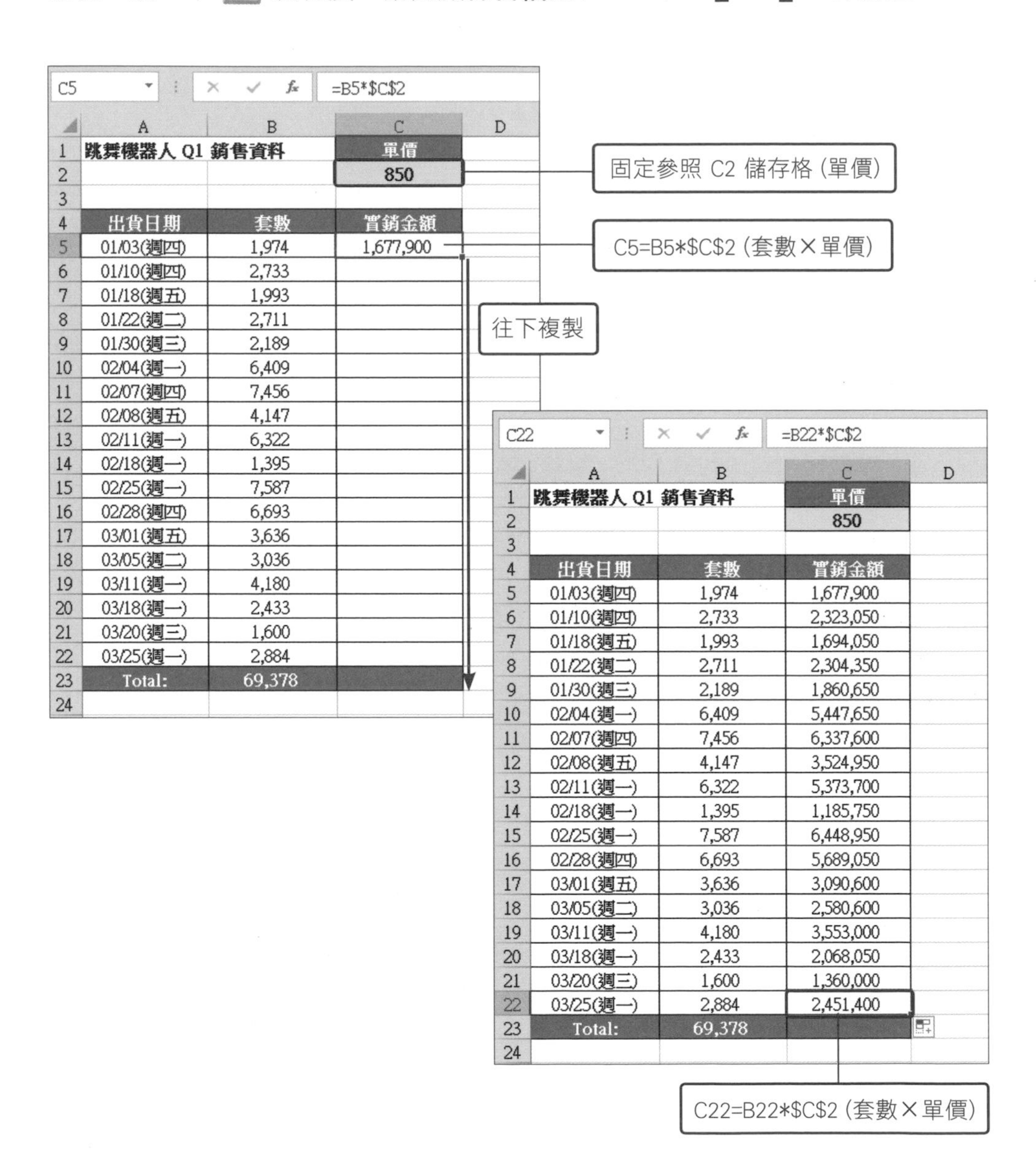


| | A | B | C |
|---|---|---|---|
| 1 | 跳舞機器人 Q1 銷售資料 | | 單價 |
| 2 | | | 850 |
| 3 | | | |
| 4 | 出貨日期 | 套數 | 實銷金額 |
| 5 | 01/03(週四) | 1,974 | 1,677,900 |
| 6 | 01/10(週四) | 2,733 | 2,323,050 |
| 7 | 01/18(週五) | 1,993 | 1,694,050 |
| 8 | 01/22(週二) | 2,711 | 2,304,350 |
| 9 | 01/30(週三) | 2,189 | 1,860,650 |
| 10 | 02/04(週一) | 6,409 | 5,447,650 |
| 11 | 02/07(週四) | 7,456 | 6,337,600 |
| 12 | 02/08(週五) | 4,147 | 3,524,950 |
| 13 | 02/11(週一) | 6,322 | 5,373,700 |
| 14 | 02/18(週一) | 1,395 | 1,185,750 |
| 15 | 02/25(週一) | 7,587 | 6,448,950 |
| 16 | 02/28(週四) | 6,693 | 5,689,050 |
| 17 | 03/01(週五) | 3,636 | 3,090,600 |
| 18 | 03/05(週二) | 3,036 | 2,580,600 |
| 19 | 03/11(週一) | 4,180 | 3,553,000 |
| 20 | 03/18(週一) | 2,433 | 2,068,050 |
| 21 | 03/20(週三) | 1,600 | 1,360,000 |
| 22 | 03/25(週一) | 2,884 | 2,451,400 |
| 23 | Total: | 69,378 | |

## 混合參照

在公式中同時使用**相對參照**及**絕對參照**，這樣的情形稱為**混合參照**。例如：「$A1」就是固定「欄」，不固定「列」，當公式複製到其他儲存格時，欄編號始終固定為 A 欄，只有列編號會變動。

要以「混合參照」指定儲存格時，可在欄編號或列編號前輸入「$」，或是在指定儲存格後按 F4 鍵來切換。

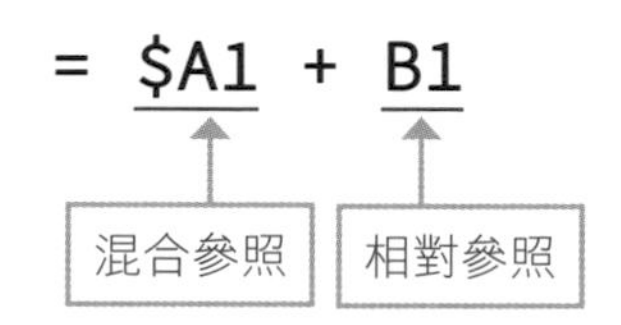


請開啟**練習檔案\Part 0\Unit_004_03**，我們想分別計算 7～9 月的達成率，其公式為「實銷台數 / 達成目標」，所以 F4 儲存格的公式為「=C4/B4」、G4 儲存格的公式為「=D4/B4」、……依此類推，若是以「相對參照」的方式往右再往下複製到 H6 儲存格，公式就會抓錯欄位。

| B | C | D | E | F | G | H |
|---|---|---|---|---|---|---|
| 第一季業績達成率 | | | | | | |
| 達成目標(台) | 實銷台數 | | | 達成率 | | |
| | 7月 | 8月 | 9月 | 7月 | 8月 | 9月 |
| 3,000 | 2,486 | 4,587 | 3,587 | =C4/B4 | =D4/C4 | =E4/D4 |
| 2,500 | 2,541 | 2,654 | 2,411 | =C5/B5 | =D5/C5 | =E5/D5 |
| 4,100 | 3,548 | 4,687 | 4,021 | =C6/B6 | =D6/C6 | =E6/D6 |

G4 應該是「=D4/B4」

H4 應該是「=E4/B4」

往右及往下複製

| B | C | D | E | F | G | H |
|---|---|---|---|---|---|---|
| 第一季業績達成率 | | | | | | |
| 達成目標(台) | 實銷台數 | | | 達成率 | | |
| | 7月 | 8月 | 9月 | 7月 | 8月 | 9月 |
| 3,000 | 2,486 | 4,587 | 3,587 | =C4/$B4 | =D4/$B4 | =E4/$B4 |
| 2,500 | 2,541 | 2,654 | 2,411 | =C5/$B5 | =D5/$B5 | =E5/$B5 |
| 4,100 | 3,548 | 4,687 | 4,021 | =C6/$B6 | =D6/$B6 | =E6/$B6 |

將 F4 儲存格改成「=C4/$B4」的**混合參照**，固定 B 欄位再複製公式，就不會抓錯欄資料了

**☑ 補充說明** **用 F4 鍵切換「相對參照」、「絕對參照」與「混合參照」**

在公式中輸入參照位址後，按下 F4 鍵可循序切換儲存格位址的參照類型，每按一次 F4 鍵，參照位址的類型就會改變，其切換結果如下：

| 按 F4 鍵 | 儲存格 | 參照位址 B1 |
|---|---|---|
| 第一次 | $B$1 | 絕對參照，欄及列編號都固定 |
| 第兩次 | B$1 | 混合參照，只有列編號是絕對位址 |
| 第三次 | $B1 | 混合參照，只有欄編號是絕對位址 |
| 第四次 | B1 | 相對參照 |

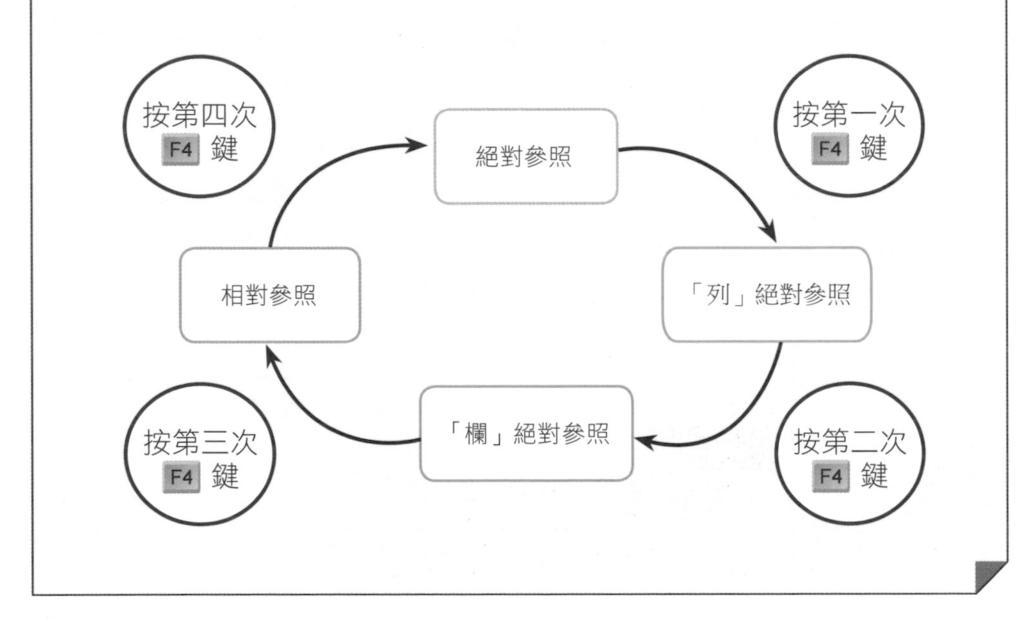

# Unit 005 利用「定義名稱」簡化公式

用儲存格位址來當作函數的引數，雖然可以直接指定計算範圍，但卻無法看出其用途。若是事先替儲存格或儲存格範圍定義一個名稱，日後就可以用這個名稱取代儲存格位址，讓公式更容易看懂。

## 定義名稱

請開啟**練習檔案\Part 0\Unit_005**，我們要將 D3：D18 儲存格範圍命名為「應付薪資」，請如下練習定義名稱。

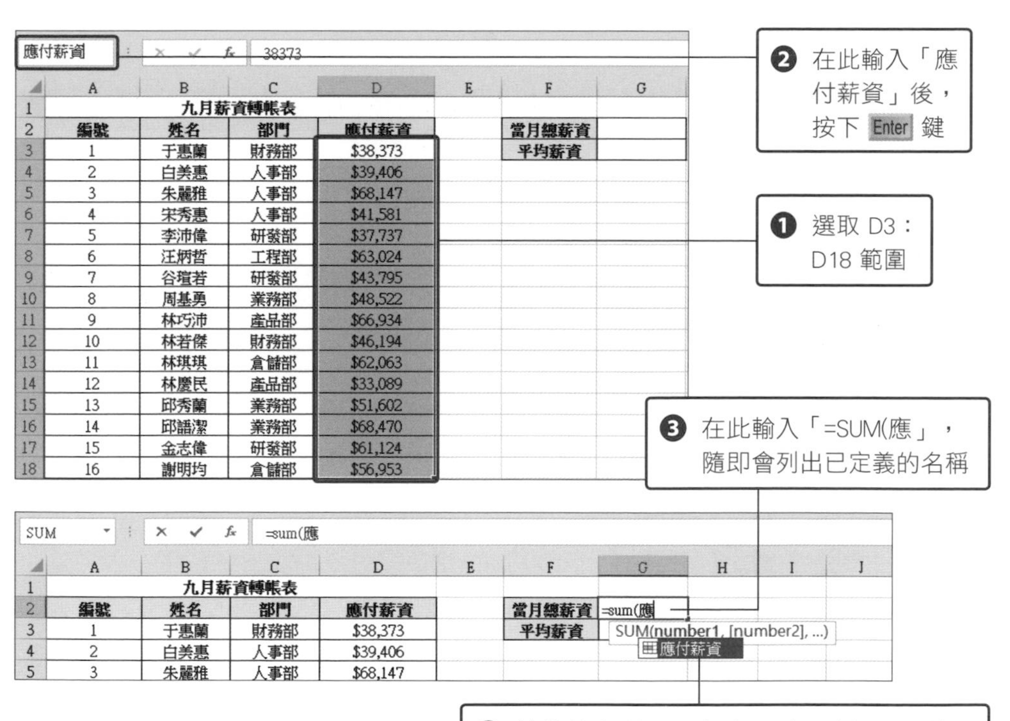

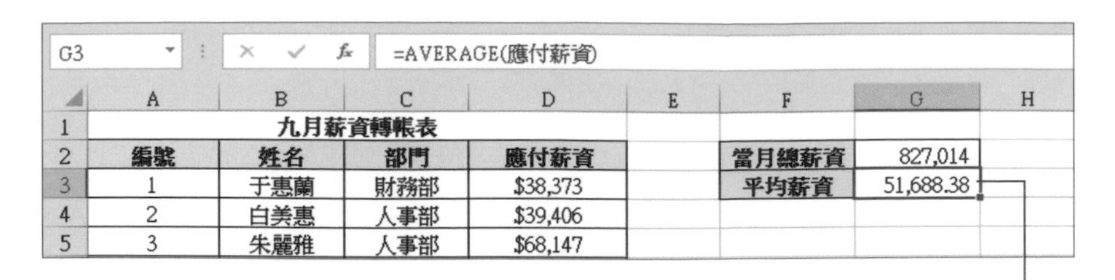


❺ 在此輸入「=AVERAGE(應付薪資)」，即可計算 D3：D18 的平均薪資

TIPS 如果輸入公式後，出現「#NAME？」的錯誤訊息，表示 Excel 找不到與名稱對應的儲存格，因此要在公式中使用名稱時，記得先將名稱定義好喔！

## 變更已定義名稱的範圍

若是已經定義好名稱才發現選取的儲存格範圍不對，這時可以切換到**公式**頁次，按下**名稱管理員**鈕，開啟交談窗來修改。

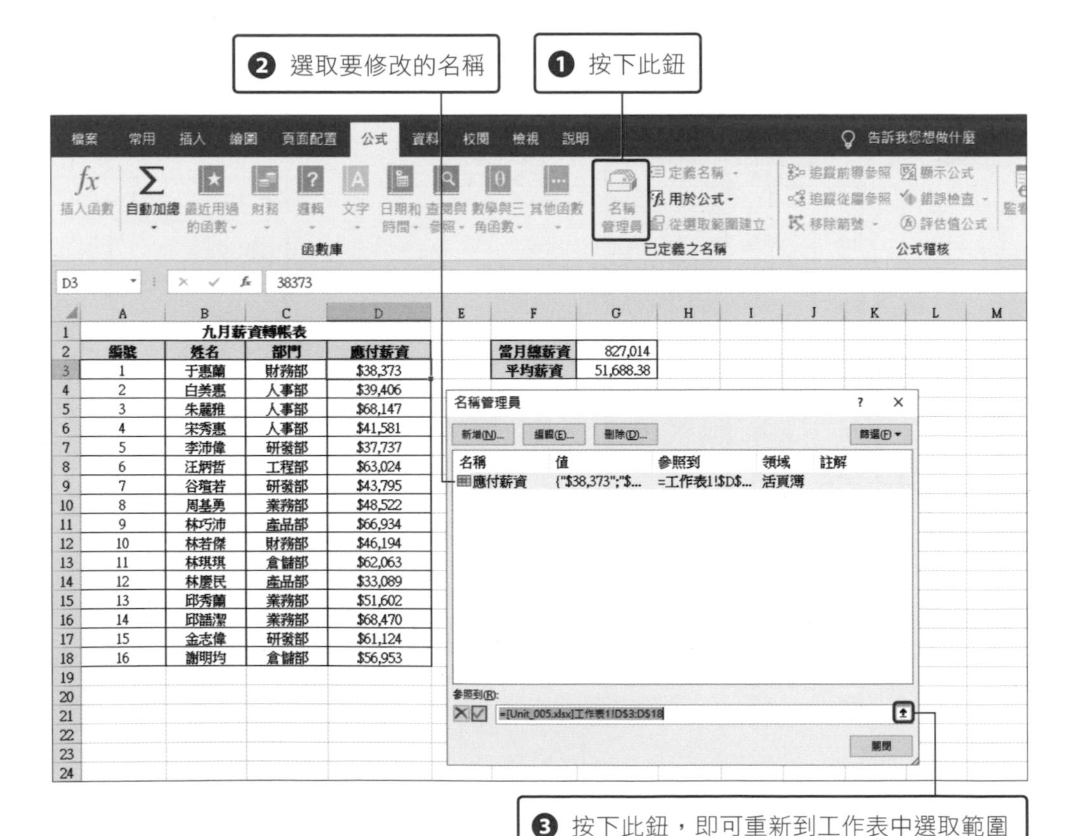

## ◐ 編輯與刪除已定義名稱

若要修改「已定義名稱」的名稱，可在**名稱管理員**交談窗中先選取要修改的名稱後，再按下**編輯**鈕，開啟**編輯名稱**交談窗後，輸入新名稱後再按下**確定**鈕。若是「已定義名稱」用不到了，想要將它刪掉，可在**名稱管理員**交談窗中選取要刪除的名稱，再按下**刪除**鈕。

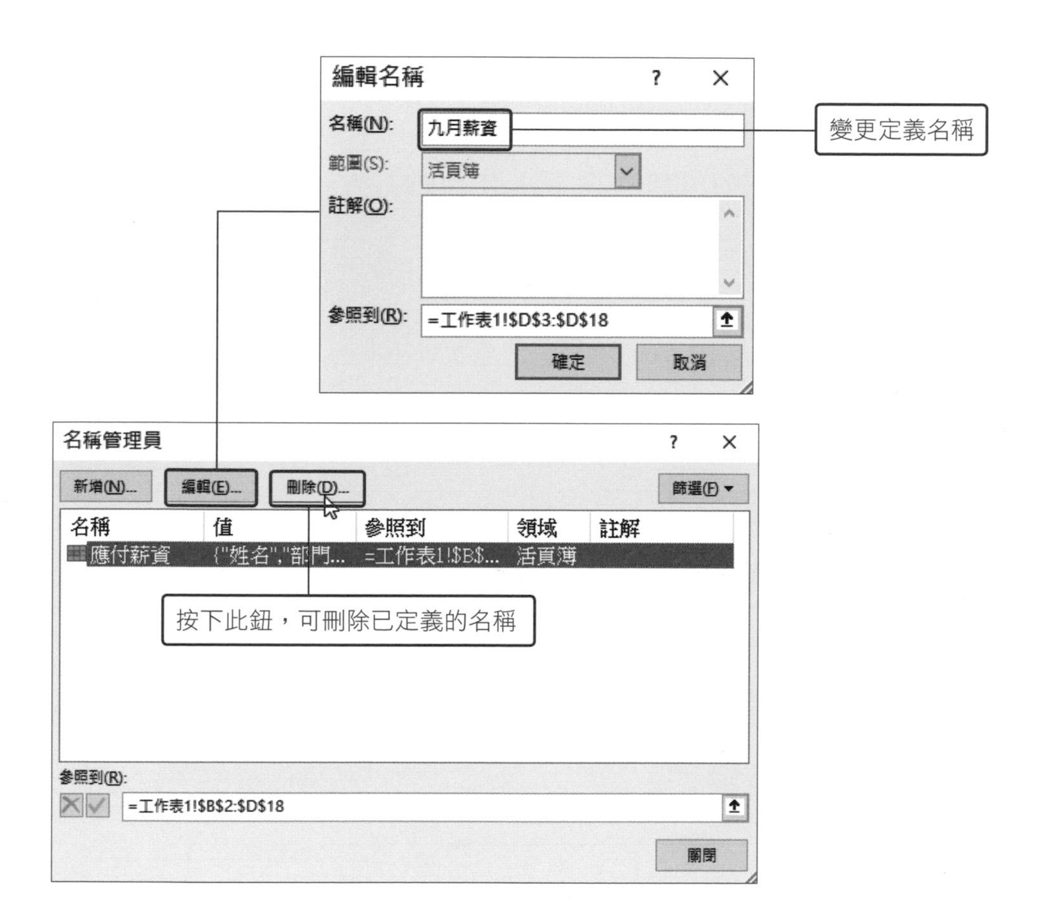

# Unit 006 將函數與函數組合在一起（巢狀函數）

單一函數本身可以執行特定的計算或處理，但有時要計算的資料比較複雜或是來源資料的欄位數很少，得先用 A 函數計算後，再用 B 函數來處理。像這樣要透過多個函數來計算，我們可以直接將 A 函數與 B 函數組合在同一行公式中，讓執行效果倍增。將多個函數組合在一起使用，又稱為**巢狀函數**。

例如**練習檔案\Part 0\Unit_006** 有各家分店的銷售資料，我們想從中找出哪些分店的銷量比較好，只要各分店的銷量大於所有分店的平均，就在「業績狀況」欄中顯示「Good！」；若是低於所有分店的平均，則顯示空白。

像這樣的例子，我們得先使用 AVERAGE 函數求出所有分店的平均，再用 IF 函數判斷各分店的銷量大於或小於平均。

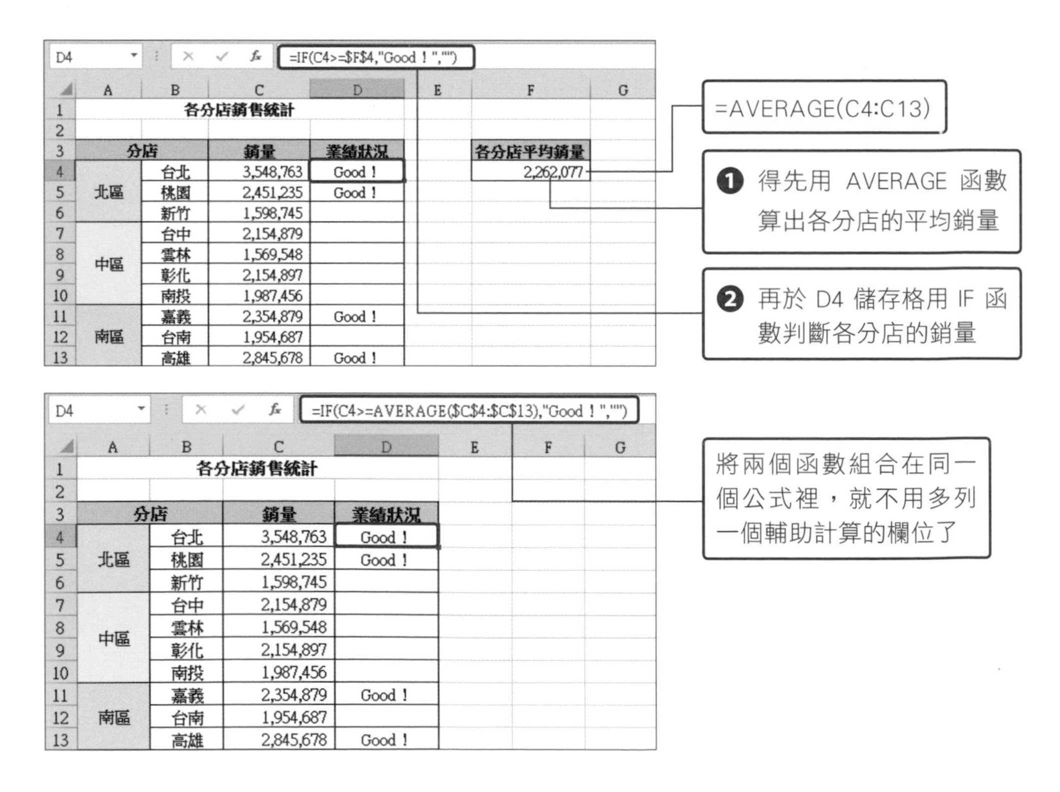


| 分店 | | 銷量 | 業績狀況 |
|---|---|---|---|
| 北區 | 台北 | 3,548,763 | Good！ |
| | 桃園 | 2,451,235 | Good！ |
| | 新竹 | 1,598,745 | |
| 中區 | 台中 | 2,154,879 | |
| | 雲林 | 1,569,548 | |
| | 彰化 | 2,154,897 | |
| | 南投 | 1,987,456 | |
| 南區 | 嘉義 | 2,354,879 | Good！ |
| | 台南 | 1,954,687 | |
| | 高雄 | 2,845,678 | Good！ |

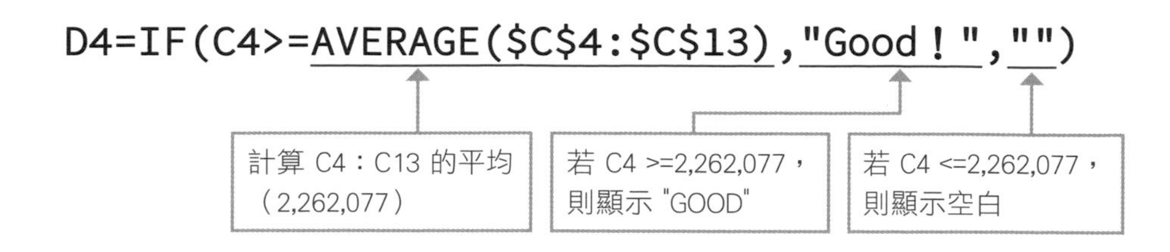


| AVERAGE 函數 | |
|---|---|
| 說明 | 計算平均值。 |
| 語法 | **=AVERAGE(數值1, [數值2]、……)** |
| 數值 | 要計算平均值的數值或儲存格範圍。 |

| IF 函數 | |
|---|---|
| 說明 | 根據判斷的條件，決定要執行的動作或回傳值。 |
| 語法 | **=IF(條件式, 條件成立, 條件不成立)** |
| 條件式 | 指定要回傳 TRUE 或 FALSE 的條件式。 |
| 條件成立 | 指定當「條件式」的結果為 TRUE 時，所要回傳的值或執行的公式，沒有任何指定，會回傳「0」。 |
| 條件不成立 | 指定當「條件式」的結果為 FALSE 時，所要回傳的值或執行的公式，沒有任何指定，會回傳「0」。 |

為了加深您對「巢狀函數」的印象，我們將多個函數的組合如下表示：

**=函數 A(函數 B(函數 B 的引數))**

↓ **先執行函數 B**

**=函數 A(函數 B 的執行結果)**

↓ **將函數 B 的執行結果當成函數 A 的引數**

**函數 A 的執行結果**

您只要記得在引數中輸入公式或函數，這部份的公式或函數會優先計算，計算後的結果會當成原本函數的引數使用。

## ➊ 在「資料編輯列」中插入其他函數

底下以**練習檔案\Part 0\Unit_006** 為例，教您在現有公式裡再輸入其他函數。

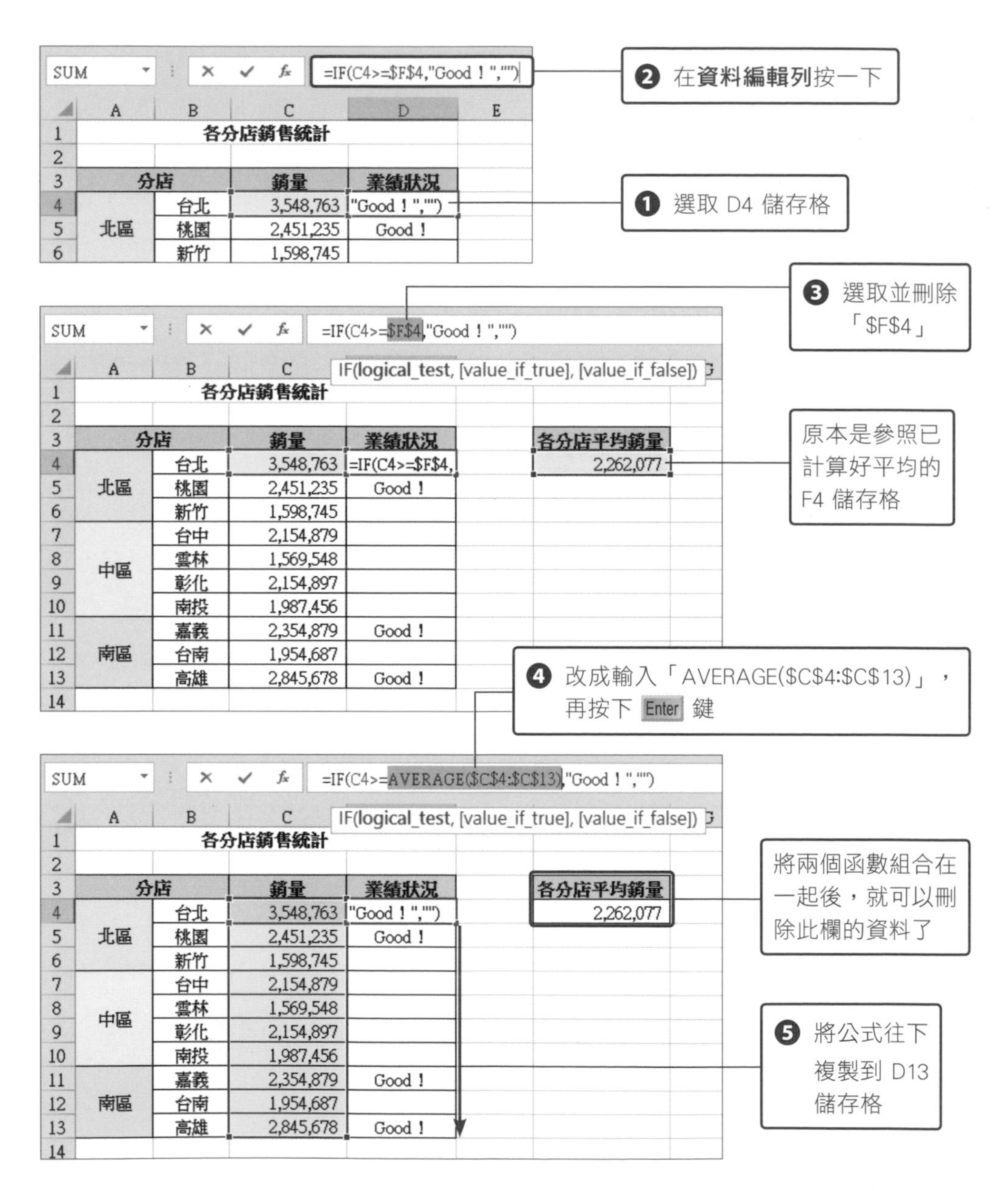


| 分店 | | 銷量 | 業績狀況 |
|---|---|---|---|
| 北區 | 台北 | 3,548,763 | "Good！","") |
| | 桃園 | 2,451,235 | Good！ |
| | 新竹 | 1,598,745 | |
| 中區 | 台中 | 2,154,879 | |
| | 雲林 | 1,569,548 | |
| | 彰化 | 2,154,897 | |
| | 南投 | 1,987,456 | |
| 南區 | 嘉義 | 2,354,879 | Good！ |
| | 台南 | 1,954,687 | |
| | 高雄 | 2,845,678 | Good！ |

TIPS 請注意！每個函數都需要輸入對應的「( )」，當同一行公式中有多個函數時，請在按下 Enter 鍵之前，確認每個括號是否成對。

# Unit 007 陣列

在表格中輸入相同類型或性質的資料時，可將它們視為一組**陣列**，陣列中每個儲存格稱為**陣列元素**。在輸入公式時，只要按下 Ctrl + Shift + Enter 鍵，就可以轉換成**陣列公式**。**陣列公式**與一般公式最大的不同在於：計算時是把整個陣列當成一組資料來處理，計算結果也會回傳至整個陣列。

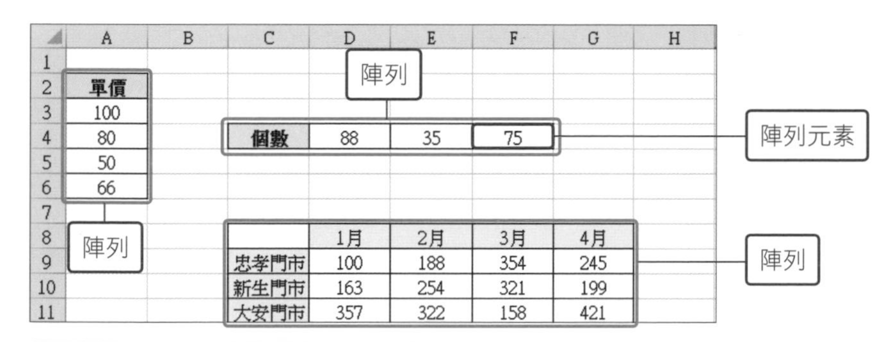


不論是縱向排列或橫向排列，或是「欄＋列」的結構，都可看成是**陣列**

## 陣列與單一儲存格的計算

剛才說過，陣列在計算時是以整組資料為單位，你可以將陣列與單一儲存格進行四則運算。例如我們想計算年終獎金為多少，就可以將本薪的資料當成一個陣列再乘上月數。

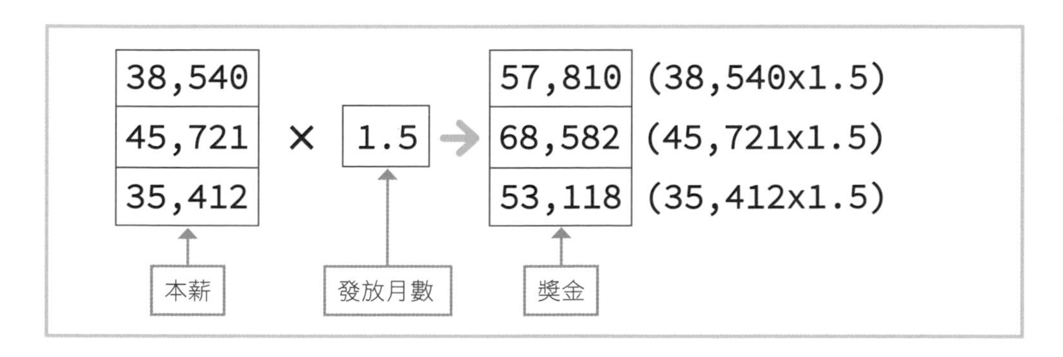

底下以實例說明陣列公式的計算方法，請開啟**練習檔案\Part 0\Unit_007_01**：

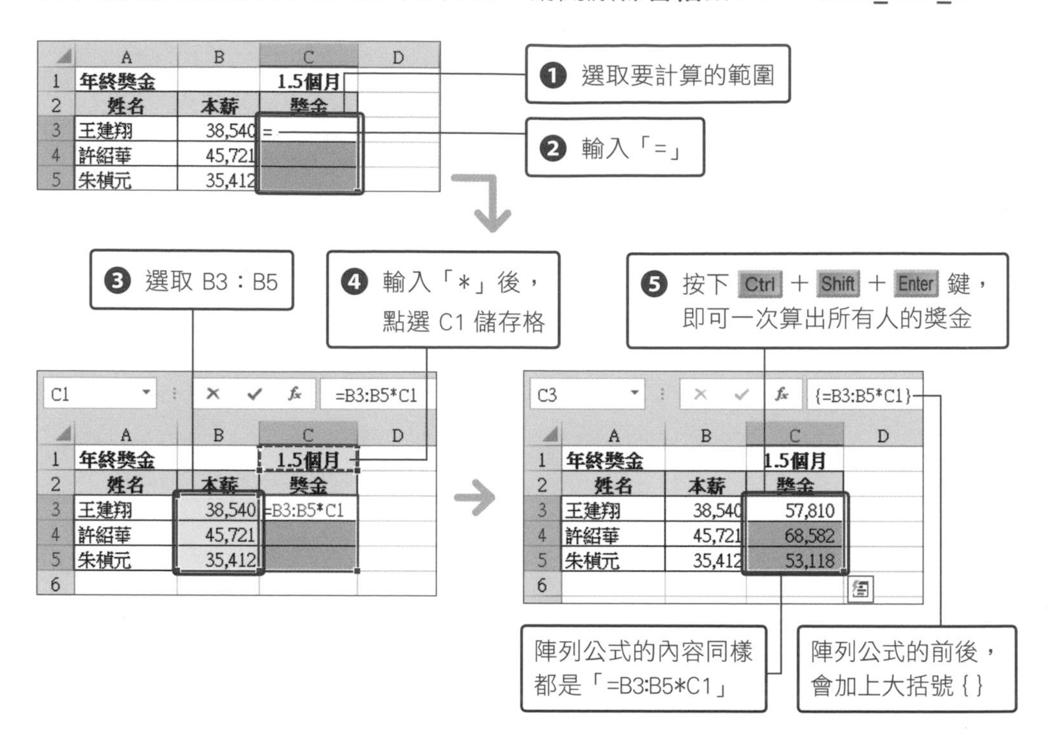


## 陣列與陣列的計算

陣列除了可與單一儲存格進行計算，也可以與其他陣列一起計算。例如每個人的年終獎金發放月數都不一樣，就可以分別將「本薪」及「月數」視為不同陣列，再進行相乘。請開啟**練習檔案\Part 0\Unit_007_02**：

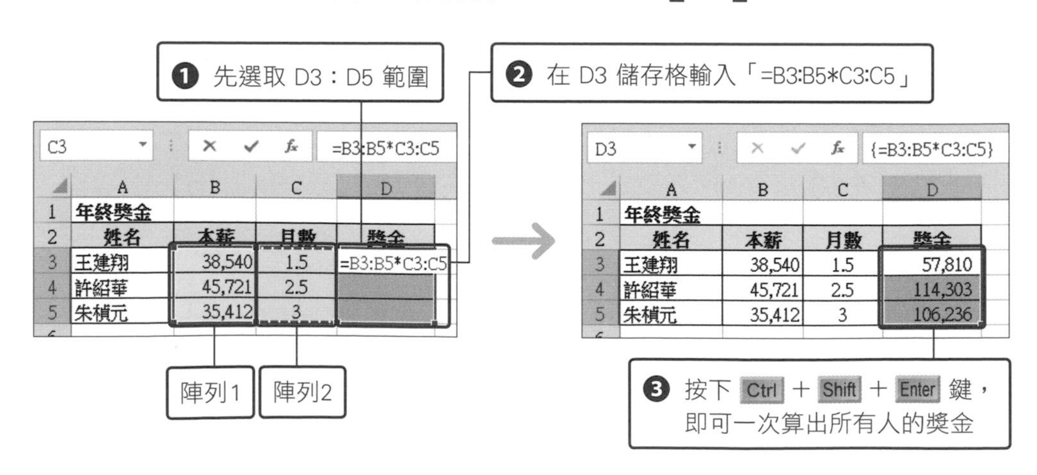

## 陣列與函數

陣列也可以跟函數搭配使用，其方法和一般函數的用法一樣，只是在確認公式輸入時，記得按下 Ctrl + Shift + Enter 鍵。例如：**練習檔案\Part 0\Unit_007_03**，我們想計算總獎金，就可以搭配 SUM 函數來加總。

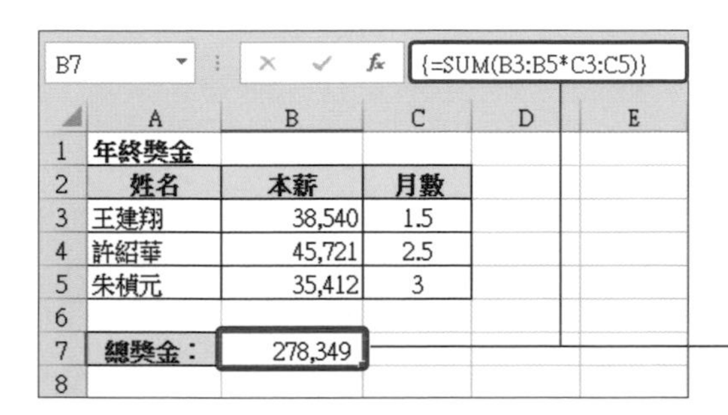


## 修改陣列公式

若要修改陣列公式，請務必選取所有包含陣列公式的儲存格範圍，重新輸入公式後，再按下 Ctrl + Shift + Enter 鍵。不能只選取陣列的其中一個儲存格進行修改，否則會出現錯誤訊息。

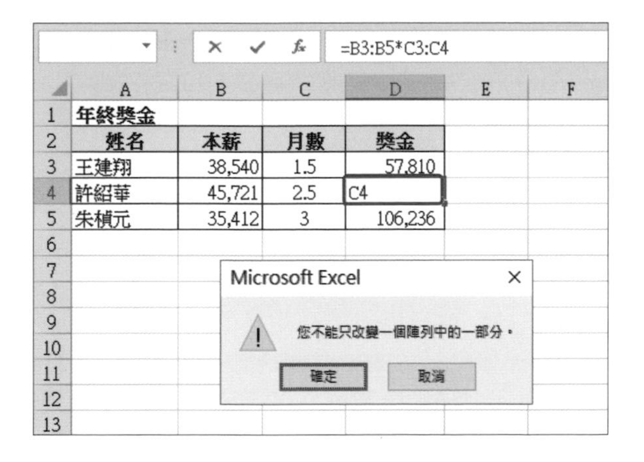

若您使用的是 Office 365，只要在第一個儲存格輸入公式，再按下 Enter 鍵，就可以將公式當成動態陣列公式。

Unit 008

# 跨工作表與跨活頁簿參照儲存格

## 跨工作表參照

活頁簿中若包含多個工作表，若要參照其他工作表中的儲存格資料，此時不能直接在儲存格中輸入「=B3」這樣的格式，而要改成如下的格式：

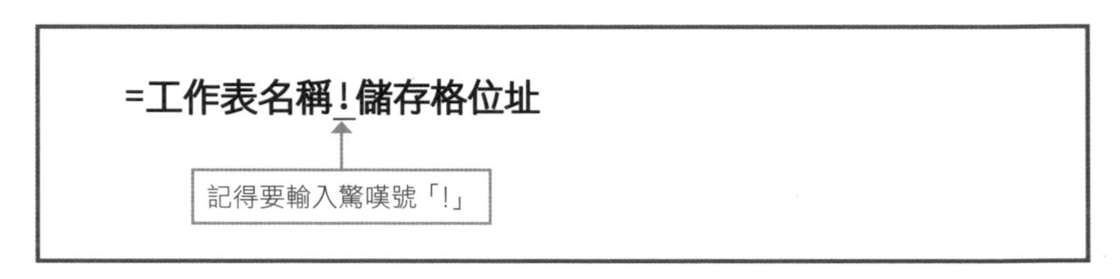


以**練習檔案\Part 0\Unit_008** 為例，**零用金加總**工作表，需要參照各月工作表的收入、支出與結餘資料：

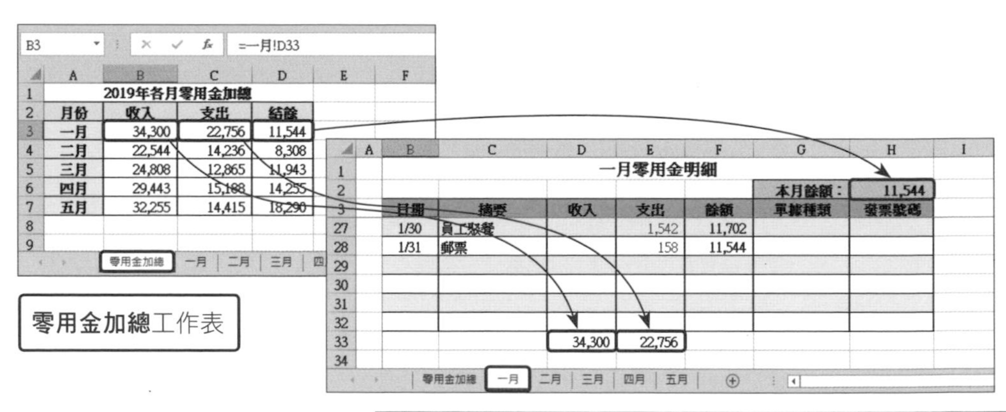


**零用金加總**工作表

五月零用金明細

本月餘額：18,290

| 日期 | 摘要 | 收入 | 支出 | 餘額 | 單據種類 | 發票號碼 |
|---|---|---|---|---|---|---|
| | | 32,255 | 14,415 | | | |

要參照**一月～五月**工作表的當月總收入、總支出與餘額

請切換到**零用金加總**工作表，選取 B3 儲存格後，如下操作：

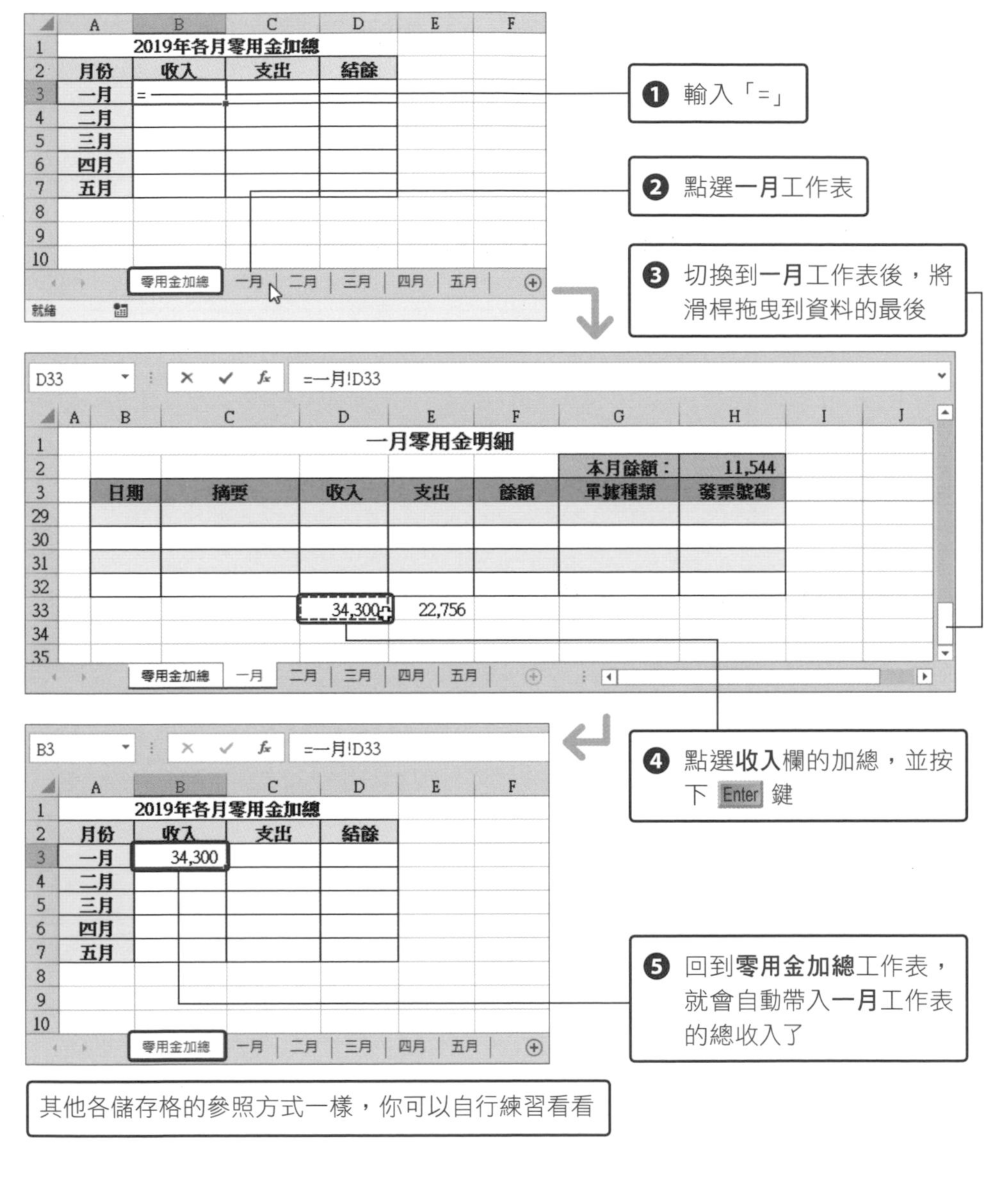


其他各儲存格的參照方式一樣，你可以自行練習看看

**=一月！D33**

參照到**一月**工作表的 D33 儲存格

TIPS 若工作表名稱的開頭為數字或名稱中包含空白時，工作表名稱需用單引號括住「'」，例如，要參照「4月」工作表的 A1 儲存格，要以「'4月'!A1」表示。

## 跨活頁簿參照

除了參照其他工作表的資料外，也可以參照其他活頁簿中的資料，但前提是要事先開啟參照的活頁簿檔案，輸入格式如下：

**[活頁簿名稱.副檔名]工作表名稱!儲存格位址**

例如要參照「銷售報表.xlsx」檔案的「北區」工作表中的「A1：B10 儲存格」，就可以在儲存格中輸入：

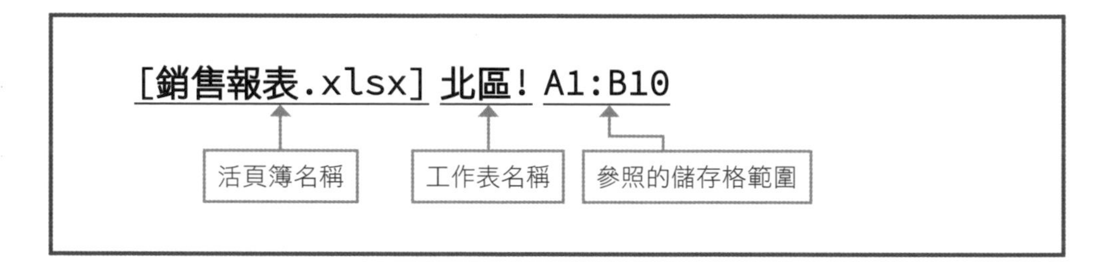

# Unit 009 常見錯誤值說明

在儲存格中輸入公式後，明明引數沒有打錯，但是按下 Enter 鍵，卻出現「#DIV/0!」、「#REF!」、……等錯誤訊息，這是為什麼呢？其實有些錯誤並不是公式打錯的關係，而是來源的參照資料還沒輸入，或是參照的儲存格位址已經被移動或刪除了。本單元特地將這些常見的錯誤訊息整理成表格，讓您在遇到錯誤時，能快速找出問題所在。

| 錯誤訊息 | 原因 | 解決 |
|---|---|---|
| ###### | ● 表示欄位的寬度太小，無法顯示所有內容。<br>● 儲存格裡含有負數日期或時間。<br>例如「過去日期」減「未來日期」，就會算出負數的日期值。 | ● 將欄位寬度調大，即可顯示儲存格中的所有內容。<br>● 避免產生負數日期或時間。 |
| #NULL! | ● 兩個指定的儲存格範圍之間，沒有交集的地方。<br>例如：「=SUM(B3:B5 D4:D6)」。 | ● 修正指定的儲存格範圍。 |
| #DIV/0! | ● 當數值除以「零」或是儲存格中沒有輸入任何值，就會顯示此錯誤。<br>例如：「=B4/C4」，但 C4 儲存格沒有任何資料。 | ● 將顯示錯誤的儲存格公式刪除，或是輸入「0」。 |
| #VALUE! | ● 使用含有不同資料類型的儲存格。例如將應該是數值的部份指定成字串，或是將要指定單一儲存格的引數，指定成儲存格範圍。<br>例如：金額=單價x數量，但應為數值的「數量」儲存格卻輸入了「無庫存」的字串，數值與字串類型無法進行計算。 | ● 修改參照儲存格的資料。 |

接下頁

| 錯誤訊息 | 原因 | 解決 |
| --- | --- | --- |
| #REF! | ● 當公式內的儲存格參照有誤時，就會顯示這個錯誤。<br>例如：「=C3+D4-E4」，當刪除了第 3 列，就會變成「=#REF!+D3-E3」。 | ● 試著檢查參照儲存格是否已經刪除，或是引數是否指定了不存在的儲存格。 |
| #NAME? | ● 公式中使用了 Excel 無法識別的字串時，就會顯示這個錯誤。<br>例如：已定義的名稱或是函數名稱拼錯了。 | ● 確認函數名稱是否拼錯。<br>● 檢查已定義名稱是否打錯。 |
| #NUM! | ● 表示公式或函數的引數使用了 Excel 無法處理的超大數值或超小數值。<br>例如：「=DATE(2015555,5,8)」。 | ● 查看引數中的數值。 |
| #N/A | ● 函數或公式無法參照到某個值時，就會顯示 #N/A 錯誤。通常是參照的資料尚未輸入，只要輸入資料，錯誤值就會消失。<br>例如：<br>=VLOOKUP(A3,E3:G10,2,FALSE)」，若 A3 尚未輸入資料，就會出現「#N/A」的錯誤。 | ● 只要輸入參照資料就可解決。 |

Part 1

# 資料的彙整與計算

每家公司都有各種外部或內部表單資料需要彙整與計算，但每種表單的排列方式，以及需要計算的欄位都不一致。有些要列出小計、有些要隔欄加總或相乘、有些只要加總篩選後的資料，像這樣多元化的數據資料，有時單用一個函數是無法完成計算的，需要經過多次選取，或是額外手動按計算機，填好必要的數據後，才能完成所要的結果。

本篇彙整了職場上各種需要統計、查詢及排序的範例，帶您學會用「輔助欄位」並搭配函數的技巧，以因應各種不同表單資料的計算。

# Unit 010 快速加總多個選取範圍的值

**範例** 計算各部門各員工獎金發放總額

SUM 特殊目標

## 範例說明

我們常會遇到要同時加總「橫向」及「縱向」的數值，光是選取加總的範圍就得進行多次操作。例如底下的範例，要加總橫向各部門的各項獎金，還要加總縱向的每位員工獎金，光是選取儲存格範圍，就要來回多次，真希望能快速選取這些範圍。

| | A | B | C | D | E | F | G | H |
|---|---|---|---|---|---|---|---|---|
| 1 | 3月份各單位獎金發放總計 | | | | | | | |
| 2 | | | | | | | | |
| 3 | 姓名 | 部門 | 職稱 | 部門獎金 | 績效獎金 | 成案獎金 | 個人加總 | |
| 4 | 周俊平 | 營業部 | 業務 | 2,000 | 6,800 | 1,658 | 10,458 | |
| 5 | 陳慶元 | 營業部 | 經理 | 3,000 | 5,850 | 2,365 | 11,215 | |
| 6 | 薛健治 | 營業部 | 業務 | 2,000 | 7,650 | 2,556 | 12,206 | |
| 7 | 劉元元 | 營業部 | 經理 | 3,000 | 3,480 | 7,888 | 14,368 | |
| 8 | 陳麗美 | 營業部 | 業務 | 2,000 | 5,350 | 3,555 | 10,905 | |
| 9 | 蘇守康 | 營業部 | 業務 | 2,000 | 6,430 | 4,588 | 13,018 | |
| 10 | 營業部總計： | | | 14,000 | 35,560 | 22,610 | 72,170 | |
| 11 | 蘇莊雲 | 代銷服務部 | 經理 | 3,500 | 5,598 | 6,544 | 15,642 | |
| 12 | 蔡祈川 | 代銷服務部 | 專員 | 2,000 | 3,546 | 8,444 | 13,990 | |
| 13 | 楊百義 | 代銷服務部 | 主任 | 2,500 | 4,266 | 3,254 | 10,020 | |
| 14 | 李少仁 | 代銷服務部 | 專員 | 2,000 | 1,200 | 1,887 | 5,087 | |
| 15 | 葉怡香 | 代銷服務部 | 專員 | 2,000 | 1,800 | 3,588 | 7,388 | |
| 16 | 代銷服務部總計： | | | 12,000 | 16,410 | 23,717 | 52,127 | |
| 17 | 劉元岩 | 不動產管理部 | 經理 | 4,000 | 4,354 | 4,555 | 12,909 | |
| 18 | 陳其信 | 不動產管理部 | 襄理 | 5,000 | 6,584 | 3,666 | 15,250 | |
| 19 | 李康偉 | 不動產管理部 | 專員 | 3,000 | 5,483 | 5,558 | 14,041 | |
| 20 | 邱信吉 | 不動產管理部 | 專員 | 3,000 | 4,586 | 1,555 | 9,141 | |
| 21 | 周素美 | 不動產管理部 | 專員 | 3,000 | 4,885 | 6,544 | 14,429 | |
| 22 | 林緯吉 | 不動產管理部 | 助理 | 2,000 | 2,000 | 1,555 | 5,555 | |
| 23 | 不動產管理部總計： | | | 20,000 | 27,892 | 23,433 | 71,325 | |
| 24 | | | | | | | | |
| 25 | 3月份總獎金： | | | 195,622 | | | | |
| 26 | | | | | | | | |

共要選取 6 次

雖然按住 Ctrl 鍵，可以選取不連續儲存格，但此範例共要進行 6 次的選取操作再進行加總計算，萬一資料筆數有上百、上千筆，就非常耗時了

## 操作步驟

### 01 選取表格範圍

請開啟**練習檔案 \Part 1\Unit_010**，點選表格範圍內的任一個儲存格 ❶，接著按下 Ctrl + A 鍵，即可選取整個表格範圍 ❷。

| | A | B | C | D | E | F | G |
|---|---|---|---|---|---|---|---|
| 1 | 3月份各單位獎金發放總計 | | | | | | |
| 2 | | | | | | | |
| 3 | 姓名 | 部門 | 職稱 | 部門獎金 | 績效獎金 | 成案獎金 | 個人加總 |
| 4 | 周俊平 | 營業部 | 業務 | 2,000 | 6,800 | 1,658 | |
| 5 | 陳慶元 | 營業部 | 經理 | 3,000 | 5,850 | 2,365 | |
| 6 | 薛健治 | 營業部 | 業務 | 2,000 | 7,650 | 2,556 | |
| 7 | 劉元元 | 營業部 | 經理 | 3,000 | 3,480 | 7,888 | |
| 8 | 陳麗美 | 營業部 | 業務 | 2,000 | 5,350 | 3,555 | |
| 9 | 蘇守康 | 營業部 | 業務 | 2,000 | 6,430 | 4,588 | |
| 10 | | 營業部總計： | | | | | |
| 11 | 蘇莊雲 | 代銷服務部 | 經理 | 3,500 | 5,598 | 6,544 | |
| 12 | 蔡祈川 | 代銷服務部 | 專員 | 2,000 | 3,546 | 8,444 | |
| 13 | 楊百義 | 代銷服務部 | 主任 | 2,500 | 4,266 | 3,254 | |
| 14 | 李少仁 | 代銷服務部 | 專員 | 2,000 | 1,200 | 1,887 | |
| 15 | 葉怡香 | 代銷服務部 | 專員 | 2,000 | 1,800 | 3,588 | |
| 16 | | 代銷服務部總計： | | | | | |
| 17 | 劉元岩 | 不動產管理部 | 經理 | 4,000 | 4,354 | 4,555 | |
| 18 | 陳其信 | 不動產管理部 | 襄理 | 5,000 | 6,584 | 3,666 | |
| 19 | 李康偉 | 不動產管理部 | 專員 | 3,000 | 5,483 | 5,558 | |
| 20 | 邱信吉 | 不動產管理部 | 專員 | 3,000 | 4,586 | 1,555 | |
| 21 | 周素美 | 不動產管理部 | 專員 | 3,000 | 4,885 | 6,544 | |
| 22 | 林緯吉 | 不動產管理部 | 助理 | 2,000 | 2,000 | 1,555 | |
| 23 | | 不動產管理部總計： | | | | | |
| 24 | | | | | | | |
| 25 | | 3月份總獎金： | | | | | |
| 26 | | | | | | | |

### 02 選取要加總的範圍

此範例要加總的範圍為「空白」儲存格，請切換到**常用**頁次，點選**尋找與選取**鈕下的**特殊目標** 。

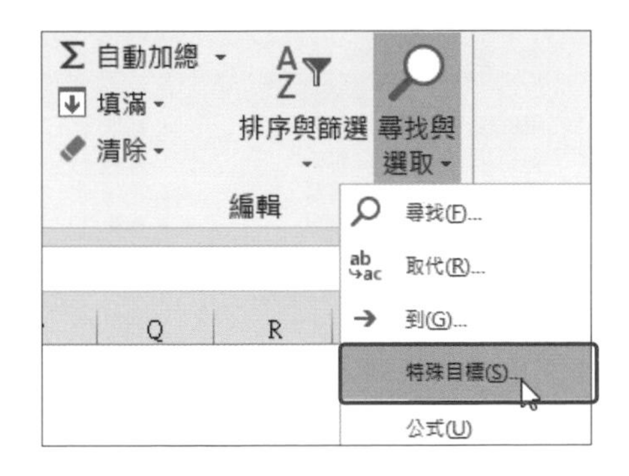

## 03 開啟「特殊目標」交談窗

開啟交談窗後，點選**空格**❶，再按下**確定**鈕❷，即可選取要加總的範圍。

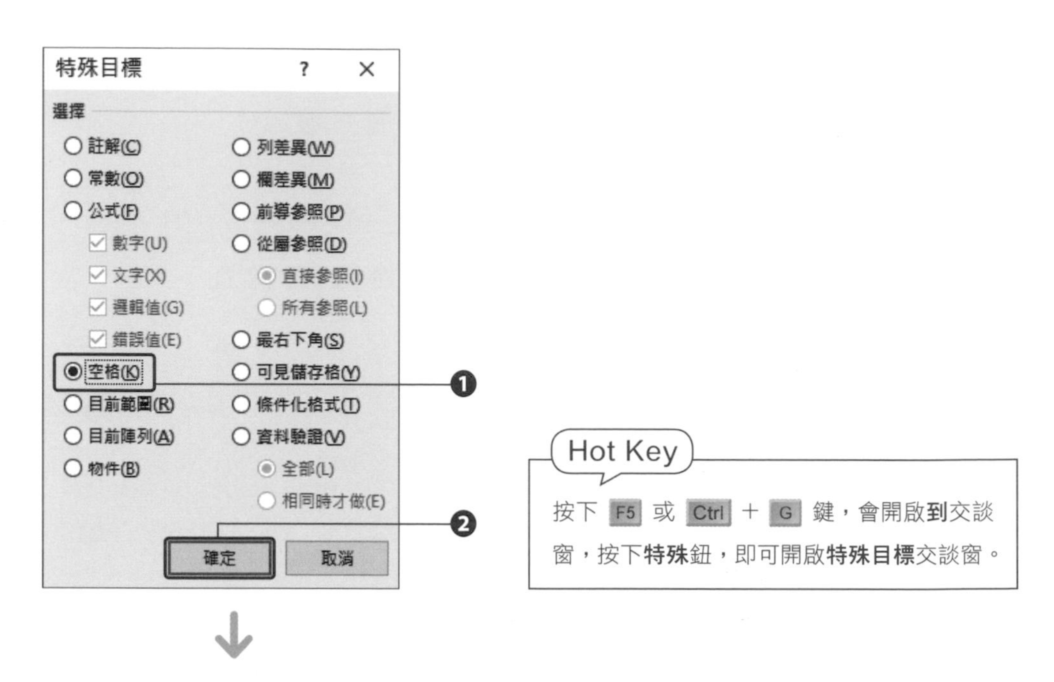


| | A | B | C | D | E | F | G |
|---|---|---|---|---|---|---|---|
| 1 | 3月份各單位獎金發放總計 | | | | | | |
| 2 | | | | | | | |
| 3 | 姓名 | 部門 | 職稱 | 部門獎金 | 績效獎金 | 成案獎金 | 個人加總 |
| 4 | 周俊平 | 營業部 | 業務 | 2,000 | 6,800 | 1,658 | |
| 5 | 陳慶元 | 營業部 | 經理 | 3,000 | 5,850 | 2,365 | |
| 6 | 薛健治 | 營業部 | 業務 | 2,000 | 7,650 | 2,556 | |
| 7 | 劉元元 | 營業部 | 經理 | 3,000 | 3,480 | 7,888 | |
| 8 | 陳麗美 | 營業部 | 業務 | 2,000 | 5,350 | 3,555 | |
| 9 | 蘇守康 | 營業部 | 業務 | 2,000 | 6,430 | 4,588 | |
| 10 | | 營業部總計： | | | | | |
| 11 | 蘇莊雲 | 代銷服務部 | 經理 | 3,500 | 5,598 | 6,544 | |
| 12 | 蔡祈川 | 代銷服務部 | 專員 | 2,000 | 3,546 | 8,444 | |
| 13 | 楊百義 | 代銷服務部 | 主任 | 2,500 | 4,266 | 3,254 | |
| 14 | 李少仁 | 代銷服務部 | 專員 | 2,000 | 1,200 | 1,887 | |
| 15 | 葉怡香 | 代銷服務部 | 專員 | 2,000 | 1,800 | 3,588 | |
| 16 | | 代銷服務部總計： | | | | | |
| 17 | 劉元岩 | 不動產管理部 | 經理 | 4,000 | 4,354 | 4,555 | |
| 18 | 陳其信 | 不動產管理部 | 襄理 | 5,000 | 6,584 | 3,666 | |
| 19 | 李康偉 | 不動產管理部 | 專員 | 3,000 | 5,483 | 5,558 | |
| 20 | 邱信吉 | 不動產管理部 | 專員 | 3,000 | 4,586 | 1,555 | |
| 21 | 周素美 | 不動產管理部 | 專員 | 3,000 | 4,885 | 6,544 | |
| 22 | 林緯吉 | 不動產管理部 | 助理 | 2,000 | 2,000 | 1,555 | |
| 23 | | 不動產管理部總計： | | | | | |

一次選好要加總的範圍

## 04 完成加總計算

按下**常用**頁次的 Σ 自動加總 ▾ 鈕，即可一次完成所有欄位的計算。

**Hot Key**

也可以按下 Alt + = 鍵，立即算出選取範圍的加總。

| | A | B | C | D | E | F | G |
|---|---|---|---|---|---|---|---|
| 1 | 3月份各單位獎金發放總計 | | | | | | |
| 2 | | | | | | | |
| 3 | 姓名 | 部門 | 職稱 | 部門獎金 | 績效獎金 | 成案獎金 | 個人加總 |
| 4 | 周俊平 | 營業部 | 業務 | 2,000 | 6,800 | 1,658 | 10,458 |
| 5 | 陳慶元 | 營業部 | 經理 | 3,000 | 5,850 | 2,365 | 11,215 |
| 6 | 薛健治 | 營業部 | 業務 | 2,000 | 7,650 | 2,556 | 12,206 |
| 7 | 劉元元 | 營業部 | 經理 | 3,000 | 3,480 | 7,888 | 14,368 |
| 8 | 陳麗美 | 營業部 | 業務 | 2,000 | 5,350 | 3,555 | 10,905 |
| 9 | 蘇守康 | 營業部 | 業務 | 2,000 | 6,430 | 4,588 | 13,018 |
| 10 | | 營業部總計： | | 14,000 | 35,560 | 22,610 | 72,170 |
| 11 | 蘇莊雲 | 代銷服務部 | 經理 | 3,500 | 5,598 | 6,544 | 15,642 |
| 12 | 蔡祈川 | 代銷服務部 | 專員 | 2,000 | 3,546 | 8,444 | 13,990 |
| 13 | 楊百義 | 代銷服務部 | 主任 | 2,500 | 4,266 | 3,254 | 10,020 |
| 14 | 李少仁 | 代銷服務部 | 專員 | 2,000 | 1,200 | 1,887 | 5,087 |
| 15 | 葉怡香 | 代銷服務部 | 專員 | 2,000 | 1,800 | 3,588 | 7,388 |
| 16 | | 代銷服務部總計： | | 12,000 | 16,410 | 23,717 | 52,127 |
| 17 | 劉元岩 | 不動產管理部 | 經理 | 4,000 | 4,354 | 4,555 | 12,909 |
| 18 | 陳其信 | 不動產管理部 | 襄理 | 5,000 | 6,584 | 3,666 | 15,250 |
| 19 | 李康偉 | 不動產管理部 | 專員 | 3,000 | 5,483 | 5,558 | 14,041 |
| 20 | 邱信吉 | 不動產管理部 | 專員 | 3,000 | 4,586 | 1,555 | 9,141 |
| 21 | 周素美 | 不動產管理部 | 專員 | 3,000 | 4,885 | 6,544 | 14,429 |
| 22 | 林緯吉 | 不動產管理部 | 助理 | 2,000 | 2,000 | 1,555 | 5,555 |
| 23 | | 不動產管理部總計： | | 20,000 | 27,892 | 23,433 | 71,325 |

## 05 計算總獎金

最後，只要在 D25 儲存格輸入「=SUM(G10,G16,G23)」即可算出總獎金。

D25 | =SUM(G10,G16,G23)

| | A | B | C | D | E | F | G | H |
|---|---|---|---|---|---|---|---|---|
| 1 | 3月份各單位獎金發放總計 | | | | | | | |
| 2 | | | | | | | | |
| 3 | 姓名 | 部門 | 職稱 | 部門獎金 | 績效獎金 | 成案獎金 | 個人加總 | |
| 4 | 周俊平 | 營業部 | 業務 | 2,000 | 6,800 | 1,658 | 10,458 | |
| 5 | 陳慶元 | 營業部 | 經理 | 3,000 | 5,850 | 2,365 | 11,215 | |
| 6 | 薛健治 | 營業部 | 業務 | 2,000 | 7,650 | 2,556 | 12,206 | |
| 7 | 劉元元 | 營業部 | 經理 | 3,000 | 3,480 | 7,888 | 14,368 | |
| 8 | 陳麗美 | 營業部 | 業務 | 2,000 | 5,350 | 3,555 | 10,905 | |
| 9 | 蘇守康 | 營業部 | 業務 | 2,000 | 6,430 | 4,588 | 13,018 | |
| 10 | | 營業部總計： | | 14,000 | 35,560 | 22,610 | 72,170 | |
| 11 | 蘇莊雲 | 代銷服務部 | 經理 | 3,500 | 5,598 | 6,544 | 15,642 | |
| 12 | 蔡祈川 | 代銷服務部 | 專員 | 2,000 | 3,546 | 8,444 | 13,990 | |
| 13 | 楊百義 | 代銷服務部 | 主任 | 2,500 | 4,266 | 3,254 | 10,020 | |
| 14 | 李少仁 | 代銷服務部 | 專員 | 2,000 | 1,200 | 1,887 | 5,087 | |
| 15 | 葉怡香 | 代銷服務部 | 專員 | 2,000 | 1,800 | 3,588 | 7,388 | |
| 16 | | 代銷服務部總計： | | 12,000 | 16,410 | 23,717 | 52,127 | |
| 17 | 劉元岩 | 不動產管理部 | 經理 | 4,000 | 4,354 | 4,555 | 12,909 | |
| 18 | 陳其信 | 不動產管理部 | 襄理 | 5,000 | 6,584 | 3,666 | 15,250 | |
| 19 | 李康偉 | 不動產管理部 | 專員 | 3,000 | 5,483 | 5,558 | 14,041 | |
| 20 | 邱信吉 | 不動產管理部 | 專員 | 3,000 | 4,586 | 1,555 | 9,141 | |
| 21 | 周素美 | 不動產管理部 | 專員 | 3,000 | 4,885 | 6,544 | 14,429 | |
| 22 | 林緯吉 | 不動產管理部 | 助理 | 2,000 | 2,000 | 1,555 | 5,555 | |
| 23 | | 不動產管理部總計： | | 20,000 | 27,892 | 23,433 | 71,325 | |
| 24 | | | | | | | | |
| 25 | | 3月份總獎金： | | 195,622 | | | | |
| 26 | | | | | | | | |

| SUM 函數 | |
|---|---|
| 說明 | 計算指定數值、儲存格或儲存格範圍的所有數值加總。 |
| 語法 | **=SUM(數值 1,[數值 2],…)** |
| 數值 | 可以是數字或是儲存格範圍。若要加總連續儲存格，可用「:」做區隔，若要加總不相鄰的儲存格，可用「,」區隔。引數中的空白儲存格或文字會被忽略。 |

Unit 011

# 累加計算

**範例** 累加計算年度營業額及年增率

SUM ISBLANK IF

## 範例說明

想逐月累計營業額，將上個月與這個月的營業額相加，到下個月再繼續累加，但是 SUM 函數只能加總指定的儲存格或是範圍，這時公式該怎麼寫呢？還有，逐月累加營業額後，要怎麼比較今年與去年同期的營業額是成長還是衰退？

| 107年 | | | 108年 | | | |
|---|---|---|---|---|---|---|
| 月份 | 營業額 | 累計營業額 | 月份 | 營業額 | 累計營業額 | 年增率 |
| 1 | 2,213,566 | 2,213,566 | 1 | 2,154,687 | 2,154,687 | -2.66% |
| 2 | 3,225,666 | 5,439,232 | 2 | 2,564,654 | 4,719,341 | -13.24% |
| 3 | 4,556,566 | 9,995,798 | 3 | 5,448,654 | 10,167,995 | 1.72% |
| 4 | 3,446,223 | 13,442,021 | 4 | 4,555,668 | 14,723,663 | 9.53% |
| 5 | 5,449,698 | 18,891,719 | 5 | 3,549,874 | 18,273,537 | -3.27% |
| 6 | 6,525,597 | 25,417,316 | 6 | 7,546,984 | 25,820,521 | 1.59% |
| 7 | 6,548,984 | 31,966,300 | 7 | 6,588,569 | 32,409,090 | 1.39% |
| 8 | 3,348,896 | 35,315,196 | 8 | 4,557,145 | 36,966,235 | 4.68% |
| 9 | 5,498,713 | 40,813,909 | 9 | 4,569,541 | 41,535,776 | 1.77% |
| 10 | 4,566,668 | 45,380,577 | 10 | 3,216,568 | 44,752,344 | -1.38% |
| 11 | 2,668,548 | 48,049,125 | 11 | | | |
| 12 | 1,568,546 | 49,617,671 | 12 | | | |

想了解今年與去年同期的年增率

想逐月累加營業額

## 操作步驟

### 方法 1：累計營業額的計算 － 儲存格相加

要計算累計的數值，可以用儲存格相加的方式來達成。

## 01 帶入第一筆數值

請開啟**練習檔案\Part 1\Unit_011**，在 C3 儲存格輸入「=B3」，再按下 Enter 鍵。

| | A | B | C | D | E | F |
|---|---|---|---|---|---|---|
| 1 | 107年 | | | 108年 | | |
| 2 | 月份 | 營業額 | 累計營業額 | 月份 | 營業額 | 累計營業額 |
| 3 | 1 | 2,213,566 | 2,213,566 | 1 | 2,154,687 | |
| 4 | 2 | 3,225,666 | | 2 | 2,564,654 | |
| 5 | 3 | 4,556,566 | | 3 | 5,448,654 | |

## 02 累加計算

將 1 月的數值與 2 月的數值相加後 ❶，拖曳 C4 儲存格的**填滿控點**到 C14 儲存格 ❷，將公式複製到其他儲存格，就可以完成累加計算。

❶ 在此輸入「=C3+B4」，按下 Enter 鍵

| | A | B | C | D | E |
|---|---|---|---|---|---|
| 1 | 107年 | | | | |
| 2 | 月份 | 營業額 | 累計營業額 | 月份 | 營業額 |
| 3 | 1 | 2,213,566 | 2,213,566 | 1 | 2,154,687 |
| 4 | 2 | 3,225,666 | =C3+B4 | 2 | 2,564,654 |
| 5 | 3 | 4,556,566 | | 3 | 5,448,654 |
| 6 | 4 | 3,446,223 | | 4 | 4,555,668 |
| 7 | 5 | 5,449,698 | | 5 | 3,549,874 |
| 8 | 6 | 6,525,597 | | 6 | 7,546,984 |
| 9 | 7 | 6,548,984 | | 7 | 6,588,569 |
| 10 | 8 | 3,348,896 | | 8 | 4,557,145 |
| 11 | 9 | 5,498,713 | | 9 | 4,569,541 |
| 12 | 10 | 4,566,668 | | 10 | 3,216,568 |
| 13 | 11 | 2,668,548 | | 11 | |
| 14 | 12 | 1,568,546 | | 12 | |

❷ 往下拖曳 C4 的**填滿控點**，即可累加各月份的營業額

| | A | B | C | D | E |
|---|---|---|---|---|---|
| 1 | 107年 | | | | |
| 2 | 月份 | 營業額 | 累計營業額 | 月份 | 營業額 |
| 3 | 1 | 2,213,566 | 2,213,566 | 1 | 2,154,687 |
| 4 | 2 | 3,225,666 | 5,439,232 | 2 | 2,564,654 |
| 5 | 3 | 4,556,566 | 9,995,798 | 3 | 5,448,654 |
| 6 | 4 | 3,446,223 | 13,442,021 | 4 | 4,555,668 |
| 7 | 5 | 5,449,698 | 18,891,719 | 5 | 3,549,874 |
| 8 | 6 | 6,525,597 | 25,417,316 | 6 | 7,546,984 |
| 9 | 7 | 6,548,984 | 31,966,300 | 7 | 6,588,569 |
| 10 | 8 | 3,348,896 | 35,315,196 | 8 | 4,557,145 |
| 11 | 9 | 5,498,713 | 40,813,909 | 9 | 4,569,541 |
| 12 | 10 | 4,566,668 | 45,380,577 | 10 | 3,216,568 |
| 13 | 11 | 2,668,548 | 48,049,125 | 11 | |
| 14 | 12 | 1,568,546 | 49,617,671 | 12 | |

此方法是先讓 C3=B3，接著 C4=C3+B4、C5=C4+B5、… 依此類推。

# 方法 2：累計營業額的計算 — SUM 函數

接著，我們要利用 SUM 函數加總連續儲存格範圍的特性，進行累加計算。

## 01 帶入第一筆數值

請在 F3 儲存格中輸入「=SUM($E$3:E3)」，利用 SUM 函數進行儲存格範圍加總，在此要將第一個儲存格範圍以絕對參照固定。

F3 =SUM($E$3:E3)

| | A | B | C | D | E | F | G |
|---|---|---|---|---|---|---|---|
| 1 | 107年 | | | 108年 | | | |
| 2 | 月份 | 營業額 | 累計營業額 | 月份 | 營業額 | 累計營業額 | 年增率 |
| 3 | 1 | 2,213,566 | 2,213,566 | 1 | 2,154,687 | 2,154,687 | |
| 4 | 2 | 3,225,666 | 5,439,232 | 2 | 2,564,654 | | |
| 5 | 3 | 4,556,566 | 9,995,798 | 3 | 5,448,654 | | |

## 02 累加計算

往下拖曳 F3 儲存格的**填滿控點**到 F12 儲存格，即完成計算。

| | A | B | C | D | E | F | G |
|---|---|---|---|---|---|---|---|
| 1 | 107年 | | | 108年 | | | |
| 2 | 月份 | 營業額 | 累計營業額 | 月份 | 營業額 | 累計營業額 | 年增率 |
| 3 | 1 | 2,213,566 | 2,213,566 | 1 | 2,154,687 | 2,154,687 | |
| 4 | 2 | 3,225,666 | 5,439,232 | 2 | 2,564,654 | 4,719,341 | |
| 5 | 3 | 4,556,566 | 9,995,798 | 3 | 5,448,654 | 10,167,995 | |
| 6 | 4 | 3,446,223 | 13,442,021 | 4 | 4,555,668 | 14,723,663 | |
| 7 | 5 | 5,449,698 | 18,891,719 | 5 | 3,549,874 | 18,273,537 | |
| 8 | 6 | 6,525,597 | 25,417,316 | 6 | 7,546,984 | 25,820,521 | |
| 9 | 7 | 6,548,984 | 31,966,300 | 7 | 6,588,569 | 32,409,090 | |
| 10 | 8 | 3,348,896 | 35,315,196 | 8 | 4,557,145 | 36,966,235 | |
| 11 | 9 | 5,498,713 | 40,813,909 | 9 | 4,569,541 | 41,535,776 | |
| 12 | 10 | 4,566,668 | 45,380,577 | 10 | 3,216,568 | 44,752,344 | |
| 13 | 11 | 2,668,548 | 48,049,125 | 11 | | | |
| 14 | 12 | 1,568,546 | 49,617,671 | 12 | | | |

## 03 錯誤檢查

完成計算後，F 欄的儲存格左上角會出現綠色三角形，這是 Excel 的**錯誤檢查選項**功能，用來檢查公式是否有誤。由於 Excel 偵測到此公式與相鄰的公式不符合，所以出現提醒，你可以在儲存格中點選 ◆ 鈕，再點選**略過錯誤**，關閉此提醒。

| | A | B | C | D | E | F | G |
|---|---|---|---|---|---|---|---|
| 1 | 107年 | | | 108年 | | | |
| 2 | 月份 | 營業額 | 累計營業額 | 月份 | 營業額 | 累計營業額 | 年增率 |
| 3 | 1 | 2,213,566 | 2,213,566 | 1 | 2,154,687 | 2,154,687 | |
| 4 | 2 | 3,225,666 | 5,439,232 | 2 | 2,56 | 4,719,341 | |
| 5 | 3 | 4,556, | | | | 10,167,995 | |
| 6 | 4 | 3,446, | | | | 14,723,663 | |
| 7 | 5 | 5,449, | | | | 44,752,344 | |
| 8 | 6 | 6,525, | | | | 25,820,521 | |
| 9 | 7 | 6,548, | | | | 32,409,090 | |
| 10 | 8 | 3,348, | | | | 36,966,235 | |
| 11 | 9 | 5,498, | | | | 41,535,776 | |
| 12 | 10 | 4,566, | | | | 44,752,344 | |
| 13 | 11 | 2,668,548 | 48,049,125 | 11 | | | |
| 14 | 12 | 1,568,546 | 49,617,671 | 12 | | | |

公式省略相鄰的儲存格
更新公式以包含儲存格(U)
此錯誤的說明
略過錯誤
在資料編輯列中編輯(F)
錯誤檢查選項(O)...

點選此項，略過錯誤

利用 SUM 函數的方法，是先固定第一個起始位置，接著再「逐列」位移。先讓 F3=$E$3，接著 F4=$E$3:E4、F5=$E$3:E5、… 依此類推。

| | A | B | C | D | E | F | G |
|---|---|---|---|---|---|---|---|
| 1 | 107年 | | | 108年 | | | |
| 2 | 月份 | 營業額 | 累計營業額 | 月份 | 營業額 | 累計營業額 | 年增率 |
| 3 | 1 | 2,213,566 | 2,213,566 | 1 | 2,154,687 | 2,154,687 | |
| 4 | 2 | 3,225,666 | 5,439,232 | 2 | 2,564,654 | 4,719,341 | |
| 5 | 3 | 4,556,566 | 9,995,798 | 3 | 5,448,654 | 10,167,995 | |
| 6 | 4 | 3,446,223 | 13,442,021 | 4 | 4,555,668 | 14,723,663 | |
| 7 | 5 | 5,449,698 | 18,891,719 | 5 | 3,549,874 | 44,752,344 | |
| 8 | 6 | 6,525,597 | 25,417,316 | 6 | 7,546,984 | 25,820,521 | |
| 9 | 7 | 6,548,984 | 31,966,300 | 7 | 6,588,569 | 32,409,090 | |
| 10 | 8 | 3,348,896 | 35,315,196 | 8 | 4,557,145 | 36,966,235 | |
| 11 | 9 | 5,498,713 | 40,813,909 | 9 | 4,569,541 | 41,535,776 | |
| 12 | 10 | 4,566,668 | 45,380,577 | 10 | 3,216,568 | 44,752,344 | |
| 13 | 11 | 2,668,548 | 48,049,125 | 11 | | | |
| 14 | 12 | 1,568,546 | 49,617,671 | 12 | | | |

=$E$3

=$E$3:E4

=$E$3:E5

## ◗當營業額欄位沒有資料時，累計營業額會出現數值？

不論是利用剛才的**方法 1** 或**方法 2**，若是將 F 欄的公式繼續往下複製，即使「營業額」欄位裡沒有資料，「累計營業額」仍然會顯示最後一筆資料值。

例如，我們將 F12 儲存格的公式往下延伸到 F14 儲存格，由於 E13 及 E14 儲存格還沒有輸入資料，因此 F13 及 F14 儲存格會繼續帶入 F12 儲存格的資料。若是希望在還沒有輸入營業額資料時，不要顯示累計營業額的值，可用 ISBLANK 函數來解決。

| | A | B | C | D | E | F | G |
|---|---|---|---|---|---|---|---|
| 1 | 107年 | | | 108年 | | | |
| 2 | 月份 | 營業額 | 累計營業額 | 月份 | 營業額 | 累計營業額 | 年增率 |
| 3 | 1 | 2,213,566 | 2,213,566 | 1 | 2,154,687 | 2,154,687 | |
| 4 | 2 | 3,225,666 | 5,439,232 | 2 | 2,564,654 | 4,719,341 | |
| 5 | 3 | 4,556,566 | 9,995,798 | 3 | 5,448,654 | 10,167,995 | |
| 6 | 4 | 3,446,223 | 13,442,021 | 4 | 4,555,668 | 14,723,663 | |
| 7 | 5 | 5,449,698 | 18,891,719 | 5 | 3,549,874 | 44,752,344 | |
| 8 | 6 | 6,525,597 | 25,417,316 | 6 | 7,546,984 | 25,820,521 | |
| 9 | 7 | 6,548,984 | 31,966,300 | 7 | 6,588,569 | 32,409,090 | |
| 10 | 8 | 3,348,896 | 35,315,196 | 8 | 4,557,145 | 36,966,235 | |
| 11 | 9 | 5,498,713 | 40,813,909 | 9 | 4,569,541 | 41,535,776 | |
| 12 | 10 | 4,566,668 | 45,380,577 | 10 | 3,216,568 | 44,752,344 | |
| 13 | 11 | 2,668,548 | 48,049,125 | 11 | | 44,752,344 | |
| 14 | 12 | 1,568,546 | 49,617,671 | 12 | | 44,752,344 | |

還沒有填入資料，卻出現累計營業額的值

## 操作步驟

### 01 判斷儲存格是否為空白

在此要利用 ISBLANK 函數判斷儲存格是否為空白，再搭配 IF 函數，當儲存格為空白，就維持空白不填入資料，若儲存格不是空白就進行 SUM 的累加。請開啟**練習檔案\Part 1\Unit_011_01**，在 F3 儲存格輸入公式：

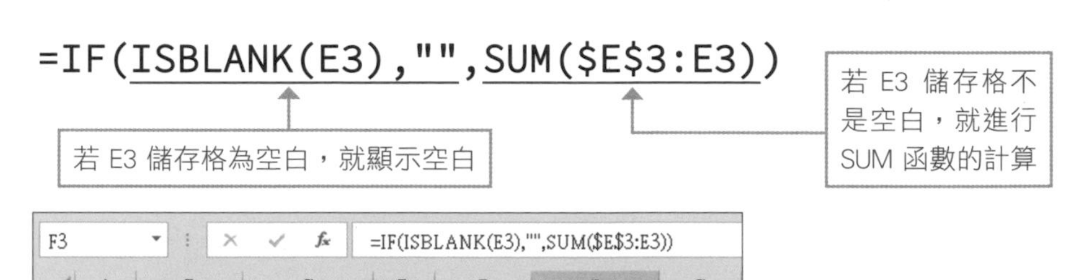


F3　=IF(ISBLANK(E3),"",SUM($E$3:E3))

| | A | B | C | D | E | F | G |
|---|---|---|---|---|---|---|---|
| 1 | 107年 | | | 108年 | | | |
| 2 | 月份 | 營業額 | 累計營業額 | 月份 | 營業額 | 累計營業額 | 年增率 |
| 3 | 1 | 2,213,566 | 2,213,566 | 1 | 2,154,687 | 2,154,687 | |
| 4 | 2 | 3,225,666 | 5,439,232 | 2 | 2,564,654 | | |

**IF 函數的語法，請參考 Unit 006。**

| ISBLANK 函數 | |
|---|---|
| 說明 | 判斷儲存格是否為空白。 |
| 語法 | **=ISBLANK (值)** |
| 值 | 指定的儲存格若為空白，**值**引數會回傳「TRUE」，若儲存格不是空白，則會回傳「FALSE」。 |

### 02 利用「填滿控點」複製公式

拖曳 F3 儲存格的**填滿控點**到 F14 儲存格，即完成公式的複製。

F13　=IF(ISBLANK(E13),"",SUM($E$3:E13))

| | A | B | C | D | E | F | G |
|---|---|---|---|---|---|---|---|
| 1 | 107年 | | | 108年 | | | |
| 2 | 月份 | 營業額 | 累計營業額 | 月份 | 營業額 | 累計營業額 | 年增率 |
| 3 | 1 | 2,213,566 | 2,213,566 | 1 | 2,154,687 | 2,154,687 | |
| 4 | 2 | 3,225,666 | 5,439,232 | 2 | 2,564,654 | 4,719,341 | |
| 5 | 3 | 4,556,566 | 9,995,798 | 3 | 5,448,654 | 10,167,995 | |
| 6 | 4 | 3,446,223 | 13,442,021 | 4 | 4,555,668 | 14,723,663 | |
| 7 | 5 | 5,449,698 | 18,891,719 | 5 | 3,549,874 | 18,273,537 | |
| 8 | 6 | 6,525,597 | 25,417,316 | 6 | 7,546,984 | 25,820,521 | |
| 9 | 7 | 6,548,984 | 31,966,300 | 7 | 6,588,569 | 32,409,090 | |
| 10 | 8 | 3,348,896 | 35,315,196 | 8 | 4,557,145 | 36,966,235 | |
| 11 | 9 | 5,498,713 | 40,813,909 | 9 | 4,569,541 | 41,535,776 | |
| 12 | 10 | 4,566,668 | 45,380,577 | 10 | 3,216,568 | 44,752,344 | |
| 13 | 11 | 2,668,548 | 48,049,125 | 11 | | | |
| 14 | 12 | 1,568,546 | 49,617,671 | 12 | | | |

F13、F14 儲存格，已輸入公式，即使 E13、E14 還沒有填入資料，也不會出現數值

## 計算年增率

若是想了解今年的累計營業額與去年同期的累計營業額相比成長了多少，可在 **Unit_011_01** 的 G3 儲存格輸入「=(F3-C3)/C3*100%」。

**年增率=(今年累計營業額－去年同期累計營業額) / 去年同期累計營業額 *100%**

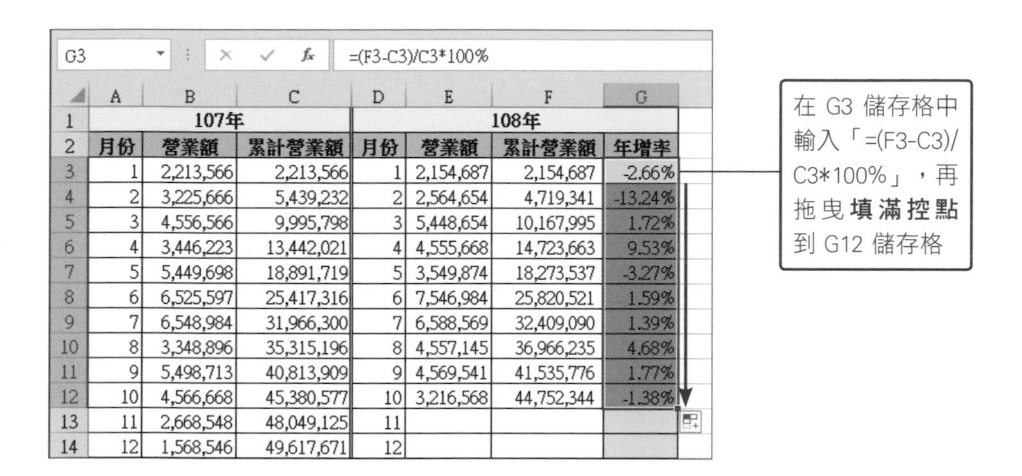
G3 =(F3-C3)/C3*100%

| | A | B | C | D | E | F | G |
|---|---|---|---|---|---|---|---|
| 1 | 107年 | | | 108年 | | | |
| 2 | 月份 | 營業額 | 累計營業額 | 月份 | 營業額 | 累計營業額 | 年增率 |
| 3 | 1 | 2,213,566 | 2,213,566 | 1 | 2,154,687 | 2,154,687 | -2.66% |
| 4 | 2 | 3,225,666 | 5,439,232 | 2 | 2,564,654 | 4,719,341 | -13.24% |
| 5 | 3 | 4,556,566 | 9,995,798 | 3 | 5,448,654 | 10,167,995 | 1.72% |
| 6 | 4 | 3,446,223 | 13,442,021 | 4 | 4,555,668 | 14,723,663 | 9.53% |
| 7 | 5 | 5,449,698 | 18,891,719 | 5 | 3,549,874 | 18,273,537 | -3.27% |
| 8 | 6 | 6,525,597 | 25,417,316 | 6 | 7,546,984 | 25,820,521 | 1.59% |
| 9 | 7 | 6,548,984 | 31,966,300 | 7 | 6,588,569 | 32,409,090 | 1.39% |
| 10 | 8 | 3,348,896 | 35,315,196 | 8 | 4,557,145 | 36,966,235 | 4.68% |
| 11 | 9 | 5,498,713 | 40,813,909 | 9 | 4,569,541 | 41,535,776 | 1.77% |
| 12 | 10 | 4,566,668 | 45,380,577 | 10 | 3,216,568 | 44,752,344 | -1.38% |
| 13 | 11 | 2,668,548 | 48,049,125 | 11 | | | |
| 14 | 12 | 1,568,546 | 49,617,671 | 12 | | | |



### 範例應用

累加計算的應用範圍很廣，像是日常生活中的現金收支、零用金支出、累計里程數計算、累計獎金統計、累計薪資、……等，都會用到。

5月份零用金支出明細

| No. | 日期 | 事由 | 收入 | 支出 | 餘額 | 備註 |
|---|---|---|---|---|---|---|
| 1 | 5/4 | 上月結餘 | 23,100 | | 23,100 | |
| 2 | 5/5 | 郵票 | | 1,850 | 21,250 | |
| 3 | 5/7 | 電池 | | 258 | 20,992 | |
| 4 | 5/10 | 橡膠插座 | | 1,553 | 19,439 | |
| 5 | 5/11 | 搬運費 | | 3,250 | 16,189 | |
| 6 | 5/12 | 員工加班餐費 | | 654 | 15,535 | |
| 7 | 5/13 | 施工交通費 | | 850 | 14,685 | |
| 8 | 5/13 | 悠遊卡退卡 | 800 | | 15,485 | |
| 9 | 5/14 | ETC加值 | | 1,200 | 14,285 | |
| 10 | 5/15 | 公務車油資 | | 1,800 | 12,485 | |
| 11 | 5/16 | 冷氣維修 | | 2,000 | 10,485 | |
| | | 小計 | 23,900 | 13,415 | 10,485 | |

Unit 012

# 只計算「篩選」後的資料

**範例** 只想加總篩選後的「童裝」進貨金額

SUBTOTAL

## 範例說明

想從大量資料中找出特定的產品資料，最快的方法就是利用**篩選**功能。若要加總篩選後的資料，大多數人直覺會想到利用 SUM 函數來加總，可是 SUM 函數會加總所有項目的合計，不能只計算篩選後的資料，這時候請改用 SUBTOTAL 函數來解決！

H87 =SUM(H4:H85)

| | A | B | C | D | E | F | G | H | I |
|---|---|---|---|---|---|---|---|---|---|
| 1 | 春夏裝進貨記錄 | | | | | | | | |
| 2 | | | | | | | | | |
| 3 | 序號 | 產品類別 | 產品編號 | 品名 | 入庫日期 | 入庫數量 | 單價 | 進貨金額 | |
| 13 | 10 | 童裝 | KD1583 | 動物系萌 T | 3/15 | 688 | 399 | 274,512 | |
| 21 | 18 | 童裝 | KD1583 | 動物系萌 T | 3/22 | 588 | 399 | 234,612 | |
| 22 | 19 | 童裝 | KD1585 | 棒棒糖含棉上衣 | 3/26 | 681 | 488 | 332,328 | |
| 23 | 20 | 童裝 | KD1583 | 動物系萌 T | 3/27 | 658 | 399 | 262,542 | |
| 26 | 23 | 童裝 | KD1585 | 棒棒糖含棉上衣 | 4/8 | 1,541 | 488 | 752,008 | |
| 37 | 34 | 童裝 | KD1584 | 無袖洋裝 | 4/16 | 587 | 580 | 340,460 | |
| 38 | 35 | 童裝 | KD1583 | 動物系萌 T | 4/16 | 1,002 | 399 | 399,798 | |
| 41 | 38 | 童裝 | KD1585 | 棒棒糖含棉上衣 | 4/19 | 235 | 488 | 114,680 | |
| 42 | 39 | 童裝 | KD1585 | 棒棒糖含棉上衣 | 4/19 | 511 | 488 | 249,368 | |
| 43 | 40 | 童裝 | KD1583 | 動物系萌 T | 4/20 | 548 | 399 | 218,652 | |
| 48 | 45 | 童裝 | KD1585 | 棒棒糖含棉上衣 | 4/26 | 344 | 488 | 167,872 | |
| 57 | 54 | 童裝 | KD1585 | 棒棒糖含棉上衣 | 5/10 | 650 | 488 | 317,200 | |
| 59 | 56 | 童裝 | KD1585 | 棒棒糖含棉上衣 | 5/11 | 248 | 488 | 121,024 | |
| 63 | 60 | 童裝 | KD1584 | 無袖洋裝 | 5/15 | 999 | 580 | 579,420 | |
| 69 | 66 | 童裝 | KD1584 | 無袖洋裝 | 5/28 | 654 | 580 | 379,320 | |
| 78 | 75 | 童裝 | KD1584 | 無袖洋裝 | 6/11 | 488 | 580 | 283,040 | |
| 80 | 77 | 童裝 | KD1583 | 動物系萌 T | 6/15 | 284 | 399 | 113,316 | |
| 82 | 79 | 童裝 | KD1585 | 棒棒糖含棉上衣 | 6/20 | 458 | 488 | 223,504 | |
| 86 | | | | | | | | | |
| 87 | | | | | | | 進貨總金額 | 48,378,767 | |
| 88 | | | | | | | | | |

利用**篩選**功能找出所有「童裝」的進貨記錄，使用 SUM 函數加總「童裝」的進貨金額，卻是所有資料的加總

應該是 5,363,656 才對

# 操作步驟

## 01 輸入「進貨總金額」的公式

請開啟**練習檔案 \Part 1\Unit_012**，選取 H87 儲存格，輸入「=SUBTOTAL(9,H4:H85)」，然後按下 Enter 鍵。

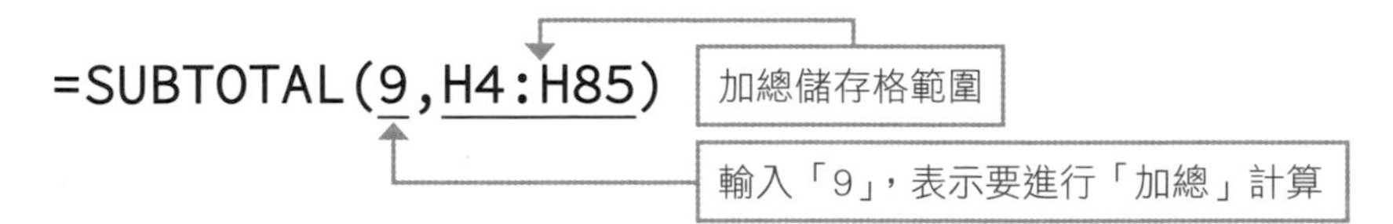


H87 =SUBTOTAL(9,H4:H85)

| | A | B | C | D | E | F | G | H |
|---|---|---|---|---|---|---|---|---|
| 1 | 春夏裝進貨記錄 | | | | | | | |
| 2 | | | | | | | | |
| 3 | 序號 | 產品類別 | 產品編號 | 品名 | 入庫日期 | 入庫數量 | 單價 | 進貨金額 |
| 78 | 75 | 童裝 | KD1584 | 無袖洋裝 | 6/11 | 488 | 580 | 283,040 |
| 79 | 76 | 男裝 | BT1554 | 英字燙印圓領短袖上衣 | 6/11 | 777 | 988 | 767,676 |
| 80 | 77 | 童裝 | KD1583 | 動物系萌 T | 6/15 | 284 | 399 | 113,316 |
| 81 | 78 | 男裝 | BT1554 | 英字燙印圓領短袖上衣 | 6/18 | 658 | 988 | 650,104 |
| 82 | 79 | 童裝 | KD1585 | 棒棒糖含棉上衣 | 6/20 | 458 | 488 | 223,504 |
| 83 | 80 | 男裝 | BT1554 | 英字燙印圓領短袖上衣 | 6/20 | 1,205 | 988 | 1,190,540 |
| 84 | 81 | 女裝 | CA1251 | 顯瘦牛仔短褲 | 6/22 | 483 | 1,050 | 507,150 |
| 85 | 82 | 女裝 | CA1254 | 荷葉百褶長裙 | 6/24 | 1,150 | 599 | 688,850 |
| 86 | | | | | | | | |
| 87 | | | | | | | 進貨總金額 | 48,378,767 |

## 02 執行「篩選」功能

選取表格中任一個儲存格 ❶，按下**資料**頁次中的**篩選**鈕 ❷。

| | A | B | C | D | E | F | G | H |
|---|---|---|---|---|---|---|---|---|
| 1 | 春夏裝進貨記錄 | | | | | | | |
| 2 | | | | | | | | |
| 3 | 序號 | 產品類別 | 產品編號 | 品名 | 入庫日期 | 入庫數量 | 單價 | 進貨金額 |
| 77 | 74 | 運動服 | SP6332 | 咖啡紗涼感緊身上衣 | 6/10 | 977 | 588 | 574,476 |
| 78 | 75 | 童裝 | KD1584 | 無袖洋裝 | 6/11 | 488 | 580 | 283,040 |
| 79 | 76 | 男裝 | BT1554 | 英字燙印圓領短袖上衣 | 6/11 | 777 | 988 | 767,676 |
| 80 | 77 | 童裝 | KD1583 | 動物系萌 T | 6/15 | 284 | 399 | 113,316 |
| 81 | 78 | 男裝 | BT1554 | 英字燙印圓領短袖上衣 | 6/18 | 658 | 988 | 650,104 |
| 82 | 79 | 童裝 | KD1585 | 棒棒糖含棉上衣 | 6/20 | 458 | 488 | 223,504 |
| 83 | 80 | 男裝 | BT1554 | 英字燙印圓領短袖上衣 | 6/20 | 1,205 | 988 | 1,190,540 |
| 84 | 81 | 女裝 | CA1251 | 顯瘦牛仔短褲 | 6/22 | 483 | 1,050 | 507,150 |
| 85 | 82 | 女裝 | CA1254 | 荷葉百褶長裙 | 6/24 | 1,150 | 599 | 688,850 |
| 86 | | | | | | | | |
| 87 | | | | | | | 進貨總金額 | 48,378,767 |

| SUBTOTAL 函數 | |
|---|---|
| **說明** | 計算清單或資料庫中的資料。 |
| **語法** | **=SUBTOTAL(計算方法, 範圍1,[範圍2]…)** |
| **計算方法** | 計算時使用的函數。可指定數字 1～11 或是 101～111，各編號對應的函數，請參考下表。 |
| **範圍** | 指定計算對象的儲存格範圍。 |

| 計算方法<br>(包含手動隱藏的列) | 計算方法<br>(排除手動隱藏的列) | 函數 |
|---|---|---|
| 1 | 101 | AVERAGE (平均值) |
| 2 | 102 | COUNT (資料個數) |
| 3 | 103 | COUNTA (計算非空白的資料個數) |
| 4 | 104 | MAX (最大值) |
| 5 | 105 | MIN (最小值) |
| 6 | 106 | PRODUCT (乘積) |
| 7 | 107 | STDEV (依樣本求標準差) |
| 8 | 108 | STDEVP (依整個母體求標準差) |
| 9 | 109 | SUM (加總) |
| 10 | 110 | VAR (依樣本求變異數) |
| 11 | 111 | VARP (依整個母體求變異數) |

**手動隱藏列**的補充說明：

當沒有進行資料篩選時，手動隱藏部份的列，使用引數「9」，加總結果會包含已手動隱藏的列，若使用引數「109」，則加總結果不會包含手動隱藏的列。當資料經過篩選，手動隱藏部分的列，使用引數「9」和「109」都不會包含已經隱藏的列的值。

## 03 篩選出所有「童裝」資料

接著，按下**產品類別**欄的篩選鈕 ❶，取消勾選**全選** ❷，再勾選**童裝** ❸，並按下**確定**鈕 ❹。

春夏裝進貨記錄

| 序號 | 產品類別 | 產品編號 | 品名 | 入庫日期 | 入庫數量 | 單價 | 進貨金額 |
|---|---|---|---|---|---|---|---|
| 10 | 童裝 | KD1583 | 動物系萌 T | 3/15 | 688 | 399 | 274,512 |
| 18 | 童裝 | KD1583 | 動物系萌 T | 3/22 | 588 | 399 | 234,612 |
| 19 | 童裝 | KD1585 | 棒棒糖含棉上衣 | 3/26 | 681 | 488 | 332,328 |
| 20 | 童裝 | KD1583 | 動物系萌 T | 3/27 | 658 | 399 | 262,542 |
| 23 | 童裝 | KD1585 | 棒棒糖含棉上衣 | 4/8 | 1,541 | 488 | 752,008 |
| 34 | 童裝 | KD1584 | 無袖洋裝 | 4/16 | 587 | 580 | 340,460 |
| 35 | 童裝 | KD1583 | 動物系萌 T | 4/16 | 1,002 | 399 | 399,798 |
| 38 | 童裝 | KD1585 | 棒棒糖含棉上衣 | 4/19 | 235 | 488 | 114,680 |
| 39 | 童裝 | KD1585 | 棒棒糖含棉上衣 | 4/19 | 511 | 488 | 249,368 |
| 40 | 童裝 | KD1583 | 動物系萌 T | 4/20 | 548 | 399 | 218,652 |
| 45 | 童裝 | KD1585 | 棒棒糖含棉上衣 | 4/26 | 344 | 488 | 167,872 |
| 54 | 童裝 | KD1585 | 棒棒糖含棉上衣 | 5/10 | 650 | 488 | 317,200 |
| 56 | 童裝 | KD1585 | 棒棒糖含棉上衣 | 5/11 | 248 | 488 | 121,024 |
| 60 | 童裝 | KD1584 | 無袖洋裝 | 5/15 | 999 | 580 | 579,420 |
| 66 | 童裝 | KD1584 | 無袖洋裝 | 5/28 | 654 | 580 | 379,320 |
| 75 | 童裝 | KD1584 | 無袖洋裝 | 6/11 | 488 | 580 | 283,040 |
| 77 | 童裝 | KD1583 | 動物系萌 T | 6/15 | 284 | 399 | 113,316 |
| 79 | 童裝 | KD1585 | 棒棒糖含棉上衣 | 6/20 | 458 | 488 | 223,504 |
| | | | | | | 進貨總金額 | 5,363,656 |

篩選出所有**童裝**資料

計算出**童裝**的進貨總金額了

## ☑ 舉一反三　讓篩選後的編號不要跳號

以剛才的範例而言，資料經過篩選，第一欄的編號會變成不連續。若希望篩選後的資料能從 1 開始依序編號，同樣可以使用 SUBTOTAL 函數來解決。

| 3 | 序號 | 產品類別 | 產品編號 | 品名 | 入庫日期 | 入庫數量 | 單價 | 進貨金額 |
|---|---|---|---|---|---|---|---|---|
| 13 | 10 | 童裝 | KD1583 | 動物系萌T | 3/15 | 688 | 399 | 274,512 |
| 21 | 18 | 童裝 | KD1583 | 動物系萌T | 3/22 | 588 | 399 | 234,612 |
| 22 | 19 | 童裝 | KD1585 | 棒棒糖含棉上衣 | 3/26 | 681 | 488 | 332,328 |
| 23 | 20 | 童裝 | KD1583 | 動物系萌T | 3/27 | 658 | 399 | 262,542 |
| 26 | 23 | 童裝 | KD1585 | 棒棒糖含棉上衣 | 4/8 | 1,541 | 488 | 752,008 |
| 37 | 34 | 童裝 | KD1584 | 無袖洋裝 | 4/16 | 587 | 580 | 340,460 |
| 38 | 35 | 童裝 | KD1583 | 動物系萌T | 4/16 | 1,002 | 399 | 399,798 |
| 41 | 38 | 童裝 | KD1585 | 棒棒糖含棉上衣 | 4/19 | 235 | 488 | 114,680 |
| 42 | 39 | 童裝 | KD1585 | 棒棒糖含棉上衣 | 4/19 | 511 | 488 | 249,368 |
| 43 | 40 | 童裝 | KD1583 | 動物系萌T | 4/20 | 548 | 399 | 218,652 |
| 48 | 45 | 童裝 | KD1585 | 棒棒糖含棉上衣 | 4/26 | 344 | 488 | 167,872 |
| 57 | 54 | 童裝 | KD1585 | 棒棒糖含棉上衣 | 5/10 | 650 | 488 | 317,200 |
| 59 | 56 | 童裝 | KD1585 | 棒棒糖含棉上衣 | 5/11 | 248 | 488 | 121,024 |
| 63 | 60 | 童裝 | KD1584 | 無袖洋裝 | 5/15 | 999 | 580 | 579,420 |
| 69 | 66 | 童裝 | KD1584 | 無袖洋裝 | 5/28 | 654 | 580 | 379,320 |
| 78 | 75 | 童裝 | KD1584 | 無袖洋裝 | 6/11 | 488 | 580 | 283,040 |
| 80 | 77 | 童裝 | KD1583 | 動物系萌T | 6/15 | 284 | 399 | 113,316 |
| 82 | 79 | 童裝 | KD1585 | 棒棒糖含棉上衣 | 6/20 | 458 | 488 | 223,504 |
| 86 | | | | | | | | |
| 87 | | | | | | | 進貨總金額 | 5,363,656 |

只篩選出「童裝」資料，序號不會自動重新編排

請開啟**練習檔案\Part 1\Unit_012_舉一反三**，先刪除 A4：A85 的序號資料 ❶，利用 B 欄的篩選鈕篩選資料（如**童裝**）❷。

| | A | B | C | D | E | F | G | H |
|---|---|---|---|---|---|---|---|---|
| 1 | | | | 春夏裝進貨記錄 | | | | |
| 2 | | | | | | | | |
| 3 | 序號 | 產品類別 | 產品編號 | 品名 | 入庫日期 | 入庫數量 | 單價 | 進貨金額 |
| 13 | | 童裝 | KD1583 | 動物系萌T | 3/15 | 688 | 399 | 274,512 |
| 21 | | 童裝 | KD1583 | 動物系萌T | 3/22 | 588 | 399 | 234,612 |
| 22 | | 童裝 | KD1585 | 棒棒糖含棉上衣 | 3/26 | 681 | 488 | 332,328 |
| 23 | | 童裝 | KD1583 | 動物系萌T | 3/27 | 658 | 399 | 262,542 |
| 26 | | 童裝 | KD1585 | 棒棒糖含棉上衣 | 4/8 | 1,541 | 488 | 752,008 |
| 37 | | 童裝 | KD1584 | 無袖洋裝 | 4/16 | 587 | 580 | 340,460 |
| 38 | | 童裝 | KD1583 | 動物系萌T | 4/16 | 1,002 | 399 | 399,798 |
| 41 | | 童裝 | KD1585 | 棒棒糖含棉上衣 | 4/19 | 235 | 488 | 114,680 |
| 42 | | 童裝 | KD1585 | 棒棒糖含棉上衣 | 4/19 | 511 | 488 | 249,368 |
| 43 | | 童裝 | KD1583 | 動物系萌T | 4/20 | 548 | 399 | 218,652 |
| 48 | | 童裝 | KD1585 | 棒棒糖含棉上衣 | 4/26 | 344 | 488 | 167,872 |
| 57 | | 童裝 | KD1585 | 棒棒糖含棉上衣 | 5/10 | 650 | 488 | 317,200 |
| 59 | | 童裝 | KD1585 | 棒棒糖含棉上衣 | 5/11 | 248 | 488 | 121,024 |
| 63 | | 童裝 | KD1584 | 無袖洋裝 | 5/15 | 999 | 580 | 579,420 |
| 69 | | 童裝 | KD1584 | 無袖洋裝 | 5/28 | 654 | 580 | 379,320 |

接下頁

請在篩選後的第一筆資料（此例為 A13 儲存格）輸入「=SUBTOTAL(3,$B$13:B13)」❶，再利用**填滿控點**往下複製公式 ❷ 即可。

A13 =SUBTOTAL(3,$B$13:B13)

| | A | B | C | D | E | F |
|---|---|---|---|---|---|---|
| 1 | 春夏裝進貨記錄 | | | | | |
| 2 | | | | | | |
| 3 | 序號 | 產品類別 | 產品編號 | 品名 | 入庫日期 | 入庫數量 |
| 13 | 1 | 童裝 | KD1583 | 動物系萌 T | 3/15 | 688 |
| 21 | 2 | 童裝 | KD1583 | 動物系萌 T | 3/22 | 588 |
| 22 | 3 | 童裝 | KD1585 | 棒棒糖含棉上衣 | 3/26 | 681 |
| 23 | 4 | 童裝 | KD1583 | 動物系萌 T | 3/27 | 658 |
| 26 | 5 | 童裝 | KD1585 | 棒棒糖含棉上衣 | 4/8 | 1,541 |
| 37 | 6 | 童裝 | KD1584 | 無袖洋裝 | 4/16 | 587 |
| 38 | 7 | 童裝 | KD1583 | 動物系萌 T | 4/16 | 1,002 |
| 41 | 8 | 童裝 | KD1585 | 棒棒糖含棉上衣 | 4/19 | 235 |
| 42 | 9 | 童裝 | KD1585 | 棒棒糖含棉上衣 | 4/19 | 511 |
| 43 | 10 | 童裝 | KD1583 | 動物系萌 T | 4/20 | 548 |
| 48 | 11 | 童裝 | KD1585 | 棒棒糖含棉上衣 | 4/26 | 344 |
| 57 | 12 | 童裝 | KD1585 | 棒棒糖含棉上衣 | 5/10 | 650 |
| 59 | 13 | 童裝 | KD1585 | 棒棒糖含棉上衣 | 5/11 | 248 |
| 63 | 14 | 童裝 | KD1584 | 無袖洋裝 | 5/15 | 999 |
| 69 | 15 | 童裝 | KD1584 | 無袖洋裝 | 5/28 | 654 |
| 78 | 16 | 童裝 | KD1584 | 無袖洋裝 | 6/11 | 488 |
| 80 | 17 | 童裝 | KD1583 | 動物系萌 T | 6/15 | 284 |
| 82 | 18 | 童裝 | KD1585 | 棒棒糖含棉上衣 | 6/20 | 458 |

請注意！這裡輸入的儲存格範圍要以篩選後的第一筆資料所在的位置為主，若篩選不同類別後（如**男裝**），第一筆資料為 B7，那麼 SUBTOTAL 函數裡的引數就要帶入 $B$7:B7。

A7 =SUBTOTAL(3,$B$7:B7)

| | A | B | C | D | E | F |
|---|---|---|---|---|---|---|
| 1 | 春夏裝進貨記錄 | | | | | |
| 2 | | | | | | |
| 3 | 序號 | 產品類別 | 產品編號 | 品名 | 入庫日期 | 入庫數量 |
| 7 | 1 | 男裝 | BT1552 | 滾邊棉質休閒長褲 | 3/6 | 587 |
| 10 | 2 | 男裝 | BT1553 | 牛仔寬版褲 | 3/10 | 878 |
| 15 | 3 | 男裝 | BT1555 | 自然刷色牛仔襯衫 | 3/15 | 684 |
| 20 | 4 | 男裝 | BT1552 | 滾邊棉質休閒長褲 | 3/21 | 1,500 |
| 32 | 5 | 男裝 | BT1553 | 牛仔寬版褲 | 4/11 | 688 |
| 33 | 6 | 男裝 | BT1554 | 英字燙印圓領短袖上衣 | 4/12 | 678 |

Unit
# 013 插入小計

**範例** 如何在連續的資料中依月份插入小計？

SUBTOTAL　MONTH　小計功能

## 範例說明

每個月定期檢視應付帳款是非常重要的，除了能與廠商保持良好的往來關係，還能掌握公司的資金狀況。但是當應付帳款的資料全部記錄在同一個工作表裡，想知道各月份的應付總額，要如何統計呢？

| | A | B | C | D | E | F | G | H | I |
|---|---|---|---|---|---|---|---|---|---|
| 1 | | 2019年上半年應付帳款 | | | | | | | |
| 2 | | 應付日期 | 客戶名稱 | 付款方式 | 未稅 | 稅金 | 實付金額 | | |
| 3 | | 01/08 | 三零建設 | 支票 | 45,350 | 2,268 | 47,618 | | |
| 4 | | 01/12 | 和幕建設 | 現金 | 111,698 | 5,585 | 117,283 | | |
| 5 | | 01/16 | 峰鍏化工 | 現金 | 6,882 | 344 | 7,226 | | |
| 6 | | 01/17 | 至上電子公司 | 支票 | 55,441 | 2,772 | 58,213 | | |
| 7 | | 01/18 | 力行鋼鐵 | 現金 | 3,335 | 167 | 3,502 | | |
| 8 | | 01/20 | 建宏壓克力 | 現金 | 1,118 | 56 | 1,174 | | |
| 9 | | 01/22 | 瑞意科技 | 現金 | 33,354 | 1,668 | 35,022 | | |
| 10 | | 01/30 | 祥欣材料 | 現金 | 2,581 | 129 | 2,710 | 272,747 | |
| 11 | | 02/01 | 融新企業 | 支票 | 31,588 | 1,579 | 33,167 | | |
| 12 | | 02/05 | 佳世塑料 | 現金 | 68,745 | 3,437 | 72,182 | | |
| 13 | | 02/08 | 中新保全 | 現金 | 98,542 | 4,927 | 103,469 | | |
| 14 | | 02/12 | 瑞源股份有限公司 | 支票 | 3,588 | 179 | 3,767 | | |
| 15 | | 02/16 | 祥欣材料 | 現金 | 36,421 | 1,821 | 38,242 | | |
| 16 | | 02/17 | 峰鍏化工 | 現金 | 6,777 | 339 | 7,116 | | |
| 17 | | 02/18 | 建宏壓克力 | 現金 | 5,884 | 294 | 6,178 | | |
| 18 | | 02/25 | 奇新電子 | 現金 | 55,440 | 2,772 | 58,212 | | |
| 19 | | 02/27 | 峰鍏化工 | 支票 | 847,569 | 42,378 | 889,947 | 1,212,282 | |
| 20 | | 03/03 | 融新企業 | 現金 | 54,412 | 2,721 | 57,133 | | |
| 21 | | 03/08 | 瑞意科技 | 現金 | 3,578 | 179 | 3,757 | | |
| 22 | | 03/14 | 峻偉實業 | 現金 | 358,778 | 17,939 | 376,717 | | |
| 23 | | 03/16 | 中新保全 | 現金 | 35,777 | 1,789 | 37,566 | | |
| 24 | | 03/19 | 佳世塑料 | 現金 | 58,844 | 2,942 | 61,786 | | |

希望在每個月的最後加上小計，但以人工的方式計算，實在太沒效率

## ▶ 操作步驟

### 01 取出「月份」資料

請開啟**練習檔案 \Part 1\Unit_013**，在 H2 儲存格輸入「月份」❶，接著在 H3 儲存格中輸入「=MONTH(B3)&" 月 "」❷ 以取得 B3 儲存格的月份資料。拖曳 H3 儲存格的**填滿控點**，將公式複製到 H45 儲存格 ❸。

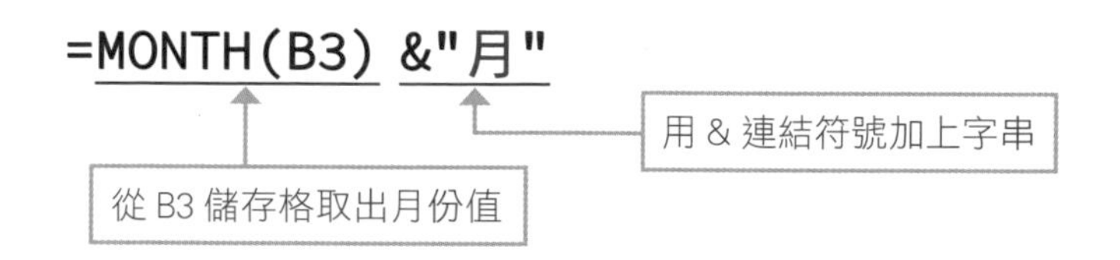


H3　=MONTH(B3)&"月"

| | A | B | C | D | E | F | G | H |
|---|---|---|---|---|---|---|---|---|
| 1 | | 2019年上半年應付帳款 | | | | | | |
| 2 | | 應付日期 | 客戶名稱 | 付款方式 | 未稅 | 稅金 | 實付金額 | 月份 ❶ |
| 3 | | 01/08 | 三零建設 | 支票 | 45,350 | 2,268 | 47,618 | 1月 ❷ |
| 4 | | 01/12 | 和幕建設 | 現金 | 111,698 | 5,585 | 117,283 | 1月 |
| 5 | | 01/16 | 峰鍏化工 | 現金 | 6,882 | 344 | 7,226 | 1月 |
| 6 | | 01/17 | 至上電子公司 | 支票 | 55,441 | 2,772 | 58,213 | 1月 |
| 7 | | 01/18 | 力行鋼鐵 | 現金 | 3,335 | 167 | 3,502 | 1月 |
| 8 | | 01/20 | 建宏壓克力 | 現金 | 1,118 | 56 | 1,174 | 1月 |
| 9 | | 01/22 | 瑞意科技 | 現金 | 33,354 | 1,668 | 35,022 | 1月 ❸ |
| 10 | | 01/30 | 祥欣材料 | 現金 | 2,581 | 129 | 2,710 | 1月 |
| 11 | | 02/01 | 融新企業 | 支票 | 31,588 | 1,579 | 33,167 | 2月 |
| 12 | | 02/05 | 佳世塑料 | 現金 | 68,745 | 3,437 | 72,182 | 2月 |
| 13 | | 02/08 | 中新保全 | 現金 | 98,542 | 4,927 | 103,469 | 2月 |
| 14 | | 02/12 | 瑞源股份有限公司 | 支票 | 3,588 | 179 | 3,767 | 2月 |

| MONTH 函數 | |
|---|---|
| **說明** | 從日期裡取出月份。 |
| **語法** | **=MONTH(序列值)** |
| **序列值** | 從日期中取出「月」的值。有關「序列值」的說明請參考 4-2 頁。 |

### 02 執行「小計」功能

接著，選取表格中任何一個儲存格，按下**資料**頁次的**小計**鈕，開啟**小計**交談窗後，如下設定。

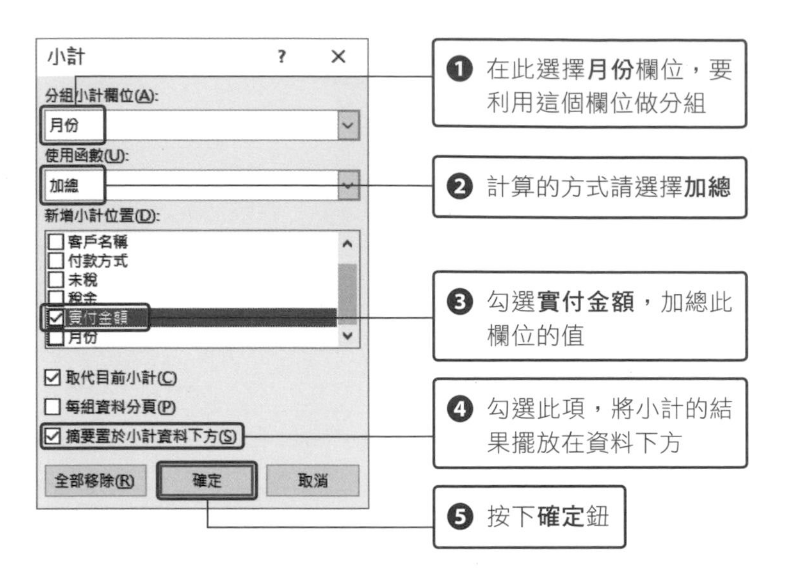


## 03 完成小計

接著，就會自動統計出各月份的「實付金額」了，將工作表拖曳到最下方，還會看到已自動計算出「總計」。

**小計**功能，其實就是利用 SUBTOTAL 函數來計算，你也可以手動在每個月份間插入空白列，再輸入 SUBTOTAL 函數，但這樣的操作步驟較多，利用**小計**功能，可以省掉很多步驟。

自動利用 SUBTOTAL 函數來計算

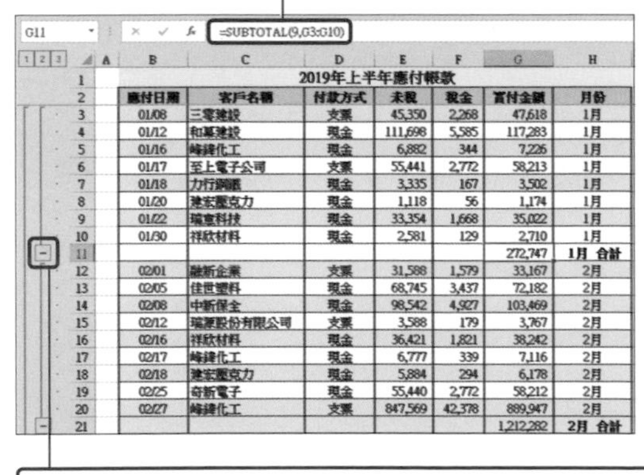


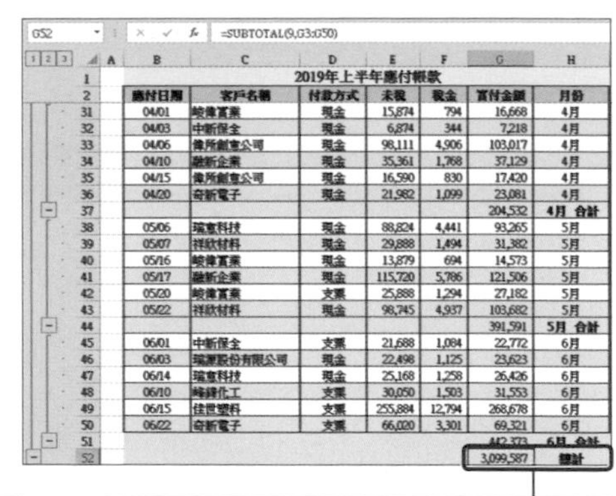


點選 [-] 鈕，可將資料收合起來，只留下小計列

在資料的最後，還會列出「總計」

TIPS 如果想清除小計的結果，只要點選表格中的任意資料，再次按下**小計**鈕，開啟**小計**交談窗後，按下**全部移除**鈕即可。

## ☑ 舉一反三　找出每月「實付金額」的最大值

剛才的範例，我們以「加總」計算為例，你也可以在**小計**交談窗中的**使用函數**選擇**平均值**，計算該月的平均實付金額；或是選擇**最大**，找出該月金額最大的資料。

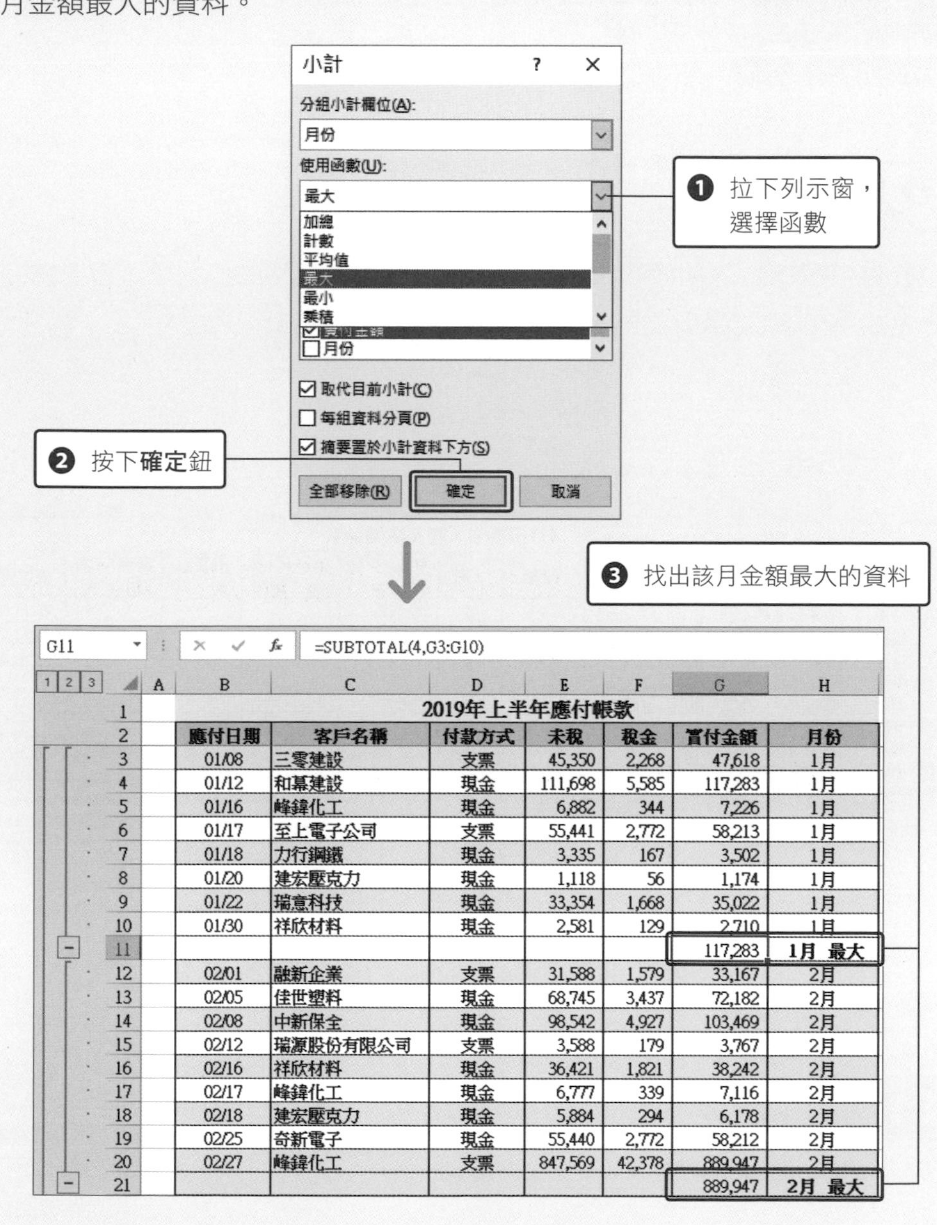


| | A | B | C | D | E | F | G | H |
|---|---|---|---|---|---|---|---|---|
| 1 | | 2019年上半年應付帳款 | | | | | | |
| 2 | | 應付日期 | 客戶名稱 | 付款方式 | 未稅 | 稅金 | 實付金額 | 月份 |
| 3 | | 01/08 | 三零建設 | 支票 | 45,350 | 2,268 | 47,618 | 1月 |
| 4 | | 01/12 | 和幕建設 | 現金 | 111,698 | 5,585 | 117,283 | 1月 |
| 5 | | 01/16 | 峰鎿化工 | 現金 | 6,882 | 344 | 7,226 | 1月 |
| 6 | | 01/17 | 至上電子公司 | 支票 | 55,441 | 2,772 | 58,213 | 1月 |
| 7 | | 01/18 | 力行鋼鐵 | 現金 | 3,335 | 167 | 3,502 | 1月 |
| 8 | | 01/20 | 建宏壓克力 | 現金 | 1,118 | 56 | 1,174 | 1月 |
| 9 | | 01/22 | 瑞意科技 | 現金 | 33,354 | 1,668 | 35,022 | 1月 |
| 10 | | 01/30 | 祥欣材料 | 現金 | 2,581 | 129 | 2,710 | 1月 |
| 11 | | | | | | | 117,283 | 1月 最大 |
| 12 | | 02/01 | 融新企業 | 支票 | 31,588 | 1,579 | 33,167 | 2月 |
| 13 | | 02/05 | 佳世塑料 | 現金 | 68,745 | 3,437 | 72,182 | 2月 |
| 14 | | 02/08 | 中新保全 | 現金 | 98,542 | 4,927 | 103,469 | 2月 |
| 15 | | 02/12 | 瑞源股份有限公司 | 支票 | 3,588 | 179 | 3,767 | 2月 |
| 16 | | 02/16 | 祥欣材料 | 現金 | 36,421 | 1,821 | 38,242 | 2月 |
| 17 | | 02/17 | 峰鎿化工 | 現金 | 6,777 | 339 | 7,116 | 2月 |
| 18 | | 02/18 | 建宏壓克力 | 現金 | 5,884 | 294 | 6,178 | 2月 |
| 19 | | 02/25 | 奇新電子 | 現金 | 55,440 | 2,772 | 58,212 | 2月 |
| 20 | | 02/27 | 峰鎿化工 | 支票 | 847,569 | 42,378 | 889,947 | 2月 |
| 21 | | | | | | | 889,947 | 2月 最大 |

# Unit 014 計算乘積

**範例** 儲存格內即使有文字或空格也能計算團費、報名人數及折扣的乘積

PRODUCT INT

## 範例說明

在計算多個欄位的乘積時，我們通常會直接將儲存格的值相乘，但若遇到儲存格沒有資料或是有文字資料，就會無法計算並顯示「#VALUE!」的訊息。這時只要改用 PRODUCT 函數就可以解決！

I3 =C3*D3*E3*F3*G3*H3

| | A | B | C | D | E | F | G | H | I |
|---|---|---|---|---|---|---|---|---|---|
| 1 | 4月份報名人數及團費統計 | | | | | | | | |
| 2 | 國家 | 行程名稱 | 團費 | 人數 | 早鳥 86 折 (前三個月) | 促銷 95 折 (前二個月) | 無折扣 (前一週) | 特惠 65 折 (超過5人) | 應付團費 |
| 3 | 日本 | 合掌村溫泉之旅 | 34,999 | 3 | 86% | | | | #VALUE! |
| 4 | 日本 | 合掌村溫泉之旅 | 34,999 | 2 | | 95% | | | #VALUE! |
| 5 | 日本 | 黑部立山、上高地夏之旅 | 28,499 | 1 | | | 無折扣 | | #VALUE! |
| 6 | 帛琉 | 潛進帛琉 | 33,599 | 6 | | | | 65% | - |
| 7 | 澳洲 | 黃金海岸、無尾熊抱抱 7 日遊 | 56,877 | 2 | 86% | | | | #VALUE! |
| 8 | 英國 | 秋遊英國時尚購物 | 65,430 | 3 | | | 無折扣 | | #VALUE! |
| 9 | 澳洲 | 黃金海岸、無尾熊抱抱 7 日遊 | 56,877 | 3 | | 95% | | | #VALUE! |
| 10 | 加拿大 | 冬戀露易絲湖、班夫小鎮 8 日遊 | 58,743 | 2 | 86% | | | | #VALUE! |
| 11 | 泰國 | 夏日泰優惠!主題樂園 6 日遊 | 10,899 | 7 | | | | 65% | - |

儲存格有空白及文字資料

輸入公式「=C3*D3*E3*F3*G3*H3」會顯示「#VALUE!」訊息

## 操作步驟

**01 輸入 PRODUCT 函數**

在**練習檔案 \Part 1\Unit_014** 的 I3 儲存格輸入「=PRODUCT(C3:H3)」❶，按下 Enter 鍵後，拖曳 I3 儲存格的填滿控點到 I29 儲存格 ❷。

I3 =PRODUCT(C3:H3)

| | A | B | C | D | E | F | G | H | I |
|---|---|---|---|---|---|---|---|---|---|
| 1 | 4月份報名人數及團費統計 | | | | | | | | |
| 2 | 國家 | 行程名稱 | 團費 | 人數 | 早鳥 86 折 (前三個月) | 促銷 95 折 (前二個月) | 無折扣 (前一週) | 特惠 65 折 (超過5人) | 應付團費 |
| 3 | 日本 | 合掌村溫泉之旅 | 34,999 | 3 | 86% | | | | 90,297.42 |
| 4 | 日本 | 合掌村溫泉之旅 | 34,999 | 2 | | 95% | | | 66,498.10 |
| 5 | 日本 | 黑部立山、上高地夏之旅 | 28,499 | 1 | | | 無折扣 | | 28,499.00 |
| 6 | 帛琉 | | 33,599 | 6 | | | | 65% | 131,036.10 |
| | 澳洲 | 黃金海岸、無尾熊抱抱 7 日遊 | 56,877 | | 86% | | | | |
| 22 | 泰國 | 夏日泰優惠!主題樂園 6 日遊 | 10,899 | 5 | | | | 65% | 35,421.75 |
| 23 | 澳洲 | 黃金海岸、無尾熊抱抱 7日遊 | 56,877 | 2 | | | 無折扣 | | 113,754.00 |
| 24 | 泰國 | 夏日泰優惠!主題樂園 6 日遊 | 10,899 | 3 | 86% | | | | 28,119.42 |
| 25 | 英國 | 秋遊英國時尚購物 | 65,430 | 4 | | 95% | | | 248,634.00 |
| 26 | 加拿大 | 冬戀露易絲湖、班夫小鎮 8 日遊 | 58,743 | 6 | | | | 65% | 229,097.70 |
| 27 | 泰國 | 夏日泰優惠!主題樂園 6 日遊 | 10,899 | 2 | 86% | | | | 18,746.28 |
| 28 | 英國 | 秋遊英國時尚購物 | 65,430 | 7 | | | | 65% | 297,706.50 |
| 29 | 加拿大 | 冬戀露易絲湖、班夫小鎮 8 日遊 | 58,743 | 3 | 86% | | | | 151,556.94 |

❶

❷

使用 PRODUCT 函數會忽略空白儲存格及文字儲存格

| PRODUCT 函數 | |
|---|---|
| 說明 | 計算多個數值相乘的結果。 |
| 語法 | **=PRODUCT(數值1,[數值2]…)** |
| 數值 | 指定數值或是儲存格範圍。 |

若要相乘的欄位不相鄰，可用「,」做區隔，例如：「=PRODUCT(B4:D4,F4,G4)」。

## 02 捨去小數位數

計算後的「應付團費」含有小數，在此要用 INT 函數捨去小數部份。請點選 I3 儲存格，按下 F2 鍵，將公式修改成「=INT(PRODUCT(C3:H3))」，按下 Enter 鍵後，將公式拖曳至 I29 存格。

❶ 加上 INT 函數

I3 =INT(PRODUCT(C3:H3))

| | A | B | C | D | E | F | G | H | I |
|---|---|---|---|---|---|---|---|---|---|
| 1 | 4月份報名人數及團費統計 | | | | | | | | |
| 2 | 國家 | 行程名稱 | 團費 | 人數 | 早鳥 86 折 (前三個月) | 促銷 95 折 (前二個月) | 無折扣 (前一週) | 特惠 65 折 (超過5人) | 應付團費 |
| 3 | 日本 | 合掌村溫泉之旅 | 34,999 | 3 | 86% | | | | 90,297.00 |
| 4 | 日本 | 合掌村溫泉之旅 | 34,999 | 2 | | 95% | | | 66,498.00 |
| 5 | 日本 | 黑部立山、上高地夏之旅 | 28,499 | 1 | | | 無折扣 | | 28,499.00 |
| 6 | 帛琉 | 潛進帛琉 | 33,599 | 6 | | | | 65% | 131,036.00 |
| 7 | 澳洲 | 黃金海岸、無尾熊抱抱 7 日遊 | 56,877 | 2 | 86% | | | | 97,828.00 |
| 8 | 英國 | 秋遊英國時尚購物 | 65,430 | 3 | | | 無折扣 | | 196,290.00 |
| 9 | 澳洲 | 黃金海岸、無尾熊抱抱 7 日遊 | 56,877 | 3 | | 95% | | | 162,099.00 |

❷ 向下拖曳公式

| INT 函數 | |
|---|---|
| 說明 | 回傳無條件捨去後的整數值。 |
| 語法 | =INT(數值) |
| 數值 | 指定要捨去的對象。 |

## 03 設定儲存格格式

雖然利用 INT 函數只取整數位數，但儲存格仍舊顯示「.00」的格式。請選取 I3：I29 儲存格，並按兩次**常用**頁次的**減少小數位數**鈕 ，讓數值顯示至整數。

| | A | B | C | D | E | F | G | H | I |
|---|---|---|---|---|---|---|---|---|---|
| 1 | 4月份報名人數及團費統計 | | | | | | | | |
| 2 | 國家 | 行程名稱 | 團費 | 人數 | 早鳥 86 折 (前三個月) | 促銷 95 折 (前二個月) | 無折扣 (前一週) | 特惠 65 折 (超過5人) | 應付團費 |
| 3 | 日本 | 合掌村溫泉之旅 | 34,999 | 3 | 86% | | | | 90,297.00 |
| 4 | 日本 | 合掌村溫泉之旅 | 34,999 | 2 | | 95% | | | 66,498.00 |
| 5 | 日本 | 黑部立山、上高地夏之旅 | 28,499 | 1 | | | 無折扣 | | 28,499.00 |
| 6 | 帛琉 | 潛進帛琉 | 33,599 | 6 | | | | 65% | 131,036.00 |
| 7 | 澳洲 | 黃金海岸、無尾熊抱抱 7 日遊 | 56,877 | 2 | 86% | | | | 97,828.00 |
| 8 | 英國 | 秋遊英國時尚購物 | 65,430 | 3 | | | 無折扣 | | 196,290.00 |
| 9 | 澳洲 | 黃金海岸、無尾熊抱抱 7 日遊 | 56,877 | 3 | | 95% | | | 162,099.00 |
| 10 | | 冬戀露易絲湖、班夫小鎮 8 日遊 | | | 86% | | | | 101,037.00 |
| 22 | 泰國 | 夏日泰優惠!主題樂園 6 日遊 | 10,899 | 5 | | | | | |
| 23 | 澳洲 | 黃金海岸、無尾熊抱抱 7日遊 | 56,877 | 2 | | | 無折扣 | | 113,754.00 |
| 24 | 泰國 | 夏日泰優惠!主題樂園 6 日遊 | 10,899 | 3 | 86% | | | | 28,119.00 |
| 25 | 英國 | 秋遊英國時尚購物 | 65,430 | 4 | | 95% | | | 248,634.00 |
| 26 | 加拿大 | 冬戀露易絲湖、班夫小鎮 8 日遊 | 58,743 | 6 | | | | 65% | 229,097.00 |
| 27 | 泰國 | 夏日泰優惠!主題樂園 6 日遊 | 10,899 | 2 | 86% | | | | 18,746.00 |
| 28 | 英國 | 秋遊英國時尚購物 | 65,430 | 7 | | | | 65% | 297,706.00 |
| 29 | 加拿大 | 冬戀露易絲湖、班夫小鎮 8 日遊 | 58,743 | 3 | 86% | | | | 151,556.00 |

此範例是以 INT 函數來捨去小數，或許有人會覺得直接按下 鈕就可以捨去小數位數，但其實結果是不同的，因為按下 鈕會將數值四捨五入進位，若不希望數值進位，還是使用 INT 函數來捨去小數。

Unit 015

# 加總相乘後的數值

**範例** 一次加總不同表格的單價乘以數量的值

SUMPRODUCT

## 範例說明

在計算產品的總銷售額時，經常需要將數量、單價等欄位先相乘後再加總，如果欄位是相鄰的儲存格，那麼使用上個單元介紹的 PRODUCT 函數就可以快速完成數值相乘計算。若欄位是分別放置在不同表格，那麼就得進行多次的公式計算才能完成。

| | A | B | C | D | E |
|---|---|---|---|---|---|
| 1 | 單日團購訂單統計 | | 當日總額 | 316,956 | |
| 2 | | | | | |
| 3 | ・不同數量單價不同 | | | | |
| 4 | | 1～10個 | 11～21個 | 22個以上 | |
| 5 | 膠囊洗衣球 | 1,588 | 1,399 | 899 | |
| 6 | 北歐風防塵收納箱 | 799 | 699 | 499 | |
| 7 | 大容量行動電源 | 880 | 698 | 566 | |
| 8 | 超耐磨螢幕保護貼 | 649 | 588 | 462 | |
| 9 | | | | | |
| 10 | ・訂購數量 | | | | |
| 11 | | 1～10個 | 11～21個 | 22個以上 | |
| 12 | 膠囊洗衣球 | 30 | 25 | 44 | |
| 13 | 北歐風防塵收納箱 | 15 | 20 | 28 | |
| 14 | 大容量行動電源 | 35 | 22 | 31 | |
| 15 | 超耐磨螢幕保護貼 | 18 | 66 | 88 | |
| 16 | | | | | |

不同數量的單價

×

訂購數量

想知道這兩個表格相乘後的加總結果是多少？

像這樣拆開的表格，乍看之下似乎很難用公式做計算，其實善用 SUMPRODUCT 函數，就可以用一行公式完成。但前提是乘數與被乘數的欄位要相同，若是欄位不同會回傳「#VALUE!」的訊息。

## 操作步驟

### 01 輸入 SUMPRODUCT 函數

請開啟**練習檔案 \Part 1\Unit_015**，在 D1 儲存格中輸入「=SUMPRODUCT(B5:D8,B12:D15)」，再按下 Enter 鍵，就能立即完成計算了。

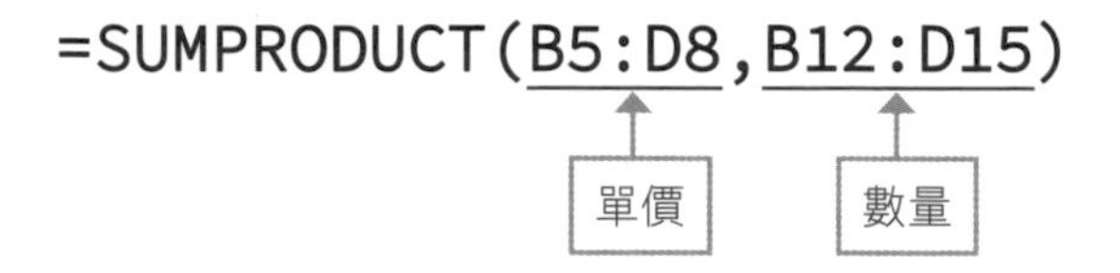


輸入「=SUMPRODUCT(B5:D8,B12:D15)」

D1 =SUMPRODUCT(B5:D8,B12:D15)

| | A | B | C | D | E |
|---|---|---|---|---|---|
| 1 | 單日團購訂單統計 | | 當日總額 | 316,956 | |
| 2 | | | | | |
| 3 | ・不同數量單價不同 | | | | |
| 4 | | 1～10個 | 11～21個 | 22個以上 | |
| 5 | 膠囊洗衣球 | 1,588 | 1,399 | 899 | |
| 6 | 北歐風防塵收納箱 | 799 | 699 | 499 | |
| 7 | 大容量行動電源 | 880 | 698 | 566 | |
| 8 | 超耐磨螢幕保護貼 | 649 | 588 | 462 | |
| 9 | | | | | |
| 10 | ・訂購數量 | | | | |
| 11 | | 1～10個 | 11～21個 | 22個以上 | |
| 12 | 膠囊洗衣球 | 30 | 25 | 44 | |
| 13 | 北歐風防塵收納箱 | 15 | 20 | 28 | |
| 14 | 大容量行動電源 | 35 | 22 | 31 | |
| 15 | 超耐磨螢幕保護貼 | 18 | 66 | 88 | |

此範例若是不用 SUMPRODUCT 函數，直接輸入公式的話會非常長，其內容為：「=B5*B12+B6*B13+B7*B14+B8*B15+⋯⋯」依此類推。

| SUMPRODUCT 函數 | |
|---|---|
| 說明 | 計算陣列元素相乘後的加總結果。 |
| 語法 | **=SUMPRODUCT(陣列1, [陣列2]⋯)** |
| 陣列 | 指定要計算的儲存格範圍或陣列常數。最多可指定 255 個「陣列」。<br>在指定多個陣列時，如果陣列的列數或欄數不同，會傳回「#VALUE!」的錯誤訊息。 |

## ☑ 範例應用

剛才示範的例子是不同表格的單價 × 數量，若是只有單一表格，也可以用 SUMPRODUCT 將元素相乘後再加總。

在 E1 儲存格中輸入「=SUMPRODUCT(C4:C16,D4:D16,E4:E16)」

E1 =SUMPRODUCT(C4:C16,D4:D16,E4:E16)

| | A | B | C | D | E | F |
|---|---|---|---|---|---|---|
| 1 | 3月份料件採購明細 | | | 總計： | 11,518,275 | |
| 2 | | | | | | |
| 3 | 日期 | 產品編號 | 定價 | 折扣 | 數量 | |
| 4 | 3/2 | W-3110 | 800 | 95% | 1,200 | |
| 5 | 3/3 | W-2118 | 1,200 | 85% | 1,500 | |
| 6 | 3/4 | W-3002 | 750 | 95% | 1,100 | |
| 7 | 3/6 | W-2116 | 1,350 | 95% | 950 | |
| 8 | 3/8 | W-2118 | 1,200 | 80% | 680 | |
| 9 | 3/10 | W-3002 | 750 | 95% | 1,600 | |
| 10 | 3/12 | W-2003 | 650 | 90% | 750 | |
| 11 | 3/14 | W-2116 | 1,350 | 95% | 680 | |
| 12 | 3/18 | W-3111 | 1,250 | 85% | 350 | |
| 13 | 3/20 | W-2003 | 650 | 80% | 2,150 | |
| 14 | 3/22 | W-2118 | 1,200 | 75% | 780 | |
| 15 | 3/26 | W-2116 | 1,350 | 95% | 650 | |
| 16 | 3/28 | W-3002 | 750 | 90% | 1,400 | |
| 17 | | | | | | |

若是不使用 SUMPRODUCT 函數，直接輸入公式的話，其內容為：「=C4*D4*E4+ C5*D5*E5+ C6*D6*E6+ C7*D7*E7+、……」依此類推。

1 資料的彙整與計算

Unit 016

# 輸入指定條件後，自動計算個數

**範例** 只要輸入年份，就會自動計算該年度的新進員工人數

YEAR SUMPRODUCT MONTH

## 範例說明

當員工人數愈來愈多，想知道當年度、前一年或是某一年有多少新進員工時，要如何從「到職日」欄位計算呢？

| | A | B | C | D | E | F | G | H | I |
|---|---|---|---|---|---|---|---|---|---|
| 1 | 員工人數統計 | | | | | | | | |
| 2 | | | | | | | | | |
| 3 | 到職日 | 年資 | 部門 | 姓名 | 性別 | | 到職年 | 人數 | |
| 4 | 2018/05/30 | 1年 | 財務部 | 于惠蘭 | 女 | | 2019 | 5 | |
| 5 | 2011/08/09 | 7年 | 人事部 | 白美惠 | 女 | | | | |
| 6 | 2016/05/20 | 3年 | 人事部 | 朱麗雅 | 女 | | | | |
| 7 | 2016/03/08 | 3年 | 人事部 | 宋秀惠 | 女 | | | | |
| 8 | 2007/11/15 | 11年 | 研發部 | 李沛偉 | 男 | | | | |
| 9 | 2018/09/03 | 0年 | 工程部 | 汪炳哲 | 男 | | | | |
| 10 | 2016/11/10 | 2年 | 研發部 | 谷瑄若 | 女 | | | | |
| 11 | 2018/06/05 | 1年 | 業務部 | 周基勇 | 男 | | | | |
| 12 | 2018/04/22 | 1年 | 產品部 | 林巧沛 | 女 | | | | |
| 13 | 2015/12/20 | 3年 | 財務部 | 林若傑 | 男 | | | | |
| 14 | 2008/01/15 | 11年 | 倉儲部 | 林琪琪 | 女 | | | | |
| 15 | 2016/04/03 | 3年 | 產品部 | 林慶民 | 男 | | | | |
| 16 | 2015/10/02 | 3年 | 業務部 | 邱秀蘭 | 女 | | | | |
| 17 | 2012/12/03 | 6年 | 業務部 | 邱語潔 | 女 | | | | |
| 18 | 2017/08/14 | 1年 | 研發部 | 金志偉 | 男 | | | | |
| 19 | 2013/04/15 | 6年 | 倉儲部 | 金洪均 | 男 | | | | |
| 20 | 2015/10/04 | 3年 | 研發部 | 金智泰 | 男 | | | | |

希望輸入年份後，就能知道當年度有多少新進人員

## 操作步驟

### 01 利用 SUMPRODUCT 及 YEAR 函數從「到職日」取出「年」

請開啟**練習檔案 \Part 1\Unit_016**，在 H4 儲存格輸入「=SUMPRODUCT((YEAR(A4:A41)=G4)*1)」公式，再按下 Enter 鍵。我們要利用 YEAR 函數取出「到職日」中的「年」資料，若是取出的「年」資料等於 G4 輸入的資料，再利用 SUMPRODUCT 函數進行累加。

=SUMPRODUCT((YEAR(A4:A41)=G4)*1)

從 A4 到 A41 儲存格範圍中，取出「到職日」的「年」資料，並與 G4 輸入的資料做比對，如果資料相同會傳回「TRUE」(值為 1)，否則會傳回「FALSE」(值為 0)

將 TRUE/FALSE 的結果乘 1，再加總結果就可以算出指定年份的人數了

H4 =SUMPRODUCT((YEAR(A4:A41)=G4)*1)

| | A | B | C | D | E | F | G | H | I |
|---|---|---|---|---|---|---|---|---|---|
| 1 | 員工人數統計 | | | | | | | | |
| 2 | | | | | | | | | |
| 3 | 到職日 | 年資 | 部門 | 姓名 | 性別 | | 到職年 | 人數 | |
| 4 | 2018/05/30 | 1年 | 財務部 | 于惠蘭 | 女 | | | 0 | |
| 5 | 2011/08/09 | 7年 | 人事部 | 白美惠 | 女 | | | | |
| 6 | 2016/05/20 | 3年 | 人事部 | 朱麗雅 | 女 | | | | |
| 7 | 2016/03/08 | 3年 | 人事部 | 宋秀惠 | 女 | | | | |

在 H4 儲存格輸入公式

**SUMPRODUCT 函數的語法，請參考 Unit 015。**

| YEAR 函數 | |
|---|---|
| 說明 | 從日期中取出「年」。 |
| 語法 | **=YEAR(序列值)** |
| 值 | 從日期中取出「年」的值。有關「序列值」的說明請參考 4-2 頁。 |

「2019/3/2」、「2019 年 3 月 2 日」都是顯示日期的格式，不論指定哪種日期格式為 YEAR 函數的引數，都會回傳「2019」。

1 資料的彙整與計算

## 02 輸入要查詢的年份

輸入公式後，只要在 G4 儲存格輸入要查詢的年份，就能計算出當年有多少新進員工了。

| | A | B | C | D | E | F | G | H |
|---|---|---|---|---|---|---|---|---|
| 1 | 員工人數統計 | | | | | | | |
| 2 | | | | | | | | |
| 3 | 到職日 | 年資 | 部門 | 姓名 | 性別 | | 到職年 | 人數 |
| 4 | 2018/05/30 | 1年 | 財務部 | 于惠蘭 | 女 | | 2016 | 7 |
| 5 | 2011/08/09 | 7年 | 人事部 | 白美惠 | 女 | | | |
| 6 | 2016/05/20 | 3年 | 人事部 | 朱麗雅 | 女 | | | |
| 7 | 2016/03/08 | 3年 | 人事部 | 宋秀惠 | 女 | | | |
| 8 | 2007/11/15 | 11年 | 研發部 | 李沛偉 | 男 | | | |
| 9 | 2018/09/03 | 0年 | 工程部 | 汪炳哲 | 男 | | | |
| 10 | 2016/11/10 | 2年 | 研發部 | 谷瓊若 | 女 | | | |
| 11 | 2018/06/05 | 1年 | 業務部 | 周基勇 | 男 | | | |
| 12 | 2018/04/22 | 1年 | 產品部 | 林巧沛 | 女 | | | |
| 13 | 2015/12/20 | 3年 | 財務部 | 林若傑 | 男 | | | |
| 14 | 2008/01/15 | 11年 | 倉儲部 | 林琪琪 | 女 | | | |
| 15 | 2016/04/03 | 3年 | 產品部 | 林慶民 | 男 | | | |
| 16 | 2015/10/02 | 3年 | 業務部 | 邱秀蘭 | 女 | | | |
| 17 | 2012/12/03 | 6年 | 業務部 | 邱語潔 | 女 | | | |
| 18 | 2017/08/14 | 1年 | 研發部 | 金志偉 | 男 | | | |
| 19 | 2013/04/15 | 6年 | 倉儲部 | 金洪均 | 男 | | | |
| 20 | 2015/10/04 | 3年 | 研發部 | 金智泰 | 男 | | | |
| 21 | 2017/04/02 | 2年 | 業務部 | 金燦民 | 男 | | | |
| 22 | 2016/05/10 | 3年 | 倉儲部 | 柳善熙 | 男 | | | |
| 23 | 2019/01/22 | 0年 | 業務部 | 洪仁秀 | 男 | | | |
| 24 | 2016/07/26 | 2年 | 業務部 | 孫佑德 | 男 | | | |
| 25 | 2014/03/21 | 5年 | 產品部 | 崔明亨 | 男 | | | |
| 26 | 2006/01/23 | 13年 | 倉儲部 | 張文惠 | 女 | | | |
| 27 | 2016/03/02 | 3年 | 人事部 | 張文雅 | 女 | | | |

2016 年有 7 人到職

你也可以將此作法套用到「會員資料」中，例如，想知道今年度有多少新進會員，就可以用上述的函數來統計。

### ☑ 範例應用　統計不同年度的場地租借次數

剛才的範例是將「到職日」的資料全部放在同一欄裡，但如果日期分佈在多欄多列，也能計算嗎？可以，只要將 YEAR 函數裡的「序列值」指定為連續的儲存格範圍就可以了。請開啟**練習檔案\Part 1\Unit_016_範例應用**來練習。

接下頁

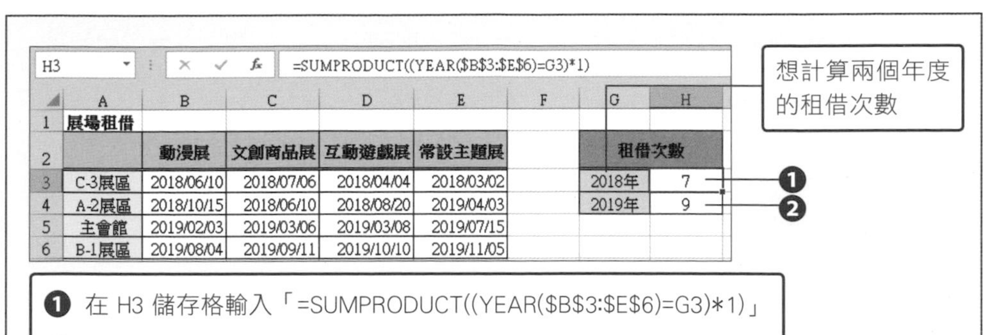


❶ 在 H3 儲存格輸入「=SUMPRODUCT((YEAR($B$3:$E$6)=G3)*1)」

❷ 將 H3 儲存格的**填滿控點**拖曳到 H4 儲存格，公式會變成「=SUMPRODUCT((YEAR($B$3:$E$6)=G4)*1)」

此範例中的 G3 及 G4 儲存格看起來是文字資料，但其實是數值資料喔！因為我們將儲存格格式設成「G/通用格式"年"」，只要輸入數值後，會自動加上 "年"。例如，輸入「2018」，會自動顯示成「2018 年」的格式。

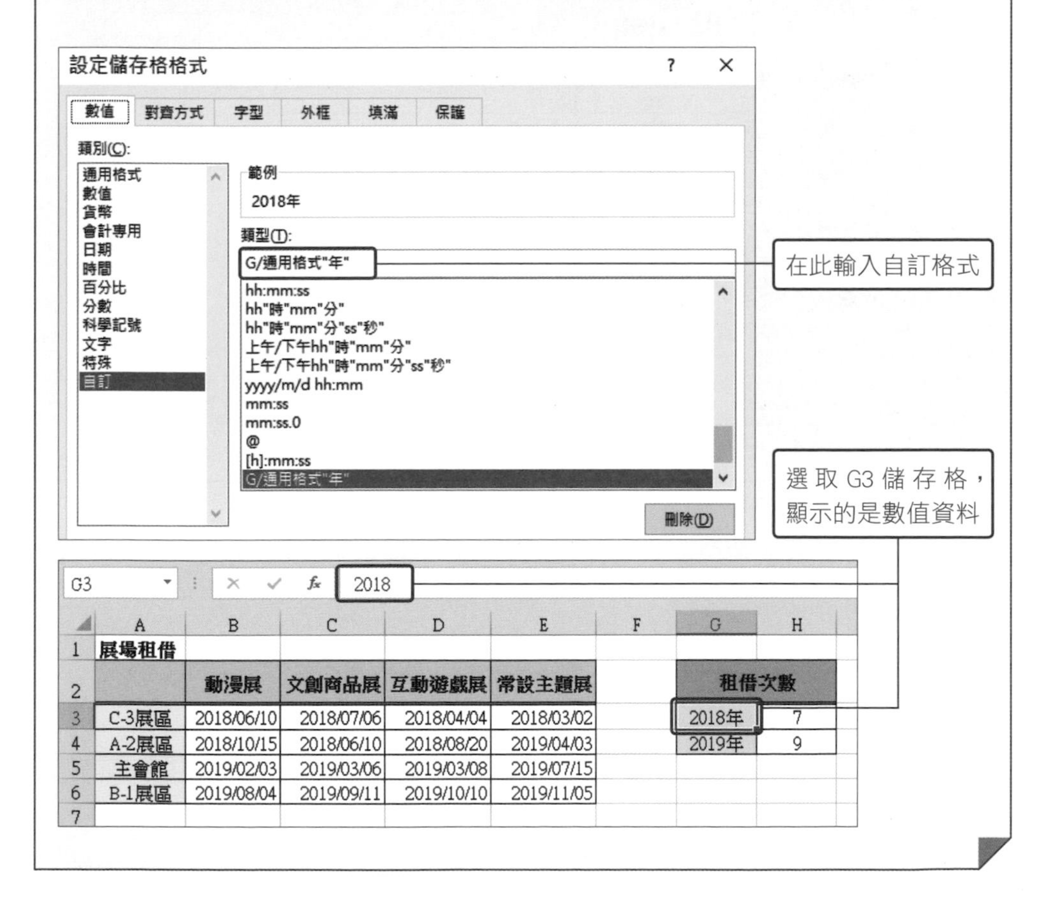

## ☑ 舉一反三　統計四月份到職的員工有多少人？

人事部的例行工作之一，就是得經常確認每位員工的年度「特休」是否已休畢，採用「周年制」的公司，若是在員工到職日前一個月先行提醒，就可以讓員工有足夠的時間休完餘假。

若人事部想知道四月份到職的人（需提醒的人）有多少，就可以將剛才範例中的 YEAR 函數改成 MONTH 函數，接著在「到職月」輸入想要查詢的月份，就可以很快得知人數了。請開啟**練習檔案\Part 1\Unit_016_舉一反三**來練習。

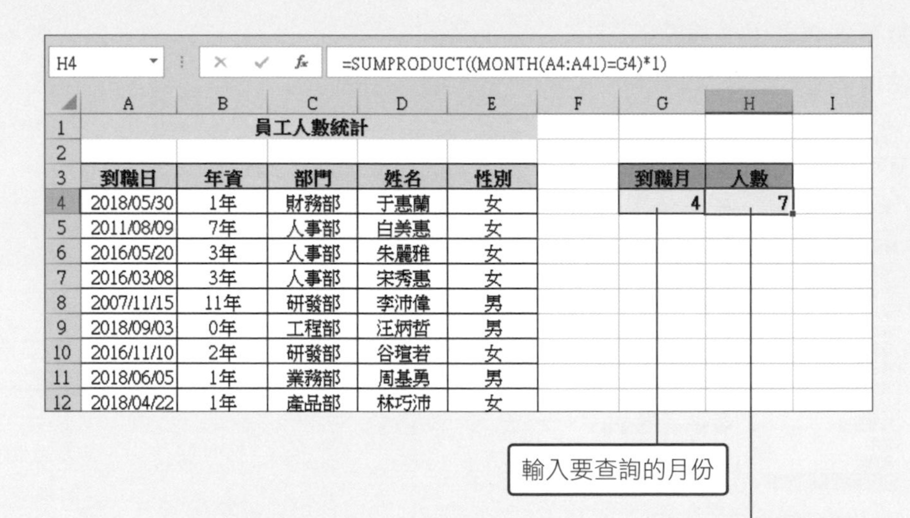

H4　=SUMPRODUCT((MONTH(A4:A41)=G4)*1)

| | A | B | C | D | E | F | G | H | I |
|---|---|---|---|---|---|---|---|---|---|
| 1 | 員工人數統計 | | | | | | | | |
| 2 | | | | | | | | | |
| 3 | 到職日 | 年資 | 部門 | 姓名 | 性別 | | 到職月 | 人數 | |
| 4 | 2018/05/30 | 1年 | 財務部 | 于惠蘭 | 女 | | 4 | 7 | |
| 5 | 2011/08/09 | 7年 | 人事部 | 白美惠 | 女 | | | | |
| 6 | 2016/05/20 | 3年 | 人事部 | 朱麗雅 | 女 | | | | |
| 7 | 2016/03/08 | 3年 | 人事部 | 宋秀惠 | 女 | | | | |
| 8 | 2007/11/15 | 11年 | 研發部 | 李沛偉 | 男 | | | | |
| 9 | 2018/09/03 | 0年 | 工程部 | 汪炳哲 | 男 | | | | |
| 10 | 2016/11/10 | 2年 | 研發部 | 谷瓊若 | 女 | | | | |
| 11 | 2018/06/05 | 1年 | 業務部 | 周基勇 | 男 | | | | |
| 12 | 2018/04/22 | 1年 | 產品部 | 林巧沛 | 女 | | | | |

Unit 017

# 依指定的天數加總計算

**範例** 希望能自動計算每五天的產品銷售量

SUMIF ROW OFFSET AVERAGEIF

## 範例說明

新產品上市，總是想了解在市場的接受度如何，所以我們訂定每五天確認一次銷量，以便決定是否要追加鋪貨。但是由於銷量記錄是連續排列在一起，只能每隔五天手動輸入一次 SUM 函數，若要計算的資料很多，就會變得很麻煩，有沒有更方便的做法？

| | A | B | C | D | E | F |
|---|---|---|---|---|---|---|
| 1 | 6月份 新產品日銷量 | | | | | |
| 2 | | | | | | |
| 3 | 日期 | 銷售套數 | | 日數 | 銷量 | |
| 4 | 06/01(週六) | 158 | | 5日 | 5,054 | |
| 5 | 06/02(週日) | 257 | | 10日 | 10,915 | |
| 6 | 06/03(週一) | 884 | | 15日 | 13,616 | |
| 7 | 06/04(週二) | 1,598 | | 20日 | 24,386 | |
| 8 | 06/05(週三) | 2,157 | | 25日 | 5,876 | |
| 9 | 06/06(週四) | 3,541 | | | | |
| 10 | 06/07(週五) | 944 | | | | |
| 11 | 06/08(週六) | 1,574 | | | | |
| 12 | 06/09(週日) | 2,358 | | | | |
| 13 | 06/10(週一) | 2,498 | | | | |
| 14 | 06/11(週二) | 1,542 | | | | |
| 15 | 06/12(週三) | 2,068 | | | | |
| 16 | 06/13(週四) | 966 | | | | |
| 17 | 06/14(週五) | 5,781 | | | | |
| 18 | 06/15(週六) | 3,259 | | | | |
| 19 | 06/16(週日) | 4,822 | | | | |
| 20 | 06/17(週一) | 6,452 | | | | |
| 21 | 06/18(週二) | 3,412 | | | | |
| 22 | 06/19(週三) | 4,821 | | | | |
| 23 | 06/20(週四) | 4,879 | | | | |
| 24 | 06/21(週五) | 2,451 | | | | |
| 25 | 06/22(週六) | 984 | | | | |
| 26 | 06/23(週日) | 681 | | | | |
| 27 | 06/24(週一) | 975 | | | | |
| 28 | 06/25(週二) | 785 | | | | |

想觀察每五天的新品銷量

## 操作說明

# 方法 1：利用「SUMIF」函數

### 01 在「輔助欄位」輸入重複的編號

請開啟**練習檔案 \Part 1\Unit_017_ 方法一**，此範例我們要使用 SUMIF 函數來加總符合條件的資料，其函數語法需要有「條件範圍」、「搜尋條件」及「加總範圍」這三個引數，但是範例中沒有「條件範圍」引數，在這種缺少「引數」的狀況下，可以自行輸入資料到「輔助欄位」，把「輔助欄位」當成「條件範圍」，就可以進行計算了。

請在 C4 ～ C8 儲存格範圍中輸入 1，在 C9 ～ C13 儲存格範圍輸入 2、… 依此類推，每五列儲存格輸入相同的數值，以建立「條件範圍」資料。

| | A | B | C | D | E |
|---|---|---|---|---|---|
| 1 | 6月份 新產品日銷量 | | | | |
| 2 | | | | | |
| 3 | 日期 | 銷售套數 | | 日數 | 銷量 |
| 4 | 06/01(週六) | 158 | 1 | 5日 | |
| 5 | 06/02(週日) | 257 | 1 | 10日 | |
| 6 | 06/03(週一) | 884 | 1 | 15日 | |
| 7 | 06/04(週二) | 1,598 | 1 | 20日 | |
| 8 | 06/05(週三) | 2,157 | 1 | 25日 | |
| 9 | 06/06(週四) | 3,541 | 2 | | |
| 10 | 06/07(週五) | 944 | 2 | | |
| 11 | 06/08(週六) | 1,574 | 2 | | |
| 12 | 06/09(週日) | 2,358 | 2 | | |
| 13 | 06/10(週一) | 2,498 | 2 | | |
| 14 | 06/11(週二) | 1,542 | 3 | | |
| 15 | 06/12(週三) | 2,068 | 3 | | |
| 16 | 06/13(週四) | 966 | 3 | | |
| 17 | 06/14(週五) | 5,781 | 3 | | |
| 18 | 06/15(週六) | 3,259 | 3 | | |
| 19 | 06/16(週日) | 4,822 | 4 | | |
| 20 | 06/17(週一) | 6,452 | 4 | | |
| 21 | 06/18(週二) | 3,412 | 4 | | |
| 22 | 06/19(週三) | 4,821 | 4 | | |
| 23 | 06/20(週四) | 4,879 | 4 | | |
| 24 | 06/21(週五) | 2,451 | 5 | | |
| 25 | 06/22(週六) | 984 | 5 | | |
| 26 | 06/23(週日) | 681 | 5 | | |
| 27 | 06/24(週一) | 975 | 5 | | |
| 28 | 06/25(週二) | 785 | 5 | | |

我們稱 C 欄為「輔助欄位」

每五列輸入相同數字，作為 SUMIF 函數的「條件範圍」引數

若不想逐一輸入相同的數字，也可以在 C4 儲存格中輸入「=INT((ROW(1:1)-1)/5)+1」，再往下複製公式到 C28 儲存格。有關 INT 函數的語法，請參考 Unit 014。

## 02 利用 ROW 函數取得列編號，再將列編號設為 SUMIF 函數的「搜尋條件」

在 E4 儲存格中輸入「=SUMIF($C$4:$C$28,ROW(A1),$B$4:$B$28)」，可將 C 欄輸入的「1」當成「搜尋條件」，藉此計算出 B4：B8 這五列的加總，當公式複製到下一列會自動變成「=SUMIF($C$4:$C$28,ROW(A2),$B$4:$B$28)」，可將 C 欄輸入的「2」當成「搜尋條件」，計算出 B9：B13 的加總。

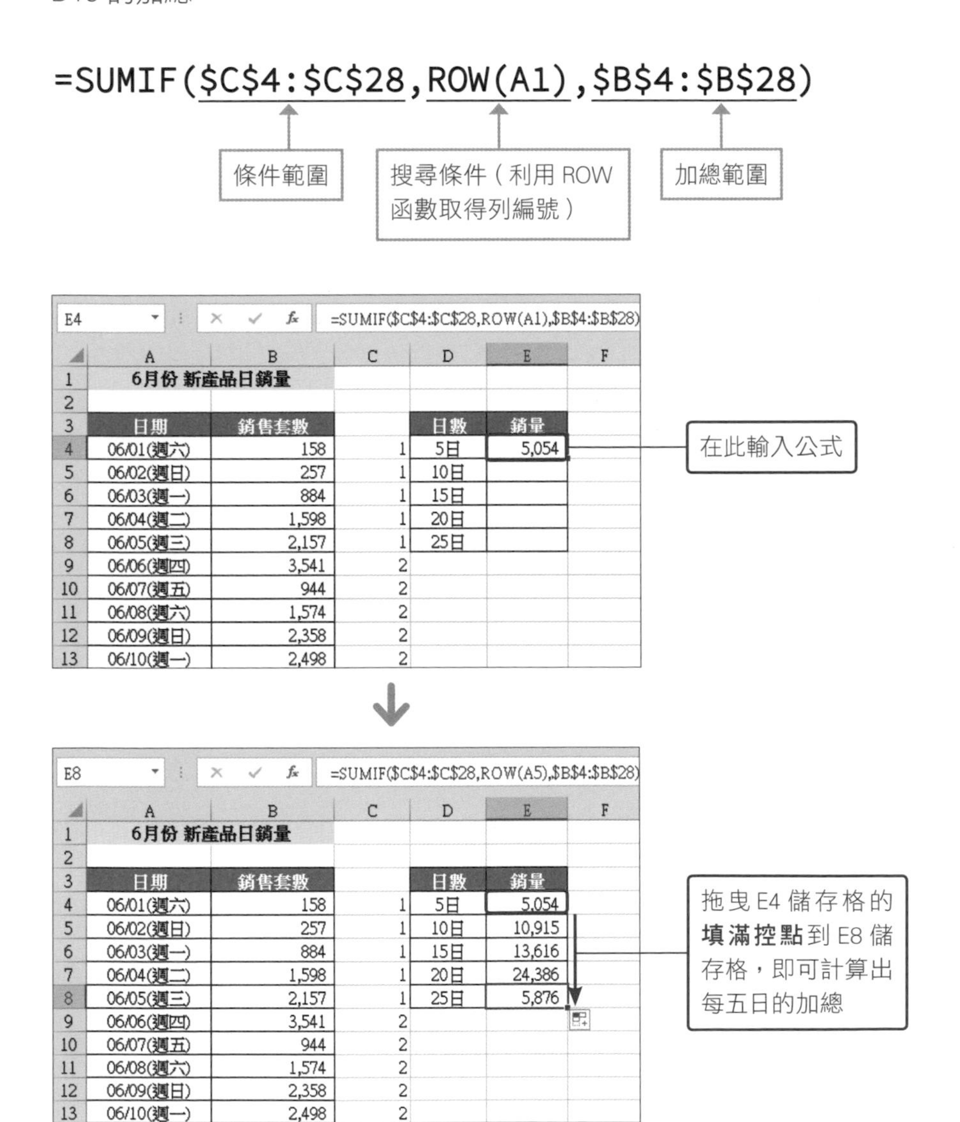


| | A | B | C | D | E | F |
|---|---|---|---|---|---|---|
| 1 | 6月份 新產品日銷量 | | | | | |
| 2 | | | | | | |
| 3 | 日期 | 銷售套數 | | 日數 | 銷量 | |
| 4 | 06/01(週六) | 158 | 1 | 5日 | 5,054 | |
| 5 | 06/02(週日) | 257 | 1 | 10日 | | |
| 6 | 06/03(週一) | 884 | 1 | 15日 | | |
| 7 | 06/04(週二) | 1,598 | 1 | 20日 | | |
| 8 | 06/05(週三) | 2,157 | 1 | 25日 | | |
| 9 | 06/06(週四) | 3,541 | 2 | | | |
| 10 | 06/07(週五) | 944 | 2 | | | |
| 11 | 06/08(週六) | 1,574 | 2 | | | |
| 12 | 06/09(週日) | 2,358 | 2 | | | |
| 13 | 06/10(週一) | 2,498 | 2 | | | |

| | A | B | C | D | E | F |
|---|---|---|---|---|---|---|
| 1 | 6月份 新產品日銷量 | | | | | |
| 2 | | | | | | |
| 3 | 日期 | 銷售套數 | | 日數 | 銷量 | |
| 4 | 06/01(週六) | 158 | 1 | 5日 | 5,054 | |
| 5 | 06/02(週日) | 257 | 1 | 10日 | 10,915 | |
| 6 | 06/03(週一) | 884 | 1 | 15日 | 13,616 | |
| 7 | 06/04(週二) | 1,598 | 1 | 20日 | 24,386 | |
| 8 | 06/05(週三) | 2,157 | 1 | 25日 | 5,876 | |
| 9 | 06/06(週四) | 3,541 | 2 | | | |
| 10 | 06/07(週五) | 944 | 2 | | | |
| 11 | 06/08(週六) | 1,574 | 2 | | | |
| 12 | 06/09(週日) | 2,358 | 2 | | | |
| 13 | 06/10(週一) | 2,498 | 2 | | | |

| ROW 函數 | |
|---|---|
| 說明 | 取得指定儲存格的列編號。 |
| 語法 | **=ROW(參照)** |
| 參照 | 指定想要查詢列編號的儲存格或儲存格範圍。若省略輸入「參照」，則會傳回輸入 ROW 函數的儲存格的列編號。 |

| SUMIF 函數 | |
|---|---|
| 說明 | 加總符合條件的資料。 |
| 語法 | **=SUMIF(條件範圍, 搜尋條件, [加總範圍])** |
| 條件範圍 | 指定資料輸入的儲存格範圍。 |
| 搜尋條件 | 搜尋加總對象資料所設定的條件。 |
| 加總範圍 | 將數值資料的儲存格範圍指定為加總對象，若省略此引數，「條件範圍」資料就會被當成加總對象。 |

若不希望在列印時顯示 C 欄的數值，可選取 C4：C28 儲存格，將**字型色彩**設為白色。

## 方法 2：利用「OFFSET」函數

### 01 使用 OFFSET 函數取得計算範圍

如果是正式的報表，那就不適合在表格旁邊利用「輔助欄位」來計算，這時可改用 OFFSET 函數來取得計算範圍，再利用 SUM 函數加總。請開啟**練習檔案 \Part 1\Unit_017_ 方法二**，在 E4 儲存格輸入「=SUM(OFFSET($B$4,(ROW(A1)-1)*5,,5))」❶，再將公式往下拖曳到 E8 儲存格 ❷。

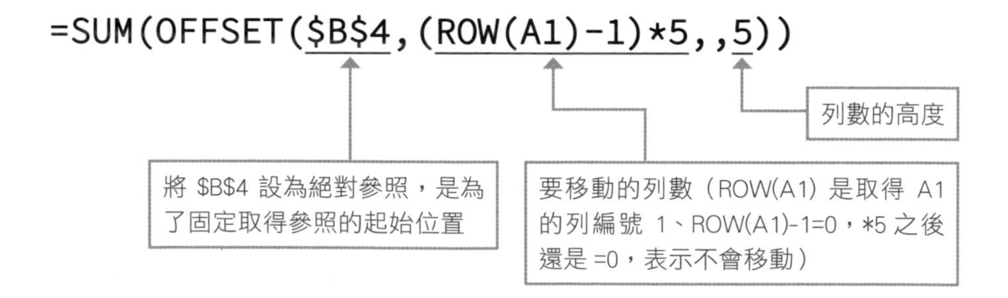

E4 =SUM(OFFSET($B$4,(ROW(A1)-1)*5,,5))

| | A | B | C | D | E | F |
|---|---|---|---|---|---|---|
| 1 | 6月份 新產品日銷量 | | | | | |
| 2 | | | | | | |
| 3 | 日期 | 銷售套數 | | 日數 | 銷量 | |
| 4 | 06/01(週六) | 158 | | 5日 | 5,054 | |
| 5 | 06/02(週日) | 257 | | 10日 | 10,915 | |
| 6 | 06/03(週一) | 884 | | 15日 | 13,616 | |
| 7 | 06/04(週二) | 1,598 | | 20日 | 24,386 | |
| 8 | 06/05(週三) | 2,157 | | 25日 | 5,876 | |
| 9 | 06/06(週四) | 3,541 | | | | |
| 10 | 06/07(週五) | 944 | | | | |
| 11 | 06/08(週六) | 1,574 | | | | |

❶ 可取得位於 B4 儲存格高度為 5 列的儲存格範圍，也就是取得 B4:B8 儲存格範圍再算出總和

❷ 將公式複製到下一列，會自動變成「=SUM(OFFSET($B$4,(ROW(A2)-1)*5,,5))」，因此可以計算出 B9:B13 儲存格範圍的加總

| OFFSET 函數 | |
|---|---|
| 說明 | 回傳依據指定的儲存格，開始移動第幾欄第幾列後的儲存格資料。 |
| 語法 | **=OFFSET(參照, 列數, 欄數, [高度], [寬度])** |
| 參照 | 指定要當作起始參照的儲存格或儲存格範圍。 |
| 列數 | 指定從「參照」開始所要移動的列數。負數會往上移動；正數會往下移動。設為 0，表示不移動。 |
| 欄數 | 指定從「參照」開始所要移動的欄數。負數會往左移動；正數會往右移動。設為 0，表示不移動。 |
| 高度 | 回傳參照儲存格的列數高度。若省略，會與「參照」同列數。 |
| 寬度 | 回傳參照儲存格的欄數寬度。若省略，會與「參照」同欄數。 |

為了幫助您更了解 OFFSET 函數，我們舉一個簡單的例子來說明：

參照的起始位置

從起始位置開始，往下一列，往右移一欄，取出4列高、3欄寬的資料做加總

1 資料的彙整與計算

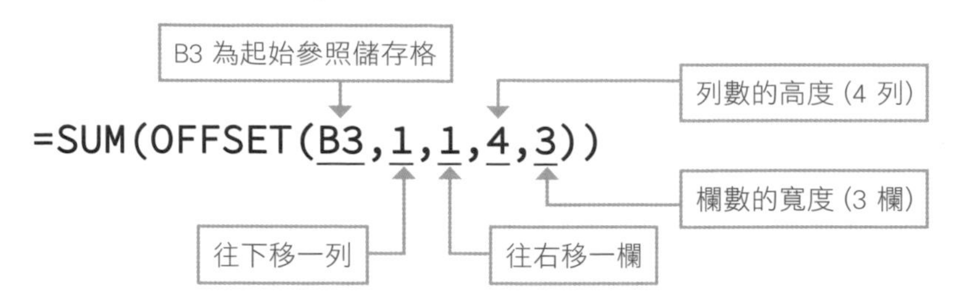


TIPS 由於 OFFSET 函數在每次開啟活頁簿時，都會自動更新，所以就算沒有進行任何編輯動作，在關閉活頁簿時，都會出現**想要儲存變更……**的確認交談窗。

## ☑ 舉一反三　計算每五日的平均

如果想要改成計算每五天的平均銷量，只要將 SUMIF 函數改成 AVERAGEIF 函數就可以了。

❶ 在此輸入「=AVERAGEIF($C$4:$C$28,ROW(A1),$B$4:$B$28)」

E4　=AVERAGEIF($C$4:$C$28,ROW(A1),$B$4:$B$28)

| | A | B | C | D | E | F | G |
|---|---|---|---|---|---|---|---|
| 1 | 6月份 新產品日銷量 | | | | | | |
| 2 | | | | | | | |
| 3 | 日期 | 銷售套數 | | 日數 | 銷量 | | |
| 4 | 06/01(週六) | 158 | 1 | 5日 | 1,011 | | |
| 5 | 06/02(週日) | 257 | 1 | 10日 | 2,183 | | |
| 6 | 06/03(週一) | 884 | 1 | 15日 | 2,723 | | |
| 7 | 06/04(週二) | 1,598 | 1 | 20日 | 4,877 | | |
| 8 | 06/05(週三) | 2,157 | 1 | 25日 | 1,175 | | |
| 9 | 06/06(週四) | 3,541 | 2 | | | | |
| 10 | 06/07(週五) | 944 | 2 | | | | |

❷ 往下拖曳**填滿控點**，複製公式

| AVERAGEIF 函數 | |
|---|---|
| **說明** | 計算符合條件的平均值。 |
| **語法** | **=AVERAGEIF(條件範圍, 條件, [平均範圍])** |
| **條件範圍** | 指定資料輸入的儲存格範圍。 |
| **條件** | 搜尋平均值資料所設定的條件。 |
| **平均範圍** | 將數值資料的儲存格範圍指定為計算平均值的對象，若省略此引數，「條件範圍」資料就會被當成計算對象。 |

Unit 018

# 依指定的條件進行加總

**範　例**　想分別計算平日／假日的顧客人數

WEEKDAY　SUMIF

## 範例說明

俗話説：「人潮就是錢潮」，對於餐飲業、零售業、百貨業這些有實體店面的店家而言，需要經常統計「來客數」，除了可充份掌握備料狀況、還可以視來客數的多寡進行促銷活動。

| | A | B | C | D | E | F |
|---|---|---|---|---|---|---|
| 1 | 顧客人數統計 | | | | | |
| 2 | | | | | | |
| 3 | 日期 | 人數 | 百貨總營業額 | | 8月顧客人數 | |
| 4 | 08/01(週四) | 1,580 | 6,430,838 | | 平日 | 34,889 |
| 5 | 08/02(週五) | 1,743 | 7,863,158 | | 假日 | 26,516 |
| 6 | 08/03(週六) | 2,355 | 8,463,218 | | | |
| 7 | 08/04(週日) | 2,637 | 9,874,138 | | | |
| 8 | 08/05(週一) | 1,322 | 5,486,933 | | | |
| 9 | 08/06(週二) | 1,103 | 4,587,632 | | | |
| 10 | 08/07(週三) | 1,604 | 4,587,965 | | | |
| 11 | 08/08(週四) | 1,708 | 6,875,631 | | | |
| 12 | 08/09(週五) | 2,005 | 7,859,998 | | | |
| 13 | 08/10(週六) | 2,788 | 8,546,328 | | | |
| 14 | 08/11(週日) | 3,215 | 9,546,321 | | | |
| 15 | 08/12(週一) | 1,688 | 1,587,965 | | | |
| 16 | 08/13(週二) | 1,457 | 1,687,123 | | | |
| 17 | 08/14(週三) | 1,305 | 1,568,741 | | | |
| 18 | 08/15(週四) | 1,266 | 1,687,453 | | | |
| 19 | 08/16(週五) | 2,133 | 6,874,533 | | | |
| 20 | 08/17(週六) | 2,754 | 7,851,358 | | | |
| 21 | 08/18(週日) | 3,451 | 10,265,874 | | | |
| 22 | 08/19(週一) | 1,985 | 2,357,984 | | | |
| 23 | 08/20(週二) | 1,846 | 1,598,752 | | | |
| 24 | 08/21(週三) | 1,765 | 3,542,684 | | | |
| 25 | 08/22(週四) | 1,467 | 2,658,965 | | | |
| 26 | 08/23(週五) | 1,746 | 2,874,568 | | | |
| 27 | 08/24(週六) | 3,420 | 8,545,632 | | | |
| 28 | 08/25(週日) | 2,788 | 9,553,321 | | | |
| 29 | 08/26(週一) | 1,698 | 3,549,813 | | | |
| 30 | 08/27(週二) | 1,432 | 2,548,963 | | | |
| 31 | 08/28(週三) | 1,187 | 1,598,788 | | | |
| 32 | 08/29(週四) | 1,065 | 1,985,321 | | | |
| 33 | 08/30(週五) | 1,784 | 2,159,845 | | | |
| 34 | 08/31(週六) | 3,108 | 5,453,168 | | | |

想了解當月「平日」、「假日」的來客人數

## 操作說明

### 01 利用 WEEKDAY 函數取出「星期」的數值

請開啟**練習檔案 \Part 1\Unit_018**，在 D4 儲存格中輸入「=WEEKDAY(A4,2)」，利用 WEEKDAY 函數取出 A4 儲存格中「星期」的對應數值。接著將 D4 儲存格的公式往下複製到 D34，就能列出所有日期對應的星期數值了。

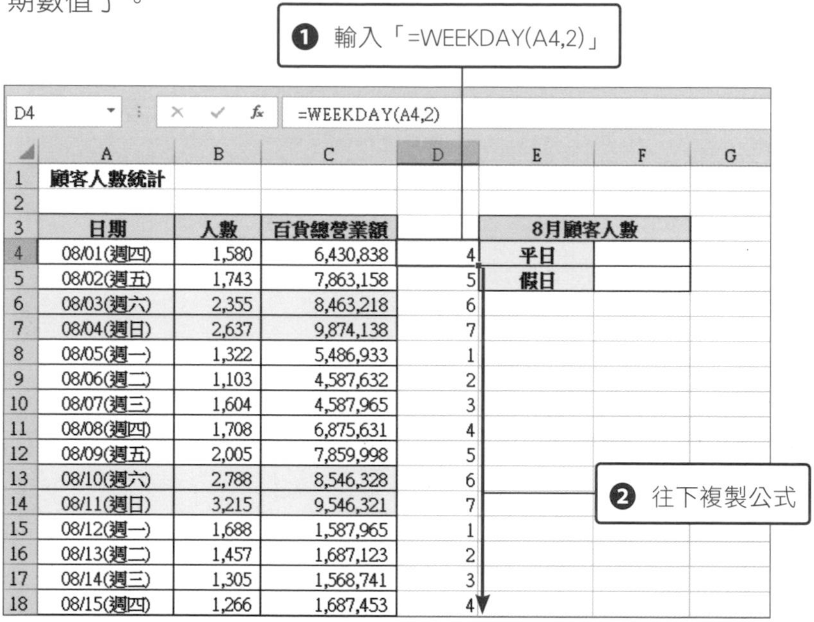

❶ 輸入「=WEEKDAY(A4,2)」

D4 =WEEKDAY(A4,2)

| | A | B | C | D | E | F | G |
|---|---|---|---|---|---|---|---|
| 1 | 顧客人數統計 | | | | | | |
| 2 | | | | | | | |
| 3 | 日期 | 人數 | 百貨總營業額 | | 8月顧客人數 | | |
| 4 | 08/01(週四) | 1,580 | 6,430,838 | 4 | 平日 | | |
| 5 | 08/02(週五) | 1,743 | 7,863,158 | 5 | 假日 | | |
| 6 | 08/03(週六) | 2,355 | 8,463,218 | 6 | | | |
| 7 | 08/04(週日) | 2,637 | 9,874,138 | 7 | | | |
| 8 | 08/05(週一) | 1,322 | 5,486,933 | 1 | | | |
| 9 | 08/06(週二) | 1,103 | 4,587,632 | 2 | | | |
| 10 | 08/07(週三) | 1,604 | 4,587,965 | 3 | | | |
| 11 | 08/08(週四) | 1,708 | 6,875,631 | 4 | | | |
| 12 | 08/09(週五) | 2,005 | 7,859,998 | 5 | | | |
| 13 | 08/10(週六) | 2,788 | 8,546,328 | 6 | | | |
| 14 | 08/11(週日) | 3,215 | 9,546,321 | 7 | | | |
| 15 | 08/12(週一) | 1,688 | 1,587,965 | 1 | | | |
| 16 | 08/13(週二) | 1,457 | 1,687,123 | 2 | | | |
| 17 | 08/14(週三) | 1,305 | 1,568,741 | 3 | | | |
| 18 | 08/15(週四) | 1,266 | 1,687,453 | 4 | | | |

❷ 往下複製公式

| WEEKDAY 函數 | |
|---|---|
| 說明 | 回傳日期資料所對應的星期值。 |
| 語法 | =WEEKDAY(序列值, [回傳類型]) |
| 序列值 | 指定日期資料或日期序列值。 |
| 回傳類型 | 決定回傳值的類型，參見右表。此引數可省略。 |

| 回傳類型 | 回傳值 |
|---|---|
| 1 或省略 | 1（星期日）～ 7（星期六） |
| 2 或省略 | 1（星期一）～ 7（星期日） |
| 3 或省略 | 0（星期一）～ 6（星期日） |
| 11 或省略 | 1（星期一）～ 7（星期日） |
| 12 或省略 | 1（星期二）～ 7（星期一） |
| 13 或省略 | 1（星期三）～ 7（星期二） |
| 14 或省略 | 1（星期四）～ 7（星期三） |
| 15 或省略 | 1（星期五）～ 7（星期四） |
| 16 或省略 | 1（星期六）～ 7（星期五） |
| 17 或省略 | 1（星期日）～ 7（星期六） |

## 02 利用 SUMIF 函數加總「平日」人數

接著，要計算「平日」共有多少來客數。請在 F4 儲存格輸入「=SUMIF(D4:D34,"<=5",B4:B34)」，此公式會找出 D4:D34 儲存格範圍小於等於 5 的值，再加總 B4:B34 符合此條件的人數。

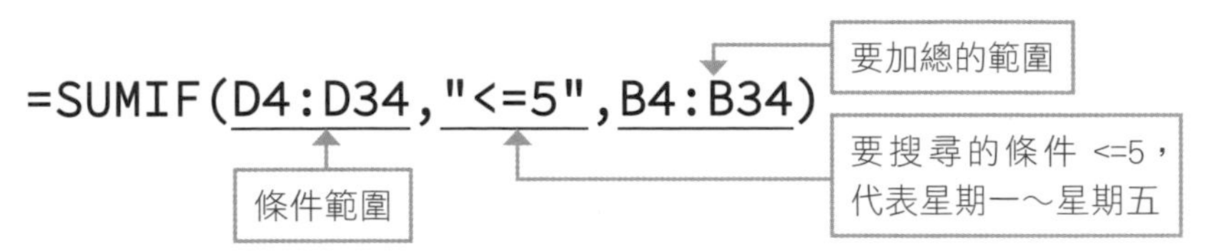


F4 =SUMIF(D4:D34,"<=5",B4:B34)

| | A | B | C | D | E | F | G |
|---|---|---|---|---|---|---|---|
| 1 | 顧客人數統計 | | | | | | |
| 2 | | | | | | | |
| 3 | 日期 | 人數 | 百貨總營業額 | | 8月顧客人數 | | |
| 4 | 08/01(週四) | 1,580 | 6,430,838 | 4 | 平日 | 34,889 | |
| 5 | 08/02(週五) | 1,743 | 7,863,158 | 5 | 假日 | | |
| 6 | 08/03(週六) | 2,355 | 8,463,218 | 6 | | | |
| 7 | 08/04(週日) | 2,637 | 9,874,138 | 7 | | | |
| 8 | 08/05(週一) | 1,322 | 5,486,933 | 1 | | | |
| 9 | 08/06(週二) | 1,103 | 4,587,632 | 2 | | | |

## 03 利用 SUMIF 函數加總「假日」人數

最後，只要在 F5 儲存格中輸入「=SUMIF(D4:D34,">5",B4:B34)」，就可以在 D4:D34 儲存格中找出大於 5（也就是假日）的值，再加總 B4:B34 符合此條件的人數。

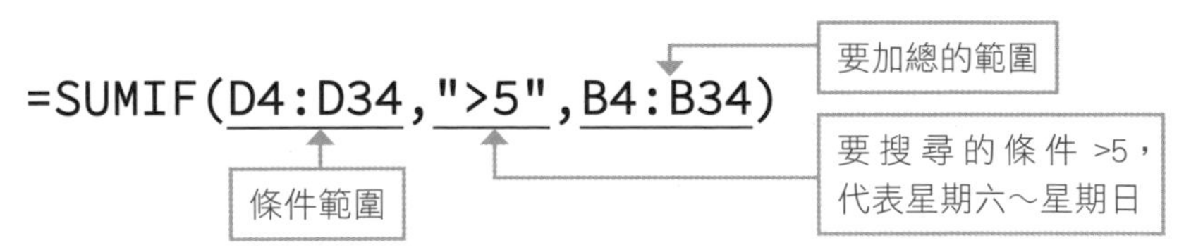


F5 =SUMIF(D4:D34,">5",B4:B34)

| | A | B | C | D | E | F | G |
|---|---|---|---|---|---|---|---|
| 1 | 顧客人數統計 | | | | | | |
| 2 | | | | | | | |
| 3 | 日期 | 人數 | 百貨總營業額 | | 8月顧客人數 | | |
| 4 | 08/01(週四) | 1,580 | 6,430,838 | 4 | 平日 | 34,889 | |
| 5 | 08/02(週五) | 1,743 | 7,863,158 | 5 | 假日 | 26,516 | |
| 6 | 08/03(週六) | 2,355 | 8,463,218 | 6 | | | |
| 7 | 08/04(週日) | 2,637 | 9,874,138 | 7 | | | |
| 8 | 08/05(週一) | 1,322 | 5,486,933 | 1 | | | |
| 9 | 08/06(週二) | 1,103 | 4,587,632 | 2 | | | |

Unit 019

# 如何計算重複的資料項目？

**範例** 統計當月零用金同項目的支出次數及加總

COUNTIF　SUMIF　移除重複項

## 範例說明

有時候我們需要統計同一項目在某段期間的加總。例如：三月份各個產品的銷售總額、零用金各個項目的花費為多少、會員 / 非會員各有多少人、上半年每位業務員的總獎金、……等。像這樣要從總表中一一找出各個項目，再複製、貼上到新的表格中做加總，若是資料筆數很多，用人工的方式處理就相當費時費力了，不知道有什麼函數可用？

一月零用金明細

| | | | | | 上月結餘： | 35,842 |
|---|---|---|---|---|---|---|
| 日期 | 科目 | 摘要 | 支出 | 餘額 | 單據種類 | 發票號碼 |
| 1/4 | 運費 | 快遞 | 238 | 35,604 | | |
| 1/4 | 郵電費 | 郵票 | 168 | 35,436 | | |
| 1/6 | 匯費 | 匯款給傑元公司 | 30 | 35,406 | | |
| 1/8 | 交通費 | 公務車加油 | 1,654 | 33,752 | 發票 | WS15874657 |
| 1/10 | 雜項 | 電池 | 864 | 32,888 | 收據 | |
| 1/12 | 郵電費 | 郵寄包裹 | 155 | 32,733 | 發票 | WS15795135 |
| 1/12 | 雜項 | 延長線 | 485 | 32,248 | 發票 | WS15987531 |
| 1/12 | 運費 | 搬運費 | 1,583 | 30,665 | | |
| 1/16 | 文具用品 | 文具一批 | 846 | 29,819 | 發票 | WS15687345 |
| 1/16 | 運費 | 搬運費 | 1,800 | 28,019 | | |
| 1/17 | 交通費 | ETC加值 | 1,500 | 26,519 | 發票 | WS12687513 |
| 1/17 | 雜項 | 五金零件 | 2,548 | 23,971 | 收據 | |
| 1/22 | 匯費 | 匯款給上立公司 | 60 | 23,911 | | |
| 1/22 | 雜項 | 桶裝水 | 1,573 | 22,338 | 收據 | |
| 1/25 | 文具用品 | 魔術膠帶 | 688 | 21,650 | 收據 | |
| 1/25 | 雜項 | 碳粉匣 | 1,280 | 20,370 | 發票 | WS12687581 |
| 1/26 | 雜項 | 橡膠插頭 | 5,489 | 14,881 | 收據 | |
| 1/27 | 交通費 | 公務車加油 | 880 | 14,001 | 發票 | WS1287651 |
| 1/27 | 修繕費 | 冷氣維修費 | 3,200 | 10,801 | 收據 | |
| 1/28 | 文具用品 | 文件夾 | 843 | 9,958 | 發票 | WS11687453 |
| 1/29 | 雜項 | 清潔用品 | 587 | 9,371 | | |
| 1/29 | 郵電費 | 快遞 | 253 | 9,118 | 收據 | |
| 1/29 | 交通費 | 悠遊卡儲值 | 500 | 8,618 | 收據 | |
| 1/29 | 雜項 | 衛生紙 | 549 | 8,069 | 發票 | WS12657895 |
| 1/30 | 雜項 | 施工餐費 | 658 | 7,411 | 發票 | WS12687654 |
| 1/30 | 雜項 | 員工聚餐 | 1,542 | 5,869 | 發票 | WS12357996 |
| 1/31 | 郵電費 | 郵票 | 158 | 5,711 | | |

| 科目名稱 | 支出次數 | 加總金額 |
|---|---|---|
| 運費 | 3 | 3,621 |
| 郵電費 | 4 | 734 |
| 匯費 | 2 | 90 |
| 交通費 | 4 | 4,534 |
| 雜項 | 10 | 15,575 |
| 文具用品 | 3 | 2,377 |
| 修繕費 | 1 | 3,200 |

想知道零用金每項科目在當月支出幾次以及加總金額

## 操作說明

### 01 從零用金總表複製各項科目

請開啟**練習檔案 \Part 1\Unit_019**，選取 C5：C31 儲存格範圍，並按 Ctrl ＋ C 複製資料 ❶。選取 J5 儲存格 ❷，按下**常用**頁次**貼上**鈕的下半部 ❸，點選**值**鈕 ❹。

| | A | B | C | D | E | F | G | H | I |
|---|---|---|---|---|---|---|---|---|---|
| 3 | | | | | | | 上月結餘： | 35,842 | |
| 4 | | 日期 | 科目 | 摘要 | 支出 | 餘額 | 單據種類 | 發票號碼 | |
| 5 | | 1/4 | 運費 | 快遞 | 238 | 35,604 | | | |
| 6 | | 1/4 | 郵電費 | 郵票 | 168 | 35,436 | | | |
| 7 | | 1/6 | 匯費 | 匯款給傑元公司 | 30 | 35,406 | | | |
| 8 | | 1/8 | 交通費 | 公務車加油 | 1,654 | 33,752 | 發票 | WS15874657 | |
| 9 | | 1/10 | 雜項 | 電池 | 864 | 32,888 | 收據 | | |
| 10 | | 1/12 | 郵電費 | 郵寄包裹 | 155 | 32,733 | 發票 | WS15795135 | |
| 11 | | 1/12 | 雜項 | 延長線 | 485 | 32,248 | 發票 | WS15987531 | |
| 12 | | 1/12 | 運費 | 搬運費 | 1,583 | 30,665 | | | |
| 13 | | 1/16 | 文具用品 | 文具一批 | 846 | 29,819 | 發票 | WS15687345 | |
| 14 | | 1/16 | 運費 | 搬運費 | 1,800 | 28,019 | | | |
| 15 | | 1/17 | 交通費 | ETC加值 | 1,500 | 26,519 | 發票 | WS12687513 | |
| 16 | | 1/17 | 雜項 | 五金零件 | 2,548 | 23,971 | 收據 | | |
| 17 | | 1/22 | 匯費 | 匯款給上立公司 | 60 | 23,911 | | | |
| 18 | | 1/22 | 雜項 | 桶裝水 | 1,573 | 22,338 | 收據 | | |
| 19 | | 1/25 | 文具用品 | 魔術膠帶 | 688 | 21,650 | 收據 | | |
| 20 | | 1/25 | 雜項 | 碳粉匣 | 1,280 | 20,370 | 發票 | WS12687581 | |
| 21 | | 1/26 | 雜項 | 橡膠插頭 | 5,489 | 14,881 | 收據 | | |
| 22 | | 1/27 | 交通費 | 公務車加油 | 880 | 14,001 | 發票 | WS1287651 | |
| 23 | | 1/27 | 修繕費 | 冷氣維修費 | 3,200 | 10,801 | 收據 | | |
| 24 | | 1/28 | 文具用品 | 文件夾 | 843 | 9,958 | 發票 | WS11687453 | |
| 25 | | 1/29 | 雜項 | 清潔用品 | 587 | 9,371 | | | |
| 26 | | 1/29 | 郵電費 | 快遞 | 253 | 9,118 | 收據 | | |
| 27 | | 1/29 | 交通費 | 悠遊卡儲值 | 500 | 8,618 | 收據 | | |
| 28 | | 1/29 | 雜項 | 衛生紙 | 549 | 8,069 | 發票 | WS12657895 | |
| 29 | | 1/30 | 雜項 | 施工餐費 | 658 | 7,411 | 發票 | WS12687654 | |
| 30 | | 1/30 | 雜項 | 員工聚餐 | 1,542 | 5,869 | 發票 | WS12357996 | |
| 31 | | 1/31 | 郵電費 | 郵票 | 158 | 5,711 | | | |
| 32 | | | | | | | | | |

❶ 複製科目資料

**Hot Key**

若資料筆數很多，你可以先選取 C5 儲存格，再按下 Ctrl ＋ Shift ＋ ↓，就可以選取表格中的所有科目資料。

## 02 去除重複的零用金科目

在 J 欄的資料仍維持選取的狀況下，請按下**資料**頁次的**移除重複項**鈕，我們要去除重複的零用金科目。

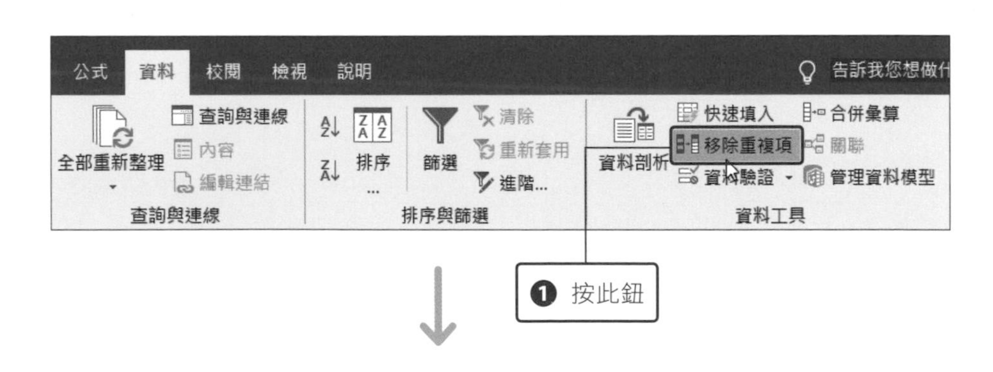

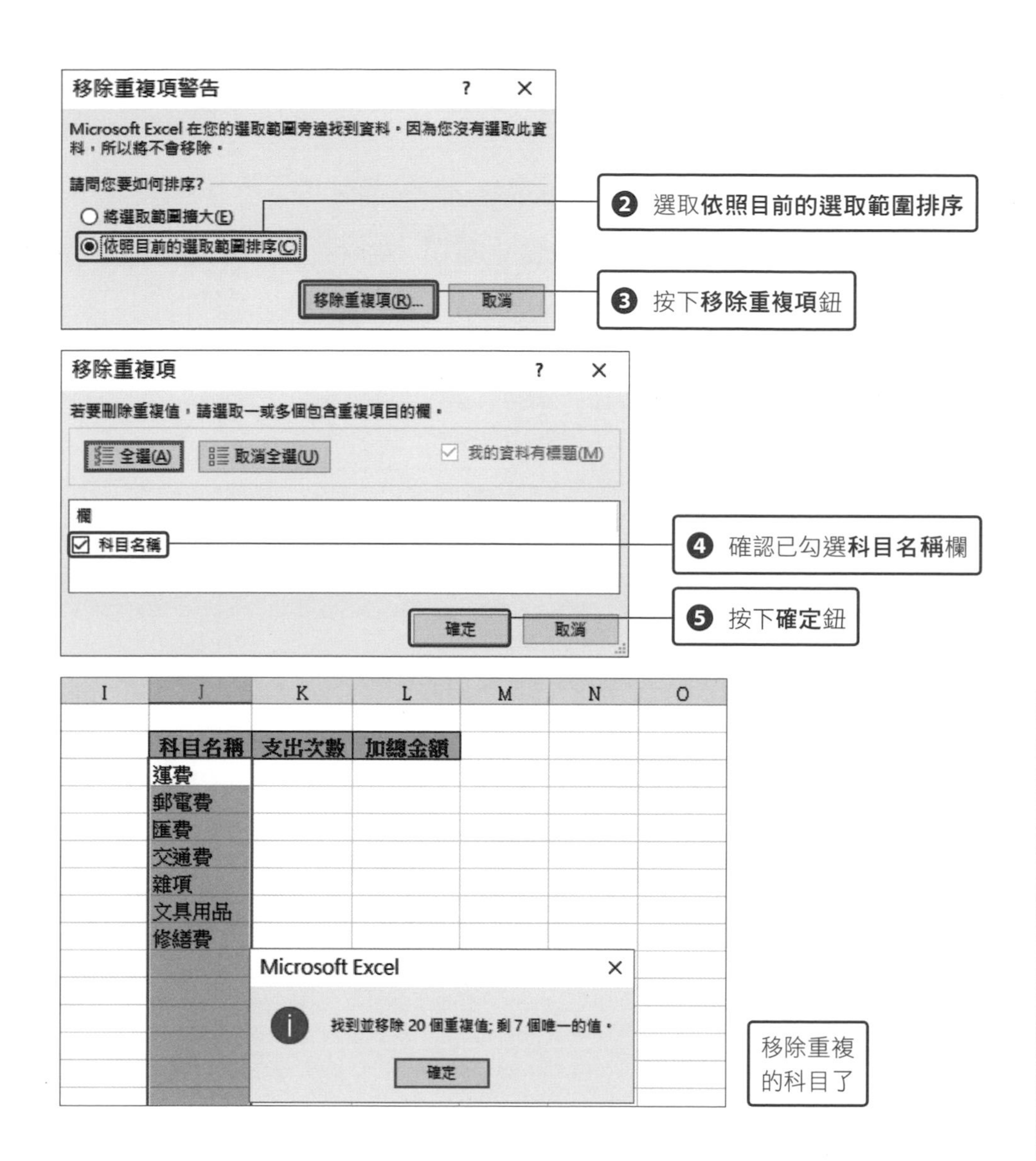


## 03 利用 COUNTIF 函數計算每項科目的支出次數

列出零用金的科目名稱後，請在 K5 儲存格輸入「=COUNTIF($C$5:$C$31,J5)」❶，從 C5:C31 儲存格範圍中，與 J5 的科目做比對，並計算每個科目的支出次數。接著往下複製公式到 K11 儲存格 ❷。

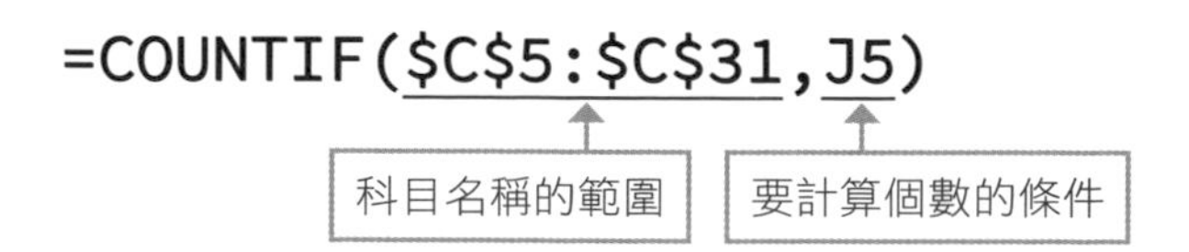

❶ 在此輸入公式

K5 | =COUNTIF($C$5:$C$31,J5)

| | B | C | D | E | F | G | H | I | J | K | L |
|---|---|---|---|---|---|---|---|---|---|---|---|
| 2 | | | | | | | | | | | |
| 3 | | | | | | 上月結餘： | 35,842 | | | | |
| 4 | 日期 | 科目 | 摘要 | 支出 | 餘額 | 單據種類 | 發票號碼 | | 科目名稱 | 支出次數 | 加總金額 |
| 5 | 1/4 | 運費 | 快遞 | 238 | 35,604 | | | | 運費 | 3 | |
| 6 | 1/4 | 郵電費 | 郵票 | 168 | 35,436 | | | | 郵電費 | 4 | |
| 7 | 1/6 | 匯費 | 匯款給傑元公司 | 30 | 35,406 | | | | 匯費 | 2 | |
| 8 | 1/8 | 交通費 | 公務車加油 | 1,654 | 33,752 | 發票 | WS15874657 | | 交通費 | 4 | |
| 9 | 1/10 | 雜項 | 電池 | 864 | 32,888 | 收據 | | | 雜項 | 10 | |
| 10 | 1/12 | 郵電費 | 郵寄包裹 | 155 | 32,733 | 發票 | WS15795135 | | 文具用品 | 3 | |
| 11 | 1/12 | 雜項 | 延長線 | 485 | 32,248 | 發票 | WS15987531 | | 修繕費 | 1 | |
| 12 | 1/12 | 運費 | 搬運費 | 1,583 | 30,665 | | | | | | |
| 13 | 1/16 | 文具用品 | 文具一批 | 846 | 29,819 | 發票 | WS15687345 | | | | |

❷ 拖曳 K5 儲存格的**填滿控點**往下複製公式

| COUNTIF 函數 | |
|---|---|
| 說明 | 計算符合條件的儲存格個數。 |
| 語法 | **=COUNTIF(搜尋目標範圍, 搜尋條件)** |
| 搜尋目標範圍 | 指定判斷對象的儲存格範圍。 |
| 搜尋條件 | 要計數的條件。 |

若 COUNTIF 函數的「搜尋條件」引數為日期或字串資料時，要用半形雙引號框住；若為數字，直接輸入即可。例如：「=COUNTIF($C$5:$C$31," 運費 ")」。

## 04 利用 SUMIF 函數加總

在 L5 儲存格中輸入「=SUMIF($C$5:$C$31,J5,$E$5:$E$31)」❶，我們要依據 J 欄的條件，與 C 欄的儲存格範圍做比對，並進行加總。接著往下複製公式到 L11 儲存格 ❷，就完成各項零用金科目的統計了。

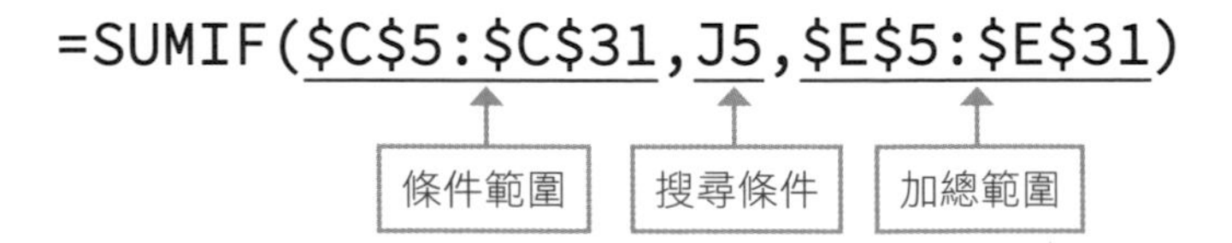


**SUMIF 函數的語法，請參考 Unit 017。**

❶ 在此輸入公式

L5　=SUMIF($C$5:$C$31,J5,$E$5:$E$31)

| | A | B | C | D | E | F | G | H | I | J | K | L | M |
|---|---|---|---|---|---|---|---|---|---|---|---|---|---|
| 3 | | | | | | | 上月結餘： | 35,842 | | | | | |
| 4 | | 日期 | 科目 | 摘要 | 支出 | 餘額 | 單據種類 | 發票號碼 | | 科目名稱 | 支出次數 | 加總金額 | |
| 5 | | 1/4 | 運費 | 快遞 | 238 | 35,604 | | | | 運費 | 3 | 3621 | |
| 6 | | 1/4 | 郵電費 | 郵票 | 168 | 35,436 | | | | 郵電費 | 4 | 734 | |
| 7 | | 1/6 | 匯費 | 匯款給傑元公司 | 30 | 35,406 | | | | 匯費 | 2 | 90 | |
| 8 | | 1/8 | 交通費 | 公務車加油 | 1,654 | 33,752 | 發票 | WS15874657 | | 交通費 | 4 | 4534 | |
| 9 | | 1/10 | 雜項 | 電池 | 864 | 32,888 | 收據 | | | 雜項 | 10 | 15575 | |
| 10 | | 1/12 | 郵電費 | 郵寄包裹 | 155 | 32,733 | 發票 | WS15795135 | | 文具用品 | 3 | 2377 | |
| 11 | | 1/12 | 雜項 | 延長線 | 485 | 32,248 | 發票 | WS15987531 | | 修繕費 | 1 | 3200 | |
| 12 | | 1/12 | 運費 | 搬運費 | 1,583 | 30,665 | | | | | | | |
| 13 | | 1/16 | 文具用品 | 文具一批 | 846 | 29,819 | 發票 | WS15687345 | | | | | |

❷ 拖曳**填滿控點**往下複製公式

## ☑ 範例應用　統計訂購的餐點、數量、金額

當公司舉辦活動，行政人員可能要幫忙訂購餐點、飲料、…等，若是訂購的人數、餐點種類太多，光是用紙筆統計不但費時費力，還容易出錯。這時不妨善用剛才所學的 SUMIF 函數，不僅可以統計出各項餐點的訂購數量，也可以快速算出每項餐點的金額及總額。

| | A | B | C | D | E | F | G | H | I |
|---|---|---|---|---|---|---|---|---|---|
| 1 | 展場工作人員餐點訂購 | | | | | | | | |
| 2 | | | | | | | | | |
| 3 | 部門 | 姓名 | 餐點名稱 | 金額 | | 餐點名稱 | 個數 | 金額 | |
| 4 | 企劃部 | 李孜愛 | 雞腿便當 | 100 | | 雞腿便當 | 5 | 500 | |
| 5 | 產品部 | 許沛雯 | 排骨便當 | 95 | | 排骨便當 | 3 | 285 | |
| 6 | 業務部 | 謝詠旺 | 蝦捲便當 | 90 | | 蝦捲便當 | 2 | 180 | |
| 7 | 工讀生 | 張棋林 | 獅子頭便當 | 110 | | 獅子頭便當 | 3 | 330 | |
| 8 | 產品部 | 林仁明 | 雞腿便當 | 100 | | 鱈魚便當 | 2 | 180 | |
| 9 | 工讀生 | 施啟真 | 鱈魚便當 | 90 | | 雞排便當 | 2 | 200 | |
| 10 | 業務部 | 王瑞軒 | 蝦捲便當 | 90 | | 咖哩飯 | 2 | 240 | |
| 11 | 產品部 | 鄭豪偉 | 雞腿便當 | 100 | | 總計 | 19 | 1,915 | |
| 12 | 企劃部 | 黃如清 | 雞排便當 | 100 | | | | | |
| 13 | 業務部 | 張琳琳 | 排骨便當 | 95 | | | | | |
| 14 | 產品部 | 賴清湘 | 咖哩飯 | 120 | | | | | |
| 15 | 工讀生 | 蔡素晴 | 獅子頭便當 | 110 | | | | | |
| 16 | 產品部 | 陳其偉 | 雞腿便當 | 100 | | | | | |
| 17 | 業務部 | 林明愛 | 咖哩飯 | 120 | | | | | |
| 18 | 企劃部 | 謝明佶 | 雞排便當 | 100 | | | | | |
| 19 | 工讀生 | 古瑞峰 | 排骨便當 | 95 | | | | | |
| 20 | 產品部 | 薛仕仁 | 獅子頭便當 | 110 | | | | | |
| 21 | 工讀生 | 張家其 | 鱈魚便當 | 90 | | | | | |
| 22 | 企劃部 | 徐佩昕 | 雞腿便當 | 100 | | | | | |

# Unit 020 不同欄位的加總計算

**範　例**　各商品放置在不同欄位，如何統計各分店各月的所有銷量？

SUMIF　COLUMN

## 範例說明

有時候資料來源是從資料庫中擷取出來的，其排列方式很難用單一函數計算出結果，也無法套用**樞紐分析表**來統計，像這樣的資料該怎麼計算各分店各月的總銷量呢？

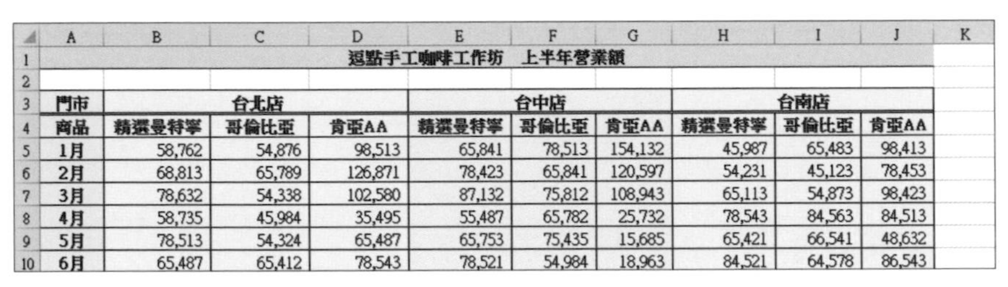

| | A | B | C | D | E | F | G | H | I | J | K |
|---|---|---|---|---|---|---|---|---|---|---|---|
| 1 | 逗點手工咖啡工作坊　上半年營業額 | | | | | | | | | | |
| 2 | | | | | | | | | | | |
| 3 | 門市 | 台北店 | | | 台中店 | | | 台南店 | | | |
| 4 | 商品 | 精選曼特寧 | 哥倫比亞 | 肯亞AA | 精選曼特寧 | 哥倫比亞 | 肯亞AA | 精選曼特寧 | 哥倫比亞 | 肯亞AA | |
| 5 | 1月 | 58,762 | 54,876 | 98,513 | 65,841 | 78,513 | 154,132 | 45,987 | 65,483 | 98,413 | |
| 6 | 2月 | 68,813 | 65,789 | 126,871 | 78,423 | 65,841 | 120,597 | 54,231 | 45,123 | 78,453 | |
| 7 | 3月 | 78,632 | 54,338 | 102,580 | 87,132 | 75,812 | 108,943 | 65,113 | 54,873 | 98,423 | |
| 8 | 4月 | 58,735 | 45,984 | 35,495 | 55,487 | 65,782 | 25,732 | 78,543 | 84,563 | 84,513 | |
| 9 | 5月 | 78,513 | 54,324 | 65,487 | 65,753 | 75,435 | 15,685 | 65,421 | 66,541 | 48,632 | |
| 10 | 6月 | 65,487 | 65,412 | 78,543 | 78,521 | 54,984 | 18,963 | 84,521 | 64,578 | 86,543 | |

這樣的表格排列要如何計算「各分店」、「各月」的總銷量呢？

其實只要利用「輔助欄位」的技巧，再搭配 SUMIF 及 COLUMN 函數，就可以算出各分店各月的營業額了！

| | A | B | C | D | E | F | G | H | I | J | K |
|---|---|---|---|---|---|---|---|---|---|---|---|
| 1 | 逗點手工咖啡工作坊　上半年營業額 | | | | | | | | | | |
| 2 | | | | | | | | | | | |
| 3 | 門市 | 台北店 | | | 台中店 | | | 台南店 | | | |
| 4 | 商品 | 精選曼特寧 | 哥倫比亞 | 肯亞AA | 精選曼特寧 | 哥倫比亞 | 肯亞AA | 精選曼特寧 | 哥倫比亞 | 肯亞AA | |
| 5 | 1月 | 58,762 | 54,876 | 98,513 | 65,841 | 78,513 | 154,132 | 45,987 | 65,483 | 98,413 | |
| 6 | 2月 | 68,813 | 65,789 | 126,871 | 78,423 | 65,841 | 120,597 | 54,231 | 45,123 | 78,453 | |
| 7 | 3月 | 78,632 | 54,338 | 102,580 | 87,132 | 75,812 | 108,943 | 65,113 | 54,873 | 98,423 | |
| 8 | 4月 | 58,735 | 45,984 | 35,495 | 55,487 | 65,782 | 25,732 | 78,543 | 84,563 | 84,513 | |
| 9 | 5月 | 78,513 | 54,324 | 65,487 | 65,753 | 75,435 | 15,685 | 65,421 | 66,541 | 48,632 | |
| 10 | 6月 | 65,487 | 65,412 | 78,543 | 78,521 | 54,984 | 18,963 | 84,521 | 64,578 | 86,543 | |
| 11 | | 1 | 1 | 1 | 2 | 2 | 2 | 3 | 3 | 3 | |
| 12 | | | | | | | | | | | |
| 13 | 門市 | 台北店 | 台中店 | 台南店 | | | | | | | |
| 14 | 1月 | 212,151 | 298,486 | 209,883 | | | | | | | |
| 15 | 2月 | 261,473 | 264,861 | 177,807 | | | | | | | |
| 16 | 3月 | 235,550 | 271,887 | 218,409 | | | | | | | |
| 17 | 4月 | 140,214 | 147,001 | 247,619 | | | | | | | |
| 18 | 5月 | 198,324 | 156,873 | 180,594 | | | | | | | |
| 19 | 6月 | 209,442 | 152,468 | 235,642 | | | | | | | |

## 操作說明

### 01 利用「輔助欄位」輸入編號

請開啟**練習檔案 \Part 1\Unit_020**，在同一家分店的最後一列輸入相同的編號。

| | A | B | C | D | E | F | G | H | I | J | K |
|---|---|---|---|---|---|---|---|---|---|---|---|
| 1 | | | | 逗點手工咖啡工作坊　上半年營業額 | | | | | | | |
| 2 | | | | | | | | | | | |
| 3 | 門市 | 台北店 | | | 台中店 | | | 台南店 | | | |
| 4 | 商品 | 精選曼特寧 | 哥倫比亞 | 肯亞AA | 精選曼特寧 | 哥倫比亞 | 肯亞AA | 精選曼特寧 | 哥倫比亞 | 肯亞AA | |
| 5 | 1月 | 58,762 | 54,876 | 98,513 | 65,841 | 78,513 | 154,132 | 45,987 | 65,483 | 98,413 | |
| 6 | 2月 | 68,813 | 65,789 | 126,871 | 78,423 | 65,841 | 120,597 | 54,231 | 45,123 | 78,453 | |
| 7 | 3月 | 78,632 | 54,338 | 102,580 | 87,132 | 75,812 | 108,943 | 65,113 | 54,873 | 98,423 | |
| 8 | 4月 | 58,735 | 45,984 | 35,495 | 55,487 | 65,782 | 25,732 | 78,543 | 84,563 | 84,513 | |
| 9 | 5月 | 78,513 | 54,324 | 65,487 | 65,753 | 75,435 | 15,685 | 65,421 | 66,541 | 48,632 | |
| 10 | 6月 | 65,487 | 65,412 | 78,543 | 78,521 | 54,984 | 18,963 | 84,521 | 64,578 | 86,543 | |
| 11 | | 1 | 1 | 1 | 2 | 2 | 2 | 3 | 3 | 3 | |

在各分店底下輸入相同的編號

### 02 利用 SUMIF 及 COLUMN 函數加總符合條件的資料

在 B14 儲存格中輸入「=SUMIF($B$11:$J$11,COLUMN(A1),$B5:$J5)」，當「搜尋條件」COLUMN(A1) 的編號，與「輔助欄位」的編號一致就會進行加總。

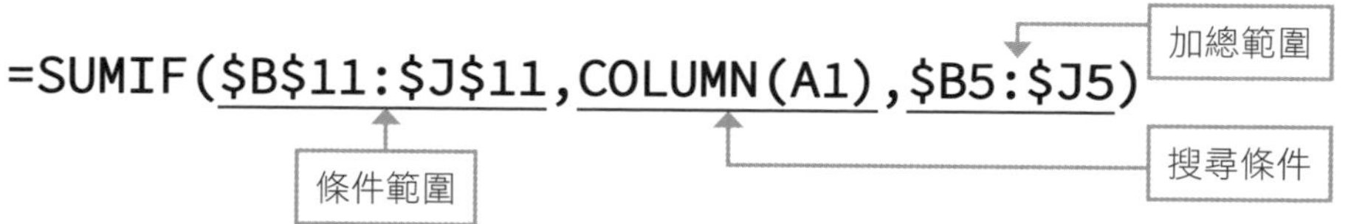


WEEKDAY　=SUMIF($B$11:$J$11,COLUMN(A1),$B5:$J5)

| | A | B | C | D | E | F | G | H | I | J | K |
|---|---|---|---|---|---|---|---|---|---|---|---|
| 1 | | | | 逗點手工咖啡工作坊　上半年營業額 | | | | | | | |
| 2 | | | | | | | | | | | |
| 3 | 門市 | 台北店 | | | 台中店 | | | 台南店 | | | |
| 4 | 商品 | 精選曼特寧 | 哥倫比亞 | 肯亞AA | 精選曼特寧 | 哥倫比亞 | 肯亞AA | 精選曼特寧 | 哥倫比亞 | 肯亞AA | |
| 5 | 1月 | 58,762 | 54,876 | 98,513 | 65,841 | 78,513 | 154,132 | 45,987 | 65,483 | 98,413 | |
| 6 | 2月 | 68,813 | 65,789 | 126,871 | 78,423 | 65,841 | 120,597 | 54,231 | 45,123 | 78,453 | |
| 7 | 3月 | 78,632 | 54,338 | 102,580 | 87,132 | 75,812 | 108,943 | 65,113 | 54,873 | 98,423 | |
| 8 | 4月 | 58,735 | 45,984 | 35,495 | 55,487 | 65,782 | 25,732 | 78,543 | 84,563 | 84,513 | |
| 9 | 5月 | 78,513 | 54,324 | 65,487 | 65,753 | 75,435 | 15,685 | 65,421 | 66,541 | 48,632 | |
| 10 | 6月 | 65,487 | 65,412 | 78,543 | 78,521 | 54,984 | 18,963 | 84,521 | 64,578 | 86,543 | |
| 11 | | 1 | 1 | 1 | 2 | 2 | 2 | 3 | 3 | 3 | |
| 12 | | | | | | | | | | | |
| 13 | 門市 | 台北店 | 台中店 | 台南店 | | | | | | | |
| 14 | 1月 | =SUMIF($B$11:$J$11,COLUMN(A1),$B5:$J5) | | | | | | | | | |
| 15 | 2月 | | | | | | | | | | |
| 16 | 3月 | | | | | | | | | | |
| 17 | 4月 | | | | | | | | | | |
| 18 | 5月 | | | | | | | | | | |
| 19 | 6月 | | | | | | | | | | |

COLUMN(A1) 的值為「1」，當 B11:J11 儲存格範圍中的值與「1」一致，就會加總 B5:J5 範圍中符合條件的值

**03** **複製公式**

接著將 B14 儲存格的公式，往右及往下複製到其它儲存格，就可以算出各門市各月的營業額。

D14 儲存格的公式為「=SUMIF($B$11:$J$11,COLUMN(C1),$B5:$J5)」，COLUMN(C1) 的值為「3」，當 B11:J11 儲存格範圍中的值與「3」一致，就會加總 B5:J5 範圍中符合條件的值

| | 門市 | 台北店 | 台中店 | 台南店 |
|---|---|---|---|---|
| 12 | | | | |
| 13 | 門市 | 台北店 | 台中店 | 台南店 |
| 14 | 1月 | 212,151 | 298,486 | 209,883 |
| 15 | 2月 | 261,473 | 264,861 | 177,807 |
| 16 | 3月 | 235,550 | 271,887 | 218,409 |
| 17 | 4月 | 140,214 | 147,001 | 247,619 |
| 18 | 5月 | 198,324 | 156,873 | 180,594 |
| 19 | 6月 | 209,442 | 152,468 | 235,642 |
| 20 | | | | |

C14 儲存格的公式為「=SUMIF($B$11:$J$11,COLUMN(B1),$B5:$J5)」，COLUMN(B1) 的值為「2」，當 B11:J11 儲存格範圍中的值與「2」一致，就會加總 B5:J5 範圍中符合條件的值

有關 SUMIF 函數，請參考 UNIT 017 的說明。

| COLUMN 函數 | |
|---|---|
| 說明 | 求得指定儲存格的欄編號。 |
| 語法 | **=COLUMN(參照)** |
| 參照 | 指定想要查詢欄編號的儲存格。若省略，會回傳輸入 COLUMN 函數儲存格的欄編號。 |

Unit 021

# 以「年」為單位的統計

**範　例**　想知道某商品在各年度的銷售狀況

SUMIF　YEAR

## 範例說明

從資料庫中取出某商品的歷史銷量後，我們想知道該商品每年的「實銷量」（出貨量－退貨量）及「實銷金額」（出貨金額－退貨金額），但由於資料筆數太多，用人工複製、貼上實在很費力，也容易弄錯資料，有沒有更快的方法呢？

「智慧音箱」歷年銷量

| 年月 | 出貨量 | 退貨量 | 實銷量 | 出貨金額 | 退貨金額 | 實銷金額 |
|---|---|---|---|---|---|---|
| 2015/01/25 | 841 | 0 | 841 | 272,460 | - | 272,460 |
| 2015/02/25 | 581 | 26 | 555 | 194,954 | 9,006 | 185,948 |
| 2015/03/25 | 552 | 23 | 529 | 184,689 | 7,626 | 177,063 |
| 2015/04/25 | 660 | 44 | 616 | 218,474 | 14,284 | 204,190 |
| 2015/05/25 | 346 | 45 | 301 | 114,931 | 14,595 | 100,336 |
| 2015/06/25 | 305 | 108 | 197 | 99,601 | 35,520 | 64,081 |
| 2015/07/25 | 534 | 28 | 506 | 179,153 | 9,023 | 170,130 |
| 2015/08/25 | 435 | 37 | 398 | 144,179 | 11,976 | 132,203 |
| 2015/09/25 | 527 | 79 | 448 | 170,780 | 26,745 | 144,035 |
| 2015/10/25 | 441 | 81 | 360 | 146,795 | 26,356 | 120,439 |
| 2015/11/25 | 317 | 48 | 269 | 100,799 | 16,008 | 84,791 |
| 2015/12/25 | 334 | 65 | 269 | 113,532 | 21,854 | 91,678 |
| 2016/01/25 | 521 | 47 | 474 | 171,221 | 15,698 | 155,523 |
| 2016/02/25 | 204 | 52 | 152 | 69,008 | 17,420 | 51,589 |
| 2016/03/25 | 302 | 50 | 252 | 99,452 | 16,613 | 82,838 |
| 2016/04/25 | 368 | 46 | 322 | 121,892 | 15,415 | 106,477 |
| 2016/05/25 | 312 | 84 | 228 | 98,110 | 28,900 | 69,210 |
| 2016/06/25 | 179 | 33 | 146 | 58,451 | 10,645 | 47,806 |
| 2016/07/25 | 203 | 77 | 126 | 65,809 | 25,345 | 40,464 |
| 2016/08/25 | 194 | 47 | 147 | 60,580 | 15,567 | 45,013 |
| 2016/09/25 | 128 | 46 | 82 | 41,309 | 15,918 | 25,391 |
| 2016/10/25 | 170 | 46 | 124 | 54,402 | 14,963 | 39,439 |
| 2016/11/25 | 147 | 45 | 102 | 46,391 | 14,737 | 31,655 |
| 2016/12/25 | 89 | 28 | 61 | 28,991 | 9,256 | 19,735 |

| 年 | 實銷量 | 實銷金額 |
|---|---|---|
| 2015 | 5,289 | 1,747,352 |
| 2016 | 2,216 | 715,139 |
| 2017 | 790 | 250,210 |
| 2018 | 587 | 190,848 |
| 2019 | 235 | 75,450 |

想知道各年度的「實銷量」及「實銷金額」

## 操作說明

### 01 利用「輔助欄位」取出年份資料

請開啟**練習檔案 \Part 1\Unit_021**，在 H3 儲存格輸入「=YEAR(A3)」❶，接著將 H3 儲存格的**填滿控點**拖曳到 H57 儲存格 ❷。即可從 A 欄中的日期資料取出「年份」。

H3 =YEAR(A3)

| | A | B | C | D | E | F | G | H |
|---|---|---|---|---|---|---|---|---|
| 1 | 「智慧音箱」歷年銷量 | | | | | | | |
| 2 | 年月 | 出貨量 | 退貨量 | 實銷量 | 出貨金額 | 退貨金額 | 實銷金額 | |
| 3 | 2015/01/25 | 841 | 0 | 841 | 272,460 | - | 272,460 | 2015 |
| 4 | 2015/02/25 | 581 | 26 | 555 | 194,954 | 9,006 | 185,948 | 2015 |
| 5 | 2015/03/25 | 552 | 23 | 529 | 184,689 | 7,626 | 177,063 | 2015 |
| 6 | 2015/04/25 | 660 | 44 | 616 | 218,474 | 14,284 | 204,190 | 2015 |
| 7 | 2015/05/25 | 346 | 45 | 301 | 114,931 | 14,595 | 100,336 | 2015 |
| 8 | [illegible] | 305 | 108 | [illegible] | 99,601 | 35,520 | 64,081 | 2015 |
| 52 | 2019/02/25 | 49 | 2 | 47 | 15,712 | [illegible] | [illegible] | [illegible] |
| 53 | 2019/03/25 | 42 | 1 | 41 | 13,345 | 294 | 13,051 | 2019 |
| 54 | 2019/04/25 | 26 | 0 | 26 | 8,210 | - | 8,210 | 2019 |
| 55 | 2019/05/25 | 32 | 2 | 30 | 10,513 | 627 | 9,886 | 2019 |
| 56 | 2019/06/25 | 26 | 1 | 25 | 8,220 | 333 | 7,887 | 2019 |
| 57 | 2019/07/25 | 25 | 1 | 24 | 7,987 | 294 | 7,693 | 2019 |

❶ 在此輸入公式

❷ 往下複製公式

### 02 利用 SUMIF 函數加總各年度的「實銷量」

請在 K3 儲存格中輸入「=SUMIF($H$3:$H$57,J3,$D$3:$D$57)」❶，接著將公式往下拖曳 ❷，即可列出每年的「實銷量」。

=SUMIF($H$3:$H$57,J3,$D$3:$D$57)

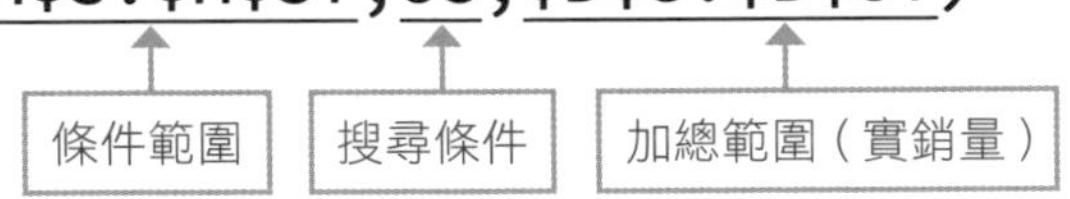


K3 =SUMIF($H$3:$H$57,J3,$D$3:$D$57)

| | A | B | C | D | E | F | G | H | I | J | K | L | M |
|---|---|---|---|---|---|---|---|---|---|---|---|---|---|
| 1 | 「智慧音箱」歷年銷量 | | | | | | | | | | | | |
| 2 | 年月 | 出貨量 | 退貨量 | 實銷量 | 出貨金額 | 退貨金額 | 實銷金額 | | | 年 | 實銷量 | 實銷金額 | |
| 3 | 2015/01/25 | 841 | 0 | 841 | 272,460 | - | 272,460 | 2015 | | 2015 | 5,289 | | |
| 4 | 2015/02/25 | 581 | 26 | 555 | 194,954 | 9,006 | 185,948 | 2015 | | 2016 | 2,216 | | |
| 5 | 2015/03/25 | 552 | 23 | 529 | 184,689 | 7,626 | 177,063 | 2015 | | 2017 | 790 | | |
| 6 | 2015/04/25 | 660 | 44 | 616 | 218,474 | 14,284 | 204,190 | 2015 | | 2018 | 587 | | |
| 7 | 2015/05/25 | 346 | 45 | 301 | 114,931 | 14,595 | 100,336 | 2015 | | 2019 | 235 | | |
| 8 | 2015/06/25 | 305 | 108 | 197 | 99,601 | 35,520 | 64,081 | 2015 | | | | | |
| 9 | 2015/07/25 | 534 | 28 | 506 | 179,153 | 9,023 | 170,130 | 2015 | | | | | |

## 03 利用 SUMIF 函數加總各年度的「實銷金額」

請在 L3 儲存格中輸入「=SUMIF($H$3:$H$57,J3,$G$3:$G$57)」❶，接著將公式往下拖曳 ❷，即可列出每年的「實銷金額」。

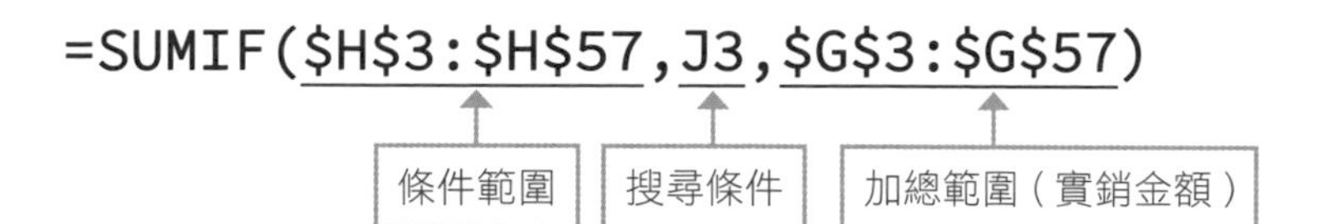


L3　=SUMIF($H$3:$H$57,J3,$G$3:$G$57)

| | A | B | C | D | E | F | G | H | I | J | K | L | M |
|---|---|---|---|---|---|---|---|---|---|---|---|---|---|
| 1 | 「智慧音箱」歷年銷量 | | | | | | | | | | | | |
| 2 | 年月 | 出貨量 | 退貨量 | 實銷量 | 出貨金額 | 退貨金額 | 實銷金額 | | | 年 | 實銷量 | 實銷金額 | |
| 3 | 2015/01/25 | 841 | 0 | 841 | 272,460 | - | 272,460 | 2015 | | 2015 | 5,289 | 1,747,352 | ❶ |
| 4 | 2015/02/25 | 581 | 26 | 555 | 194,954 | 9,006 | 185,948 | 2015 | | 2016 | 2,216 | 715,139 | |
| 5 | 2015/03/25 | 552 | 23 | 529 | 184,689 | 7,626 | 177,063 | 2015 | | 2017 | 790 | 250,210 | ❷ |
| 6 | 2015/04/25 | 660 | 44 | 616 | 218,474 | 14,284 | 204,190 | 2015 | | 2018 | 587 | 190,848 | |
| 7 | 2015/05/25 | 346 | 45 | 301 | 114,931 | 14,595 | 100,336 | 2015 | | 2019 | 235 | 75,450 | |
| 8 | 2015/06/25 | 305 | 108 | 197 | 99,601 | 35,520 | 64,081 | 2015 | | | | | |
| 9 | 2015/07/25 | 534 | 28 | 506 | 179,153 | 9,023 | 170,130 | 2015 | | | | | |

SUMIF 函數的語法，請參考 Unit 017。

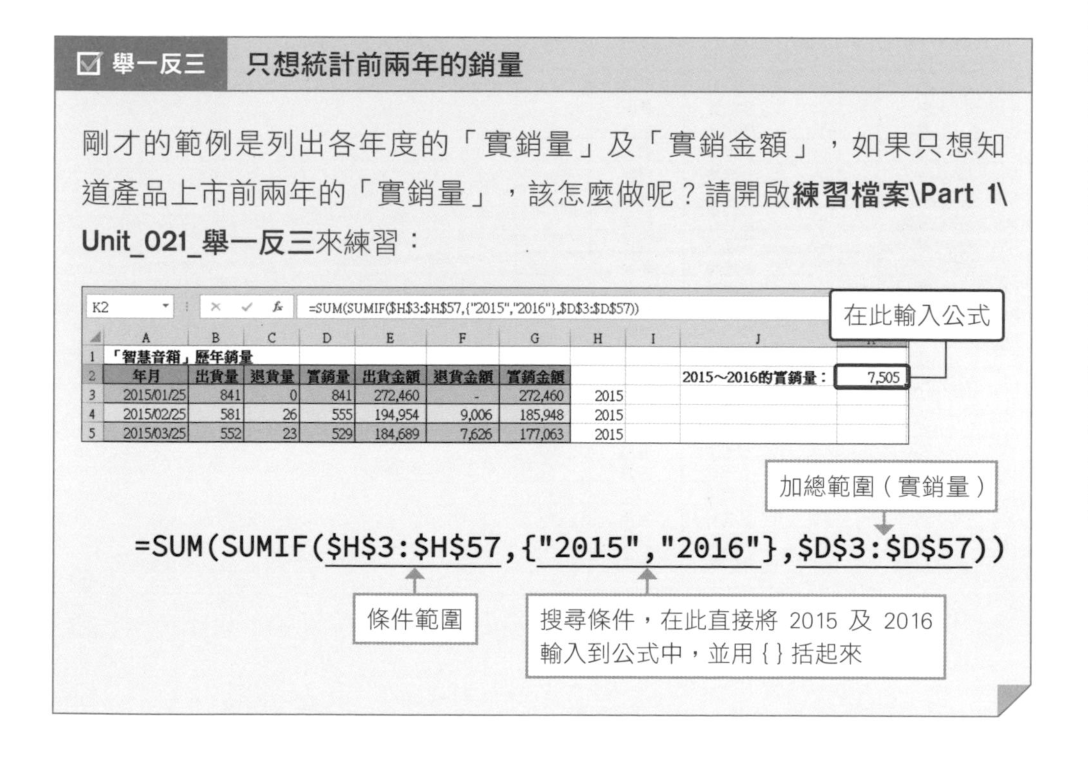

### ☑ 舉一反三　只想統計前兩年的銷量

剛才的範例是列出各年度的「實銷量」及「實銷金額」，如果只想知道產品上市前兩年的「實銷量」，該怎麼做呢？請開啟**練習檔案\Part 1\Unit_021_舉一反三**來練習：

K2　=SUM(SUMIF($H$3:$H$57,{"2015","2016"},$D$3:$D$57))

| | A | B | C | D | E | F | G | H | I | J | K |
|---|---|---|---|---|---|---|---|---|---|---|---|
| 1 | 「智慧音箱」歷年銷量 | | | | | | | | | | |
| 2 | 年月 | 出貨量 | 退貨量 | 實銷量 | 出貨金額 | 退貨金額 | 實銷金額 | | | 2015～2016的實銷量： | 7,505 |
| 3 | 2015/01/25 | 841 | 0 | 841 | 272,460 | - | 272,460 | 2015 | | | |
| 4 | 2015/02/25 | 581 | 26 | 555 | 194,954 | 9,006 | 185,948 | 2015 | | | |
| 5 | 2015/03/25 | 552 | 23 | 529 | 184,689 | 7,626 | 177,063 | 2015 | | | |

| Unit 022 | 符合多項條件的加總 |
|---|---|

範　例　想在輸入員工「姓名」及「假別」後，自動統計上半年的請假時數

SUMIFS

## 範例說明

目前是逐筆記錄員工的請假時數，但是當資料一多，就不容易查詢某個員工請了多少事假或特休，希望能在輸入員工「姓名」及「假別」後，自動統計上半年的請假時數。

希望輸入「姓名」及「假別」後，自動統計請假時數

| | A | B | C | D | E | F | G | H | I | J |
|---|---|---|---|---|---|---|---|---|---|---|
| 1 | 請假日期 | 員工編號 | 姓名 | 假別 | 時數 | | 姓名 | 假別 | 1~6月請假時數 | |
| 2 | 01/18(週五) | 1211 | 詹惠雯 | 事假 | 3 | | 張志鴻 | 事假 | 13 | |
| 3 | 01/21(週一) | 1245 | 蔡沛文 | 特休 | 1 | | | | | |
| 4 | 01/28(週一) | 1322 | 黃星賢 | 事假 | 8 | | | | | |
| 5 | 02/01(週五) | 1454 | 陳宛晴 | 特休 | 8 | | | | | |
| 6 | 02/18(週一) | 1101 | 許庭瑋 | 病假 | 1 | | | | | |
| 7 | 02/20(週三) | 1105 | 張志鴻 | 特休 | 2 | | | | | |
| 8 | 02/22(週五) | 1238 | 陳宛晴 | 事假 | 1 | | | | | |
| 9 | 02/22(週五) | 1101 | 許庭瑋 | 特休 | 6 | | | | | |
| 10 | 02/26(週二) | 1105 | 張志鴻 | 特休 | 3 | | | | | |
| 11 | 02/27(週三) | 1101 | 許庭瑋 | 事假 | 6 | | | | | |
| 12 | 03/04(週一) | 1101 | 許庭瑋 | 公假 | 7 | | | | | |
| 13 | 03/05(週二) | 1245 | 蔡沛文 | 特休 | 6 | | | | | |
| 14 | 03/06(週[illegible]) | [illegible] | [illegible] | 事假 | 4 | | | | | |
| [illegible] | [illegible](週二) | 1105 | 張志鴻 | 事假 | | | | | | |
| 44 | 07/02(週二) | 1211 | 詹惠雯 | 公假 | 6 | | | | | |
| 45 | 07/03(週三) | 1101 | 許庭瑋 | 事假 | 4 | | | | | |
| 46 | 07/04(週四) | 1245 | 蔡沛文 | 病假 | 3 | | | | | |
| 47 | 07/04(週四) | 1211 | 詹惠雯 | 產假 | 6 | | | | | |
| 48 | 07/05(週五) | 1454 | 許夢偉 | 病假 | 3 | | | | | |
| 49 | 07/15(週一) | 1101 | 許庭瑋 | 特休 | 8 | | | | | |
| 50 | 07/18(週四) | 1322 | 黃星賢 | 特休 | 4 | | | | | |
| 51 | 07/18(週四) | 1245 | 蔡沛文 | 特休 | 2 | | | | | |
| 52 | 07/19(週五) | 1238 | 陳宛晴 | 事假 | 5 | | | | | |
| 53 | | | | | | | | | | |

## 操作說明

### 01 輸入 SUMIFS 公式

前面幾個單元我們已經學會 SUMIF 函數的用法，但是 SUMIF 函數只能比對單一條件來加總。若一次要將符合多項的條件加總，就得使用 SUMIFS 函數。請開啟**練習檔案 \Part 1\Unit_022**，在 I2 儲存格輸入如下的公式。

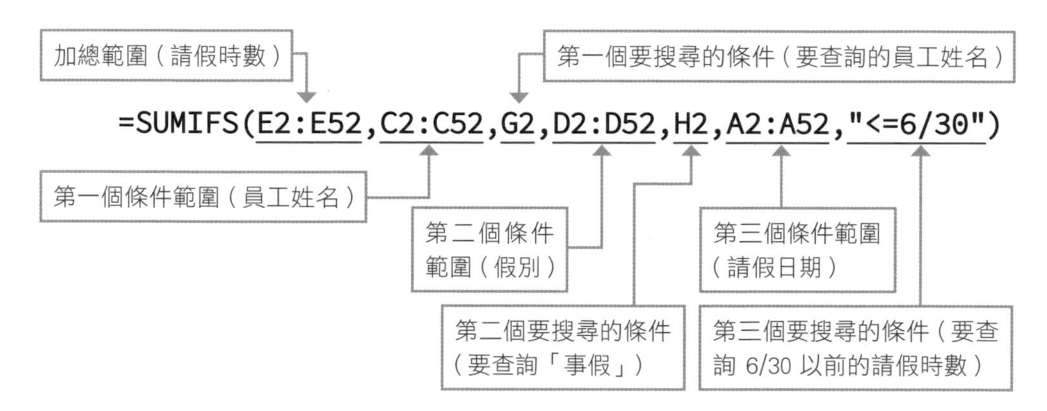


I2 =SUMIFS(E2:E52,C2:C52,G2,D2:D52,H2,A2:A52,"<=6/30")

| | B | C | D | E | F | G | H | I |
|---|---|---|---|---|---|---|---|---|
| 1 | 員工編號 | 姓名 | 假別 | 時數 | | 姓名 | 假別 | 1~6月請假時數 |
| 2 | 1211 | 詹惠雯 | 事假 | 3 | | 張志鴻 | 事假 | 13 |
| 3 | 1245 | 蔡沛文 | 特休 | 1 | | | | |
| 4 | 1322 | 黃星賢 | 事假 | 8 | | | | |
| 5 | 1454 | 陳宛晴 | 特休 | 8 | | | | |
| 6 | 1101 | 許庭瑋 | 病假 | 1 | | | | |
| 7 | 1105 | 張志鴻 | 特休 | 2 | | | | |
| 8 | 1238 | 陳宛晴 | 事假 | 1 | | | | |

在此輸入 SUMIFS 函數

| SUMIFS 函數 | |
|---|---|
| 說明 | 加總符合多項條件的儲存格。 |
| 語法 | **=SUMIFS(加總範圍, 條件範圍1, 條件1,[條件範圍2, 條件2],……)** |
| 加總範圍 | 要加總的儲存格範圍。 |
| 條件範圍 | 指定判斷條件的儲存格範圍。 |
| 條件 | 要搜尋的條件。 |

使用 SUMIFS 函數最少要指定 1 組「條件範圍」及「條件」，最多可指定 127 組。

## ☑ 舉一反三　希望輸入「員工編號」後，統計該員工全年的請假數

若是覺得輸入員工姓名太麻煩，也可以改成輸入「員工編號」後，自動計算全年度的請假時數。請開啟**練習檔案\Part 1\Unit_022_舉一反三**，在 H2 儲存格輸入如下的公式：

| | A | B | C | D | E | F | G | H | I |
|---|---|---|---|---|---|---|---|---|---|
| 1 | 請假日期 | 員工編號 | 姓名 | 假別 | 時數 | | 員工編號 | 總請假時數 | |
| 2 | 01/18(週五) | 1211 | 詹惠雯 | 事假 | 3 | | 1245 | 23 | |
| 3 | 01/21(週一) | 1245 | 蔡沛文 | 特休 | 1 | | | | |
| 4 | 01/28(週一) | 1322 | 黃星賢 | 事假 | 8 | | | | |
| 5 | 02/01(週五) | 1454 | 陳宛晴 | 特休 | 8 | | | | |
| 6 | 02/18(週一) | 1101 | 許庭瑋 | 病假 | 1 | | | | |
| 7 | 02/20(週三) | 1105 | 張志鴻 | 特休 | 2 | | | | |
| 8 | 02/22(週五) | 1238 | 陳宛晴 | 事假 | 1 | | | | |
| 9 | 02/22(週五) | 1101 | 許庭瑋 | 特休 | 6 | | | | |
| 10 | 02/26(週二) | 1105 | 張志鴻 | 特休 | 3 | | | | |
| 11 | 02/27(週三) | 1101 | 許庭瑋 | 事假 | 6 | | | | |
| 12 | 03/04(週一) | 1101 | 許庭瑋 | 公假 | 7 | | | | |
| 13 | 03/05(週二) | 1245 | 蔡沛文 | 特休 | 6 | | | | |
| 14 | 03/06(週三) | 1238 | 陳宛晴 | 事假 | 4 | | | | |
| 15 | 03/08(週五) | 1322 | 黃星賢 | 病假 | 5 | | | | |
| 16 | 03/12(週二) | 1101 | 許庭瑋 | 婚假 | 8 | | | | |
| 17 | 03/14(週四) | 1454 | 許夢偉 | 公假 | 2 | | | | |
| 18 | 03/15(週五) | 1238 | 陳宛晴 | 特休 | 6 | | | | |
| 19 | 03/20(週三) | 1101 | 許庭瑋 | 病假 | 7 | | | | |
| 20 | 03/21(週四) | 1454 | 許夢偉 | 事假 | 5 | | | | |
| 21 | 03/22(週五) | 1211 | 詹惠雯 | 特休 | 6 | | | | |
| 22 | 03/25(週一) | 1454 | 許夢偉 | 公假 | 3 | | | | |

Unit
# 023 對調表格的欄與列

## 範　例　將包含公式的垂直表格轉換成水平表格

TRANSPOSE

## 範例說明

利用**貼上**鈕的**轉置**功能，雖然可以成功將表格的欄、列資料對調，但是轉置後的表格，只想留下年度的研發總費用，不需要各季資料，手動刪除 H4：P7 儲存格範圍後，年度的加總就會出現錯誤，有什麼方法可以解決這個問題？

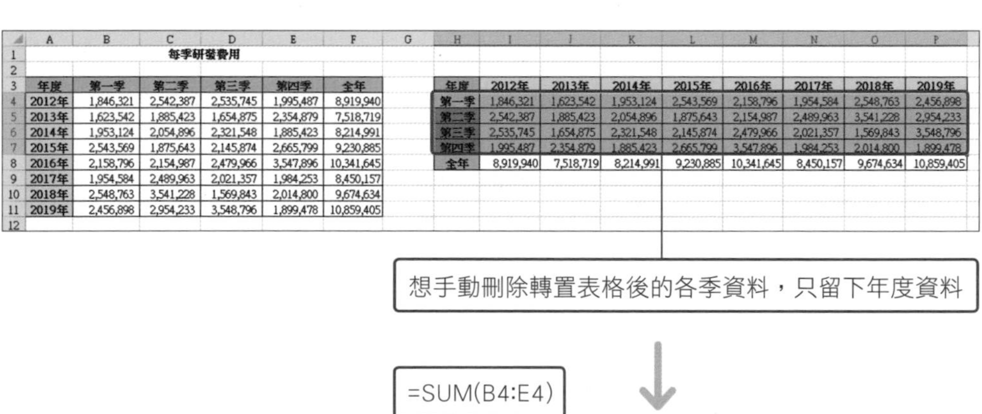

每季研發費用

| 年度 | 第一季 | 第二季 | 第三季 | 第四季 | 全年 |
|---|---|---|---|---|---|
| 2012年 | 1,846,321 | 2,542,387 | 2,535,745 | 1,995,487 | 8,919,940 |
| 2013年 | 1,623,542 | 1,885,423 | 1,654,875 | 2,354,879 | 7,518,719 |
| 2014年 | 1,953,124 | 2,054,896 | 2,321,548 | 1,885,423 | 8,214,991 |
| 2015年 | 2,543,569 | 1,875,643 | 2,145,874 | 2,665,799 | 9,230,885 |
| 2016年 | 2,158,796 | 2,154,987 | 2,479,966 | 3,547,896 | 10,341,645 |
| 2017年 | 1,954,584 | 2,489,963 | 2,021,357 | 1,984,253 | 8,450,157 |
| 2018年 | 2,548,763 | 3,541,228 | 1,569,843 | 2,014,800 | 9,674,634 |
| 2019年 | 2,456,898 | 2,954,233 | 3,548,796 | 1,899,478 | 10,859,405 |

| 年度 | 2012年 | 2013年 | 2014年 | 2015年 | 2016年 | 2017年 | 2018年 | 2019年 |
|---|---|---|---|---|---|---|---|---|
| 第一季 | 1,846,321 | 1,623,542 | 1,953,124 | 2,543,569 | 2,158,796 | 1,954,584 | 2,548,763 | 2,456,898 |
| 第二季 | 2,542,387 | 1,885,423 | 2,054,896 | 1,875,643 | 2,154,987 | 2,489,963 | 3,541,228 | 2,954,233 |
| 第三季 | 2,535,745 | 1,654,875 | 2,321,548 | 2,145,874 | 2,479,966 | 2,021,357 | 1,569,843 | 3,548,796 |
| 第四季 | 1,995,487 | 2,354,879 | 1,885,423 | 2,665,799 | 3,547,896 | 1,984,253 | 2,014,800 | 1,899,478 |
| 全年 | 8,919,940 | 7,518,719 | 8,214,991 | 9,230,885 | 10,341,645 | 8,450,157 | 9,674,634 | 10,859,405 |



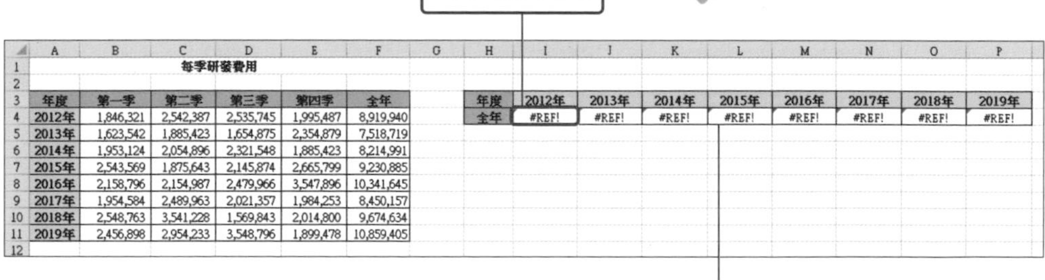

每季研發費用

| 年度 | 第一季 | 第二季 | 第三季 | 第四季 | 全年 |
|---|---|---|---|---|---|
| 2012年 | 1,846,321 | 2,542,387 | 2,535,745 | 1,995,487 | 8,919,940 |
| 2013年 | 1,623,542 | 1,885,423 | 1,654,875 | 2,354,879 | 7,518,719 |
| 2014年 | 1,953,124 | 2,054,896 | 2,321,548 | 1,885,423 | 8,214,991 |
| 2015年 | 2,543,569 | 1,875,643 | 2,145,874 | 2,665,799 | 9,230,885 |
| 2016年 | 2,158,796 | 2,154,987 | 2,479,966 | 3,547,896 | 10,341,645 |
| 2017年 | 1,954,584 | 2,489,963 | 2,021,357 | 1,984,253 | 8,450,157 |
| 2018年 | 2,548,763 | 3,541,228 | 1,569,843 | 2,014,800 | 9,674,634 |
| 2019年 | 2,456,898 | 2,954,233 | 3,548,796 | 1,899,478 | 10,859,405 |

| 年度 | 2012年 | 2013年 | 2014年 | 2015年 | 2016年 | 2017年 | 2018年 | 2019年 |
|---|---|---|---|---|---|---|---|---|
| 全年 | #REF! | #REF! | #REF! | #REF! | #REF! | #REF! | #REF! | #REF! |

由於年度的加總資料是透過 SUM 函數加總各季的數值，刪除各季的資料後，就會出現參照錯誤

## 操作說明

### 01 轉置「年度」的資料

請開啟**練習檔案 \Part 1\Unit_023**，選取 A4：A11 儲存格範圍，按下 Ctrl + C 鍵，複製資料 ❶。接著選取 I3 儲存格 ❷，按下**常用**頁次，**貼上**鈕的向下箭頭 ❸，點選**轉置**鈕 ❹，資料就會轉貼到 I3：P3 的儲存格範圍 ❺。

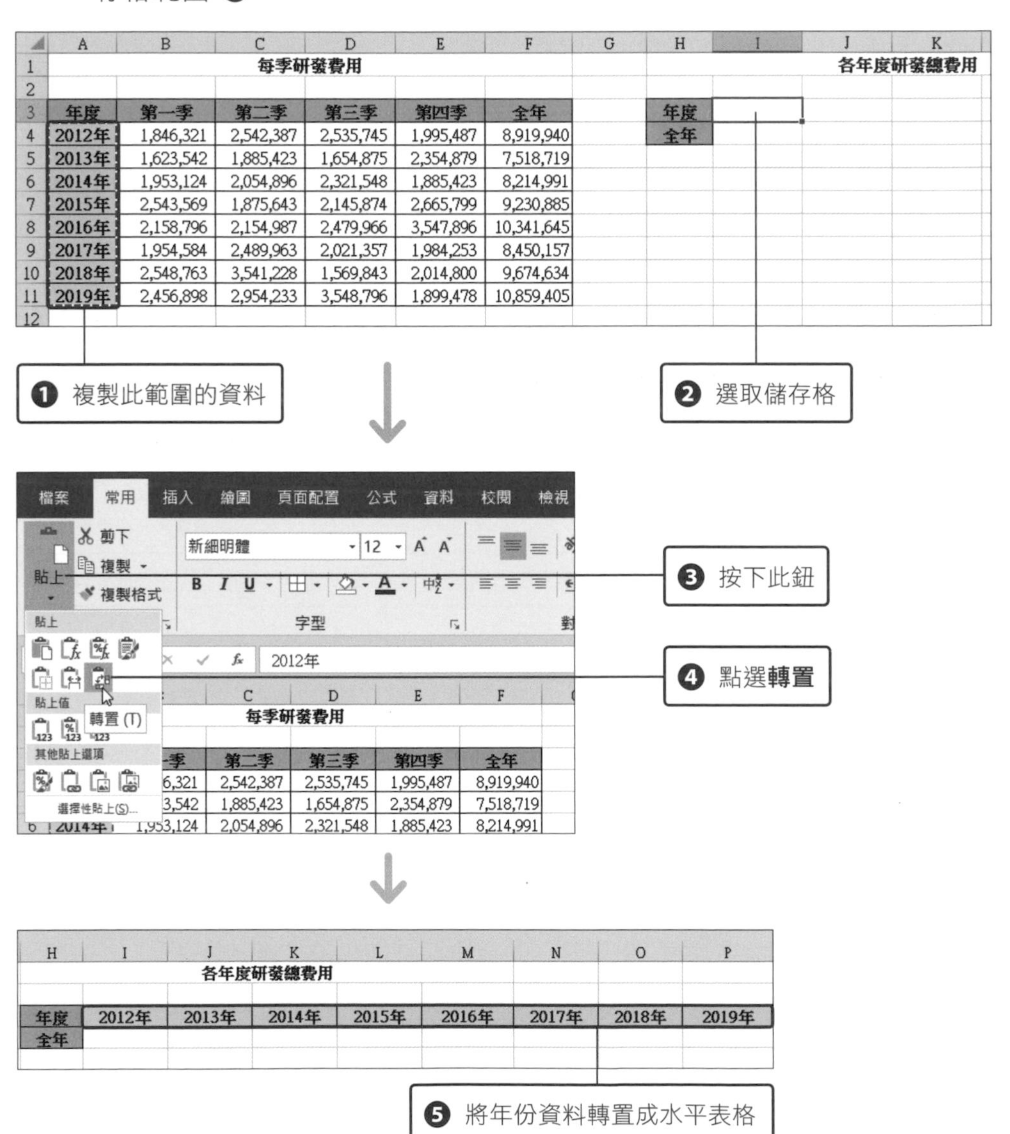

## 02 利用 TRANSPOSE 函數轉換資料

選取 I4：P4 儲存格範圍，輸入「=TRANSPOSE(F4:F11)」，輸入後請按下 Ctrl + Shift + Enter 鍵，F4：F11 的資料就會一次轉置過來囉！

WEEKDAY　=TRANSPOSE(F4:F11)

每季研發費用

| 年度 | 第一季 | 第二季 | 第三季 | 第四季 | 全年 |
|---|---|---|---|---|---|
| 2012年 | 1,846,321 | 2,542,387 | 2,535,745 | 1,995,487 | 8,919,940 |
| 2013年 | 1,623,542 | 1,885,423 | 1,654,875 | 2,354,879 | 7,518,719 |
| 2014年 | 1,953,124 | 2,054,896 | 2,321,548 | 1,885,423 | 8,214,991 |
| 2015年 | 2,543,569 | 1,875,643 | 2,145,874 | 2,665,799 | 9,230,885 |
| 2016年 | 2,158,796 | 2,154,987 | 2,479,966 | 3,547,896 | 10,341,645 |
| 2017年 | 1,954,584 | 2,489,963 | 2,021,357 | 1,984,253 | 8,450,157 |
| 2018年 | 2,548,763 | 3,541,228 | 1,569,843 | 2,014,800 | 9,674,634 |
| 2019年 | 2,456,898 | 2,954,233 | 3,548,796 | 1,899,478 | 10,859,405 |

各年度研發總費用

| 年度 | 2012年 | 2013年 | 2014年 | 2015年 | 2016年 | 2017年 | 2018年 | 2019年 |
|---|---|---|---|---|---|---|---|---|
| 全年 | =TRANSPOSE(F4:F11) | | | | | | | |

利用 TRANSPOSE 函數轉換，即使 F4：F11 儲存格內輸入的是公式，也可以將各年度的研發總費用轉置到水平的表格內

每季研發費用

| 年度 | 第一季 | 第二季 | 第三季 | 第四季 | 全年 |
|---|---|---|---|---|---|
| 2012年 | 1,846,321 | 2,542,387 | 2,535,745 | 1,995,487 | 8,919,940 |
| 2013年 | 1,623,542 | 1,885,423 | 1,654,875 | 2,354,879 | 7,518,719 |
| 2014年 | 1,953,124 | 2,054,896 | 2,321,548 | 1,885,423 | 8,214,991 |
| 2015年 | 2,543,569 | 1,875,643 | 2,145,874 | 2,665,799 | 9,230,885 |
| 2016年 | 2,158,796 | 2,154,987 | 2,479,966 | 3,547,896 | 10,341,645 |
| 2017年 | 1,954,584 | 2,489,963 | 2,021,357 | 1,984,253 | 8,450,157 |
| 2018年 | 2,548,763 | 3,541,228 | 1,569,843 | 2,014,800 | 9,674,634 |
| 2019年 | 2,456,898 | 2,954,233 | 3,548,796 | 1,899,478 | 10,859,405 |

各年度研發總費用

| 年度 | 2012年 | 2013年 | 2014年 | 2015年 | 2016年 | 2017年 | 2018年 | 2019年 |
|---|---|---|---|---|---|---|---|---|
| 全年 | 8,919,940 | 7,518,719 | 8,214,991 | 9,230,885 | 10,341,645 | 8,450,157 | 9,674,634 | 10,859,405 |

資料轉置後，可以利用**複製格式**鈕，複製原表格的格式，或是手動設定儲存格格式

利用 TRANSPOSE 函數時，務必將欲帶入資料的儲存格範圍全部選取後，再將要轉換的儲存格範圍全部指定為引數，以回傳陣列公式。

| TRANSPOSE 函數 | |
|---|---|
| 說明 | 會回傳垂直與水平互相轉換的陣列。 |
| 語法 | =TRANSPOSE(陣列) |
| 陣列 | 指定欄與列互換後想要顯示的儲存格範圍。 |

若原表格中含有空白的儲存格，利用 TRANSPOSE 函數轉換後，原本的空白儲存格會顯示成「0」。

## 03 自動更新資料

利用 TRANSPOSE 函數轉換資料後，若是原表格有更改資料，轉換後的表格也會自動更新。例如，將 B11 儲存格的數值，由「2,456,898」變成為「1,888,637」，則 P4 儲存格，會自動更新為「10,291,144」。

每季研發費用

| 年度 | 第一季 | 第二季 | 第三季 | 第四季 | 全年 |
|---|---|---|---|---|---|
| 2012年 | 1,846,321 | 2,542,387 | 2,535,745 | 1,995,487 | 8,919,940 |
| 2013年 | 1,623,542 | 1,885,423 | 1,654,875 | 2,354,879 | 7,518,719 |
| 2014年 | 1,953,124 | 2,054,896 | 2,321,548 | 1,885,423 | 8,214,991 |
| 2015年 | 2,543,569 | 1,875,643 | 2,145,874 | 2,665,799 | 9,230,885 |
| 2016年 | 2,158,796 | 2,154,987 | 2,479,966 | 3,547,896 | 10,341,645 |
| 2017年 | 1,954,584 | 2,489,963 | 2,021,357 | 1,984,253 | 8,450,157 |
| 2018年 | 2,548,763 | 3,541,228 | 1,569,843 | 2,014,800 | 9,674,634 |
| 2019年 | 1,888,637 | 2,954,233 | 3,548,796 | 1,899,478 | 10,291,144 |

各年度研發總費用

| 年度 | 2012年 | 2013年 | 2014年 | 2015年 | 2016年 | 2017年 | 2018年 | 2019年 |
|---|---|---|---|---|---|---|---|---|
| 全年 | 8,919,940 | 7,518,719 | 8,214,991 | 9,230,885 | 10,341,645 | 8,450,157 | 9,674,634 | 10,291,144 |



### ☑ 舉一反三　可以一次轉置多個欄位嗎？

剛才的範例，我們只利用 TRANSPOSE 函數轉置「全年」的加總資料，若想要一次轉置多欄的資料也可以，但必須是連續的儲存格範圍才行。例如我們要將各年度各季的研發費用轉成水平表格，就可以先選取 I3：Q7 儲存格範圍，輸入「=TRANSPOSE(A3:E11)」後，再按下 Ctrl + Enter + Enter 鍵，最後再美化儲存格格式就可以了。

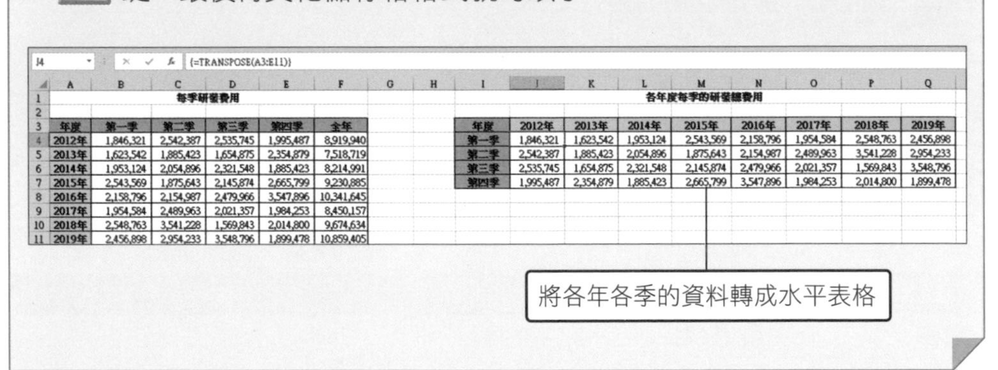

{=TRANSPOSE(A3:E11)}

每季研發費用

| 年度 | 第一季 | 第二季 | 第三季 | 第四季 | 全年 |
|---|---|---|---|---|---|
| 2012年 | 1,846,321 | 2,542,387 | 2,535,745 | 1,995,487 | 8,919,940 |
| 2013年 | 1,623,542 | 1,885,423 | 1,654,875 | 2,354,879 | 7,518,719 |
| 2014年 | 1,953,124 | 2,054,896 | 2,321,548 | 1,885,423 | 8,214,991 |
| 2015年 | 2,543,569 | 1,875,643 | 2,145,874 | 2,665,799 | 9,230,885 |
| 2016年 | 2,158,796 | 2,154,987 | 2,479,966 | 3,547,896 | 10,341,645 |
| 2017年 | 1,954,584 | 2,489,963 | 2,021,357 | 1,984,253 | 8,450,157 |
| 2018年 | 2,548,763 | 3,541,228 | 1,569,843 | 2,014,800 | 9,674,634 |
| 2019年 | 2,456,898 | 2,954,233 | 3,548,796 | 1,899,478 | 10,859,405 |

各年度每季的研發總費用

| 年度 | 2012年 | 2013年 | 2014年 | 2015年 | 2016年 | 2017年 | 2018年 | 2019年 |
|---|---|---|---|---|---|---|---|---|
| 第一季 | 1,846,321 | 1,623,542 | 1,953,124 | 2,543,569 | 2,158,796 | 1,954,584 | 2,548,763 | 2,456,898 |
| 第二季 | 2,542,387 | 1,885,423 | 2,054,896 | 1,875,643 | 2,154,987 | 2,489,963 | 3,541,228 | 2,954,233 |
| 第三季 | 2,535,745 | 1,654,875 | 2,321,548 | 2,145,874 | 2,479,966 | 2,021,357 | 1,569,843 | 3,548,796 |
| 第四季 | 1,995,487 | 2,354,879 | 1,885,423 | 2,665,799 | 3,547,896 | 1,984,253 | 2,014,800 | 1,899,478 |

☑ 補充說明 **陣列公式 Ctrl + Enter + Enter**

剛才的範例，為什麼要在輸入「=TRANSPOSE(F4:F11)」公式後，按下 Ctrl + Enter + Enter 鍵呢？其實這麼做的原因是為了要轉換成**陣列公式**，當你按下 Ctrl + Enter + Enter 鍵後，公式的前後會自動以大括號括起來，變成「{=TRANSPOSE(F4:F11)}」，如此一來，就可以將「連續」多個儲存格以陣列運算的方式傳回單一結果或多個結果。

所謂「陣列」就是和 Excel 的儲存格範圍一樣，是以垂直與水平構造排列多個數值或字串的資料集合。將回傳陣列資料或儲存格範圍的公式轉換成**陣列公式**，就能在選取範圍內顯示公式裡所有的值。

此外，陣列公式擁有整合多個儲存格範圍的資料，並且針對這些資料進行運算的功能，這樣的功能可讓我們根據多項條件進行統計。

Unit 024

# 資料的排名 (1)

**範 例** 依總營收的高低，列出排名順序

RANK COUNTIF

## 範例說明

不論是各分店的營收、業務員的業績、各項費用明細、…等數據資料，若能加上「名次」或「排名」欄位，就可以很清楚看出數據「最高」、「最低」的狀況，那麼要進行排名該怎麼做？

| | A | B | C | D | E | F | G |
|---|---|---|---|---|---|---|---|
| 1 | 2017 大型零售業者營收排名 | | | | | 單位：US$M | |
| 2 | 排名 | 公司 | 國家 | 總營收 | 開店國家數 | 經營形式 | |
| 3 | 1 | Walmart | 美國 | 500,343 | 29 | 量販/超市 | |
| 4 | 2 | Costco | 美國 | 129,025 | 12 | 零售式量販 | |
| 5 | 3 | Kroger | 美國 | 118,982 | 1 | 超市 | |
| 6 | 4 | Amazon | 美國 | 118,573 | 14 | 電子商務 | |
| 7 | 5 | Schwarz | 德國 | 111,766 | 30 | 折扣店 | |
| 8 | 6 | Home Depot | 美國 | 100,904 | 4 | 家飾建材零售 | |
| 9 | 7 | Walgreens | 美國 | 99,115 | 10 | 藥局 | |
| 10 | 8 | Aldi | 德國 | 98,287 | 18 | 折扣店 | |
| 11 | 9 | CVS Health | 美國 | 79,398 | 3 | 藥局 | |
| 12 | 10 | Tesco | 英國 | 73,961 | 8 | 量販/超市 | |
| 13 | 11 | Ahold Delhaize | 荷蘭 | 72,312 | 10 | 超市 | |
| 14 | 12 | Target | 美國 | 71,879 | 1 | 零售百貨 | |
| 15 | 13 | Aeon | 日本 | 70,072 | 11 | 量販/超市 | |
| 16 | 14 | Lowe's | 美國 | 68,619 | 3 | 家飾建材零售 | |
| 17 | 15 | Albertsons | 美國 | 59,925 | 1 | 超市 | |
| 18 | 16 | Auchan | 法國 | 58,614 | 14 | 量販/超市 | |
| 19 | 17 | Edeka | 德國 | 57,484 | 1 | 超市 | |
| 20 | 17 | Seven&I | 日本 | 57,484 | 19 | 超商 | |
| 21 | 19 | Rewe | 德國 | 49,713 | 11 | 超市 | |
| 22 | 20 | JD.COM | 中國 | 49,088 | 1 | 電子商務 | |
| 23 | | | | | | | |

這是一份大型零售業者的營收報告，我們想依「總營收」由高至低來排名

## 操作說明

### 01 利用 RANK 函數來排名

請開啟**練習檔案 \Part 1\Unit_024**，在 A3 儲存格輸入「=RANK(D3,$D$3:$D$22)」❶，接著將公式往下複製到 A22 儲存格 ❷。

=RANK(D3,$D$3:$D$22)

數值的儲存格範圍

要排名的數值

❶ 在此輸入公式，由於待會兒要往下複製公式，因此將 $D$3：$D$22 設為絕對參照

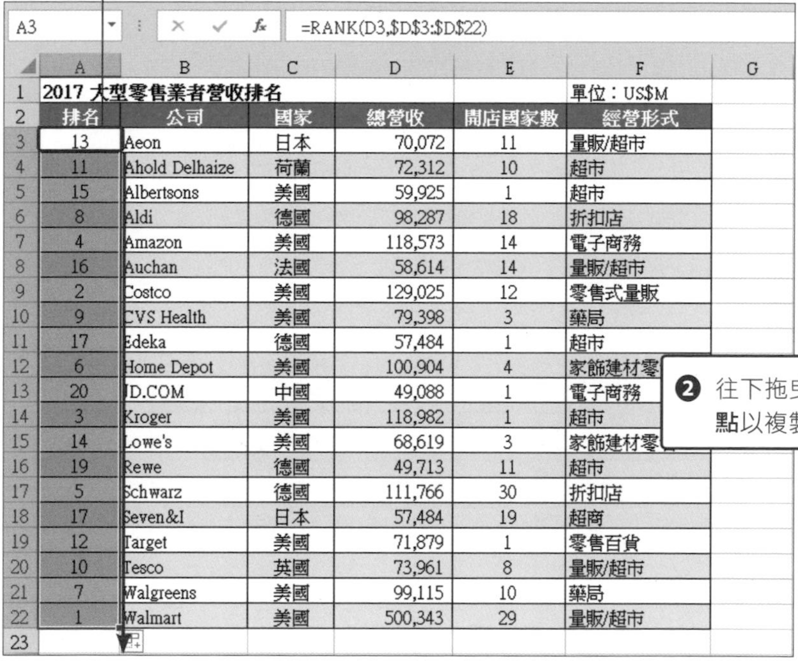

A3 =RANK(D3,$D$3:$D$22)

| | A | B | C | D | E | F |
|---|---|---|---|---|---|---|
| 1 | 2017 大型零售業者營收排名 | | | | | 單位：US$M |
| 2 | 排名 | 公司 | 國家 | 總營收 | 開店國家數 | 經營形式 |
| 3 | 13 | Aeon | 日本 | 70,072 | 11 | 量販/超市 |
| 4 | 11 | Ahold Delhaize | 荷蘭 | 72,312 | 10 | 超市 |
| 5 | 15 | Albertsons | 美國 | 59,925 | 1 | 超市 |
| 6 | 8 | Aldi | 德國 | 98,287 | 18 | 折扣店 |
| 7 | 4 | Amazon | 美國 | 118,573 | 14 | 電子商務 |
| 8 | 16 | Auchan | 法國 | 58,614 | 14 | 量販/超市 |
| 9 | 2 | Costco | 美國 | 129,025 | 12 | 零售式量販 |
| 10 | 9 | CVS Health | 美國 | 79,398 | 3 | 藥局 |
| 11 | 17 | Edeka | 德國 | 57,484 | 1 | 超市 |
| 12 | 6 | Home Depot | 美國 | 100,904 | 4 | 家飾建材零 |
| 13 | 20 | JD.COM | 中國 | 49,088 | 1 | 電子商務 |
| 14 | 3 | Kroger | 美國 | 118,982 | 1 | 超市 |
| 15 | 14 | Lowe's | 美國 | 68,619 | 3 | 家飾建材零 |
| 16 | 19 | Rewe | 德國 | 49,713 | 11 | 超市 |
| 17 | 5 | Schwarz | 德國 | 111,766 | 30 | 折扣店 |
| 18 | 17 | Seven&I | 日本 | 57,484 | 19 | 超商 |
| 19 | 12 | Target | 美國 | 71,879 | 1 | 零售百貨 |
| 20 | 10 | Tesco | 英國 | 73,961 | 8 | 量販/超市 |
| 21 | 7 | Walgreens | 美國 | 99,115 | 10 | 藥局 |
| 22 | 1 | Walmart | 美國 | 500,343 | 29 | 量販/超市 |
| 23 | | | | | | |

❷ 往下拖曳**填滿控點**以複製公式

| RANK 函數 | |
|---|---|
| 說明 | 回傳指定數值在一數列中的排名順序。 |
| 語法 | **=RANK(數值, 範圍, [排序方式])** |
| 數值 | 要找出其排名的數值。 |
| 範圍 | 數值的儲存格範圍。若儲存格範圍中有空白、字串、邏輯值都會被忽略。 |
| 排序方式 | 可省略。當指定為「0」或沒有指定時，會將資料「由大到小」排序；若指定為「1」，則會將資料「由小到大」排序。 |

## 02 將排名「由小至大」排列

列出資料的排名後，請選取 A 欄中的任一儲存格 ❶，接著按滑鼠右鍵，執行**排序 / 從最小到最大排序**命令 ❷，讓資料比較容易閱讀。

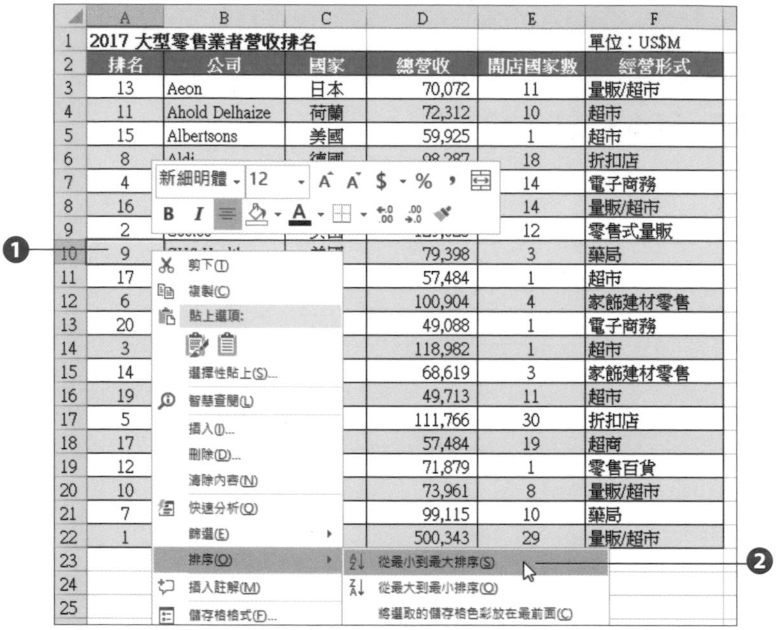

| | A | B | C | D | E | F |
|---|---|---|---|---|---|---|
| 1 | 2017 大型零售業者營收排名 | | | | | 單位：US$M |
| 2 | 排名 | 公司 | 國家 | 總營收 | 開店國家數 | 經營形式 |
| 3 | 13 | Aeon | 日本 | 70,072 | 11 | 量販/超市 |
| 4 | 11 | Ahold Delhaize | 荷蘭 | 72,312 | 10 | 超市 |
| 5 | 15 | Albertsons | 美國 | 59,925 | 1 | 超市 |
| 6 | 8 | Aldi | 德國 | 98,287 | 18 | 折扣店 |
| 7 | 4 | | | | 14 | 電子商務 |
| 8 | 16 | | | | 14 | 量販/超市 |
| 9 | 2 | | | | 12 | 零售式量販 |
| 10 | 9 | | | 79,398 | 3 | 藥局 |
| 11 | 17 | | | 57,484 | 1 | 超市 |
| 12 | 6 | | | 100,904 | 4 | 家飾建材零售 |
| 13 | 20 | | | 49,088 | 1 | 電子商務 |
| 14 | 3 | | | 118,982 | 1 | 超市 |
| 15 | 14 | | | 68,619 | 3 | 家飾建材零售 |
| 16 | 19 | | | 49,713 | 11 | 超市 |
| 17 | 5 | | | 111,766 | 30 | 折扣店 |
| 18 | 17 | | | 57,484 | 19 | 超商 |
| 19 | 12 | | | 71,879 | 1 | 零售百貨 |
| 20 | 10 | | | 73,961 | 8 | 量販/超市 |
| 21 | 7 | | | 99,115 | 10 | 藥局 |
| 22 | 1 | | | 500,343 | 29 | 量販/超市 |
| 23 | | | | | | |
| 24 | | | | | | |
| 25 | | | | | | |

新細明體 12

- 剪下(T)
- 複製(C)
- 貼上選項:
- 選擇性貼上(S)...
- 智慧查閱(L)
- 插入(I)...
- 刪除(D)...
- 清除內容(N)
- 快速分析(Q)
- 篩選(E)
- 排序(O)
  - 從最小到最大排序(S)
  - 從最大到最小排序(O)
  - 將選取的儲存格色彩放在最前面(C)
- 插入註解(M)
- 儲存格格式(F)...

| | A | B | C | D | E | F |
|---|---|---|---|---|---|---|
| 1 | 2017 大型零售業者營收排名 | | | | | 單位：US$M |
| 2 | 排名 | 公司 | 國家 | 總營收 | 開店國家數 | 經營形式 |
| 3 | 1 | Walmart | 美國 | 500,343 | 29 | 量販/超市 |
| 4 | 2 | Costco | 美國 | 129,025 | 12 | 零售式量販 |
| 5 | 3 | Kroger | 美國 | 118,982 | 1 | 超市 |
| 6 | 4 | Amazon | 美國 | 118,573 | 14 | 電子商務 |
| 7 | 5 | Schwarz | 德國 | 111,766 | 30 | 折扣店 |
| 8 | 6 | Home Depot | 美國 | 100,904 | 4 | 家飾建材零售 |
| 9 | 7 | Walgreens | 美國 | 99,115 | 10 | 藥局 |
| 10 | 8 | Aldi | 德國 | 98,287 | 18 | 折扣店 |
| 11 | 9 | CVS Health | 美國 | 79,398 | 3 | 藥局 |
| 12 | 10 | Tesco | 英國 | 73,961 | 8 | 量販/超市 |
| 13 | 11 | Ahold Delhaize | 荷蘭 | 72,312 | 10 | 超市 |
| 14 | 12 | Target | 美國 | 71,879 | 1 | 零售百貨 |
| 15 | 13 | Aeon | 日本 | 70,072 | 11 | 量販/超市 |
| 16 | 14 | Lowe's | 美國 | 68,619 | 3 | 家飾建材零售 |
| 17 | 15 | Albertsons | 美國 | 59,925 | 1 | 超市 |
| 18 | 16 | Auchan | 法國 | 58,614 | 14 | 量販/超市 |
| 19 | 17 | Edeka | 德國 | 57,484 | 1 | 超市 |
| 20 | 17 | Seven&I | 日本 | 57,484 | 19 | 超商 |
| 21 | 19 | Rewe | 德國 | 49,713 | 11 | 超市 |
| 22 | 20 | JD.COM | 中國 | 49,088 | 1 | 電子商務 |

總營收相同的公司，會以同一個排名順序顯示，但下一個排名會被跳過不顯示

經過排序，可以清楚地看出第一名、前三名營收最高的公司是哪些

## 舉一反三 將優先顯示的相同數值以較高的排名顯示

使用 RANK 函數排名時，相同數值會以相同排名來顯示，若是相同的數值沒辦法用明確的基準來排名時，可以設定讓顯示在上方的資料排名高於下方的資料。請開啟**練習檔案\Part 1\Unit_024_舉一反三**來練習。

首先，利用 RANK 函數將數值排名，再加上「到目前所在列為止的出現次數減1」，這樣會先顯示 RANK 函數執行的排名的結果，接著，第二次出現的值會以「RANK 函數的排名 +1」顯示，第三次出現的值會以「RANK 函數的排名 +2」顯示。要計算數值的出現次數，可使用 COUNTIF 函數來完成。

**C3=RANK(B3,$B$3:$B$14)+COUNTIF($B$3:B3,B3)-1**

C3 =RANK(B3,$B$3:$B$14)+COUNTIF($B$3:B3,B3)-1

| | A | B | C |
|---|---|---|---|
| 1 | 業務員業績排名 | | |
| 2 | 業務員 | 3月業績 | 排名 |
| 3 | Leo | 1,565,431 | 8 |
| 4 | Albert | 2,546,521 | 2 |
| 5 | Eddie | 2,036,581 | 3 |
| 6 | Emily | 1,235,489 | 9 |
| 7 | Carol | 999,845 | 11 |
| 8 | Johnson | 2,036,581 | 4 |
| 9 | Peter | 1,802,364 | 6 |
| 10 | Judy | 875,463 | 12 |
| 11 | Kevin | 1,125,468 | 10 |
| 12 | Neil | 2,965,432 | 1 |
| 13 | Christian | 1,584,565 | 7 |
| 14 | Bella | 2,036,581 | 5 |

Eddie、Johnson、Bella 這三位業務員的業績一樣，但以顯示在上方的資料優先排名

我們將「RANK(B3,$B$3:$B$14)」及「COUNTIF($B$3:B3,B3)」公式的值，顯示成右表，這樣你就能比較容易理解了。

| 業績 | RANK 函數 | COUNTIF 函數 | 排名 |
|---|---|---|---|
| 1,565,431 | 8 | 1 | 8 (8+1-1) |
| 2,546,521 | 2 | 1 | 2 (2+1-1) |
| 2,036,581 | 3 | 1 | 3 (3+1-1) |
| 1,235,489 | 9 | 1 | 9 (9+1-1) |
| 999,845 | 11 | 1 | 11 (11+1-1) |
| 2,036,581 | 3 | 2 | 3 (3+2-2) |
| 1,802,364 | 6 | 1 | 6 (6+1-1) |
| 875,463 | 12 | 1 | 12 (12+1-1) |
| 1,125,468 | 10 | 1 | 10 (10+1-1) |
| 2,965,432 | 1 | 1 | 1 (1+1-1) |
| 1,584,565 | 7 | 1 | 7 (7+1-1) |
| 2,036,581 | 3 | 3 | 3 (3+3-3) |

Unit 025

# 資料的排名 (2)

**範例** 將業績排名第一的業務員，標記「第一名」

RANK CHOOSE

## 範例說明

每到月底我們會結算各業務員的業績，並依業績高低排名，但光是顯示數字 1、2、3、…比較沒有意義，是不是可以將排名顯示成「第一名」、「第二名」、…的評等呢？

| | A | B | C | D |
|---|---|---|---|---|
| 1 | 業務員業績排名 | | | |
| 2 | 業務員 | 4月業績 | 排名 | |
| 3 | Leo | 2,548,637 | 第三名 | |
| 4 | Albert | 1,225,983 | | |
| 5 | Eddie | 954,863 | | |
| 6 | Emily | 1,898,745 | | |
| 7 | Carol | 2,548,963 | 第二名 | |
| 8 | Johnson | 1,788,546 | | |
| 9 | Peter | 985,441 | | |
| 10 | Judy | 1,215,483 | | |
| 11 | Kevin | 998,745 | | |
| 12 | Neil | 2,548,964 | 第一名 | |

只想顯示前三名的業績評等

## 操作說明

**01 利用 RANK + CHOOSE 函數來達成**

請開啟**練習檔案 \Part 1\Unit_025**，在 C3 儲存格輸入「=CHOOSE(RANK(B3,$B$3:$B$12),"第一名","第二名","第三名","","","","","","","")」❶，再將公式複製到 C12 儲存格 ❷。

```
=CHOOSE(RANK(B3,$B$3:$B$12),"第一名","第二名",
"第三名","","","","","","","")
```

指定要回傳第幾個值。利用 RANK 函數排名後，數值 1 會對應到 " 第一名 " 回傳的值（有幾筆資料就要顯示對應數量的值，例如，本範例有 10 名業務員資料，除了前三名外，其餘名次以「空字串」顯示）

C3 : =CHOOSE(RANK(B3,$B$3:$B$12),"第一名","第二名","第三名","","","","","","","")

| | A | B | C |
|---|---|---|---|
| 1 | 業務員業績排名 | | |
| 2 | 業務員 | 4月業績 | 排名 |
| 3 | Leo | 2,548,637 | 第三名 |
| 4 | Albert | 1,225,983 | |
| 5 | Eddie | 954,863 | |
| 6 | Emily | 1,898,745 | |
| 7 | Carol | 2,548,963 | 第二名 |
| 8 | Johnson | 1,788,546 | |
| 9 | Peter | 985,441 | |
| 10 | Judy | 1,215,483 | |
| 11 | Kevin | 998,745 | |
| 12 | Neil | 2,548,964 | 第一名 |
| 13 | | | |

❶ ❷

| CHOOSE 函數 | |
|---|---|
| 說明 | 利用數值來顯示對應的值。 |
| 語法 | **=CHOOSE(引用的數值, 值1, [值2], [值3]……)** |
| 引用的數值 | 指定要回傳第幾個「值」。 |
| 值 | 指定回傳值。可以是數值、儲存格參照、名稱、公式、字串、…等。 |

Excel 2007 之後的版本，可指定 254 個「值」，Excel 2003，可指定 29 個「值」。

Unit
# 026 計算特定資料的個數

**範 例** 統計各年齡層人數

DATEDIF TODAY COUNTIF ROUNDDOWN

## 範例說明

各種問卷調查、員工年齡統計、…等等，通常都會區分不同年齡層（年齡區間）來統計人數。但如果資料來源不是「年齡」（數值格式），而是「生日」（日期格式）該怎麼統計 10 ～ 20 歲、21 ～ 30 歲、…等年齡層的人數呢？

| | B | C | D | E | F | G | H | I | J |
|---|---|---|---|---|---|---|---|---|---|
| 1 | 員工年齡分佈 | | | | | | | | |
| 2 | | | | | | | | | |
| 3 | 生日 | 性別 | 部門 | 到職日 | 年資 | | | 年齡層 | 人數 |
| 4 | 1973/01/05 | 女 | 財務部 | 2018/05/30 | 1年1個月 | | | 20 | 6 |
| 5 | 1965/06/07 | 女 | 人事部 | 2011/08/09 | 7年11個月 | | | 30 | 18 |
| 6 | 1989/05/04 | 女 | 人事部 | 2016/05/20 | 3年1個月 | | | 40 | 9 |
| 7 | 1965/09/11 | 女 | 人事部 | 2016/03/08 | 3年4個月 | | | 50 | 5 |
| 8 | 1968/10/12 | 男 | 研發部 | 2007/11/15 | 11年8個月 | | | 60 | 0 |
| 9 | 1970/09/07 | 男 | 工程部 | 2018/09/03 | 0年10個月 | | | | |
| 10 | 1978/04/03 | 女 | 研發部 | 2016/11/10 | 2年8個月 | | | | |
| 11 | 1999/06/07 | 男 | 業務部 | 2018/06/05 | 1年1個月 | | | | |
| 12 | 1973/07/06 | 女 | 產品部 | 2018/04/22 | 1年2個月 | | | | |
| 13 | 1987/12/08 | 男 | 財務部 | 2015/12/20 | 3年6個月 | | | | |

想知道員工的年齡分佈情形

當您開啟本範例檔案時，其顯示的結果會與書上不同，因為 TODAY 函數會自動更新成您開啟檔案的當天日期。

## 操作說明

**01 利用 DATEDIF 函數從「生日」計算年齡**

請開啟**練習檔案\Part 1\Unit_026**，在 G4 儲存格輸入「=DATEDIF(B4,TODAY(),"Y")」，即可從 B4 儲存格的生日資料計算出到今天為止的年齡。

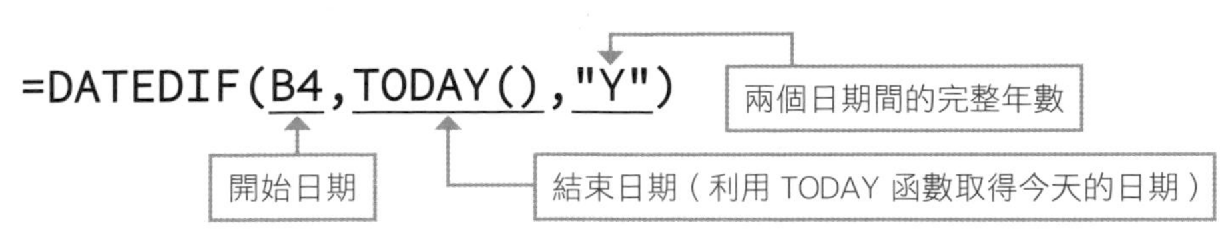


G4 =DATEDIF(B4,TODAY(),"Y")

| | A | B | C | D | E | F | G | H |
|---|---|---|---|---|---|---|---|---|
| 1 | 員工年齡分佈 | | | | | | | |
| 2 | | | | | | | | |
| 3 | 姓名 | 生日 | 性別 | 部門 | 到職日 | 年資 | | |
| 4 | 于惠蘭 | 1973/01/05 | 女 | 財務部 | 2018/05/30 | 1年1個月 | 46 | |
| 5 | 白美惠 | 1965/06/07 | 女 | 人事部 | 2011/08/09 | 7年11個月 | | |
| 6 | 朱麗雅 | 1989/05/04 | 女 | 人事部 | 2016/05/20 | 3年1個月 | | |
| 7 | 宋秀惠 | 1965/09/11 | 女 | 人事部 | 2016/03/0 | | | |

計算出到今天為止的年齡

| DATEDIF 函數 | |
|---|---|
| **說明** | 計算兩個日期之間的天數、月數或年數，並以指定的單位顯示。 |
| **語法** | **=DATEDIF(開始日期, 結束日期, 單位)** |
| **開始日期** | 指定開始日期。 |
| **結束日期** | 指定結束日期。指定的日期要在「開始日期」之後。 |
| **單位** | 指定要回傳的單位，參考下表說明。 |

| 單位 | 回傳值 | =DATEDIF("2019/01/01", "2020/3/21", 單位) 的執行結果 |
|---|---|---|
| "Y" | 滿整年(期間內的完整年數) | 1 年 |
| "M" | 滿整月(期間內的完整月數) | 14 個月 |
| "D" | 滿天數(期間內的完整天數) | 445 天 |
| "MD" | 未滿 1 個月的日數（「開始日期」與「結束日期」的天數差。忽略日期中的「月」與「年」） | 20 天 |
| "YM" | 未滿1年的月數（「開始日期」與「結束日期」的月數差。忽略日期中的「日」與「年」） | 2 個月 |
| "YD" | 未滿1年的日數（「開始日期」與「結束日期」的天數差。忽略日期中的「年」） | 79 天 |

| TODAY 函數 | |
|---|---|
| **說明** | 傳回目前的日期。 |
| **語法** | **=TODAY()** |

TODAY 函數在每次開啟活頁簿時都會自動更新，因此就算沒有進行任何編輯動作，在關閉檔案時，都會出現**想要儲存變更**的確認視窗。

## 02 利用 ROUNDDOWN 函數去掉年齡的個位數

請選取 G4 儲存格 ❶，按一下**資料編輯列**，進入編輯狀態 ❷，將輸入游標移到最前面 ❸，接著在 DATEDIF 函數的前面輸入「ROUNDDOWN(」❹，在最後面加上「, -1)」❺，再按下 Enter 鍵。完整的公式如下：

```
=ROUNDDOWN(DATEDIF(B4,TODAY(),"Y"),-1)
```

從 B4 儲存格的「生日」計算出年齡　　無條件捨去年齡的個位數數值

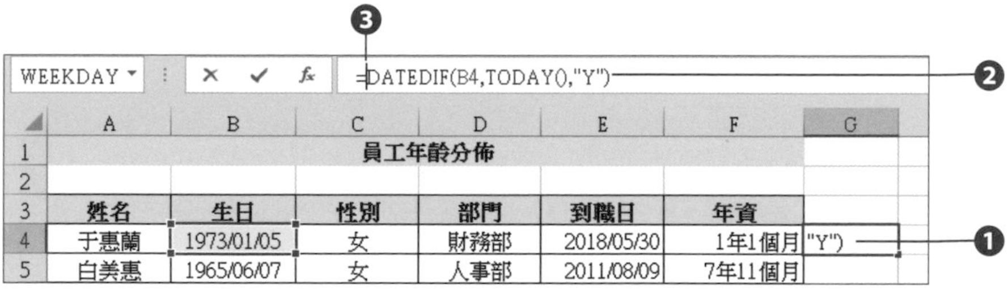

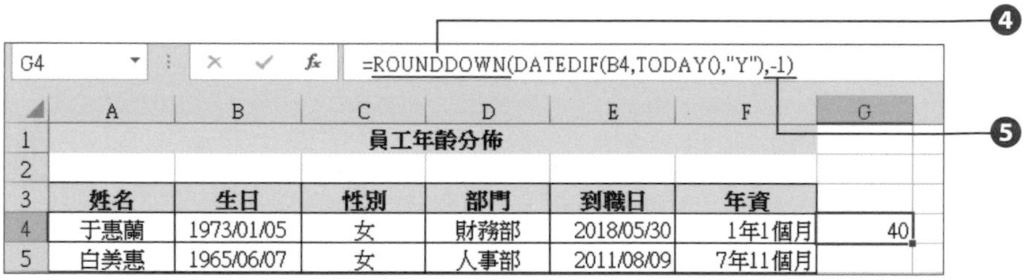

WEEKDAY　=DATEDIF(B4,TODAY(),"Y") ❷ ❸

| | A | B | C | D | E | F | G |
|---|---|---|---|---|---|---|---|
| 1 | 員工年齡分佈 | | | | | | |
| 2 | | | | | | | |
| 3 | 姓名 | 生日 | 性別 | 部門 | 到職日 | 年資 | |
| 4 | 于惠蘭 | 1973/01/05 | 女 | 財務部 | 2018/05/30 | 1年1個月 | "Y") ❶ |
| 5 | 白美惠 | 1965/06/07 | 女 | 人事部 | 2011/08/09 | 7年11個月 | |

G4　=ROUNDDOWN(DATEDIF(B4,TODAY(),"Y"),-1) ❹ ❺

| | A | B | C | D | E | F | G |
|---|---|---|---|---|---|---|---|
| 1 | 員工年齡分佈 | | | | | | |
| 2 | | | | | | | |
| 3 | 姓名 | 生日 | 性別 | 部門 | 到職日 | 年資 | |
| 4 | 于惠蘭 | 1973/01/05 | 女 | 財務部 | 2018/05/30 | 1年1個月 | 40 |
| 5 | 白美惠 | 1965/06/07 | 女 | 人事部 | 2011/08/09 | 7年11個月 | |

| ROUNDDOWN 函數 | |
|---|---|
| **說明** | 在指定的位數進行無條件捨去。 |
| **語法** | **=ROUNDDOWN(數值, 位數)** |
| **數值** | 指定要無條件捨去的對象。 |
| **位數** | 指定要無條件捨去的位數，參考下表的說明。 |

| 位數 | 處理的位數 | 公式 | 計算結果 |
|---|---|---|---|
| 2 | 小數第 3 位 | =ROUNDDOWN(12345.6789,2) | 12345.67 |
| 1 | 小數第 2 位 | =ROUNDDOWN(12345.6789,1) | 12345.6 |
| 0 | 小數第 1 位 | =ROUNDDOWN(12345.6789,0) | 12345 |
| -1 | 個位數 | =ROUNDDOWN(12345.6789,-1) | 12340 |
| -2 | 十位數 | =ROUNDDOWN(12345.6789,-2) | 12300 |

## 03 複製公式

將 G4 儲存格的**填滿控點**往下拖曳到 G41 儲存格，就可計算出所有員工的年齡層。

| | A | B | C | D | E | F | G | H |
|---|---|---|---|---|---|---|---|---|
| 1 | 員工年齡分佈 | | | | | | | |
| 2 | | | | | | | | |
| 3 | 姓名 | 生日 | 性別 | 部門 | 到職日 | 年資 | | |
| 4 | 于惠蘭 | 1973/01/05 | 女 | 財務部 | 2018/05/30 | 1年1個月 | 40 | |
| 5 | 白美惠 | 1965/06/07 | 女 | 人事部 | 2011/08/09 | 7年11個月 | 50 | |
| 6 | 朱麗雅 | 1989/05/04 | 女 | 人事部 | 2016/05/20 | 3年1個月 | 30 | |
| 7 | 宋秀惠 | 1965/09/11 | 女 | 人事部 | 2016/03/08 | 3年4個月 | 50 | |
| 8 | 李沛偉 | 1968/10/12 | 男 | 研發部 | 2007/11/15 | 11年8個月 | 50 | |
| 9 | 汪炳哲 | 1970/09/07 | 男 | 工程部 | 2018/09/03 | 0年10個月 | 40 | |
| 10 | 谷瑄若 | 1978/04/03 | 女 | 研發部 | 2016/11/10 | 2年8個月 | 40 | |
| 11 | 周基勇 | 1999/06/07 | 男 | 業務部 | 2018/06/05 | 1年1個月 | 20 | |
| 12 | 林巧沛 | 1973/07/06 | 女 | 產品部 | 2018/04/22 | 1年2個月 | 40 | |
| 13 | 林若傑 | 1987/12/08 | 男 | 財務部 | 2015/12/20 | 3年6個月 | 30 | |
| 14 | 林琪琪 | 1979/04/09 | 女 | 倉儲部 | 2008/01/15 | 11年6個月 | 40 | |
| 15 | 林慶民 | 1984/02/09 | 男 | 產品部 | 2016/04/03 | 3年3個月 | 30 | |
| 16 | 邱秀蘭 | 1984/09/20 | 女 | 業務部 | 2015/10/02 | 3年9個月 | 30 | |
| 17 | 邱語潔 | 1984/06/07 | 女 | 業務部 | 2012/12/03 | 6年7個月 | 30 | |
| 18 | 金志偉 | 1989/01/19 | 男 | 研發部 | 2017/08/14 | 1年11個月 | 30 | |
| 19 | 金洪均 | 1996/12/25 | 男 | 倉儲部 | 2013/04/15 | 6年3個月 | 20 | |
| 20 | 金智泰 | 1985/02/17 | 男 | 研發部 | 2015/10/04 | 3年9個月 | 30 | |

## 04 用 COUNTIF 函數統計各年齡層的人數

計算出員工的年齡層後，請選取 J4 儲存格，輸入「=COUNTIF($G$4:$G$41,I4)」❶，接著往下拖曳複製公式，就可計算出各年齡層的人數了❷。

=COUNTIF($G$4:$G$41,I4)

J4 =COUNTIF($G$4:$G$41,I4)

| | B | C | D | E | F | G | H | I | J |
|---|---|---|---|---|---|---|---|---|---|
| 1 | 員工年齡分佈 | | | | | | | | |
| 2 | | | | | | | | | |
| 3 | 生日 | 性別 | 部門 | 到職日 | 年資 | | | 年齡層 | 人數 |
| 4 | 1973/01/05 | 女 | 財務部 | 2018/05/30 | 1年1個月 | 40 | | 20 | 6 |
| 5 | 1965/06/07 | 女 | 人事部 | 2011/08/09 | 7年11個月 | 50 | | 30 | 18 |
| 6 | 1989/05/04 | 女 | 人事部 | 2016/05/20 | 3年2個月 | 30 | | 40 | 9 |
| 7 | 1965/09/11 | 女 | 人事部 | 2016/03/08 | 3年4個月 | 50 | | 50 | 5 |
| 8 | 1968/10/12 | 男 | 研發部 | 2007/11/15 | 11年8個月 | 50 | | 60 | 0 |
| 9 | 1970/09/07 | 男 | 工程部 | 2018/09/03 | 0年10個月 | 40 | | | |
| 10 | 1978/04/03 | 女 | 研發部 | 2016/11/10 | 2年8個月 | 40 | | | |



COUNTIF 函數的語法，請參考 Unit 019。

Unit 027

# 間隔一列的數值加總計算

**範　例**　只要一行公式就能加總間隔在不同列的各分店總收入與總支出

SUM　IF　MOD　ROW　COLUMN

## 範例說明

每月月底結算完各分店的收支資料後，我們想將各分店的收入與支出記錄在同一個工作表中以便年底結算，但是各分店的收入與支出資料交錯排列，要如何計算出單月的總收入與總支出呢？

| | A | B | C | D | E | F | G |
|---|---|---|---|---|---|---|---|
| 1 | 7月各分店的收支統計 | | | | | | |
| 2 | 分店 | 費用 | | | 總收入 | 17,612,264 | |
| 3 | 台北 | 收入 | 4,598,763 | | 總支出 | 4,423,471 | |
| 4 | | 支出 | 842,213 | | | | |
| 5 | 桃園 | 收入 | 3,235,498 | | | | |
| 6 | | 支出 | 754,236 | | | | |
| 7 | 新竹 | 收入 | 2,458,975 | | | | |
| 8 | | 支出 | 700,125 | | | | |
| 9 | 台中 | 收入 | 3,111,258 | | | | |
| 10 | | 支出 | 651,287 | | | | |
| 11 | 台南 | 收入 | 1,547,896 | | | | |
| 12 | | 支出 | 521,487 | | | | |
| 13 | 高雄 | 收入 | 2,659,874 | | | | |
| 14 | | 支出 | 954,123 | | | | |

手動選取收入/支出的資料再加總，實在很麻煩

間隔一列的排列沒辦法直接用 SUM 函數加總

## 操作說明

### 01 計算當月的「總收入」

請開啟**練習檔案\Part 1\Unit_027**，選取 F2 儲存格，輸入「=SUM(IF(MOD(ROW(C3:C14),2)=1,C3:C14))」，接著按下 Ctrl + Shift + Enter 鍵，就可以一次加總所有分店的收入了。

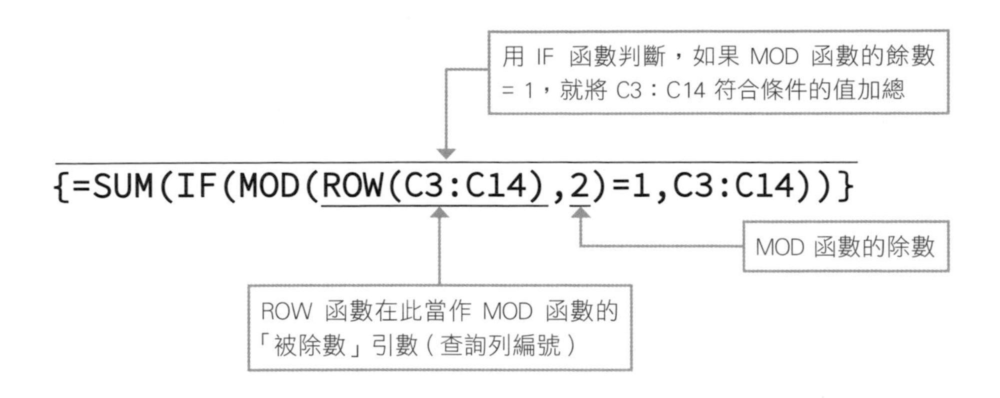


此公式的用意為，用 ROW 函數取得 C3 的列編號 3，將 3 除以 2，得到的餘數為 1，再用 IF 函數判斷，如果餘數為 1 就進行數值的加總，餘數不為 1 就不進行計算，我們將各函數的執行結果拆解如下：

| ROW函數 (取得列編號) | 執行結果 |
|---|---|
| =ROW(C3) | 3 |
| =ROW(C4) | 4 |
| =ROW(C5) | 5 |
| =ROW(C6) | 6 |
| =ROW(C7) | 7 |
| =ROW(C8) | 8 |
| =ROW(C9) | 9 |
| =ROW(C10) | 10 |
| =ROW(C11) | 11 |
| =ROW(C12) | 12 |
| =ROW(C13) | 13 |
| =ROW(C14) | 14 |

| MOD函數 (取得列編號除以2的餘數) | 執行結果 |
|---|---|
| =MOD(ROW(C3),2) | 1 |
| =MOD(ROW(C4),2) | 0 |
| =MOD(ROW(C5),2) | 1 |
| =MOD(ROW(C6),2) | 0 |
| =MOD(ROW(C7),2) | 1 |
| =MOD(ROW(C8),2) | 0 |
| =MOD(ROW(C9),2) | 1 |
| =MOD(ROW(C10),2) | 0 |
| =MOD(ROW(C11),2) | 1 |
| =MOD(ROW(C12),2) | 0 |
| =MOD(ROW(C13),2) | 1 |
| =MOD(ROW(C14),2) | 0 |

| IF函數 (當 MOD 取得的餘數 =1，就顯示「收入」的值) | 執行結果 |
|---|---|
| =IF(MOD(ROW(C3),2)=1,C3) | 4,598,763 |
| =IF(MOD(ROW(C4),2)=1,C4) | FALSE |
| =IF(MOD(ROW(C5),2)=1,C5) | 3,235,498 |
| =IF(MOD(ROW(C6),2)=1,C6) | FALSE |
| =IF(MOD(ROW(C7),2)=1,C7) | 2,458,975 |
| =IF(MOD(ROW(C8),2)=1,C8) | FALSE |
| =IF(MOD(ROW(C9),2)=1,C9) | 3,111,258 |
| =IF(MOD(ROW(C10),2)=1,C10) | FALSE |
| =IF(MOD(ROW(C11),2)=1,C11) | 1,547,896 |
| =IF(MOD(ROW(C12),2)=1,C12) | FALSE |
| =IF(MOD(ROW(C13),2)=1,C13) | 2,659,874 |
| =IF(MOD(ROW(C14),2)=1,C14) | FALSE |

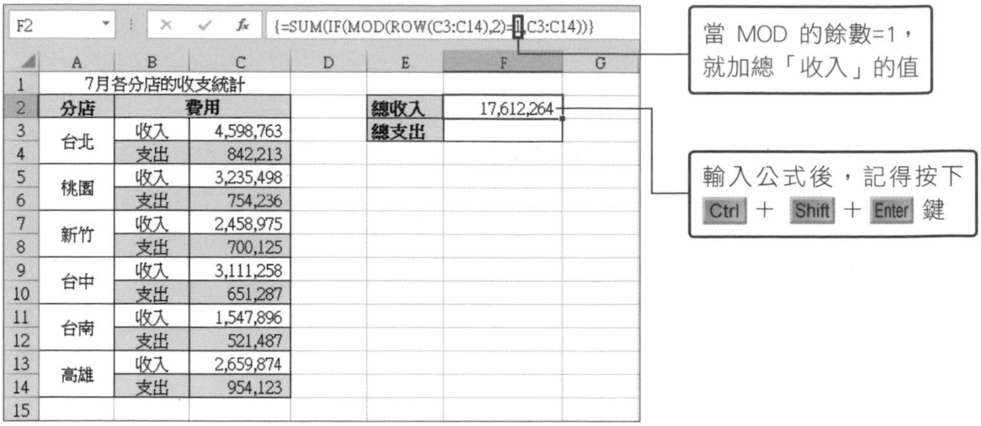

| | A | B | C | D | E | F | G |
|---|---|---|---|---|---|---|---|
| 1 | 7月各分店的收支統計 | | | | | | |
| 2 | 分店 | 費用 | | | 總收入 | 17,612,264 | |
| 3 | 台北 | 收入 | 4,598,763 | | 總支出 | | |
| 4 | | 支出 | 842,213 | | | | |
| 5 | 桃園 | 收入 | 3,235,498 | | | | |
| 6 | | 支出 | 754,236 | | | | |
| 7 | 新竹 | 收入 | 2,458,975 | | | | |
| 8 | | 支出 | 700,125 | | | | |
| 9 | 台中 | 收入 | 3,111,258 | | | | |
| 10 | | 支出 | 651,287 | | | | |
| 11 | 台南 | 收入 | 1,547,896 | | | | |
| 12 | | 支出 | 521,487 | | | | |
| 13 | 高雄 | 收入 | 2,659,874 | | | | |
| 14 | | 支出 | 954,123 | | | | |
| 15 | | | | | | | |

F2 {=SUM(IF(MOD(ROW(C3:C14),2)=1,C3:C14))}

當 MOD 的餘數=1，就加總「收入」的值

輸入公式後，記得按下 Ctrl ＋ Shift ＋ Enter 鍵

| IF 函數 | |
|---|---|
| 說明 | 根據判斷的條件，決定要執行的動作或回傳值。 |
| 語法 | **=IF(條件式, 條件成立, 條件不成立)** |
| 條件式 | 指定要回傳 TRUE 或 FALSE 的條件式。 |
| 條件成立 | 指定當「條件式」的結果為 TRUE 時，所要回傳的值或執行的公式，沒有任何指定，會回傳「0」。 |
| 條件不成立 | 指定當「條件式」的結果為 FALSE 時，所要回傳的值或執行的公式，沒有任何指定，會回傳「0」。 |

| MOD 函數 | |
|---|---|
| 說明 | 求得兩數值相除的餘數。 |
| 語法 | **=MOD(數值，除數)** |
| 數值 | 被除數。當指定數值以外的值，會回傳 "#VALUE!" 的錯誤訊息。 |
| 除數 | 如果指定為 "0"，則會回傳 "#DIV/0!" 的錯誤訊息。 |

**SUM 函數的語法，請參考 Unit 010。**

**ROW 函數的語法，請參考 Unit 017。**

## 02 計算當月的「總支出」

選取 F3 儲存格，輸入「=SUM(IF(MOD(ROW(C3:C14),2)=0,C3:C14))」，接著按下 Ctrl + Shift + Enter 鍵，就可以一次加總所有分店的支出了。

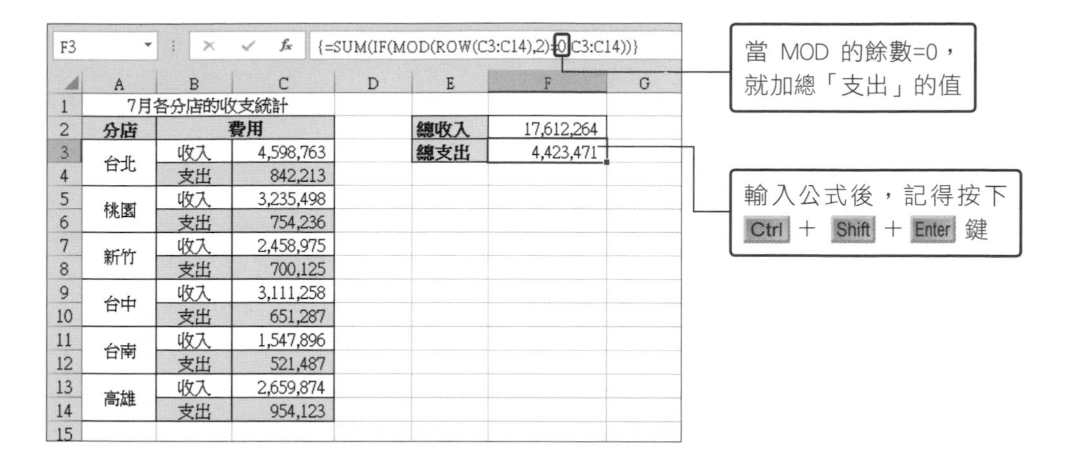


| | A | B | C | D | E | F |
|---|---|---|---|---|---|---|
| 1 | 7月各分店的收支統計 | | | | | |
| 2 | 分店 | 費用 | | | 總收入 | 17,612,264 |
| 3 | 台北 | 收入 | 4,598,763 | | 總支出 | 4,423,471 |
| 4 | | 支出 | 842,213 | | | |
| 5 | 桃園 | 收入 | 3,235,498 | | | |
| 6 | | 支出 | 754,236 | | | |
| 7 | 新竹 | 收入 | 2,458,975 | | | |
| 8 | | 支出 | 700,125 | | | |
| 9 | 台中 | 收入 | 3,111,258 | | | |
| 10 | | 支出 | 651,287 | | | |
| 11 | 台南 | 收入 | 1,547,896 | | | |
| 12 | | 支出 | 521,487 | | | |
| 13 | 高雄 | 收入 | 2,659,874 | | | |
| 14 | | 支出 | 954,123 | | | |

## ☑ 舉一反三　各月的「應收」與「應付」帳款間隔一欄，該如何分別加總？

剛才我們學會的是間隔一列的加總計算，但如果資料是間隔一欄，又該怎麼做呢？例如底下的範例，應收與應付帳款分別放在不同欄位裡，要如何統計所有的應收與應付帳款呢？

| | A | B | C | D | E | F | G | H | I | J | K | L | M |
|---|---|---|---|---|---|---|---|---|---|---|---|---|---|
| 1 | 各月的應收與應付帳款統計 | | | | | | | | | | | | |
| 2 | 月份 | 一月 | | 二月 | | 三月 | | 四月 | | 五月 | | 六月 | |
| 3 | 款項 | 應收帳款 | 應付帳款 | 應收帳款 | 應付帳款 | 應收帳款 | 應付帳款 | 應收帳款 | 應付帳款 | 應收帳款 | 應付帳款 | 應收帳款 | 應付帳款 |
| 4 | | 2,548,796 | 654,125 | 2,874,568 | 751,358 | 1,988,745 | 700,125 | 3,845,123 | 598,745 | 2,021,458 | 654,879 | 2,054,800 | 874,456 |

要如何加總 1～6 月的應收與應付帳款呢？

其實只要把剛才的 ROW 函數，換成 COLUMN 函數就可以了。

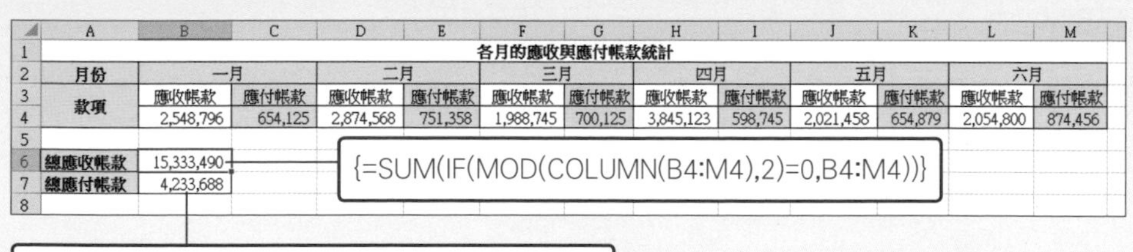

| | A | B | C | D | E | F | G | H | I | J | K | L | M |
|---|---|---|---|---|---|---|---|---|---|---|---|---|---|
| 1 | 各月的應收與應付帳款統計 | | | | | | | | | | | | |
| 2 | 月份 | 一月 | | 二月 | | 三月 | | 四月 | | 五月 | | 六月 | |
| 3 | 款項 | 應收帳款 | 應付帳款 | 應收帳款 | 應付帳款 | 應收帳款 | 應付帳款 | 應收帳款 | 應付帳款 | 應收帳款 | 應付帳款 | 應收帳款 | 應付帳款 |
| 4 | | 2,548,796 | 654,125 | 2,874,568 | 751,358 | 1,988,745 | 700,125 | 3,845,123 | 598,745 | 2,021,458 | 654,879 | 2,054,800 | 874,456 |
| 6 | 總應收帳款 | 15,333,490 | | | | | | | | | | | |
| 7 | 總應付帳款 | 4,233,688 | | | | | | | | | | | |



{=SUM(IF(MOD(COLUMN(B4:M4),2)=1,B4:M4))}

輸入公式後，記得按下 Ctrl ＋ Shift ＋ Enter 鍵。

**COLUMN 函數的語法，請參考 Unit 020。**

1 資料的彙整與計算

Unit 028

# 計算符合多項條件的數值個數

範例　想找出房租在兩萬以下有電梯及保全的物件數量

COUNTIFS

## 範例說明

想從租屋資料中找出租金在兩萬元以下，有電梯又有保全的物件共有多少個，雖然之前學過可以用 COUNTIF 搜尋指定條件再做加總，但 COUNTIF 只能搜尋單一條件，當條件有多個項目時，該怎麼做呢？

| | A | B | C | D | E | F | G |
|---|---|---|---|---|---|---|---|
| 1 | 捷運板南線出租物件 | | | | | | |
| 2 | | | | | | | |
| 3 | 物件編號 | 最近站點 | 樓層 | 租金 | 電梯 | 保全 | |
| 4 | MG411 | 忠孝新生 | 10F | 28,000 | ○ | ○ | |
| 5 | MG002 | 忠孝新生 | 4F | 18,000 | | ○ | |
| 6 | MG103 | 忠孝新生 | 5F | 26,000 | ○ | | |
| 7 | MG658 | 忠孝新生 | 3F | 19,500 | | ○ | |
| 8 | MG005 | 忠孝新生 | 7F | 18,000 | ○ | ○ | |
| 9 | GT001 | 忠孝復興 | 12F | 30,000 | ○ | ○ | |
| 10 | GT633 | 忠孝復興 | 10F | 23,000 | ○ | ○ | |
| 11 | GT003 | 忠孝復興 | 7F | 17,000 | ○ | | |
| 12 | GT432 | 忠孝復興 | 5F | 18,500 | ○ | ○ | |
| 13 | GT732 | 忠孝復興 | 8F | 22,500 | ○ | ○ | |
| 14 | GT103 | 忠孝復興 | 5F | 16,000 | | ○ | |
| 15 | GT007 | 忠孝復興 | 3F | 15,500 | ○ | ○ | |
| 16 | OS001 | 忠孝敦化 | 4F | 13,000 | | | |
| 17 | OS054 | 忠孝敦化 | 10F | 22,000 | ○ | | |
| 18 | WA004 | 南港 | 2F | 25,000 | | ○ | |
| 19 | WA008 | 南港 | 3F | 18,500 | | | |
| 20 | WA010 | 南港 | 11F | 28,500 | ○ | | |
| 21 | WA080 | 南港 | 16F | 30,000 | ○ | | |
| 22 | TS045 | 東湖 | 4F | 21,000 | | | |
| 23 | TS384 | 東湖 | 3F | 18,500 | ○ | | |
| 24 | TS258 | 東湖 | 8F | 24,500 | | | |
| 25 | TS339 | 東湖 | 3F | 20,000 | | | |
| 26 | TS158 | 東湖 | 10F | 28,500 | ○ | ○ | |
| 27 | PE128 | 昆陽 | 4F | 19,500 | | | |
| 28 | PE045 | 昆陽 | 20F | 26,500 | ○ | | |
| 29 | PE099 | 昆陽 | 15F | 24,500 | ○ | ○ | |
| 30 | PE688 | 昆陽 | 6F | 24,000 | | ○ | |
| 31 | | | | | | | |

想知道租金在兩萬元以下有電梯又有保全的物件有幾個？(需符合三項條件)

## 操作說明

### 01 利用 COUNTIFS 函數計算多項條件的個數加總

請開啟**練習檔案 \Part 1\Unit_028**，在 H4 儲存格輸入如下的公式，就可以馬上得知符合條件的物件有多少個。

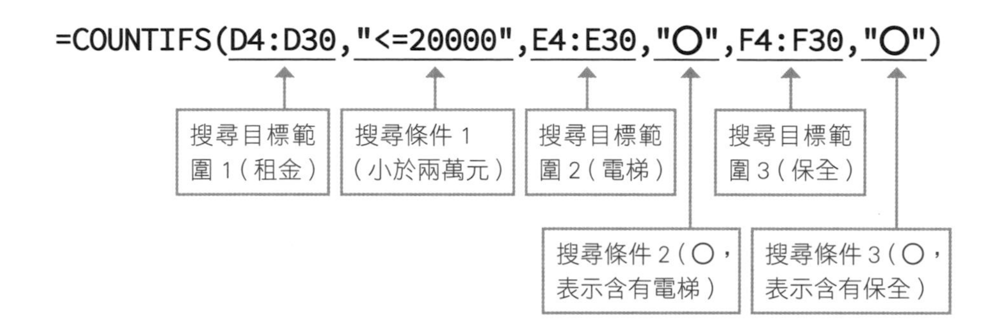

捷運板南線出租物件

| 物件編號 | 最近站點 | 樓層 | 租金 | 電梯 | 保全 |
|---|---|---|---|---|---|
| MG411 | 忠孝新生 | 10F | 28,000 | ○ | ○ |
| MG002 | 忠孝新生 | 4F | 18,000 | | ○ |
| MG103 | 忠孝新生 | 5F | 26,000 | ○ | |
| MG658 | 忠孝新生 | 3F | 19,500 | | ○ |
| MG005 | 忠孝新生 | 7F | 18,000 | ○ | ○ |
| GT001 | 忠孝復興 | 12F | 30,000 | ○ | ○ |
| GT633 | 忠孝復興 | 10F | 23,000 | ○ | ○ |
| GT003 | 忠孝復興 | 7F | 17,000 | ○ | |
| GT432 | 忠孝復興 | 5F | 18,500 | ○ | ○ |
| GT732 | 忠孝復興 | 8F | 22,500 | ○ | ○ |
| GT103 | 忠孝復興 | 5F | 16,000 | | ○ |
| GT007 | 忠孝復興 | 3F | 15,500 | ○ | ○ |
| OS001 | 忠孝敦化 | 4F | 13,000 | | |
| OS054 | 忠孝敦化 | 10F | 22,000 | ○ | |
| WA004 | 南港 | 2F | 25,000 | | ○ |
| WA008 | 南港 | 3F | 18,500 | | |
| WA010 | 南港 | 11F | 28,500 | ○ | |
| WA080 | 南港 | 16F | 30,000 | ○ | |
| TS045 | 東湖 | 4F | 21,000 | | |
| TS384 | 東湖 | 3F | 18,500 | ○ | |
| TS258 | 東湖 | 8F | 24,500 | | |
| TS339 | 東湖 | 3F | 20,000 | | |
| TS158 | 東湖 | 10F | 28,500 | ○ | ○ |
| PE128 | 昆陽 | 4F | 19,500 | | |
| PE045 | 昆陽 | 20F | 26,500 | ○ | |
| PE099 | 昆陽 | 15F | 24,500 | ○ | ○ |
| PE688 | 昆陽 | 6F | 24,000 | | ○ |

| COUNTIFS 函數 | |
|---|---|
| 說明 | 同時滿足所有條件才進行個數的加總。 |
| 語法 | **=COUNTIFS(搜尋目標範圍1, 搜尋條件1, 搜尋目標範圍2, 搜尋條件2、……)** 。 |
| 搜尋目標範圍 | 判斷條件的儲存格範圍。 |
| 搜尋條件 | 在要計算的資料中搜尋條件。 |

## ☑ 舉一反三　房租介於兩萬到兩萬五之間且有電梯的物件有多少?

若是想找出租金介於兩萬到兩萬五之間且有電梯的物件有多少，則可以輸入「=COUNTIFS(D4:D30,">=20000",D4:D30,"<25000",E4:E30,"○")」。

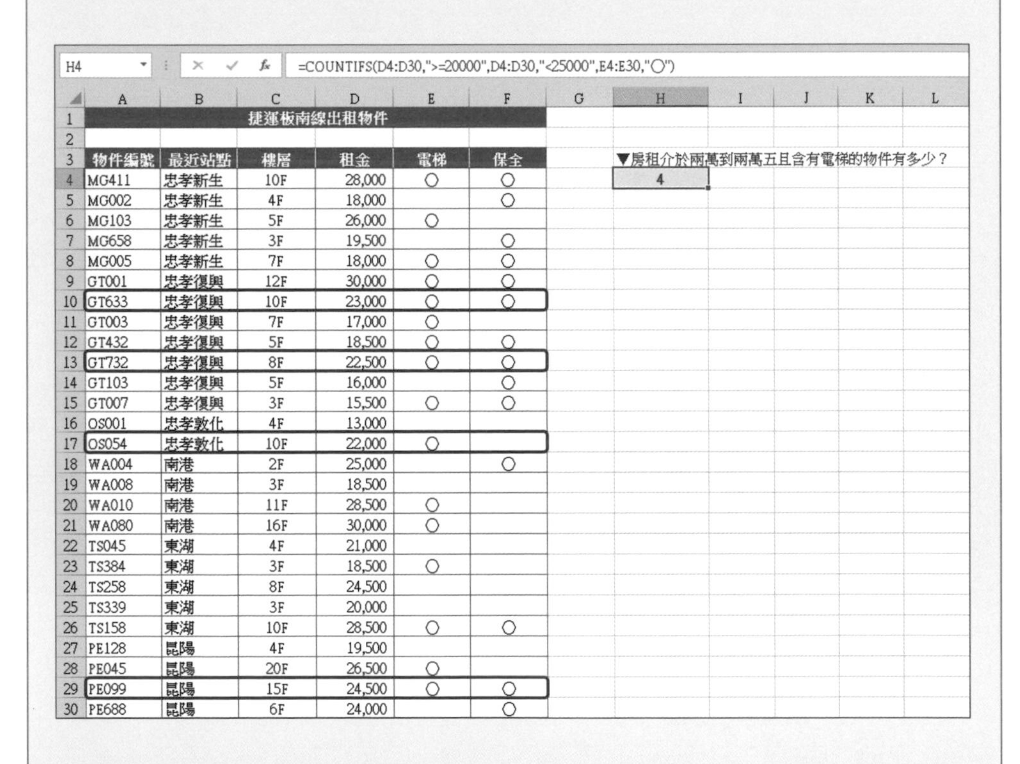

H4　=COUNTIFS(D4:D30,">=20000",D4:D30,"<25000",E4:E30,"○")

| | A | B | C | D | E | F | G | H |
|---|---|---|---|---|---|---|---|---|
| 1 | 捷運板南線出租物件 | | | | | | | |
| 2 | | | | | | | | |
| 3 | 物件編號 | 最近站點 | 樓層 | 租金 | 電梯 | 保全 | | ▼房租介於兩萬到兩萬五且含有電梯的物件有多少？ |
| 4 | MG411 | 忠孝新生 | 10F | 28,000 | ○ | ○ | | 4 |
| 5 | MG002 | 忠孝新生 | 4F | 18,000 | | ○ | | |
| 6 | MG103 | 忠孝新生 | 5F | 26,000 | ○ | | | |
| 7 | MG658 | 忠孝新生 | 3F | 19,500 | | ○ | | |
| 8 | MG005 | 忠孝新生 | 7F | 18,000 | ○ | ○ | | |
| 9 | GT001 | 忠孝復興 | 12F | 30,000 | ○ | ○ | | |
| 10 | GT633 | 忠孝復興 | 10F | 23,000 | ○ | ○ | | |
| 11 | GT003 | 忠孝復興 | 7F | 17,000 | ○ | | | |
| 12 | GT432 | 忠孝復興 | 5F | 18,500 | ○ | ○ | | |
| 13 | GT732 | 忠孝復興 | 8F | 22,500 | ○ | ○ | | |
| 14 | GT103 | 忠孝復興 | 5F | 16,000 | | ○ | | |
| 15 | GT007 | 忠孝復興 | 3F | 15,500 | ○ | ○ | | |
| 16 | OS001 | 忠孝敦化 | 4F | 13,000 | | | | |
| 17 | OS054 | 忠孝敦化 | 10F | 22,000 | ○ | | | |
| 18 | WA004 | 南港 | 2F | 25,000 | | ○ | | |
| 19 | WA008 | 南港 | 3F | 18,500 | | | | |
| 20 | WA010 | 南港 | 11F | 28,500 | ○ | | | |
| 21 | WA080 | 南港 | 16F | 30,000 | ○ | | | |
| 22 | TS045 | 東湖 | 4F | 21,000 | | | | |
| 23 | TS384 | 東湖 | 3F | 18,500 | ○ | | | |
| 24 | TS258 | 東湖 | 8F | 24,500 | | | | |
| 25 | TS339 | 東湖 | 3F | 20,000 | | | | |
| 26 | TS158 | 東湖 | 10F | 28,500 | ○ | ○ | | |
| 27 | PE128 | 昆陽 | 4F | 19,500 | | | | |
| 28 | PE045 | 昆陽 | 20F | 26,500 | ○ | | | |
| 29 | PE099 | 昆陽 | 15F | 24,500 | ○ | ○ | | |
| 30 | PE688 | 昆陽 | 6F | 24,000 | | ○ | | |

=COUNTIFS(D4:D30,">=20000",D4:D30,"<25000",E4:E30,"○")

- D4:D30,">=20000"：租金大於等於兩萬元
- D4:D30,"<25000"：租金小於兩萬五千元
- E4:E30,"○"：含有電梯的物件

Unit

# 029 只針對特定資料排序

**範　例**　**原始資料未經整理，如何依業績替指定門市的業務員排名？**

IF　COUNTIFS

## 範例說明

有時只想對特定的條件進行排序，但是 RANK 函數不能指定條件來排序。例如下圖我們只想知道「喬一門市」各業務員的銷售排名，但原始資料未經整理，有沒有方法可以直接排序呢？

| | A | B | C | D | E |
|---|---|---|---|---|---|
| 1 | 各門市室內腳踏車銷售數量統計 | | | | |
| 2 | | | | | |
| 3 | 門市 | 業務員 | 銷售數量 | 排名 | |
| 4 | 喬一門市 | 李仁旺 | 1,259 | 3 | |
| 5 | 仁愛門市 | 謝偉銘 | 985 | | |
| 6 | 信義門市 | 張啟軒 | 2,541 | | |
| 7 | 信義門市 | 王如琳 | 2,015 | | |
| 8 | 民生門市 | 鄭家豪 | 755 | | |
| 9 | 仁愛門市 | 徐清愛 | 658 | | |
| 10 | 敦南門市 | 林明鋒 | 1,954 | | |
| 11 | 民生門市 | 謝明緯 | 2,055 | | |
| 12 | 喬一門市 | 柳沛文 | 2,111 | 1 | |
| 13 | 喬一門市 | 張恩東 | 699 | 6 | |
| 14 | 民生門市 | 薛惠惠 | 954 | | |
| 15 | 仁愛門市 | 汪順平 | 1,547 | | |
| 16 | 敦南門市 | 韓立樹 | 2,156 | | |
| 17 | 喬一門市 | 毛細川 | 1,033 | 4 | |
| 18 | 敦南門市 | 王田仁 | 2,455 | | |
| 19 | 信義門市 | 李佑樹 | 2,048 | | |
| 20 | 仁愛門市 | 林香奈 | 956 | | |
| 21 | 喬一門市 | 蘇中良 | 1,845 | 2 | |
| 22 | 信義門市 | 粘乃真 | 1,288 | | |
| 23 | 仁愛門市 | 林以芃 | 1,687 | | |
| 24 | 民生門市 | 廖品萱 | 2,145 | | |
| 25 | 喬一門市 | 郭佩妘 | 985 | 5 | |
| 26 | 敦南門市 | 陳文鈞 | 2,548 | | |
| 27 | 信義門市 | 蔡栩維 | 1,998 | | |
| 28 | 敦南門市 | 王百榕 | 945 | | |
| 29 | 民生門市 | 柳姣玉 | 745 | | |
| 30 | 信義門市 | 石箴哲 | 1,196 | | |
| 31 | | | | | |

只想知道「喬一門市」
各業務員的銷售排名

## 操作說明

### 01 利用 IF 函數找出指定門市

請開啟**練習檔案 \Part 1\Unit_029**，在 D4 儲存格輸入「=IF(A4=" 喬一門市",」，輸入後先不要按下 Enter 鍵。在此利用 IF 函數判斷 A4 儲存格是否為「喬一門市」，若為 TRUE，就進行 02 的排序處理；若為 FALSE，則顯示空白 ("")。

WEEKDAY　=IF(A4="喬一門市",

| | A | B | C | D | E | F | G |
|---|---|---|---|---|---|---|---|
| 1 | 各門市室內腳踏車銷售數量統計 | | | | | | |
| 2 | | | | | | | |
| 3 | 門市 | 業務員 | 銷售數量 | 排名 | | | |
| 4 | 喬一門市 | 李仁旺 | =IF(A4="喬一門市", | | | | |
| 5 | 仁愛門市 | 謝偉銘 | IF(logical_test, [value_if_true], [value_if_false]) | | | | |
| 6 | 信義門市 | 張啟軒 | 2,541 | | | | |
| 7 | 信義門市 | 王如琳 | 2,015 | | | | |

利用 IF 函數判斷 A4 儲存格是否為「喬一門市」

### 02 用 COUNTIFS 函數依銷售數量排名

繼續在 D4 儲存格中輸入「COUNTIFS($A$4:$A$30,A4,$C$4:$C$30,">"&C4)+1,"")」，再按下 Enter 鍵 ❶。在此利用 COUNTIFS 找出符合「喬一門市」且銷售數量大於 C4 的個數有幾個，加總後再 +1。接著，將 D4 儲存格的公式往下拖曳到 D30 儲存格 ❷。

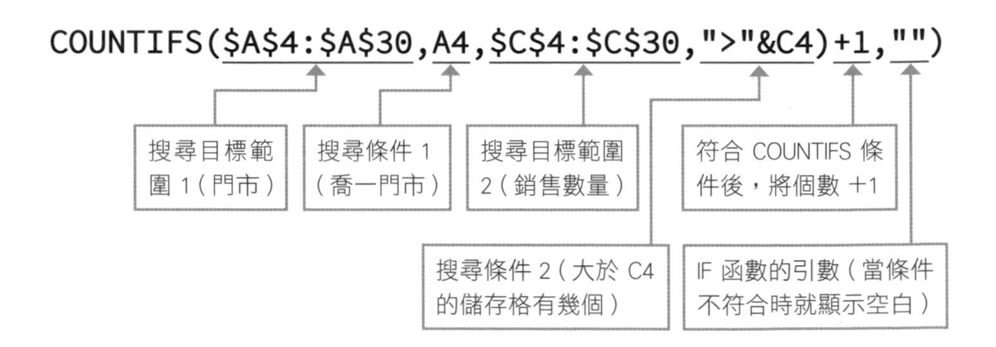

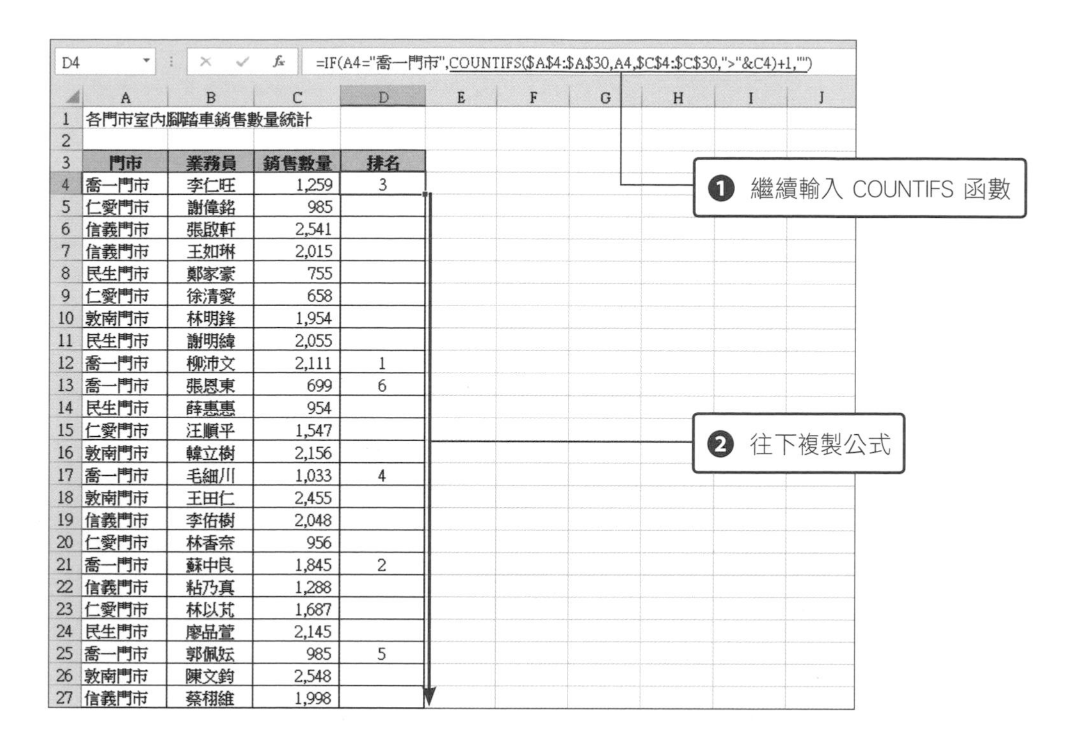

D4 =IF(A4="喬一門市",COUNTIFS($A$4:$A$30,A4,$C$4:$C$30,">"&C4)+1,"")

| | A | B | C | D |
|---|---|---|---|---|
| 1 | 各門市室內腳踏車銷售數量統計 | | | |
| 2 | | | | |
| 3 | 門市 | 業務員 | 銷售數量 | 排名 |
| 4 | 喬一門市 | 李仁旺 | 1,259 | 3 |
| 5 | 仁愛門市 | 謝偉銘 | 985 | |
| 6 | 信義門市 | 張啟軒 | 2,541 | |
| 7 | 信義門市 | 王如琳 | 2,015 | |
| 8 | 民生門市 | 鄭家豪 | 755 | |
| 9 | 仁愛門市 | 徐清愛 | 658 | |
| 10 | 敦南門市 | 林明鋒 | 1,954 | |
| 11 | 民生門市 | 謝明緯 | 2,055 | |
| 12 | 喬一門市 | 柳沛文 | 2,111 | 1 |
| 13 | 喬一門市 | 張恩東 | 699 | 6 |
| 14 | 民生門市 | 薛惠惠 | 954 | |
| 15 | 仁愛門市 | 汪順平 | 1,547 | |
| 16 | 敦南門市 | 韓立樹 | 2,156 | |
| 17 | 喬一門市 | 毛細川 | 1,033 | 4 |
| 18 | 敦南門市 | 王田仁 | 2,455 | |
| 19 | 信義門市 | 李佑樹 | 2,048 | |
| 20 | 仁愛門市 | 林香奈 | 956 | |
| 21 | 喬一門市 | 蘇中良 | 1,845 | 2 |
| 22 | 信義門市 | 粘乃真 | 1,288 | |
| 23 | 仁愛門市 | 林以芃 | 1,687 | |
| 24 | 民生門市 | 廖品萱 | 2,145 | |
| 25 | 喬一門市 | 郭佩妘 | 985 | 5 |
| 26 | 敦南門市 | 陳文鈞 | 2,548 | |
| 27 | 信義門市 | 蔡栩維 | 1,998 | |



為幫助您理解公式，我們將公式拆解如下：

| | A | B | C | D | E | F | G |
|---|---|---|---|---|---|---|---|
| 1 | 各門市室內腳踏車銷售數量統計 | | | | | | |
| 2 | | | | | | | |
| 3 | 門市 | 業務員 | 銷售數量 | COUNTIFS 函數 | 執行結果 | +1後的結果 | 用 IF 函數判斷是否為「喬一門市」若為TRUE，就顯示排名 若為 FALSE 就顯示空白 |
| 4 | 喬一門市 | 李仁旺 | 1,259 | COUNTIFS($A$4:$A$30,A4,$C$4:$C$30,">"&C4) | 2 | 3 | 3 |
| 5 | 仁愛門市 | 謝偉銘 | 985 | COUNTIFS($A$4:$A$30,A5,$C$4:$C$30,">"&C5) | 2 | 3 | |
| 6 | 信義門市 | 張啟軒 | 2,541 | COUNTIFS($A$4:$A$30,A6,$C$4:$C$30,">"&C6) | 0 | 1 | |
| 7 | 信義門市 | 王如琳 | 2,015 | COUNTIFS($A$4:$A$30,A7,$C$4:$C$30,">"&C7) | 2 | 3 | |
| 8 | 民生門市 | 鄭家豪 | 755 | COUNTIFS($A$4:$A$30,A8,$C$4:$C$30,">"&C8) | 3 | 4 | |
| 9 | 仁愛門市 | 徐清愛 | 658 | COUNTIFS($A$4:$A$30,A9,$C$4:$C$30,">"&C9) | 4 | 5 | |
| 10 | 敦南門市 | 林明鋒 | 1,954 | COUNTIFS($A$4:$A$30,A10,$C$4:$C$30,">"&C10) | 3 | 4 | |
| 11 | 民生門市 | 謝明緯 | 2,055 | COUNTIFS($A$4:$A$30,A11,$C$4:$C$30,">"&C11) | 1 | 2 | |
| 12 | 喬一門市 | 柳沛文 | 2,111 | COUNTIFS($A$4:$A$30,A12,$C$4:$C$30,">"&C12) | 0 | 1 | 1 |
| 13 | 喬一門市 | 張恩東 | 699 | COUNTIFS($A$4:$A$30,A13,$C$4:$C$30,">"&C13) | 5 | 6 | 6 |
| 14 | 民生門市 | 薛惠惠 | 954 | COUNTIFS($A$4:$A$30,A14,$C$4:$C$30,">"&C14) | 2 | 3 | |
| 15 | 仁愛門市 | 汪順平 | 1,547 | COUNTIFS($A$4:$A$30,A15,$C$4:$C$30,">"&C15) | 1 | 2 | |
| 16 | 敦南門市 | 韓立樹 | 2,156 | COUNTIFS($A$4:$A$30,A16,$C$4:$C$30,">"&C16) | 2 | 3 | |
| 17 | 喬一門市 | 毛細川 | 1,033 | COUNTIFS($A$4:$A$30,A17,$C$4:$C$30,">"&C17) | 3 | 4 | |
| 18 | 敦南門市 | 王田仁 | 2,455 | COUNTIFS($A$4:$A$30,A18,$C$4:$C$30,">"&C18) | 1 | 2 | |
| 19 | 信義門市 | 李佑樹 | 2,048 | COUNTIFS($A$4:$A$30,A19,$C$4:$C$30,">"&C19) | 1 | 2 | |
| 20 | 仁愛門市 | 林香奈 | 956 | COUNTIFS($A$4:$A$30,A20,$C$4:$C$30,">"&C20) | 3 | 4 | |
| 21 | 喬一門市 | 蘇中良 | 1,845 | COUNTIFS($A$4:$A$30,A21,$C$4:$C$30,">"&C21) | 1 | 2 | |
| 22 | 信義門市 | 粘乃真 | 1,288 | COUNTIFS($A$4:$A$30,A22,$C$4:$C$30,">"&C22) | 4 | 5 | |
| 23 | 仁愛門市 | 林以芃 | 1,687 | COUNTIFS($A$4:$A$30,A23,$C$4:$C$30,">"&C23) | 0 | 1 | |
| 24 | 民生門市 | 廖品萱 | 2,145 | COUNTIFS($A$4:$A$30,A24,$C$4:$C$30,">"&C24) | 0 | 1 | |
| 25 | 喬一門市 | 郭佩妘 | 985 | COUNTIFS($A$4:$A$30,A25,$C$4:$C$30,">"&C25) | 4 | 5 | 5 |
| 26 | 敦南門市 | 陳文鈞 | 2,548 | COUNTIFS($A$4:$A$30,A26,$C$4:$C$30,">"&C26) | 0 | 1 | |
| 27 | 信義門市 | 蔡栩維 | 1,998 | COUNTIFS($A$4:$A$30,A27,$C$4:$C$30,">"&C27) | 3 | 4 | |
| 28 | 敦南門市 | 王百榕 | 945 | COUNTIFS($A$4:$A$30,A28,$C$4:$C$30,">"&C28) | 4 | 5 | |
| 29 | 民生門市 | 柳妏玉 | 745 | COUNTIFS($A$4:$A$30,A29,$C$4:$C$30,">"&C29) | 4 | 5 | |
| 30 | 信義門市 | 石葳哲 | 1,196 | COUNTIFS($A$4:$A$30,A30,$C$4:$C$30,">"&C30) | 5 | 6 | |

符合「喬一門市」且銷售數量大於 1,259 的有兩筆

符合「喬一門市」且銷售數量大於 2,111 為 0 筆，依此類推

Unit 030

# 間隔一列的數值加總

**範例** 「進口稅」與「營業稅」間隔一列擺放，如何個別算出兩種稅金的加總？

SUMIF ISODD ROW

## 範例說明

商品進口時需繳納進口稅、營業稅、推廣貿易服務費、商港服務費、……等，但是報關單據將這些稅金分列記錄，想知道年度的進口稅、營業稅總額，該如何計算？

商品原料進口

| 進口日 | 出貨國 | 單據編號 | 美金匯率 | 進貨金額(美金) | 進貨金額(台幣) | 各項稅金(台幣) | |
|---|---|---|---|---|---|---|---|
| 1/10 | 美國 | AG254893 | 30.87 | 40,650 | 1,254,866 | 進口稅 | 150,584 |
| | | | | | | 營業稅 | 62,743 |
| 1/15 | 日本 | AW215974 | 30.85 | 50,204 | 1,548,844 | 進口稅 | 185,861 |
| | | | | | | 營業稅 | 77,442 |
| 2/12 | 馬來西亞 | TT213579 | 30.84 | 31,959 | 985,456 | 進口稅 | 118,255 |
| | | | | | | 營業稅 | 49,273 |
| 2/20 | 美國 | LL123578 | 30.92 | 82,423 | 2,548,766 | 進口稅 | 305,852 |
| | | | | | | 營業稅 | 127,438 |
| 3/10 | 美國 | PI215987 | 30.87 | 64,773 | 1,999,543 | 進口稅 | 239,945 |
| | | | | | | 營業稅 | 99,977 |
| 3/22 | 日本 | WE215479 | 30.89 | 65,231 | 2,014,855 | 進口稅 | 241,783 |
| | | | | | | 營業稅 | 100,743 |
| 4/14 | 美國 | RE124587 | 30.92 | 31,839 | 984,557 | 進口稅 | 118,147 |
| | | | | | | 營業稅 | 49,228 |
| 5/20 | 馬來西亞 | UY893548 | 31.58 | 78,790 | 2,487,952 | 進口稅 | 298,554 |
| | | | | | | 營業稅 | 124,398 |
| 6/11 | 日本 | LO202478 | 31.51 | 49,156 | 1,548,758 | 進口稅 | 185,851 |
| | | | | | | 營業稅 | 77,438 |

稅金加總

| | |
|---|---|
| 進口稅 | 1,844,832 |
| 營業稅 | 768,680 |

想分別加總年度的進口稅與營業稅

## 操作說明

### 01 在「輔助欄位」輸入 ISODD 函數，判斷是否為奇數

開啟**練習檔案 \Part 1\Unit_030**，在 J6 儲存格輸入「=ISODD(ROW(I6))」❶，利用 ISODD 函數判斷 I6 儲存格是否為奇數列。接著將公式往下複製到 J23 儲存格 ❷。

=ISODD(ROW(I6))

判斷列編號是否為奇數

J6 =ISODD(ROW(I6))

商品原料進口

| 進口日 | 出貨國 | 單據編號 | 美金匯率 | 進貨金額(美金) | 進貨金額(台幣) | 各項稅金(台幣) | | J |
|---|---|---|---|---|---|---|---|---|
| 1/10 | 美國 | AG254893 | 30.87 | 40,650 | 1,254,866 | 進口稅 | 150,584 | FALSE ❶ |
| | | | | | | 營業稅 | 62,743 | TRUE |
| 1/15 | 日本 | AW215974 | 30.85 | 50,204 | 1,548,844 | 進口稅 | 185,861 | FALSE |
| | | | | | | 營業稅 | 77,442 | TRUE |
| 2/12 | 馬來西亞 | TT213579 | 30.84 | 31,959 | 985,456 | 進口稅 | 118,255 | FALSE |
| | | | | | | 營業稅 | 49,273 | TRUE |
| 2/20 | 美國 | LL123578 | 30.92 | 82,423 | 2,548,766 | 進口稅 | 305,852 | FALSE |
| | | | | | | 營業稅 | 127,438 | TRUE |
| 3/10 | 美國 | PI215987 | 30.87 | 64,773 | 1,999,543 | 進口稅 | 239,945 | FALSE |
| | | | | | | 營業稅 | 99,977 | TRUE ❷ |
| 3/22 | 日本 | WE215479 | 30.89 | 65,231 | 2,014,855 | 進口稅 | 241,783 | FALSE |
| | | | | | | 營業稅 | 100,743 | TRUE |
| 4/14 | 美國 | RE124587 | 30.92 | 31,839 | 984,557 | 進口稅 | 118,147 | FALSE |
| | | | | | | 營業稅 | 49,228 | TRUE |
| 5/20 | 馬來西亞 | UY893548 | 31.58 | 78,790 | 2,487,952 | 進口稅 | 298,554 | FALSE |
| | | | | | | 營業稅 | 124,398 | TRUE |
| 6/11 | 日本 | LO202478 | 31.51 | 49,156 | 1,548,758 | 進口稅 | 185,851 | FALSE |
| | | | | | | 營業稅 | 77,438 | TRUE |

| ISODD函數 | |
|---|---|
| 說明 | 判斷數值是否為奇數。 |
| 語法 | =ISODD(數值) |
| 數值 | 用於判斷是否為奇數的值。數值若為小數，會忽略小數點後的值。如果指定空白儲存格，則會以 0 為檢測值，並傳回 FALSE。 |

ROW 函數的語法，請參考 Unit 017。

## 02 用 SUMIF 函數個別加總「進口稅」及「營業稅」

請在 M4 儲存格輸入「=SUMIF($J$6:$J$23,FALSE,$I$6:$I$23)」，若 I 欄的值不是奇數就加總「進口稅」❶。在M5 儲存格輸入「=SUMIF($J$6:$J$23,TRUE,$I$6:$I$23)」❷，若 I 欄的值是奇數就加總「營業稅」。

❶ 輸入「=SUMIF($J$6:$J$23,FALSE,$I$6:$I$23)」

M4 =SUMIF($J$6:$J$23,FALSE,$I$6:$I$23)

商品原料進口

| 進口日 | 出貨國 | 單據編號 | 美金匯率 | 進貨金額(美金) | 進貨金額(台幣) | 各項稅金(台幣) | | |
|---|---|---|---|---|---|---|---|---|
| 1/10 | 美國 | AG254893 | 30.87 | 40,650 | 1,254,866 | 進口稅 | 150,584 | FALSE |
| | | | | | | 營業稅 | 62,743 | TRUE |
| 1/15 | 日本 | AW215974 | 30.85 | 50,204 | 1,548,844 | 進口稅 | 185,861 | FALSE |
| | | | | | | 營業稅 | 77,442 | TRUE |
| 2/12 | 馬來西亞 | TT213579 | 30.84 | 31,959 | 985,456 | 進口稅 | 118,255 | FALSE |
| | | | | | | 營業稅 | 49,273 | TRUE |
| 2/20 | 美國 | LL123578 | 30.92 | 82,423 | 2,548,766 | 進口稅 | 305,852 | FALSE |
| | | | | | | 營業稅 | 127,438 | TRUE |
| 3/10 | 美國 | PI215987 | 30.87 | 64,773 | 1,999,543 | 進口稅 | 239,945 | FALSE |
| | | | | | | 營業稅 | 99,977 | TRUE |
| 3/22 | 日本 | WE215479 | 30.89 | 65,231 | 2,014,855 | 進口稅 | 241,783 | FALSE |
| | | | | | | 營業稅 | 100,743 | TRUE |
| 4/14 | 美國 | RE124587 | 30.92 | 31,839 | 984,557 | 進口稅 | 118,147 | FALSE |
| | | | | | | 營業稅 | 49,228 | TRUE |
| 5/20 | 馬來西亞 | UY893548 | 31.58 | 78,790 | 2,487,952 | 進口稅 | 298,554 | FALSE |
| | | | | | | 營業稅 | 124,398 | TRUE |
| 6/11 | 日本 | LO202478 | 31.51 | 49,15 | | | | |

| 稅金加總 | |
|---|---|
| 進口稅 | 1,844,832 |
| 營業稅 | 768,680 |

❷ 輸入「=SUMIF($J$6:$J$23,TRUE,$I$6:$I$23)」

## SUMIF 函數的語法，請參考 Unit 017。

若是不想顯示「輔助欄位」的資料，可選取 J6：J23 儲存格範圍，按下 Ctrl ＋ 1 鍵，開啟**設定儲存格格式**交談窗，點選左側的**自訂**類別，在右側的**類型**欄輸入「;;;」(三個分號)，即可不顯示儲存格的值。

Unit 031

# 四捨五入

**範　例**　將合計的數值四捨五入，並加上千分位及單位

FIXED　SUM

## 範例說明

不論是報價單、估價單、應付帳款、…等單據，我們經常會遇到含有「小數點」的金額，但實際在付款時我們不可能以「幾角、幾分」來支付，通常會將這些金額四捨五入或無條件捨去。以底下的範例而言，我們希望將合計金額四捨五入並加上千分位 (,) 符號及單位，雖然可以用 ROUND 函數來四捨五入，但還要手動更改數值格式才能加上千分位及單位，有沒有更好的方法呢？

| | A | B | C | D | E | F | G | H | I | J | K |
|---|---|---|---|---|---|---|---|---|---|---|---|
| 1 | | | | | 電腦週邊估價單 | | | | | | |
| 2 | | | | | | | | | | | |
| 3 | | 估價單號：FT621 | | | | | | | 估價日期： | 7/20 | |
| 4 | | NO. | 品名 | 規格/型號 | 交貨日期 | 數量 | 單價 | 折扣 | 小計 | 備註 | |
| 5 | | 1 | 光學滑鼠 | LOG736 | 8/1 | 119 | 235 | 95% | 26,566.75 | 附一組電池 | |
| 6 | | 2 | 滑鼠墊 | | 8/1 | 125 | 80 | 95% | 9,500.00 | 隨機配色 | |
| 7 | | 3 | 外接硬碟 | USB 3.0/2.5吋 | 8/2 | 43 | 2800 | 88% | 105,952.00 | 附保護套 | |
| 8 | | 4 | 鍵盤 | 無線 | 8/1 | 124 | 345 | 79% | 33,796.20 | | |
| 9 | | 5 | 記憶卡 | 128G/SDHC | 8/1 | 88 | 545 | 79% | 37,888.40 | 附轉接卡 | |
| 10 | | 6 | 行動電源 | 12000 Plus | 8/2 | 38 | 750 | 83% | 23,655.00 | | |
| 11 | | 7 | | | | | | | - | | |
| 12 | | 8 | | | | | | | - | | |
| 13 | | 9 | | | | | | | - | | |
| 14 | | 10 | | | | | | | - | | |
| 15 | | | | | | | 小　計 | | 237,358.35 | | |
| 16 | | | | | | | 營業稅 | | 11,867.92 | | |
| 17 | | | | | | | 合計 (含稅) | | 249,226元 | | |

希望「合計」能四捨五入，並加上千分位符號及單位

## 操作說明

**01　用 FIXED 函數四捨五入並加上千分位符號**

請開啟**練習檔案\Part 1\Unit_031**，選取 I17 儲存格，輸入「=FIXED(SUM(I15+I16),0)&"元"」公式。

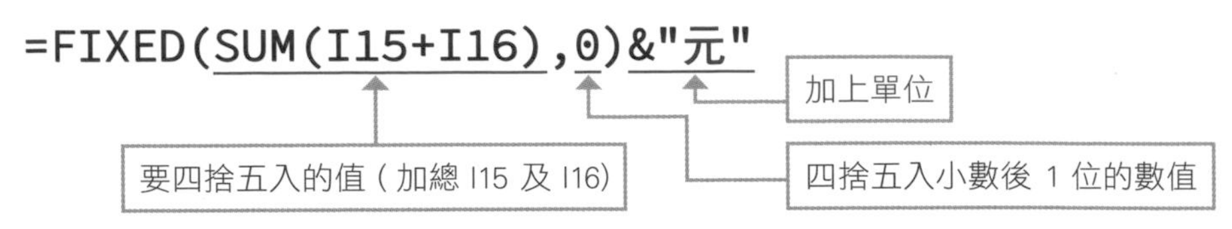


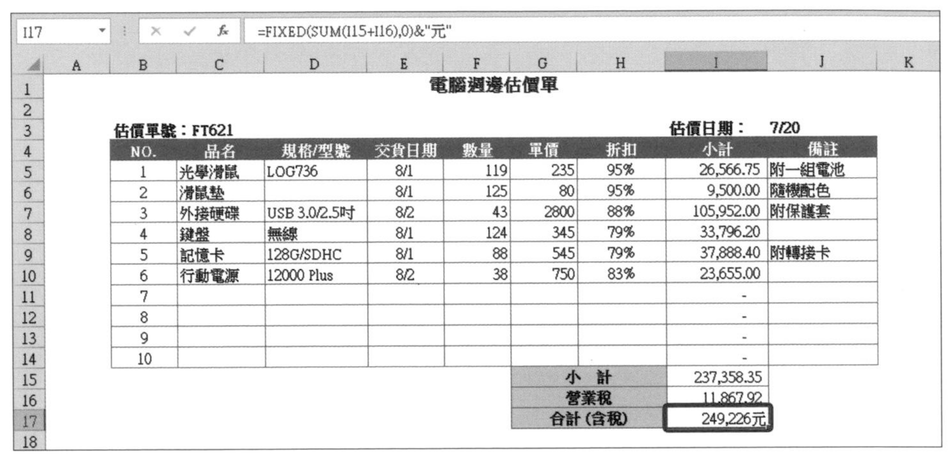

I17 =FIXED(SUM(I15+I16),0)&"元"

電腦週邊估價單

估價單號：FT621　　估價日期：　7/20

| NO. | 品名 | 規格/型號 | 交貨日期 | 數量 | 單價 | 折扣 | 小計 | 備註 |
|---|---|---|---|---|---|---|---|---|
| 1 | 光學滑鼠 | LOG736 | 8/1 | 119 | 235 | 95% | 26,566.75 | 附一組電池 |
| 2 | 滑鼠墊 | | 8/1 | 125 | 80 | 95% | 9,500.00 | 隨機配色 |
| 3 | 外接硬碟 | USB 3.0/2.5吋 | 8/2 | 43 | 2800 | 88% | 105,952.00 | 附保護套 |
| 4 | 鍵盤 | 無線 | 8/1 | 124 | 345 | 79% | 33,796.20 | |
| 5 | 記憶卡 | 128G/SDHC | 8/1 | 88 | 545 | 79% | 37,888.40 | 附轉接卡 |
| 6 | 行動電源 | 12000 Plus | 8/2 | 38 | 750 | 83% | 23,655.00 | |
| 7 | | | | | | | - | |
| 8 | | | | | | | - | |
| 9 | | | | | | | - | |
| 10 | | | | | | | - | |
| | | | | | 小　計 | | 237,358.35 | |
| | | | | | 營業稅 | | 11,867.92 | |
| | | | | | 合計 (含稅) | | 249,226元 | |

| FIXED 函數 | |
|---|---|
| 說明 | 將數值四捨五入到指定的小數位數，並轉換成文字格式。 |
| 語法 | **=FIXED(數值, 位數，不包括逗號)** |
| 數值 | 要進行四捨五入的數值。 |
| 位數 | 設定小數點右邊的小數位數。設定位數為 2 時，會四捨五入到小數點後第 3 位的數值。若沒有輸入此引數，預設位數為 2。 |
| 不包括逗號 | 此為邏輯值，可省略。若將此值設為「TRUE」，則 FIXED 回傳的值中不會包含逗號。 |

有關「位數」引數的表示如下：

| 位數 | 四捨五入的位置 |
|---|---|
| 正數 | 四捨五入到小數點後 n+1 的數值 |
| 0 | 四捨五入到小數點後第 1 位的數值。意即取到「整數」 |
| 負數 | 四捨五入到整數第 n 位的數值 |
| 省略 | 預設值為2，會四捨五入到小數點後第 3 位的數值 |

FIXED 函數會將數值轉換成文字，所以儲存格的值會對齊左邊。雖然回傳的值會轉換成字串，在公式中還是可以當作數值計算，但要注意的是不能作為函數的「引數」使用。

Unit 032

# 最大值與最小值

**範例** 輸入指定的部門後，自動列出最高薪資及最低薪資

DMAX DMIN DAVERAGE

## 範例說明

當公司要招募新人時，人事主管可能會參考各部門的最高與最低薪資，訂定出徵才的薪資範圍。若員工資料筆數較多，很難一眼就找出想要的資料，這時該怎麼做才能依部門查詢呢？

希望在輸入部門名稱後，自動找出該部門的最高與最低薪資

| | A | B | C | D | E | F | G | H | I |
|---|---|---|---|---|---|---|---|---|---|
| 1 | 員工薪資明細 | | | | | | | | |
| 2 | | | | | | | | | |
| 3 | 到職日 | 年資 | 姓名 | 部門 | 薪資 | | 部門 | 最高薪資 | 最低薪資 |
| 4 | 2018/05/30 | 1年 | 于惠蘭 | 財務部 | 36,100 | | 產品部 | 48,000 | 29,500 |
| 5 | 2011/08/09 | 7年 | 白美惠 | 人事部 | 39,500 | | | | |
| 6 | 2016/05/20 | 3年 | 朱麗雅 | 人事部 | 36,000 | | | | |
| 7 | 2016/03/08 | 3年 | 宋秀惠 | 人事部 | 29,000 | | | | |
| 8 | 2007/11/15 | 11年 | 李沛偉 | 研發部 | 65,000 | | | | |
| 9 | 2018/09/03 | 0年 | 汪炳哲 | 工程部 | 38,000 | | | | |
| 10 | 2016/11/10 | 2年 | 谷瑄若 | 研發部 | 42,000 | | | | |
| 11 | 2018/06/05 | 1年 | 周基勇 | 業務部 | 27,000 | | | | |
| 12 | 2018/04/22 | 1年 | 林巧沛 | 產品部 | 33,000 | | | | |
| 13 | 2015/12/20 | 3年 | 林若傑 | 財務部 | 31,000 | | | | |
| 14 | 2008/01/15 | 11年 | 林琪琪 | 倉儲部 | 37,000 | | | | |
| 15 | 2016/04/03 | 3年 | 林慶民 | 產品部 | 35,000 | | | | |
| 16 | 2015/10/02 | 3年 | 邱秀蘭 | 業務部 | 36,000 | | | | |
| 17 | 2012/12/03 | 6年 | 邱語潔 | 業務部 | 31,500 | | | | |
| 18 | 2017/08/14 | 1年 | 金志偉 | 研發部 | 33,000 | | | | |
| 19 | 2013/04/15 | 6年 | 金洪均 | 倉儲部 | 37,000 | | | | |
| 20 | 2015/10/04 | 3年 | 金智泰 | 研發部 | 39,000 | | | | |
| 21 | 2017/04/02 | 2年 | 金燦民 | 業務部 | 29,500 | | | | |
| 22 | 2016/05/10 | 3年 | 柳善熙 | 倉儲部 | 31,000 | | | | |

## 操作說明

### 01 利用 DMAX 函數找出最大值

請開啟**練習檔案\Part 1\Unit_032**，在 G4 儲存格輸入想要查詢的部門，例如：「研發部」，接著在 H4 儲存格輸入「=DMAX($D$3:$E$41,E3,G3:G4)」，從「部門」與「薪資」兩個欄位中查詢資料。

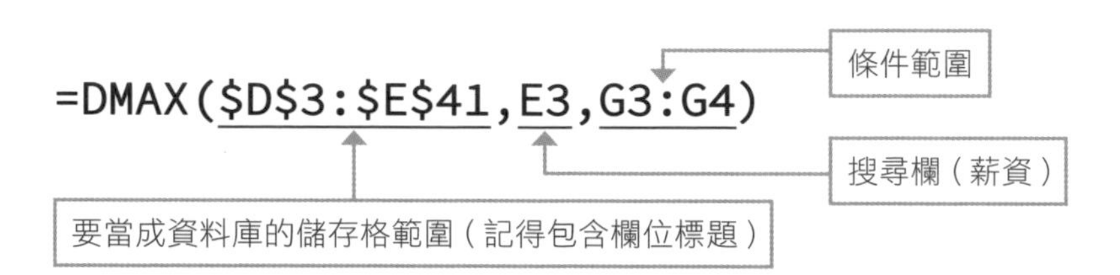


H4 =DMAX($D$3:$E$41,E3,G3:G4)

| | A | B | C | D | E | F | G | H | I |
|---|---|---|---|---|---|---|---|---|---|
| 1 | 員工薪資明細 | | | | | | | | |
| 2 | | | | | | | | | |
| 3 | 到職日 | 年資 | 姓名 | 部門 | 薪資 | | 部門 | 最高薪資 | 最低薪資 |
| 4 | 2018/05/30 | 1年 | 于惠蘭 | 財務部 | 36,100 | | 研發部 | 75,000 | |
| 5 | 2011/08/09 | 7年 | 白美惠 | 人事部 | 39,500 | | | | |
| 6 | 2016/05/20 | 3年 | 朱麗雅 | 人事部 | 36,000 | | | | |
| 7 | 2016/03/08 | 3年 | 宋秀惠 | 人事部 | 29,000 | | | | |

| DMAX 函數 | |
|---|---|
| 說明 | 從資料庫中尋找符合其他表格條件的最大值。 |
| 語法 | **=DMAX(資料庫, 搜尋欄, 條件範圍)** |
| 資料庫 | 指定要當成資料庫的儲存格範圍，每欄的第一列要輸入標題。 |
| 搜尋欄 | 指定在資料庫中所要搜尋的標題欄位或欄編號。直接輸入欄標題時要以雙引號括住，如 "薪資"。 |
| 條件範圍 | 指定輸入包含標題的條件儲存格範圍。「條件範圍」會在「資料庫」中搜尋符合條件的資料，再回傳「搜尋欄」中的最大值。若沒有找到任何符合條件的資料時，會回傳「0」。 |

### 02 利用 DMIN 函數找出最小值

接著在 I4 儲存格輸入「=DMIN($D$3:$E$41,E3,G3:G4)」，從「部門」與「薪資」兩個欄位中查詢資料。

=DMIN($D$3:$E$41,E3,G3:G4)

- $D$3:$E$41：要當成資料庫的儲存格範圍（記得包含欄位標題）
- E3：搜尋欄（薪資）
- G3:G4：條件範圍

I4 =DMIN($D$3:$E$41,E3,G3:G4)

| | A | B | C | D | E | F | G | H | I |
|---|---|---|---|---|---|---|---|---|---|
| 1 | | | 員工薪資明細 | | | | | | |
| 2 | | | | | | | | | |
| 3 | 到職日 | 年資 | 姓名 | 部門 | 薪資 | | 部門 | 最高薪資 | 最低薪資 |
| 4 | 2018/05/30 | 1年 | 于惠蘭 | 財務部 | 36,100 | | 研發部 | 75,000 | 29,000 |
| 5 | 2011/08/09 | 7年 | 白美惠 | 人事部 | 39,500 | | | | |
| 6 | 2016/05/20 | 3年 | 朱麗雅 | 人事部 | 36,000 | | | | |
| 7 | 2016/03/08 | 3年 | 宋秀惠 | 人事部 | 29,000 | | | | |

| DMIN 函數 | |
|---|---|
| 說明 | 從資料庫中尋找符合其他表格條件的最小值。 |
| 語法 | **=DMIN(資料庫, 搜尋欄, 條件範圍)** |
| 資料庫 | 指定要當成資料庫的儲存格範圍，每欄的第一列要輸入標題。 |
| 搜尋欄 | 指定在資料庫中所要搜尋的標題欄位或欄編號。直接輸入欄標題時要以雙引號括住，如 "薪資"。 |
| 條件範圍 | 指定輸入包含標題的條件儲存格範圍。「條件範圍」會在「資料庫」中搜尋符合條件的資料，再回傳「搜尋欄」中的最小值。若沒有找到任何符合條件的資料時，會回傳「0」。 |

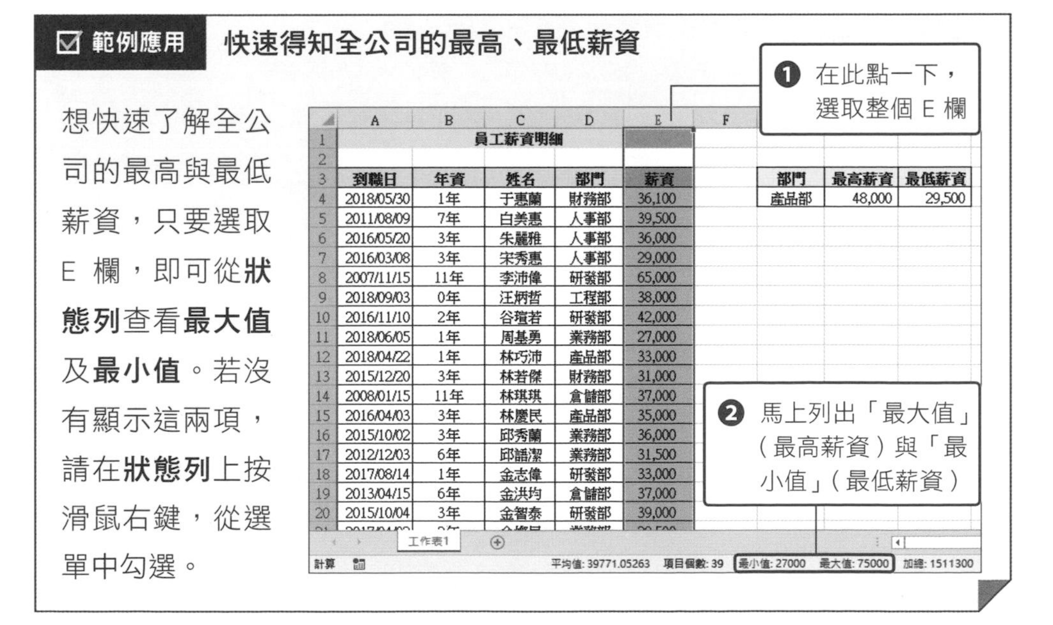

**範例應用　快速得知全公司的最高、最低薪資**

想快速了解全公司的最高與最低薪資，只要選取 E 欄，即可從**狀態列**查看**最大值**及**最小值**。若沒有顯示這兩項，請在**狀態列**上按滑鼠右鍵，從選單中勾選。

| | A | B | C | D | E | F | G | H | I |
|---|---|---|---|---|---|---|---|---|---|
| 1 | | | 員工薪資明細 | | | | | | |
| 2 | | | | | | | | | |
| 3 | 到職日 | 年資 | 姓名 | 部門 | 薪資 | | 部門 | 最高薪資 | 最低薪資 |
| 4 | 2018/05/30 | 1年 | 于惠蘭 | 財務部 | 36,100 | | 產品部 | 48,000 | 29,500 |
| 5 | 2011/08/09 | 7年 | 白美惠 | 人事部 | 39,500 | | | | |
| 6 | 2016/05/20 | 3年 | 朱麗雅 | 人事部 | 36,000 | | | | |
| 7 | 2016/03/08 | 3年 | 宋秀惠 | 人事部 | 29,000 | | | | |
| 8 | 2007/11/15 | 11年 | 李沛偉 | 研發部 | 65,000 | | | | |
| 9 | 2018/09/03 | 0年 | 汪炳哲 | 工程部 | 38,000 | | | | |
| 10 | 2016/11/10 | 2年 | 谷瑄若 | 研發部 | 42,000 | | | | |
| 11 | 2018/06/05 | 1年 | 周基勇 | 業務部 | 27,000 | | | | |
| 12 | 2018/04/22 | 1年 | 林巧沛 | 產品部 | 33,000 | | | | |
| 13 | 2015/12/20 | 3年 | 林若傑 | 財務部 | 31,000 | | | | |
| 14 | 2008/01/15 | 11年 | 林琪琪 | 倉儲部 | 37,000 | | | | |
| 15 | 2016/04/03 | 3年 | 林慶民 | 產品部 | 35,000 | | | | |
| 16 | 2015/10/02 | 3年 | 邱秀蘭 | 業務部 | 36,000 | | | | |
| 17 | 2012/12/03 | 6年 | 邱譜潔 | 業務部 | 31,500 | | | | |
| 18 | 2017/08/14 | 1年 | 金志偉 | 研發部 | 33,000 | | | | |
| 19 | 2013/04/15 | 6年 | 金洪均 | 倉儲部 | 37,000 | | | | |
| 20 | 2015/10/04 | 3年 | 金智泰 | 研發部 | 39,000 | | | | |

## 舉一反三 計算平均薪資

若想了解某個部門的平均薪資，那麼可改用 **DAVERAGE** 函數，請開啟**練習檔案\Part 1\Unit_032_舉一反三**，在 G4 儲存格輸入要查詢的部門後，選取 H4 儲存格，輸入「=DAVERAGE($D$3:$E$41,E3,G3:G4)」。即可找出「人事部」的平均薪資為「36,167」。

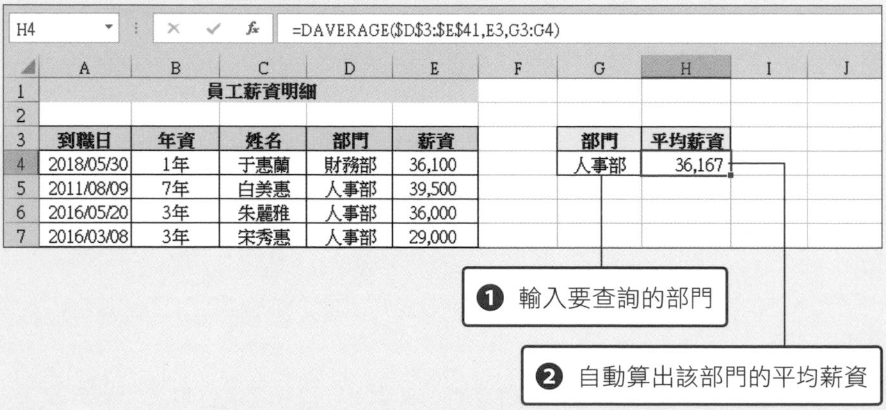

H4 =DAVERAGE($D$3:$E$41,E3,G3:G4)

| | A | B | C | D | E | F | G | H |
|---|---|---|---|---|---|---|---|---|
| 1 | 員工薪資明細 | | | | | | | |
| 2 | | | | | | | | |
| 3 | 到職日 | 年資 | 姓名 | 部門 | 薪資 | | 部門 | 平均薪資 |
| 4 | 2018/05/30 | 1年 | 于惠蘭 | 財務部 | 36,100 | | 人事部 | 36,167 |
| 5 | 2011/08/09 | 7年 | 白美惠 | 人事部 | 39,500 | | | |
| 6 | 2016/05/20 | 3年 | 朱麗雅 | 人事部 | 36,000 | | | |
| 7 | 2016/03/08 | 3年 | 宋秀惠 | 人事部 | 29,000 | | | |

❶ 輸入要查詢的部門

❷ 自動算出該部門的平均薪資

| DAVERAGE 函數 | |
|---|---|
| 說明 | 從資料庫中尋找符合其他表格條件的平均值。 |
| 語法 | **=DAVERAGE(資料庫, 搜尋欄, 條件範圍)** |
| 資料庫 | 指定要當成資料庫的儲存格範圍，每欄的第一列要輸入標題。 |
| 搜尋欄 | 指定在資料庫中所要搜尋的標題欄位或欄編號。直接輸入欄標題時要以雙引號括住，如 "薪資"。 |
| 條件範圍 | 指定輸入包含標題的條件儲存格範圍。「條件範圍」會在「資料庫」中搜尋符合條件的資料，再回傳「搜尋欄」中的平均值。若沒有找到任何符合條件的資料時，會回傳「#DIV/0」。 |

Part 2

# 條件式統計

不論是銷售資料表、業績獎金、庫存資料、出貨單、……等等，我們經常需要依指定的條件進行加總，或找出最大值、最小值，或是找出在某個日期區間的資料。像這樣要依「條件」找資料，就需要用到 IF 函數來判斷，當符合條件就進行 ○ 處理，當不符合條件，就進行 × 處理。本篇就以實例來介紹常遇到的各種條件式處理。

# Unit 033 依指定條件顯示三種不同結果

**範　例**　比較今年與去年的各月營業額，並以「↑」、「↓」、「→」標示

IF　IFS

## 範例說明

想比較今年與去年各月的營業額，若營業額增長顯示「↑」；若下降顯示「↓」；若營業額相等則顯示「→」，但是要如何以符號來顯示呢？

| | A | B | C | D | E | F |
|---|---|---|---|---|---|---|
| 1 | 107年 | | 108年 | | | |
| 2 | 月份 | 營業額 | 月份 | 營業額 | 上升或下降 | |
| 3 | 1 | 2,213,566 | 1 | 2,154,687 | ↓ | |
| 4 | 2 | 3,225,666 | 2 | 2,564,654 | ↓ | |
| 5 | 3 | 4,556,566 | 3 | 5,448,654 | ↑ | |
| 6 | 4 | 3,446,223 | 4 | 4,555,668 | ↑ | |
| 7 | 5 | 5,449,698 | 5 | 3,549,874 | ↓ | |
| 8 | 6 | 6,525,597 | 6 | 7,546,984 | ↑ | |
| 9 | 7 | 6,548,984 | 7 | 6,588,569 | ↑ | |
| 10 | 8 | 3,348,896 | 8 | 4,557,145 | ↑ | |
| 11 | 9 | 5,498,713 | 9 | 4,569,541 | ↓ | |
| 12 | 10 | 4,566,668 | 10 | 3,216,568 | ↓ | |
| 13 | 11 | 2,668,548 | 11 | | | |
| 14 | 12 | 1,568,546 | 12 | | | |
| 15 | | | | | | |

希望以箭頭標示營業額的增長或衰退

## 操作步驟

### 01 利用巢狀 IF 函數判斷條件

請開啟**練習檔案\Part 2\Unit _ 033**，在 E3 儲存格輸入「=IF(D3>B3,"↑",IF(D3<B3,"↓","→"))」❶，利用兩個 IF 函數來判斷 D3 儲存格的值是否大於 B3。接著再將公式往下複製到 E12 儲存格 ❷。

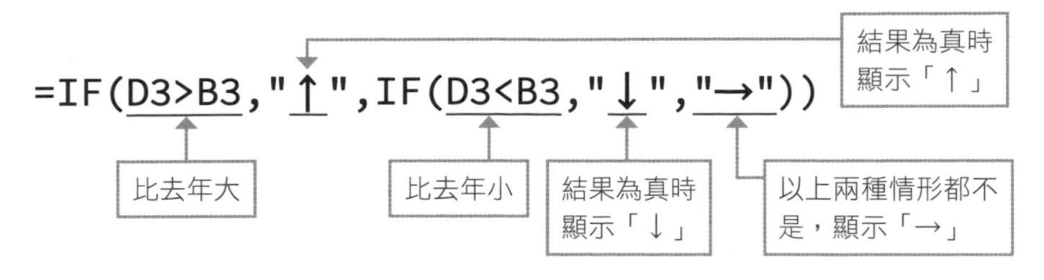


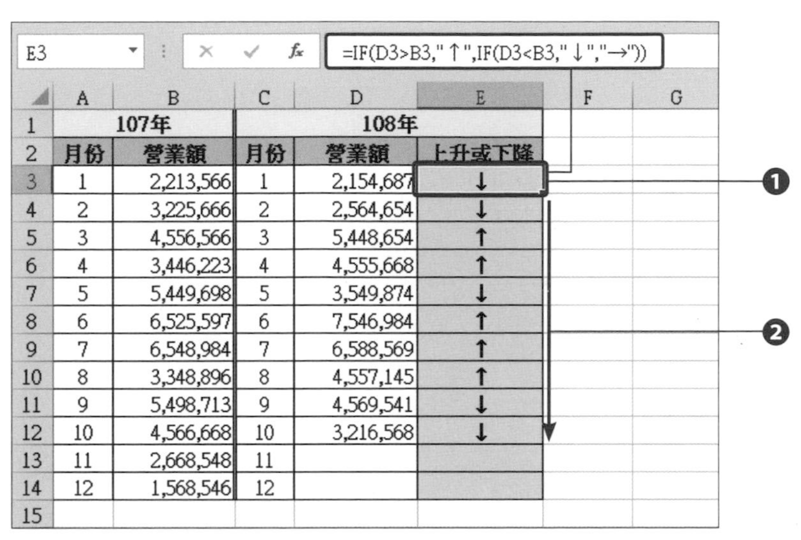

E3 =IF(D3>B3,"↑",IF(D3<B3,"↓","→"))

| | A | B | C | D | E | F | G |
|---|---|---|---|---|---|---|---|
| 1 | 107年 | | 108年 | | | | |
| 2 | 月份 | 營業額 | 月份 | 營業額 | 上升或下降 | | |
| 3 | 1 | 2,213,566 | 1 | 2,154,687 | ↓ | | |
| 4 | 2 | 3,225,666 | 2 | 2,564,654 | ↓ | | |
| 5 | 3 | 4,556,566 | 3 | 5,448,654 | ↑ | | |
| 6 | 4 | 3,446,223 | 4 | 4,555,668 | ↑ | | |
| 7 | 5 | 5,449,698 | 5 | 3,549,874 | ↓ | | |
| 8 | 6 | 6,525,597 | 6 | 7,546,984 | ↑ | | |
| 9 | 7 | 6,548,984 | 7 | 6,588,569 | ↑ | | |
| 10 | 8 | 3,348,896 | 8 | 4,557,145 | ↑ | | |
| 11 | 9 | 5,498,713 | 9 | 4,569,541 | ↓ | | |
| 12 | 10 | 4,566,668 | 10 | 3,216,568 | ↓ | | |
| 13 | 11 | 2,668,548 | 11 | | | | |
| 14 | 12 | 1,568,546 | 12 | | | | |
| 15 | | | | | | | |



### ☑ 補充說明　改用 IFS 函數更簡便 (Excel 2019 之後的版本適用)

剛才的範例，我們是以多個 IF 函數來達成，其實自 Excel 2019 之後的版本，新增了一個 IFS 函數，可讓公式更簡潔易讀喔！你可以將剛才的範例改寫成：

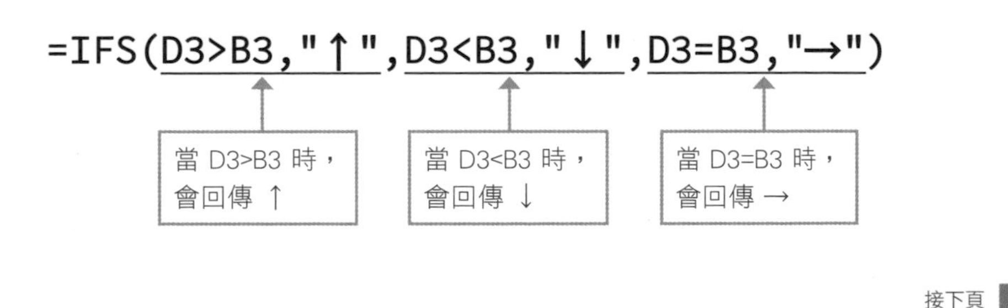


接下頁

E3 | =IFS(D3>B3,"↑",D3<B3,"↓",D3=B3,"→")

| | A | B | C | D | E | F | G |
|---|---|---|---|---|---|---|---|
| 1 | 107年 | | 108年 | | | | |
| 2 | 月份 | 營業額 | 月份 | 營業額 | 上升或下降 | | |
| 3 | 1 | 2,213,566 | 1 | 2,154,687 | ↓ | | |
| 4 | 2 | 3,225,666 | 2 | 2,564,654 | ↓ | | |
| 5 | 3 | 4,556,566 | 3 | 5,448,654 | ↑ | | |
| 6 | 4 | 3,446,223 | 4 | 4,555,668 | ↑ | | |
| 7 | 5 | 5,449,698 | 5 | 3,549,874 | ↓ | | |
| 8 | 6 | 6,525,597 | 6 | 7,546,984 | ↑ | | |
| 9 | 7 | 6,548,984 | 7 | 6,588,569 | ↑ | | |
| 10 | 8 | 3,348,896 | 8 | 4,557,145 | ↑ | | |
| 11 | 9 | 5,498,713 | 9 | 4,569,541 | ↓ | | |
| 12 | 10 | 4,566,668 | 10 | 3,216,568 | ↓ | | |
| 13 | 11 | 2,668,548 | 11 | | | | |
| 14 | 12 | 1,568,546 | 12 | | | | |
| 15 | | | | | | | |

❶ 在 E3 儲存格輸入 IFS 函數

❷ 往下複製公式到 E12 儲存格

| IFS 函數 | |
|---|---|
| **說明** | 會依序檢查多個不同的條件，回傳符合條件的結果，可用來取代多個 IF 的巢狀公式，讓公式更簡潔易讀。 |
| **語法** | **=IFS(條件式1, 條件成立1, 條件式2, 條件成立2, 條件式3, 條件成立3、……)** |
| **條件式** | 指定要回傳 TRUE 或 FALSE 的條件式。 |
| **條件成立** | 當指定的「條件式」結果為 TRUE 時所要回傳的值。 |

# Unit 034 判斷日期為「上半年」／「下半年」

**範　例**　如何個別計算上半年、下半年的總銷售套數？

IF　MONTH　SUMIF

## 範例說明

想從單一產品的銷售資料中，分別計算「上半年」及「下半年」的銷售套數，但是只有日期與銷售資料該如何計算呢？

| | A | B | C | D | E | F | G | H |
|---|---|---|---|---|---|---|---|---|
| 1 | 跳舞機器人年度銷售資料 | | 單價 | | | | | |
| 2 | | | 850 | | | | | |
| 3 | | | | | | | 總套數 | |
| 4 | 出貨日期 | 套數 | 實銷金額 | | | 上半年 | 134,857 | |
| 5 | 01/03(週四) | 1,974 | 1,594,005 | | | 下半年 | 150,640 | |
| 6 | 01/10(週四) | 2,733 | 2,206,898 | | | | | |
| 7 | 01/18(週五) | 1,993 | 1,609,348 | | | | | |
| 8 | 01/22(週二) | 2,711 | 2,189,133 | | | | | |
| 9 | 01/30(週三) | 2,189 | 1,767,618 | | | | | |
| 10 | 02/04(週一) | 6,409 | 5,175,268 | | | | | |
| 11 | 02/07(週四) | 7,456 | 6,020,720 | | | | | |
| 12 | 02/08(週五) | 4,147 | 3,348,703 | | | | | |
| 13 | 02/11(週一) | 6,322 | 5,105,015 | | | | | |
| 14 | 02/18(週一) | 1,395 | 1,126,463 | | | | | |
| 15 | 02/25(週一) | 7,587 | 6,126,503 | | | | | |
| 16 | 02/28(週四) | 6,693 | 5,404,598 | | | | | |
| 17 | 03/01(週五) | 3,636 | 2,936,070 | | | | | |
| 18 | 03/05(週二) | 3,036 | 2,451,570 | | | | | |
| 19 | 03/11(週一) | 4,180 | 3,375,350 | | | | | |
| 63 | 10/24(週四) | 2,624 | 2,118,880 | | | | | |
| 64 | 10/29(週二) | 6,840 | 5,523,300 | | | | | |
| 65 | 11/01(週五) | 8,156 | 6,585,970 | | | | | |
| 66 | 11/05(週二) | 8,245 | 6,657,838 | | | | | |
| 67 | 11/07(週四) | 4,543 | 3,668,473 | | | | | |
| 68 | 11/15(週五) | 7,302 | 5,896,365 | | | | | |
| 69 | 11/21(週四) | 9,311 | 7,518,633 | | | | | |
| 70 | | | | | | | | |

想分別計算上半年與下半年的銷售套數

## 操作步驟

### 01 在「輔助欄位」輸入公式，從「出貨日期」欄取出月份，並判斷為上半年或下半年

請開啟**練習檔案\Part 2\Unit _ 034**，在 D5 儲存格輸入如下的公式❶，我們要利用 MONTH 函數取出月份的值，再利用 IF 函數判斷 1 以上 6 以下的資料為「上半年」，其他則為「下半年」。接著將 D5 儲存格的公式往下複製到 D69 儲存格 ❷。

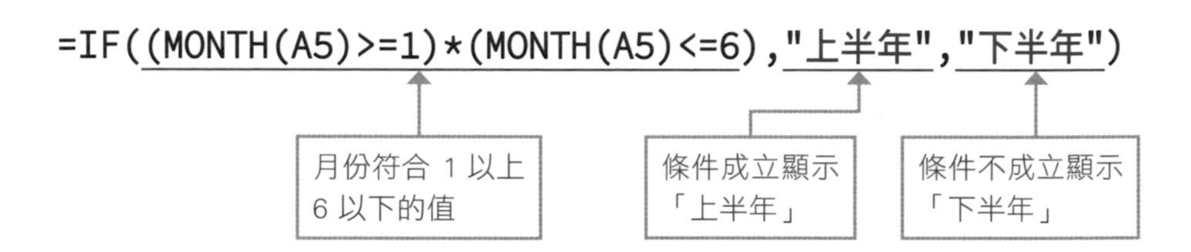


D5 =IF((MONTH(A5)>=1)*(MONTH(A5)<=6),"上半年","下半年")

| | A | B | C | D | E | F | G | H |
|---|---|---|---|---|---|---|---|---|
| 1 | 跳舞機器人年度銷售資料 | | 單價 | | | | | |
| 2 | | | 850 | | | | | |
| 3 | | | | | | | 總套數 | |
| 4 | 出貨日期 | 套數 | 實銷金額 | | | 上半年 | | |
| 5 | 01/03(週四) | 1,974 | 1,594,005 | 上半年 | | 下半年 | | |
| 6 | 01/10(週四) | 2,733 | 2,206,898 | 上半年 | | | | |
| 7 | 01/18(週五) | 1,993 | 1,609,348 | 上半年 | | | | |
| 8 | 01/22(週二) | 2,711 | 2,189,133 | 上半年 | | | | |
| 9 | 01/30(週三) | 2,189 | 1,767,618 | 上半年 | | | | |
| 10 | 02/04(週一) | 6,409 | 5,175,268 | 上半年 | | | | |
| 11 | 02/07(週四) | 7,456 | 6,020,720 | 上半年 | | | | |
| 12 | 02/08(週五) | 4,147 | 3,348,703 | 上半年 | | | | |
| 13 | 02/11(週一) | 6,322 | 5,105,015 | 上半年 | | | | |
| 14 | 02/18(週一) | 1,395 | 1,126,463 | 上半年 | | | | |
| 15 | 02/25(週一) | 7,587 | 6,126,503 | 上半年 | | | | |
| 16 | 02/28(週四) | 6,693 | 5,404,598 | 上半年 | | | | |
| 17 | 03/01(週五) | 3,636 | 2,936,070 | 上半年 | | | | |
| 18 | 03/05(週二) | 3,036 | 2,451,570 | 上半年 | | | | |
| 19 | 03/11(週一) | 4,180 | 3,375,350 | 上半年 | | | | |
| 20 | 03/18(週一) | 2,433 | 1,964,648 | 上半年 | | | | |
| 21 | 03/20(週三) | 1,600 | 1,292,000 | 上半年 | | | | |
| 22 | 03/25(週一) | 2,884 | 2,328,830 | 上半年 | | | | |
| 23 | 04/02(週二) | 5,322 | 4,297,515 | 上半年 | | | | |

## 02 用 SUMIF 函數分別加總「上半年」及「下半年」的銷售套數

請在 G4 儲存格輸入「=SUMIF($D$5:$D$69,F4,$B$5:$B$69)」，並將公式往下複製到 G5 儲存格，即可分別算出上半年及下半年的總套數。

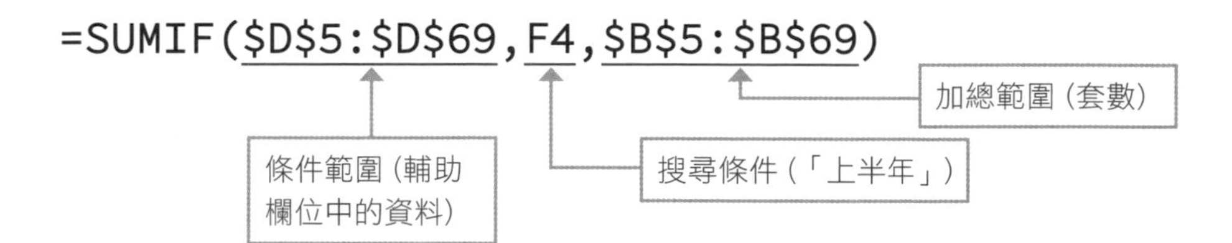


G4=SUMIF($D$5:$D$69,F4,$B$5:$B$69)

G5=SUMIF($D$5:$D$69,F5,$B$5:$B$69)

| | A | B | C | D | E | F | G | H |
|---|---|---|---|---|---|---|---|---|
| 1 | 跳舞機器人年度銷售資料 | | 單價 | | | | | |
| 2 | | | 850 | | | | | |
| 3 | | | | | | | 總套數 | |
| 4 | 出貨日期 | 套數 | 實銷金額 | | | 上半年 | 134,857 | |
| 5 | 01/03(週四) | 1,974 | 1,594,005 | 上半年 | | 下半年 | 150,640 | |
| 6 | 01/10(週四) | 2,733 | 2,206,898 | 上半年 | | | | |
| 7 | 01/18(週五) | 1,993 | 1,609,348 | 上半年 | | | | |
| 8 | 01/22(週二) | 2,711 | 2,189,133 | 上半年 | | | | |
| 9 | 01/30(週三) | 2,189 | 1,767,618 | 上半年 | | | | |
| 10 | 02/04(週一) | 6,409 | 5,175,268 | 上半年 | | | | |
| 11 | 02/07(週四) | 7,456 | 6,020,720 | 上半年 | | | | |
| 12 | 02/08(週五) | 4,147 | 3,348,703 | 上半年 | | | | |
| 13 | 02/11(週一) | 6,322 | 5,105,015 | 上半年 | | | | |
| 14 | 02/18(週一) | 1,395 | 1,126,463 | 上半年 | | | | |
| 15 | 02/25(週一) | 7,587 | 6,126,503 | 上半年 | | | | |
| 16 | 02/28(週四) | 6,693 | 5,404,598 | 上半年 | | | | |
| 17 | 03/01(週五) | 3,636 | 2,936,070 | 上半年 | | | | |
| 18 | 03/05(週二) | 3,036 | 2,451,570 | 上半年 | | | | |
| 19 | 03/11(週一) | 4,180 | 3,375,350 | 上半年 | | | | |
| 20 | 03/18(週一) | 2,433 | 1,964,648 | 上半年 | | | | |
| 21 | 03/20(週三) | 1,600 | 1,292,000 | 上半年 | | | | |
| 22 | 03/25(週一) | 2,884 | 2,328,830 | 上半年 | | | | |
| 23 | 04/02(週二) | 5,322 | 4,297,515 | 上半年 | | | | |
| 24 | 04/03(週三) | 6,513 | 5,259,248 | 上半年 | | | | |
| 25 | 04/09(週二) | 1,355 | 1,094,163 | 上半年 | | | | |
| 26 | 04/12(週五) | 3,324 | 2,684,130 | 上半年 | | | | |
| 27 | 04/19(週五) | 2,642 | 2,133,415 | 上半年 | | | | |
| 28 | 04/24(週三) | 1,492 | 1,204,790 | 上半年 | | | | |
| 29 | 04/29(週一) | 6,888 | 5,562,060 | 上半年 | | | | |
| 30 | 05/03(週五) | 6,952 | 5,613,740 | 上半年 | | | | |
| 31 | 05/06(週一) | 1,470 | 1,187,025 | 上半年 | | | | |

Unit

# 035 依指定的上限金額做判斷

**範　例**　依「出差費」高於或低於「上限金額」決定實際支付的費用

MIN

## 範例說明

各家公司大多會訂定出差費、零用金、外部教育訓練的上限費用，月底出納或會計在進行結算時，就會依「申報金額」是否超過「上限金額」來決定實際支付金額。若資料筆數較多，人工比對就容易出錯，有沒有辦法用函數來判斷呢？

| | A | B | C | D | E |
|---|---|---|---|---|---|
| 1 | 三月出差費統計 | | 上限金額 | 20,000 | |
| 2 | | | | | |
| 3 | 姓名 | 部門 | 申報金額 | 實付金額 | |
| 4 | 張傳一 | 業務部 | 18,000 | 18,000 | |
| 5 | 許馨梅 | 業務部 | 21,400 | 20,000 | |
| 6 | 謝瑞豐 | 產品部 | 23,300 | 20,000 | |
| 7 | 林惠文 | 行銷部 | 31,080 | 20,000 | |
| 8 | 李沛緒 | 業務部 | 9,744 | 9,744 | |
| 9 | 王友誠 | 行銷部 | 26,587 | 20,000 | |
| 10 | 苗豐見 | 業務部 | 19,877 | 19,877 | |
| 11 | 蘇峰雲 | 產品部 | 3,450 | 3,450 | |
| 12 | 張非文 | 行銷部 | 23,500 | 20,000 | |
| 13 | 陳淑妃 | 產品部 | 16,900 | 16,900 | |
| 14 | 張清峰 | 業務部 | 8,755 | 8,755 | |
| 15 | 林靜玫 | 企劃部 | 9,855 | 9,855 | |
| 16 | 周佳靜 | 行銷部 | 24,655 | 20,000 | |
| 17 | 塗君祐 | 企劃部 | 34,875 | 20,000 | |
| 18 | 黃明誠 | 產品部 | 19,854 | 19,854 | |
| 19 | | | | | |

當「申報金額」高於「上限金額」，只給付「上限金額」

當「申報金額」低於「上限金額」，直接給付「申報金額」

## 操作步驟

### 01 用 MIN 函數取得最小值

像這種有指定條件的例子，我們直覺會想到用 IF 函數撰寫「=IF(C4>$D$1,$D$1,C4)」這樣的公式，判斷 C4 是否大於「上限金額」若大於上限金額則以「上限金額」為主，否則就以「申請報金額」為主。

但用 IF 公式比較麻煩，這裡我們要教您用更簡單的 MIN 函數來做比對，請開啟**練習檔案\Part 2\Unit _ 035**，在 D4 儲存格輸入「=MIN(C4,$D$1)」，直接比對 C4 與 D1 的值，並找出最小值。

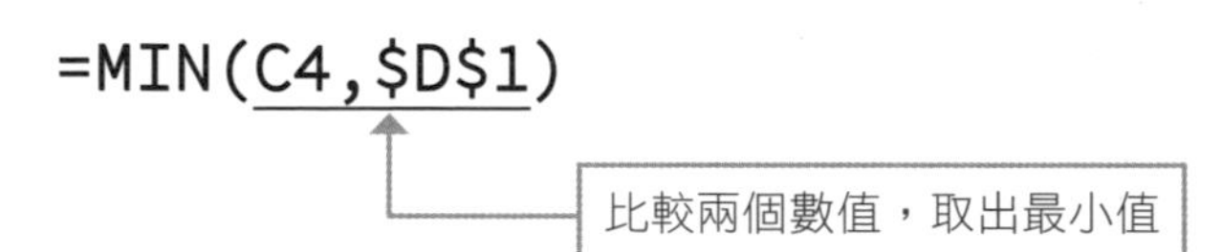


D4 | =MIN(C4,$D$1)

| | A | B | C | D | E |
|---|---|---|---|---|---|
| 1 | 三月出差費統計 | | 上限金額 | 20,000 | |
| 2 | | | | | |
| 3 | 姓名 | 部門 | 申報金額 | 實付金額 | |
| 4 | 張傳一 | 業務部 | 18,000 | 18,000 | |
| 5 | 許馨梅 | 業務部 | 21,400 | | |
| 6 | 謝瑞豐 | 產品部 | 23,300 | | |
| 7 | 林惠文 | 行銷部 | 31,080 | | |
| 8 | 李沛緒 | 業務部 | 9,744 | | |
| 9 | 王友誠 | 行銷部 | 26,587 | | |
| 10 | 苗豐晃 | 業務部 | 19,877 | | |
| 11 | 蘇峰雲 | 產品部 | 3,450 | | |
| 12 | 張非文 | 行銷部 | 23,500 | | |
| 13 | 陳淑妃 | 產品部 | 16,900 | | |
| 14 | 張清峰 | 業務部 | 8,755 | | |
| 15 | 林靜玫 | 企劃部 | 9,855 | | |
| 16 | 周佳靜 | 行銷部 | 24,655 | | |
| 17 | 塗君祐 | 企劃部 | 34,875 | | |
| 18 | 黃明誠 | 產品部 | 19,854 | | |
| 19 | | | | | |

在 D4 儲存格輸入公式

| MIN 函數 | |
|---|---|
| 說明 | 可以取得數值資料中的最小值。 |
| 語法 | **=MIN(數值1, 數值2,……)** |
| 數值 | 指定要取得最小值的數值或儲存格範圍。 |

## 02 複製公式

將 D4 儲存格的公式複製到 D18 儲存格，即完成「實付金額」的判斷。

| | A | B | C | D | E |
|---|---|---|---|---|---|
| 1 | 三月出差費統計 | | 上限金額 | 20,000 | |
| 2 | | | | | |
| 3 | 姓名 | 部門 | 申報金額 | 實付金額 | |
| 4 | 張傳一 | 業務部 | 18,000 | 18,000 | |
| 5 | 許馨梅 | 業務部 | 21,400 | 20,000 | |
| 6 | 謝瑞豐 | 產品部 | 23,300 | 20,000 | |
| 7 | 林惠文 | 行銷部 | 31,080 | 20,000 | |
| 8 | 李沛緒 | 業務部 | 9,744 | 9,744 | |
| 9 | 王友誠 | 行銷部 | 26,587 | 20,000 | |
| 10 | 苗豐晃 | 業務部 | 19,877 | 19,877 | |
| 11 | 蘇峰雲 | 產品部 | 3,450 | 3,450 | |
| 12 | 張非文 | 行銷部 | 23,500 | 20,000 | |
| 13 | 陳淑妃 | 產品部 | 16,900 | 16,900 | |
| 14 | 張清峰 | 業務部 | 8,755 | 8,755 | |
| 15 | 林靜玫 | 企劃部 | 9,855 | 9,855 | |
| 16 | 周佳靜 | 行銷部 | 24,655 | 20,000 | |
| 17 | 塗君祐 | 企劃部 | 34,875 | 20,000 | |
| 18 | 黃明誠 | 產品部 | 19,854 | 19,854 | |
| 19 | | | | | |

### 補充說明

MIN 函數可從指定的數值裡找出最小值，以本範例而言，「申報金額」以及「上限金額」中，數值較小的一方將成為「實付金額」，所以用 MIN 函數來判斷是最快的。

| 申報金額 | 上限金額 | | 實付金額 |
|---|---|---|---|
| 小 9,744 | 20,000 | → | 9,744 |
| 26,587 | 小 20,000 | → | 20,000 |

較小的數值將成為實付金額

# Unit 036 取得指定的百分比

**範例** 統計業務員的業績是否達到整體業績的 80%，若達成給予一萬元獎金！

IF PERCENTILE

## 範例說明

想要計算第三季各業務員的業績是否達到整體業績的 80%，若有達到就給予一萬元獎金，但是怎麼算出該季整體業績的 80% 當作標準呢？

| | A | B | C | D | E |
|---|---|---|---|---|---|
| 1 | 第三季業績達成率 | | | | |
| 2 | 業務員 | 套裝產品業績 | 零組件業績 | 業績加總 | 達到 80% |
| 3 | 陳唯凡 | 3,661,235 | 154,874 | 3,816,109 | |
| 4 | 林子函 | 1,844,235 | 654,879 | 2,499,114 | |
| 5 | 謝偉軒 | 5,874,532 | 845,556 | 6,720,088 | |
| 6 | 張育綾 | 6,541,235 | 754,565 | 7,295,800 | 獎金一萬元！ |
| 7 | 許欣怡 | 5,412,358 | 987,535 | 6,399,893 | |
| 8 | 蔡夢琪 | 7,521,353 | 1,547,893 | 9,069,246 | 獎金一萬元！ |
| 9 | 張子萱 | 954,568 | 1,135,487 | 2,090,055 | |
| 10 | 李雨澤 | 1,245,875 | 785,426 | 2,031,301 | |
| 11 | 陳浩軒 | 2,154,896 | 654,231 | 2,809,127 | |
| 12 | 王博文 | 874,569 | 1,845,213 | 2,719,782 | |
| 13 | 譚文博 | 698,457 | 1,254,879 | 1,953,336 | |
| 14 | 朴俊浩 | 4,536,874 | 954,231 | 5,491,105 | |
| 15 | 薛仁航 | 6,543,216 | 789,654 | 7,332,870 | 獎金一萬元！ |
| 16 | 柳建平 | 3,354,558 | 1,254,896 | 4,609,454 | |
| 17 | 謝佩娟 | 2,548,756 | 695,487 | 3,244,243 | |
| 18 | 林明愛 | 1,587,456 | 1,954,875 | 3,542,331 | |
| 19 | 張涵欣 | 6,548,745 | 1,478,569 | 8,027,314 | 獎金一萬元！ |

若達到整體業績的 80% 就給予獎金一萬元！

## 操作步驟

### 01 利用 PERCENTILE 函數求得整體業績達 80% 的值

請開啟**練習檔案\Part 2\Unit _ 036**，在 E3 儲存格輸入「=IF(PERCENTILE($D$3:$D$19,0.8)<=D3,"獎金一萬元！","")」。先利用 PERCENTILE 函數求得整體業績達 80% 的值，再用 IF 函數判斷各業務員的「業績加總」是否大於 80% 的值。

用 IF 函數判斷，業務員的「業績加總」是否大於 80% 的值

```
=IF(PERCENTILE($D$3:$D$19,0.8)<=D3,"獎金一萬元！","")
```

從「業績加總」欄位取得整體業績 80% 的值

若業績加總大於整體 80%，顯示「獎金一萬元」

若小於整體 80%，顯示空白

❶ 在 E3 儲存格輸入公式

E3 =IF(PERCENTILE($D$3:$D$19,0.8)<=D3,"獎金一萬元！","")

| 第三季業績達成率 | | | | |
|---|---|---|---|---|
| 業務員 | 套裝產品業績 | 零組件業績 | 業績加總 | 達到 80% |
| 陳唯凡 | 3,661,235 | 154,874 | 3,816,109 | |
| 林子函 | 1,844,235 | 654,879 | 2,499,114 | |
| 謝偉軒 | 5,874,532 | 845,556 | 6,720,088 | |
| 張育綾 | 6,541,235 | 754,565 | 7,295,800 | 獎金一萬元！ |
| 許欣怡 | 5,412,358 | 987,535 | 6,399,893 | |
| 蔡夢琪 | 7,521,353 | 1,547,893 | 9,069,246 | 獎金一萬元！ |
| 張子萱 | 954,568 | 1,135,487 | 2,090,055 | |
| 李雨澤 | 1,245,875 | 785,426 | 2,031,301 | |
| 陳浩軒 | 2,154,896 | 654,231 | 2,809,127 | |
| 王博文 | 874,569 | 1,845,213 | 2,719,782 | |
| 譚文博 | 698,457 | 1,254,879 | 1,953,336 | |
| 朴俊浩 | 4,536,874 | 954,231 | 5,491,105 | |
| 薛仁航 | 6,543,216 | 789,654 | 7,332,870 | 獎金一萬元！ |
| 柳建平 | 3,354,558 | 1,254,896 | 4,609,454 | |
| 謝佩娟 | 2,548,756 | 695,487 | 3,244,243 | |
| 林明愛 | 1,587,456 | 1,954,875 | 3,542,331 | |
| 張涵欣 | 6,548,745 | 1,478,569 | 8,027,314 | 獎金一萬元！ |

❷ 複製公式到 E19 儲存格

| PERCENTILE 函數 | |
|---|---|
| 說明 | 回傳陣列中數值的第 K 個百分比的值。百分比是統計學上的計算方法，意思是把數值從小到大排序，取出第 K/100 個值。 |
| 語法 | =PERCENTILE(陣列, K) |
| 陣列 | 設定數值的儲存格範圍。 |
| K | 設定 0～1 之間的百分比值。若 K < 0 或 K > 1，會回傳 #NUM! 錯誤。 |

在此以簡單的例子說明 PERCENTILE 函數，例如要找出數字 1~6 之間的第 30% 的值：

C2 =PERCENTILE(A2:A7,0.3)

| | A | B | C | D | E | F |
|---|---|---|---|---|---|---|
| 1 | 數值 | | A2：A7 第 30% 的值 | | | |
| 2 | 1 | | 2.5 | | | |
| 3 | 2 | | | | | |
| 4 | 3 | | | | | |
| 5 | 4 | | | | | |
| 6 | 5 | | | | | |
| 7 | 6 | | | | | |

回傳 A2：A7 這個範圍中第 30% 的值為「2.5」

## ☑ 公式拆解

為了讓您更了解 PERCENTILE 函數的用法，我們將剛才的範例拆解如下，請開啟**練習檔案\Pat 2\Unit_036_公式拆解**來練習：

| F | G | H | I | J | K |
|---|---|---|---|---|---|
| 業績標準 | | | 用 IF 比較業績 | 公式內容 | 值 |
| 80% | 7,180,658 | | | IF(D3>=$G$3,"獎金一萬元！","") | 3,816,109 < 7,180,658 |
| | | | | IF(D4>=$G$3,"獎金一萬元！","") | 2,499,114 < 7,180,658 |
| | | | | IF(D5>=$G$3,"獎金一萬元！","") | 6,720,088 < 7,180,658 |
| | | | 獎金一萬元！ | IF(D6>=$G$3,"獎金一萬元！","") | 7,295,800 > 7,180,658 |
| | | | | IF(D7>=$G$3,"獎金一萬元！","") | 6,399,893 < 7,180,658 |
| | | | 獎金一萬元！ | IF(D8>=$G$3,"獎金一萬元！","") | 9,069,246 > 7,180,658 |
| | | | | IF(D9>=$G$3,"獎金一萬元！","") | 2,090,055 < 7,180,658 |
| | | | | IF(D10>=$G$3,"獎金一萬元！","") | 2,031,301 < 7,180,658 |
| | | | | IF(D11>=$G$3,"獎金一萬元！","") | 2,809,127 < 7,180,658 |
| | | | | IF(D12>=$G$3,"獎金一萬元！","") | 2,719,782 < 7,180,658 |
| | | | | IF(D13>=$G$3,"獎金一萬元！","") | 1,953,336 < 7,180,658 |
| | | | | IF(D14>=$G$3,"獎金一萬元！","") | 5,491,105 < 7,180,658 |
| | | | 獎金一萬元！ | IF(D15>=$G$3,"獎金一萬元！","") | 7,332,870 > 7,180,658 |
| | | | | IF(D16>=$G$3,"獎金一萬元！","") | 4,609,454 < 7,180,658 |
| | | | | IF(D17>=$G$3,"獎金一萬元！","") | 3,244,243 < 7,180,658 |
| | | | | IF(D18>=$G$3,"獎金一萬元！","") | 3,542,331 < 7,180,658 |
| | | | 獎金一萬元！ | IF(D19>=$G$3,"獎金一萬元！","") | 8,027,314 > 7,180,658 |

Unit 037

# 是否同時符合多項條件

**範例** 依各科指定的合格分數，判斷是否「合格」並可「優先面試」

IF AND OR

## 範例說明

徵才考試結束，人事部需要統計總成績並安排合格的人進行下一階段的面試。但由於「電信網路規劃」的實作經驗很重要，因此，只要「通信系統實作」科目超過 85 分，就能優先參加面試。

「計算機概論」超過 80 分，且「電信網路」超過 70分，以及「通信系統實作」超過75分，即為「合格」

| | A | B | C | D | E | F | G |
|---|---|---|---|---|---|---|---|
| 1 | 電信網路規劃徵才成績 | | | | | | |
| 2 | 姓名 | 計算機概論 | 電信網路 | 通信系統實作 | 合格 | 備註 | |
| 3 | 陳俊男 | 80 | 95 | 80 | 合格 | 優先面試 | |
| 4 | 楊豐瑞 | 75 | 82 | 90 | 不合格 | 優先面試 | |
| 5 | 謝見峰 | 82 | 74 | 73 | 不合格 | | |
| 6 | 林文誠 | 73 | 55 | 84 | 不合格 | | |
| 7 | 張文清 | 65 | 80 | 76 | 不合格 | | |
| 8 | 陳翊明 | 92 | 73 | 90 | 合格 | 優先面試 | |
| 9 | 塗佑丞 | 77 | 88 | 85 | 不合格 | | |
| 10 | 張徽文 | 80 | 65 | 79 | 不合格 | | |
| 11 | 李佳見 | 80 | 75 | 83 | 合格 | 優先面試 | |
| 12 | 王立翔 | 87 | 68 | 75 | 不合格 | | |
| 13 | | | | | | | |

若 E3 儲存格顯示「合格」或是「通信系統實作」的成績大於 85，就可優先面試

## 操作步驟

### 01 用 AND 函數指定多項條件，判斷成績是否「合格」

請開啟**練習檔案\Part 2\Unit _ 037**，在 E3 儲存格輸入「=IF(AND(B3>=80,C3>=70,D3>=75),"合格","不合格")」，當同時符合這三項條件就顯示「合格」，否則顯示「不合格」。

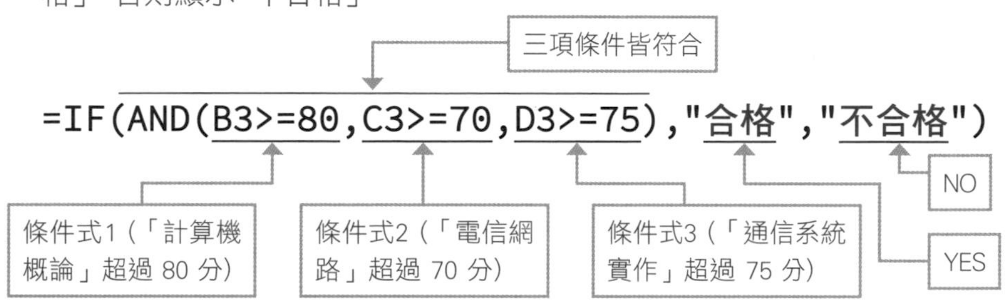


E3 =IF(AND(B3>=80,C3>=70,D3>=75),"合格","不合格")

| | A | B | C | D | E | F | G |
|---|---|---|---|---|---|---|---|
| 1 | 電信網路規劃徵才成績 | | | | | | |
| 2 | 姓名 | 計算機概論 | 電信網路 | 通信系統實作 | 合格 | 備註 | |
| 3 | 陳俊男 | 80 | 95 | 80 | 合格 | | |
| 4 | 楊豐瑞 | 75 | 82 | 90 | 不合格 | | |
| 5 | 謝見峰 | 82 | 74 | 73 | 不合格 | | |
| 6 | 林文誠 | 73 | 55 | 84 | 不合格 | | |
| 7 | 張文清 | 65 | 80 | 76 | 不合格 | | |
| 8 | 陳翊明 | 92 | 73 | 90 | 合格 | | |
| 9 | 塗佑丞 | 77 | 88 | 85 | 不合格 | | |
| 10 | 張徽文 | 80 | 65 | 79 | 不合格 | | |
| 11 | 李佳見 | 80 | 75 | 83 | 合格 | | |
| 12 | 王立翔 | 87 | 68 | 75 | 不合格 | | |
| 13 | | | | | | | |

符合三項條件就顯示「合格」，有一項不符合就顯示「不合格」

將公式往下複製

**AND 函數**

| | |
|---|---|
| **說明** | 判斷多個條件是否同時成立。同時成立會回傳 TRUE，只要有一個「條件式」為 FALSE 就會傳回 FALSE。 |
| **語法** | **=AND(條件式 1, [條件式 2]、……)** |
| **條件式** | 指定回傳結果為 TRUE 或 FALSE 的判斷式。 |

## 02 設定「優先面試」的條件

找出成績「合格」的人之後，我們想在「備註」欄註明「優先面試」。另外，若「通信系統實作」的成績大於 85，也可以優先面試。請在 F3 儲存格輸入「=IF(OR(E3="合格",D3>85),"優先面試","")」，並將公式往下複製到 F12 儲存格。

**=IF(OR(E3="合格",D3>85),"優先面試","")**

只要兩項條件其中一項符合，即會顯示 "優先面試"，否則顯示空白

F3 =IF(OR(E3="合格",D3>85),"優先面試","")

| | A | B | C | D | E | F | G |
|---|---|---|---|---|---|---|---|
| 1 | 電信網路規劃徵才成績 | | | | | | |
| 2 | 姓名 | 計算機概論 | 電信網路 | 通信系統實作 | 合格 | 備註 | |
| 3 | 陳俊男 | 80 | 95 | 80 | 合格 | 優先面試 | |
| 4 | 楊豐瑞 | 75 | 82 | 90 | 不合格 | 優先面試 | |
| 5 | 謝見峰 | 82 | 74 | 73 | 不合格 | | |
| 6 | 林文誠 | 73 | 55 | 84 | 不合格 | | |
| 7 | 張文清 | 65 | 80 | 76 | 不合格 | | |
| 8 | 陳翊明 | 92 | 73 | 90 | 合格 | 優先面試 | |
| 9 | 塗佑丞 | 77 | 88 | 85 | 不合格 | | |
| 10 | 張徽文 | 80 | 65 | 79 | 不合格 | | |
| 11 | 李佳見 | 80 | 75 | 83 | 合格 | 優先面試 | |
| 12 | 王立翔 | 87 | 68 | 75 | 不合格 | | |
| 13 | | | | | | | |

往下複製公式

| OR 函數 | |
|---|---|
| 說明 | 判斷多個條件是否有任一個條件成立。只要有一個條件成立，就會回傳 TRUE，所有條件都為 FALSE 才會回傳 FALSE。 |
| 語法 | **=OR(條件式 1, [條件式 2]、……)** |
| 條件式 | 指定回傳結果為 TRUE 或 FALSE 判斷式。 |

Unit
# 038 隨機產生亂數

**範例** 希望隨機抽出得獎的人，並顯示「中獎」訊息

IF RAND RANK LARGE

## 範例說明

舉辦抽獎活動，我們希望能公平地決定中獎者，但是將參加者的名單匯入 Excel 後，該如何抽出 4 位得獎人呢？

**本月抽獎活動隨機抽選結果**

| 編號 | 姓名 | 結果 |
|---|---|---|
| GT65487561 | 陳筵琪 | 中獎 |
| GA21548792 | 謝美惠 | |
| GT21548965 | 許淑晴 | 中獎 |
| GA23546989 | 張勝利 | |
| GT21458967 | 朴忠信 | |
| GB15478966 | 林明煌 | |
| GB54879634 | 張麗美 | |
| GT54879635 | 王晴海 | |
| GA21458796 | 蘇志偉 | |
| GB21458963 | 張秋煌 | |
| GT21458963 | 李建勳 | |
| GB21458796 | 朱延山 | |
| GA24587963 | 李愛英 | |
| GT12547896 | 郭志煒 | 中獎 |
| GB54789632 | 王雨霞 | |
| GA84521569 | 張立菁 | |
| GB54789654 | 倪明嘉 | |
| GT54879654 | 柯志榮 | |
| GA54125978 | 林嘉誠 | 中獎 |
| GT45875123 | 周建生 | |

希望隨機抽出 4 位得獎人

TIPS 由於 RAND 函數每次開啟檔案時，都會重新產生亂數，所以您看到的結果會與書上不同。

## 操作步驟

### 01 利用 RAND 函數產生亂數

請開啟**練習檔案\Part 2\Unit _ 038**，在 D4 儲存格輸入「=RAND( )」❶，此函數不需輸入引數，接著將公式往下複製到 D23 儲存格 ❷，即會隨機產生 0 以上小於 1 的亂數。

D4 =RAND()

| | A | B | C | D |
|---|---|---|---|---|
| 1 | 本月抽獎活動隨機抽選結果 | | | |
| 2 | | | | |
| 3 | 編號 | 姓名 | 結果 | 亂數 |
| 4 | GT65487561 | 陳筵琪 | | 0.9274071637073970 |
| 5 | GA21548792 | 謝美惠 | | 0.1777391495148950 |
| 6 | GT21548965 | 許淑晴 | | 0.9360466379940480 |
| 7 | GA23546989 | 張勝利 | | 0.8706658627782560 |
| 8 | GT21458967 | 朴忠信 | | 0.5184367740402360 |
| 9 | GB15478966 | 林明煌 | | 0.3966465300637880 |
| 10 | GB54879634 | 張麗美 | | 0.4176127231134630 |
| 11 | GT54879635 | 王晴海 | | 0.1424072984956470 |
| 12 | GA21458796 | 蘇志偉 | | 0.5240789584281100 |
| 13 | GB21458963 | 張秋煌 | | 0.8686075436136600 |
| 14 | GT21458963 | 李建勳 | | 0.0583096408743066 |
| 15 | GB21458796 | 朱延山 | | 0.0397045964042810 |
| 16 | GA24587963 | 李愛英 | | 0.6850334187410170 |
| 17 | GT12547896 | 郭志煒 | | 0.9623371483159510 |
| 18 | GB54789632 | 王雨霞 | | 0.1241322854233710 |
| 19 | GA84521569 | 張立菁 | | 0.3967142569379390 |
| 20 | GB54789654 | 倪明嘉 | | 0.6687825355071450 |
| 21 | GT54879654 | 柯志榮 | | 0.4904616365576820 |
| 22 | GA54125978 | 林嘉誠 | | 0.9601807635425230 |
| 23 | GT45875123 | 周建生 | | 0.0477504388458403 |

❶ ❷

| RAND 函數 | |
|---|---|
| 說明 | 隨機產生 0 以上 1 以下的亂數。此函數不需加上引數。只要重新整理公式，或再次開啟檔案，亂數就會重新產生。 |

RAND 函數所產生的亂數有 15 位數，所以數值重複的機率非常低。

## 02 利用 RANK 函數設定中獎條件

請在 C4 儲存格輸入「=IF(RANK(D4,$D$4:$D$23)<=4,"中獎","")」，利用 RANK 函數比對出亂數數值前 4 順位的亂數值，再用 IF 函數判斷，符合條件就顯示「中獎」，否則顯示空白。

| C4 | =IF(RANK(D4,$D$4:$D$23)<=4,"中獎","") | | | |
|---|---|---|---|---|
| | A | B | C | D |
| 1 | 本月抽獎活動隨機抽選結果 | | | |
| 2 | | | | |
| 3 | 編號 | 姓名 | 結果 | 亂數 |
| 4 | GT65487561 | 陳筵琪 | 中獎 | 0.9274071637073970 |
| 5 | GA21548792 | 謝美惠 | | 0.1777391495148950 |
| 6 | GT21548965 | 許淑晴 | 中獎 | 0.9360466379940480 |
| 7 | GA23546989 | 張勝利 | | 0.8706658627782560 |
| 8 | GT21458967 | 朴忠信 | | 0.5184367740402360 |
| 9 | GB15478966 | 林明煌 | | 0.3966465300637880 |
| 10 | GB54879634 | 張麗美 | | 0.4176127231134630 |
| 11 | GT54879635 | 王晴海 | | 0.1424072984956470 |
| 12 | GA21458796 | 蘇志偉 | | 0.5240789584281100 |
| 13 | GB21458963 | 張秋煌 | | 0.8686075436136600 |
| 14 | GT21458963 | 李建勳 | | 0.0583096408743066 |
| 15 | GB21458796 | 朱延山 | | 0.0397045964042810 |
| 16 | GA24587963 | 李愛英 | | 0.6850334187410170 |
| 17 | GT12547896 | 郭志煒 | 中獎 | 0.9623371483159510 |
| 18 | GB54789632 | 王雨霞 | | 0.1241322854233710 |
| 19 | GA84521569 | 張立菁 | | 0.3967142569379390 |
| 20 | GB54789654 | 倪明嘉 | | 0.6687825355071450 |
| 21 | GT54879654 | 柯志榮 | | 0.4904616365576820 |
| 22 | GA54125978 | 林嘉誠 | 中獎 | 0.9601807635425230 |
| 23 | GT45875123 | 周建生 | | 0.0477504388458403 |

取出 4 名中獎者

**請注意！**您執行後的結果會與書上不同，因為 RAND 函數每次開啟檔案就會重新產生亂數，請參考 03 的說明。

RANK 函數的語法，請參考 Unit 024。

## 03 將中獎結果轉為「值」或是轉成圖片

請特別注意！由於 RAND 函數會在開啟檔案、在其他儲存格輸入數值、或是切換到其他工作表編輯時，自動重新產生亂數。但我們不希望一直產生不同的得獎者。所以請在第一次執行 RAND 函數後，將整個表格選取起來，以「貼上值」的方式貼到其他儲存格。或是以「圖片」的方式貼上，就可以避免此情形。

## 「貼上值」的方法

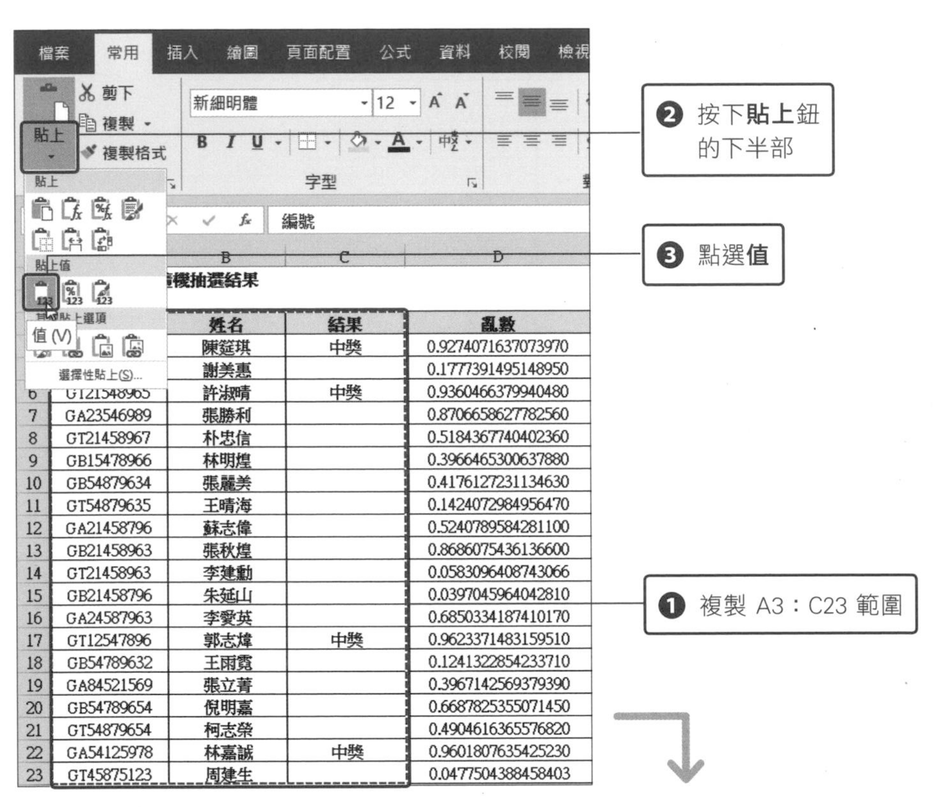


| | A | B | C | D | E | F | G | H |
|---|---|---|---|---|---|---|---|---|
| 1 | 本月抽獎活動隨機抽選結果 | | | | | | | |
| 2 | | | | | | | | |
| 3 | 編號 | 姓名 | 結果 | 亂數 | | 編號 | 姓名 | 結果 |
| 4 | GT65487561 | 陳筳琪 | 中獎 | 0.9274071637073970 | | GT65487561 | 陳筳琪 | 中獎 |
| 5 | GA21548792 | 謝美惠 | | 0.1777391495148950 | | GA21548792 | 謝美惠 | |
| 6 | GT21548965 | 許淑晴 | 中獎 | 0.9360466379940480 | | GT21548965 | 許淑晴 | 中獎 |
| 7 | GA23546989 | 張勝利 | | 0.8706658627782560 | | GA23546989 | 張勝利 | |
| 8 | GT21458967 | 朴忠信 | | 0.5184367740402360 | | GT21458967 | 朴忠信 | |
| 9 | GB15478966 | 林明煌 | | 0.3966465300637880 | | GB15478966 | 林明煌 | |
| 10 | GB54879634 | 張麗美 | | 0.4176127231134630 | | GB54879634 | 張麗美 | |
| 11 | GT54879635 | 王晴海 | | 0.1424072984956470 | | GT54879635 | 王晴海 | |
| 12 | GA21458796 | 蘇志偉 | | 0.5240789584281100 | | GA21458796 | 蘇志偉 | |
| 13 | GB21458963 | 張秋煌 | | 0.8686075436136600 | | GB21458963 | 張秋煌 | |
| 14 | GT21458963 | 李建勳 | | 0.0583096408743066 | | GT21458963 | 李建勳 | |
| 15 | GB21458796 | 朱延山 | | 0.0397045964042810 | | GB21458796 | 朱延山 | |
| 16 | GA24587963 | 李愛英 | | 0.6850334187410170 | | GA24587963 | 李愛英 | |
| 17 | GT12547896 | 郭志煒 | 中獎 | 0.9623371483159510 | | GT12547896 | 郭志煒 | 中獎 |
| 18 | GB54789632 | 王雨霓 | | 0.1241322854233710 | | GB54789632 | 王雨霓 | |
| 19 | GA84521569 | 張立菁 | | 0.3967142569379390 | | GA84521569 | 張立菁 | |
| 20 | GB54789654 | 倪明嘉 | | 0.6687825355071450 | | GB54789654 | 倪明嘉 | |
| 21 | GT54879654 | 柯志榮 | | 0.4904616365576820 | | GT54879654 | 柯志榮 | |
| 22 | GA54125978 | 林嘉誠 | 中獎 | 0.9601807635425230 | | GA54125978 | 林嘉誠 | 中獎 |
| 23 | GT45875123 | 周建生 | | 0.0477504388458403 | | GT45875123 | 周建生 | |

貼上值 (不包含公式)，就不會一直產生亂數

## 「貼上圖片」的方法

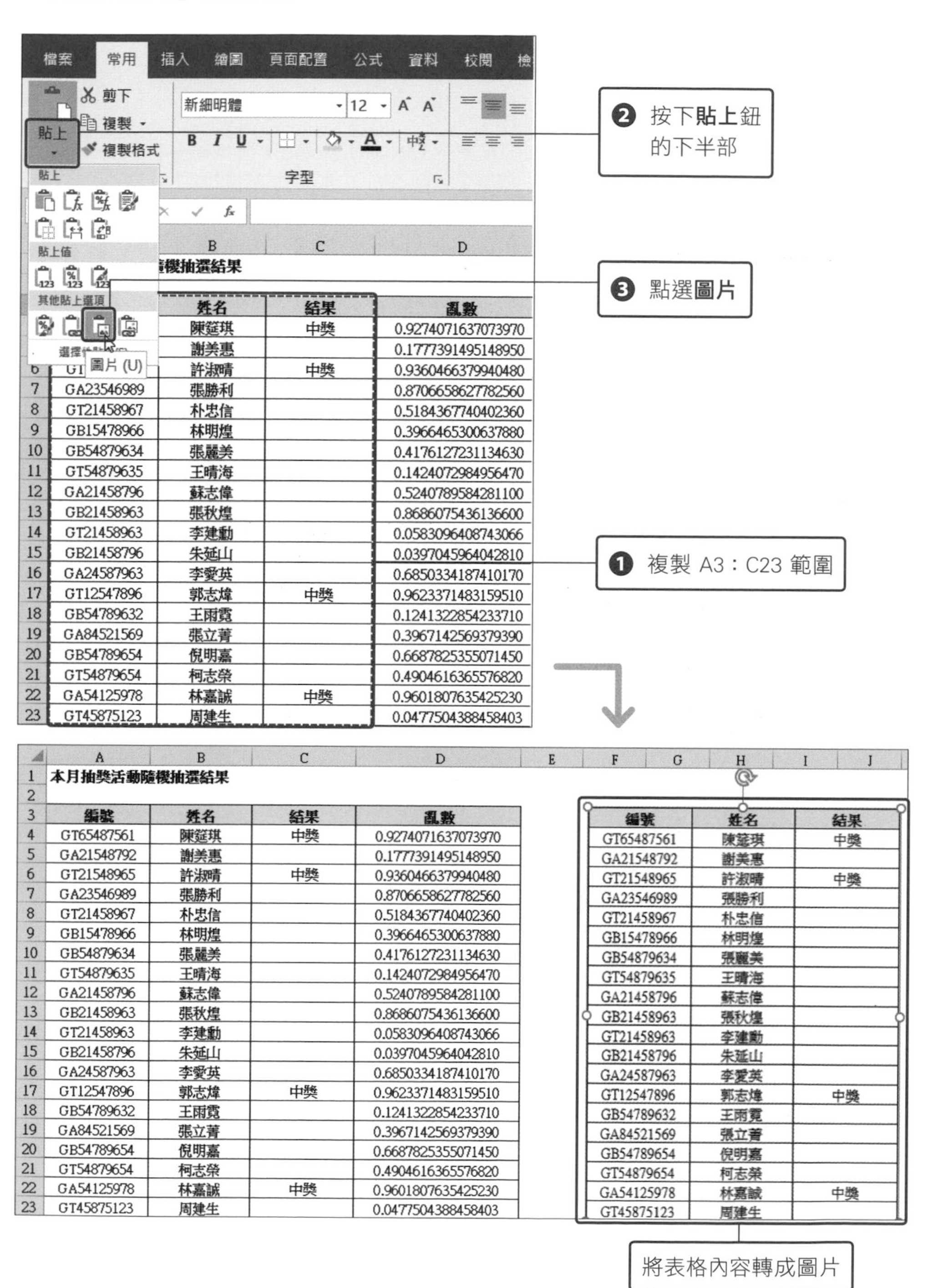


本月抽獎活動隨機抽選結果

| 編號 | 姓名 | 結果 | 亂數 |
|---|---|---|---|
| GT65487561 | 陳筵琪 | 中獎 | 0.9274071637073970 |
| GA21548792 | 謝美惠 | | 0.1777391495148950 |
| GT21548965 | 許淑晴 | 中獎 | 0.9360466379940480 |
| GA23546989 | 張勝利 | | 0.8706658627782560 |
| GT21458967 | 朴忠信 | | 0.5184367740402360 |
| GB15478966 | 林明煌 | | 0.3966465300637880 |
| GB54879634 | 張麗美 | | 0.4176127231134630 |
| GT54879635 | 王晴海 | | 0.1424072984956470 |
| GA21458796 | 蘇志偉 | | 0.5240789584281100 |
| GB21458963 | 張秋煌 | | 0.8686075436136600 |
| GT21458963 | 李建勳 | | 0.0583096408743066 |
| GB21458796 | 朱延山 | | 0.0397045964042810 |
| GA24587963 | 李愛英 | | 0.6850334187410170 |
| GT12547896 | 郭志煒 | 中獎 | 0.9623371483159510 |
| GB54789632 | 王雨霞 | | 0.1241322854233710 |
| GA84521569 | 張立菁 | | 0.3967142569379390 |
| GB54789654 | 倪明嘉 | | 0.6687825355071450 |
| GT54879654 | 柯志榮 | | 0.4904616365576820 |
| GA54125978 | 林嘉誠 | 中獎 | 0.9601807635425230 |
| GT45875123 | 周建生 | | 0.0477504388458403 |

## ☑ 舉一反三　也可以利用 LARGE 函數來達成

剛才的範例，除了可使用 RANK 函數，也可以改用 LARGE 函數，從亂數範圍選出亂數值中最大的前 4 名。

找出 D4：D23 儲存格範圍中，第 4 大的值

E4=IF(D4>=LARGE($D$4:$D$23,4),"中獎","")

若 D4 儲存格的值大於 LARGE 回傳的第 4 大的值，就顯示「中獎」，若小於該值就顯示空白，其他儲存格依此類推

E4　=IF(D4>=LARGE($D$4:$D$23,4),"中獎","")

| | A | B | C | D | E |
|---|---|---|---|---|---|
| 1 | 本月抽獎活動隨機抽選結果 | | | | |
| 2 | | | | | |
| 3 | 編號 | 姓名 | 結果 | 亂數 | 也可改用 LARGE 函數 |
| 4 | GT65487561 | 陳鋌琪 | 中獎 | 0.9274071637073970 | 中獎 |
| 5 | GA21548792 | 謝美惠 | | 0.1777391495148950 | |
| 6 | GT21548965 | 許淑晴 | 中獎 | 0.9360466379940480 | 中獎 |
| 7 | GA23546989 | 張勝利 | | 0.8706658627782560 | |
| 8 | GT21458967 | 朴忠信 | | 0.5184367740402360 | |
| 9 | GB15478966 | 林明煌 | | 0.3966465300637880 | |
| 10 | GB54879634 | 張麗美 | | 0.4176127231134630 | |
| 11 | GT54879635 | 王晴海 | | 0.1424072984956470 | |
| 12 | GA21458796 | 蘇志偉 | | 0.5240789584281100 | |
| 13 | GB21458963 | 張秋煌 | | 0.8686075436136600 | |
| 14 | GT21458963 | 李建勳 | | 0.0583096408743066 | |
| 15 | GB21458796 | 朱延山 | | 0.0397045964042810 | |
| 16 | GA24587963 | 李愛英 | | 0.6850334187410170 | |
| 17 | GT12547896 | 郭志煒 | 中獎 | 0.9623371483159510 | 中獎 |
| 18 | GB54789632 | 王雨霞 | | 0.1241322854233710 | |
| 19 | GA84521569 | 張立菁 | | 0.3967142569379390 | |
| 20 | GB54789654 | 倪明嘉 | | 0.6687825355071450 | |
| 21 | GT54879654 | 柯志榮 | | 0.4904616365576820 | |
| 22 | GA54125978 | 林嘉誠 | 中獎 | 0.9601807635425230 | 中獎 |
| 23 | GT45875123 | 周建生 | | 0.0477504388458403 | |

| LARGE 函數 | |
|---|---|
| 說明 | 回傳資料集中第 K 個最大值。 |
| 語法 | =LARGE(陣列, K) |
| 陣列 | 要判斷第 K 個最大值的儲存格範圍。 |
| K | 要回傳的陣列位置（由最大起算）。 |

B2　=LARGE(A2:A8,2)

| | A | B | C | D | E |
|---|---|---|---|---|---|
| 1 | 數值 | | | | |
| 2 | 88 | 188 | | | |
| 3 | 100 | | | | |
| 4 | 50 | | | | |
| 5 | 213 | | | | |
| 6 | 188 | | | | |
| 7 | 80 | | | | |
| 8 | 66 | | | | |
| 9 | | | | | |

例如「=LARGE(A2:A8,2)」，則會傳回第 2 大的值

# Unit 039 依日期統計人數

**範例** 同一天有多位學員預約課程，要如何統計當日的預約總人數？

IF COUNTIF

## 範例說明

想根據預約報名資料，統計每天共有多少人預約課程，雖然知道 COUNTIF 函數可以加總個數，但是要怎麼依日期來加總呢？

| | A | B | C | D | E |
|---|---|---|---|---|---|
| 1 | 精選課程預約名單 | | | | |
| 2 | 日期 | 姓名 | 課程 | 預約人數 | |
| 3 | 10/01(週二) | 陳筵琪 | 行銷策略實戰 | 1 | |
| 4 | 10/02(週三) | 謝美惠 | 城市速寫 | 4 | |
| 5 | 10/02(週三) | 許淑晴 | 寫實 3D 建模零基礎 | | |
| 6 | 10/02(週三) | 陳姿韋 | 城市速寫 | | |
| 7 | 10/02(週三) | 方怡伶 | JavaScript動態特效速成 | | |
| 8 | 10/03(週四) | 郭思翰 | 小資理財 GO! GO! | 4 | |
| 9 | 10/03(週四) | 陳莉妤 | 小資理財 GO! GO! | | |
| 10 | 10/03(週四) | 張勝利 | JavaScript動態特效速成 | | |
| 11 | 10/03(週四) | 朴忠信 | 小資理財 GO! GO! | | |
| 12 | 10/04(週五) | 林明煌 | 寫實 3D 建模零基礎 | 5 | |
| 13 | 10/04(週五) | 張麗美 | 城市速寫 | | |
| 14 | 10/04(週五) | 王晴海 | Adobe Xd 設計實務 | | |
| 15 | 10/04(週五) | 楊哲榮 | 色鉛筆速寫 | | |
| 16 | 10/04(週五) | 李欣娥 | 說服任何人的說話術 | | |
| 17 | 10/05(週六) | 陳宜萍 | Adobe Xd 設計實務 | 6 | |
| 18 | 10/05(週六) | 馮翰文 | 寫實 3D 建模零基礎 | | |
| 19 | 10/05(週六) | 蘇志偉 | JavaScript動態特效速成 | | |
| 20 | 10/05(週六) | 張秋煌 | 行銷策略實戰 | | |
| 21 | 10/05(週六) | 李建勳 | Adobe Xd 設計實務 | | |
| 22 | 10/05(週六) | 朱延山 | 說服任何人的說話術 | | |
| 23 | 10/08(週二) | 李愛英 | 小資理財 GO! GO! | 2 | |
| 24 | 10/08(週二) | 郭志煒 | JavaScript動態特效速成 | | |
| 25 | 10/09(週三) | 王雨霓 | 行銷策略實戰 | 1 | |
| 26 | 10/11(週五) | 張立菁 | 城市速寫 | 3 | |
| 27 | 10/11(週五) | 倪明嘉 | 色鉛筆速寫 | | |
| 28 | 10/11(週五) | 柯志榮 | 寫實 3D 建模零基礎 | | |
| 29 | 10/14(週一) | 金在圭 | 色鉛筆速寫 | 1 | |
| 30 | 10/15(週二) | 陳俊勇 | 城市速寫 | 2 | |
| 31 | 10/15(週二) | 許泰彬 | 行銷策略實戰 | | |
| 32 | 10/16(週三) | 謝純美 | JavaScript動態特效速成 | 2 | |
| 33 | 10/16(週三) | 張宗斌 | 讓粉專翻倍的秘密 | | |
| 34 | 10/17(週四) | 宋慧文 | 小資理財 GO! GO! | 1 | |
| 35 | 10/21(週一) | 王麗琪 | Adobe Xd 設計實務 | 2 | |
| 36 | 10/21(週一) | 林佳瓆 | 讓粉專翻倍的秘密 | | |

想統計同一天共有多少預約人數

## 操作步驟

### 01 用 IF 函數判斷與上一列日期不同時，就用 COUNTIF 函數計算人數

要加總同一天的預約人數，可以用 IF 函數判斷日期是否與上方日期不同，若日期不同，就透過 COUNTIF 函數加總個數。若與上方日期相同，則保持空白，因此只會在第一個日期算出加總結果。

請開啟**練習檔案\Part 2\Unit _ 039**，在 D3 儲存格輸入如下公式 ❶，接著將公式往下複製到 D36 儲存格 ❷。

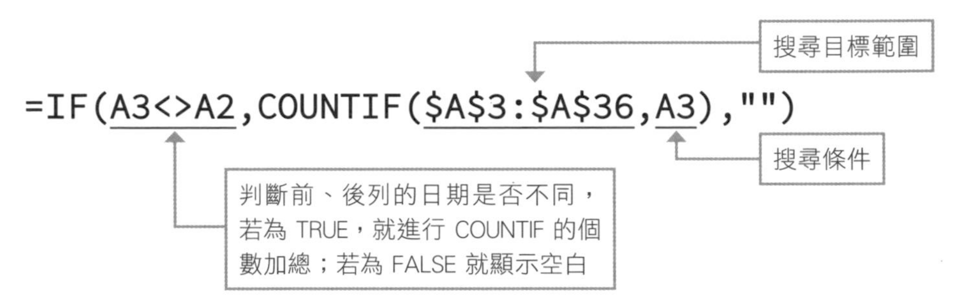


D3　=IF(A3<>A2,COUNTIF($A$3:$A$36,A3),"")

| | A | B | C | D | E |
|---|---|---|---|---|---|
| 1 | 精選課程預約名單 | | | | |
| 2 | 日期 | 姓名 | 課程 | 預約人數 | |
| 3 | 10/01(週二) | 陳筵琪 | 行銷策略實戰 | 1 | |
| 4 | 10/02(週三) | 謝美惠 | 城市速寫 | 4 | |
| 5 | 10/02(週三) | 許淑晴 | 寫實 3D 建模零基礎 | | |
| 6 | 10/02(週三) | 陳姿韋 | 城市速寫 | | |
| 7 | 10/02(週三) | 方怡伶 | JavaScript動態特效速成 | | |
| 8 | 10/03(週四) | 郭思翰 | 小資理財 GO! GO! | 4 | |
| 9 | 10/03(週四) | 陳莉妤 | 小資理財 GO! GO! | | |
| 10 | 10/03(週四) | 張勝利 | JavaScript動態特效速成 | | |
| 11 | 10/03(週四) | 朴忠信 | 小資理財 GO! GO! | | |
| 12 | 10/04(週五) | 林明煌 | 寫實 3D 建模零基礎 | 5 | |
| 13 | 10/04(週五) | 張麗美 | 城市速寫 | | |
| 14 | 10/04(週五) | 王晴海 | Adobe Xd 設計實務 | | |
| 15 | 10/04(週五) | 楊哲榮 | 色鉛筆速寫 | | |
| 16 | 10/04(週五) | 李欣娥 | 說服任何人的說話術 | | |

❶ ❷

有關 COUNTIF 函數，請參考 UNIT 019 的說明。

## ☑ 範例應用　統計拜訪客戶次數

業務員要聯絡的客戶很多，通常都會以「行事曆」來記錄預約日期、客戶資料，不過手動記錄不方便後續統計及查閱，利用剛才所學的技巧，將每天要拜訪的客戶利用 COUNTIF 來統計，就可以清楚得知當天要拜訪的客戶有幾家，後續也能再利用**排序**功能快速查看同一家公司在哪幾天拜訪過。

❶ 在此輸入「=IF(A3<>A2,COUNTIF($A$3:$A$21,A3),"")」

D3　=IF(A3<>A2,COUNTIF($A$3:$A$21,A3),"")

| | A | B | C | D | E |
|---|---|---|---|---|---|
| 1 | 拜訪客戶列表 | | | | |
| 2 | 預計拜訪日期 | 客戶名稱 | 聯絡人 | 拜訪公司數 | |
| 3 | 05/03(週五) | 舜盛有限公司 | 張小姐 | 3 | |
| 4 | 05/03(週五) | 正益有限公司 | 許課長 | | |
| 5 | 05/03(週五) | 金久有限公司 | 林經理 | | |
| 6 | 05/04(週六) | 瑋晟股份有限公司 | 許安安 | 5 | |
| 7 | 05/04(週六) | 永琳股份有限公司 | 蔡先生 | | |
| 8 | 05/04(週六) | 瑋晟股份有限公司 | 許安安 | | |
| 9 | 05/04(週六) | 馨華有限公司 | 蕭小姐 | | |
| 10 | 05/04(週六) | 信和有限公司 | 曾副理 | | |
| 11 | 05/06(週一) | 永琳股份有限公司 | 蔡先生 | 4 | |
| 12 | 05/06(週一) | 晉鴻國際實業 | 鍾經理 | | |
| 13 | 05/06(週一) | 馨華有限公司 | 蕭小姐 | | |
| 14 | 05/06(週一) | 映太股份有限公司 | 周副理 | | |
| 15 | 05/07(週二) | 金久有限公司 | 林經理 | 2 | |
| 16 | 05/07(週二) | 晉鴻國際實業 | 鍾經理 | | |
| 17 | 05/08(週三) | 瑋晟股份有限公司 | 許安安 | 3 | |
| 18 | 05/08(週三) | 信和有限公司 | 曾副理 | | |
| 19 | 05/08(週三) | 馨華有限公司 | 蕭小姐 | | |
| 20 | 05/09(週四) | 舜盛有限公司 | 張小姐 | 2 | |
| 21 | 05/09(週四) | 正益有限公司 | 許課長 | | |
| 22 | | | | | |

❷ 將公式往下複製到 D21 儲存格

Unit 040

# 依指定條件搜尋資料

**範　例**　想列出「喬一門市」的所有銷售明細，並由小至大排列

IF　SMALL　LARGE

## 範例說明

想從所有門市的銷售資料中，單獨列出「喬一門市」的所有銷量明細，並依照銷量由小至大排序，該怎麼做呢？

| | A | B | C | D | E | F | G |
|---|---|---|---|---|---|---|---|
| 1 | 各門市室內腳踏車銷售數量統計 | | | | | | |
| 2 | | | | | | | |
| 3 | 門市 | 業務員 | 銷售數量 | | 喬一門市銷量 | | |
| 4 | 喬一門市 | 李仁旺 | 1,259 | | 1 | 699 | |
| 5 | 仁愛門市 | 謝偉銘 | 985 | | 2 | 985 | |
| 6 | 信義門市 | 張啟軒 | 2,541 | | 3 | 1,033 | |
| 7 | 信義門市 | 王如琳 | 2,015 | | 4 | 1,259 | |
| 8 | 民生門市 | 鄭家豪 | 755 | | 5 | 1,845 | |
| 9 | 仁愛門市 | 徐清愛 | 658 | | 6 | 2,111 | |
| 10 | 敦南門市 | 林明鋒 | 1,954 | | | | |
| 11 | 民生門市 | 謝明緯 | 2,055 | | | | |
| 12 | 喬一門市 | 柳沛文 | 2,111 | | | | |
| 13 | 喬一門市 | 張恩東 | 699 | | | | |
| 14 | 民生門市 | 薛惠惠 | 954 | | | | |
| 15 | 仁愛門市 | 汪順平 | 1,547 | | | | |
| 16 | 敦南門市 | 韓立樹 | 2,156 | | | | |
| 17 | 喬一門市 | 毛細川 | 1,033 | | | | |
| 18 | 敦南門市 | 王田仁 | 2,455 | | | | |
| 19 | 信義門市 | 李佑樹 | 2,048 | | | | |
| 20 | 仁愛門市 | 林香奈 | 956 | | | | |
| 21 | 喬一門市 | 蘇中良 | 1,845 | | | | |
| 22 | 信義門市 | 粘乃真 | 1,288 | | | | |
| 23 | 仁愛門市 | 林以芃 | 1,687 | | | | |
| 24 | 民生門市 | 廖品萱 | 2,145 | | | | |
| 25 | 喬一門市 | 郭佩妘 | 985 | | | | |
| 26 | 敦南門市 | 陳文鈞 | 2,548 | | | | |
| 27 | 信義門市 | 蔡栩維 | 1,998 | | | | |
| 28 | 敦南門市 | 王百榕 | 945 | | | | |
| 29 | 民生門市 | 柳蚊玉 | 745 | | | | |
| 30 | 信義門市 | 石箴哲 | 1,196 | | | | |

只想抽出「喬一門市」的銷售資料，並由小至大排序

## 操作步驟

### 01 用 IF 函數找出「喬一門市」，再用 SMALL 函數由小至大排列

請開啟**練習檔案\Part 2\Unit_040**，在 E4：E9 儲存格輸入 1 到 6 的連續編號 ❶，接著在 F4 儲存格輸入如下的公式，公式輸入完畢，請按下 Ctrl + Shift + Enter 鍵。❷。

```
{=SMALL(IF($A$4:$A$30="喬一門市",$C$4:$C$30,""),E4)}
```

用 SMALL 函數傳回最小值

若為 "喬一門市" 就列出銷售數量

不是 "喬一門市" 則顯示空白

F4 {=SMALL(IF($A$4:$A$30="喬一門市",$C$4:$C$30,""),E4)}

| | A | B | C | D | E | F | G | H |
|---|---|---|---|---|---|---|---|---|
| 1 | 各門市室內腳踏車銷售數量統計 | | | | | | | |
| 2 | | | | | | | | |
| 3 | 門市 | 業務員 | 銷售數量 | | 喬一門市銷量 | | | |
| 4 | 喬一門市 | 李仁旺 | 1,259 | | 1 | 699 | | |
| 5 | 仁愛門市 | 謝偉銘 | 985 | | 2 | | | |
| 6 | 信義門市 | 張啟軒 | 2,541 | | 3 | | | |
| 7 | 信義門市 | 王如琳 | 2,015 | | 4 | | | |
| 8 | 民生門市 | 鄭家豪 | 755 | | 5 | | | |
| 9 | 仁愛門市 | 徐清愛 | 658 | | 6 | | | |
| 10 | 敦南門市 | 林明鋒 | 1,954 | | | | | |
| 11 | 民生門市 | 謝明緯 | 2,055 | | | | | |
| 12 | 喬一門市 | 柳沛文 | 2,111 | | | | | |
| 13 | 喬一門市 | 張恩東 | 699 | | | | | |

| SMALL 函數 | |
|---|---|
| 說明 | 回傳陣列中第 K 個最小值。 |
| 語法 | =SMALL(陣列, K) |
| 陣列 | 要判斷第 K 個最小值的儲存格範圍。 |
| K | 要回傳的陣列位置（由最小起算）。 |

## 02 複製公式

接著，將 F4 儲存格的公式往下複製到 F9 儲存格。

| | A | B | C | D | E | F | G |
|---|---|---|---|---|---|---|---|
| 1 | 各門市室內腳踏車銷售數量統計 | | | | | | |
| 2 | | | | | | | |
| 3 | 門市 | 業務員 | 銷售數量 | | 喬一門市銷量 | | |
| 4 | 喬一門市 | 李仁旺 | 1,259 | | 1 | 699 | |
| 5 | 仁愛門市 | 謝偉銘 | 985 | | 2 | 985 | |
| 6 | 信義門市 | 張啟軒 | 2,541 | | 3 | 1,033 | |
| 7 | 信義門市 | 王如琳 | 2,015 | | 4 | 1,259 | |
| 8 | 民生門市 | 鄭家豪 | 755 | | 5 | 1,845 | |
| 9 | 仁愛門市 | 徐清愛 | 658 | | 6 | 2,111 | |
| 10 | 敦南門市 | 林明鋒 | 1,954 | | | | |
| 11 | 民生門市 | 謝明緯 | 2,055 | | | | |
| 12 | 喬一門市 | 柳沛文 | 2,111 | | | | |
| 13 | 喬一門市 | 張恩東 | 699 | | | | |

### ☑ 補充說明　如何得知各門市有幾筆資料？

步驟 01 要先在 E4～E9 儲存格中輸入連續編號，這些編號就是每家門市的資料筆數，那麼要如何得知各家門市有幾筆資料呢？當資料筆數很多時，我們不可能一筆筆慢慢數，你可以先用 COUNTIF 函數，任意在儲存格中輸入「=COUNTIF(A4:A30,"喬一門市")」，就可以知道該門市有幾筆資料了。

E12　=COUNTIF(A4:A30,"喬一門市")

| | A | B | C | D | E | F | G |
|---|---|---|---|---|---|---|---|
| 1 | 各門市室內腳踏車銷售數量統計 | | | | | | |
| 2 | | | | | | | |
| 3 | 門市 | 業務員 | 銷售數量 | | 喬一門市銷量 | | |
| 4 | 喬一門市 | 李仁旺 | 1,259 | | 1 | 699 | |
| 5 | 仁愛門市 | 謝偉銘 | 985 | | 2 | 985 | |
| 6 | 信義門市 | 張啟軒 | 2,541 | | 3 | 1,033 | |
| 7 | 信義門市 | 王如琳 | 2,015 | | 4 | 1,259 | |
| 8 | 民生門市 | 鄭家豪 | 755 | | 5 | 1,845 | |
| 9 | 仁愛門市 | 徐清愛 | 658 | | 6 | 2,111 | |
| 10 | 敦南門市 | 林明鋒 | 1,954 | | | | |
| 11 | 民生門市 | 謝明緯 | 2,055 | | | | |
| 12 | 喬一門市 | 柳沛文 | 2,111 | | 6 | | |
| 13 | 喬一門市 | 張恩東 | 699 | | | | |
| 14 | 民生門市 | 薛惠惠 | 954 | | | | |
| 15 | 仁愛門市 | 汪順平 | 1,547 | | | | |

在任意儲存格輸入公式，得知門市的資料筆數後，再刪掉此儲存格即可

## ☑ 舉一反三　由大至小排序

以剛才的範例而言，若想將銷售數量由大至小排列，只要改用 LARGE 函數就可以了。請開啟**練習檔案\Part 2\Unit_040_舉一反三**，在 F4 儲存格輸入「=LARGE(IF($A$4:$A$30="喬一門市",$C$4:$C$30,""),E4)」，並將公式複製到 F9 儲存格。

F4　{=LARGE(IF($A$4:$A$30="喬一門市",$C$4:$C$30,""),E4)}

| | A | B | C | D | E | F | G | H |
|---|---|---|---|---|---|---|---|---|
| 1 | 各門市室內腳踏車銷售數量統計 | | | | | | | |
| 2 | | | | | | | | |
| 3 | 門市 | 業務員 | 銷售數量 | | 喬一門市銷量 | | | |
| 4 | 喬一門市 | 李仁旺 | 1,259 | | 1 | 2,111 | | |
| 5 | 仁愛門市 | 謝偉銘 | 985 | | 2 | 1,845 | | |
| 6 | 信義門市 | 張啟軒 | 2,541 | | 3 | 1,259 | | |
| 7 | 信義門市 | 王如琳 | 2,015 | | 4 | 1,033 | | |
| 8 | 民生門市 | 鄭家豪 | 755 | | 5 | 985 | | |
| 9 | 仁愛門市 | 徐清愛 | 658 | | 6 | 699 | | |
| 10 | 敦南門市 | 林明鋒 | 1,954 | | | | | |
| 11 | 民生門市 | 謝明緯 | 2,055 | | | | | |
| 12 | 喬一門市 | 柳沛文 | 2,111 | | | | | |
| 13 | 喬一門市 | 張恩東 | 699 | | | | | |

改用 LARGE 函數，即可由大至小排列，輸入公式後，記得按下 Ctrl + Shift + Enter 鍵

有關 LARGE 函數，請參考 UNIT 038 的說明。

Unit

# 041 資料檢查

**範例** 確認所有欄位是否都已輸入資料

IF COUNTA COUNT COLUMNS

## 範例說明

不論是填寫會員資料或是問卷調查，為了方便後續聯絡，通常會在比較重要的欄位前註明「*」表示必填，例如：生日、手機、地址、E-mail、……等。不過往往還是有漏填的情況，我們要如何確認欄位是否漏填呢？

**會員資料**

| 姓名 | 生日 | 手機號碼 | 地址 | 確認結果 |
|---|---|---|---|---|
| 謝辛如 | 1998/02/22 | 0956-324-312 | 台北市忠孝東路一段 333 號 | |
| 許育弘 | 2002/08/11 | 0935-963-854 | 新北市新莊區中正路 577 號 | |
| | 1983/05/08 | 0954-071-435 | 台中市西區英才路 212 號 | 有資料未填寫 |
| 林亞倩 | 1992/05/10 | 0913-410-599 | 台北市南港區經貿二號 1 號 | |
| 王郁昌 | 1995/02/12 | 0972-371-299 | 台北市重慶南路一段 8 號 | |
| 宋智鈞 | 2008/08/29 | 0933-250-036 | 新北市板橋區文化路二段 10 號 | |
| 黃裕翔 | 2008/12/05 | 0934-750-620 | | 有資料未填寫 |
| 姚欣穎 | 2011/12/30 | 0954-647-127 | 台中市西屯區朝富路 188 號 | |
| 陳美珍 | 1986/11/18 | | 新北市中和區安邦街 33 號 | 有資料未填寫 |
| 李家豪 | 2005/08/25 | 0982-597-901 | 苗栗市新苗街 18 號 | |
| 陳瑞淑 | 1983/04/24 | 0968-491-182 | 新竹市北區中山路 128 號 | |
| 蔡佳利 | 2010/05/15 | 0927-882-411 | 桃園市中壢區溪洲街 299 號 | |
| 吳立其 | | 0987-094-998 | 台南市安平區中華西路二段 533 號 | 有資料未填寫 |
| 郭堯竹 | 1988/11/05 | 0960-798-165 | | 有資料未填寫 |
| 陳君倫 | 1992/10/10 | 0926-988-780 | 高雄市鳳山區文化路 67 號 | |
| 王文亭 | 1976/08/11 | 0988-237-421 | 新北市三峽區介壽路三段 120 號 | |
| 褚金輝 | 2014/09/14 | 0982-194-007 | 台中市西區台灣大道 1033 號 | |
| 劉明盛 | 1986/01/16 | 0931-464-962 | 彰化市彰鹿路 120 號 | |
| 陳蓁亞 | 2008/07/02 | | 新北市汐止區中山路 38 號 | 有資料未填寫 |
| 楊雅惠 | 1998/06/02 | 0936-914-483 | 桃園市成功路二段 133 號 | |
| 曾銘山 | 2011/06/07 | 0921-841-340 | | 有資料未填寫 |
| 林佩璇 | 2013/01/03 | 0968-575-278 | 新竹市香山區五福路二段 565 號 | |
| 陳欣蘭 | 2005/11/28 | 0912-315-877 | 台南市安平區永華路二段 10 號 | |
| 連煒婷 | 2014/05/28 | 0913-765-496 | 新北市土城區承天路 65 號 | |
| 黃佳芬 | 1979/05/13 | 0923-812-346 | 高雄市苓雅區和平一路 115號 | |

為了方便聯絡會員，我們希望這些欄位都要填寫，若有一項沒填就出現提示訊息

## 操作步驟

### 01 用 COUNTA 計算欄位個數

請開啟**練習檔案\Part 2\Unit _ 041**，在 F3 儲存格輸入如下公式，若欄位個數等於 4，表示每一欄都有資料，若不等於 4，表示有資料未填。

```
=IF(COUNTA(B3:E3)=4,"","有資料未輸入")
```

若欄位數等於 4，表示每一欄都有資料，儲存格維持空白不顯示訊息

若欄位數不等於 4，表示有欄位沒有資料，在儲存格顯示「有資料未輸入」

F3 =IF(COUNTA(B3:E3)=4, "", "有資料未填寫")

| | A | B | C | D | E | F |
|---|---|---|---|---|---|---|
| 1 | | | | 會員資料 | | |
| 2 | | 姓名 | 生日 | 手機號碼 | 地址 | 確認結果 |
| 3 | | 謝辛如 | 1998/02/22 | 0956-324-312 | 台北市忠孝東路一段 333 號 | |
| 4 | | 許育弘 | 2002/08/11 | 0935-963-854 | 新北市新莊區中正路 577 號 | |
| 5 | | | 1983/05/08 | 0954-071-435 | 台中市西區英才路 212 號 | |
| 6 | | 林亞倩 | 1992/05/10 | 0913-410-599 | 台北市南港區經貿二號 1 號 | |
| 7 | | 王郁昌 | 1995/02/12 | 0972-371-299 | 台北市重慶南路一段 8 號 | |
| 8 | | 宋智鈞 | 2008/08/29 | 0933-250-036 | 新北市板橋區文化路二段 10 號 | |
| 9 | | 黃裕翔 | 2008/12/05 | 0934-750-620 | | |
| 10 | | 姚欣穎 | 2011/12/30 | 0954-647-127 | 台中市西屯區朝富路 188 號 | |
| 11 | | 陳美珍 | 1986/11/18 | | 新北市中和區安邦街 33 號 | |

由於此筆資料每一欄都有填寫，因此輸入公式後不會出現任何訊息

| COUNTA 函數 | |
|---|---|
| 說明 | 計算範圍中不是空白的儲存格數量。 |
| 語法 | **=COUNTA(數值 1, [數值 2],……)** |
| 數值 | 指定要計算的值或儲存格範圍的資料總數。 |

COUNTA 會計算的類型包含「錯誤值」及「空白文字 ("")」。例如，公式回傳的空字串，會一併計算。

## 02 往下複製公式

接著，將 F3 儲存格的公式往下複製到 F27 儲存格。複製後會出現**自動填滿選項**鈕，請按下此鈕，選擇**填滿但不填入格式**選項。

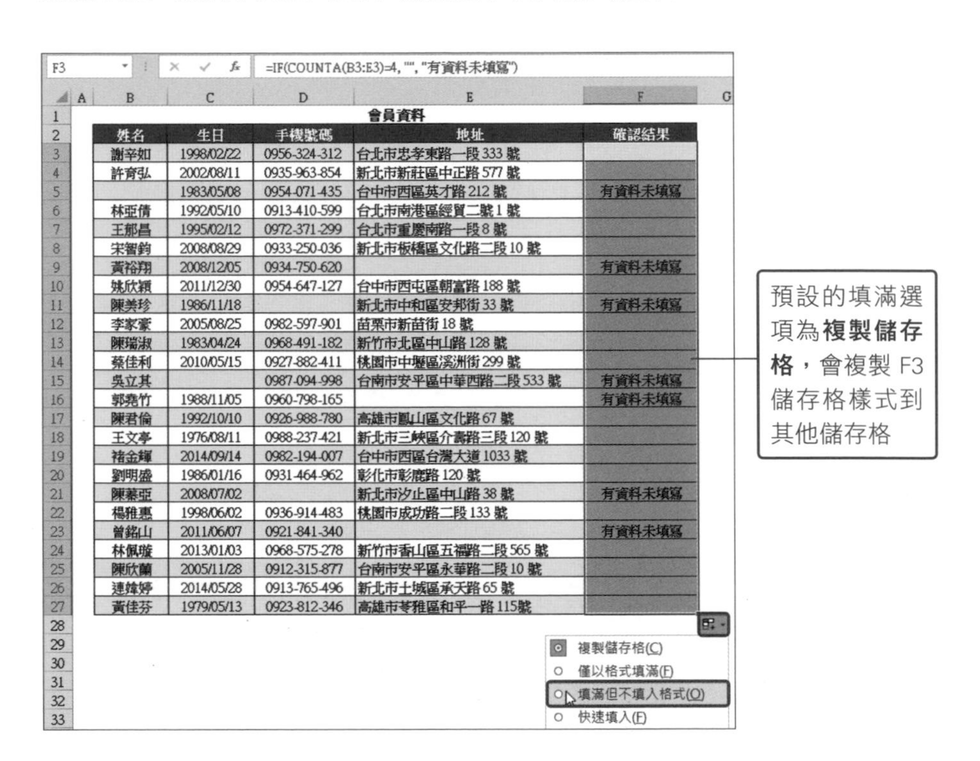

F3 =IF(COUNTA(B3:E3)=4, "", "有資料未填寫")

| 姓名 | 生日 | 手機號碼 | 地址 | 確認結果 |
|---|---|---|---|---|
| 謝辛如 | 1998/02/22 | 0956-324-312 | 台北市忠孝東路一段 333 號 | |
| 許育弘 | 2002/08/11 | 0935-963-854 | 新北市新莊區中正路 577 號 | |
| | 1983/05/08 | 0954-071-435 | 台中市西區英才路 212 號 | 有資料未填寫 |
| 林亞倩 | 1992/05/10 | 0913-410-599 | 台北市南港區經貿二號 1 號 | |
| 王郁昌 | 1995/02/12 | 0972-371-299 | 台北市重慶南路一段 8 號 | |
| 宋智鈞 | 2008/08/29 | 0933-250-036 | 新北市板橋區文化路二段 10 號 | |
| 黃裕翔 | 2008/12/05 | 0934-750-620 | | 有資料未填寫 |
| 姚欣穎 | 2011/12/30 | 0954-647-127 | 台中市西屯區朝富路 188 號 | |
| 陳美珍 | 1986/11/18 | | 新北市中和區安邦街 33 號 | 有資料未填寫 |
| 李家豪 | 2005/08/25 | 0982-597-901 | 苗栗市新苗街 18 號 | |
| 陳瑞淑 | 1983/04/24 | 0968-491-182 | 新竹市北區中山路 128 號 | |
| 蔡佳利 | 2010/05/15 | 0927-882-411 | 桃園市中壢區溪洲街 299 號 | |
| 吳立其 | | 0987-094-998 | 台南市安平區中華西路二段 533 號 | 有資料未填寫 |
| 郭堯竹 | 1988/11/05 | 0960-798-165 | | 有資料未填寫 |
| 陳君倫 | 1992/10/10 | 0926-988-780 | 高雄市鳳山區文化路 67 號 | |
| 王文亭 | 1976/08/11 | 0988-237-421 | 新北市三峽區介壽路三段 120 號 | |
| 褚金輝 | 2014/09/14 | 0982-194-007 | 台中市西區台灣大道 1033 號 | |
| 劉明盛 | 1986/01/16 | 0931-464-962 | 彰化市彰鹿路 120 號 | |
| 陳蓁亞 | 2008/07/02 | | 新北市汐止區中山路 38 號 | 有資料未填寫 |
| 楊雅惠 | 1998/06/02 | 0936-914-483 | 桃園市成功路二段 133 號 | |
| 曾銘山 | 2011/06/07 | 0921-841-340 | | 有資料未填寫 |
| 林佩璇 | 2013/01/03 | 0968-575-278 | 新竹市香山區五福路二段 565 號 | |
| 陳欣蘭 | 2005/11/28 | 0912-315-877 | 台南市安平區永華路二段 10 號 | |
| 連煒婷 | 2014/05/28 | 0913-765-496 | 新北市土城區承天路 65 號 | |
| 黃佳芬 | 1979/05/13 | 0923-812-346 | 高雄市苓雅區和平一路 115號 | |



會員資料

| 姓名 | 生日 | 手機號碼 | 地址 | 確認結果 |
|---|---|---|---|---|
| 謝辛如 | 1998/02/22 | 0956-324-312 | 台北市忠孝東路一段 333 號 | |
| 許育弘 | 2002/08/11 | 0935-963-854 | 新北市新莊區中正路 577 號 | |
| | 1983/05/08 | 0954-071-435 | 台中市西區英才路 212 號 | 有資料未填寫 |
| 林亞倩 | 1992/05/10 | 0913-410-599 | 台北市南港區經貿二號 1 號 | |
| 王郁昌 | 1995/02/12 | 0972-371-299 | 台北市重慶南路一段 8 號 | |
| 宋智鈞 | 2008/08/29 | 0933-250-036 | 新北市板橋區文化路二段 10 號 | |
| 黃裕翔 | 2008/12/05 | 0934-750-620 | | 有資料未填寫 |
| 姚欣穎 | 2011/12/30 | 0954-647-127 | 台中市西屯區朝富路 188 號 | |
| 陳美珍 | 1986/11/18 | | 新北市中和區安邦街 33 號 | 有資料未填寫 |
| 李家豪 | 2005/08/25 | 0982-597-901 | 苗栗市新苗街 18 號 | |
| 陳瑞淑 | 1983/04/24 | 0968-491-182 | 新竹市北區中山路 128 號 | |
| 蔡佳利 | 2010/05/15 | 0927-882-411 | 桃園市中壢區溪洲街 299 號 | |
| 吳立其 | | 0987-094-998 | 台南市安平區中華西路二段 533 號 | 有資料未填寫 |
| 郭堯竹 | 1988/11/05 | 0960-798-165 | | 有資料未填寫 |
| 陳君倫 | 1992/10/10 | 0926-988-780 | 高雄市鳳山區文化路 67 號 | |
| 王文亭 | 1976/08/11 | 0988-237-421 | 新北市三峽區介壽路三段 120 號 | |
| 褚金輝 | 2014/09/14 | 0982-194-007 | 台中市西區台灣大道 1033 號 | |
| 劉明盛 | 1986/01/16 | 0931-464-962 | 彰化市彰鹿路 120 號 | |
| 陳蓁亞 | 2008/07/02 | | 新北市汐止區中山路 38 號 | 有資料未填寫 |
| 楊雅惠 | 1998/06/02 | 0936-914-483 | 桃園市成功路二段 133 號 | |
| 曾銘山 | 2011/06/07 | 0921-841-340 | | 有資料未填寫 |
| 林佩璇 | 2013/01/03 | 0968-575-278 | 新竹市香山區五福路二段 565 號 | |
| 陳欣蘭 | 2005/11/28 | 0912-315-877 | 台南市安平區永華路二段 10 號 | |
| 連煒婷 | 2014/05/28 | 0913-765-496 | 新北市土城區承天路 65 號 | |
| 黃佳芬 | 1979/05/13 | 0923-812-346 | 高雄市苓雅區和平一路 115號 | |

改選**填滿但不填入格式**選項，就只會填入公式，不影響儲存格格式

## ☑ 補充說明　在公式中計算欄位個數

剛才的範例，我們直接在公式中的 COUNTA 輸入 4，(表示 4 個欄位)，若是想直接在公式中計算欄位個數，可改用 COLUMNS 函數。請開啟**練習檔案\Part 2\Unit_041_補充說明**，在 F3 儲存格輸入如下的公式。

**=IF(COUNTA(B3:E3)=COLUMNS(B3:E3), "", "有資料未填寫")**

- COUNTA(B3:E3)：計算 B3:E3 儲存格範圍的個數
- COLUMNS(B3:E3)：計算 B3:E3 共有幾欄

F3　=IF(COUNTA(B3:E3)=COLUMNS(B3:E3), "", "有資料未填寫")

會員資料

| | 姓名 | 生日 | 手機號碼 | 地址 | 確認結果 |
|---|---|---|---|---|---|
| 3 | 謝辛如 | 1998/02/22 | 0956-324-312 | 台北市忠孝東路一段 333 號 | |
| 4 | 許育弘 | 2002/08/11 | 0935-963-854 | 新北市新莊區中正路 577 號 | |
| 5 | | 1983/05/08 | 0954-071-435 | 台中市西區英才路 212 號 | 有資料未填寫 |
| 6 | 林亞倩 | 1992/05/10 | 0913-410-599 | 台北市南港區經貿二號 1 號 | |
| 7 | 王郁昌 | 1995/02/12 | 0972-371-299 | 台北市重慶南路一段 8 號 | |
| 8 | 宋智鈞 | 2008/08/29 | 0933-250-036 | 新北市板橋區文化路二段 10 號 | |
| 9 | 黃裕翔 | 2008/12/05 | 0934-750-620 | | 有資料未填寫 |
| 10 | 姚欣穎 | 2011/12/30 | 0954-647-127 | 台中市西屯區朝富路 188 號 | |
| 11 | 陳美珍 | 1986/11/18 | | 新北市中和區安邦街 33 號 | 有資料未填寫 |
| 12 | 李家豪 | 2005/08/25 | 0982-597-901 | 苗栗市新苗街 18 號 | |
| 13 | 陳瑞淑 | 1983/04/24 | 0968-491-182 | 新竹市北區中山路 128 號 | |
| 14 | 蔡佳利 | 2010/05/15 | 0927-882-411 | 桃園市中壢區溪洲街 299 號 | |
| 15 | 吳立其 | | 0987-094-998 | 台南市安平區中華西路二段 533 號 | 有資料未填寫 |
| 16 | 郭堯竹 | 1988/11/05 | 0960-798-165 | | 有資料未填寫 |
| 17 | 陳君倫 | 1992/10/10 | 0926-988-780 | 高雄市鳳山區文化路 67 號 | |
| 18 | 王文亭 | 1976/08/11 | 0988-237-421 | 新北市三峽區介壽路三段 120 號 | |
| 19 | 褚金輝 | 2014/09/14 | 0982-194-007 | 台中市西區台灣大道 1033 號 | |
| 20 | 劉明盛 | 1986/01/16 | 0931-464-962 | 彰化市彰鹿路 120 號 | |
| 21 | 陳蓁亞 | 2008/07/02 | | 新北市汐止區中山路 38 號 | 有資料未填寫 |
| 22 | 楊雅惠 | 1998/06/02 | 0936-914-483 | 桃園市成功路二段 133 號 | |
| 23 | 曾銘山 | 2011/06/07 | 0921-841-340 | | 有資料未填寫 |
| 24 | 林佩璇 | 2013/01/03 | 0968-575-278 | 新竹市香山區五福路二段 565 號 | |
| 25 | 陳欣蘭 | 2005/11/28 | 0912-315-877 | 台南市安平區永華路二段 10 號 | |
| 26 | 連煒婷 | 2014/05/28 | 0913-765-496 | 新北市土城區承天路 65 號 | |
| 27 | 黃佳芬 | 1979/05/13 | 0923-812-346 | 高雄市苓雅區和平一路 115號 | |

| COLUMNS 函數 | |
|---|---|
| 說明 | 回傳指定陣列或參照的欄數。 |
| 語法 | =COLUMNS(陣列) |
| 陣列 | 指定想要取得欄數的儲存格範圍或陣列。 |

## ☑ 舉一反三　確認問卷是否輸入數值資料

在統計問卷資料時，為了加快輸入速度，會直接以問卷題號的數字填入，後續再用「取代」功能將數字取代成選項對應的文字。為了避免輸入錯誤或是原問卷就沒有正確填寫，希望能在最後一欄檢查輸入的資料是否為數字。請開啟**練習檔案\Part 2\Unit_041_舉一反三**，在 J2 儲存格輸入「=IF(COUNT(F2:I2)=4,"OK","有欄位非數值")」。

**=IF(COUNT(F2:I2)=4,"OK","有欄位非數值")**

計算 F2:I2 儲存格範圍有幾個數值格式，若等於 4，表示每一欄都是數值資料，則會顯示「OK」

若不等於 4，表示有欄位不是數值資料，就會顯示「有欄位非數值」的訊息

J2　=IF(COUNT(F2:I2)=4, "OK", "有欄位非數值")

| | A | B | C | D | E | F | G | H | I | J |
|---|---|---|---|---|---|---|---|---|---|---|
| 1 | 編號 | 性別 | 教育程度 | 職業 | 月收入 | 多久看一次電影 | 是否加入影城會員 | 一年看幾部電影 | 是否會看線上付費電影 | Check |
| 2 | 001 | a1 | c3 | d3 | e2 | 11 | 21 | 31 | 41 | OK |
| 3 | 002 | a2 | c3 | d3 | e2 | 12 | 21 | 31 | 42 | OK |
| 4 | 003 | a1 | c4 | d4 | e2 | 12 | 22 | 31 | NO | 有欄位非數值 |
| 5 | 004 | a1 | c3 | d4 | e2 | 11 | 22 | 32 | 42 | OK |
| 6 | 005 | a1 | c4 | d3 | e2 | 13 | 22 | 32 | 43 | OK |
| 7 | 006 | a2 | c3 | d5 | e2 | 14 | 21 | | 42 | 有欄位非數值 |
| 8 | 007 | a2 | c3 | d3 | e3 | 11 | 22 | 33 | 43 | OK |
| 9 | 008 | a1 | c3 | d4 | e2 | 15 | 22 | 32 | 42 | OK |
| 10 | 009 | a2 | c4 | d3 | e3 | 11 | 21 | 33 | 41 | OK |
| 11 | 010 | a2 | c2 | d6 | e2 | | 22 | 32 | 43 | 有欄位非數值 |
| 12 | 011 | a2 | c2 | d6 | e3 | 12 | 22 | 31 | 42 | OK |
| 13 | 012 | a2 | c3 | d2 | e2 | 12 | 21 | 31 | 41 | OK |
| 14 | 013 | a1 | c1 | d3 | e1 | 13 | 22 | 31 | 41 | OK |
| 15 | 014 | a1 | c2 | d4 | e2 | 13 | 22 | 32 | 42 | OK |
| 16 | 015 | a1 | c4 | d5 | e3 | 14 | 否 | 33 | 43 | 有欄位非數值 |
| 17 | 016 | a1 | c3 | d3 | e2 | 15 | 21 | 31 | 42 | OK |
| 18 | 017 | a1 | c3 | d2 | e3 | 11 | 22 | 32 | 44 | OK |
| 19 | 018 | a2 | c4 | d4 | e2 | 11 | 22 | 33 | 43 | OK |
| 20 | 019 | a1 | c3 | d7 | e3 | 12 | 21 | 31 | 45 | OK |
| 21 | 020 | a2 | c4 | d5 | e4 | 13 | 22 | 32 | 43 | OK |
| 22 | 021 | a2 | c3 | d4 | e3 | 14 | 21 | 33 | 44 | OK |

儲存格不是數值資料（例如：「空白」或是誤植為「文字」），就會顯示訊息

| COUNT 函數 | |
|---|---|
| **說明** | 計算含有數值的儲存格個數。 |
| **語法** | **=COUNT(數值 1, [數值 2],……)** |
| **數值** | 指定要計算的值或儲存格範圍的數值個數。 |

# Unit 042 找出 0 以外的最小值

**範　例**　想找出不包含 0 的最少銷售台數

COUNTIF　SMALL　IF　MIN

## 範例說明

想從當月的銷售統計表中找出銷售台數最少的數量，但是輸入 MIN 函數找到的最小值為「0」，有什麼方法可以找出 0 以外的最小值嗎？

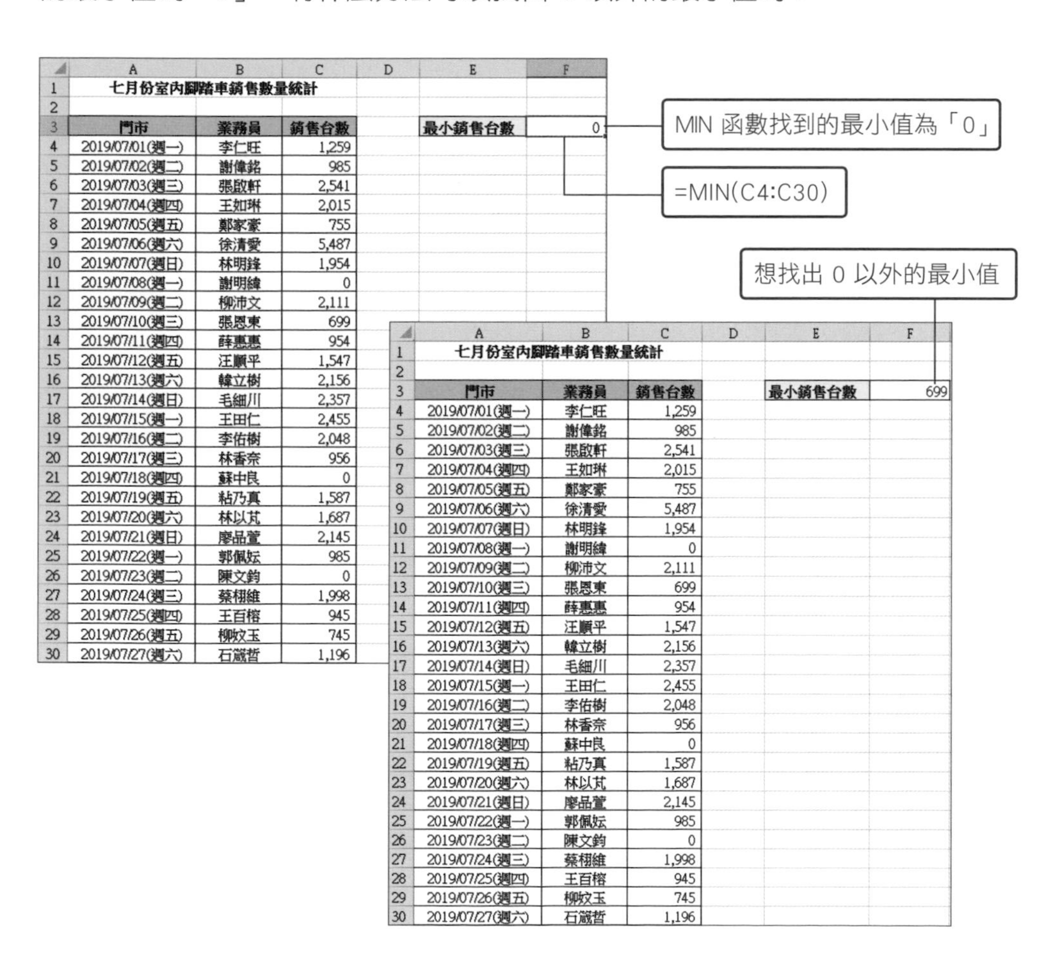


| | A | B | C | D | E | F |
|---|---|---|---|---|---|---|
| 1 | 七月份室內腳踏車銷售數量統計 | | | | | |
| 2 | | | | | | |
| 3 | 門市 | 業務員 | 銷售台數 | | 最小銷售台數 | 0 |
| 4 | 2019/07/01(週一) | 李仁旺 | 1,259 | | | |
| 5 | 2019/07/02(週二) | 謝偉銘 | 985 | | | |
| 6 | 2019/07/03(週三) | 張啟軒 | 2,541 | | | |
| 7 | 2019/07/04(週四) | 王如琳 | 2,015 | | | |
| 8 | 2019/07/05(週五) | 鄭家豪 | 755 | | | |
| 9 | 2019/07/06(週六) | 徐清愛 | 5,487 | | | |
| 10 | 2019/07/07(週日) | 林明鋒 | 1,954 | | | |
| 11 | 2019/07/08(週一) | 謝明緯 | 0 | | | |
| 12 | 2019/07/09(週二) | 柳沛文 | 2,111 | | | |
| 13 | 2019/07/10(週三) | 張恩東 | 699 | | | |
| 14 | 2019/07/11(週四) | 薛惠惠 | 954 | | | |
| 15 | 2019/07/12(週五) | 汪順平 | 1,547 | | | |
| 16 | 2019/07/13(週六) | 韓立樹 | 2,156 | | | |
| 17 | 2019/07/14(週日) | 毛細川 | 2,357 | | | |
| 18 | 2019/07/15(週一) | 王田仁 | 2,455 | | | |
| 19 | 2019/07/16(週二) | 李佑樹 | 2,048 | | | |
| 20 | 2019/07/17(週三) | 林香奈 | 956 | | | |
| 21 | 2019/07/18(週四) | 蘇中良 | 0 | | | |
| 22 | 2019/07/19(週五) | 粘乃真 | 1,587 | | | |
| 23 | 2019/07/20(週六) | 林以芃 | 1,687 | | | |
| 24 | 2019/07/21(週日) | 廖品萱 | 2,145 | | | |
| 25 | 2019/07/22(週一) | 郭佩妘 | 985 | | | |
| 26 | 2019/07/23(週二) | 陳文鈞 | 0 | | | |
| 27 | 2019/07/24(週三) | 蔡栩維 | 1,998 | | | |
| 28 | 2019/07/25(週四) | 王百榕 | 945 | | | |
| 29 | 2019/07/26(週五) | 柳妏玉 | 745 | | | |
| 30 | 2019/07/27(週六) | 石箴哲 | 1,196 | | | |

| | A | B | C | D | E | F |
|---|---|---|---|---|---|---|
| 1 | 七月份室內腳踏車銷售數量統計 | | | | | |
| 2 | | | | | | |
| 3 | 門市 | 業務員 | 銷售台數 | | 最小銷售台數 | 699 |
| 4 | 2019/07/01(週一) | 李仁旺 | 1,259 | | | |
| 5 | 2019/07/02(週二) | 謝偉銘 | 985 | | | |
| 6 | 2019/07/03(週三) | 張啟軒 | 2,541 | | | |
| 7 | 2019/07/04(週四) | 王如琳 | 2,015 | | | |
| 8 | 2019/07/05(週五) | 鄭家豪 | 755 | | | |
| 9 | 2019/07/06(週六) | 徐清愛 | 5,487 | | | |
| 10 | 2019/07/07(週日) | 林明鋒 | 1,954 | | | |
| 11 | 2019/07/08(週一) | 謝明緯 | 0 | | | |
| 12 | 2019/07/09(週二) | 柳沛文 | 2,111 | | | |
| 13 | 2019/07/10(週三) | 張恩東 | 699 | | | |
| 14 | 2019/07/11(週四) | 薛惠惠 | 954 | | | |
| 15 | 2019/07/12(週五) | 汪順平 | 1,547 | | | |
| 16 | 2019/07/13(週六) | 韓立樹 | 2,156 | | | |
| 17 | 2019/07/14(週日) | 毛細川 | 2,357 | | | |
| 18 | 2019/07/15(週一) | 王田仁 | 2,455 | | | |
| 19 | 2019/07/16(週二) | 李佑樹 | 2,048 | | | |
| 20 | 2019/07/17(週三) | 林香奈 | 956 | | | |
| 21 | 2019/07/18(週四) | 蘇中良 | 0 | | | |
| 22 | 2019/07/19(週五) | 粘乃真 | 1,587 | | | |
| 23 | 2019/07/20(週六) | 林以芃 | 1,687 | | | |
| 24 | 2019/07/21(週日) | 廖品萱 | 2,145 | | | |
| 25 | 2019/07/22(週一) | 郭佩妘 | 985 | | | |
| 26 | 2019/07/23(週二) | 陳文鈞 | 0 | | | |
| 27 | 2019/07/24(週三) | 蔡栩維 | 1,998 | | | |
| 28 | 2019/07/25(週四) | 王百榕 | 945 | | | |
| 29 | 2019/07/26(週五) | 柳妏玉 | 745 | | | |
| 30 | 2019/07/27(週六) | 石箴哲 | 1,196 | | | |

## 操作步驟

**01** **用 COUNTIF 函數計算儲存格個數，再用 SMALL 函數找出最小值**

請開啟**練習檔案\Part 2\Unit _ 042**，在 F3 儲存格輸入如下的公式，我們要利用 COUNTIF 函數計算含有「0」的儲存格個數，再將數值 +1，就可以用 SMALL 函數找出第 4 個最小值。

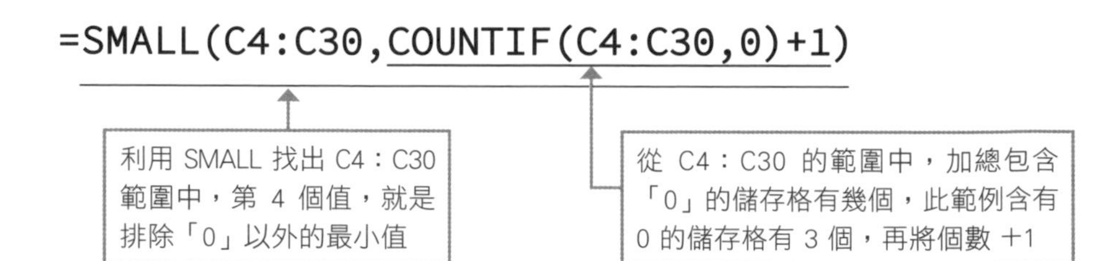

F3 =SMALL(C4:C30,COUNTIF(C4:C30,0)+1)

| | A | B | C | D | E | F |
|---|---|---|---|---|---|---|
| 1 | 七月份室內腳踏車銷售數量統計 | | | | | |
| 2 | | | | | | |
| 3 | 門市 | 業務員 | 銷售台數 | | 最小銷售台數 | 699 |
| 4 | 2019/07/01(週一) | 李仁旺 | 1,259 | | | |
| 5 | 2019/07/02(週二) | 謝偉銘 | 985 | | | |
| 6 | 2019/07/03(週三) | 張啟軒 | 2,541 | | | |
| 7 | 2019/07/04(週四) | 王如琳 | 2,015 | | | |
| 8 | 2019/07/05(週五) | 鄭家豪 | 755 | | | |
| 9 | 2019/07/06(週六) | 徐清愛 | 5,487 | | | |
| 10 | 2019/07/07(週日) | 林明鋒 | 1,954 | | | |
| 11 | 2019/07/08(週一) | 謝明緯 | 0 | | | |
| 12 | 2019/07/09(週二) | 柳沛文 | 2,111 | | | |
| 13 | 2019/07/10(週三) | 張恩東 | 699 | | | |
| 14 | 2019/07/11(週四) | 薛惠惠 | 954 | | | |
| 15 | 2019/07/12(週五) | 汪順平 | 1,547 | | | |
| 16 | 2019/07/13(週六) | 韓立樹 | 2,156 | | | |
| 17 | 2019/07/14(週日) | 毛細川 | 2,357 | | | |
| 18 | 2019/07/15(週一) | 王田仁 | 2,455 | | | |
| 19 | 2019/07/16(週二) | 李佑樹 | 2,048 | | | |
| 20 | 2019/07/17(週三) | 林香奈 | 956 | | | |
| 21 | 2019/07/18(週四) | 蘇中良 | 0 | | | |
| 22 | 2019/07/19(週五) | 粘乃真 | 1,587 | | | |
| 23 | 2019/07/20(週六) | 林以芃 | 1,687 | | | |
| 24 | 2019/07/21(週日) | 廖品萱 | 2,145 | | | |
| 25 | 2019/07/22(週一) | 郭佩妘 | 985 | | | |
| 26 | 2019/07/23(週二) | 陳文鈞 | 0 | | | |
| 27 | 2019/07/24(週三) | 蔡栩維 | 1,998 | | | |
| 28 | 2019/07/25(週四) | 王百榕 | 945 | | | |
| 29 | 2019/07/26(週五) | 柳妏玉 | 745 | | | |
| 30 | 2019/07/27(週六) | 石箴哲 | 1,196 | | | |



| 銷售台數 | 第幾個值 |
|---|---|
| 0 | 1 |
| 0 | 2 |
| 0 | 3 |
| 699 | 4 |
| 745 | 5 |
| 755 | 6 |
| 945 | 7 |
| 依此類推 | |

## ☑ 舉一反三　改用 MIN + IF 函數

單獨使用 MIN 函數沒辦法找到除了「0」以外的最小值，但如果搭配 IF 函數做判斷，就可以達到想要的結果了。請開啟**練習檔案\Part 2\Unit_042_舉一反三**，在 F3 儲存格輸入如下的公式：

```
=MIN(IF(C4:C30>0,C4:C30,FALSE))
```

從 C4：C30 的範圍中找出大於 0 的陣列，再利用 MIN 函數找出其中的最小值

F3　{=MIN(IF(C4:C30>0,C4:C30,FALSE))}

| | A | B | C | D | E | F | G |
|---|---|---|---|---|---|---|---|
| 1 | 七月份室內腳踏車銷售數量統計 | | | | | | |
| 2 | | | | | | | |
| 3 | 門市 | 業務員 | 銷售台數 | | 最小銷售台數 | 699 | |
| 4 | 2019/07/01(週一) | 李仁旺 | 1,259 | | | | |
| 5 | 2019/07/02(週二) | 謝偉銘 | 985 | | | | |
| 6 | 2019/07/03(週三) | 張啟軒 | 2,541 | | | | |
| 7 | 2019/07/04(週四) | 王如琳 | 2,015 | | | | |
| 8 | 2019/07/05(週五) | 鄭家豪 | 755 | | | | |
| 9 | 2019/07/06(週六) | 徐清愛 | 5,487 | | | | |
| 10 | 2019/07/07(週日) | 林明鋒 | [illegible] | | | | |
| 11 | 2019/07/08(週一) | 謝明緯 | [illegible] | | | | |
| 12 | 2019/07/09(週二) | 柳沛文 | 2,111 | | | | |
| 13 | 2019/07/10(週三) | 張恩東 | 699 | | | | |
| 14 | 2019/07/11(週四) | 薛惠惠 | 954 | | | | |
| 15 | 2019/07/12(週五) | 汪順平 | 1,547 | | | | |
| 16 | 2019/07/13(週六) | 韓立樹 | 2,156 | | | | |
| 17 | 2019/07/14(週日) | 毛細川 | 2,357 | | | | |
| 18 | 2019/07/15(週一) | 王田仁 | 2,455 | | | | |
| 19 | 2019/07/16(週二) | 李佑樹 | 2,048 | | | | |
| 20 | 2019/07/17(週三) | 林香奈 | 956 | | | | |
| 21 | 2019/07/18(週四) | 蘇中良 | 0 | | | | |
| 22 | 2019/07/19(週五) | 粘乃真 | 1,587 | | | | |
| 23 | 2019/07/20(週六) | 林以芃 | 1,687 | | | | |
| 24 | 2019/07/21(週日) | 廖品萱 | 2,145 | | | | |
| 25 | 2019/07/22(週一) | 郭佩妘 | 985 | | | | |
| 26 | 2019/07/23(週二) | 陳文鈞 | 0 | | | | |
| 27 | 2019/07/24(週三) | 蔡栩維 | 1,998 | | | | |
| 28 | 2019/07/25(週四) | 王百榕 | 945 | | | | |
| 29 | 2019/07/26(週五) | 柳旼玉 | 745 | | | | |
| 30 | 2019/07/27(週六) | 石箴哲 | 1,196 | | | | |

輸入公式後，記得按下 Ctrl ＋ Shift ＋ Enter 鍵

Unit 043

# 依指定的數值顯示符號

**範　例**　依問卷調查的分數給予星等

SUM　REPT

## 範例說明

為了提升服務品質同時也獎勵維修人員，希望客戶對到府維修人員進行滿意度評分，總分最高為 10 分，最後交由行政人員統計總分，並以「★」標示，達到 10 顆「★」給予獎金 3,000 元。

| | A | B | C | D | E | F | G |
|---|---|---|---|---|---|---|---|
| 1 | 到府維修人員滿意度評分 | | | | | | |
| 2 | | 服務態度 | 專業解說力 | 維修細膩度 | 評分 | 獎金 | |
| 3 | 張基正 | 3 | 2 | 3 | ★★★★★★★★ | | |
| 4 | 李榕偉 | 2 | 3 | 4 | ★★★★★★★★★ | | |
| 5 | 謝漢平 | 3 | 1 | 3 | ★★★★★★★ | | |
| 6 | 林偉哲 | 4 | 3 | 3 | ★★★★★★★★★★ | 獎金三千元 | |
| 7 | 張銘仁 | 3 | 4 | 1 | ★★★★★★★★ | | |
| 8 | 許正賢 | 1 | 2 | 3 | ★★★★★★ | | |

要如何以「★」顯示評分呢？

## 操作步驟

### 01 用 REPT 函數顯示「★」

請開啟**練習檔案\Part 2\Unit _ 043**，在 E3 儲存格輸入「=REPT("★",SUM(B3:D3))」❶，接著將公式往下複製到 E8 儲存格 ❷。

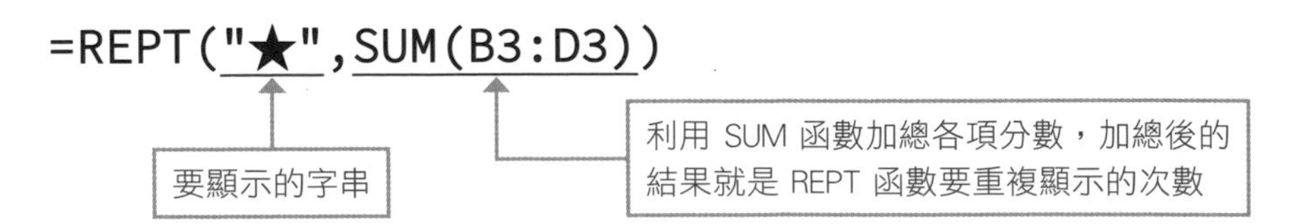

E3 =REPT("★",SUM(B3:D3))

| | A | B | C | D | E | F |
|---|---|---|---|---|---|---|
| 1 | 到府維修人員滿意度評分 | | | | | |
| 2 | | 服務態度 | 專業解說力 | 維修細膩度 | 評分 | 獎金 |
| 3 | 張基正 | 3 | 2 | 3 | ★★★★★★★★ | |
| 4 | 李榕偉 | 2 | 3 | 4 | ★★★★★★★★★ | |
| 5 | 謝漢平 | 3 | 1 | 3 | ★★★★★★★ | |
| 6 | 林偉哲 | 4 | 3 | 3 | ★★★★★★★★★★ | |
| 7 | 張銘仁 | 3 | 4 | 1 | ★★★★★★★★ | |
| 8 | 許正賢 | 1 | 2 | 3 | ★★★★★★ | |
| 9 | | | | | | |

❶ ❷

| REPT 函數 | |
|---|---|
| 說明 | 依指定的次數重複顯示文字。 |
| 語法 | **=REPT(文字, 重複的次數)** |
| 文字 | 文字或有文字內容的儲存格。若直接輸入文字、符號，要用半形雙引號將文字、符號括住。 |
| 重複的次數 | 指定「文字」重複的次數。若設為「0」，會回傳空白文字。 |

## 02 計算獎金

接著，在 F3 儲存格輸入「=IF(SUM(B3:D3)=10,"獎金三千元","")」❶，若各項分數加總等於 10 就顯示「獎金三千元」，若分數小於10，就顯示空白。再將公式往下複製到 F8 儲存格 ❷。

F3 =IF(SUM(B3:D3)=10,"獎金三千元","")

| | A | B | C | D | E | F |
|---|---|---|---|---|---|---|
| 1 | 到府維修人員滿意度評分 | | | | | |
| 2 | | 服務態度 | 專業解說力 | 維修細膩度 | 評分 | 獎金 |
| 3 | 張基正 | 3 | 2 | 3 | ★★★★★★★★ | |
| 4 | 李榕偉 | 2 | 3 | 4 | ★★★★★★★★★ | |
| 5 | 謝漢平 | 3 | 1 | 3 | ★★★★★★★ | |
| 6 | 林偉哲 | 4 | 3 | 3 | ★★★★★★★★★★ | 獎金三千元 |
| 7 | 張銘仁 | 3 | 4 | 1 | ★★★★★★★★ | |
| 8 | 許正賢 | 1 | 2 | 3 | ★★★★★★ | |
| 9 | | | | | | |

❶ ❷

## ☑ 舉一反三　依得分顯示「★」及「☆」

剛才的範例會依總得分顯示「★」，但這樣不容易知道滿分是幾分。若是能在得分的右側加上「☆」，比較容易了解。請開啟**練習檔案\Part 2\Unit_043_舉一反三**，在 F3 儲存格輸入如下的公式：

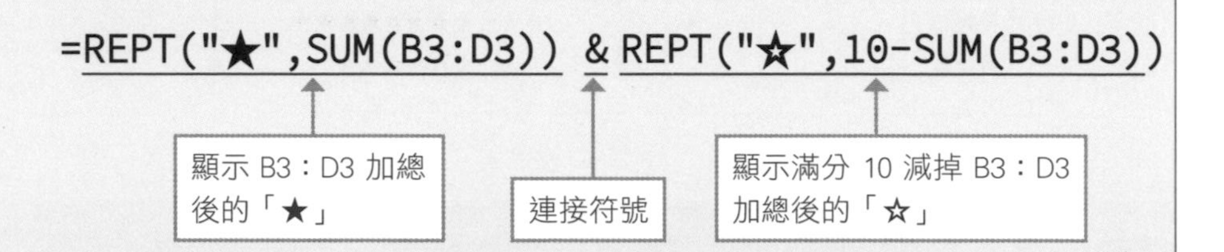


E3　=REPT("★",SUM(B3:D3))&REPT("☆",10-SUM(B3:D3))

| | A | B | C | D | E |
|---|---|---|---|---|---|
| 1 | 到府維修人員滿意度評分 | | | | |
| 2 | | 服務態度 | 專業解說力 | 維修細心度 | 評分 |
| 3 | 張基正 | 3 | 2 | 3 | ★★★★★★★★☆☆ |
| 4 | 李榕偉 | 2 | 3 | 4 | ★★★★★★★★★☆ |
| 5 | 謝漢平 | 3 | 1 | 3 | ★★★★★★★☆☆☆ |
| 6 | 林偉哲 | 4 | 3 | 3 | ★★★★★★★★★★ |
| 7 | 張銘仁 | 3 | 4 | 1 | ★★★★★★★★☆☆ |
| 8 | 許正賢 | 1 | 2 | 3 | ★★★★★★☆☆☆☆ |
| 9 | | | | | |

Unit
# 044 找出滿足條件的唯一記錄

**範　例**　想知道銷售金額最高的商品是哪一項？

MAX DGET

## 範例說明

想知道「文具 / 用品展」期間賣最好的商品是哪一項，雖然可以用降冪排序快速找出「銷售金額」最大的數字，但若不想改變目前的資料順序，有沒有更好的方法呢？

| | A | B | C | D | E | F | G | H |
|---|---|---|---|---|---|---|---|---|
| 1 | | 文具 / 用品展銷售統計 | | | | | | |
| 2 | 日期 | 品名 | 單價 | 數量 | 銷售金額 | | 銷售金額 | 品名 |
| 3 | 8/1 | 木質裁紙機 | 899 | 1,259 | 1,131,841 | | 19,208,000 | 桌上型圓角機 |
| 4 | 8/2 | 紅外線測溫槍 | 590 | 985 | 581,150 | | | |
| 5 | 8/3 | 強力二孔打孔機 | 1,540 | 2,541 | 3,913,140 | | | |
| 6 | 8/4 | 糖度儀/甜度計 | 990 | 2,015 | 1,994,850 | | | |
| 7 | 8/5 | 桌上型圓角機 | 3,500 | 5,488 | 19,208,000 | | | |
| 8 | 8/6 | 木質裁紙機 | 899 | 5,487 | 4,932,813 | | | |
| 9 | 8/7 | 充電式紅光雷射筆 | 498 | 1,954 | 973,092 | | | |
| 10 | 8/8 | 桌上型圓角機 | 3,500 | 2,548 | 8,918,000 | | | |
| 11 | 8/9 | 充電式紅光雷射筆 | 498 | 2,111 | 1,051,278 | | | |
| 12 | 8/10 | 6 位數自動跳號號碼機 | 670 | 2,159 | 1,446,530 | | | |
| 13 | 8/11 | 便攜手持電子放大鏡 | 1,200 | 3,574 | 4,288,800 | | | |
| 14 | 8/12 | 紅外線測溫槍 | 590 | 1,547 | 912,730 | | | |
| 15 | 8/13 | 充電式紅光雷射筆 | 498 | 2,156 | 1,073,688 | | | |
| 16 | 8/14 | 糖度儀/甜度計 | 990 | 2,357 | 2,333,430 | | | |
| 17 | 8/15 | 充電式紅光雷射筆 | 498 | 2,455 | 1,222,590 | | | |
| 18 | 8/16 | 鹽度計 | 1,090 | 2,048 | 2,232,320 | | | |
| 19 | 8/17 | 桌上型圓角機 | 3,500 | 4,587 | 16,054,500 | | | |
| 20 | 8/18 | 鹽度計 | 1,090 | 3,558 | 3,878,220 | | | |
| 21 | 8/19 | 數位照度計 | 790 | 1,587 | 1,253,730 | | | |
| 22 | 8/20 | 便攜手持電子放大鏡 | 1,200 | 1,687 | 2,024,400 | | | |

想找出賣最好的商品是哪一項？

## 操作步驟

**01** **用 MAX 函數找出銷售金額最高的資料**

請開啟**練習檔案\Part 2\Unit _ 044**，在 G3 儲存格輸入「=MAX(E3:E22)」，即可從「銷售金額」欄中找出數值最高的資料。

G3 =MAX(E3:E22)

| | A | B | C | D | E | F | G | H |
|---|---|---|---|---|---|---|---|---|
| 1 | | 文具 / 用品展銷售統計 | | | | | | |
| 2 | 日期 | 品名 | 單價 | 數量 | 銷售金額 | | 銷售金額 | 品名 |
| 3 | 8/1 | 木質裁紙機 | 899 | 1,259 | 1,131,841 | | 19,208,000 | |
| 4 | 8/2 | 紅外線測溫槍 | 590 | 985 | 581,150 | | | |
| 5 | 8/3 | 強力二孔打孔機 | 1,540 | 2,541 | 3,913,140 | | | |
| 6 | 8/4 | 糖度儀/甜度計 | 990 | 2,015 | 1,994,850 | | | |
| 7 | 8/5 | 桌上型圓角機 | 3,500 | 5,488 | 19,208,000 | | | |
| 8 | 8/6 | 木質裁紙機 | 899 | 5,487 | 4,932,813 | | | |
| 9 | 8/7 | 充電式紅光雷射筆 | 498 | 1,954 | 973,092 | | | |
| 10 | 8/8 | 桌上型圓角機 | 3,500 | 2,548 | 8,918,000 | | | |

| MAX 函數 | |
|---|---|
| 說明 | 取得最大值。 |
| 語法 | **=MAX(數值1, [數值2]……)** |
| 數值 | 指定要取得最大值的數值組或儲存格範圍。 |

## 02 用 DGET 函數搜尋符合條件的資料

接著，在 H3 儲存格輸入「=DGET(A2:E22,B2,G2:G3)」，我們要從資料表中找出銷售金額最高的商品名稱。

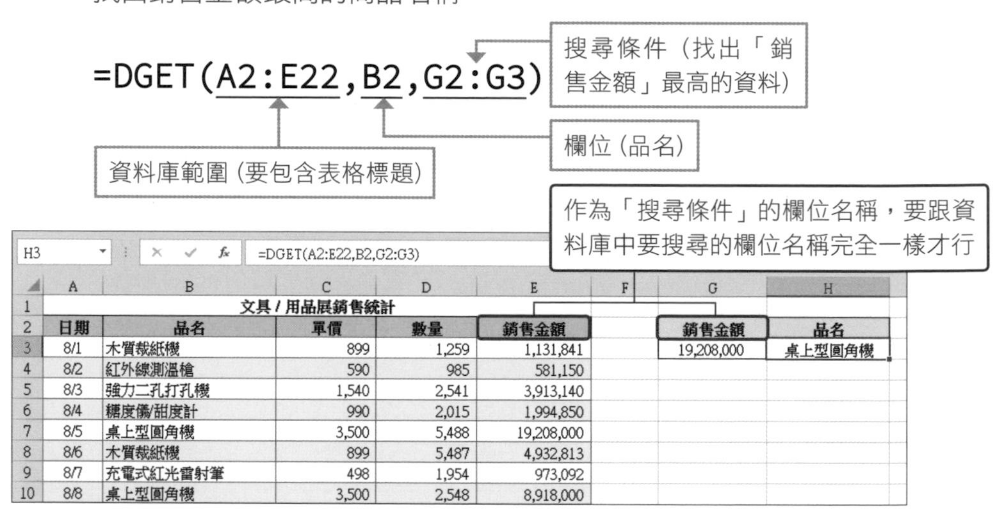


H3 =DGET(A2:E22,B2,G2:G3)

| | A | B | C | D | E | F | G | H |
|---|---|---|---|---|---|---|---|---|
| 1 | | 文具 / 用品展銷售統計 | | | | | | |
| 2 | 日期 | 品名 | 單價 | 數量 | 銷售金額 | | 銷售金額 | 品名 |
| 3 | 8/1 | 木質裁紙機 | 899 | 1,259 | 1,131,841 | | 19,208,000 | 桌上型圓角機 |
| 4 | 8/2 | 紅外線測溫槍 | 590 | 985 | 581,150 | | | |
| 5 | 8/3 | 強力二孔打孔機 | 1,540 | 2,541 | 3,913,140 | | | |
| 6 | 8/4 | 糖度儀/甜度計 | 990 | 2,015 | 1,994,850 | | | |
| 7 | 8/5 | 桌上型圓角機 | 3,500 | 5,488 | 19,208,000 | | | |
| 8 | 8/6 | 木質裁紙機 | 899 | 5,487 | 4,932,813 | | | |
| 9 | 8/7 | 充電式紅光雷射筆 | 498 | 1,954 | 973,092 | | | |
| 10 | 8/8 | 桌上型圓角機 | 3,500 | 2,548 | 8,918,000 | | | |

| DGET 函數 | |
|---|---|
| 說明 | 搜尋清單或資料庫中符合條件的單一值。 |
| 語法 | **=DGET(資料庫, 欄位, 搜尋條件)** |
| 資料庫 | 組成清單或資料庫的儲存格範圍。每一列就代表一筆「記錄」。 |
| 欄位 | 要依據「搜尋條件」找出此欄位中的值。 |
| 搜尋條件 | 含有你要指定條件的儲存格範圍。 |

# Unit 045 找出滿足多項條件的資料並加總

**範例** 同時找出 A 商品與 B 商品的資料並做加總

DSUM

## 範例說明

想要找出同質性的 A 商品與 B 商品，並將銷售金額加總，但是用 IF + SUM 函數有點麻煩，有沒有更簡單的方法呢？

| | A | B | C | D | E | F | G | H |
|---|---|---|---|---|---|---|---|---|
| 1 | 文具 / 用品展銷售統計 | | | | | | | |
| 2 | 日期 | 品名 | 單價 | 數量 | 銷售金額 | | 品名 | 兩項商品總額 |
| 3 | 8/1 | 木質裁紙機 | 899 | 1,259 | 1,131,841 | | 鹽度計 | 10,438,820 |
| 4 | 8/2 | 紅外線測溫槍 | 590 | 985 | 581,150 | | 糖度儀/甜度計 | |
| 5 | 8/3 | 強力二孔打孔機 | 1,540 | 2,541 | 3,913,140 | | | |
| 6 | 8/4 | 糖度儀/甜度計 | 990 | 2,015 | 1,994,850 | | | |
| 7 | 8/5 | 桌上型圓角機 | 3,500 | 5,488 | 19,208,000 | | | |
| 8 | 8/6 | 木質裁紙機 | 899 | 5,487 | 4,932,813 | | | |
| 9 | 8/7 | 充電式紅光雷射筆 | 498 | 1,954 | 973,092 | | | |
| 10 | 8/8 | 桌上型圓角機 | 3,500 | 2,548 | 8,918,000 | | | |
| 11 | 8/9 | 充電式紅光雷射筆 | 498 | 2,111 | 1,051,278 | | | |
| 12 | 8/10 | 6 位數自動跳號號碼機 | 670 | 2,159 | 1,446,530 | | | |
| 13 | 8/11 | 便攜手持電子放大鏡 | 1,200 | 3,574 | 4,288,800 | | | |
| 14 | 8/12 | 紅外線測溫槍 | 590 | 1,547 | 912,730 | | | |
| 15 | 8/13 | 充電式紅光雷射筆 | 498 | 2,156 | 1,073,688 | | | |
| 16 | 8/14 | 糖度儀/甜度計 | 990 | 2,357 | 2,333,430 | | | |
| 17 | 8/15 | 充電式紅光雷射筆 | 498 | 2,455 | 1,222,590 | | | |
| 18 | 8/16 | 鹽度計 | 1,090 | 2,048 | 2,232,320 | | | |
| 19 | 8/17 | 桌上型圓角機 | 3,500 | 4,587 | 16,054,500 | | | |
| 20 | 8/18 | 鹽度計 | 1,090 | 3,558 | 3,878,220 | | | |
| 21 | 8/19 | 數位照度計 | 790 | 1,587 | 1,253,730 | | | |
| 22 | 8/20 | 便攜手持電子放大鏡 | 1,200 | 1,687 | 2,024,400 | | | |
| 23 | | | | | | | | |

想要同時加總兩項商品的銷售金額

## 操作步驟

### 01 用 DSUM 函數就能取得符合多項條件的資料並加總

請開啟**練習檔案\Part 2\Unit _ 045**，在 G3 及 G4 儲存格輸入要搜尋的條件 ❶，接著在 H3 儲存格輸入「=DSUM(A2:E22,E2,G2:G4)」❷。

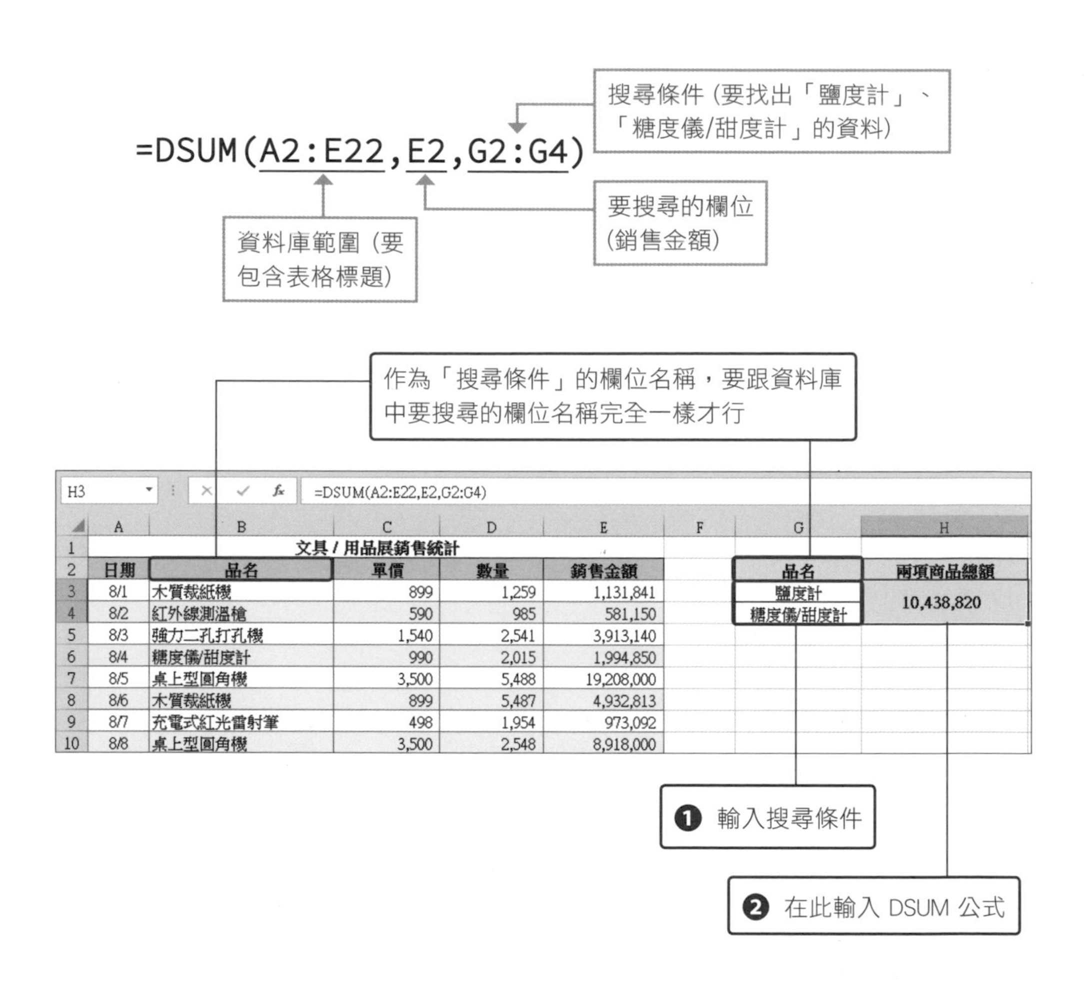


| DSUM 函數 | |
|---|---|
| **說明** | 將清單或資料庫欄位中符合條件的數值相加。 |
| **語法** | **=DSUM(資料庫, 欄位, 搜尋條件)** |
| **資料庫** | 組成清單或資料庫的儲存格範圍。每一列就代表一筆「記錄」。 |
| **欄位** | 要依據「搜尋條件」找出此欄位中的值。 |
| **搜尋條件** | 含有你要指定條件的儲存格範圍。 |

# Unit 046 指定期間的計算

**範例** 只想計算 8/20 ～ 9/5 商品促銷期間的銷售金額

DSUM

## 範例說明

銷售統計表中包含了 8 月份及 9 月份的資料，若只想加總 8/20～9/5 這段促銷期間的銷售金額該怎麼做呢？

文具 / 用品展銷售統計

| 日期 | 品名 | 單價 | 數量 | 銷售金額 |
|---|---|---|---|---|
| 8/9 | 充電式紅光雷射筆 | 498 | 2,111 | 1,051,278 |
| 8/10 | 6 位數自動跳號號碼機 | 670 | 2,159 | 1,446,530 |
| 8/11 | 便攜手持電子放大鏡 | 1,200 | 3,574 | 4,288,800 |
| 8/12 | 紅外線測溫槍 | 590 | 1,547 | 912,730 |
| 8/13 | 充電式紅光雷射筆 | 498 | 2,156 | 1,073,688 |
| 8/14 | 糖度儀/甜度計 | 990 | 2,357 | 2,333,430 |
| 8/15 | 充電式紅光雷射筆 | 498 | 2,455 | 1,222,590 |
| 8/16 | 鹽度計 | 1,090 | 2,048 | 2,232,320 |
| 8/17 | 桌上型圓角機 | 3,500 | 4,587 | 16,054,500 |
| 8/18 | 鹽度計 | 1,090 | 3,558 | 3,878,220 |
| 8/19 | 數位照度計 | 790 | 1,587 | 1,253,730 |
| 8/20 | 便攜手持電子放大鏡 | 1,200 | 1,687 | 2,024,400 |
| 8/21 | 便攜手持電子放大鏡 | 1,200 | 2,458 | 2,949,600 |
| 8/22 | 充電式紅光雷射筆 | 498 | 3,589 | 1,787,322 |
| 8/23 | 木質裁紙機 | 899 | 4,587 | 4,123,713 |
| 8/24 | 鹽度計 | 1,090 | 3,225 | 3,515,250 |
| 8/25 | 數位照度計 | 790 | 1,589 | 1,255,310 |
| 8/26 | 6 位數自動跳號號碼機 | 670 | 6,542 | 4,383,140 |
| 8/27 | 木質裁紙機 | 899 | 5,423 | 4,875,277 |
| 8/28 | 便攜手持電子放大鏡 | 1,200 | 1,254 | 1,504,800 |
| 8/29 | 桌上型圓角機 | 3,500 | 2,545 | 8,907,500 |
| 8/30 | 充電式紅光雷射筆 | 498 | 3,558 | 1,771,884 |
| 8/31 | 6 位數自動跳號號碼機 | 670 | 4,521 | 3,029,070 |
| 9/1 | 數位照度計 | 790 | 3,978 | 3,142,620 |
| 9/2 | 桌上型圓角機 | 3,500 | 5,484 | 19,194,000 |
| 9/3 | 充電式紅光雷射筆 | 498 | 2,545 | 1,267,410 |
| 9/4 | 紅外線測溫槍 | 590 | 6,547 | 3,862,730 |
| 9/5 | 6 位數自動跳號號碼機 | 670 | 5,542 | 3,713,140 |
| 9/6 | 便攜手持電子放大鏡 | 1,200 | 4,212 | 5,054,400 |
| 9/7 | 鹽度計 | 1,090 | 3,548 | 3,867,320 |
| 9/8 | 紅外線測溫槍 | 590 | 6,548 | 3,863,320 |
| 9/9 | 6 位數自動跳號號碼機 | 670 | 5,542 | 3,713,140 |
| 9/10 | 便攜手持電子放大鏡 | 1,200 | 3,877 | 4,652,400 |

只想加總這段期間的銷售金額

要將符合多項條件的資料加總，最快的方法就是利用 DSUM 函數。只要先指定好「8/20之後」以及「9/5之前」的條件就可以了，例如：「">=2019/08/20"」。但是之後若想要變更日期，就得再次修改公式，因此我們可以用「&」符號，在不同儲存格裡將日期與運算子組合起來，再將組合起來的資料當成搜尋條件即可。

| | A | B | C | D | E | F | G | H |
|---|---|---|---|---|---|---|---|---|
| 1 | | 文具 / 用品展銷售統計 | | | | | 搜尋期間 | |
| 2 | 日期 | 品名 | 單價 | 數量 | 銷售金額 | | 開始 | 結束 |
| 3 | 8/1 | 木質裁紙機 | 899 | 1,259 | 1,131,841 | | 8/20 | 9/5 |
| 4 | 8/2 | 紅外線測溫槍 | 590 | 985 | 581,150 | | | |
| 5 | 8/3 | 強力二孔打孔機 | 1,540 | 2,541 | 3,913,140 | | 合計 | 71,307,166 |
| 6 | 8/4 | 糖度儀/甜度計 | 990 | 2,015 | 1,994,850 | | | |
| 7 | 8/5 | 桌上型圓角機 | 3,500 | 5,488 | 19,208,000 | | 搜尋條件 | |
| 8 | 8/6 | 木質裁紙機 | 899 | 5,487 | 4,932,813 | | 日期 | 日期 |
| 9 | 8/7 | 充電式紅光雷射筆 | 498 | 1,954 | 973,092 | | >=43697 | <=43713 |
| 10 | 8/8 | 桌上型圓角機 | 3,500 | 2,548 | 8,918,000 | | | |
| 11 | 8/9 | 充電式紅光雷射筆 | 498 | 2,111 | 1,051,278 | | | |

## 操作步驟

### 01 輸入要搜尋的開始與結束日期

請開啟**練習檔案\Part 2\Unit _ 046**，分別在 G3 及 H3 儲存格輸入開始與結束日期。

| | A | B | C | D | E | F | G | H |
|---|---|---|---|---|---|---|---|---|
| 1 | | 文具 / 用品展銷售統計 | | | | | 搜尋期間 | |
| 2 | 日期 | 品名 | 單價 | 數量 | 銷售金額 | | 開始 | 結束 |
| 3 | 8/1 | 木質裁紙機 | 899 | 1,259 | 1,131,841 | | 8/20 | 9/5 |
| 4 | 8/2 | 紅外線測溫槍 | 590 | 985 | 581,150 | | | |
| 5 | 8/3 | 強力二孔打孔機 | 1,540 | 2,541 | 3,913,140 | | 合計 | |
| 6 | 8/4 | 糖度儀/甜度計 | 990 | 2,015 | 1,994,850 | | | |
| 7 | 8/5 | 桌上型圓角機 | 3,500 | 5,488 | 19,208,000 | | 搜尋條件 | |
| 8 | 8/6 | 木質裁紙機 | 899 | 5,487 | 4,932,813 | | 日期 | 日期 |
| 9 | 8/7 | 充電式紅光雷射筆 | 498 | 1,954 | 973,092 | | | |
| 10 | 8/8 | 桌上型圓角機 | 3,500 | 2,548 | 8,918,000 | | | |

### 02 輸入「搜尋條件」

請在 G9 儲存格輸入「=">="&G3」，在 H9 儲存格輸入「="<="&H3」，輸入後會變成「>=43697」及「<=43713」，這是日期的「序列值」在此不影響操作請放心，有關「序列值」的說明，請參考 Unit 061。

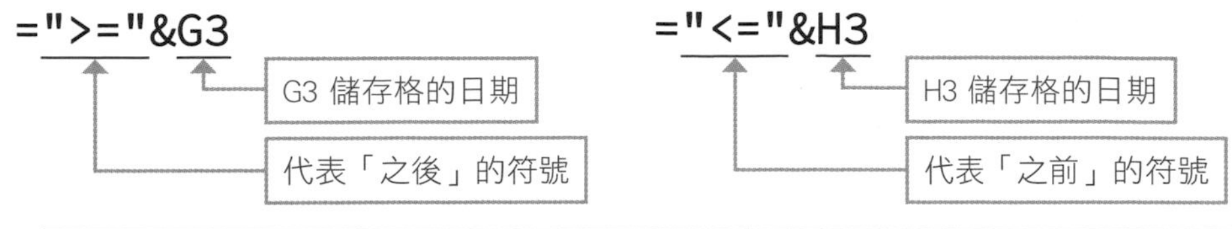


G9 =">="&G3

| | A | B | C | D | E | F | G | H |
|---|---|---|---|---|---|---|---|---|
| 1 | | 文具 / 用品展銷售統計 | | | | | 搜尋期間 | |
| 2 | 日期 | 品名 | 單價 | 數量 | 銷售金額 | | 開始 | 結束 |
| 3 | 8/1 | 木質裁紙機 | 899 | 1,259 | 1,131,841 | | 8/20 | 9/5 |
| 4 | 8/2 | 紅外線測溫槍 | 590 | 985 | 581,150 | | | |
| 5 | 8/3 | 強力二孔打孔機 | 1,540 | 2,541 | 3,913,140 | | 合計 | |
| 6 | 8/4 | 糖度儀/甜度計 | 990 | 2,015 | 1,994,850 | | | |
| 7 | 8/5 | 桌上型圓角機 | 3,500 | 5,488 | 19,208,000 | | 搜尋條件 | |
| 8 | 8/6 | 木質裁紙機 | 899 | 5,487 | 4,932,813 | | 日期 | 日期 |
| 9 | 8/7 | 充電式紅光雷射筆 | 498 | 1,954 | 973,092 | | >=43697 | <=43713 |
| 10 | 8/8 | 桌上型圓角機 | 3,500 | 2,548 | 8,918,000 | | | |
| 11 | 8/9 | 充電式紅光雷射筆 | 498 | 2,111 | 1,051,278 | | | |

將要求得總和的日期輸入在另一個表格，等於是另外製作了一張搜尋條件表在此用連結字串「&」符號，將日期「>=」還有「<=」的運算子連結起來，當作搜尋條件的字串

## 03 用 DSUM 函數加總

在 H5 儲存格輸入「=DSUM(A2:E43,E2,G8:H9)」，即會加總指定期間的銷售金額了。

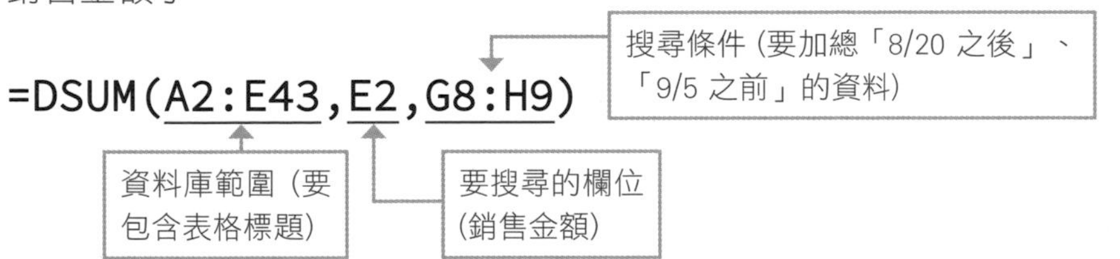


H5 =DSUM(A2:E43,E2,G8:H9)

| | A | B | C | D | E | F | G | H |
|---|---|---|---|---|---|---|---|---|
| 1 | | 文具 / 用品展銷售統計 | | | | | 搜尋期間 | |
| 2 | 日期 | 品名 | 單價 | 數量 | 銷售金額 | | 開始 | 結束 |
| 3 | 8/1 | 木質裁紙機 | 899 | 1,259 | 1,131,841 | | 8/20 | 9/5 |
| 4 | 8/2 | 紅外線測溫槍 | 590 | 985 | 581,150 | | | |
| 5 | 8/3 | 強力二孔打孔機 | 1,540 | 2,541 | 3,913,140 | | 合計 | 71,307,166 |
| 6 | 8/4 | 糖度儀/甜度計 | 990 | 2,015 | 1,994,850 | | | |
| 7 | 8/5 | 桌上型圓角機 | 3,500 | 5,488 | 19,208,000 | | 搜尋條件 | |
| 8 | 8/6 | 木質裁紙機 | 899 | 5,487 | 4,932,813 | | 日期 | 日期 |
| 9 | 8/7 | 充電式紅光雷射筆 | 498 | 1,954 | 973,092 | | >=43697 | <=43713 |
| 10 | 8/8 | 桌上型圓角機 | 3,500 | 2,548 | 8,918,000 | | | |
| 11 | 8/9 | 充電式紅光雷射筆 | 498 | 2,111 | 1,051,278 | | | |

將搜尋條件表的範圍指定給 DSUM 函數的「搜尋條件」引數

MEMO

Part 3

# 從大量資料中取出想要的資料

用 Excel 彙整各種資料後，經常會遇到需要進行「資料的查詢與篩選」，雖然 Excel 的排序、篩選、樞紐分析表、……等功能，可以幫我們快速找出符合條件的資料，但有時要查找的資料有各種狀況，現有的功能沒辦法達到想要的目的，這時就得靠「查閱與參照」函數來輔助了。

Excel 的「查閱與參照」函數很多，例如 INDEX、VLOOKUP、LOOKUP、MATCH、……等等，將這些函數搭配在一起使用，就能快速找出欄、列交會處的資料，本篇就以實例帶您體會這些函數的好用之處。

Unit 047

# 什麼類型的資料會用到「查閱與參照」函數？

當工作表中的資料筆數很多，我們沒辦法單靠人工比對，找出符合條件的資料，這時可以善用 Excel 的「查閱與參照」函數，找出所需的資料。那麼什麼類型的表格適合查找呢？底下列舉幾種表格供您參考。

■ **VLOOKUP 函數**：依指定的條件，從第一欄開始查找資料。

**輸入員工編號查詢員工資料**

| 員工編號 | 姓名 | 部門 | 分機 |
|---|---|---|---|
| 1185 | 李沛偉 | 研發部 | 368 |

指定的條件

| 員工編號 | 姓名 | 部門 | 分機 |
|---|---|---|---|
| 1160 | 于惠蘭 | 財務部 | 380 |
| 1159 | 白美惠 | 人事部 | 358 |
| 1035 | 朱麗雅 | 人事部 | 441 |
| 1195 | 宋秀惠 | 人事部 | 566 |
| 1185 | 李沛偉 | 研發部 | 368 |
| 1167 | 汪炳哲 | 工程部 | 236 |
| 1068 | 谷瑄若 | 研發部 | 441 |
| 1070 | 周基勇 | 業務部 | 196 |
| 1239 | 林巧沛 | 產品部 | 159 |

從第一欄開始找

■ **HLOOKUP 函數**：依指定的條件，從第一列開始查找資料。

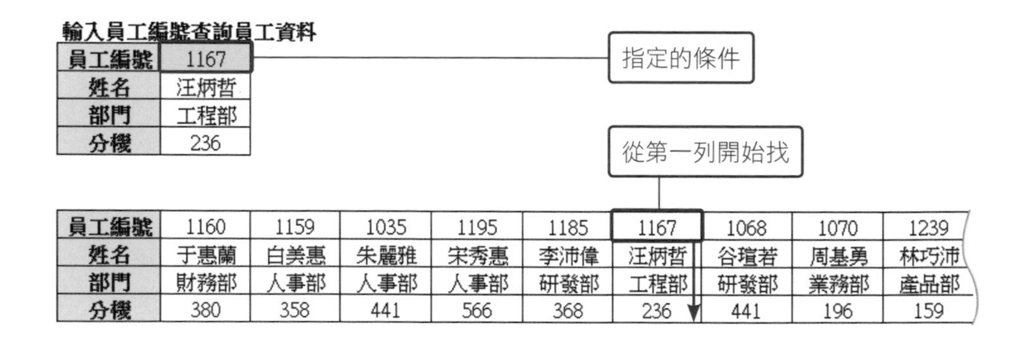

**輸入員工編號查詢員工資料**

| 員工編號 | 1167 |
|---|---|
| 姓名 | 汪炳哲 |
| 部門 | 工程部 |
| 分機 | 236 |

| 員工編號 | 1160 | 1159 | 1035 | 1195 | 1185 | 1167 | 1068 | 1070 | 1239 |
|---|---|---|---|---|---|---|---|---|---|
| 姓名 | 于惠蘭 | 白美惠 | 朱麗雅 | 宋秀惠 | 李沛偉 | 汪炳哲 | 谷瑄若 | 周基勇 | 林巧沛 |
| 部門 | 財務部 | 人事部 | 人事部 | 人事部 | 研發部 | 工程部 | 研發部 | 業務部 | 產品部 |
| 分機 | 380 | 358 | 441 | 566 | 368 | 236 | 441 | 196 | 159 |

■ **INDEX、MATCH 函數**：依輸入的條件，取得指定欄、列交會處的值。

| 空位查詢 | |
|---|---|
| 日期 | 7/7 |
| 時段 | 晚餐 |
| 狀態 | 客滿 |

輸入的條件

| 日期 | 午餐 | 下午茶 | 晚餐 | 深夜時段 |
|---|---|---|---|---|
| 07/01(週一) | 可訂位 | 可訂位 | 客滿 | 可訂位 |
| 07/02(週二) | 可訂位 | 客滿 | 可訂位 | 可訂位 |
| 07/03(週三) | 可訂位 | 可訂位 | 可訂位 | 可訂位 |
| 07/04(週四) | 客滿 | 可訂位 | 可訂位 | 客滿 |
| 07/05(週五) | 可訂位 | 客滿 | 可訂位 | 可訂位 |
| 07/06(週六) | 客滿 | 可訂位 | 客滿 | 可訂位 |
| 07/07(週日) | 客滿 | 可訂位 | 客滿 | 可訂位 |
| 07/08(週一) | 可訂位 | 可訂位 | 可訂位 | 可訂位 |
| 07/09(週二) | 可訂位 | 客滿 | 可訂位 | 可訂位 |
| 07/10(週三) | 店休 | 店休 | 店休 | 店休 |
| 07/11(週四) | 可訂位 | 客滿 | 可訂位 | 可訂位 |
| 07/12(週五) | 可訂位 | 可訂位 | 可訂位 | 可訂位 |
| 07/13(週六) | 可訂位 | 客滿 | 客滿 | 客滿 |
| 07/14(週日) | 客滿 | 可訂位 | 客滿 | 可訂位 |
| 07/15(週一) | 客滿 | 可訂位 | 可訂位 | 可訂位 |

■ **INDEX、MATCH 函數**：依輸入的條件，從表格的中間欄位取得指定資料。

| | A | B | C | D | E |
|---|---|---|---|---|---|
| 1 | 產品編號查詢 | | | | |
| 2 | 產品名稱 | 電子控溫爐 | | | |
| 3 | 產品編號 | ELC750 | | | |
| 4 | | | | | |
| 5 | | | | | |
| 6 | 產品列表 | | | | |
| 7 | 產品編號 | 產品類別 | 產品名稱 | 定價 | |
| 8 | SM71 | 手機 | SM_Phone 7 | 16,800 | |
| 9 | SM81 | | SM_Phone 8 | 18,000 | |
| 10 | SM81P | | SM_Phone 8 Plus | 22,000 | |
| 11 | SM91R | | SM_Phone 9 Red | 25,600 | |
| 12 | SM92B | | SM_Phone 9 Blue | 25,600 | |
| 13 | R101 | 智慧家電 | R1 掃地機器人 | 18,000 | |
| 14 | R201 | | R2 掃地機器人 | 18,500 | |
| 15 | TA01 | | 直流變頻電扇 | 2,250 | |
| 16 | EF06 | | 感應智慧檯燈 | 3,680 | |
| 17 | SP040 | 智慧科技 | 運動手環 | 1,890 | |
| 18 | CAM601 | | 超高畫質行車記錄器 | 3,680 | |
| 19 | WA700 | | 智慧手錶 | 15,000 | |
| 20 | WEI600 | 智慧生活 | 自動記錄體重計 | 1,200 | |
| 21 | WAS088 | | 感應式洗手機 | 800 | |
| 22 | TO08 | | 電動牙刷 | 2,880 | |
| 23 | ELC750 | | 電子控溫爐 | 3,600 | |
| 24 | DG740 | | 數位簽字筆 | 1,200 | |
| 25 | WA100 | | 水質測試筆 | 900 | |
| 26 | | | | | |



3

從大量資料中取出想要的資料

Unit 048

# 透過「搜尋值」從其他表格查詢資料

**範例** 希望輸入員工編號後，自動帶出該員工的所有資料

VLOOKUP　COLUMN　HLOOKUP

## 範例說明

當員工資料筆數很多，想要查詢某位員工的分機號碼或是隸屬哪個部門，得要慢慢從表格裡查找，希望可以在輸入「員工編號」後，自動列出員工的姓名、部門及分機資料！

| | A | B | C | D | E |
|---|---|---|---|---|---|
| 1 | 輸入員工編號查詢員工資料 | | | | |
| 2 | 員工編號 | 姓名 | 部門 | 分機 | |
| 3 | 1048 | 邱語潔 | 業務部 | 587 | |
| 4 | | | | | |
| 5 | | | | | |
| 6 | 員工編號 | 姓名 | 部門 | 分機 | |
| 7 | 1160 | 于惠蘭 | 財務部 | 380 | |
| 8 | 1159 | 白美惠 | 人事部 | 358 | |
| 9 | 1035 | 朱麗雅 | 人事部 | 441 | |
| 10 | 1195 | 宋秀惠 | 人事部 | 566 | |
| 11 | 1185 | 李沛偉 | 研發部 | 368 | |
| 12 | 1167 | 汪炳哲 | 工程部 | 236 | |
| 13 | 1068 | 谷瑄若 | 研發部 | 441 | |
| 14 | 1070 | 周基勇 | 業務部 | 196 | |
| 15 | 1239 | 林巧沛 | 產品部 | 159 | |
| 16 | 1034 | 林若傑 | 財務部 | 288 | |
| 17 | 1168 | 林琪琪 | 倉儲部 | 196 | |
| 18 | 1130 | 林慶民 | 產品部 | 383 | |
| 19 | 1259 | 邱秀蘭 | 業務部 | 467 | |
| 20 | 1048 | 邱語潔 | 業務部 | 587 | |
| 21 | 1192 | 金志偉 | 研發部 | 194 | |
| 22 | 1092 | 金洪均 | 倉儲部 | 195 | |
| 23 | 1127 | 金智泰 | 研發部 | 526 | |
| 24 | 1085 | 金燦民 | 業務部 | 395 | |
| 25 | 1110 | 柳善熙 | 倉儲部 | 493 | |
| 26 | 1090 | 洪仁秀 | 業務部 | 503 | |
| 27 | 1137 | 孫佑德 | 業務部 | 294 | |
| 28 | 1200 | 崔明亨 | 產品部 | 450 | |
| 29 | 1208 | 張文惠 | | | |

自動帶出員工的姓名、部門、分機資料

輸入員工編號

## 操作步驟

### 01 用 VLOOKUP 函數透過「搜尋值」搜尋資料

請開啟**練習檔案\Part 3\Unit _ 048**，在 B3 儲存格輸入「=VLOOKUP($A$3,$A$7:$D$44,COLUMN(B2),0)」❶，輸入公式後會出現「#N/A」的錯誤訊息，因為此時 A3 儲存格尚未輸入要查詢的「搜尋值」（員工編號），當 A3 儲存格輸入員工編號後，例如：「1048」❷，就會在 B3 儲存格顯示對應的員工姓名。

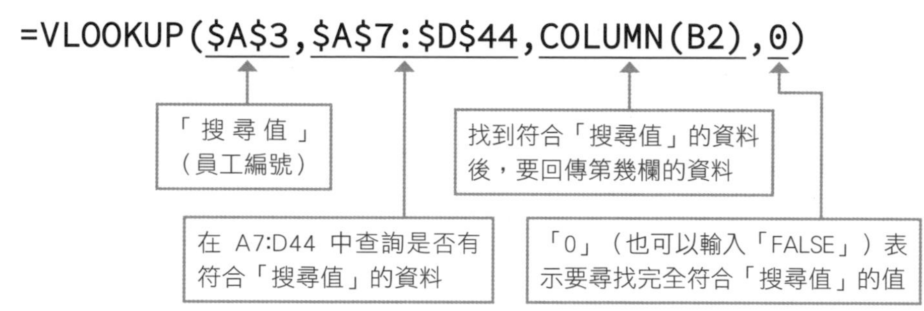


B3 =VLOOKUP($A$3,$A$7:$D$44,COLUMN(B2),0)

| | A | B | C | D |
|---|---|---|---|---|
| 1 | 輸入員工編號查詢員工資料 | | | |
| 2 | 員工編號 | 姓名 | 部門 | 分機 |
| 3 | | #N/A | | |
| 4 | | | | |
| 5 | | | | |
| 6 | 員工編號 | 姓名 | 部門 | 分機 |
| 7 | 1160 | 于惠蘭 | 財務部 | 380 |
| 8 | 1159 | 白美惠 | 人事部 | 358 |
| 9 | 1035 | 朱麗雅 | 人事部 | 441 |
| 10 | 1195 | 宋秀惠 | 人事部 | 566 |
| 11 | 1185 | 李沛偉 | 研發部 | 368 |
| 12 | 1167 | 汪炳哲 | 工程部 | 236 |
| 13 | 1068 | 谷瑄若 | 研發部 | 441 |
| 14 | 1070 | 周基勇 | 業務部 | 196 |
| 15 | 1239 | 林巧沛 | 產品部 | 159 |
| 16 | 1034 | 林若傑 | 財務部 | 288 |
| 17 | 1168 | 林琪琪 | 倉儲部 | 196 |
| 18 | 1130 | 林慶民 | 產品部 | 383 |
| 19 | 1259 | 邱秀蘭 | 業務部 | 467 |
| 20 | 1048 | 邱語潔 | 業務部 | 587 |
| 21 | 1192 | 金志偉 | 研發部 | 194 |
| 22 | 1092 | 金洪均 | 倉儲部 | 195 |
| 23 | 1127 | 金智泰 | 研發部 | 526 |

❶ 輸入公式後會出現錯誤，這是因為 A3 儲存格還沒有輸入員工編號

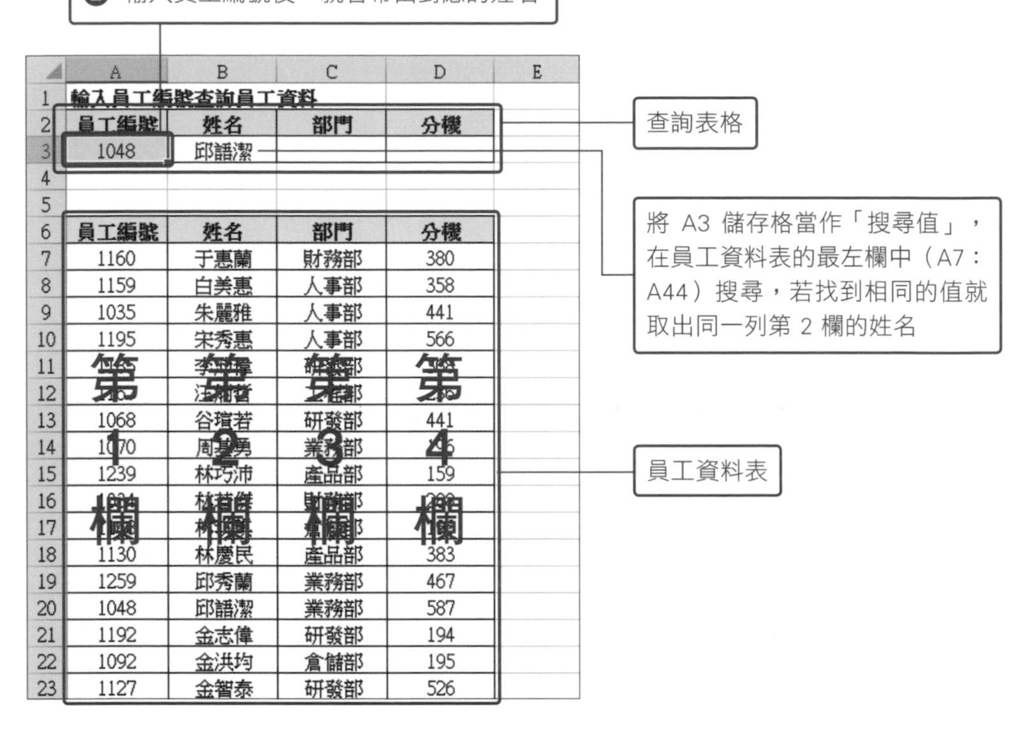


| VLOOKUP 函數 | |
|---|---|
| 說明 | 在表格的最左欄中尋找指定值，找到後再回傳同一列中指定欄位的值。 |
| 語法 | **=VLOOKUP(搜尋值, 範圍, 欄編號, [搜尋類型])** |
| 搜尋值 | 要搜尋的值。 |
| 範圍 | 指定要搜尋的表格範圍。 |
| 欄編號 | 指定回傳值的欄編號。「範圍」最左邊的欄位為第 1 欄。 |
| 搜尋類型 | 指定為 TRUE（也可輸入「1」）或省略時，當找不到「搜尋值」，會回傳僅次於「搜尋值」的最大值。指定為 FALSE（也可輸入「0」），只會搜尋出完全符合的值，找不到時會回傳 「#N/A」。 |

當「搜尋類型」指定為 TRUE 或省略時，「範圍」的最左邊欄位要先以升冪的方式排序。

## 02 複製公式

將 B3 儲存格的公式，往右複製到 C3 及 D3 儲存格，就可以列出部門及分機資料了。

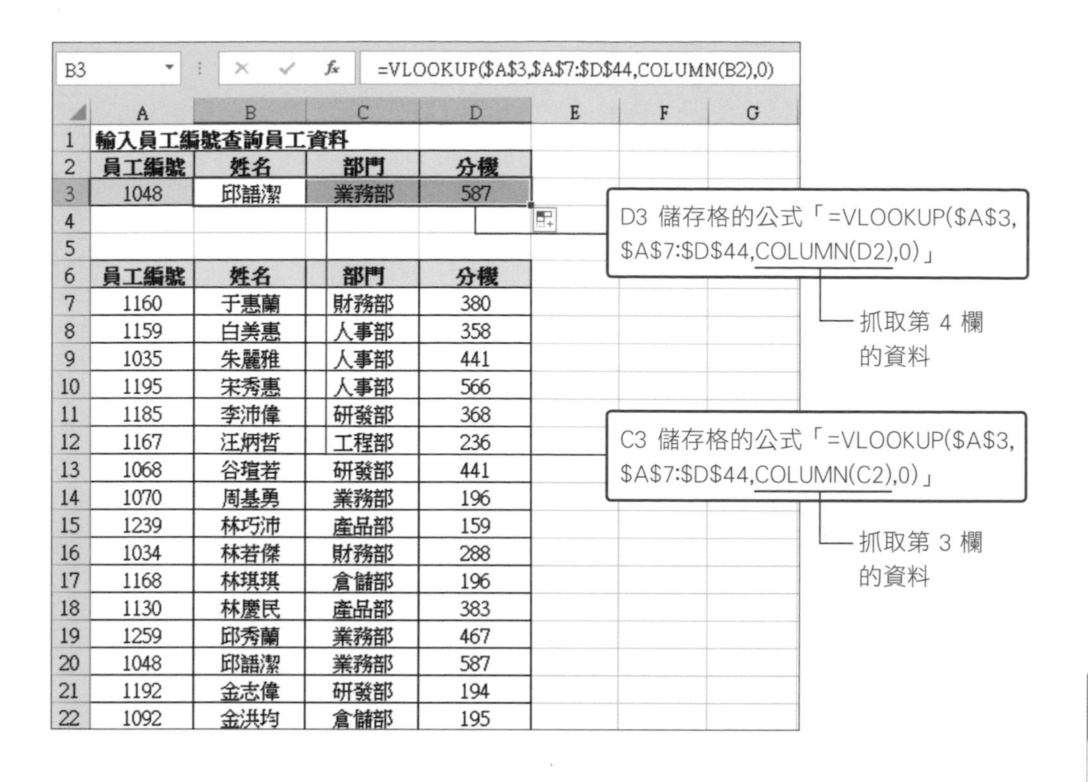


| | A | B | C | D |
|---|---|---|---|---|
| 1 | 輸入員工編號查詢員工資料 | | | |
| 2 | 員工編號 | 姓名 | 部門 | 分機 |
| 3 | 1048 | 邱語潔 | 業務部 | 587 |
| 4 | | | | |
| 5 | | | | |
| 6 | 員工編號 | 姓名 | 部門 | 分機 |
| 7 | 1160 | 于惠蘭 | 財務部 | 380 |
| 8 | 1159 | 白美惠 | 人事部 | 358 |
| 9 | 1035 | 朱麗雅 | 人事部 | 441 |
| 10 | 1195 | 宋秀惠 | 人事部 | 566 |
| 11 | 1185 | 李沛偉 | 研發部 | 368 |
| 12 | 1167 | 汪炳哲 | 工程部 | 236 |
| 13 | 1068 | 谷瑄若 | 研發部 | 441 |
| 14 | 1070 | 周基勇 | 業務部 | 196 |
| 15 | 1239 | 林巧沛 | 產品部 | 159 |
| 16 | 1034 | 林若傑 | 財務部 | 288 |
| 17 | 1168 | 林琪琪 | 倉儲部 | 196 |
| 18 | 1130 | 林慶民 | 產品部 | 383 |
| 19 | 1259 | 邱秀蘭 | 業務部 | 467 |
| 20 | 1048 | 邱語潔 | 業務部 | 587 |
| 21 | 1192 | 金志偉 | 研發部 | 194 |
| 22 | 1092 | 金洪均 | 倉儲部 | 195 |

### 舉一反三　若欄位標題是放在同一欄不同列，該怎麼查呢？

VLOOKUP 函數是從表格最左欄的資料從上往下搜尋；若要查詢的表格資料，其欄位標題分別放在不同列，資料是由左往右排列，那麼就適合用 HLOOKUP 函數來檢索資料。

例如我們將剛才的範例轉置，同樣想在輸入員工編號後列出姓名、部門、分機資料，就可在 B3 儲存格輸入「=HLOOKUP($B$2,$B$8:$AM$11,ROW()-1,0)」❶，接著再將公式往下複製到 B5 儲存格 ❷。

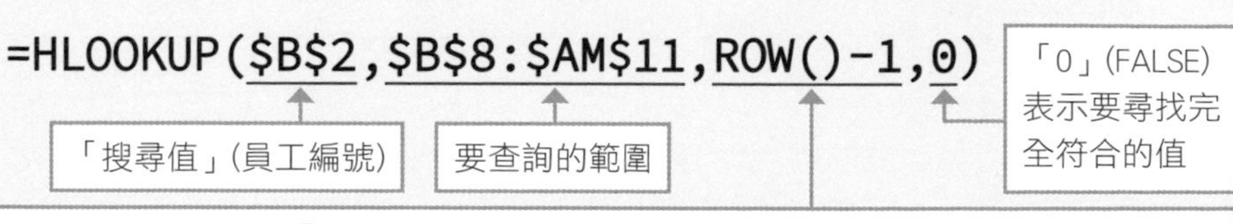


接下頁

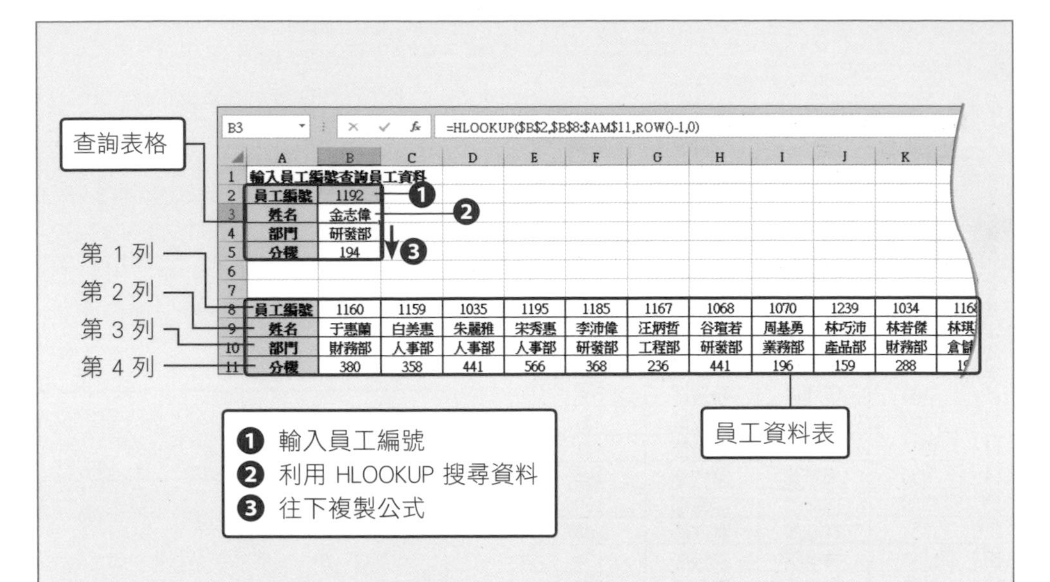


VLOOKUP 與 HLOOKUP 函數的差別在於檢索方向不同，其他部份皆相同。

| HLOOKUP 函數 | |
|---|---|
| 說明 | 在表格的第一列中尋找指定值，找到後回傳同一欄中指定列的值。 |
| 語法 | **=HLOOKUP(搜尋值, 範圍, 列編號, [搜尋類型])** |
| 搜尋值 | 要搜尋的值。 |
| 範圍 | 指定要搜尋的表格範圍。 |
| 列編號 | 指定回傳值的列編號。「範圍」的第一列為「1」。 |
| 搜尋類型 | 指定為 TRUE（也可輸入「1」）或省略時，當找不到「搜尋值」，會回傳僅次於「搜尋值」的最大值。指定為 FALSE（也可輸入「0」），只會搜尋出完全符合的值，找不到時會回傳「#N/A」。 |

當「搜尋類型」指定為 TRUE 或省略時，「範圍」的第一列要先以升冪的方式排序。

# Unit 049 從其他表格取出重複的資料

**範例** 想知道一天有兩人以上預約的日期是哪些？

COUNTIF ROW IF INDEX SMALL

## 範例說明

想從預約申請表統計，同一天有兩人以上預約的是哪些日期，以便安排服務人員。但目前是依「申請日」由小至大排序，不容易從「預約日期」找出同時有兩人以上預約的日期，該怎麼統計呢？

| | A | B | C | D | E | F | G | H |
|---|---|---|---|---|---|---|---|---|
| 1 | | 銀行業務預約申請 | | | | | | |
| 2 | | | | | | | | |
| 3 | 申請日 | 申請人 | 預約項目 | 預約日期 | | | 一天有兩人以上預約的日期 | |
| 4 | 03/03 | 趙幼琴 | 分行開戶 | 03/15 | | | 03/15 | |
| 5 | 03/03 | 張映青 | 大額存款 | 03/15 | | | 03/12 | |
| 6 | 03/03 | 許盼靈 | 大額提款 | 03/17 | | | 04/01 | |
| 7 | 03/04 | 張語涵 | 跨行匯款 | 03/18 | | | 03/28 | |
| 8 | 03/05 | 謝松元 | 外幣現鈔 | 03/14 | | | 04/06 | |
| 9 | 03/06 | 羅陽平 | 分行開戶 | 03/20 | | | | |
| 10 | 03/06 | 庾宏毅 | 大額提款 | 03/22 | | | | |
| 11 | 03/06 | 熊炫明 | 跨行匯款 | 03/12 | | | | |
| 12 | 03/07 | 蔡雨梅 | 大額存款 | 03/12 | | | | |
| 13 | 03/07 | 闞裕光 | 大額提款 | 03/21 | | | | |
| 14 | 03/07 | 鄭和玉 | 跨行匯款 | 03/28 | | | | |
| 15 | 03/08 | 潘思阡 | 分行開戶 | 04/06 | | | | |
| 16 | 03/08 | 郝紹偉 | 大額存款 | 03/31 | | | | |
| 17 | 03/09 | 簡子真 | 分行開戶 | 04/01 | | | | |
| 18 | 03/09 | 古昕華 | 跨行匯款 | 04/01 | | | | |
| 19 | 03/10 | 湯唯凡 | 大額提款 | 04/02 | | | | |
| 20 | 03/10 | 侯麗香 | 大額存款 | 03/26 | | | | |
| 21 | 03/10 | 丁雯羽 | 外幣現鈔 | 03/28 | | | | |
| 22 | 03/11 | 彭浩哲 | 大額存款 | 04/06 | | | | |
| 23 | 03/11 | 宋玉宸 | 跨行匯款 | 04/06 | | | | |
| 24 | 03/11 | 林信陽 | 外幣現鈔 | 04/07 | | | | |
| 25 | | | | | | | | |

想找出一天有兩人以上預約的日期

## ▶ 操作步驟

### 01 利用「輔助欄位」找出日期重複的資料

請開啟**練習檔案\Part 3\Unit _ 049**，在 E4 儲存格輸入「=IF(COUNTIF($D$4:D4,D4)=2,ROW(A1),"")」❶，接著將公式往下複製到 E24 儲存格 ❷。

**=IF(COUNTIF($D$4:D4,D4)=2,ROW(A1),"")**

計算 $D$4：D4 符合 D4 的個數有幾個，如果個數等於 2，就顯示 ROW(A1)，否則顯示空白；將公式往下複製後，E5 儲存格會變成「=IF(COUNTIF($D$4:D5,D5)=2,ROW(A2),"")」，會計算 D4：D5 符合 D5 的個數有幾個、…依此類推

E4 =IF(COUNTIF($D$4:D4,D4)=2,ROW(A1),"")

| | A | B | C | D | E | F | G |
|---|---|---|---|---|---|---|---|
| 1 | 銀行業務預約申請 | | | | | | |
| 2 | | | | | | | |
| 3 | 申請日 | 申請人 | 預約項目 | 預約日期 | | | 一天有兩人以上預約的日期 |
| 4 | 03/03 | 趙幼琴 | 分行開戶 | 03/15 | ❶ | | |
| 5 | 03/03 | 張映青 | 大額存款 | 03/15 | 2 | | |
| 6 | 03/03 | 許盼靈 | 大額提款 | 03/17 | | | |
| 7 | 03/04 | 張語涵 | 跨行匯款 | 03/18 | | | |
| 8 | 03/05 | 謝松元 | 外幣現鈔 | 03/14 | | | |
| 9 | 03/06 | 羅陽平 | 分行開戶 | 03/20 | | | |
| 10 | 03/06 | 廣宏毅 | 大額提款 | 03/22 | ❷ | | |
| 11 | 03/06 | 熊炫明 | 跨行匯款 | 03/12 | | | |
| 12 | 03/07 | 蔡雨梅 | 大額存款 | 03/12 | 9 | | |
| 13 | 03/07 | 關裕光 | 大額提款 | 03/21 | | | |
| 14 | 03/07 | 鄭和玉 | 跨行匯款 | 03/28 | | | |
| 15 | 03/08 | 潘思阡 | 分行開戶 | 04/06 | | | |
| 16 | 03/08 | 郝紹偉 | 大額存款 | 03/31 | | | |
| 17 | 03/09 | 簡子真 | 分行開戶 | 04/01 | | | |
| 18 | 03/09 | 古昕華 | 跨行匯款 | 04/01 | 15 | | |
| 19 | 03/10 | 湯唯凡 | 大額提款 | 04/02 | | | |
| 20 | 03/10 | 侯麗香 | 大額存款 | 03/26 | | | |
| 21 | 03/10 | 丁雯羽 | 外幣現鈔 | 03/28 | 18 | | |
| 22 | 03/11 | 彭浩哲 | 大額存款 | 04/06 | 19 | | |
| 23 | 03/11 | 宋玉宸 | 跨行匯款 | 04/06 | | | |
| 24 | 03/11 | 林信陽 | 外幣現鈔 | 04/07 | | | |

將公式往下複製到 E24 儲存格，會產生 1～21 的連續數字，但只有 D 欄的日期重複兩次以上才會顯示數字，否則顯示空白

### 02 列出有重複的日期

請在 G4 儲存格輸入「=INDEX($D$4:$D$24,SMALL($E$4:$E$24,ROW(A1)))」❶，再將公式往下複製到 G8 儲存格 ❷。此時 G4：G8 儲存格會顯示奇怪的數字，這些數字其實是日期的「序列值」，只要選取儲存格後 ❸，將儲存格格式改為「日期」格式即可 ❹。

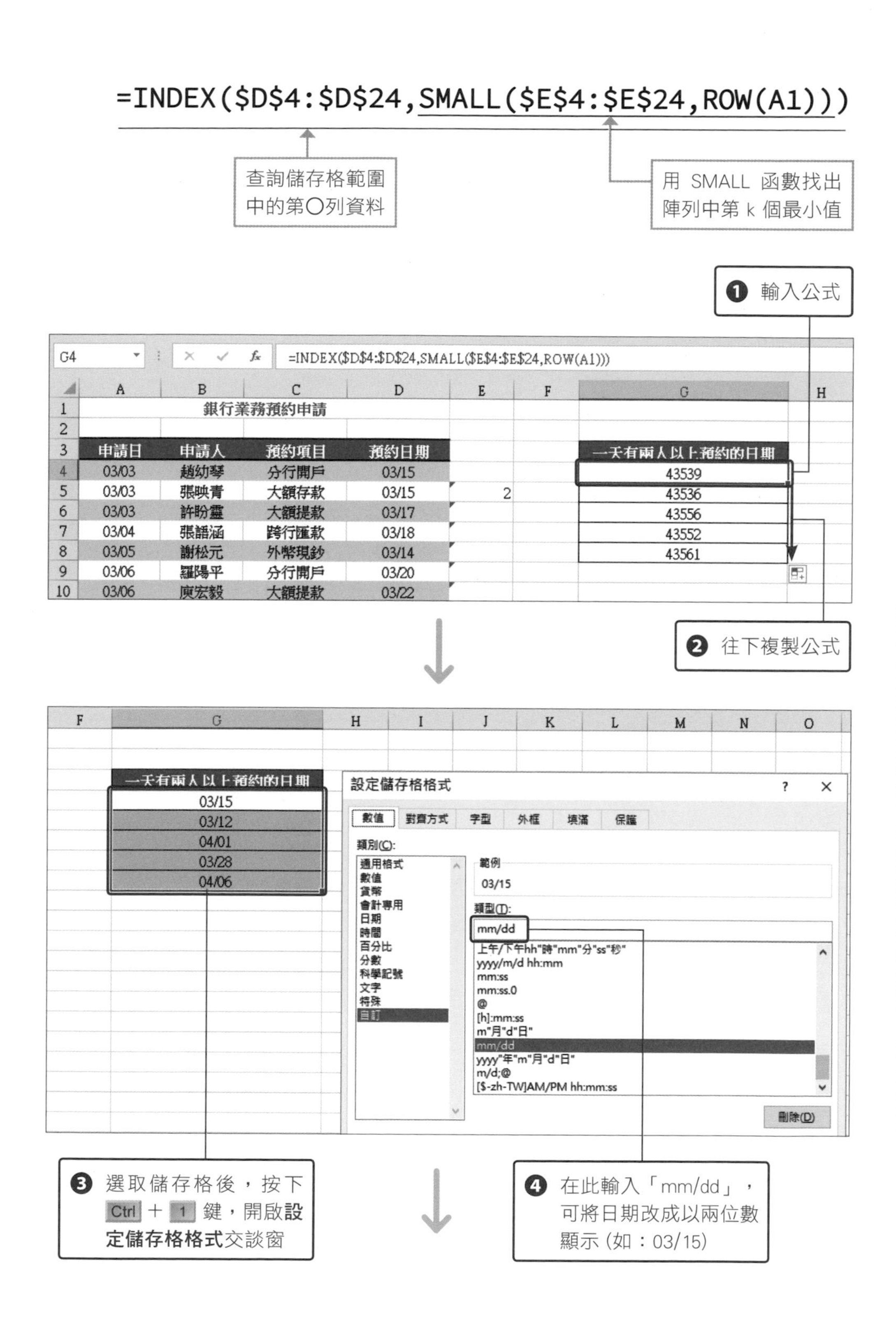
=INDEX($D$4:$D$24,SMALL($E$4:$E$24,ROW(A1)))
查詢儲存格範圍中的第○列資料
用 SMALL 函數找出陣列中第 k 個最小值
❶ 輸入公式
G4
=INDEX($D$4:$D$24,SMALL($E$4:$E$24,ROW(A1)))
銀行業務預約申請
申請日
申請人
預約項目
預約日期
03/03 趙幼琴 分行開戶 03/15
03/03 張映青 大額存款 03/15
2
03/03 許盼靈 大額提款 03/17
03/04 張語涵 跨行匯款 03/18
03/05 謝松元 外幣現鈔 03/14
03/06 羅陽平 分行開戶 03/20
03/06 庾宏毅 大額提款 03/22
一天有兩人以上預約的日期
43539
43536
43556
43552
43561
❷ 往下複製公式
一天有兩人以上預約的日期
03/15
03/12
04/01
03/28
04/06
設定儲存格格式
數值
對齊方式
字型
外框
填滿
保護
類別(C):
通用格式
數值
貨幣
會計專用
日期
時間
百分比
分數
科學記號
文字
特殊
自訂
範例
03/15
類型(T):
mm/dd
上午/下午hh"時"mm"分"ss"秒"
yyyy/m/d hh:mm
mm:ss
mm:ss.0
@
[h]:mm:ss
m"月"d"日"
mm/dd
yyyy"年"m"月"d"日"
m/d;@
[$-zh-TW]AM/PM hh:mm:ss
刪除(D)
❸ 選取儲存格後，按下 Ctrl + 1 鍵，開啟設定儲存格格式交談窗
❹ 在此輸入「mm/dd」，可將日期改成以兩位數顯示（如：03/15）

G4 =INDEX($D$4:$D$24,SMALL($E$4:$E$24,ROW(A1)))

| | A | B | C | D | E | F | G | H |
|---|---|---|---|---|---|---|---|---|
| 1 | | 銀行業務預約申請 | | | | | | |
| 2 | | | | | | | | |
| 3 | 申請日 | 申請人 | 預約項目 | 預約日期 | | | 一天有兩人以上預約的日期 | |
| 4 | 03/03 | 趙幼琴 | 分行開戶 | 03/15 | | | 03/15 | |
| 5 | 03/03 | 張映青 | 大額存款 | 03/15 | 2 | | 03/12 | |
| 6 | 03/03 | 許盼靈 | 大額提款 | 03/17 | | | 04/01 | |
| 7 | 03/04 | 張語涵 | 跨行匯款 | 03/18 | | | 03/28 | |
| 8 | 03/05 | 謝松元 | 外幣現鈔 | 03/14 | | | 04/06 | |
| 9 | 03/06 | 羅陽平 | 分行開戶 | 03/20 | | | | |
| 10 | 03/06 | 庾宏毅 | 大額提款 | 03/22 | | | | |
| 11 | 03/06 | 熊炫明 | 跨行匯款 | 03/12 | | | | |
| 12 | 03/07 | 蔡雨梅 | 大額存款 | 03/12 | 9 | | | |
| 13 | 03/07 | 關裕光 | 大額提款 | 03/21 | | | | |
| 14 | 03/07 | 鄭和玉 | 跨行匯款 | 03/28 | | | | |
| 15 | 03/08 | 潘思阡 | 分行開戶 | 04/06 | | | | |
| 16 | 03/08 | 郝紹偉 | 大額存款 | 03/31 | | | | |
| 17 | 03/09 | 簡子真 | 分行開戶 | 04/01 | | | | |
| 18 | 03/09 | 古昕華 | 跨行匯款 | 04/01 | 15 | | | |
| 19 | 03/10 | 湯唯凡 | 大額提款 | 04/02 | | | | |
| 20 | 03/10 | 侯麗香 | 大額存款 | 03/26 | | | | |
| 21 | 03/10 | 丁雯羽 | 外幣現鈔 | 03/28 | 18 | | | |
| 22 | 03/11 | 彭浩哲 | 大額存款 | 04/06 | 19 | | | |
| 23 | 03/11 | 宋玉宸 | 跨行匯款 | 04/06 | | | | |
| 24 | 03/11 | 林信陽 | 外幣現鈔 | 04/07 | | | | |
| 25 | | | | | | | | |

列出有兩人以上預約的日期

| INDEX 函數 | |
|---|---|
| 說明 | 搜尋儲存格範圍中的第○列、第×欄的資料。 |
| 語法 | **=INDEX(參照, 列編號, [欄編號], [區域編號])** |
| 參照 | 指定儲存格範圍。若有多個參照範圍時，可以用半形逗號「,」區隔，再將全部的參照以大括弧「{ }」括住。 |
| 列編號 | 參照的第一列為 1，可取出指定列的資料。 |
| 欄編號 | 參照的第一欄為 1，可取出指定欄的資料。若是要「參照」的資料在首列或首欄時，可以省略。 |
| 區域編號 | 當有多個「參照」儲存格時，指定要搜尋第幾個範圍的數值。 |

若「列編號」、「欄編號」指定為 0，則會回傳整列或整欄的參照範圍。

Unit 050

# 取得指定的欄、列交會處的儲存格值

**範例** 只要輸入「日期」與「時段」，就能查詢餐廳是否還有空位

INDEX MATCH

## 範例說明

雖然已經將當月的訂位狀況記錄到 Excel 中，但是當有客戶打電話來要訂位時，還得花時間查找，有沒有辦法在輸入日期及時段後，馬上得知是不是還可訂位？

| | A | B | C | D | E | F | G | H | I |
|---|---|---|---|---|---|---|---|---|---|
| 1 | 空位查詢 | | | | | | | | |
| 2 | 日期 | 7/22 | | 日期 | 午餐 | 下午茶 | 晚餐 | 深夜時段 | |
| 3 | 時段 | 晚餐 | | 07/01(週一) | 可訂位 | 可訂位 | 客滿 | 可訂位 | |
| 4 | 狀態 | 可訂位 | | 07/02(週二) | 可訂位 | 客滿 | 可訂位 | 可訂位 | |
| 5 | | | | 07/03(週三) | 可訂位 | 可訂位 | 可訂位 | 可訂位 | |
| 6 | | | | 07/04(週四) | 客滿 | 可訂位 | 可訂位 | 客滿 | |
| 7 | | | | 07/05(週五) | 可訂位 | 客滿 | 可訂位 | 可訂位 | |
| 8 | | | | 07/06(週六) | 客滿 | 可訂位 | 客滿 | 可訂位 | |
| 9 | | | | 07/07(週日) | 客滿 | 可訂位 | 客滿 | 可訂位 | |
| 10 | | | | 07/08(週一) | 可訂位 | 可訂位 | 可訂位 | 可訂位 | |
| 11 | | | | 07/09(週二) | 可訂位 | 客滿 | 可訂位 | 可訂位 | |
| 12 | | | | 07/10(週三) | 店休 | 店休 | 店休 | 店休 | |
| 13 | | | | 07/11(週四) | 可訂位 | 客滿 | 可訂位 | 可訂位 | |
| 14 | | | | 07/12(週五) | 可訂位 | 可訂位 | 可訂位 | 可訂位 | |
| 15 | | | | 07/13(週六) | 可訂位 | 客滿 | 客滿 | 客滿 | |
| 16 | | | | 07/14(週日) | 客滿 | 可訂位 | 客滿 | 可訂位 | |
| 17 | | | | 07/15(週一) | 客滿 | 可訂位 | 可訂位 | 可訂位 | |
| 18 | | | | 07/16(週二) | 可訂位 | 客滿 | 可訂位 | 客滿 | |
| 19 | | | | 07/17(週三) | 可訂位 | 可訂位 | 可訂位 | 可訂位 | |
| 20 | | | | 07/18(週四) | 客滿 | 可訂位 | 客滿 | 可訂位 | |
| 21 | | | | 07/19(週五) | 可訂位 | 可訂位 | 可訂位 | 可訂位 | |
| 22 | | | | 07/20(週六) | 可訂位 | 客滿 | 客滿 | 可訂位 | |
| 23 | | | | 07/21(週日) | 客滿 | 可訂位 | 可訂位 | 可訂位 | |
| 24 | | | | 07/22(週一) | 可訂位 | 客滿 | 可訂位 | 可訂位 | |
| 25 | | | | 07/23(週二) | 可訂位 | 可訂位 | 可訂位 | 可訂位 | |
| 26 | | | | 07/24(週三) | 店休 | 店休 | 店休 | 店休 | |
| 27 | | | | 07/25(週四) | 可訂位 | 客滿 | 可訂位 | 可訂位 | |
| 28 | | | | 07/26(週五) | 客滿 | 可訂位 | 可訂位 | 可訂位 | |
| 29 | | | | 07/27(週六) | 可訂位 | 客滿 | 可訂位 | 客滿 | |
| 30 | | | | 07/28(週日) | 客滿 | 可訂位 | 客滿 | 可訂位 | |

希望在輸入日期及選擇時段後，就能了解訂位狀況

## 操作步驟

### 01 利用 INDEX 及 MATCH 函數找出指定的欄與列

請開啟**練習檔案\Part 3\Unit _ 050**，在 B4 儲存格輸入如下的公式。

在 D3：D33 中找出完全符合 B2 輸入的日期

在 E2：H2 中找出完全符合 B3 輸入的時段

=INDEX(E3:H33,MATCH(B2,D3:D33,0),MATCH(B3,E2:H2,0))

B4 =INDEX(E3:H33,MATCH(B2,D3:D33,0),MATCH(B3,E2:H2,0))

| | A | B | C | D | E | F | G | H | I |
|---|---|---|---|---|---|---|---|---|---|
| 1 | 空位查詢 | | | | | | | | |
| 2 | 日期 | | | 日期 | 午餐 | 下午茶 | 晚餐 | 深夜時段 | |
| 3 | 時段 | | | 07/01(週一) | 可訂位 | 可訂位 | 客滿 | 可訂位 | |
| 4 | 狀 | #N/A | | 07/02(週二) | 可訂位 | 客滿 | 可訂位 | 可訂位 | |
| 5 | | | | 07/03(週三) | 可訂位 | 可訂位 | 可訂位 | 可訂位 | |
| 6 | | | | 07/04(週四) | 客滿 | 可訂位 | 可訂位 | 客滿 | |

由於 B2、B3 儲存格尚未輸入資料，因此會出現「#N/A」的錯誤訊息

| MATCH 函數 | |
|---|---|
| 說明 | 搜尋指定資料在範圍中的第幾列。 |
| 語法 | **=MATCH(搜尋值, 搜尋範圍, [搜尋方法])** |
| 搜尋值 | 指定要搜尋的值。 |
| 搜尋範圍 | 指定要搜尋的範圍。 |
| 搜尋方法 | 依下表的數值指定尋找「搜尋值」的方法。 |

| 搜尋方法 | 說明 |
|---|---|
| 1 或省略 | 尋找小於「搜尋值」的最大值。「搜尋範圍」必須先以遞增的方式排列。 |
| 0 | 找出與「搜尋值」完全相同的值。找不到時會回傳 [#N/A]。 |
| -1 | 尋找大於「搜尋值」的最小值。「搜尋範圍」必須先以遞減的方式排列。 |

## 02 輸入要查詢的資料

請在 B2 儲存格輸入要查詢的日期，在 B3 儲存格中拉下下拉箭頭選擇用餐時段，即會顯示「客滿」或「可訂位」的狀態。

| | A | B | C | D | E | F | G | H | I |
|---|---|---|---|---|---|---|---|---|---|
| 1 | 空位查詢 | | | | | | | | |
| 2 | 日期 | 7/13 | | 日期 | 午餐 | 下午茶 | 晚餐 | 深夜時段 | |
| 3 | 時段 | 晚餐 | | 07/01(週一) | 可訂位 | 可訂位 | 客滿 | 可訂位 | |
| 4 | 狀態 | 客滿 | | 07/02(週二) | 可訂位 | 客滿 | 可訂位 | 可訂位 | |
| 5 | | | | 07/03(週三) | 可訂位 | 可訂位 | 可訂位 | 可訂位 | |
| 6 | | | | 07/04(週四) | 客滿 | 可訂位 | 可訂位 | 客滿 | |
| 7 | | | | 07/05(週五) | 可訂位 | 客滿 | 可訂位 | 可訂位 | |
| 8 | | | | 07/06(週六) | 客滿 | 可訂位 | 客滿 | 可訂位 | |
| 9 | | | | 07/07(週日) | 客滿 | 可訂位 | 客滿 | 可訂位 | |
| 10 | | | | 07/08(週一) | 可訂位 | 可訂位 | 可訂位 | 可訂位 | |
| 11 | | | | 07/09(週二) | 可訂位 | 客滿 | 可訂位 | 可訂位 | |
| 12 | | | | 07/10(週三) | 店休 | 店休 | 店休 | 店休 | |
| 13 | | | | 07/11(週四) | 可訂位 | 客滿 | 可訂位 | 可訂位 | |
| 14 | | | | 07/12(週五) | 可訂位 | 可訂位 | 可訂位 | 可訂位 | |
| 15 | | | | 07/13(週六) | 可訂位 | 客滿 | 客滿 | 客滿 | |
| 16 | | | | 07/14(週日) | 客滿 | 可訂位 | 客滿 | 可訂位 | |
| 17 | | | | 07/15(週一) | 客滿 | 可訂位 | 可訂位 | 可訂位 | |
| 18 | | | | 07/16(週二) | 可訂位 | 客滿 | 可訂位 | 客滿 | |
| | | | | 07/17(週三) | 可訂位 | 可訂位 | 可訂位 | 可訂位 | |
| | | | | 07/18(週四) | 客滿 | 可訂位 | 客滿 | 可訂位 | |

輸入資料後就會顯示狀態

### ☑ 補充說明　如何製作從清單中選取資料？

為減少打電話詢問訂位的等待時間，我們將輸入「時段」的儲存格改成以清單的方式選取，這樣一來就不用再切換輸入法輸入文字，可節省顧客的等待時間。那麼要如何製作下拉清單呢？你可以參考底下的方法：

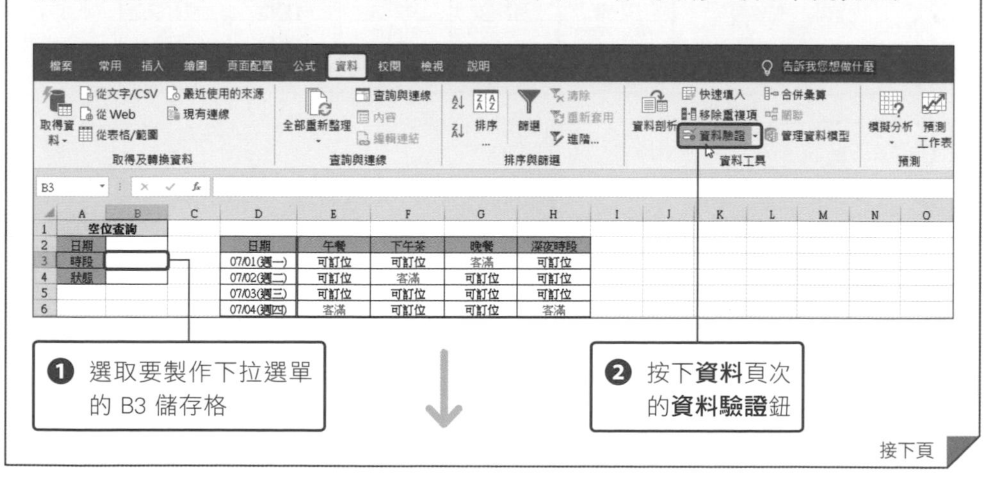

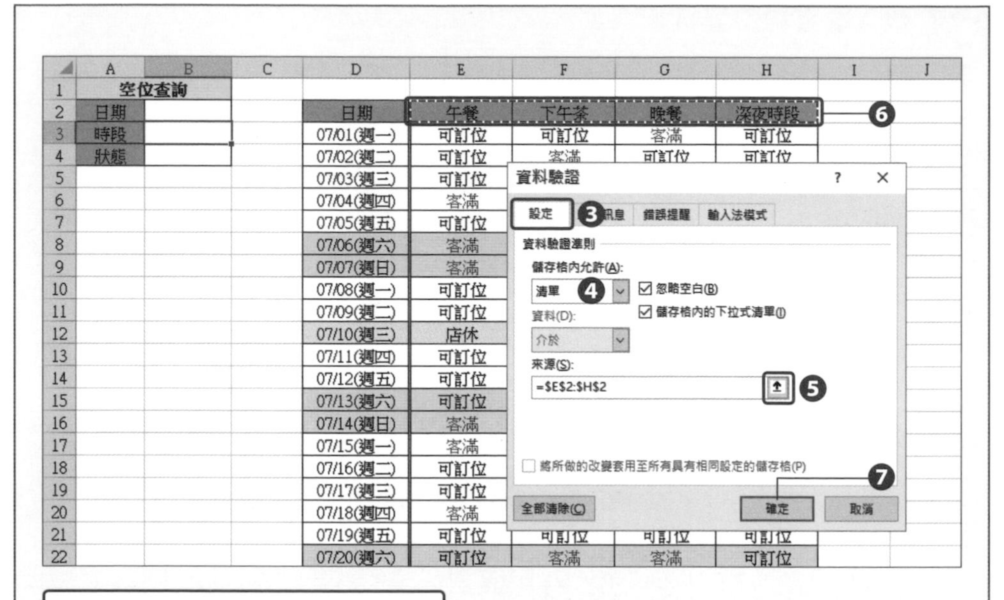


❸ 切換到**設定**頁次
❹ 選擇**清單**
❺ 按下此鈕
❻ 選取 E2：H2 儲存格範圍
❼ 按下**確定**鈕

❽ 按下此鈕
❾ 選擇用餐時段

Unit 051

# 從已定義名稱的資料中，取得指定產品、門市的庫存

**範例** 想查詢○產品在○門市的庫存有多少？

INDIRECT

## 範例說明

想知道○產品在○門市還有多少庫存，雖然可以用 INDEX + MATCH 函數來查找，但公式寫起來有點複雜，有沒有更快速的方法呢？

希望在輸入產品及門市名稱後，自動找出還有多少庫存

| | A | B | C | D | E | F | G |
|---|---|---|---|---|---|---|---|
| 1 | 各門市庫存 | | | | | | |
| 2 | 產　品 | 無線藍牙耳機 | | | | | |
| 3 | 門　市 | 東山門市 | | | | | |
| 4 | 庫　存 | 980 | | | | | |
| 5 | | | | | | | |
| 6 | | | | | | | |
| 7 | | 無線藍牙耳機 | 全罩式耳機 | 耳塞式耳機 | 入耳式耳機 | 耳掛式耳機 | |
| 8 | 新盛門市 | 777 | 2,357 | 733 | 981 | 2,029 | |
| 9 | 仁愛門市 | 1,071 | 2,750 | 3,782 | 3,980 | 3,693 | |
| 10 | 幸福門市 | 418 | 1,002 | 3,033 | 3,862 | 1,252 | |
| 11 | 文化門市 | 3,953 | 3,104 | 1,277 | 1,207 | 3,753 | |
| 12 | 忠孝門市 | 2,128 | 1,330 | 3,448 | 2,123 | 2,214 | |
| 13 | 新仁門市 | 2,410 | 2,069 | 1,265 | 3,352 | 2,195 | |
| 14 | 永康門市 | 1,193 | 3,879 | 3,500 | 3,249 | 2,330 | |
| 15 | 東山門市 | 980 | 3,444 | 3,646 | 2,724 | 3,999 | |
| 16 | 歸仁門市 | 1,764 | 3,778 | 3,440 | 3,494 | 999 | |
| 17 | 重南門市 | 988 | 2,487 | 3,548 | 2,547 | 1,587 | |
| 18 | 新生門市 | 1,875 | 3,054 | 2,547 | 984 | 1,587 | |
| 19 | | | | | | | |

## 操作步驟

### 01 將選取範圍定義成名稱

請開啟**練習檔案\Part 3\Unit _ 051**，選取 A7：F18 儲存格範圍，接著按下**公式**頁次的**從選取範圍建立**鈕，將選取的範圍定義成名稱。

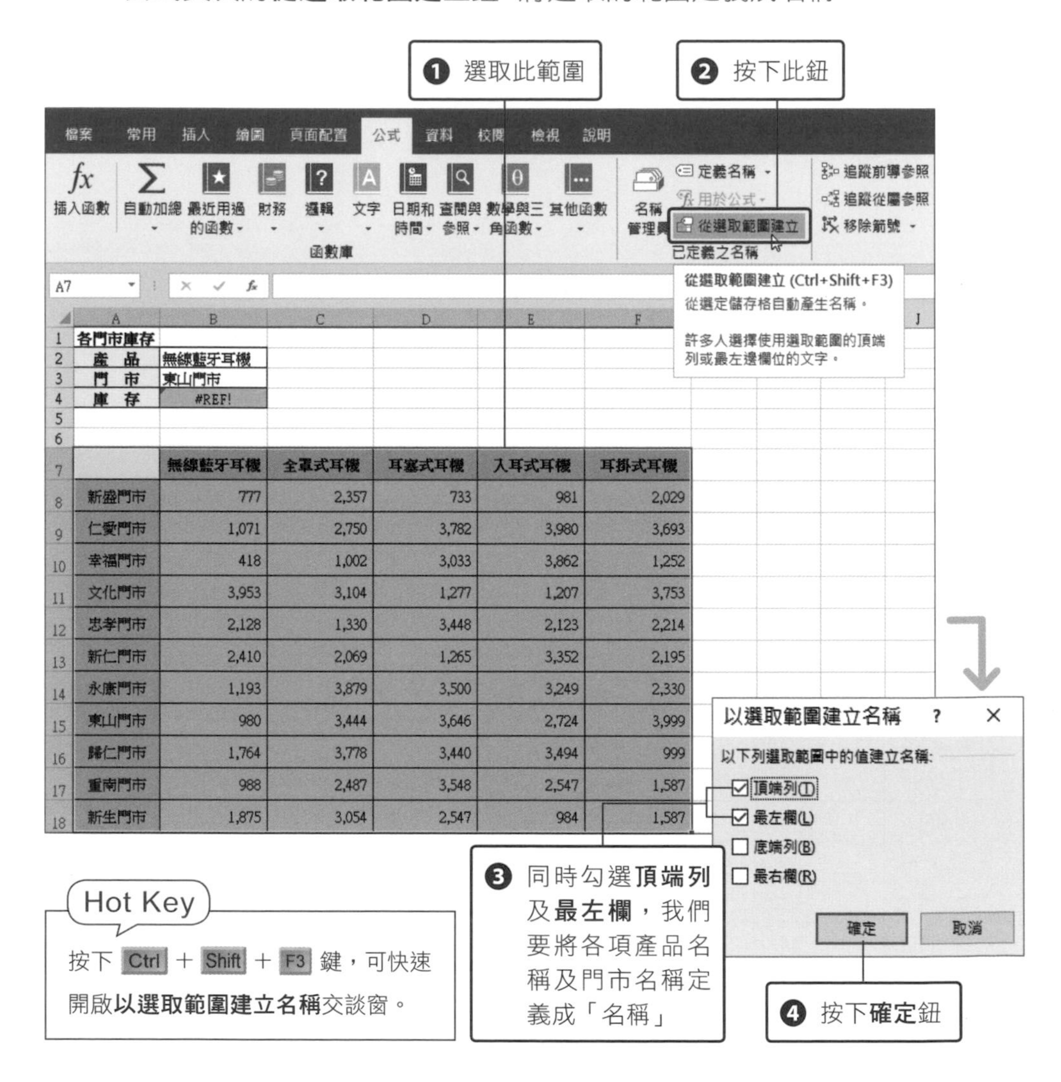


### 02 查看已定義的名稱

按下**公式**頁次的**名稱管理員**，即可看到我們剛才定義的名稱，事先定義好這些名稱，可以方便待會兒的 INDIRECT 函數查找資料。

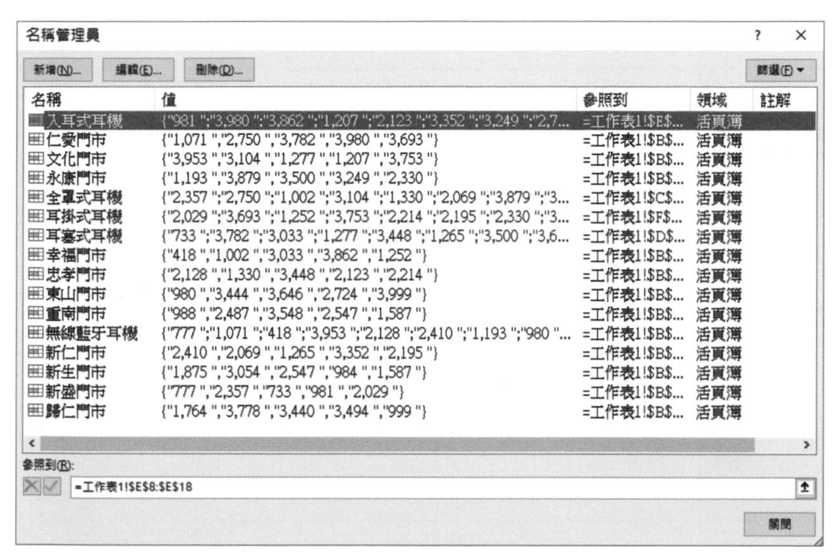


**Hot Key**

按下 Ctrl ＋ F3 鍵，可快速開啟**名稱管理員**交談窗。

## 03 利用 INDIRECT 函數，取得符合兩項條件的儲存格

請在 B4 儲存格輸入「=INDIRECT(B2) INDIRECT(B3)」，INDIRECT 函數之間要空一格半形空格。輸入公式後會出現「#REF!」的錯誤訊息，這是因為 B2 及 B3 儲存格尚未輸入資料。

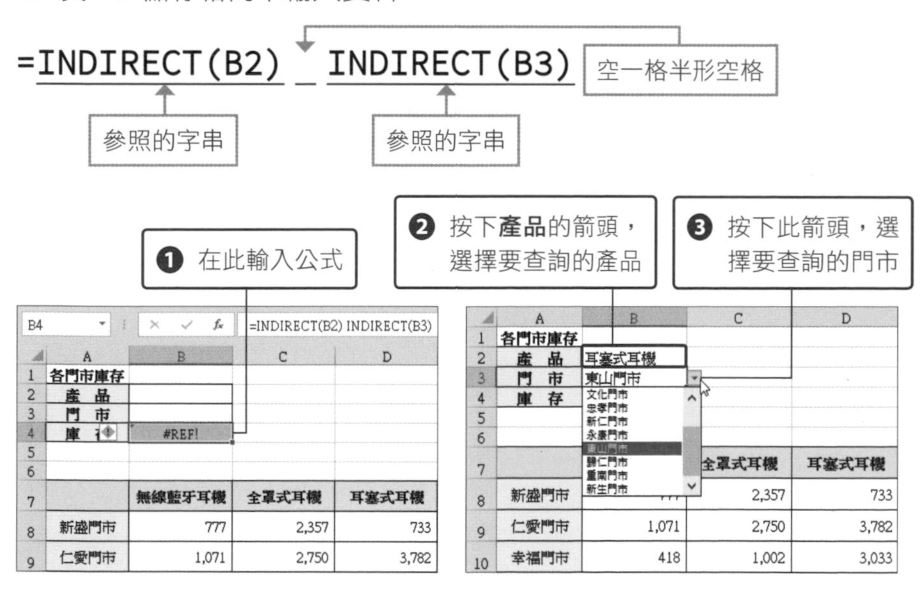

找出「歸仁門市」的「耳塞式耳機」還有 3,440 個

| | A | B | C | D | E | F | G |
|---|---|---|---|---|---|---|---|
| 1 | 各門市庫存 | | | | | | |
| 2 | 產 品 | 耳塞式耳機 | | | | | |
| 3 | 門 市 | 歸仁門市 | | | | | |
| 4 | 庫 存 | 3,440 | | | | | |
| 5 | | | | | | | |
| 6 | | | | | | | |
| 7 | | 無線藍牙耳機 | 全罩式耳機 | 耳塞式耳機 | 入耳式耳機 | 耳掛式耳機 | |
| 8 | 新盛門市 | 777 | 2,357 | 733 | 981 | 2,029 | |
| 9 | 仁愛門市 | 1,071 | 2,750 | 3,782 | 3,980 | 3,693 | |
| 10 | 幸福門市 | 418 | 1,002 | 3,033 | 3,862 | 1,252 | |
| 11 | 文化門市 | 3,953 | 3,104 | 1,277 | 1,207 | 3,753 | |
| 12 | 忠孝門市 | 2,128 | 1,330 | 3,448 | 2,123 | 2,214 | |
| 13 | 新仁門市 | 2,410 | 2,069 | 1,265 | 3,352 | 2,195 | |
| 14 | 永康門市 | 1,193 | 3,879 | 3,500 | 3,249 | 2,330 | |
| 15 | 東山門市 | 980 | 3,444 | 3,646 | 2,724 | 3,999 | |
| 16 | 歸仁門市 | 1,764 | 3,778 | 3,440 | 3,494 | 999 | |
| 17 | 重南門市 | 988 | 2,487 | 3,548 | 2,547 | 1,587 | |
| 18 | 新生門市 | 1,875 | 3,054 | 2,547 | 984 | 1,587 | |
| 19 | | | | | | | |

INDIRECT 函數在每次開啟活頁簿時，都會自動更新，因此就算沒有進行任何編輯，在關閉檔案時，還是會跳出「想要儲存變更到」的確認交談窗。

| INDIRECT 函數 | |
|---|---|
| 說明 | 回傳指定的參照位址。 |
| 語法 | **=INDIRECT(參照字串, [參照形式])** |
| 參照字串 | 指定儲存格編號或是已定義的「名稱」。 |
| 參照形式 | 參照形式分成 A1 及 R1C1 兩種。若省略此引數或是輸入 TRUE，則為 A1 形式；若輸入 FALSE 則為 R1C1 形式。 |

- **A1 形式**：欄用英文字母、列用數字的方式指定欄、列順序。
- **R1C1 形式**：R 是指連續的列的數值，C 是指連續的欄的數值。例如 E3 儲存格以 R1C1 來指定，會變成「R3C5」。

Unit 052

# 找出符合條件的資料

**範　例**　只要輸入公司名稱，就會列出統編及詳細資料

DGET

## 範例說明

當客戶資料愈來愈多，得要不斷捲動視窗捲軸來查找，希望能在工作表的最上方設置一個查詢區域，只要輸入公司名稱，就自動列出統編、聯絡人、…等資料。

客戶資料查詢

| 公司名稱 |
|---|
| 信和有限公司 |

| 統一編號 | 聯絡人 | 職稱 | 電話 |
|---|---|---|---|
| 47935457 | 蘇志鴻 | 課長 | 02-2235-4578 |

希望輸入公司名稱後，自動列出詳細資料

| 公司名稱 | 統一編號 | 聯絡人 | 職稱 | 電話 |
|---|---|---|---|---|
| 正益有限公司 | 87664409 | 陳子玄 | 採購 | 02-7711-5533 |
| 永琳股份有限公司 | 80131317 | 簡定豪 | 副理 | 0979-555-433 |
| 金久有限公司 | 45712555 | 江承恩 | 業務經理 | 0930-000-548 |
| 信和有限公司 | 47935457 | 蘇志鴻 | 課長 | 02-2235-4578 |
| 映太股份有限公司 | 69497146 | 簡勝亮 | 採購 | 049-2234451 |
| 晉鴻國際實業 | 83101347 | 侯淑麗 | 副理 | 03-544-4587 |
| 舜盛有限公司 | 24360468 | 謝玉蓮 | 業務 | 06-215-5487 |
| 瑋晟股份有限公司 | 81660414 | 劉志雄 | 企劃 | 0930-883-111 |
| 馨華有限公司 | 77882454 | 王明霞 | 課長 | 08-783-2156 |
| 忠台自動設備 | 53818286 | 羅禎玉 | 主任 | 037-456-4541 |
| 龍升股份有限公司 | 32088042 | 陳禹凡 | 業務 | 0933-477-500 |
| 誠利有限公司 | 60510359 | 余柔雅 | 廠長 | 04-2659-8546 |
| 英奇電腦用品 | 65846435 | 蔡新駿 | 主任 | 02-5453-2158 |
| 展新企業 | 52509876 | 許盛儀 | 採購 | 0989-732-545 |
| 茂基有限公司 | 42387086 | 戴文美 | 企劃 | 03-826-6542 |
| 億望實業 | 25659101 | 林信揚 | 業務經理 | 0982-154-854 |
| 瑞鴻科技 | 74636127 | 張瑞豐 | 課長 | 037-456-654 |
| 長盈國際 | 64309898 | 陳萬元 | 業務 | 0911-548-666 |
| 天紅工業有限公司 | 48953698 | 熱晉祥 | 副理 | 03-546-1225 |
| 禾新股份有限公司 | 83903460 | 洪廷輝 | 課長 | 02-2545-6878 |
| 進原有限公司 | 87224668 | 桌松誠 | 業務經理 | 02-5421-5498 |
| 碩華科技 | 57494315 | 邱智源 | 採購 | 049-254-2213 |
| 光安科技 | 86672744 | 黃琦文 | 廠長 | 06-245-5446 |
| 宏榮企業 | 33587394 | 金育晟 | 副理 | 0980-554-559 |
| 建舜實業 | 51048974 | 甄文信 | 業務 | 03-547-4587 |
| 寶新電子 | 64394016 | 陳信瑋 | 副理 | 02-2548-7964 |

## ▶ 操作步驟

### 01 用 DGET 函數取得符合條件的資料

請開啟**練習檔案\Part 3\Unit _ 052**，在 B6 儲存格輸入「=DGET($B$9:$F$35,C9,$B$2:$B$3)」，輸入公式後會出現「#NUM!」的錯誤訊息，這是因為 B3 儲存格尚未輸入要查詢的公司名稱。

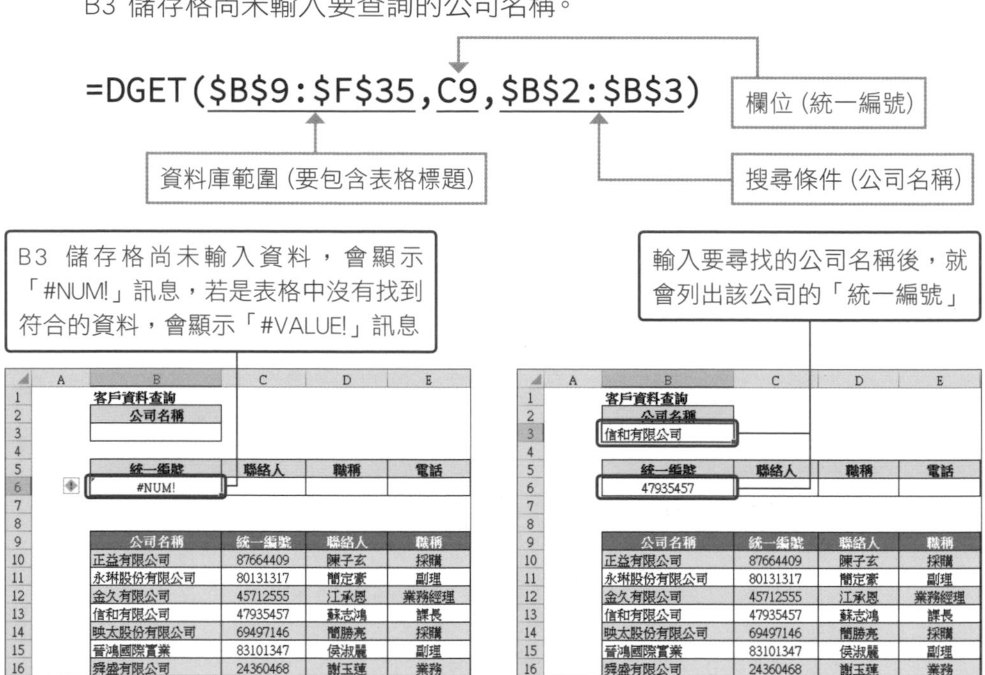


**TIPS** 要搜尋的資料最好是具有「唯一性」的值（例如：身份證字號、產品編號、……等），若資料有重複，則會出現錯誤訊息。

### 02 複製公式

接著將 B6 儲存格的公式，往右複製到 E6 儲存格。即可列出該公司的所有資料。

B6 =DGET($B$9:$F$35,C9,$B$2:$B$3)

| | A | B | C | D | E | F |
|---|---|---|---|---|---|---|
| 1 | | 客戶資料查詢 | | | | |
| 2 | | 公司名稱 | | | | |
| 3 | | 信和有限公司 | | | | |
| 4 | | | | | | |
| 5 | | 統一編號 | 聯絡人 | 職稱 | 電話 | |
| 6 | | 47935457 | 蘇志鴻 | 課長 | 02-2235-4578 | |
| 7 | | | | | | |
| 8 | | | | | | |
| 9 | | 公司名稱 | 統一編號 | 聯絡人 | 職稱 | 電話 |
| 10 | | 正益有限公司 | 87664409 | 陳子玄 | 採購 | 02-7711-5533 |
| 11 | | 永琳股份有限公司 | 80131317 | 簡定豪 | 副理 | 0979-555-433 |
| 12 | | 金久有限公司 | 45712555 | 江承恩 | 業務經理 | 0930-000-548 |
| 13 | | 信和有限公司 | 47935457 | 蘇志鴻 | 課長 | 02-2235-4578 |
| 14 | | 映太股份有限公司 | 69497146 | 簡勝亮 | 採購 | 049-2234451 |
| 15 | | 晉鴻國際實業 | 83101347 | 侯淑麗 | 副理 | 03-544-4587 |
| 16 | | 舜盛有限公司 | 24360468 | 謝玉蓮 | 業務 | 06-215-5487 |

Unit 053

# 從多個表格中取出資料

**範例** 從兩種商品表中取出商品名稱及單價

VLOOKUP INDIRECT

## 範例說明

在輸入訂購單資料時，由於商品名稱通常字數較多，如果逐字輸入得花不少時間，希望能在輸入「類別」及「商品編號」後自動從其他表格查詢商品名稱及單價。

訂購單

訂購日期： 7/8

| 類別 | 商品編號 | 商品名稱 | 單價 | 數量 | 金額 |
|---|---|---|---|---|---|
| 手機 | 1101 | iPhone XR 64G | 26,900 | 125 | 3,362,500 |
| 平板 | 2103 | iPad 128G | 15,900 | 233 | 3,704,700 |
| 手機 | 1104 | iPhone 8 Plus 64G | 25,500 | 998 | 25,449,000 |
| 手機 | 1105 | iPhone 7 Plus 128G | 24,500 | 88 | 2,156,000 |
| 手機 | 1102 | iPhone 8 64G | 21,500 | 216 | 4,644,000 |
| 平板 | 2101 | iPad Pro 12.9" 512G | 45,900 | 1,402 | 64,351,800 |
| 平板 | 2102 | iPad Air 256G | 21,900 | 546 | 11,957,400 |
| 平板 | 2103 | iPad 128G | 15,900 | 1,302 | 20,701,800 |
| 手機 | 1102 | iPhone 8 64G | 21,500 | 301 | 6,471,500 |
| 手機 | 1103 | iPhone Xs 128G | 28,900 | 1,269 | 36,674,100 |
| | | | | 小計 | 179,472,800 |
| | | | | 稅金 | 8,973,640 |
| | | | | 總計 | 188,446,440 |

手機

| 商品編號 | 商品名稱 | 單價 |
|---|---|---|
| 1101 | iPhone XR 64G | 26,900 |
| 1102 | iPhone 8 64G | 21,500 |
| 1103 | iPhone Xs 128G | 28,900 |
| 1104 | iPhone 8 Plus 64G | 25,500 |
| 1105 | iPhone 7 Plus 128G | 24,500 |

平板

| 商品編號 | 商品名稱 | 單價 |
|---|---|---|
| 2101 | iPad Pro 12.9" 512G | 45,900 |
| 2102 | iPad Air 256G | 21,900 |
| 2103 | iPad 128G | 15,900 |
| 2104 | iPad mini 256G | 22,400 |

希望輸入這兩項資料後，自動帶出「商品名稱」及「單價」

## 操作步驟

**01** **分別定義「手機」及「平板」名稱**

請開啟**練習檔案\Part 3\Unit _ 053**，選取 I6：k10 儲存格範圍 ❶，按一下視窗最左側的**名稱方塊**輸入「手機」後，按下 Enter 鍵 ❷；接著選取 I14：K17 儲存格範圍 ❸，在**名稱方塊**中輸入「平板」，再按下 Enter 鍵 ❹。

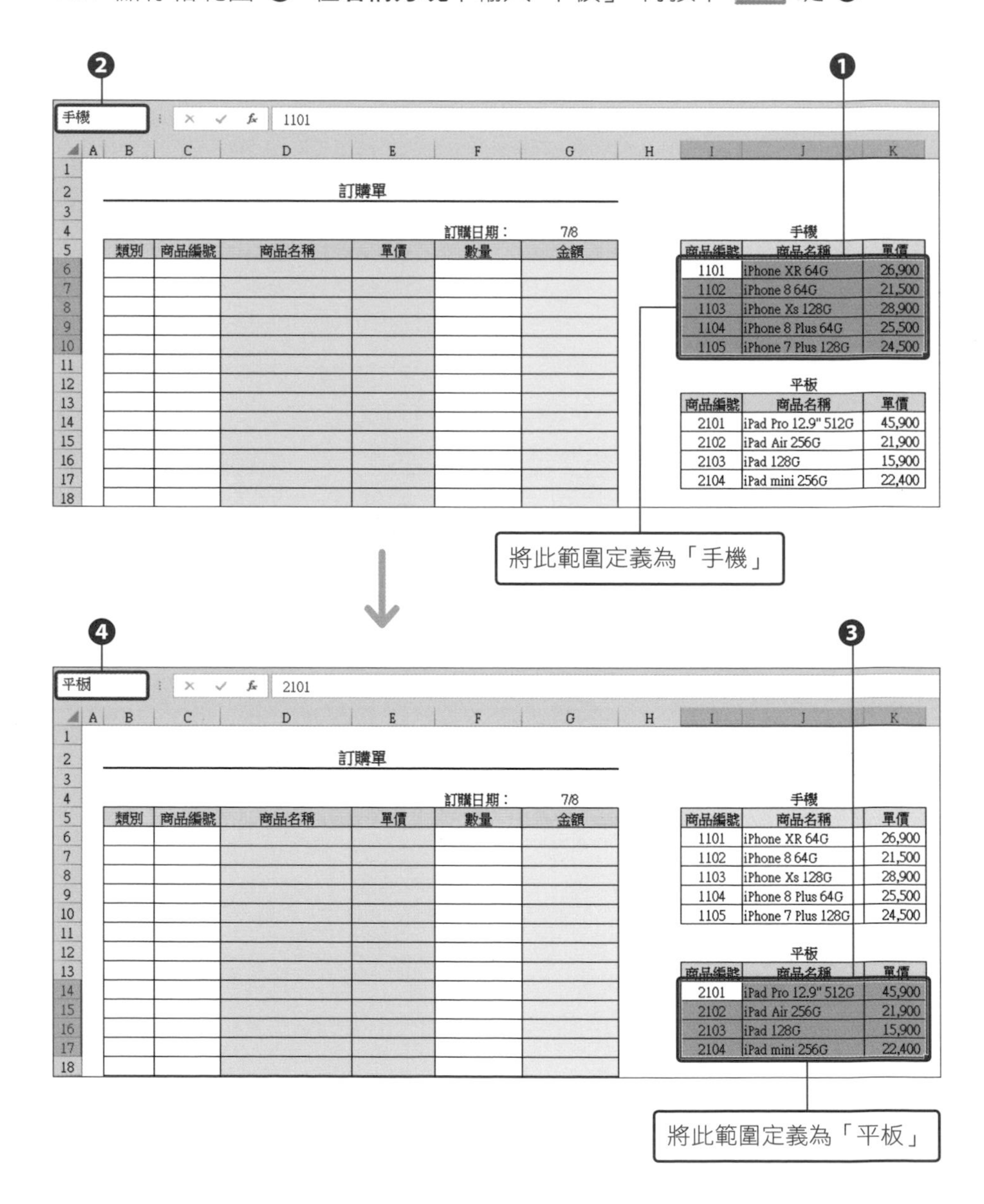

## 02 輸入 VLOOKUP 及 INDIRECT 函數查詢「商品名稱」

請在 D6 儲存格輸入「=VLOOKUP(C6,INDIRECT(B6),2)」，輸入公式後會出現「#REF!」錯誤訊息，只要在 B6 及 C6 儲存格輸入商品類別及商品編號後，就會帶出商品名稱了。

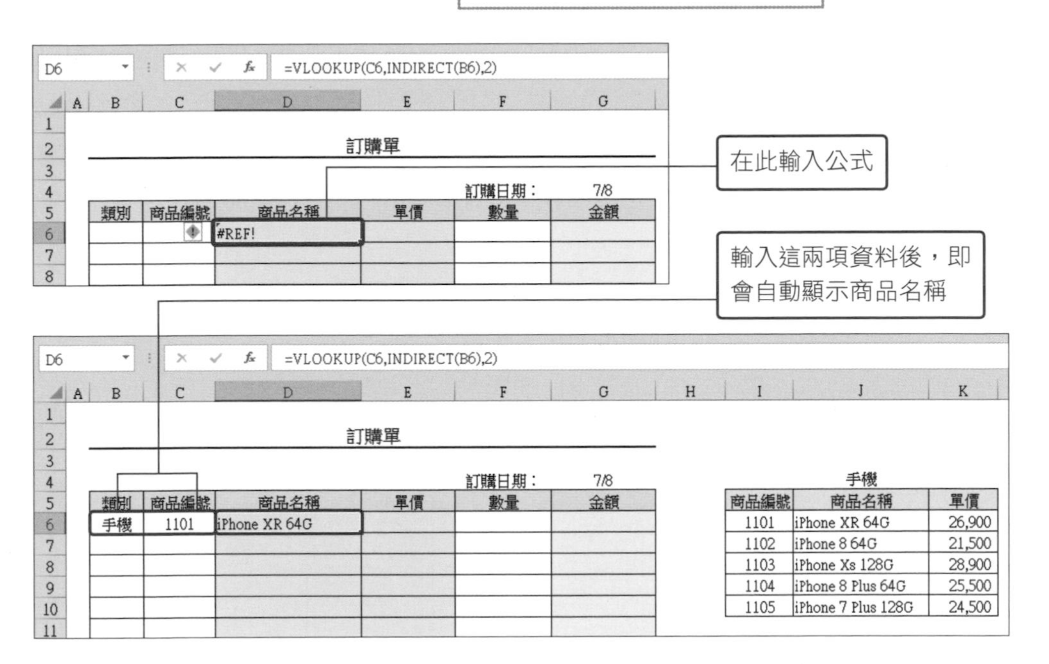


| 商品編號 | 商品名稱 | 單價 |
|---|---|---|
| 1101 | iPhone XR 64G | 26,900 |
| 1102 | iPhone 8 64G | 21,500 |
| 1103 | iPhone Xs 128G | 28,900 |
| 1104 | iPhone 8 Plus 64G | 25,500 |
| 1105 | iPhone 7 Plus 128G | 24,500 |

## 03 查詢「單價」資料

接著在 E6 儲存格輸入「=VLOOKUP(C6,INDIRECT(B6),3)」，我們要從手機或平板的表格中回傳位於第 3 欄的「單價」資料。

E6 =VLOOKUP(C6,INDIRECT(B6),3)

訂購單

訂購日期： 7/8

| 類別 | 商品編號 | 商品名稱 | 單價 | 數量 | 金額 |
|---|---|---|---|---|---|
| 手機 | 1101 | iPhone XR 64G | 26,900 | | |

手機

| 商品編號 | 商品名稱 | 單價 |
|---|---|---|
| 1101 | iPhone XR 64G | 26,900 |
| 1102 | iPhone 8 64G | 21,500 |
| 1103 | iPhone Xs 128G | 28,900 |
| 1104 | iPhone 8 Plus 64G | 25,500 |
| 1105 | iPhone 7 Plus 128G | 24,500 |

## 04 訂單加總

接著在 G6 儲存格輸入「=E6*F6」，並將公式往下複製到 G25 儲存格，即可算出單價*數量的金額。最後在 G26 輸入「=SUM(G6:G25)，加總小計金額；在 G27 儲存格輸入「=G26*0.05」算出稅金金額；最後在 G28 儲存格輸入「=SUM(G26:G27)」，即可算出訂購總價。

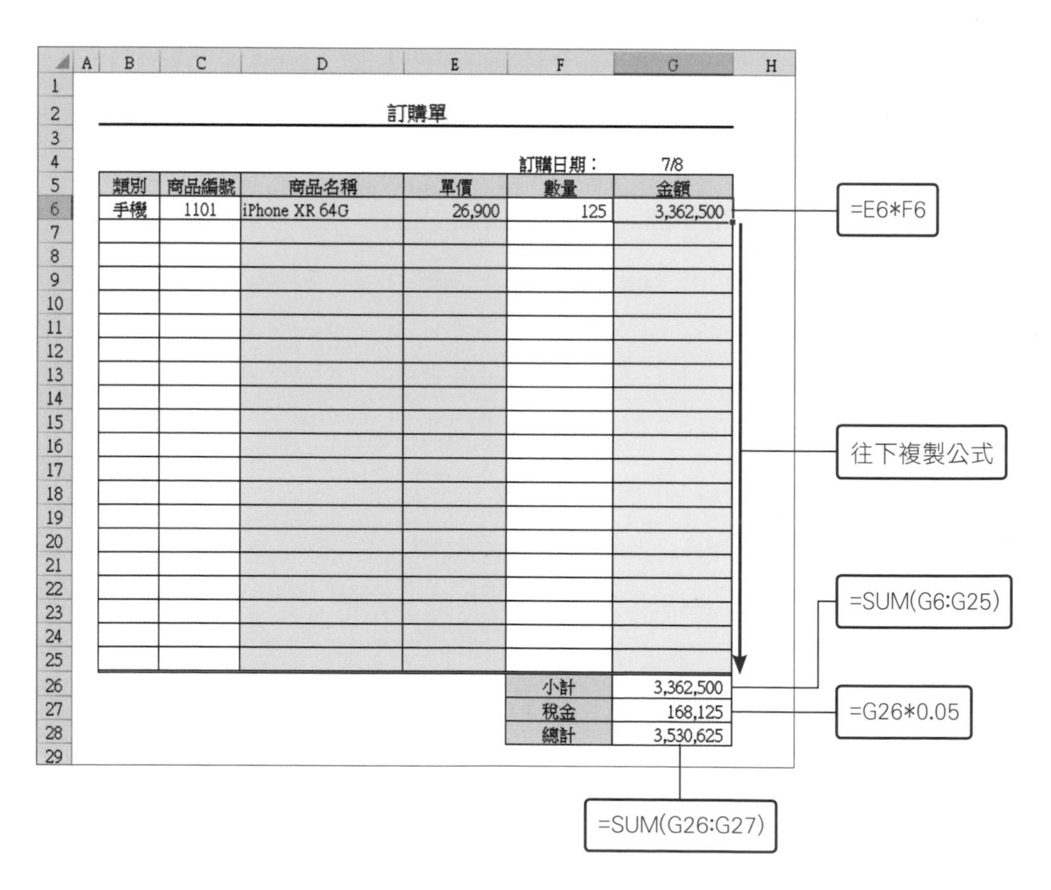

Unit 054

# 隱藏 0 或錯誤值

**範例** 不想顯示計算結果為「0」或「錯誤值」的資料

IF VLOOKUP IFERROR INDIRECT

## 範例說明

上個單元的範例，我們將 VLOOKUP 的公式往下複製後，若是還沒有輸入「類別」及「商品編號」，就會出現「#REF!」的錯誤訊息；若是沒有輸入「數量」則會顯示「0」，出現這些錯誤訊息實在有點困擾，可以不要顯示嗎？

訂購單

訂購日期： 7/8

| 類別 | 商品編號 | 商品名稱 | 單價 | 數量 | 金額 |
|---|---|---|---|---|---|
| 手機 | 1101 | iPhone XR 64G | 26,900 | 125 | 3,362,500 |
| 平板 | 2103 | iPad 128G | 15,900 | 233 | 3,704,700 |
| 手機 | 1104 | iPhone 8 Plus 64G | 25,500 | 998 | 25,449,000 |
| 手機 | 1105 | iPhone 7 Plus 128G | 24,500 |  | 0 |
| 手機 | 1102 | iPhone 8 64G | 21,500 |  | 0 |
|  |  | #REF! | #REF! |  | #REF! |
|  |  | #REF! | #REF! |  | #REF! |
|  |  | #REF! | #REF! |  | #REF! |
|  |  | #REF! | #REF! |  | #REF! |
|  |  | #REF! | #REF! |  | #REF! |
|  |  | #REF! | #REF! |  | #REF! |
|  |  | #REF! | #REF! |  | #REF! |
|  |  | #REF! | #REF! |  | #REF! |
|  |  | #REF! | #REF! |  | #REF! |
|  |  | #REF! | #REF! |  | #REF! |
|  |  | #REF! | #REF! |  | #REF! |
|  |  | #REF! | #REF! |  | #REF! |
|  |  | #REF! | #REF! |  | #REF! |
|  |  | #REF! | #REF! |  | #REF! |
|  |  | #REF! | #REF! |  | #REF! |
|  |  |  |  | 小計 | #REF! |
|  |  |  |  | 稅金 | #REF! |
|  |  |  |  | 總計 | #REF! |

未輸入數量時，金額會顯示 0

未輸入資料時，會顯示參照錯誤的訊息

## 操作步驟

### 01 用 IFERROR 函數隱藏錯誤值

請開啟**練習檔案\Part 3\Unit_054**，選取 D6 儲存格，再到**資料編輯列**按一下，在「=」之後輸入「IFERROR(」，接著將游標移到公式的最後，繼續輸入「,"")」，再按下 Enter 鍵。

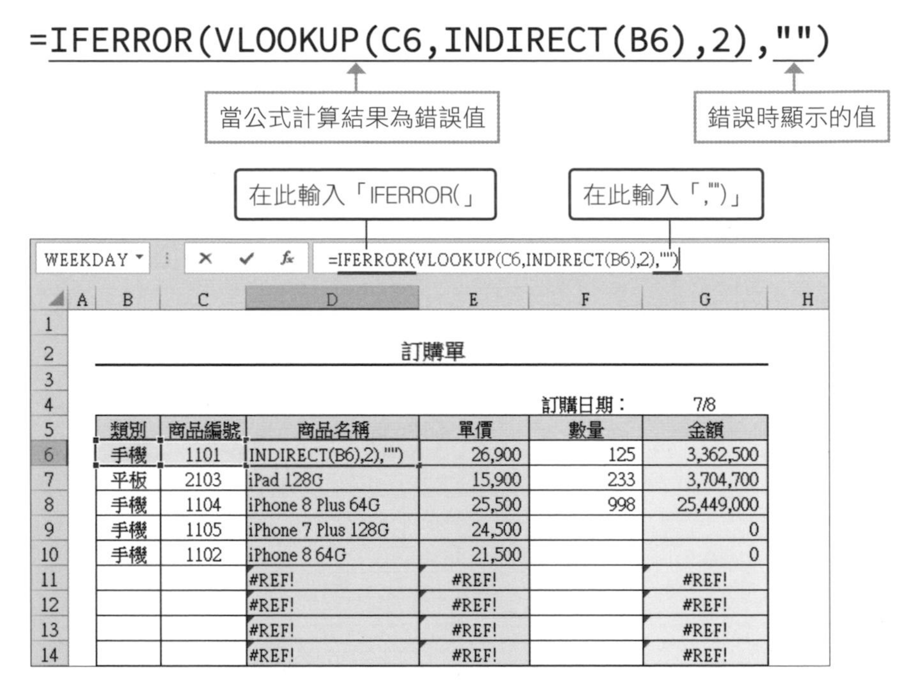


| IFERROR 函數 | |
|---|---|
| 說明 | 檢查公式的計算結果是否為錯誤值，若為錯誤值則回傳指定的值。若非錯誤值，則回傳公式的計算結果。 |
| 語法 | **=IFERROR(值, 錯誤時顯示的值)** |
| 值 | 要檢查是否會出現錯誤的值。 |
| 錯誤時顯示的值 | 指定產生錯誤時，要顯示的值或儲存格參照。 |

### 02 往下複製公式

將剛才加了 IFERROR 的 D6 儲存格往下複製到 D25 儲存格。剛才顯示的參照錯誤就會變成空白了。

D6 =IFERROR(VLOOKUP(C6,INDIRECT(B6),2),"")

| | A | B | C | D | E | F | G | H |
|---|---|---|---|---|---|---|---|---|
| 1 | | | | | | | | |
| 2 | | | | 訂購單 | | | | |
| 3 | | | | | | | | |
| 4 | | | | | | 訂購日期： | 7/8 | |
| 5 | | 類別 | 商品編號 | 商品名稱 | 單價 | 數量 | 金額 | |
| 6 | | 手機 | 1101 | iPhone XR 64G | 26,900 | 125 | 3,362,500 | |
| 7 | | 平板 | 2103 | iPad 128G | 15,900 | 233 | 3,704,700 | |
| 8 | | 手機 | 1104 | iPhone 8 Plus 64G | 25,500 | 998 | 25,449,000 | |
| 9 | | 手機 | 1105 | iPhone 7 Plus 128G | 24,500 | | 0 | |
| 10 | | 手機 | 1102 | iPhone 8 64G | 21,500 | | 0 | |
| 11 | | | | | #REF! | | #REF! | |
| 12 | | | | | #REF! | | #REF! | |
| 13 | | | | | #REF! | | #REF! | |
| 14 | | | | | | | #REF! | |
| 21 | | | | | #REF! | | | |
| 22 | | | | | #REF! | | #REF! | |
| 23 | | | | | #REF! | | #REF! | |
| 24 | | | | | #REF! | | #REF! | |
| 25 | | | | | #REF! | | #REF! | |
| 26 | | | | | | 小計 | #REF! | |
| 27 | | | | | | 稅金 | #REF! | |
| 28 | | | | | | 總計 | #REF! | |

## 03 單價的公式同樣也加上 IFERROR 函數

請選取 E6 儲存格，將公式改為「=IFERROR(VLOOKUP(C6,INDIRECT(B6),3),"")」，並往下複製到 E25 儲存格。

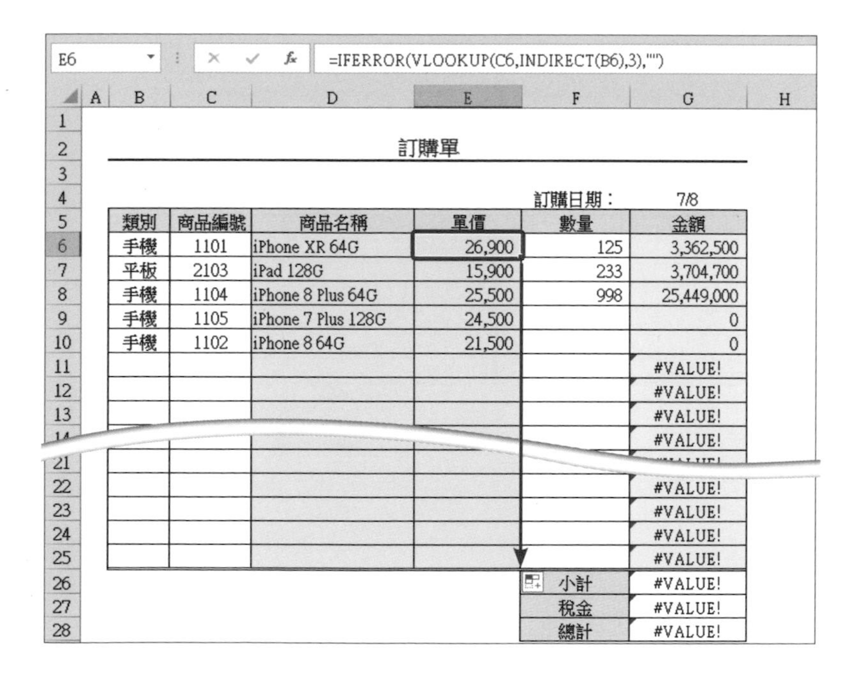

E6 =IFERROR(VLOOKUP(C6,INDIRECT(B6),3),"")

| | A | B | C | D | E | F | G | H |
|---|---|---|---|---|---|---|---|---|
| 1 | | | | | | | | |
| 2 | | | | 訂購單 | | | | |
| 3 | | | | | | | | |
| 4 | | | | | | 訂購日期： | 7/8 | |
| 5 | | 類別 | 商品編號 | 商品名稱 | 單價 | 數量 | 金額 | |
| 6 | | 手機 | 1101 | iPhone XR 64G | 26,900 | 125 | 3,362,500 | |
| 7 | | 平板 | 2103 | iPad 128G | 15,900 | 233 | 3,704,700 | |
| 8 | | 手機 | 1104 | iPhone 8 Plus 64G | 25,500 | 998 | 25,449,000 | |
| 9 | | 手機 | 1105 | iPhone 7 Plus 128G | 24,500 | | 0 | |
| 10 | | 手機 | 1102 | iPhone 8 64G | 21,500 | | 0 | |
| 11 | | | | | | | #VALUE! | |
| 12 | | | | | | | #VALUE! | |
| 13 | | | | | | | #VALUE! | |
| 14 | | | | | | | #VALUE! | |
| 21 | | | | | | | | |
| 22 | | | | | | | #VALUE! | |
| 23 | | | | | | | #VALUE! | |
| 24 | | | | | | | #VALUE! | |
| 25 | | | | | | | #VALUE! | |
| 26 | | | | | | 小計 | #VALUE! | |
| 27 | | | | | | 稅金 | #VALUE! | |
| 28 | | | | | | 總計 | #VALUE! | |

## 04 修改「金額」欄的公式

「金額」欄的公式為「=E6*F6」(單價x數量)，若「數量」為空白，則會顯示為「0」。請選取 G6 儲存格，將公式修改為「=IF(F6="","",E6*F6)」，並往下複製到 G25 儲存格。

| 類別 | 商品編號 | 商品名稱 | 單價 | 數量 | 金額 |
|---|---|---|---|---|---|
| 手機 | 1101 | iPhone XR 64G | 26,900 | 125 | 3,362,500 |
| 平板 | 2103 | iPad 128G | 15,900 | 233 | 3,704,700 |
| 手機 | 1104 | iPhone 8 Plus 64G | 25,500 | 998 | 25,449,000 |
| 手機 | 1105 | iPhone 7 Plus 128G | 24,500 | | |
| 手機 | 1102 | iPhone 8 64G | 21,500 | | |
| | | | | 小計 | 32,516,200 |
| | | | | 稅金 | 1,625,810 |
| | | | | 總計 | 34,142,010 |

Unit 055

# 將單欄資料轉成多欄並列

**範例** 想將單欄的銷售清單，轉成每十筆一欄並排在一起

OFFSET　COLUMN　ROW

## 範例說明

想將單欄排列的銷售額，轉換成多欄的排列方式，但用**貼上**的**轉置**功能，雖然可以將直欄資料以橫向排列，但是沒辦法每十筆資料排在同一欄，該怎麼處理呢？

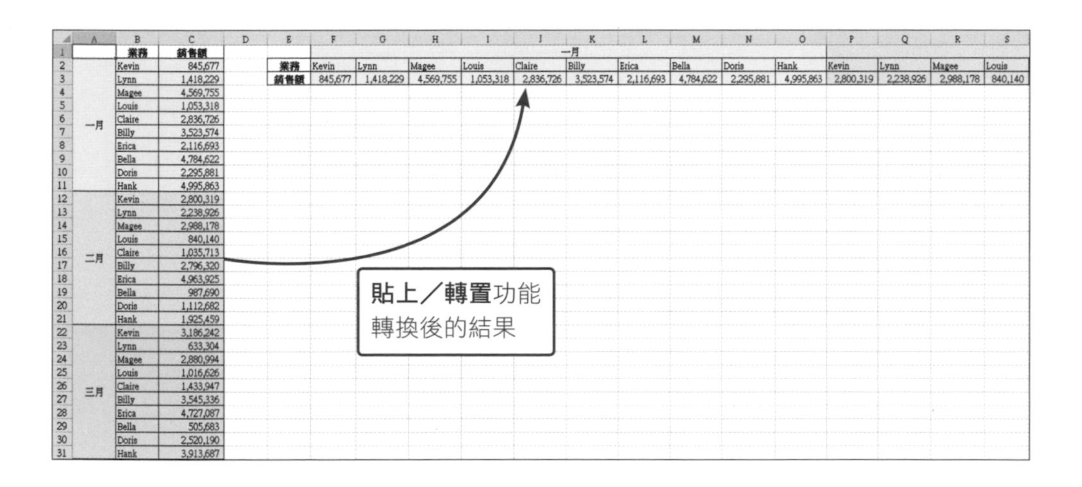


| E | F | G | H | I | J | K |
|---|---|---|---|---|---|---|
| | 一月 | 二月 | 三月 | 四月 | 五月 | 六月 |
| Kevin | 845,677 | 2,800,319 | 3,186,242 | 3,749,264 | 3,809,661 | 1,807,582 |
| Lynn | 1,418,229 | 2,238,926 | 633,304 | 2,841,391 | 4,497,999 | 4,098,874 |
| Magee | 4,569,755 | 2,988,178 | 2,880,994 | 1,443,451 | 3,712,500 | 775,841 |
| Louis | 1,053,318 | 840,140 | 1,016,626 | 1,807,145 | 627,717 | 1,420,695 |
| Claire | 2,836,726 | 1,035,713 | 1,433,947 | 3,351,965 | 2,295,042 | 3,313,234 |
| Billy | 3,523,574 | 2,796,320 | 3,545,336 | 4,134,208 | 4,079,145 | 2,165,427 |
| Erica | 2,116,693 | 4,963,925 | 4,727,087 | 1,016,355 | 4,345,936 | 1,843,209 |
| Bella | 4,784,622 | 987,690 | 505,683 | 2,522,679 | 2,101,124 | 4,067,820 |
| Doris | 2,295,881 | 1,112,682 | 2,520,190 | 3,372,635 | 679,257 | 2,358,932 |
| Hank | 4,995,863 | 1,925,459 | 3,913,687 | 108,924 | 3,250,694 | 1,548,796 |

想將各月資料分拆成多欄

## 操作步驟

### 01 利用 OFFSET 函數回傳依指定的儲存格，開始移動第幾列第幾欄後的儲存格資料

請開啟**練習檔案\Part 3\Unit _ 055**，在 F2 儲存格輸入如下的公式，再將公式往右複製到 K2 儲存格，往下複製到 K11 儲存格。

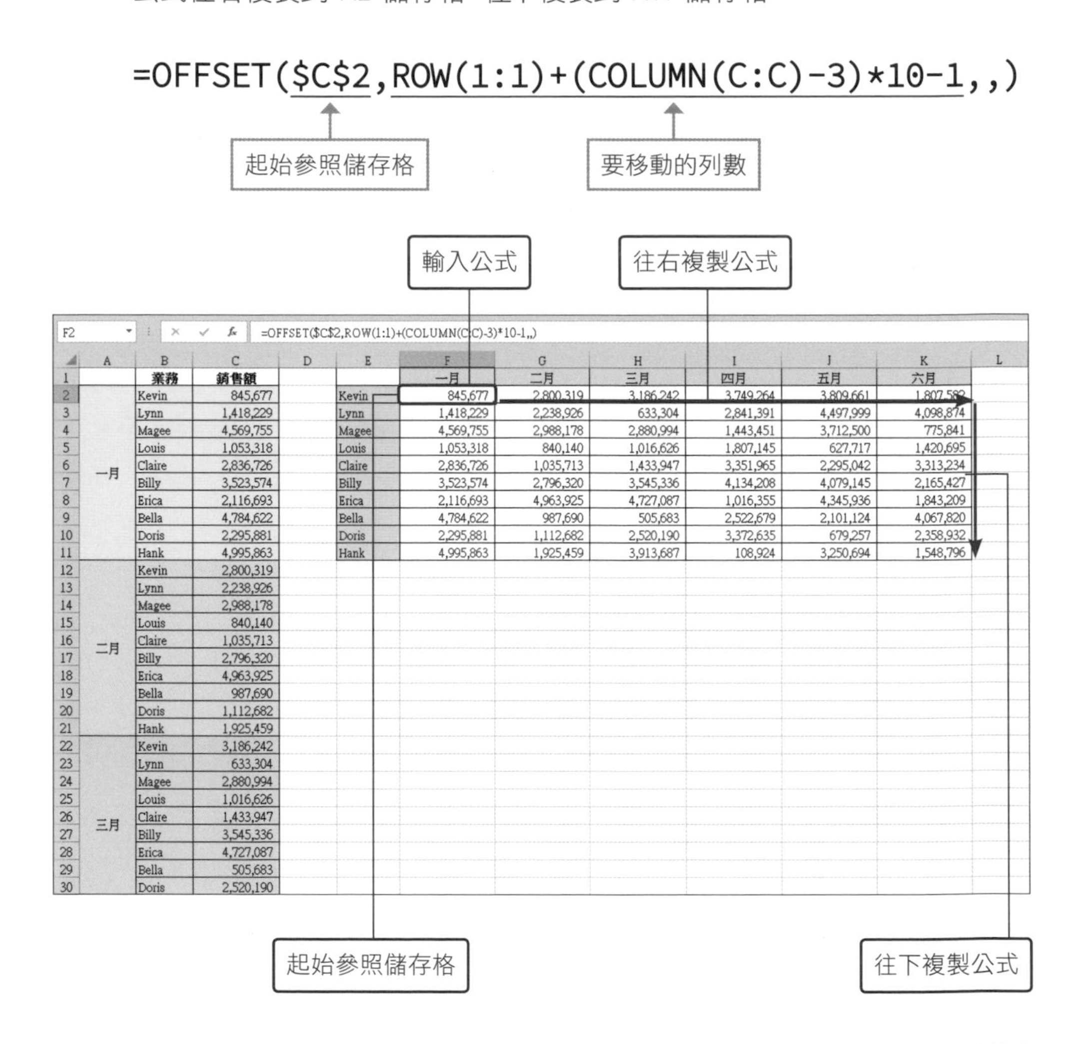


| | A | B | C | D | E | F | G | H | I | J | K | L |
|---|---|---|---|---|---|---|---|---|---|---|---|---|
| 1 | | 業務 | 銷售額 | | | 一月 | 二月 | 三月 | 四月 | 五月 | 六月 | |
| 2 | | Kevin | 845,677 | | Kevin | 845,677 | 2,800,319 | 3,186,242 | 3,749,264 | 3,809,661 | 1,807,582 | |
| 3 | | Lynn | 1,418,229 | | Lynn | 1,418,229 | 2,238,926 | 633,304 | 2,841,391 | 4,497,999 | 4,098,874 | |
| 4 | | Magee | 4,569,755 | | Magee | 4,569,755 | 2,988,178 | 2,880,994 | 1,443,451 | 3,712,500 | 775,841 | |
| 5 | | Louis | 1,053,318 | | Louis | 1,053,318 | 840,140 | 1,016,626 | 1,807,145 | 627,717 | 1,420,695 | |
| 6 | 一月 | Claire | 2,836,726 | | Claire | 2,836,726 | 1,035,713 | 1,433,947 | 3,351,965 | 2,295,042 | 3,313,234 | |
| 7 | | Billy | 3,523,574 | | Billy | 3,523,574 | 2,796,320 | 3,545,336 | 4,134,208 | 4,079,145 | 2,165,427 | |
| 8 | | Erica | 2,116,693 | | Erica | 2,116,693 | 4,963,925 | 4,727,087 | 1,016,355 | 4,345,936 | 1,843,209 | |
| 9 | | Bella | 4,784,622 | | Bella | 4,784,622 | 987,690 | 505,683 | 2,522,679 | 2,101,124 | 4,067,820 | |
| 10 | | Doris | 2,295,881 | | Doris | 2,295,881 | 1,112,682 | 2,520,190 | 3,372,635 | 679,257 | 2,358,932 | |
| 11 | | Hank | 4,995,863 | | Hank | 4,995,863 | 1,925,459 | 3,913,687 | 108,924 | 3,250,694 | 1,548,796 | |
| 12 | | Kevin | 2,800,319 | | | | | | | | | |
| 13 | | Lynn | 2,238,926 | | | | | | | | | |
| 14 | | Magee | 2,988,178 | | | | | | | | | |
| 15 | | Louis | 840,140 | | | | | | | | | |
| 16 | 二月 | Claire | 1,035,713 | | | | | | | | | |
| 17 | | Billy | 2,796,320 | | | | | | | | | |
| 18 | | Erica | 4,963,925 | | | | | | | | | |
| 19 | | Bella | 987,690 | | | | | | | | | |
| 20 | | Doris | 1,112,682 | | | | | | | | | |
| 21 | | Hank | 1,925,459 | | | | | | | | | |
| 22 | | Kevin | 3,186,242 | | | | | | | | | |
| 23 | | Lynn | 633,304 | | | | | | | | | |
| 24 | | Magee | 2,880,994 | | | | | | | | | |
| 25 | | Louis | 1,016,626 | | | | | | | | | |
| 26 | 三月 | Claire | 1,433,947 | | | | | | | | | |
| 27 | | Billy | 3,545,336 | | | | | | | | | |
| 28 | | Erica | 4,727,087 | | | | | | | | | |
| 29 | | Bella | 505,683 | | | | | | | | | |
| 30 | | Doris | 2,520,190 | | | | | | | | | |

有關 OFFSET 函數，請參考 UNIT 017的說明。

### ☑ 公式拆解

為了讓你更了解 OFFSET 如何移動儲存格資料，我們將公式拆解如下：

```
=OFFSET($C$2,ROW(1:1)+(COLUMN(C:C)-3)*10-1,,)
```

| 公式 | 執行結果 | 公式 | 執行結果 | 公式 | 執行結果 |
|---|---|---|---|---|---|
| ROW(1:1) | 1 | COLUMN(C:C)-3 | 0 | *10-1 | -1 |
| ROW(2:2) | 2 | COLUMN(C:C)-3 | 0 | *10-1 | -1 |
| ROW(3:3) | 3 | COLUMN(C:C)-3 | 0 | *10-1 | -1 |
| ROW(4:4) | 4 | COLUMN(C:C)-3 | 0 | *10-1 | -1 |
| ROW(5:5) | 5 | COLUMN(C:C)-3 | 0 | *10-1 | -1 |
| ROW(6:6) | 6 | COLUMN(C:C)-3 | 0 | *10-1 | -1 |
| ROW(7:7) | 7 | COLUMN(C:C)-3 | 0 | *10-1 | -1 |
| ROW(8:8) | 8 | COLUMN(C:C)-3 | 0 | *10-1 | -1 |
| ROW(9:9) | 9 | COLUMN(C:C)-3 | 0 | *10-1 | -1 |
| ROW(10:10) | 10 | COLUMN(C:C)-3 | 0 | *10-1 | -1 |

| 公式 | 執行結果 | 說明 |
|---|---|---|
| ROW(1:1)+(COLUMN(C:C)-3)*10-1 | 0 | OFFSET 的「列數」引數為 0，表示不移動位置 |
| ROW(2:2)+(COLUMN(C:C)-3)*10-1 | 1 | OFFSET 的「列數」引數為 1，表示往下移動 1 格 |
| ROW(3:3)+(COLUMN(C:C)-3)*10-1 | 2 | OFFSET 的「列數」引數為 2，表示往下移動 2 格 |
| ROW(4:4)+(COLUMN(C:C)-3)*10-1 | 3 | OFFSET 的「列數」引數為 3，表示往下移動 3 格 |
| ROW(5:5)+(COLUMN(C:C)-3)*10-1 | 4 | OFFSET 的「列數」引數為 4，表示往下移動 4 格 |
| ROW(6:6)+(COLUMN(C:C)-3)*10-1 | 5 | OFFSET 的「列數」引數為 5，表示往下移動 5 格 |
| ROW(7:7)+(COLUMN(C:C)-3)*10-1 | 6 | OFFSET 的「列數」引數為 6，表示往下移動 6 格 |
| ROW(8:8)+(COLUMN(C:C)-3)*10-1 | 7 | OFFSET 的「列數」引數為 7，表示往下移動 7 格 |
| ROW(9:9)+(COLUMN(C:C)-3)*10-1 | 8 | OFFSET 的「列數」引數為 8，表示往下移動 8 格 |
| ROW(10:10)+(COLUMN(C:C)-3)*10-1 | 9 | OFFSET 的「列數」引數為 9，表示往下移動 9 格 |

```
=OFFSET($C$2,ROW(1:1)+(COLUMN(D:D)-3)*10-1,,)
```

| 公式 | 執行結果 | 公式 | 執行結果 | 公式 | 執行結果 |
|---|---|---|---|---|---|
| ROW(1:1) | 1 | COLUMN(D:D)-3 | 1 | *10-1 | 9 |
| ROW(2:2) | 2 | COLUMN(D:D)-3 | 1 | *10-1 | 9 |
| ROW(3:3) | 3 | COLUMN(D:D)-3 | 1 | *10-1 | 9 |
| ROW(4:4) | 4 | COLUMN(D:D)-3 | 1 | *10-1 | 9 |
| ROW(5:5) | 5 | COLUMN(D:D)-3 | 1 | *10-1 | 9 |
| ROW(6:6) | 6 | COLUMN(D:D)-3 | 1 | *10-1 | 9 |
| ROW(7:7) | 7 | COLUMN(D:D)-3 | 1 | *10-1 | 9 |
| ROW(8:8) | 8 | COLUMN(D:D)-3 | 1 | *10-1 | 9 |
| ROW(9:9) | 9 | COLUMN(D:D)-3 | 1 | *10-1 | 9 |
| ROW(10:10) | 10 | COLUMN(D:D)-3 | 1 | *10-1 | 9 |

| 公式 | 執行結果 | 說明 |
|---|---|---|
| ROW(1:1)+(COLUMN(D:D)-3)*10-1 | 10 | OFFSET 的「列數」引數為 10，表示往下移動 10 格 |
| ROW(2:2)+(COLUMN(D:D)-3)*10-1 | 11 | OFFSET 的「列數」引數為 11，表示往下移動 11 格 |
| ROW(3:3)+(COLUMN(D:D)-3)*10-1 | 12 | OFFSET 的「列數」引數為 12，表示往下移動 12 格 |
| ROW(4:4)+(COLUMN(D:D)-3)*10-1 | 13 | OFFSET 的「列數」引數為 13，表示往下移動 13 格 |
| ROW(5:5)+(COLUMN(D:D)-3)*10-1 | 14 | OFFSET 的「列數」引數為 14，表示往下移動 14 格 |
| ROW(6:6)+(COLUMN(D:D)-3)*10-1 | 15 | OFFSET 的「列數」引數為 15，表示往下移動 15 格 |
| ROW(7:7)+(COLUMN(D:D)-3)*10-1 | 16 | OFFSET 的「列數」引數為 16，表示往下移動 16 格 |
| ROW(8:8)+(COLUMN(D:D)-3)*10-1 | 17 | OFFSET 的「列數」引數為 17，表示往下移動 17 格 |
| ROW(9:9)+(COLUMN(D:D)-3)*10-1 | 18 | OFFSET 的「列數」引數為 18，表示往下移動 18 格 |
| ROW(10:10)+(COLUMN(D:D)-3)*10-1 | 19 | OFFSET 的「列數」引數為 19，表示往下移動 19 格 |

# Unit 056 排班表查詢（將直欄資料改成橫列）

**範 例** 將依日期排列的班表改成依員工排序

IFERROR LOOKUP SMALL ROW COLUMN IF COUNTIF INDEX COUNT

## 範例說明

目前的班表是依照日期排序，可以很方便得知每天排班的人員狀況，但是如果想查詢某位員工當月有哪幾天排班，就沒辦法查詢了！想另外製作一個依員工姓名列出所有排班日期的表格，並且統計每位員工共排班幾天？

| 排班日期 | 姓名 | 班別 | 時數 |
|---|---|---|---|
| 10/1 | 謝佩君 | 早班 | 6 |
| | 陳琬鈺 | 午班 | 7 |
| | 王仲翔 | 午班 | 8 |
| | 潘雅阡 | 晚班 | 6 |
| | 蔡孟南 | 早班 | 7 |
| | 吳琦翔 | 晚班 | 5 |
| 10/2 | 郭齊勳 | 早班 | 8 |
| | 楊明欣 | 早班 | 8 |
| | 蔡孟南 | 晚班 | 5 |
| | 陳琬鈺 | 午班 | 6 |
| | 張馨玲 | 晚班 | 6 |
| 10/3 | 馮志誠 | 早班 | 8 |
| | 王仲翔 | 晚班 | 5 |
| | 吳琦翔 | 午班 | 7 |
| | 謝佩君 | 晚班 | 8 |
| | 夏國正 | 午班 | 7 |
| | 楊明欣 | 早班 | 7 |
| 10/4 | 郭齊勳 | 晚班 | 8 |
| | 吳琦翔 | 午班 | 8 |
| | 曾文育 | 早班 | 5 |
| | 蔡孟南 | 午班 | 8 |
| | 陳琬鈺 | 早班 | 8 |
| | 張馨玲 | 晚班 | 7 |
| 10/5 | 楊明欣 | 晚班 | 5 |
| | 郭齊勳 | 早班 | 6 |
| | 謝佩君 | 午班 | 7 |
| | 夏國正 | 晚班 | 5 |
| | 張馨玲 | 早班 | 7 |
| | 王仲翔 | 午班 | 6 |
| 10/6 | 吳琦翔 | 午班 | 5 |
| | 馮志誠 | 晚班 | 7 |
| | 蔡孟南 | 早班 | 8 |
| | 郭齊勳 | 午班 | 7 |
| | 林筱玉 | 午班 | 7 |
| | 夏國正 | 晚班 | 5 |

依員工姓名排列，就可以清楚看出每個人的排班日期了

| 姓名 | 排班日期 | | | | | | | | | 排班天數 |
|---|---|---|---|---|---|---|---|---|---|---|
| 蔡孟南 | 10/1 | 10/2 | 10/4 | 10/6 | 10/7 | 10/10 | 10/11 | 10/12 | 10/15 | 9 |
| 陳琬鈺 | 10/1 | 10/2 | 10/4 | 10/6 | 10/8 | 10/11 | 10/13 | 10/15 | | 8 |
| 王仲翔 | 10/1 | 10/3 | 10/5 | 10/7 | 10/10 | 10/12 | 10/14 | | | 7 |
| 吳琦翔 | 10/1 | 10/3 | 10/4 | 10/6 | 10/8 | 10/10 | | | | 6 |
| 謝佩君 | 10/1 | 10/3 | 10/5 | 10/7 | 10/8 | 10/9 | 10/10 | 10/12 | 10/14 | 9 |
| 楊明欣 | 10/2 | 10/3 | 10/5 | 10/6 | 10/9 | 10/12 | | | | 6 |
| 郭齊勳 | 10/2 | 10/4 | 10/5 | 10/6 | 10/9 | 10/13 | 10/15 | | | 7 |
| 張馨玲 | 10/2 | 10/4 | 10/5 | 10/9 | 10/11 | | | | | 5 |
| 夏國正 | 10/3 | 10/5 | 10/6 | 10/9 | 10/13 | 10/14 | | | | 6 |
| 馮志誠 | 10/3 | 10/6 | 10/8 | 10/10 | 10/13 | 10/15 | | | | 6 |
| 潘雅阡 | 10/1 | 10/6 | 10/12 | 10/14 | | | | | | 4 |
| 曾文育 | 10/4 | 10/7 | 10/8 | 10/10 | 10/14 | | | | | 5 |
| 林筱玉 | 10/6 | 10/7 | 10/10 | 10/11 | 10/12 | 10/15 | | | | 6 |
| 袁世逸 | 10/9 | 10/11 | 10/12 | 10/13 | 10/15 | | | | | 5 |
| 蔡欣雅 | 10/7 | 10/13 | 10/14 | 10/15 | | | | | | 4 |

依日期排序，可以方便得知每日的人員狀況，但沒辦法查詢某位員工的班表有哪幾天？

## 操作步驟

### 01 利用「輔助欄位」找出姓名重複的資料

首先，我們要在 F 欄列出員工姓名，但由於每位員工的排班天數不只一天，直接抓取 B 欄的姓名會重複，所以在此要利用 UNIT 049 學過的技巧來抽取出不重複的員工姓名。

請開啟**練習檔案\Part 3\Unit _ 056**，在 E2 儲存格輸入「=IF(COUNTIF($B$2:B2,B2)=2,ROW(A1),"")」，並將公式往下複製到 E94 儲存格。

```
=IF(COUNTIF($B$2:B2,B2)=2,ROW(A1),"")
```

計算 B2：B2 符合 B2 的個數有幾個，如果個數等於 2，就顯示 ROW(A1)，否則顯示空白；將公式往下複製後，E3 儲存格會變成「=IF(COUNTIF($B$2:B3,B3)=2,ROW(A2),"")」，會計算 B2：B3 符合 B3 的個數有幾個、…依此類推

E2 =IF(COUNTIF($B$2:B2,B2)=2,ROW(A1),"")

| | A | B | C | D | E | F | G | H |
|---|---|---|---|---|---|---|---|---|
| 1 | 排班日期 | 姓名 | 班別 | 時數 | | 姓名 | | |
| 2 | 10/1 | 謝佩君 | 早班 | 6 | | | | |
| 3 | | 陳琬鈺 | 午班 | 7 | | | | |
| 4 | | 王仲翔 | 午班 | 8 | | | | |
| 5 | | 潘雅阡 | 晚班 | 6 | | | | |
| 6 | | 蔡孟南 | 早班 | 7 | | | | |
| 7 | | 吳琦翔 | 晚班 | 5 | | | | |
| 8 | 10/2 | 郭齊勳 | 早班 | 8 | | | | |
| 9 | | 楊明欣 | 早班 | 8 | | | | |
| 10 | | 蔡孟南 | 晚班 | 5 | 9 | | | |
| 11 | | 陳琬鈺 | 午班 | 6 | 10 | | | |
| 12 | | 張馨玲 | 晚班 | 6 | | | | |
| 13 | 10/3 | 馮志誠 | 早班 | 8 | | | | |
| 14 | | 王仲翔 | 晚班 | 5 | 13 | | | |
| 15 | | 吳琦翔 | 午班 | 7 | 14 | | | |
| 16 | | 謝佩君 | 晚班 | 8 | 15 | | | |
| 17 | | 夏國正 | 午班 | 7 | | | | |
| 18 | | 楊明欣 | 早班 | 7 | 17 | | | |
| 19 | 10/4 | 郭齊勳 | 晚班 | 8 | 18 | | | |
| 20 | | 吳琦翔 | 午班 | 8 | | | | |
| 21 | | 曾文育 | 早班 | 5 | | | | |
| 22 | | 蔡孟南 | 午班 | 8 | | | | |
| 23 | | 陳琬鈺 | 早班 | 8 | | | | |
| 24 | | 張馨玲 | 晚班 | 7 | 23 | | | |
| 25 | | 楊明欣 | 晚班 | 5 | | | | |

## 02 列出員工姓名

請在 F2 儲存格輸入「=INDEX($B$2:$B$94,SMALL($E$2:$E$94,ROW(A1)))」❶，再將公式往下複製到 F16 儲存格 ❷。

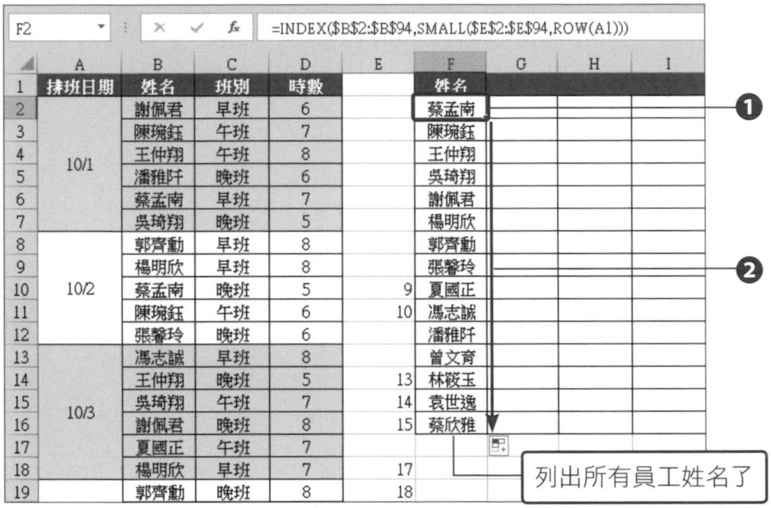

F2 =INDEX($B$2:$B$94,SMALL($E$2:$E$94,ROW(A1)))

| | A | B | C | D | E | F | G | H | I |
|---|---|---|---|---|---|---|---|---|---|
| 1 | 排班日期 | 姓名 | 班別 | 時數 | | 姓名 | | | |
| 2 | 10/1 | 謝佩君 | 早班 | 6 | | 蔡孟南 | | | |
| 3 | | 陳琬鈺 | 午班 | 7 | | 陳琬鈺 | | | |
| 4 | | 王仲翔 | 午班 | 8 | | 王仲翔 | | | |
| 5 | | 潘雅阡 | 晚班 | 6 | | 吳琦翔 | | | |
| 6 | | 蔡孟南 | 早班 | 7 | | 謝佩君 | | | |
| 7 | | 吳琦翔 | 晚班 | 5 | | 楊明欣 | | | |
| 8 | 10/2 | 郭齊勳 | 早班 | 8 | | 郭齊勳 | | | |
| 9 | | 楊明欣 | 早班 | 8 | | 張馨玲 | | | |
| 10 | | 蔡孟南 | 晚班 | 5 | 9 | 夏國正 | | | |
| 11 | | 陳琬鈺 | 午班 | 6 | 10 | 馮志誠 | | | |
| 12 | | 張馨玲 | 晚班 | 6 | | 潘雅阡 | | | |
| 13 | 10/3 | 馮志誠 | 早班 | 8 | | 曾文育 | | | |
| 14 | | 王仲翔 | 晚班 | 5 | 13 | 林筱玉 | | | |
| 15 | | 吳琦翔 | 午班 | 7 | 14 | 袁世逸 | | | |
| 16 | | 謝佩君 | 晚班 | 8 | 15 | 蔡欣雅 | | | |
| 17 | | 夏國正 | 午班 | 7 | | | | | |
| 18 | | 楊明欣 | 早班 | 7 | 17 | | | | |
| 19 | | 郭齊勳 | 晚班 | 8 | 18 | | | | |

❶ ❷ 列出所有員工姓名了

## 03 只保留員工姓名，不保留公式

為了表格的美觀，在取得員工姓名後，我們可以將 F2：F16 儲存格複製到其他儲存格，並以**貼上／值**的方式貼上，接著再將「輔助欄位」的資料刪掉。

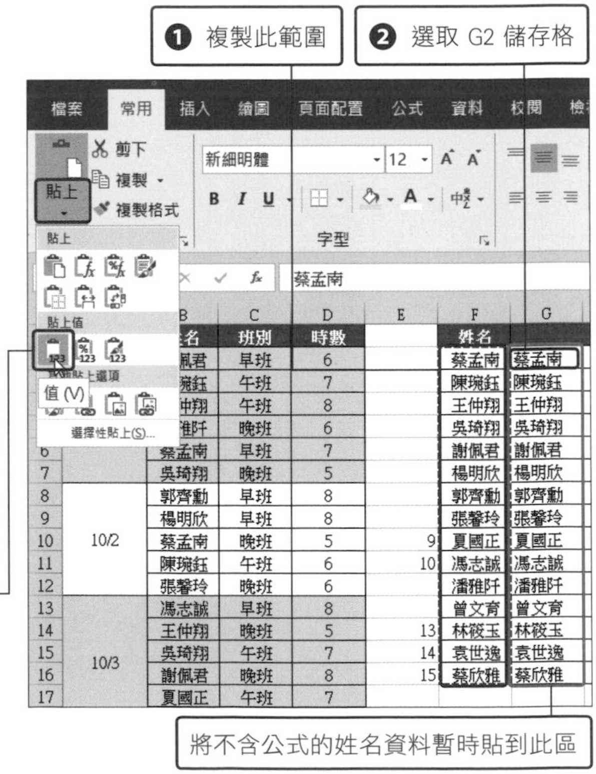

❶ 複製此範圍　❷ 選取 G2 儲存格　❸ 按下**貼上／值**鈕

檔案　常用　插入　繪圖　頁面配置　公式　資料　校閱

剪下　複製　複製格式　貼上　新細明體　12　字型

貼上　貼上值　值 (V)　選擇性貼上(S)...

蔡孟南

| | B | C | D | E | F | G |
|---|---|---|---|---|---|---|
| 1 | | 班別 | 時數 | | 姓名 | |
| 2 | | 早班 | 6 | | 蔡孟南 | 蔡孟南 |
| 3 | | 午班 | 7 | | 陳琬鈺 | 陳琬鈺 |
| 4 | | 午班 | 8 | | 王仲翔 | 王仲翔 |
| 5 | | 晚班 | 6 | | 吳琦翔 | 吳琦翔 |
| 6 | 蔡孟南 | 早班 | 7 | | 謝佩君 | 謝佩君 |
| 7 | 吳琦翔 | 晚班 | 5 | | 楊明欣 | 楊明欣 |
| 8 | 郭齊勳 | 早班 | 8 | | 郭齊勳 | 郭齊勳 |
| 9 | 楊明欣 | 早班 | 8 | | 張馨玲 | 張馨玲 |
| 10 | 蔡孟南 | 晚班 | 5 | 9 | 夏國正 | 夏國正 |
| 11 | 陳琬鈺 | 午班 | 6 | 10 | 馮志誠 | 馮志誠 |
| 12 | 張馨玲 | 晚班 | 6 | | 潘雅阡 | 潘雅阡 |
| 13 | 馮志誠 | 早班 | 8 | | 曾文育 | 曾文育 |
| 14 | 王仲翔 | 晚班 | 5 | 13 | 林筱玉 | 林筱玉 |
| 15 | 吳琦翔 | 午班 | 7 | 14 | 袁世逸 | 袁世逸 |
| 16 | 謝佩君 | 晚班 | 8 | 15 | 蔡欣雅 | 蔡欣雅 |
| 17 | 夏國正 | 午班 | 7 | | | |

將不含公式的姓名資料暫時貼到此區

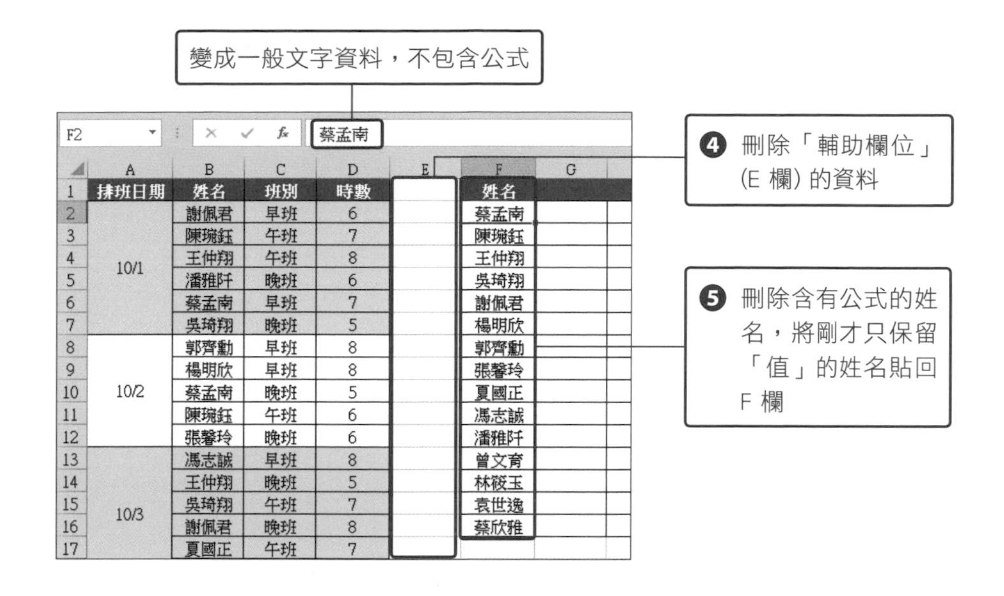


| | A | B | C | D | E | F | G |
|---|---|---|---|---|---|---|---|
| 1 | 排班日期 | 姓名 | 班別 | 時數 | | 姓名 | |
| 2 | 10/1 | 謝佩君 | 早班 | 6 | | 蔡孟南 | |
| 3 | | 陳瑞鈺 | 午班 | 7 | | 陳瑞鈺 | |
| 4 | | 王仲翔 | 午班 | 8 | | 王仲翔 | |
| 5 | | 潘雅阡 | 晚班 | 6 | | 吳琦翔 | |
| 6 | | 蔡孟南 | 早班 | 7 | | 謝佩君 | |
| 7 | | 吳琦翔 | 晚班 | 5 | | 楊明欣 | |
| 8 | 10/2 | 郭齊勳 | 早班 | 8 | | 郭齊勳 | |
| 9 | | 楊明欣 | 早班 | 8 | | 張馨玲 | |
| 10 | | 蔡孟南 | 晚班 | 5 | | 夏國正 | |
| 11 | | 陳瑞鈺 | 午班 | 6 | | 馮志誠 | |
| 12 | | 張馨玲 | 晚班 | 6 | | 潘雅阡 | |
| 13 | 10/3 | 馮志誠 | 早班 | 8 | | 曾文育 | |
| 14 | | 王仲翔 | 晚班 | 5 | | 林筱玉 | |
| 15 | | 吳琦翔 | 午班 | 7 | | 袁世逸 | |
| 16 | | 謝佩君 | 晚班 | 8 | | 蔡欣雅 | |
| 17 | | 夏國正 | 午班 | 7 | | | |

## 04 依姓名列出排班日期

請在 G2 儲存格輸入「=IFERROR(LOOKUP(SMALL(IF($B$2:$B$94=$F2,ROW($2:$94)),COLUMN(A1)),IF($A$2:$A$94,ROW($2:$94)),$A$2:$A$94),"")」公式，輸入後記得按下 Ctrl + Shift + Enter 鍵，即可找出「蔡孟南」的第一個排班日期。接著將 G2 儲存格往右及往下複製，就可列出所有人的排班日期。

在此輸入公式，記得按下 Ctrl + Shift + Enter 鍵

G2 {=IFERROR(LOOKUP(SMALL(IF($B$2:$B$94=$F2,ROW($2:$94)),COLUMN(A1)),IF($A$2:$A$94,ROW($2:$9

往右複製公式

| | A | B | C | D | E | F | G | H | I | J | K | L | M | | |
|---|---|---|---|---|---|---|---|---|---|---|---|---|---|---|---|
| 1 | 排班日期 | 姓名 | 班別 | 時數 | | 姓名 | 排班日期 | | | | | | | | |
| 2 | 10/1 | 謝佩君 | 早班 | 6 | | 蔡孟南 | 10/1 | 10/2 | 10/4 | 10/6 | 10/7 | 10/10 | 10/11 | 10/12 | 10/15 |
| 3 | | 陳瑞鈺 | 午班 | 7 | | 陳瑞鈺 | 10/1 | 10/2 | 10/4 | 10/6 | 10/8 | 10/11 | 10/13 | 10/15 | |
| 4 | | 王仲翔 | 午班 | 8 | | 王仲翔 | 10/1 | 10/3 | 10/5 | 10/7 | 10/10 | 10/12 | 10/14 | | |
| 5 | | 潘雅阡 | 晚班 | 6 | | 吳琦翔 | 10/1 | 10/3 | 10/4 | 10/6 | 10/8 | 10/10 | | | |
| 6 | | 蔡孟南 | 早班 | 7 | | 謝佩君 | 10/1 | 10/3 | 10/5 | 10/7 | 10/8 | 10/9 | 10/10 | 10/12 | 10/14 |
| 7 | | 吳琦翔 | 晚班 | 5 | | 楊明欣 | 10/2 | 10/3 | 10/5 | 10/6 | 10/9 | 10/12 | | | |
| 8 | 10/2 | 郭齊勳 | 早班 | 8 | | 郭齊勳 | 10/2 | 10/4 | 10/5 | 10/6 | 10/9 | 10/13 | 10/15 | | |
| 9 | | 楊明欣 | 早班 | 8 | | 張馨玲 | 10/2 | 10/4 | 10/5 | 10/9 | 10/11 | | | | |
| 10 | | 蔡孟南 | 晚班 | 5 | | 夏國正 | 10/3 | 10/5 | 10/6 | 10/9 | 10/13 | 10/14 | | | |
| 11 | | 陳瑞鈺 | 午班 | 6 | | 馮志誠 | 10/3 | 10/6 | 10/8 | 10/10 | 10/13 | 10/15 | | | |
| 12 | | 張馨玲 | 晚班 | 6 | | 潘雅阡 | 10/1 | 10/6 | 10/12 | 10/14 | | | | | |
| 13 | 10/3 | 馮志誠 | 早班 | 8 | | 曾文育 | 10/4 | 10/7 | 10/8 | 10/10 | 10/14 | | | | |
| 14 | | 王仲翔 | 晚班 | 5 | | 林筱玉 | 10/6 | 10/7 | 10/10 | 10/11 | 10/12 | 10/15 | | | |
| 15 | | 吳琦翔 | 午班 | 7 | | 袁世逸 | 10/9 | 10/11 | 10/12 | 10/13 | 10/15 | | | | |
| 16 | | 謝佩君 | 晚班 | 8 | | 蔡欣雅 | 10/7 | 10/13 | 10/14 | 10/15 | | | | | |
| 17 | | 夏國正 | 午班 | 7 | | | | | | | | | | | |

往下複製公式

3 從大量資料中取出想要的資料

| LOOKUP 函數 | |
|---|---|
| 說明 | 在單欄（或單列）的範圍中尋找指定的搜尋值，再回傳另一個單欄（或單列）範圍中的對應值。 |
| 語法 | **=LOOKUP(搜尋值, 搜尋範圍, 對應範圍)** |
| 搜尋值 | 要尋找的值。 |
| 搜尋範圍 | 要尋找的單列或單欄範圍。 |
| 對應範圍 | 指定要回傳值的單欄或單列範圍，其大小要和「搜尋範圍」一樣。 |

## 05 計算每個人的排班天數

最後，在 P2 儲存格輸入「=COUNT(G2:O2)」，並將公式往下複製，即可算出每個人的排班天數。

P2 =COUNT(G2:O2)

| | F | G | H | I | J | K | L | M | N | O | P | Q |
|---|---|---|---|---|---|---|---|---|---|---|---|---|
| 1 | 姓名 | 排班日期 | | | | | | | | | 排班天數 | |
| 2 | 蔡孟南 | 10/1 | 10/2 | 10/4 | 10/6 | 10/7 | 10/10 | 10/11 | 10/12 | 10/15 | 9 | |
| 3 | 陳琬鈺 | 10/1 | 10/2 | 10/4 | 10/6 | 10/8 | 10/11 | 10/13 | 10/15 | | 8 | |
| 4 | 王仲翔 | 10/1 | 10/3 | 10/5 | 10/7 | 10/10 | 10/12 | 10/14 | | | 7 | |
| 5 | 吳琦翔 | 10/1 | 10/3 | 10/4 | 10/6 | 10/8 | 10/10 | | | | 6 | |
| 6 | 謝佩君 | 10/1 | 10/3 | 10/5 | 10/7 | 10/8 | 10/9 | 10/10 | 10/12 | 10/14 | 9 | |
| 7 | 楊明欣 | 10/2 | 10/3 | 10/5 | 10/6 | 10/9 | 10/12 | | | | 6 | |
| 8 | 郭齊勳 | 10/2 | 10/4 | 10/5 | 10/6 | 10/9 | 10/13 | 10/15 | | | 7 | |
| 9 | 張馨玲 | 10/2 | 10/4 | 10/5 | 10/9 | 10/11 | | | | | 5 | |
| 10 | 夏國正 | 10/3 | 10/5 | 10/6 | 10/9 | 10/13 | 10/14 | | | | 6 | |
| 11 | 馮志誠 | 10/3 | 10/6 | 10/8 | 10/10 | 10/13 | 10/15 | | | | 6 | |
| 12 | 潘雅阡 | 10/1 | 10/6 | 10/12 | 10/14 | | | | | | 4 | |
| 13 | 曾文育 | 10/4 | 10/7 | 10/8 | 10/10 | 10/14 | | | | | 5 | |
| 14 | 林筱玉 | 10/6 | 10/7 | 10/10 | 10/11 | 10/12 | 10/15 | | | | 6 | |
| 15 | 袁世逸 | 10/9 | 10/11 | 10/12 | 10/13 | 10/15 | | | | | 5 | |
| 16 | 蔡欣雅 | 10/7 | 10/13 | 10/14 | 10/15 | | | | | | 4 | |
| 17 | | | | | | | | | | | | |

# Unit 057 從 A 表格轉貼資料到 B 表格

**範　例**　將出差預定表的資料依日期轉貼到行事曆中

IFERROR　VLOOKUP

## 範例說明

想將各月預定出差的資料，轉貼到行事曆中並依日期填入，並希望在輸入月份時就能自動帶出不同月份的出差資料。

| | A | B | C | D | E | F |
|---|---|---|---|---|---|---|
| 1 | 業務部行事曆 | | | | | |
| 2 | 2019年 | 10月 | | 出差預定表 | | |
| 3 | 日期 | 出差人員 | | 日期 | 出差人員 | |
| 4 | 10/1 | | | 10/5 | 張傳一、許馨梅 | |
| 5 | 10/2 | | | 10/7 | 林惠文 | |
| 6 | 10/3 | | | 10/9 | 李沛緒、苗豐見、張清峰 | |
| 7 | 10/4 | | | 10/15 | 許淑梅 | |
| 8 | 10/5 | 張傳一、許馨梅 | | 10/18 | 周佳靜、塗君祐 | |
| 9 | 10/6 | | | 10/21 | 黃明誠、苗豐見 | |
| 10 | 10/7 | 林惠文 | | 11/3 | 謝瑞豐 | |
| 11 | 10/8 | | | 11/5 | 林惠文 | |
| 12 | 10/9 | 李沛緒、苗豐見、張清峰 | | 11/8 | 蘇峰雲、張非文 | |
| 13 | 10/10 | | | 11/12 | 林靜玫、塗君祐 | |
| 14 | 10/11 | | | 11/15 | 黃明誠、李沛緒 | |
| 15 | 10/12 | | | 12/1 | 張建銘 | |
| 16 | 10/13 | | | 12/3 | 許誠祥、謝明峰、林瑞瓶 | |
| 17 | 10/14 | | | 12/8 | 林知瑋、張鳳美、李仁星 | |
| 18 | 10/15 | 許淑梅 | | 12/15 | 王星頤 | |
| 19 | 10/16 | | | | | |
| 20 | 10/17 | | | | | |
| 21 | 10/18 | 周佳靜、塗君祐 | | | | |
| 22 | 10/19 | | | | | |
| 23 | 10/20 | | | | | |
| 24 | 10/21 | 黃明誠、苗豐見 | | | | |
| 25 | 10/22 | | | | | |
| 26 | 10/23 | | | | | |
| 27 | 10/24 | | | | | |
| 28 | 10/25 | | | | | |
| 29 | 10/26 | | | | | |

希望將出差預定表的資料填入行事曆中

| | A | B | C | D | E | F |
|---|---|---|---|---|---|---|
| 1 | 業務部行事曆 | | | | | |
| 2 | 2019年 | 12月 | | 出差預定表 | | |
| 3 | 日期 | 出差人員 | | 日期 | 出差人員 | |
| 4 | 12/1 | 張建銘 | | 10/5 | 張傳一、許馨梅 | |
| 5 | 12/2 | | | 10/7 | 林惠文 | |
| 6 | 12/3 | 許誠祥、謝明峰、林瑞瓶 | | 10/9 | 李沛緒、苗豐見、張清峰 | |
| 7 | 12/4 | | | 10/15 | 許淑梅 | |
| 8 | 12/5 | | | 10/18 | 周佳靜、塗君祐 | |
| 9 | 12/6 | | | 10/21 | 黃明誠、苗豐見 | |
| 10 | 12/7 | | | 11/3 | 謝瑞豐 | |
| 11 | 12/8 | 林知瑋、張鳳美、李仁星 | | 11/5 | 林惠文 | |
| 12 | 12/9 | | | 11/8 | 蘇峰雲、張非文 | |
| 13 | 12/10 | | | 11/12 | 林靜玫、塗君祐 | |
| 14 | 12/11 | | | 11/15 | 黃明誠、李沛緒 | |
| 15 | 12/12 | | | 12/1 | 張建銘 | |
| 16 | 12/13 | | | 12/3 | 許誠祥、謝明峰、林瑞瓶 | |
| 17 | 12/14 | | | 12/8 | 林知瑋、張鳳美、李仁星 | |
| 18 | 12/15 | 王星頤 | | 12/15 | 王星頤 | |
| 19 | 12/16 | | | | | |
| 20 | 12/17 | | | | | |
| 21 | 12/18 | | | | | |
| 22 | 12/19 | | | | | |
| 23 | 12/20 | | | | | |
| 24 | 12/21 | | | | | |
| 25 | 12/22 | | | | | |
| 26 | 12/23 | | | | | |
| 27 | 12/24 | | | | | |
| 28 | 12/25 | | | | | |
| 29 | 12/26 | | | | | |

希望在變更不同月份的日期後，
也能自動填入對應的出差人員

## 操作步驟

### 01 用 VLOOKUP 函數根據月曆的日期篩選出出差者姓名

請開啟**練習檔案\Part 3\Unit _ 057**，在 B4 儲存格輸入「=IFERROR(VLOOKUP(A4,$D$4:$E$18,2,0),"")」，再將公式往下複製到 B34 儲存格。

```
=IFERROR(VLOOKUP(A4,$D$4:$E$18,2,0),"")
```

用 VLOOKUP 函數比對日期，若日期相同
就列出出差人員姓名，否則就顯示空白

B4 =IFERROR(VLOOKUP(A4,$D$4:$E$18,2,0),"")

| | A | B | C | D | E | F |
|---|---|---|---|---|---|---|
| 1 | 業務部行事曆 | | | | | |
| 2 | 2019年 | 10月 | | 出差預定表 | | |
| 3 | 日期 | 出差人員 | | 日期 | 出差人員 | |
| 4 | 10/1 | | | 10/5 | 張傳一、許馨梅 | |
| 5 | 10/2 | | | 10/7 | 林惠文 | |
| 6 | 10/3 | | | 10/9 | 李沛緒、苗豐見、張清峰 | |
| 7 | 10/4 | | | 10/15 | 許淑梅 | |
| 8 | 10/5 | 張傳一、許馨梅 | | 10/18 | 周佳靜、塗君祐 | |
| 9 | 10/6 | | | 10/21 | 黃明誠、苗豐見 | |
| 10 | 10/7 | 林惠文 | | 11/3 | 謝瑞豐 | |
| 11 | 10/8 | | | 11/5 | 林惠文 | |
| 12 | 10/9 | 李沛緒、苗豐見、張清峰 | | 11/8 | 蘇峰雲、張非文 | |
| 13 | 10/10 | | | 11/12 | 林靜玫、塗君祐 | |
| 14 | 10/11 | | | 11/15 | 黃明誠、李沛緒 | |
| 15 | 10/12 | | | 12/1 | 張建銘 | |
| 16 | 10/13 | | | 12/3 | 許誠祥、謝明峰、林瑞瓶 | |
| 17 | 10/14 | | | 12/8 | 林知瑋、張鳳美、李仁星 | |
| 18 | 10/15 | 許淑梅 | | 12/15 | 王星頤 | |
| 19 | 10/16 | | | | | |
| 20 | 10/17 | | | | | |
| 21 | 10/18 | 周佳靜、塗君祐 | | | | |
| 22 | 10/19 | | | | | |
| 23 | 10/20 | | | | | |
| 24 | 10/21 | 黃明誠、苗豐見 | | | | |
| 25 | 10/22 | | | | | |

自動依日期填入出差人員

## 02 更改月份也動自動填入資料

將行事曆變成為 11 月或 12 月的日期，也能自動填入對應的出差人員。例如我們將 A4 儲存格改輸入「12/1」，並往下拖曳至 A34 儲存格，此時 B 欄的出差人員就會自動填入。

| | A | B | C | D | E |
|---|---|---|---|---|---|
| 1 | 業務部行事曆 | | | | |
| 2 | 2019年 | 12月 | | 出差預定表 | |
| 3 | 日期 | 出差人員 | | 日期 | 出差人員 |
| 4 | 12/1 | 張建銘 | | 10/5 | 張傳一、許馨梅 |
| 5 | 12/2 | | | 10/7 | 林惠文 |
| 6 | 12/3 | 許誠祥、謝明峰、林瑞瓶 | | 10/9 | 李沛緒、苗豐見、張清峰 |
| 7 | 12/4 | | | 10/15 | 許淑梅 |
| 8 | 12/5 | | | 10/18 | 周佳靜、塗君祐 |
| 9 | 12/6 | | | 10/21 | 黃明誠、苗豐見 |
| 10 | 12/7 | | | 11/3 | 謝瑞豐 |
| 11 | 12/8 | 林知瑋、張鳳美、李仁星 | | 11/5 | 林惠文 |
| 12 | 12/9 | | | 11/8 | 蘇峰雲、張非文 |
| 13 | 12/10 | | | 11/12 | 林靜玫、塗君祐 |
| 14 | 12/11 | | | 11/15 | 黃明誠、李沛緒 |
| 15 | 12/12 | | | 12/1 | 張建銘 |
| 16 | 12/13 | | | 12/3 | 許誠祥、謝明峰、林瑞瓶 |
| 17 | 12/14 | | | 12/8 | 林知瑋、張鳳美、李仁星 |
| 18 | 12/15 | 王星頤 | | 12/15 | 王星頤 |
| 19 | 12/16 | | | | |
| 20 | 12/17 | | | | |
| 21 | 12/18 | | | | |
| 22 | 12/19 | | | | |
| 23 | 12/20 | | | | |
| 24 | 12/21 | | | | |
| 25 | 12/22 | | | | |
| 26 | 12/23 | | | | |
| 27 | 12/24 | | | | |

❶ 在此輸入「12/1」
❷ 雙按 A4 的**填滿控點**
❸ 自動填入 12 月的日期
❹ 變更日期後也會自動填入對應的出差人員

Unit 058

# 將多個工作表資料彙整到單一工作表

**範例** 將 1～3 月個別的工作表資料彙整到「第一季」工作表

VLOOKUP　INDIRECT

## 範例說明

想將分別放在不同工作表中的 1～3 月銷售額，彙整到「第一季」的總表中，但直接複製各業務員的加總資料到「第一季」工作表，會出現「#REF!」的錯誤，改用**貼上/值**的方式雖然可順利貼上資料，但當各月的工作表資料有修改，就得再重新貼到總表，有什麼方法可以彙整不同工作表，又能自動更新資料？

| | 電動腳踏車 | 彈力帶踏步機 | 靜音飛輪車 | 重力訓練架 | 合計 |
|---|---|---|---|---|---|
| Kevin | 467,628 | 480,668 | 500,759 | 642,134 | 2,091,189 |
| Lynn | 573,276 | 949,512 | 391,559 | 801,618 | 2,715,965 |
| Magee | 248,369 | 605,480 | 726,289 | 112,030 | 1,692,168 |
| Louis | 124,421 | 748,879 | 678,288 | 280,879 | 1,832,467 |
| Claire | 181,835 | 859,131 | 331,147 | 670,747 | 2,042,860 |
| Billy | 392,347 | 366,985 | 914,102 | 448,260 | 2,121,694 |
| Erica | 430,482 | 261,393 | 868,852 | 671,646 | 2,232,373 |
| Bella | 860,101 | 188,653 | 972,598 | 158,768 | 2,180,120 |
| Doris | 990,078 | 644,009 | 42,595 | 396,485 | 2,073,167 |
| Hank | 682,731 | 559,801 | 85,372 | 86,755 | 1,414,659 |
| 合計 | 4,951,268 | 5,664,511 | 5,511,561 | 4,269,322 | 20,396,662 |

第一季　1月　2月　3月

1 月各產品／業務員銷售狀況

| | 電動腳踏車 | 彈力帶踏步機 | 靜音飛輪車 | 重力訓練架 | 合計 |
|---|---|---|---|---|---|
| Kevin | 86,152 | 528,004 | 931,372 | 169,250 | 1,714,778 |
| Lynn | 303,944 | 182,740 | 114,968 | 41,671 | 643,323 |
| Magee | 697,862 | 610,978 | 31,978 | 899,034 | 2,239,852 |
| Louis | 666,952 | 349,832 | 145,871 | 21,975 | 1,184,630 |
| Claire | 293,485 | 941,881 | 490,107 | 234,034 | 1,959,507 |
| Billy | 99,489 | 550,832 | 779,945 | 306,364 | 1,736,630 |
| Erica | 798,913 | 38,731 | 537,544 | 536,663 | 1,911,851 |
| Bella | 458,141 | 754,391 | 380,498 | 647,903 | 2,240,933 |
| Doris | 19,428 | 811,032 | 531,563 | 282,244 | 1,644,267 |
| Hank | 87,078 | 770,408 | 385,181 | 96,175 | 1,338,842 |
| 合計 | 3,511,444 | 5,538,829 | 4,329,027 | 3,235,313 | 16,614,613 |

第一季　1月　2月　3月

2 月各產品／業務員銷售狀況

| | 電動腳踏車 | 彈力帶踏步機 | 靜音飛輪車 | 重力訓練架 | 合計 |
|---|---|---|---|---|---|
| Kevin | 988,904 | 111,589 | 629,882 | 16,636 | 1,747,011 |
| Lynn | 105,444 | 374,489 | 863,117 | 377,407 | 1,720,457 |
| Magee | 66,154 | 680,482 | 233,586 | 669,444 | 1,649,666 |
| Louis | 341,163 | 393,077 | 941,930 | 613,987 | 2,290,157 |
| Claire | 820,347 | 962,157 | 296,161 | 52,341 | 2,131,006 |
| Billy | 781,065 | 324,318 | 827,763 | 808,852 | 2,741,998 |
| Erica | 765,690 | 75,454 | 610,626 | 264,174 | 1,715,944 |
| Bella | 254,266 | 568,917 | 799,182 | 99,453 | 1,721,818 |
| Doris | 307,120 | 546,894 | 445,075 | 819,104 | 2,118,193 |
| Hank | 776,003 | 572,404 | 717,620 | 873,779 | 2,939,806 |
| 合計 | 5,206,156 | 4,609,781 | 6,364,942 | 4,595,177 | 20,776,056 |

第一季　1月　2月　3月

3 月各產品／業務員銷售狀況

直接複製會出現「#REF!」的錯誤

雖然可用**貼上/值**的方式貼入資料，但資料不能自動更新

| | A | B | C | D | E | F | G | H | I | J | K | L | M |
|---|---|---|---|---|---|---|---|---|---|---|---|---|---|
| 1 | 喬雅健身器材 1～3月各業務員銷售總額 | | | | | | | | | | | | |
| 2 | | | | | | | | | | | | | |
| 3 | | Kevin | Lynn | Magee | Louis | Claire | Billy | Erica | Bella | Doris | Hank | 合計 | |
| 4 | 1月 | #REF! | #REF! | #REF! | 1,832,467 | 2,042,860 | | | | | | #REF! | |
| 5 | 2月 | | | | | | | | | | | - | |
| 6 | 3月 | | | | | | | | | | | - | |
| 7 | 合計 | #REF! | #REF! | #REF! | 1,832,467 | 2,042,860 | - | - | - | - | - | #REF! | |
| 8 | | | | | | | | | | | | | |
| 9 | | | | | | | | | | | | | |

第一季 | 1月 | 2月 | 3月

想將各月份的加總金額彙整「第一季」工作表中

## 操作步驟

### 01 利用 VLOOKUP 及 INDIRECT 函數查詢 1～3 月工作表中各業務員的銷售總額

請開啟**練習檔案\Part 3\Unit _ 058**，在「第一季」工作表中的 B4 儲存格輸入「=VLOOKUP(B$3,INDIRECT($A4&"!A2:F11"),6,0)」❶，再將公式往右及往下複製 ❷，即可取得各工作表的每位業務員總額。

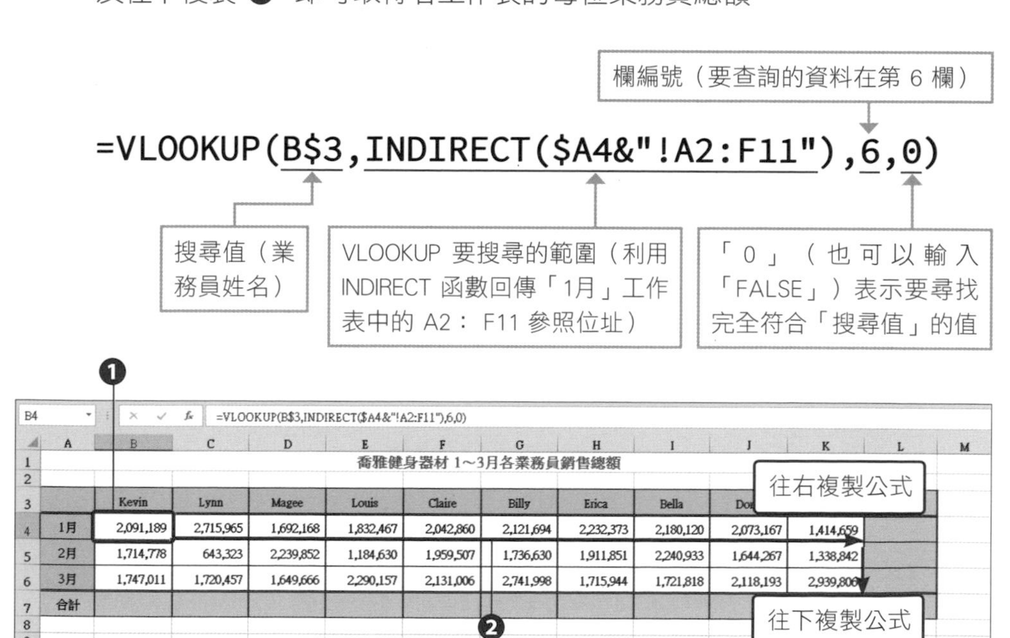


| | A | B | C | D | E | F | G | H | I | J | K | L | M |
|---|---|---|---|---|---|---|---|---|---|---|---|---|---|
| 1 | 喬雅健身器材 1～3月各業務員銷售總額 | | | | | | | | | | | | |
| 2 | | | | | | | | | | | | | |
| 3 | | Kevin | Lynn | Magee | Louis | Claire | Billy | Erica | Bella | Do | | | |
| 4 | 1月 | 2,091,189 | 2,715,965 | 1,692,168 | 1,832,467 | 2,042,860 | 2,121,694 | 2,232,373 | 2,180,120 | 2,073,167 | 1,414,659 | | |
| 5 | 2月 | 1,714,778 | 643,323 | 2,239,852 | 1,184,630 | 1,959,507 | 1,736,630 | 1,911,851 | 2,240,933 | 1,644,267 | 1,338,842 | | |
| 6 | 3月 | 1,747,011 | 1,720,457 | 1,649,666 | 2,290,157 | 2,131,006 | 2,741,998 | 1,715,944 | 1,721,818 | 2,118,193 | 2,939,800 | | |
| 7 | 合計 | | | | | | | | | | | | |
| 8 | | | | | | | | | | | | | |
| 9 | | | | | | | | | | | | | |

第一季 | 1月 | 2月 | 3月

3 從大量資料中取出想要的資料

## 02 用 SUM 函數加總

接著，選取 B7：K7 儲存格，再按住 Ctrl 鍵，選取 L4：L6 儲存格，按下 Alt + = 鍵，即可算出各項合計值。

| | A | B | C | D | E | F | G | H | I | J | K | L |
|---|---|---|---|---|---|---|---|---|---|---|---|---|
| 1 | 喬雅健身器材 1～3月各業務員銷售總額 | | | | | | | | | | | |
| 2 | | | | | | | | | | | | |
| 3 | | Kevin | Lynn | Magee | Louis | Claire | Billy | Erica | Bella | Doris | Hank | 合計 |
| 4 | 1月 | 2,091,189 | 2,715,965 | 1,692,168 | 1,832,467 | 2,042,860 | 2,121,694 | 2,232,373 | 2,180,120 | 2,073,167 | 1,414,659 | 20,396,662 |
| 5 | 2月 | 1,714,778 | 643,323 | 2,239,852 | 1,184,630 | 1,959,507 | 1,736,630 | 1,911,851 | 2,240,933 | 1,644,267 | 1,338,842 | 16,614,613 |
| 6 | 3月 | 1,747,011 | 1,720,457 | 1,649,666 | 2,290,157 | 2,131,006 | 2,741,998 | 1,715,944 | 1,721,818 | 2,118,193 | 2,939,806 | 20,776,056 |
| 7 | 合計 | 5,552,978 | 5,079,745 | 5,581,686 | 5,307,254 | 6,133,373 | 6,600,322 | 5,860,168 | 6,142,871 | 5,835,627 | 5,693,307 | 57,787,331 |
| 8 | | | | | | | | | | | | |

計算出各月以及各業務員的銷售總額

## 03 自動更新資料

利用函數參照工作表資料的好處是，當來源工作表的資料有變動，參照的工作表就會自動跟著更新。例如「1月」的 C10 儲存格，從原本的「644,009」變更為「884,330」，「第一季」工作表的 J4 儲存格會自動從「2,073,167」變更為「2,313,488」。

| | A | B | C | D | E | F |
|---|---|---|---|---|---|---|
| 1 | | 電動腳踏車 | 彈力帶踏步機 | 靜音飛輪車 | 重力訓練架 | 合計 |
| 2 | Kevin | 467,628 | 480,668 | 500,759 | 642,134 | 2,091,189 |
| 3 | Lynn | 573,276 | 949,512 | 391,559 | 801,618 | 2,715,965 |
| 4 | Magee | 248,369 | 605,480 | 726,289 | 112,030 | 1,692,168 |
| 5 | Louis | 124,421 | 748,879 | 678,288 | 280,879 | 1,832,467 |
| 6 | Claire | 181,835 | 859,131 | 331,147 | 670,747 | 2,042,860 |
| 7 | Billy | 392,347 | 366,985 | 914,102 | 448,260 | 2,121,694 |
| 8 | Erica | 430,482 | 261,393 | 868,852 | 671,646 | 2,232,373 |
| 9 | Bella | 860,101 | 188,653 | 972,598 | 158,768 | 2,180,120 |
| 10 | Doris | 990,078 | 884,330 | 42,595 | 396,485 | 2,313,488 |
| 11 | Hank | 682,731 | 559,801 | 85,372 | 86,755 | 1,414,659 |
| 12 | 合計 | 4,951,268 | 5,904,832 | 5,511,561 | 4,269,322 | 20,636,983 |
| 13 | | | | | | |

第一季 | 1月 | 2月 | 3月

從「644,009」變更為「884,330」

自動變更為「2,313,488」

| | A | B | C | D | E | F | G | H | I | J | K | L |
|---|---|---|---|---|---|---|---|---|---|---|---|---|
| 1 | 喬雅健身器材 1～3月各業務員銷售總額 | | | | | | | | | | | |
| 2 | | | | | | | | | | | | |
| 3 | | Kevin | Lynn | Magee | Louis | Claire | Billy | Erica | Bella | Doris | Hank | 合計 |
| 4 | 1月 | 2,091,189 | 2,715,965 | 1,692,168 | 1,832,467 | 2,042,860 | 2,121,694 | 2,232,373 | 2,180,120 | 2,313,488 | 1,414,659 | 20,636,983 |
| 5 | 2月 | 1,714,778 | 643,323 | 2,239,852 | 1,184,630 | 1,959,507 | 1,736,630 | 1,911,851 | 2,240,933 | 1,644,267 | 1,338,842 | 16,614,613 |
| 6 | 3月 | 1,747,011 | 1,720,457 | 1,649,666 | 2,290,157 | 2,131,006 | 2,741,998 | 1,715,944 | 1,721,818 | 2,118,193 | 2,939,806 | 20,776,056 |
| 7 | 合計 | 5,552,978 | 5,079,745 | 5,581,686 | 5,307,254 | 6,133,373 | 6,600,322 | 5,860,168 | 6,142,871 | 6,075,948 | 5,693,307 | 58,027,652 |
| 8 | | | | | | | | | | | | |

第一季 | 1月 | 2月 | 3月

## ☑ 補充說明　參照其他工作表

要參照其他工作表的資料時，可輸入「=年度銷售!A1」這樣的格式，表示要參照「年度銷售」工作表的 A1 儲存格，記得要在工作表名稱之後加上「!」。

本單元的範例要參照「1月」、「2月」、「3月」工作表的資料，因此在 INDIRECT 函數中以「$A4&"!A2:F11"」表示，意思是將 A4 儲存格的「1月」加上「!」，參照「1月」工作表的 A2:F11 範圍；當公式往下複製到 B5 儲存格，會變成「$A5&"!A2:F11"」，意思是將 A5 儲存格的「2月」加上「!」，參照「2月」工作表的 A2:F11 範圍，依此類推。

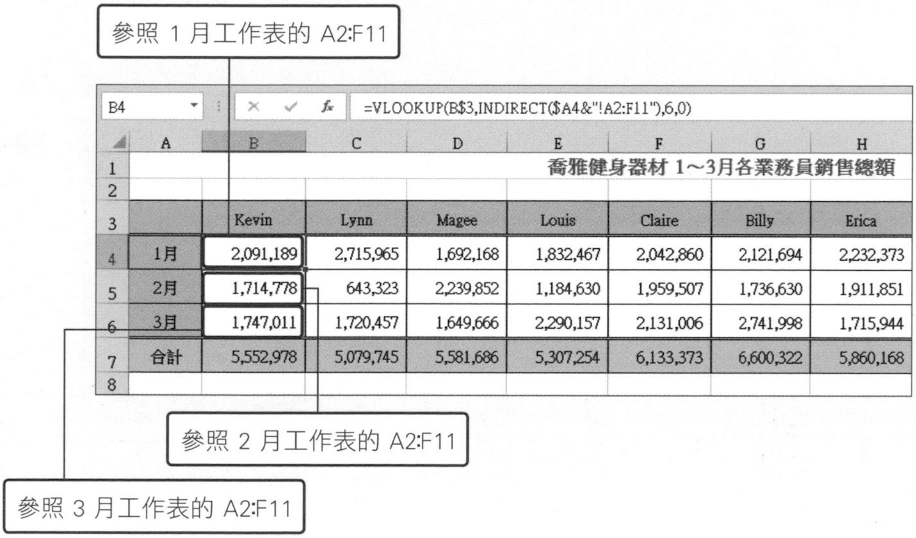

參照 1 月工作表的 A2:F11

B4　=VLOOKUP(B$3,INDIRECT($A4&"!A2:F11"),6,0)

| | A | B | C | D | E | F | G | H |
|---|---|---|---|---|---|---|---|---|
| 1 | | | | | | | | 喬雅健身器材 1～3月各業務員銷售總額 |
| 2 | | | | | | | | |
| 3 | | Kevin | Lynn | Magee | Louis | Claire | Billy | Erica |
| 4 | 1月 | 2,091,189 | 2,715,965 | 1,692,168 | 1,832,467 | 2,042,860 | 2,121,694 | 2,232,373 |
| 5 | 2月 | 1,714,778 | 643,323 | 2,239,852 | 1,184,630 | 1,959,507 | 1,736,630 | 1,911,851 |
| 6 | 3月 | 1,747,011 | 1,720,457 | 1,649,666 | 2,290,157 | 2,131,006 | 2,741,998 | 1,715,944 |
| 7 | 合計 | 5,552,978 | 5,079,745 | 5,581,686 | 5,307,254 | 6,133,373 | 6,600,322 | 5,860,168 |
| 8 | | | | | | | | |

參照 2 月工作表的 A2:F11

參照 3 月工作表的 A2:F11

Unit 059

# 跨工作表加總

**範　例**　想加總各月份、各項商品的訂購數量到「總表」工作表

INDIRECT　SUMIF

## 範例說明

想將「7月」、「8月」各種飲料的訂購數量加總到「總表」工作表，以便了解旺季時飲料的總訂購量為多少？

| | A | B | C | D |
|---|---|---|---|---|
| 1 | 7月訂購單 | | | |
| 2 | 日期 | 產品名稱 | 單價 | 數量 |
| 3 | 7/4 | 冬瓜茶 | 35 | 1,690 |
| 4 | 7/5 | 仙草蜜 | 30 | 1,803 |
| 5 | 7/6 | 檸檬青茶 | 45 | 1,214 |
| 6 | 7/8 | 莓果水果茶 | 40 | 787 |
| 7 | 7/9 | 冬瓜茶 | 35 | 1,555 |
| 8 | 7/10 | 檸檬青茶 | 45 | 1,339 |
| 9 | 7/11 | 烏龍茶 | 30 | 1,268 |
| 10 | 7/12 | 冬瓜茶 | 35 | 1,838 |
| 11 | 7/13 | 莓果水果茶 | 40 | 619 |
| 12 | 7/14 | 仙草蜜 | 30 | 725 |
| 13 | 7/15 | 烏龍茶 | 30 | 1,281 |
| 14 | 7/16 | 抹茶拿鐵 | 40 | 1,668 |
| 15 | 7/18 | 檸檬青茶 | 45 | 1,623 |
| 16 | 7/20 | 莓果水果茶 | 40 | 1,054 |
| 17 | 7/22 | 英式紅茶 | 35 | 1,382 |
| 18 | 7/25 | 冬瓜茶 | 35 | 489 |
| 19 | 7/28 | 英式紅茶 | 35 | 1,100 |
| 20 | 7/31 | 莓果水果茶 | 40 | 537 |
| 21 | | | | |

總表　7月　8月

7月飲料訂購單

| | A | B | C | D |
|---|---|---|---|---|
| 1 | 8月訂購單 | | | |
| 2 | 日期 | 產品名稱 | 單價 | 數量 |
| 3 | 8/1 | 檸檬青茶 | 45 | 1,593 |
| 4 | 8/2 | 莓果水果茶 | 40 | 752 |
| 5 | 8/4 | 烏龍茶 | 30 | 1,580 |
| 6 | 8/6 | 冬瓜茶 | 35 | 1,126 |
| 7 | 8/7 | 檸檬青茶 | 45 | 1,592 |
| 8 | 8/8 | 英式紅茶 | 35 | 1,065 |
| 9 | 8/10 | 仙草蜜 | 30 | 1,750 |
| 10 | 8/11 | 抹茶拿鐵 | 40 | 1,468 |
| 11 | 8/12 | 莓果水果茶 | 40 | 1,977 |
| 12 | 8/13 | 烏龍茶 | 30 | 1,806 |
| 13 | 8/14 | 抹茶拿鐵 | 40 | 812 |
| 14 | 8/16 | 冬瓜茶 | 35 | 1,922 |
| 15 | 8/19 | 英式紅茶 | 35 | 1,351 |
| 16 | 8/20 | 檸檬青茶 | 45 | 1,497 |
| 17 | 8/22 | 烏龍茶 | 30 | 464 |
| 18 | 8/23 | 仙草蜜 | 30 | 658 |
| 19 | 8/24 | 抹茶拿鐵 | 40 | 1,623 |
| 20 | 8/26 | 檸檬青茶 | 45 | 745 |
| 21 | 8/27 | 莓果水果茶 | 40 | 1,808 |
| 22 | 8/29 | 冬瓜茶 | 35 | 1,535 |
| 23 | 8/30 | 莓果水果茶 | 40 | 1,717 |
| 24 | | | | |

總表　7月　8月

8月飲料訂購單

| | A | B | C | D |
|---|---|---|---|---|
| 1 | 飲料旺季訂購數量統計 | | | |
| 2 | 產品名稱 | 7月 | 8月 | |
| 3 | 冬瓜茶 | 5,572 | 4,583 | |
| 4 | 仙草蜜 | 2,528 | 2,408 | |
| 5 | 抹茶拿鐵 | 1,668 | 3,903 | |
| 6 | 英式紅茶 | 2,482 | 2,416 | |
| 7 | 烏龍茶 | 2,549 | 3,850 | |
| 8 | 莓果水果茶 | 2,997 | 6,254 | |
| 9 | 檸檬青茶 | 4,176 | 5,427 | |
| 10 | | | | |
| 11 | | | | |

總表 | 7月 | 8月

希望在「總表」工作表統計 7、8月各種飲料的訂購量

## 操作步驟

### 01 用 INDIRECT 函數參照儲存格範圍，再用 SUMIF 函數加總各項飲料的訂購量

請開啟**練習檔案\Part 3\Unit _ 059**，在**總表**工作表的 B3 儲存格輸入如下的公式，再將公式往右及往下複製，即可統計 7 月及 8 月的訂購數量。

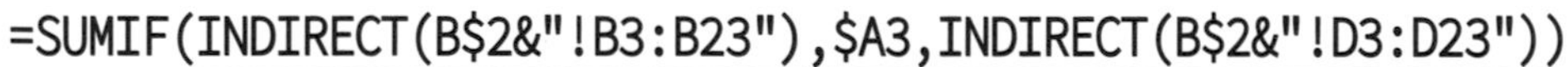

```
=SUMIF(INDIRECT(B$2&"!B3:B23"),$A3,INDIRECT(B$2&"!D3:D23"))
```

# Unit 060 自動新增「清單」中的項目

**範　例**　自動在清單中顯示新增的零用金科目

OFFSET　COUNTA

## 範例說明

在零用金科目或是產品類別中設定**清單**，可以加快輸入資料的速度，可是當清單的項目有新增，就得重新設定清單來源。雖然可以在設定清單來源時，將範圍設定大一點，但是這樣會產生空白的清單項目，有什麼方法可以在清單中只顯示輸入的資料？

一月零用金明細

| 日期 | 科目 | 摘要 | 支出 | 餘額 | 單據種類 | 發票號碼 |
|---|---|---|---|---|---|---|
| | | | | | 上月結餘： | 35,842 |
| 1/4 | 運費 | 遞 | 238 | 35,604 | | |
| 1/4 | | 票 | 168 | 35,436 | | |
| 1/6 | | 款給傑元公司 | 30 | 35,406 | | |
| 1/8 | | 務車加油 | 1,654 | 33,752 | 發票 | WS15874657 |
| 1/10 | | 池 | 864 | 32,888 | 收據 | |
| 1/12 | | 寄包裹 | 155 | 32,733 | 發票 | WS15795135 |
| 1/12 | | 延長線 | 485 | 32,248 | 發票 | WS15987531 |
| 1/12 | 運費 | 搬運費 | 1,583 | 30,665 | | |
| 1/16 | 文具用品 | 文具一批 | 846 | 29,819 | 發票 | WS15687345 |
| 1/16 | 運費 | 搬運費 | 1,800 | 28,019 | | |
| 1/17 | 交通費 | ETC加值 | 1,500 | 26,519 | 發票 | WS12687513 |
| 1/17 | 雜項 | 五金零件 | 2,548 | 23,971 | 收據 | |
| 1/22 | 匯費 | 匯款給上立公司 | 60 | 23,911 | | |
| 1/22 | 雜項 | 桶裝水 | 1,573 | 22,338 | 收據 | |

交通費
雜項
文具用品
修繕費

| 科目名稱 | 支出次數 | 加總金額 |
|---|---|---|
| 運費 | 3 | 3,621 |
| 郵電費 | 4 | 734 |
| 匯費 | 2 | 90 |
| 交通費 | 4 | 4,534 |
| 雜項 | 10 | 15,575 |
| 文具用品 | 3 | 2,377 |
| 修繕費 | 1 | 3,200 |

在設定清單項目來源時，將範圍設大一點，會產生空白項目

一月零用金明細

| 日期 | 科目 | 摘要 | 支出 | 餘額 | 單據種類 | 發票號碼 |
|---|---|---|---|---|---|---|
| | | | | | 上月結餘： | 35,842 |
| 1/4 | 文具用品 | 遞 | 238 | 35,604 | | |
| 1/4 | | 票 | 168 | 35,436 | | |
| 1/6 | | 款給傑元公司 | 30 | 35,406 | | |
| 1/8 | | 務車加油 | 1,654 | 33,752 | 發票 | WS15874657 |
| 1/10 | | 池 | 864 | 32,888 | 收據 | |
| 1/12 | | 寄包裹 | 155 | 32,733 | 發票 | WS15795135 |
| 1/12 | | 延長線 | 485 | 32,248 | 發票 | WS15987531 |
| 1/12 | 運費 | 搬運費 | 1,583 | 30,665 | | |
| 1/16 | 文具用品 | 文具一批 | 846 | 29,819 | 發票 | WS15687345 |
| 1/16 | 運費 | 搬運費 | 1,800 | 28,019 | | |

運費
郵電費
匯費
交通費
雜項
文具用品
修繕費
電費

| 科目名稱 | 支出次數 | 加總金額 |
|---|---|---|
| 運費 | 2 | 3,383 |
| 郵電費 | 4 | 734 |
| 匯費 | 2 | 90 |
| 交通費 | 4 | 4,534 |
| 雜項 | 10 | 15,575 |
| 文具用品 | 4 | 2,615 |
| 修繕費 | 1 | 3,200 |
| 電費 | 1 | 800 |

希望新增科目名稱後，也能自動新增到清單裡

## 操作步驟

### 01 建立「清單」

請開啟**練習檔案\Part 3\Unit _ 060**，選取 C5：C31 儲存格範圍，按下**資料**頁次的**資料驗證**鈕，開啟**資料驗證**交談窗後，如下圖做設定：

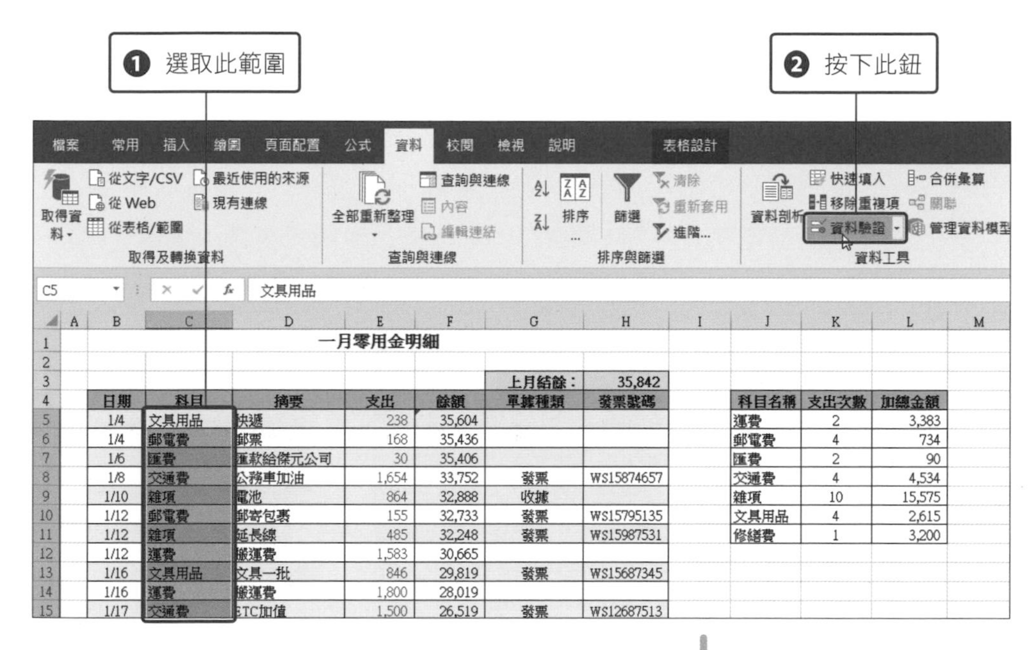


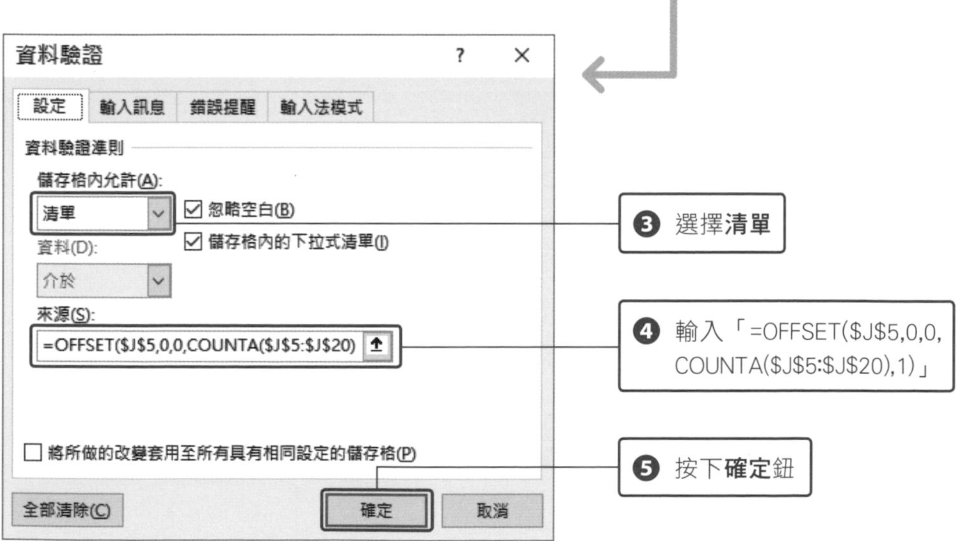

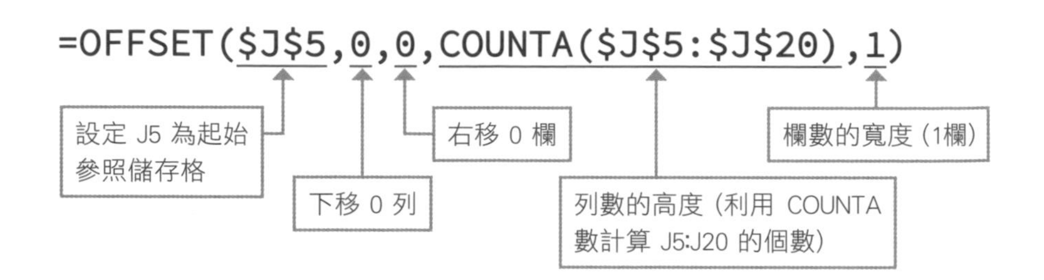


OFFSET 函數的語法，請參考 Unit 017。

## 02 新增零用金科目後，清單也會自動新增

請在 J12 儲存格輸入「電費」科目，並將 K11 及 L11 儲存格的公式往下複製（新增電費資料時，就會自動計算當月的電費次數及金額）。新增「電費」科目後，C 欄的清單，就會自動增加「電費」項目了。

一月零用金明細

新增一筆電費支出，自動統計支出次數及加總金額

Part 4

# 日期與時間資料的處理

不論是報價單、估價單、銷售記錄、匯款單、……等各種表單，我們通常會加上日期或時間欄位，以便後續進行資料查詢。在 Excel 中日期與時間資料除了可用作查詢外，還可以進行計算。例如：人資需要統計員工的年資、計算新進人員的試用期滿日、統計每月的出缺勤時間，財務人員需要列出各筆款項的應付或應收日期，庫存管理也需要列出入庫、出庫時間。本篇將以實例說明日期與時間的計算。

# Unit 061 認識「序列值」

在 Excel 中日期及時間都是可計算的數值資料，或許您會感到困惑，日期跟時間看起來不是一般我們所認知的數值型態啊，要怎麼計算呢？其實 Excel 是透過**序列值**來管理日期與時間，當我們輸入日期或時間，Excel 會自動將日期或時間轉換成對應的數值，因此可用來計算。

## 日期的序列值

日期的**序列值**是將 1900 年 1 月 1 日當成「1」，每經過一天序列值的編號就會加 1。以「2019/08/13」為例，從「1900/1/1」開始起算，已經過了 43690 天，所以「2019/08/13」的序列值為 43690。

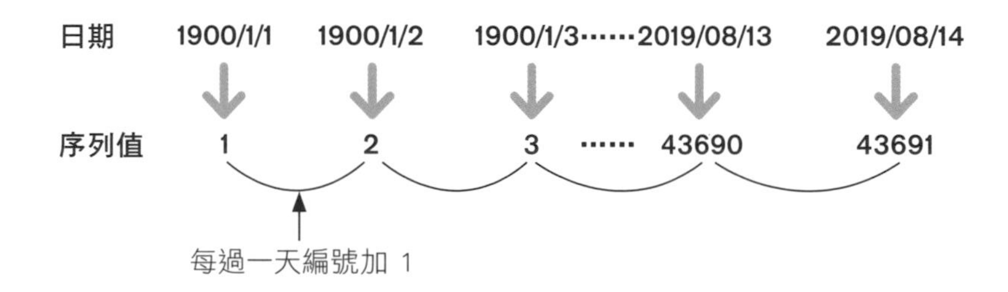


當我們要計算「2019/08/13」的七天後是哪一天，Excel 就會將「43690」的序列值加 7，變成「43697」，「43697」轉換成日期格式就是「2019/08/20」。

## 時間的序列值

時間的**序列值**是將一天 24 小時設為「1」，所以 12 小時就是「0.5」，6 小時為「0.25」。時間的序列值可以與日期的序列值一起顯示，例如：「2019/8/13 12:00」，其序列值為「43690.5」。

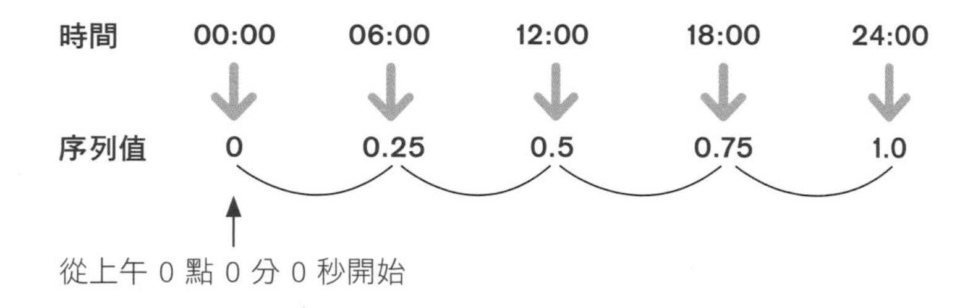


## 日期／時間的序列值轉換

要切換顯示日期格式或序列值，最簡單的方法就是將**儲存格格式**改成**通用格式**或**日期**格式就可以了。

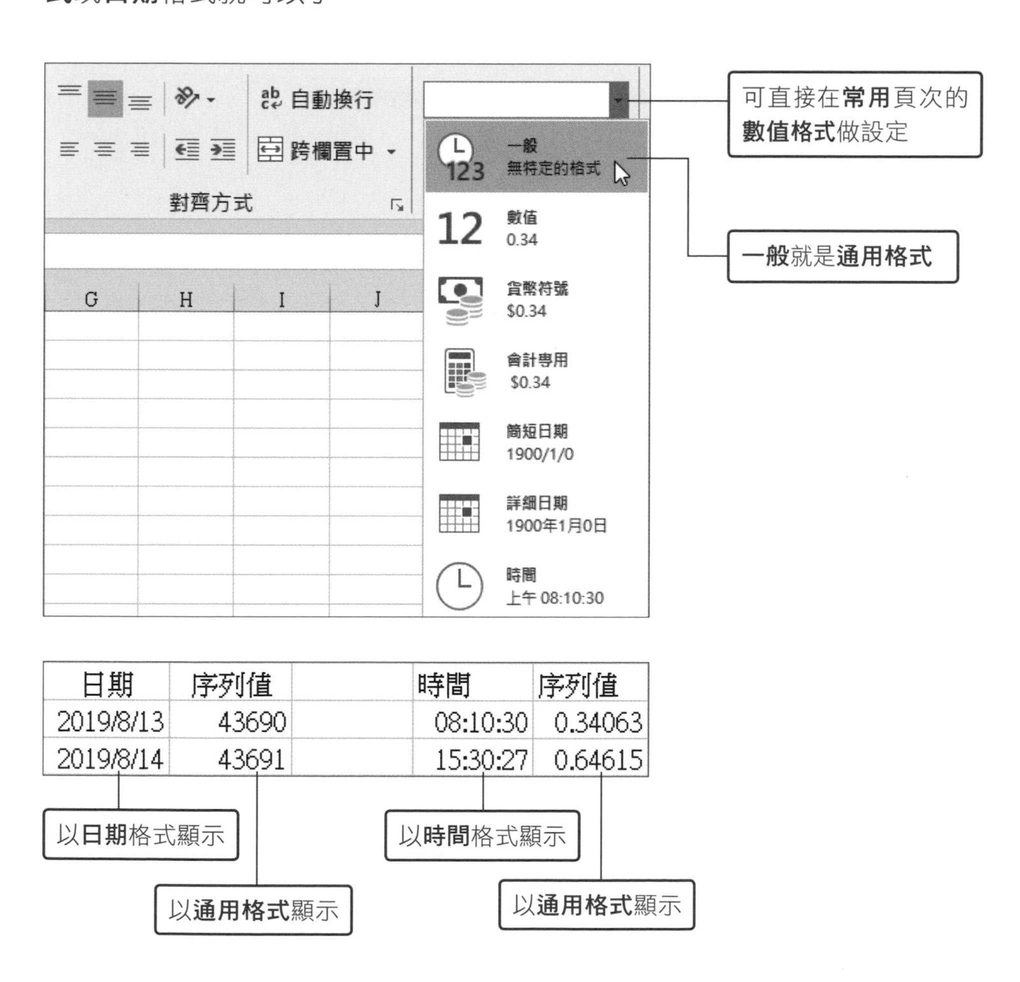

## 補充說明 自訂日期／時間的顯示格式

若是現有的日期、時間格式不符合需求，可以按下 Ctrl + 1 鍵，開啟**設定儲存格格式**視窗自訂。

- 日期格式的代碼（以「2019 年 8 月 9 日」為例）

| 類型 | 代碼 | 顯示 |
|---|---|---|
| 年（西元） | yyyy | 2019 |
| 年（西元） | yy | 19 |
| 月 | m | 8 |
| 月 | mm | 08 |
| 月 | mmm | Aug |
| 日 | d | 9 |
| 日 | dd | 09 |
| 星期 | ddd | Fri |
| 星期 | dddd | Friday |

- 時間格式的代碼（以「8 點 5 分 10 秒」為例）

| 類型 | 代碼 | 顯示 |
|---|---|---|
| 時 | h | 8 |
| 時 | hh | 08 |
| 分 | m | 5 |
| 分 | mm | 05 |
| 秒 | s | 10 |
| 秒 | ss | 10 |

# Unit 062 將數值格式轉成日期格式

**範例** 如何將「20190506」的數值格式轉成「2019/05/06」的日期格式？

DATE MID TIME

## 範例說明

當資料來源是由資料庫匯入，有時日期資料會變成一般數值（例如：「20190506」），若是不想一筆一筆重新輸入日期，有什麼方法可以將數值轉成日期格式呢？

10月課程表

| 課程編號 | 課程名稱 | 上課日期 |
|---|---|---|
| AD003 | Adobe Xd 設計實務 | 20191003 |
| JS031 | JavaScript 動態特效速成 | 20191003 |
| MY069 | 小資理財 GO! GO! | 20191004 |
| TE040 | 色鉛筆速寫 | 20191005 |
| AA052 | 行銷策略實戰 | 20191005 |
| PO058 | 城市速寫 | 20191006 |
| LE004 | 說服任何人的說話術 | 20191007 |
| OW012 | 寫實 3D 建模零基礎 | 20191007 |
| TW047 | 讓粉專翻倍的秘密 | 20191008 |

→

10月課程表

| 課程編號 | 課程名稱 | 上課日期 |
|---|---|---|
| AD003 | Adobe Xd 設計實務 | 2019/10/3 |
| JS031 | JavaScript 動態特效速成 | 2019/10/3 |
| MY069 | 小資理財 GO! GO! | 2019/10/4 |
| TE040 | 色鉛筆速寫 | 2019/10/5 |
| AA052 | 行銷策略實戰 | 2019/10/5 |
| PO058 | 城市速寫 | 2019/10/6 |
| LE004 | 說服任何人的說話術 | 2019/10/7 |
| OW012 | 寫實 3D 建模零基礎 | 2019/10/7 |
| TW047 | 讓粉專翻倍的秘密 | 2019/10/8 |

想將數值格式轉成日期格式

## 操作步驟

### 01 用 MID 函數取出數值，再用 DATE 函數轉成日期格式

請開啟**練習檔案 \Part 4\Unit_062**，在 D3 儲存格輸入如下的公式❶，往下複製公式到 D11 儲存格 ❷，即可將數值格式轉成日期格式。

```
=DATE(MID(C3,1,4),MID(C3,5,2),MID(C3,7,2))
```

- MID(C3,1,4)：從第 1 個數字開始，取出 4 個字數當成「年」
- MID(C3,5,2)：從第 5 個數字開始，取出 2 個字數當成「月」
- MID(C3,7,2)：從第 7 個數字開始，取出 2 個字數當成「日」
- DATE：用 DATE 函數將 MID 函數取出來的值轉成日期格式

D3 =DATE(MID(C3,1,4),MID(C3,5,2),MID(C3,7,2))

| | A | B | C | D | E |
|---|---|---|---|---|---|
| 1 | 10月課程表 | | | | |
| 2 | 課程編號 | 課程名稱 | 上課日期 | | |
| 3 | AD003 | Adobe Xd 設計實務 | 20191003 | 2019/10/3 | |
| 4 | JS031 | JavaScript 動態特效速成 | 20191003 | 2019/10/3 | |
| 5 | MY069 | 小資理財 GO! GO! | 20191004 | 2019/10/4 | |
| 6 | TE040 | 色鉛筆速寫 | 20191005 | 2019/10/5 | |
| 7 | AA052 | 行銷策略實戰 | 20191005 | 2019/10/5 | |
| 8 | PO058 | 城市速寫 | 20191006 | 2019/10/6 | |
| 9 | LE004 | 說服任何人的說話術 | 20191007 | 2019/10/7 | |
| 10 | OW012 | 寫實 3D 建模零基礎 | 20191007 | 2019/10/7 | |
| 11 | TW047 | 讓粉專翻倍的秘密 | 20191008 | 2019/10/8 | |
| 12 | | | | | |

❶ 在此輸入公式

❷ 往下拖曳，複製公式

| DATE 函數 | |
|---|---|
| 說明 | 將數值格式轉成日期格式。 |
| 語法 | **=DATE(年, 月, 日)** |
| 年 | 指定年的數值。 |
| 月 | 指定 1～12 的數值。 |
| 日 | 指定 1～31 的數值。 |

若指定的「月」引數，小於 1 或大於 12，Excel 會將月份調成去年或隔年的月份。例如：「=DATE(2019,0,15)」，則執行結果為「2018/12/15」。

若指定的「日」引數，小於 1 或大於指定月份的最後一個日期，Excel 會將日期調成上個月或下個月的日期。例如：「=DATE(2019,10,32)」，則執行結果為「2019/11/1」。

| MID 函數 | |
|---|---|
| 說明 | 從字串的中間位置開始，取出指定的字數。 |
| 語法 | **=MID(字串, 開始位置, 字數)** |
| 字串 | 指定要取出的字串（或儲存格）。 |
| 開始位置 | 從字串的第幾個字開始取資料。 |
| 字數 | 指定要取出的字數。若省略，預設值為 1。 |

## 02 將「輔助欄位」的值貼到 C 欄

請複製 D3：D11 儲存格，並以**貼上值**的方式貼回 C3：C11 儲存格，最後刪除 D 欄的資料。

| | A | B | C | D | E |
|---|---|---|---|---|---|
| 1 | 10月課程表 | | | | |
| 2 | 課程編號 | 課程名稱 | 上課日期 | | |
| 3 | AD003 | Adobe Xd 設計實務 | 2019/10/03 | | |
| 4 | JS031 | JavaScript 動態特效速成 | 2019/10/03 | | |
| 5 | MY069 | 小資理財 GO! GO! | 2019/10/04 | | |
| 6 | TE040 | 色鉛筆速寫 | 2019/10/05 | | |
| 7 | AA052 | 行銷策略實戰 | 2019/10/05 | | |
| 8 | PO058 | 城市速寫 | 2019/10/06 | | |
| 9 | LE004 | 說服任何人的說話術 | 2019/10/07 | | |
| 10 | OW012 | 寫實 3D 建模零基礎 | 2019/10/07 | | |
| 11 | TW047 | 讓粉專翻倍的秘密 | 2019/10/08 | | |
| 12 | | | | | |

資料轉換完成，就可以刪除「輔助欄位」的資料

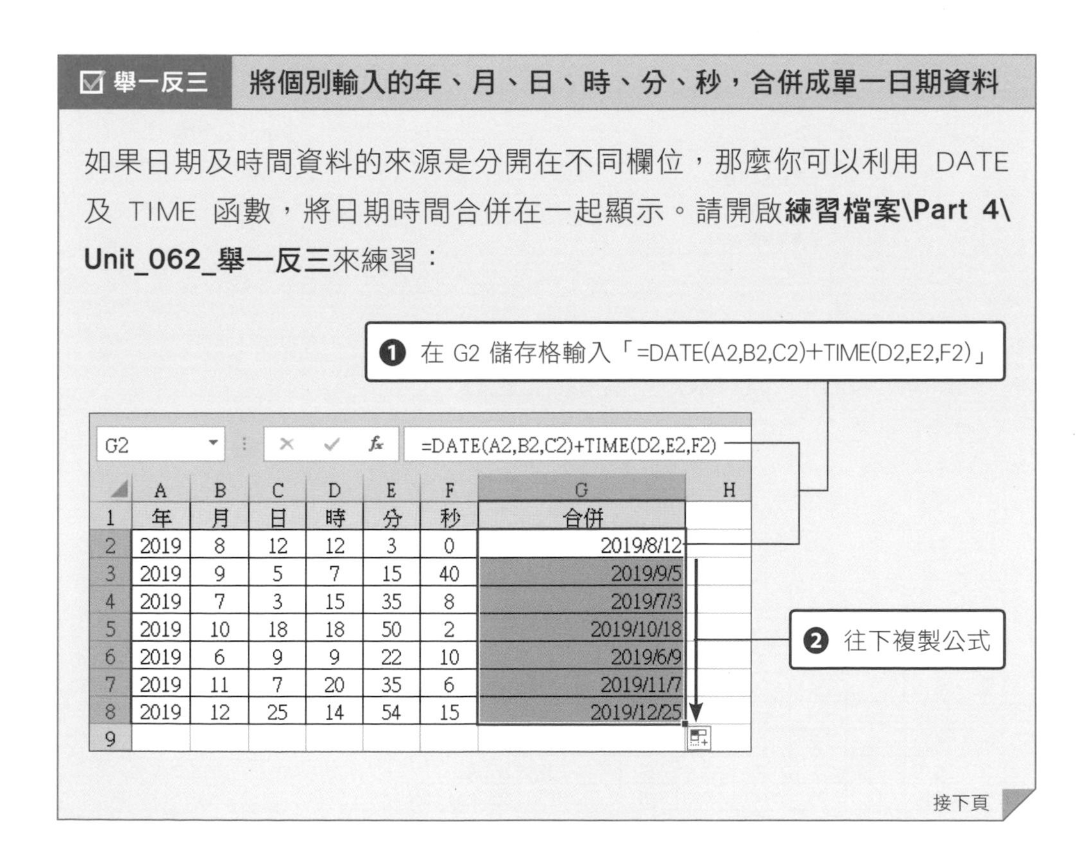

### 舉一反三 將個別輸入的年、月、日、時、分、秒，合併成單一日期資料

如果日期及時間資料的來源是分開在不同欄位，那麼你可以利用 DATE 及 TIME 函數，將日期時間合併在一起顯示。請開啟**練習檔案\Part 4\Unit_062_舉一反三**來練習：



| | A | B | C | D | E | F | G | H |
|---|---|---|---|---|---|---|---|---|
| 1 | 年 | 月 | 日 | 時 | 分 | 秒 | 合併 | |
| 2 | 2019 | 8 | 12 | 12 | 3 | 0 | 2019/8/12 | |
| 3 | 2019 | 9 | 5 | 7 | 15 | 40 | 2019/9/5 | |
| 4 | 2019 | 7 | 3 | 15 | 35 | 8 | 2019/7/3 | |
| 5 | 2019 | 10 | 18 | 18 | 50 | 2 | 2019/10/18 | |
| 6 | 2019 | 6 | 9 | 9 | 22 | 10 | 2019/6/9 | |
| 7 | 2019 | 11 | 7 | 20 | 35 | 6 | 2019/11/7 | |
| 8 | 2019 | 12 | 25 | 14 | 54 | 15 | 2019/12/25 | |
| 9 | | | | | | | | |

接下頁

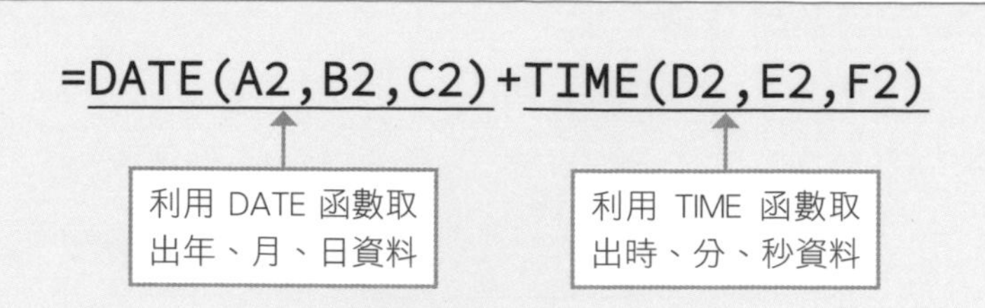


進行到此，你可能會感到奇怪，時間的資料怎麼沒有顯示出來呢？那是因為目前的儲存格格式為**日期**，請按下 Ctrl + 1 鍵，開啟**設定儲存格格式**交談窗，如下設定成「日期 + 時間」的格式即可。

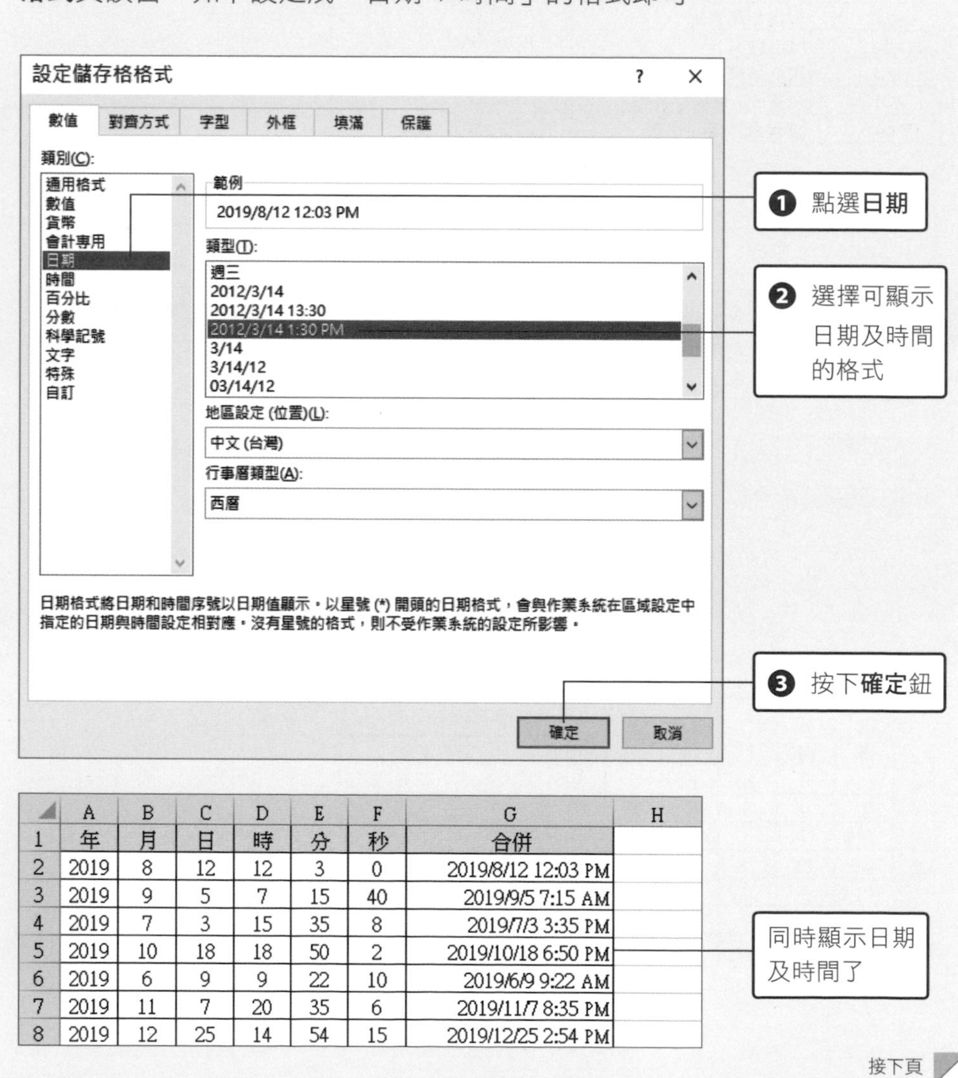


| | A | B | C | D | E | F | G | H |
|---|---|---|---|---|---|---|---|---|
| 1 | 年 | 月 | 日 | 時 | 分 | 秒 | 合併 | |
| 2 | 2019 | 8 | 12 | 12 | 3 | 0 | 2019/8/12 12:03 PM | |
| 3 | 2019 | 9 | 5 | 7 | 15 | 40 | 2019/9/5 7:15 AM | |
| 4 | 2019 | 7 | 3 | 15 | 35 | 8 | 2019/7/3 3:35 PM | |
| 5 | 2019 | 10 | 18 | 18 | 50 | 2 | 2019/10/18 6:50 PM | |
| 6 | 2019 | 6 | 9 | 9 | 22 | 10 | 2019/6/9 9:22 AM | |
| 7 | 2019 | 11 | 7 | 20 | 35 | 6 | 2019/11/7 8:35 PM | |
| 8 | 2019 | 12 | 25 | 14 | 54 | 15 | 2019/12/25 2:54 PM | |

接下頁

| TIME 函數 | |
|---|---|
| 說明 | 將個別輸入的時、分、秒資料，合併成時間資料。 |
| 語法 | **=TIME(時,分,秒)** |
| 時 | 指定 0～23 的數值，當數值大於 23，會以除以 24 以後的餘數顯示。 |
| 分 | 指定 0～59 的數值，當數值大於 60 或小於 1 時，時跟分的數值會自動調整。 |
| 秒 | 指定 0～59 的數值，當數值大於 60 或小於 1 時，分跟秒的數值會自動調整。 |

輸入 TIME 函數的儲存格格式若為「通用格式」，預設不會顯示出秒數。若要顯示秒數，請將儲存格格式設定為「hh:mm:ss」。

若是要轉換的時、分、秒資料為 0，那麼在設定函數時可省略，但是對應的引數「逗點」一樣要輸入。例如：「=TIME(,,50)」，表示沒有時跟分的資料，只有秒數，設定成「hh:mm:ss」儲存格格式後，會顯示「00:00:50」。

Unit 063

# 依基準日找出次月的指定日期

**範　例**　希望依據「進貨日期」顯示次月 5 日的「付款日期」

DATE　YEAR　MONTH

## 範例說明

想在各月應付帳款的最後一欄，依據「進貨日期」列出下個月 5 日的付款日期，這樣到了月底時，就可以快速查看下個月共有多少應付帳款。

各月應付帳款

| 進貨日期 | 客戶名稱 | 未 稅 | 稅 金 | 含 稅 | 付款方式 | 付款日期 |
|---|---|---|---|---|---|---|
| 04/01 | 銓東有限公司 | 125,500 | 6,275 | 131,775 | 現金 | 5/5 |
| 04/03 | 榮鼎有限公司 | 95,487 | 4,774 | 100,261 | 現金 | 5/5 |
| 04/12 | 聯鎂公司 | 36,800 | 1,840 | 38,640 | 現金 | 5/5 |
| 04/15 | 偉鋒有限公司 | 34,400 | 1,720 | 36,120 | 現金 | 5/5 |
| 05/02 | 宏升股份有限公司 | 12,548 | 627 | 13,175 | 現金 | 6/5 |
| 05/10 | 立享股份有限公司 | 22,680 | 1,134 | 23,814 | 支票 | 6/5 |
| 05/15 | 平洋實業 | 118,420 | 5,921 | 124,341 | 現金 | 6/5 |
| 05/16 | 騰華科技 | 671,670 | 33,584 | 705,254 | 現金 | 6/5 |
| 05/20 | 嘉迎股份有限公司 | 12,000 | 600 | 12,600 | 支票 | 6/5 |
| 06/10 | 德羽實業有限公司 | 62,760 | 3,138 | 65,898 | 電匯 | 7/5 |
| 06/13 | 竹誠國際股份有限公司 | 25,478 | 1,274 | 26,752 | 現金 | 7/5 |
| 06/15 | 易杰國際 | 40,860 | 2,043 | 42,903 | 現金 | 7/5 |
| 06/20 | 偉鋒有限公司 | 54,878 | 2,744 | 57,622 | 現金 | 7/5 |
| 07/04 | 宏升股份有限公司 | 65,448 | 3,272 | 68,720 | 支票 | 8/5 |
| 07/08 | 聯鎂公司 | 28,000 | 1,400 | 29,400 | 現金 | 8/5 |
| 07/12 | 榮鼎有限公司 | 68,963 | 3,448 | 72,411 | 現金 | 8/5 |
| 07/15 | 騰華科技 | 21,657 | 1,083 | 22,740 | 現金 | 8/5 |
| 07/22 | 德羽實業有限公司 | 33,000 | 1,650 | 34,650 | 支票 | 8/5 |
| 07/30 | 易杰國際 | 54,878 | 2,744 | 57,622 | 現金 | 8/5 |
| 08/01 | 平洋實業 | 35,487 | 1,774 | 37,261 | 現金 | 9/5 |
| 08/06 | 銓東有限公司 | 2,500 | 125 | 2,625 | 現金 | 9/5 |
| 08/10 | 竹誠國際股份有限公司 | 325,478 | 16,274 | 341,752 | 電匯 | 9/5 |
| 08/16 | 騰華科技 | 11,440 | 572 | 12,012 | 現金 | 9/5 |
| 08/24 | 嘉迎股份有限公司 | 19,605 | 981 | 20,586 | 現金 | 9/5 |
| 08/28 | 聯鎂公司 | 28,953 | 1,448 | 30,401 | 現金 | 9/5 |
| 08/30 | 立享股份有限公司 | 25,487 | 1,274 | 26,761 | 現金 | 9/5 |
| 09/01 | 竹誠國際股份有限公司 | 13,879 | 637 | 14,516 | 支票 | 10/5 |

希望依「進貨日期」列出下個月 5 日的付款日

## 操作步驟

### 01 從「進貨日期」取出日期資料，再將月份加 1

請開啟**練習檔案 \Part 4\Unit_063**，在 G3 儲存格輸入如下的公式❶，再將公式往下複製到 G34 儲存格 ❷。在此利用 YEAR 及 MONTH 函數從「進貨日期」取出年及月，再利用 DATE 函數轉成日期格式。

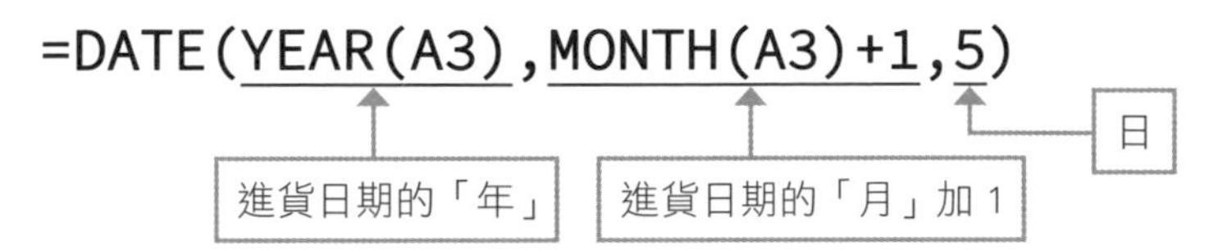


G3 =DATE(YEAR(A3),MONTH(A3)+1,5)

| | A | B | C | D | E | F | G |
|---|---|---|---|---|---|---|---|
| 1 | | | 各月應付帳款 | | | | |
| 2 | 進貨日期 | 客戶名稱 | 未 稅 | 稅 金 | 含 稅 | 付款方式 | 付款日期 |
| 3 | 04/01 | 銓東有限公司 | 125,500 | 6,275 | 131,775 | 現金 | 5/5 |
| 4 | 04/03 | 榮鼎有限公司 | 95,487 | 4,774 | 100,261 | 現金 | 5/5 |
| 5 | 04/12 | 聯鎂公司 | 36,800 | 1,840 | 38,640 | 現金 | 5/5 |
| 6 | 04/15 | 偉鋒有限公司 | 34,400 | 1,720 | 36,120 | 現金 | 5/5 |
| 7 | 05/02 | 宏升股份有限公司 | 12,548 | 627 | 13,175 | 現金 | 6/5 |
| 8 | 05/10 | 立享股份有限公司 | 22,680 | 1,134 | 23,814 | 支票 | 6/5 |
| 9 | 05/15 | 平洋實業 | 118,420 | 5,921 | 124,341 | 現金 | 6/5 |
| 10 | 05/16 | 騰華科技 | 671,670 | 33,584 | 705,254 | 現金 | 6/5 |
| 11 | 05/20 | 嘉迎股份有限公司 | 12,000 | 600 | 12,600 | 支票 | 6/5 |
| 12 | 06/10 | 德羽實業有限公司 | 62,760 | | | | |

❶
❷

### ☑ 範例應用　透過「樞紐分析表」列出每個月的應付總額

如果想列出各月的總應付帳款，最快的方法就是製作樞紐分析表。當表格資料有更改，也會自動更新喔！請點選表格資料中的任一個儲存格，按下**插入**頁次的**樞紐分析表**鈕，再如下設定：

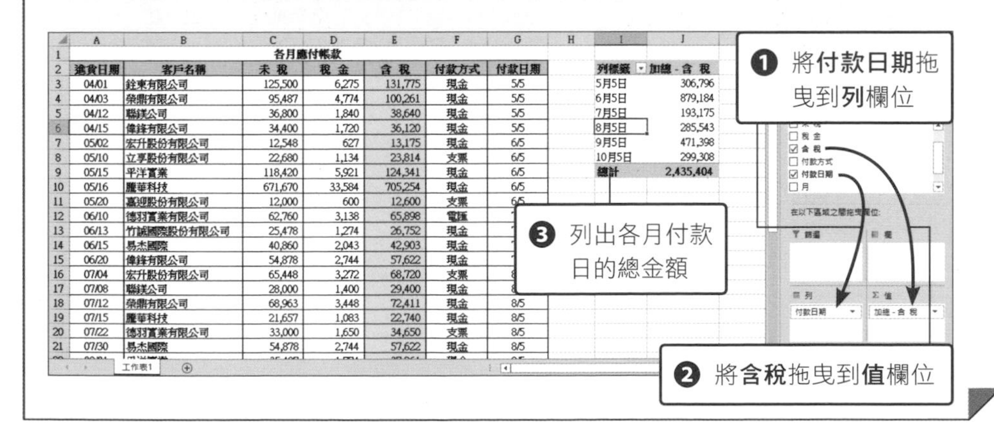

Unit 064

# 計算年齡

**範 例** 希望在會員名字後面附註年齡

DATEDIF TODAY

## 範例說明

想在會員名字後面以括號附註年齡，以便依年齡贈送會員不同的贈品，但是手動計算年齡實在非常累，有沒有方法可以自動計算？

會員資料

| 會員編號 | 姓名 | 生日 | 手機號碼 | 地址 |
|---|---|---|---|---|
| 29729245 | 謝辛如 | 1998/02/22 | 0956-324-312 | 台北市忠孝東路一段 333 號 |
| 79958489 | 許育弘 | 2002/08/11 | 0935-963-854 | 新北市新莊區中正路 577 號 |
| 28915702 | 張炳新 | 1983/05/08 | 0954-071-435 | 台中市西區英才路 212 號 |
| 19528508 | 林亞倩 | 1992/05/10 | 0913-410-599 | 台北市南港區經貿二號 1 號 |
| 81665798 | 王郁昌 | 1995/02/12 | 0972-371-299 | 台北市重慶南路一段 8 號 |
| 13429623 | 宋智鈞 | 2008/08/29 | 0933-250-036 | 新北市板橋區文化路二段 10 號 |
| 52211181 | 黃裕翔 | 2008/12/05 | 0934-750-620 | 台北市新生南路一段 8 號 |

會員資料

| 會員編號 | 姓名 | 生日 | 手機號碼 | 地址 |
|---|---|---|---|---|
| 29729245 | 謝辛如 (21) | 1998/02/22 | 0956-324-312 | 台北市忠孝東路一段 333 號 |
| 79958489 | 許育弘 (17) | 2002/08/11 | 0935-963-854 | 新北市新莊區中正路 577 號 |
| 28915702 | 張炳新 (36) | 1983/05/08 | 0954-071-435 | 台中市西區英才路 212 號 |
| 19528508 | 林亞倩 (27) | 1992/05/10 | 0913-410-599 | 台北市南港區經貿二號 1 號 |
| 81665798 | 王郁昌 (24) | 1995/02/12 | 0972-371-299 | 台北市重慶南路一段 8 號 |
| 13429623 | 宋智鈞 (10) | 2008/08/29 | 0933-250-036 | 新北市板橋區文化路二段 10 號 |
| 52211181 | 黃裕翔 (10) | 2008/12/05 | 0934-750-620 | 台北市新生南路一段 8 號 |

希望在姓名後面附加年齡

## 操作步驟

### 01 用 DATEDIF 函數在「輔助欄位」計算年齡

請開啟**練習檔案 \Part 4\Unit_064**，在 F3 儲存格輸入「=B3&" ("&DATEDIF(C3,TODAY(),"Y")&")"」❶，並往下複製公式到 F31 儲存格 ❷。

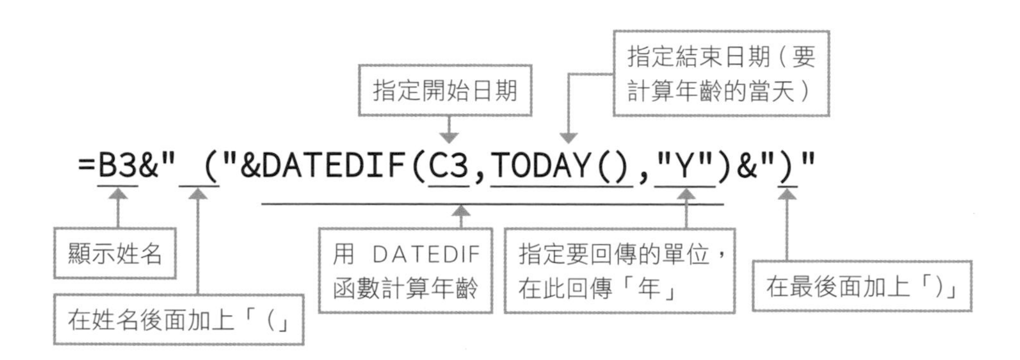


F3 =B3&" ("&DATEDIF(C3,TODAY(),"y")&")"

| | A | B | C | D | E | F |
|---|---|---|---|---|---|---|
| 1 | 會員資料 | | | | | |
| 2 | 會員編號 | 姓名 | 生日 | 手機號碼 | 地址 | |
| 3 | 29729245 | 謝辛如 | 1998/02/22 | 0956-324-312 | 台北市忠孝東路一段 333 號 | 謝辛如 (21) ❶ |
| 4 | 79958489 | 許育弘 | 2002/08/11 | 0935-963-854 | 新北市新莊區中正路 577 號 | 許育弘 (17) |
| 5 | 28915702 | 張炳新 | 1983/05/08 | 0954-071-435 | 台中市西區英才路 212 號 | 張炳新 (36) |
| 6 | 19528508 | 林亞倩 | 1992/05/10 | 0913-410-599 | 台北市南港區經貿二號 1 號 | 林亞倩 (27) |
| 7 | 81665798 | 王郁昌 | 1995/02/12 | 0972-371-299 | 台北市重慶南路一段 8 號 | 王郁昌 (24) |
| 8 | 13429623 | 宋智鈞 | 2008/08/29 | 0933-250-036 | 新北市板橋區文化路二段 10 號 | 宋智鈞 (10) |
| 9 | 52211181 | 黃裕翔 | 2008/12/05 | 0934-750-620 | 台北市新生南路一段 8 號 | 黃裕翔 (10) ❷ |
| 10 | 26323670 | 姚欣穎 | 2011/12/30 | 0954-647-127 | 台中市西屯區朝富路 188 號 | 姚欣穎 (7) |
| 11 | 32250942 | 陳美珍 | 1986/11/18 | 0911-322-603 | 新北市中和區安邦街 33 號 | 陳美珍 (32) |
| 12 | 17448505 | 李家豪 | 2005/08/25 | 0982-597-901 | 苗栗市新苗街 18 號 | 李家豪 (13) |
| 13 | 95868920 | 陳瑞淑 | 1983/04/24 | 0968-491-182 | 新竹市北區中山路 128 號 | 陳瑞淑 (36) |
| 14 | 83952910 | 蔡佳利 | 2010/05/15 | 0927-882-411 | 桃園市中壢區溪洲街 299 號 | 蔡佳利 (9) |

**DATEDIF 函數的語法，請參考 Unit 026。**

**TODAY 函數的語法，請參考 Unit 026。**

由於 TODAY 函數會以開啟檔案當天的日期來計算，所以您開啟範例檔案操作時，所看到的畫面會與書上顯示的不同。

## 02 將「輔助欄位」的值，貼回「姓名」欄

請複製 F3：F31 儲存格，並以**貼上 / 值**的方式，貼回 B3：B31 儲存格範圍，即可在姓名後面附註年齡，最後再刪除「輔助欄位」的資料。

| | A | B | C | D | E | F |
|---|---|---|---|---|---|---|
| 1 | 會員資料 | | | | | |
| 2 | 會員編號 | 姓名 | 生日 | 手機號碼 | 地址 | |
| 3 | 29729245 | 謝辛如 (21) | 1998/02/22 | 0956-324-312 | 台北市忠孝東路一段 333 號 | |
| 4 | 79958489 | 許育弘 (17) | 2002/08/11 | 0935-963-854 | 新北市新莊區中正路 577 號 | |
| 5 | 28915702 | 張炳新 (36) | 1983/05/08 | 0954-071-435 | 台中市西區英才路 212 號 | |
| 6 | 19528508 | 林亞倩 (27) | 1992/05/10 | 0913-410-599 | 台北市南港區經貿二號 1 號 | |
| 7 | 81665798 | 王郁昌 (24) | 1995/02/12 | 0972-371-299 | 台北市重慶南路一段 8 號 | |
| 8 | 13429623 | 宋智鈞 (10) | 2008/08/29 | 0933-250-036 | 新北市板橋區文化路二段 10 號 | |
| 9 | 52211181 | 黃裕翔 (10) | 2008/12/05 | 0934-750-620 | 台北市新生南路一段 8 號 | |
| 10 | 26323670 | 姚欣穎 (7) | 2011/12/30 | 0954-647-127 | 台中市西屯區朝富路 188 號 | |
| 11 | 32250942 | 陳美珍 (32) | 1986/11/18 | 0911-322-603 | 新北市中和區安邦街 33 號 | |
| 12 | 17448505 | 李家豪 (13) | 2005/08/25 | 0982-597-901 | 苗栗市新苗街 18 號 | |
| 13 | 95868920 | 陳瑞淑 (36) | 1983/04/24 | 0968-491-182 | 新竹市北區中山路 128 號 | |
| 14 | 83952910 | 蔡佳利 (9) | 2010/05/15 | 0927-882-411 | 桃園市中壢區溪洲街 299 號 | |

以**貼上 / 值**的方式貼入 F3：F31 的資料

刪除「輔助欄位」的資料

### ☑ 舉一反三　快速將附註的年齡拆開到其他儲存格

在姓名後面附加年齡後，若是覺得還是將年齡獨立在一個欄位比較好，你可以利用**快速填入**功能（適用於 Excel 2013 之後的版本），快速分拆資料，不需再另外撰寫公式喲！

❶ 首先在 C3 儲存格輸入 B3 的年齡「21」

❷ 選取 C4 儲存格，按下**資料**頁次的**快速填入**鈕

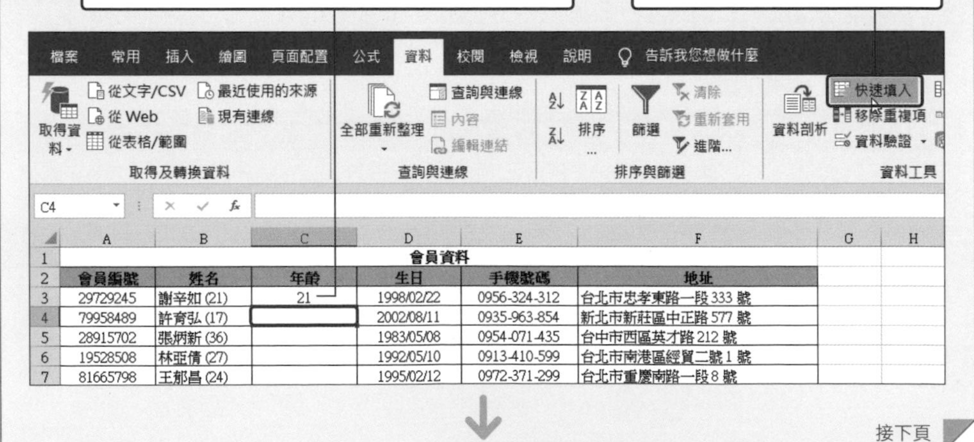


接下頁

**Hot Key**

也可以在選取 C4 儲存格後，直接按下 Ctrl ＋ E 鍵，即可快速填入資料。

會員資料

| | A | B | C | D | E | F |
|---|---|---|---|---|---|---|
| 2 | 會員編號 | 姓名 | 年齡 | 生日 | 手機號碼 | 地址 |
| 3 | 29729245 | 謝辛如 (21) | 21 | 1998/02/22 | 0956-324-312 | 台北市忠孝東路一段 333 號 |
| 4 | 79958489 | 許育弘 (17) | 17 | 2002/08/11 | 0935-963-854 | 新北市新莊區中正路 577 號 |
| 5 | 28915702 | 張炳新 (36) | 36 | 1983/05/08 | 0954-071-435 | 台中市西區英才路 212 號 |
| 6 | 19528508 | 林亞倩 (27) | 27 | 1992/05/10 | 0913-410-599 | 台北市南港區經貿二號 1 號 |
| 7 | 81665798 | 王郁昌 (24) | 24 | 1995/02/12 | 0972-371-299 | 台北市重慶南路一段 8 號 |
| 8 | 13429623 | 宋智鈞 (10) | 10 | 2008/08/29 | 0933-250-036 | 新北市板橋區文化路二段 10 號 |
| 9 | 52211181 | 黃裕翔 (10) | 10 | 2008/12/05 | 0934-750-620 | 台北市新生南路一段 8 號 |
| 10 | 26323670 | 姚欣穎 (7) | 7 | 2011/12/30 | 0954-647-127 | 台中市西屯區朝富路 188 號 |
| 11 | 32250942 | 陳美珍 (32) | 32 | 1986/11/18 | 0911-322-603 | 新北市中和區安邦街 33 號 |
| 12 | 17448505 | 李家豪 (13) | 13 | 2005/08/25 | 0982-597-901 | 苗栗市新苗街 18 號 |
| 13 | 95868920 | 陳瑞淑 (36) | 36 | 1983/04/24 | 0968-491-182 | 新竹市北區中山路 128 號 |
| 14 | 83952910 | 蔡佳利 (9) | 9 | 2010/05/15 | 0927-882-411 | 桃園市中壢區溪洲街 299 號 |
| 15 | 46232124 | 吳立其 (12) | 12 | 2007/01/03 | 0987-094-998 | 台南市安平區中華西路二段 533 號 |
| 16 | 65959127 | 郭堯竹 (30) | 30 | 1988/11/05 | 0960-798-165 | 新北市新莊區幸福路 888 號 |
| 17 | 99029850 | 陳君倫 (26) | 26 | 1992/10/10 | 0926-988-780 | 高雄市鳳山區文化路 67 號 |
| 18 | 64391892 | 王文亭 (43) | 43 | 1976/08/11 | 0988-237-421 | 新北市三峽區介壽路三段 120 號 |
| 19 | 86146889 | 褚金輝 (4) | 4 | 2014/09/14 | 0982-194-007 | 台中市西區台灣大道 1033 號 |
| 20 | 18648629 | 劉明盛 (33) | 33 | 1986/01/16 | 0931-464-962 | 彰化市彰鹿路 120 號 |
| 21 | 47356378 | 陳蓁亞 (11) | 11 | 2008/03/14 | 0933-115-008 | 新北市汐止區中山路 38 號 |
| 22 | 16873227 | 楊雅惠 (21) | 21 | 1998/06/02 | 0936-914-483 | 桃園市成功路二段 133 號 |
| 23 | 78661285 | 曾銘山 (8) | 8 | 2011/06/07 | 0921-841-340 | 新北市蘆洲區中正路 8 號 |
| 24 | 42606851 | 林佩璇 (6) | 6 | 2013/01/03 | 0968-575-278 | 新竹市香山區五福路二段 565 號 |
| 25 | 23961428 | 陳欣蘭 (13) | 13 | 2005/11/28 | 0912-315-877 | 台南市安平區永華路二段 10 號 |
| 26 | 63534356 | 連煒婷 (5) | 5 | 2014/05/28 | 0913-765-496 | 新北市土城區承天路 65 號 |
| 27 | 93800760 | 黃佳芬 (40) | 40 | 1979/07/06 | 0923-812-346 | 高雄市苓雅區和平一路 115號 |
| 28 | 45478870 | 謝龍昇 (19) | 19 | 2000/05/07 | 0910-122-345 | 苗栗縣恆春鎮草埔路 100 號 |
| 29 | 64560181 | 許利誠 (30) | 30 | 1988/11/16 | 0920-544-988 | 新竹市香山區牛埔南路 300號 |
| 30 | 93403692 | 林承亞 (9) | 9 | 2009/09/27 | 0938-448-600 | 台北市八德路二段 888號 |
| 31 | 94104356 | 游祥如 (15) | 15 | 2004/06/09 | 0936-288-100 | 台北市三重區重光街 100號 |

❸ C 欄自動填入 B 欄的年齡了（Excel 會依據 C3 所輸入的內容，自動判斷資料的規則並填入對應的資料）

❹ 選取 B3：B31 儲存格

❺ 接著按下 Ctrl ＋ H 鍵，開啟**尋找及取代**交談窗，在**尋找目標**輸入「(*)」

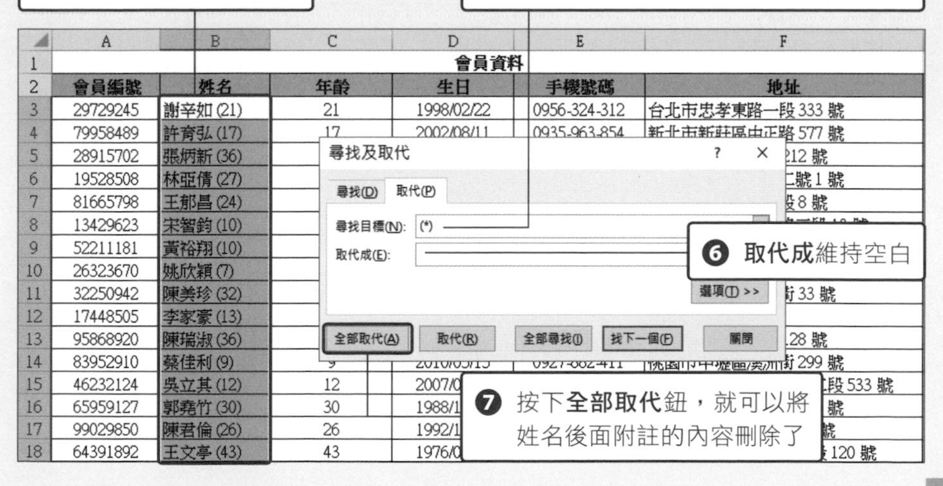


❻ **取代成**維持空白

❼ 按下**全部取代**鈕，就可以將姓名後面附註的內容刪除了

Unit

# 065 兩個日期期間的計算

**範　例**　如何計算員工的在職期間？

DATEDIF　CONCATENATE

## 範例說明

當有員工離職時，我們需要計算該員工的「在職期間」，以便統計勞、健保的投保天數，或是計算最後未滿一個月的薪資，或是計算應付的退休金、…等等。要計算在職期間你不需拿起月曆慢慢數，只要用 DATEDIF 函數，就可以快速算出在職幾年、幾月、幾日了。

| | A | B | C | D | E | F | G | H |
|---|---|---|---|---|---|---|---|---|
| 1 | 2019 年離職員工的在職期間 | | | | | | | |
| 2 | 姓名 | 部門 | 到職日 | 離職日 | 在職期間 | | | |
| 3 | | | | | 年 | 月 | 日 | |
| 4 | 張春煒 | 總務部 | 2017/03/08 | 2019/04/16 | 2 | 1 | 9 | |
| 5 | 許明晴 | 產品部 | 2017/06/08 | 2019/05/06 | 1 | 10 | 29 | |
| 6 | 謝惠鈺 | 會計部 | 2018/06/08 | 2019/07/18 | 1 | 1 | 11 | |
| 7 | 黃金鋒 | 產品部 | 2017/04/12 | 2019/08/22 | 2 | 4 | 11 | |
| 8 | 林建廷 | 業務部 | 2018/03/22 | 2019/09/03 | 1 | 5 | 13 | |
| 9 | 陳碧函 | 業務部 | 2016/07/08 | 2019/06/22 | 2 | 11 | 15 | |
| 10 | 薛紹華 | 研發部 | 2019/05/03 | 2019/08/14 | 0 | 3 | 12 | |
| 11 | 李貽晨 | 行銷部 | 2017/05/23 | 2019/09/06 | 2 | 3 | 15 | |
| 12 | | | | | | | | |

想計算 2019 年離職的每位員工在職期間

## 操作步驟

**01 用 DATEDIF 函數計算在職的「年」、「月」、「日」數**

請開啟**練習檔案 \Part 4\Unit_065**，在 E4 儲存格輸入「=DATEDIF(C4,D4+1,"Y")」，在 F4 儲存格輸入「=DATEDIF(C4,D4+1,"YM")」，在 G4 儲存格輸入「=DATEDIF(C4,D4+1, "MD")」。這三個儲存格的公式，基本上都是一樣的，只差在最後的「單位」引數。

由於 DATEDIF 不會將「開始日期」引數列入期間的計算，因此我們在結束日期的後面加上「1」天。

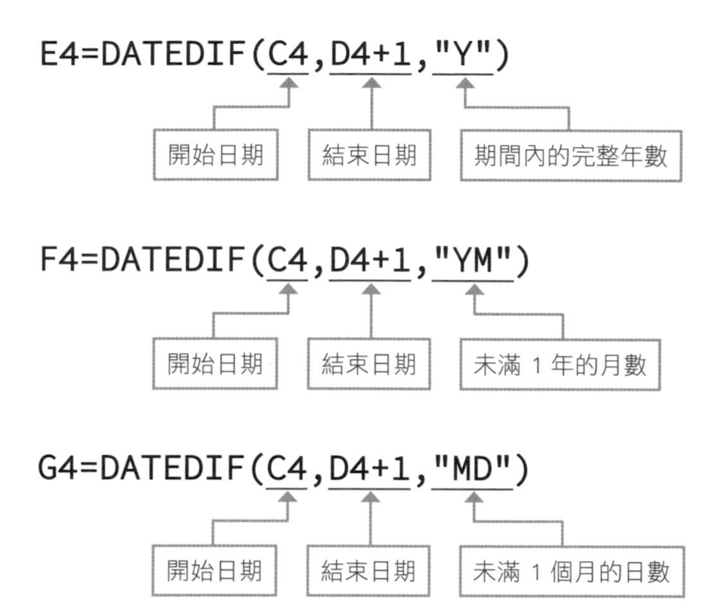


詳細的 DATEDIF 函數語法，請參考 Unit 026。

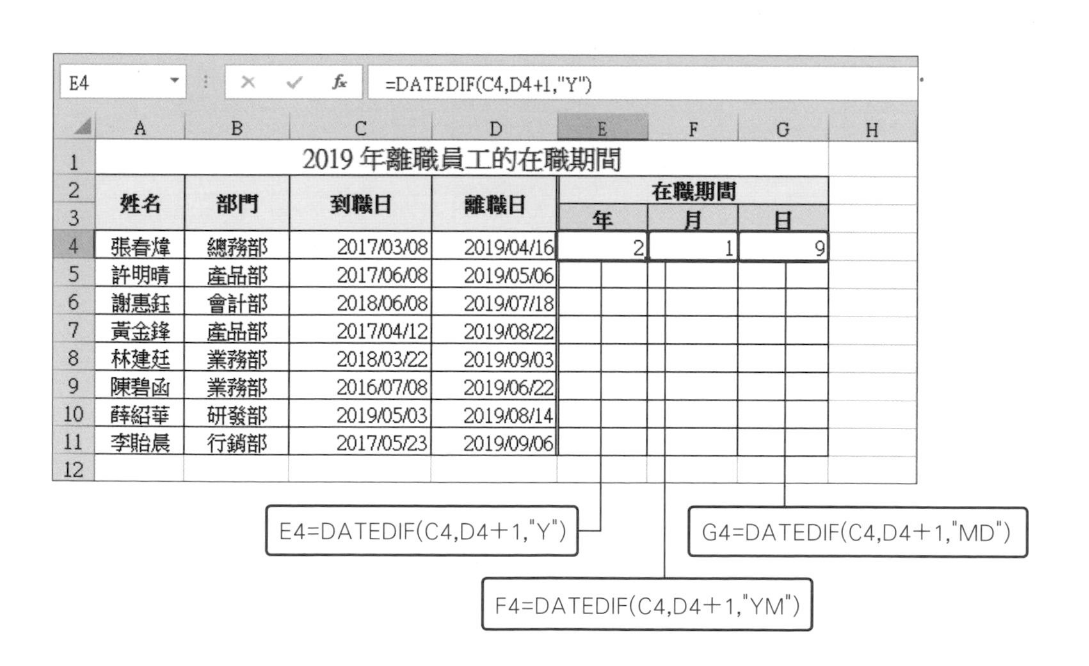


2019 年離職員工的在職期間

| 姓名 | 部門 | 到職日 | 離職日 | 在職期間 年 | 在職期間 月 | 在職期間 日 |
|---|---|---|---|---|---|---|
| 張春煒 | 總務部 | 2017/03/08 | 2019/04/16 | 2 | 1 | 9 |
| 許明晴 | 產品部 | 2017/06/08 | 2019/05/06 | | | |
| 謝惠鈺 | 會計部 | 2018/06/08 | 2019/07/18 | | | |
| 黃金鋒 | 產品部 | 2017/04/12 | 2019/08/22 | | | |
| 林建廷 | 業務部 | 2018/03/22 | 2019/09/03 | | | |
| 陳碧函 | 業務部 | 2016/07/08 | 2019/06/22 | | | |
| 薛紹華 | 研發部 | 2019/05/03 | 2019/08/14 | | | |
| 李貽晨 | 行銷部 | 2017/05/23 | 2019/09/06 | | | |

## 複製公式

選取 E4：G4 儲存格後 ❶，往下拖曳 G4 儲存格的**填滿控點** ❷，即可將公式複製到其他儲存格。

| | A | B | C | D | E | F | G | H |
|---|---|---|---|---|---|---|---|---|
| 1 | 2019 年離職員工的在職期間 | | | | | | | |
| 2 | 姓名 | 部門 | 到職日 | 離職日 | 在職期間 | | | |
| 3 | | | | | 年 | 月 | 日 | |
| 4 | 張春煒 | 總務部 | 2017/03/08 | 2019/04/16 | 2 | 1 | 9 | |
| 5 | 許明晴 | 產品部 | 2017/06/08 | 2019/05/06 | | | | |
| 6 | 謝惠鈺 | 會計部 | 2018/06/08 | 2019/07/18 | | | | |
| 7 | 黃金鋒 | 產品部 | 2017/04/12 | 2019/08/22 | | | | |
| 8 | 林建廷 | 業務部 | 2018/03/22 | 2019/09/03 | | | | |
| 9 | 陳碧函 | 業務部 | 2016/07/08 | 2019/06/22 | | | | |
| 10 | 薛紹華 | 研發部 | 2019/05/03 | 2019/08/14 | | | | |
| 11 | 李貽晨 | 行銷部 | 2017/05/23 | 2019/09/06 | | | | |
| 12 | | | | | | | | |

❶

❷

| | A | B | C | D | E | F | G | H |
|---|---|---|---|---|---|---|---|---|
| 1 | 2019 年離職員工的在職期間 | | | | | | | |
| 2 | 姓名 | 部門 | 到職日 | 離職日 | 在職期間 | | | |
| 3 | | | | | 年 | 月 | 日 | |
| 4 | 張春煒 | 總務部 | 2017/03/08 | 2019/04/16 | 2 | 1 | 9 | |
| 5 | 許明晴 | 產品部 | 2017/06/08 | 2019/05/06 | 1 | 10 | 29 | |
| 6 | 謝惠鈺 | 會計部 | 2018/06/08 | 2019/07/18 | 1 | 1 | 11 | |
| 7 | 黃金鋒 | 產品部 | 2017/04/12 | 2019/08/22 | 2 | 4 | 11 | |
| 8 | 林建廷 | 業務部 | 2018/03/22 | 2019/09/03 | 1 | 5 | 13 | |
| 9 | 陳碧函 | 業務部 | 2016/07/08 | 2019/06/22 | 2 | 11 | 15 | |
| 10 | 薛紹華 | 研發部 | 2019/05/03 | 2019/08/14 | 0 | 3 | 12 | |
| 11 | 李貽晨 | 行銷部 | 2017/05/23 | 2019/09/06 | 2 | 3 | 15 | |
| 12 | | | | | | | | |

計算出所有人的在職期間了

## ☑ 舉一反三 將各欄位的在職期間合併成一欄

若是想將分拆在不同欄位的年月日合併在一起，可以利用 CONCATENATE 函數來合併。請開啟**練習檔案\Part 4\Unit_065_舉一反三**來練習。

❶ 在 H4 儲存格輸入「=CONCATENATE(E4," 年 ",F4," 個月 ",G4," 天 ")」

H4 =CONCATENATE(E4," 年 ",F4," 個月 ",G4," 天")

| | A | B | C | D | E | F | G | H |
|---|---|---|---|---|---|---|---|---|
| 1 | 2019 年離職員工的在職期間 | | | | | | | |
| 2 | 姓名 | 部門 | 到職日 | 離職日 | 在職期間 | | | |
| 3 | | | | | 年 | 月 | 日 | 合併顯示 |
| 4 | 張春煒 | 總務部 | 2017/03/08 | 2019/04/16 | 2 | 1 | 9 | 2 年 1 個月 9 天 |
| 5 | 許明晴 | 產品部 | 2017/06/08 | 2019/05/06 | 1 | 10 | 29 | 1 年 10 個月 29 天 |
| 6 | 謝惠鈺 | 會計部 | 2018/06/08 | 2019/07/18 | 1 | 1 | 11 | 1 年 1 個月 11 天 |
| 7 | 黃金鋒 | 產品部 | 2017/04/12 | 2019/08/22 | 2 | 4 | 11 | 2 年 4 個月 11 天 |
| 8 | 林建廷 | 業務部 | 2018/03/22 | 2019/09/03 | 1 | 5 | 13 | 1 年 5 個月 13 天 |
| 9 | 陳碧函 | 業務部 | 2016/07/08 | 2019/06/22 | 2 | 11 | 15 | 2 年 11 個月 15 天 |
| 10 | 薛紹華 | 研發部 | 2019/05/03 | 2019/08/14 | 0 | 3 | 12 | 0 年 3 個月 12 天 |
| 11 | 李貽晨 | 行銷部 | 2017/05/23 | 2019/09/06 | 2 | 3 | 15 | 2 年 3 個月 15 天 |
| 12 | | | | | | | | |

❷ 將公式往下複製到 H11 儲存格

=CONCATENATE(E4," 年 ",F4," 個月 ",G4," 天")

將多組字串組合成單一字串

| CONCATENATE 函數 | |
|---|---|
| 說明 | 將多組字串組合成單一字串。 |
| 語法 | **=CONCATENATE(字串1,[字串2],……)** |
| 字串 | 指定要連結的字串。Excel 2007 之後的版本最多可指定 255 個字串；Excel 2003 最多可指定 30 個字串。 |

Unit 066

# 限定不能輸入「過去」及「未來」日期

**範例** 在報價單中限定「報價日期」不能輸入「未來日期」、「交貨日期」不能輸入「過去日期」

TODAY 資料驗證

## 範例說明

為了避免「報價日期」及「交貨日期」輸入錯誤造成困擾，希望能在輸入錯誤時出現提醒。例如：「報價日期」不可以輸入打單日之後的日期；「交貨日期」不能輸入打單日之前的日期。

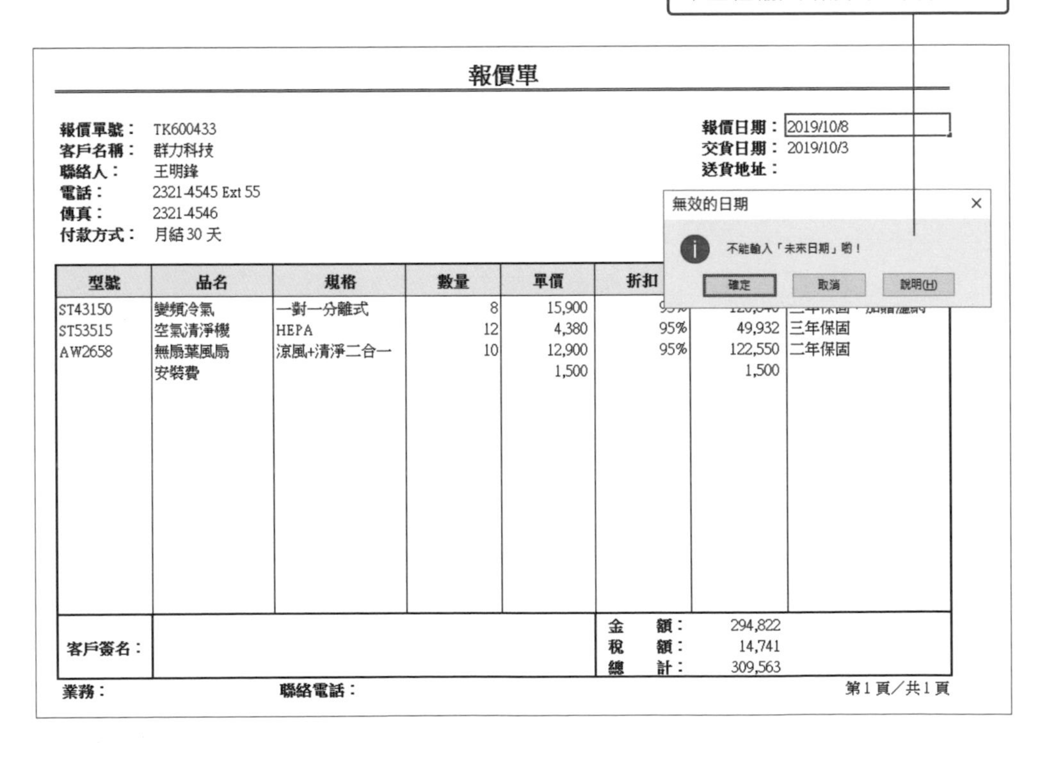


**報價單**

報價單號：TK600433
客戶名稱：群力科技
聯絡人：王明鋒
電話：2321-4545 Ext 55
傳真：2321-4546
付款方式：月結 30 天

報價日期：2019/10/8
交貨日期：2019/10/3
送貨地址：

| 型號 | 品名 | 規格 | 數量 | 單價 | 折扣 | | |
|---|---|---|---|---|---|---|---|
| ST43150 | 變頻冷氣 | 一對一分離式 | 8 | 15,900 | [illegible] | [illegible] | [illegible] |
| ST53515 | 空氣清淨機 | HEPA | 12 | 4,380 | 95% | 49,932 | 三年保固 |
| AW2658 | 無扇葉風扇 | 涼風+清淨二合一 | 10 | 12,900 | 95% | 122,550 | 二年保固 |
| | 安裝費 | | | 1,500 | | 1,500 | |

客戶簽名：

金　額：294,822
稅　額：14,741
總　計：309,563

業務：　聯絡電話：　第 1 頁／共 1 頁

## 操作步驟

**01** **透過「資料驗證」設定「報價日期」的輸入限制**

開啟**練習檔案 \Part 4\Unit_066**，按下**資料**頁次的**資料驗證**鈕，開啟**資料驗證**交談窗後，如下圖做設定：

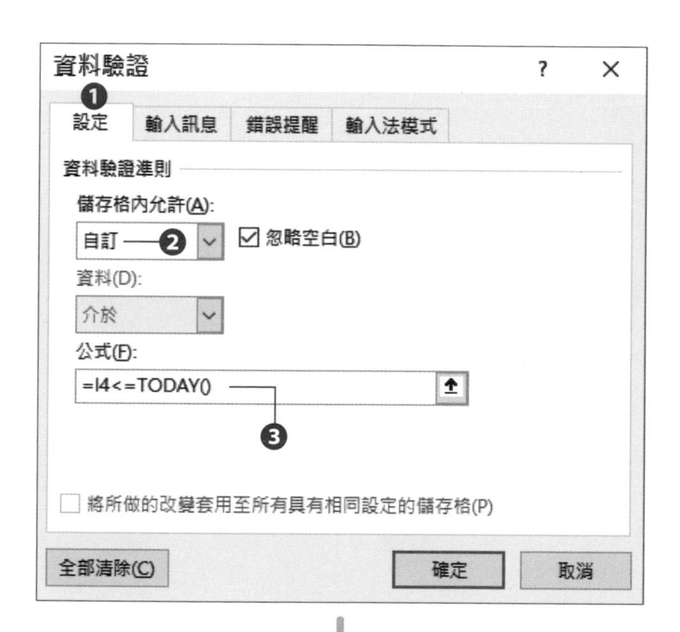


❶ 切換到**設定**頁次

❷ 選擇**自訂**

❸ 在**公式**欄輸入「=I4<=TODAY()」

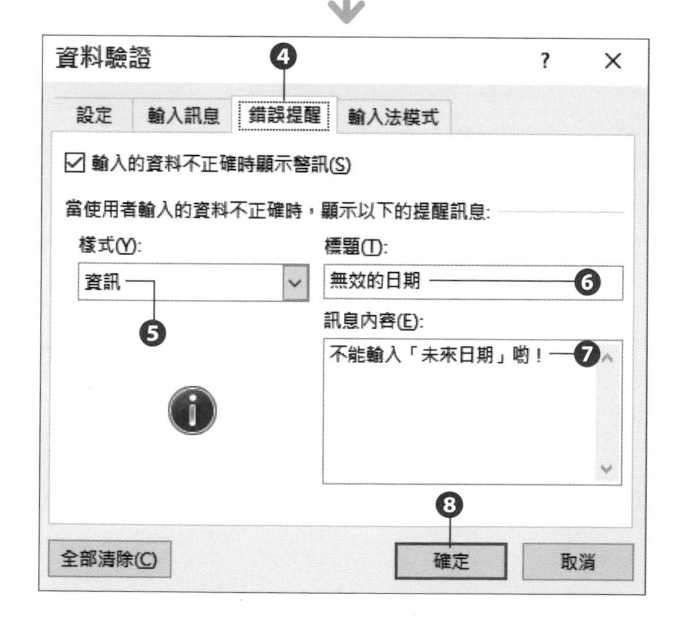


❹ 切換到**錯誤提醒**頁次

❺ 選擇**資訊**樣式

❻ 輸入提醒交談窗的標題

❼ 輸入提醒的內容

❽ 按下**確定**鈕

## 02 透過「資料驗證」設定「交貨日期」的輸入限制

請按下**資料**頁次的**資料驗證**鈕，開啟**資料驗證**交談窗後，如下圖做設定：

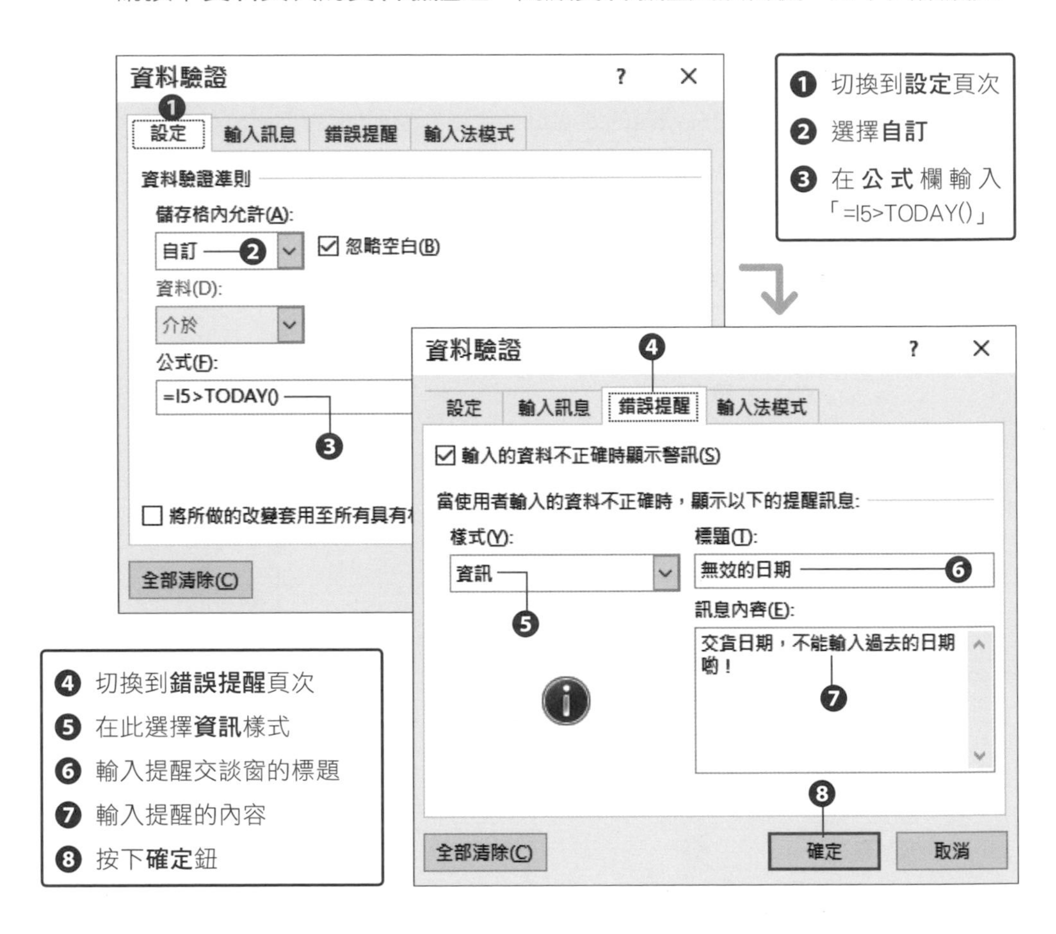


TIPS 若要清除**資料驗證**的規則，只要開啟**資料驗證**交談窗，按下**全部清除**鈕即可。

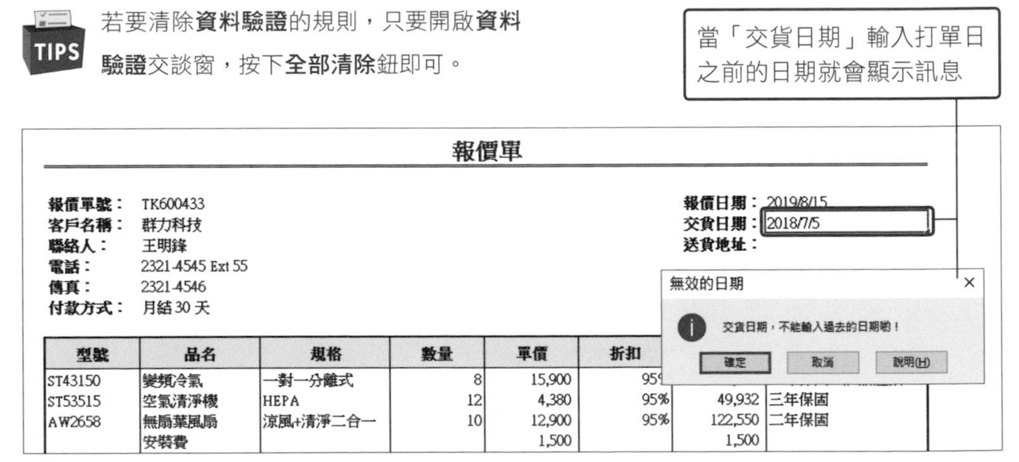


| 型號 | 品名 | 規格 | 數量 | 單價 | 折扣 | | |
|---|---|---|---|---|---|---|---|
| ST43150 | 變頻冷氣 | 一對一分離式 | 8 | 15,900 | 95 | | |
| ST53515 | 空氣清淨機 | HEPA | 12 | 4,380 | 95% | 49,932 | 三年保固 |
| AW2658 | 無扇葉風扇 | 涼風+清淨二合一 | 10 | 12,900 | 95% | 122,550 | 二年保固 |
| | 安裝費 | | | 1,500 | | 1,500 | |

# Unit 067 從基準日開始起算 n 個月後(前)的日期

**範例** 計算租購軟體的到期日，並在到期前的 30 天內，以藍色標示 n 天後到期

EDATE MAX TODAY IF

## 範例說明

以往購買軟體大多以單套單次賣斷為主，也就是說只要付費後就可以在同一部電腦中持續使用該版本的軟體。不過現在軟體廠商，多數已改成月租、季租、年租或是有一定期限的租購方式，使用者可以隨時「購買／取消購買」，而且有新版本推出時也能隨時升級。但是使用者往往在租購後，就忘了到期時間，等到信用卡自動扣款後才發現軟體已經自動續購了。

不論你是公司的軟體管理人員，或是自己想要列出各項軟體的到期日，都可以在 Excel 中建立如下的表格，計算幾個月後的到期日，並設定到期日前的 30 天內顯示還有幾天到期，並標示不同顏色提醒，以便決定是否續購。

| | A | B | C | D | E |
|---|---|---|---|---|---|
| 1 | 軟體租購日期 | | | | |
| 2 | | | | | |
| 3 | | | | 今天的日期： | 2019/9/6 |
| 4 | 軟體(網路服務) | 租購日 | 租購月數 | 到期日 | 狀態顯示 |
| 5 | 防毒軟體 | 2018/10/20 | 30 | 2021/04/19 | 未到期 |
| 6 | 雲端出勤系統 | 2017/06/10 | 36 | 2020/06/09 | 未到期 |
| 7 | Office 軟體 | 2018/09/22 | 12 | 2019/09/21 | 15天後到期 |
| 8 | 影像繪圖軟體 | 2019/06/10 | 18 | 2020/12/09 | 未到期 |
| 9 | 網路伺服器 | 2017/08/04 | 24 | 2019/08/03 | 已過期 |
| 10 | 雲端空間 | 2018/09/28 | 12 | 2019/09/27 | 21天後到期 |
| 11 | 網路相簿空間 | 2017/05/04 | 24 | 2019/05/03 | 已過期 |
| 12 | | | | | |

在「到期日」前的 30 天內會顯示幾天後到期

輸入「租購日」及「租購月數」後，自動計算出「到期日」

若是「到期日」比「今天的日期」早，則顯示「已過期」

## 操作步驟

### 01 利用 EDATE 函數計算「到期日」

請開啟**練習檔案\Part 4\Unit_067**，在 D5 儲存格輸入「=EDATE(B5,C5)-1」，以租購日為基準，計算 n 個月後的日期。由於到期日應該是租購期滿的前一天，因此在公式的後面減 1。

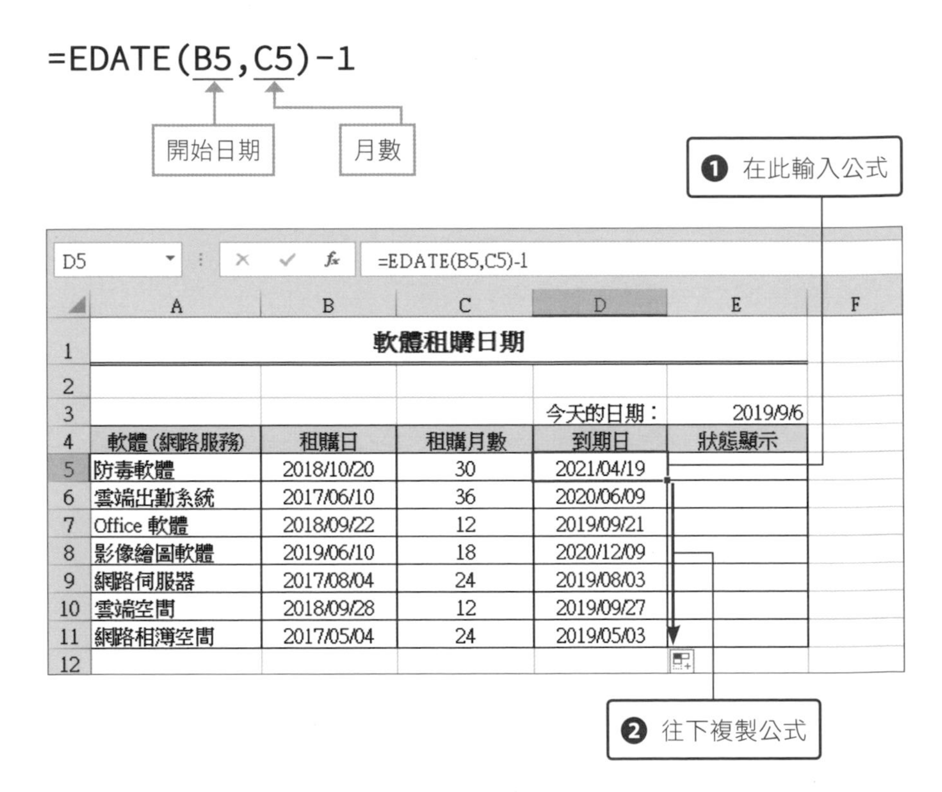


| | A | B | C | D | E |
|---|---|---|---|---|---|
| 1 | 軟體租購日期 | | | | |
| 2 | | | | | |
| 3 | | | | 今天的日期： | 2019/9/6 |
| 4 | 軟體(網路服務) | 租購日 | 租購月數 | 到期日 | 狀態顯示 |
| 5 | 防毒軟體 | 2018/10/20 | 30 | 2021/04/19 | |
| 6 | 雲端出勤系統 | 2017/06/10 | 36 | 2020/06/09 | |
| 7 | Office 軟體 | 2018/09/22 | 12 | 2019/09/21 | |
| 8 | 影像繪圖軟體 | 2019/06/10 | 18 | 2020/12/09 | |
| 9 | 網路伺服器 | 2017/08/04 | 24 | 2019/08/03 | |
| 10 | 雲端空間 | 2018/09/28 | 12 | 2019/09/27 | |
| 11 | 網路相簿空間 | 2017/05/04 | 24 | 2019/05/03 | |
| 12 | | | | | |

TIPS 在 D5 儲存格輸入公式後，若不是顯示日期而是顯示「44305」序列值，請自行開啟**設定儲存格格式**交談窗，將儲存格設定為**日期**格式。

| EDATE 函數 | |
|---|---|
| 說明 | 根據開始日期計算幾個月後的日期。 |
| 語法 | **=EDATE(開始日期, 月數)** |
| 開始日期 | 指定要開始計算的日期。 |
| 月數 | 指定月數。月數必須以整數指定，若是輸入小數（如：「1.8」），則會無條件捨去小數點以下的數字。 |

若「月數」指定為正數，表示要計算開始日期之後的○個月日期；若「月數」指定為負數，則表示要計算開始日期之前的○個月日期。

## 02 以「今天」的日期為基準，計算還有幾天到期

請在 E5 儲存格輸入「=D5-$E$3」❶，接著往下複製公式到 E11 儲存格 ❷。即可計算出還有幾天到期，數值為負數表示已過期。

E5 =D5-$E$3

| | A | B | C | D | E | F |
|---|---|---|---|---|---|---|
| 1 | 軟體租購日期 | | | | | |
| 2 | | | | | | |
| 3 | | | | 今天的日期： | 2019/9/6 | |
| 4 | 軟體 (網路服務) | 租購日 | 租購月數 | 到期日 | 狀態顯示 | |
| 5 | 防毒軟體 | 2018/10/20 | 30 | 2021/04/19 | 591 | |
| 6 | 雲端出勤系統 | 2017/06/10 | 36 | 2020/06/09 | 277 | |
| 7 | Office 軟體 | 2018/09/22 | 12 | 2019/09/21 | 15 | |
| 8 | 影像繪圖軟體 | 2019/06/10 | 18 | 2020/12/09 | 460 | |
| 9 | 網路伺服器 | 2017/08/04 | 24 | 2019/08/03 | -34 | |
| 10 | 雲端空間 | 2018/09/28 | 12 | 2019/09/27 | 21 | |
| 11 | 網路相簿空間 | 2017/05/04 | 24 | 2019/05/03 | -126 | |
| 12 | | | | | | |

❶ ❷

由於此範例是以「到期日」減掉「今天的日期」來計算還有幾天到期，因此當您開啟練習檔來操作時，畫面上顯示的數字會與書上不同。

## 03 利用自訂「儲存格格式」設定提醒

請選取 E5：E11 儲存格範圍，接著按下 Ctrl + 1 鍵，開啟**設定儲存格格式**交談窗，然後如下自訂儲存格格式。

❶ 指定文字色彩

❷ 指定條件

❸ 符合條件時要顯示的文字

❹ ; 表示一個區段 ( 敘述 )

❺ 此區段的意思為：當儲存格的值小於等於 0，就以紅色顯示「已過期」

❻ # 表示數字的預留位置

❼ 此區段的意思為：當儲存格的值小於 30，就以藍色顯示「 n 天後到期」

❽ 此區段的意思為：不符合以上兩個條件的值都顯示「未到期」

| | A | B | C | D | E |
|---|---|---|---|---|---|
| 1 | 軟體租購日期 | | | | |
| 2 | | | | | |
| 3 | | | | 今天的日期： | 2019/9/6 |
| 4 | 軟體(網路服務) | 租購日 | 租購月數 | 到期日 | 狀態顯示 |
| 5 | 防毒軟體 | 2018/10/20 | 30 | 2021/04/19 | 未到期 |
| 6 | 雲端出勤系統 | 2017/06/10 | 36 | 2020/06/09 | 未到期 |
| 7 | Office 軟體 | 2018/09/22 | 12 | 2019/09/21 | 15天後到期 |
| 8 | 影像繪圖軟體 | 2019/06/10 | 18 | 2020/12/09 | 未到期 |
| 9 | 網路伺服器 | 2017/08/04 | 24 | 2019/08/03 | -已過期 |
| 10 | 雲端空間 | 2018/09/28 | 12 | 2019/09/27 | 21天後到期 |
| 11 | 網路相簿空間 | 2017/05/04 | 24 | 2019/05/03 | -已過期 |

在到期前的 30 日內會以藍字標示，並顯示 n 天後到期

已過期會以紅字顯示

## 04 將負數資料以 0 顯示

剛才在 03 已經設定好提醒，但是您是否發現 E9 及 E11 儲存格會顯示成「- 已過期」，這是因為到期日與今天日期相減後為負數（表示已過期），不想顯示負號，我們可以修改一下公式，利用 MAX 函數，將負數資料以 0 顯示。請在 E5 儲存格輸入如下的公式，再將公式往下複製到 E11 儲存格。

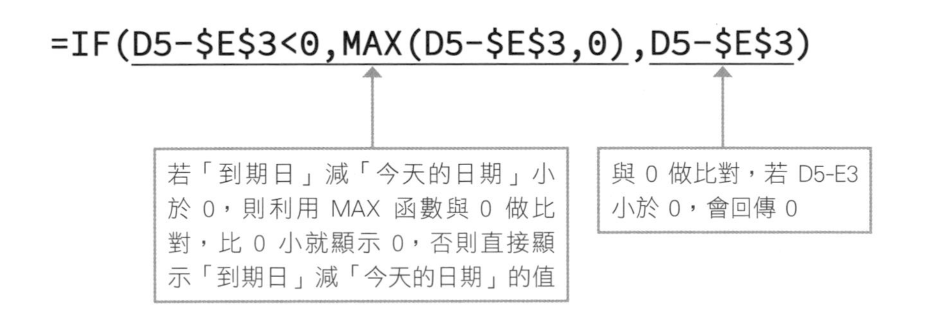

E5 =IF(D5-$E$3<0,MAX(D5-$E$3,0),D5-$E$3)

| | A | B | C | D | E |
|---|---|---|---|---|---|
| 1 | 軟體租購日期 | | | | |
| 2 | | | | | |
| 3 | | | | 今天的日期： | 2019/9/6 |
| 4 | 軟體(網路服務) | 租購日 | 租購月數 | 到期日 | 狀態顯示 |
| 5 | 防毒軟體 | 2018/10/20 | 30 | 2021/04/19 | 未到期 |
| 6 | 雲端出勤系統 | 2017/06/10 | 36 | 2020/06/09 | 未到期 |
| 7 | Office 軟體 | 2018/09/22 | 12 | 2019/09/21 | 15天後到期 |
| 8 | 影像繪圖軟體 | 2019/06/10 | 18 | 2020/12/09 | 未到期 |
| 9 | 網路伺服器 | 2017/08/04 | 24 | 2019/08/03 | 已過期 |
| 10 | 雲端空間 | 2018/09/28 | 12 | 2019/09/27 | 21天後到期 |
| 11 | 網路相簿空間 | 2017/05/04 | 24 | 2019/05/03 | 已過期 |
| 12 | | | | | |



TIPS 再次提醒，由於此範例使用 TODAY() 函數計算，所以當您開啟此單元的練習檔案及完成檔案時，所看到的執行結果會與書上不同。

## ☑ 範例應用 計算新進員工訓練期滿是哪一天？

EDATE 函數除了可用來計算軟體租購的到期日，也可以計算新進員工為期三個月的職前訓練期滿是哪一天，或是也可以計算員工的退休日是哪一天。以下我們就以計算新進員工的訓練期滿日做示範。

❶ 在 E3 儲存格輸入「=EDATE(D3,3)-1」

E3 =EDATE(D3,3)-1

| | A | B | C | D | E |
|---|---|---|---|---|---|
| 1 | 2019年新進員工 | | | | |
| 2 | 員工編號 | 姓名 | 部門 | 到職日 | 訓練期滿日(三個月) |
| 3 | 1603 | 季品宣 | 產品部 | 2019/04/10 | 2019/07/09 |
| 4 | 1651 | 邱裕文 | 產品部 | 2019/06/13 | 2019/09/12 |
| 5 | 1722 | 林美珊 | 財務部 | 2019/07/22 | 2019/10/21 |
| 6 | 1763 | 高倩玉 | 機構設計部 | 2019/06/07 | 2019/09/06 |
| 7 | 1584 | 許毅偉 | 機構設計部 | 2019/08/10 | 2019/11/09 |
| 8 | 1586 | 張如新 | 股務部 | 2019/05/22 | 2019/08/21 |
| 9 | 1577 | 謝櫻雯 | 股務部 | 2019/07/08 | 2019/10/07 |
| 10 | 1435 | 李詩函 | 研發部 | 2019/06/15 | 2019/09/14 |
| 11 | 1861 | 薛佩琪 | 研發部 | 2019/07/23 | 2019/10/22 |
| 12 | | | | | |

❷ 將公式往下複製到 E11 儲存格，即可列出所有人的訓練期滿日

# Unit 068 計算實際的工作天數

**範例** 想計算不含假日及國定假日的工作天數

NETWORKDAYS.INTL

## 範例說明

有些短期的工程進度，我們需要計算扣除假日及國定假日後的實際工作天數，以便計算薪資。但是一格一格地數日曆實在很沒效率而且容易算錯，在 Excel 中有什麼方法可以自動排除國定假日及假日的方法呢？

| | A | B | C | D | E | F | G |
|---|---|---|---|---|---|---|---|
| 1 | 室內裝修施工進度 | | | | | | |
| 2 | | | | | | | |
| 3 | 施工項目 | 開始日期 | 結束日期 | 工作日天數 | | 國定假日 | |
| 4 | 規劃設計、丈量 | 2019/03/05 | 2019/03/20 | 12 | | 2019/04/04 | 清明節連假 |
| 5 | 主體拆改（主牆） | 2019/03/22 | 2019/04/06 | 9 | | 2019/04/05 | 清明節連假 |
| 6 | 水電管線改造 | 2019/04/08 | 2019/04/16 | 7 | | 2019/04/06 | 清明節連假 |
| 7 | 木工施作 | 2019/04/15 | 2019/05/02 | 13 | | 2019/04/07 | 清明節連假 |
| 8 | 貼磚 | 2019/04/20 | 2019/04/23 | 2 | | 2019/05/01 | 勞動節 |
| 9 | 粉刷 | 2019/04/25 | 2019/04/29 | 3 | | | |
| 10 | 電器安裝 | 2019/04/27 | 2019/05/01 | 2 | | | |
| 11 | 地板施作 | 2019/04/28 | 2019/05/05 | 4 | | | |
| 12 | 門窗置換 | 2019/05/02 | 2019/05/07 | 4 | | | |
| 13 | 燈具安裝 | 2019/05/05 | 2019/05/08 | 3 | | | |
| 14 | 清理、搬運 | 2019/05/07 | 2019/05/13 | 5 | | | |
| 15 | 測試與驗收 | 2019/05/14 | 2019/05/17 | 4 | | | |
| 16 | | | | | | | |

想計算不含假日及國定假日的工作日

## 操作步驟

### 01 利用 NETWORKDAYS.INTL 函數計算實際工作天數

開啟**練習檔案 \Part 4\Unit_068**，在 D4 儲存格，輸入「=NETWORKDAYS.INTL(B4,C4,1,$F$4:$F$8)」❶，再將公式往下複製到 D15 儲存格，即可算出每項工程的工作天數 ❷。

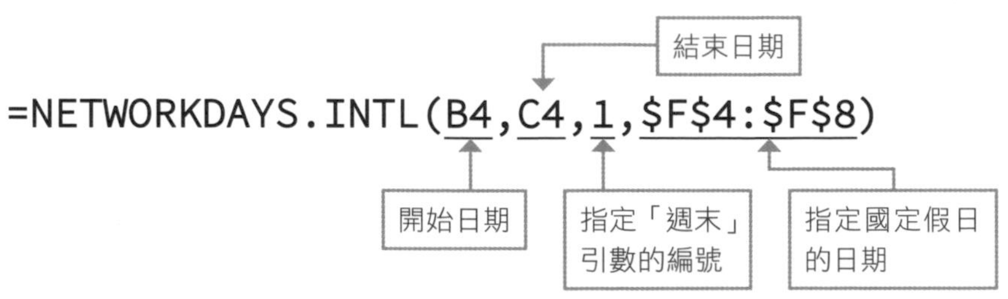


D4 =NETWORKDAYS.INTL(B4,C4,1,$F$4:$F$8)

| | A | B | C | D | E | F | G | H |
|---|---|---|---|---|---|---|---|---|
| 1 | 室內裝修施工進度 | | | | | | | |
| 2 | | | | | | | | |
| 3 | 施工項目 | 開始日期 | 結束日期 | 工作日天數 | | 國定假日 | | |
| 4 | 規劃設計、丈量 | 2019/03/05 | 2019/03/20 | 12 | ❶ | 2019/04/04 | 清明節連假 | |
| 5 | 主體拆改 (主牆) | 2019/03/22 | 2019/04/06 | 9 | | 2019/04/05 | 清明節連假 | |
| 6 | 水電管線改造 | 2019/04/08 | 2019/04/16 | 7 | | 2019/04/06 | 清明節連假 | |
| 7 | 木工施作 | 2019/04/15 | 2019/05/02 | 13 | | 2019/04/07 | 清明節連假 | |
| 8 | 貼磚 | 2019/04/20 | 2019/04/23 | 2 | | 2019/05/01 | 勞動節 | |
| 9 | 粉刷 | 2019/04/25 | 2019/04/29 | 3 | | | | |
| 10 | 電器安裝 | 2019/04/27 | 2019/05/01 | 2 | | | | |
| 11 | 地板施作 | 2019/04/28 | 2019/05/05 | 4 | ❷ | | | |
| 12 | 門窗置換 | 2019/05/02 | 2019/05/07 | 4 | | | | |
| 13 | 燈具安裝 | 2019/05/05 | 2019/05/08 | 3 | | | | |
| 14 | 清理、搬運 | 2019/05/07 | 2019/05/13 | 5 | | | | |
| 15 | 測試與驗收 | 2019/05/14 | 2019/05/17 | 4 | | | | |
| 16 | | | | | | | | |

| NETWORKDAYS.INTL 函數 | |
|---|---|
| **說明** | 此函數為 Excel 2007 開始新增的函數。可以計算從「開始日期」到「結束日期」的工作天數，排除指定的「週末」及「國定假日」。 |
| **語法** | **=NETWORKDAYS.INTL(開始日期, 結束日期, [週末], [假日])** |
| **開始日期** | 指定要從哪一天開始起算。 |
| **結束日期** | 指定結束的日期。 |
| **週末** | 以編號指定星期幾為「週末」，編號代表的「星期」可參考下表。若省略此引數，則會將星期六及星期日視為非工作日。 |
| **假日** | 指定國定假日等非工作日的日期。 |

有些店家會在星期六、星期日營業，將固定公休日定在平日，若想計算當月的營業天數，可在「假日」引數中指定固定公休的日期。

| 數值 | 「週末」的星期 | 數值 | 「週末」的星期 |
|---|---|---|---|
| 1 或省略 | 星期六、星期日 | 11 | 星期日 |
| 2 | 星期日、星期一 | 12 | 星期一 |
| 3 | 星期一、星期二 | 13 | 星期二 |
| 4 | 星期二、星期三 | 14 | 星期三 |
| 5 | 星期三、星期四 | 15 | 星期四 |
| 6 | 星期四、星期五 | 16 | 星期五 |
| 7 | 星期五、星期六 | 17 | 星期六 |

# Unit 069 計算營業天數

**範例** 希望在輸入指定的年份及月份後，自動算出該月的營業日有幾天

DATE NETWORKDAYS

## 範例說明

有時候想查看當月、次月有多少營業日，以便分配人力或是安排大型促銷活動、…等等。有什麼方法可以在輸入年份或月份後，自動扣除週六、週日及國定假日，計算出營業天數？

| | A | B | C | D | E | F |
|---|---|---|---|---|---|---|
| 1 | 輸入年、月計算營業天數 | | | 2019年國定假日 | | |
| 2 | 年 | 2019 | | 日期 | 國定假日 | |
| 3 | 月 | 6 | | 01/01 | 元旦 | |
| 4 | 營業天數 | 19 | | 02/04 | 除夕 | |
| 5 | | | | 02/05 | 初一 | |
| 6 | | | | 02/06 | 初二 | |
| 7 | | | | 02/07 | 初三 | |
| 8 | | | | 02/08 | 初四 | |
| 9 | | | | 02/09 | 初五 | |
| 10 | | | | 02/28 | 和平紀念日 | |
| 11 | | | | 03/01 | 和平紀念日彈性放假 | |
| 12 | | | | 04/04 | 兒童節 | |
| 13 | | | | 04/05 | 民族掃墓節 | |
| 14 | | | | 05/01 | 勞動節 | |
| 15 | | | | 06/07 | 端午節 | |
| 16 | | | | 09/13 | 中秋節 | |
| 17 | | | | 10/10 | 國慶日 | |
| 18 | | | | 10/11 | 國慶日彈性放假 | |

希望在輸入年、月後，自動計算出營業天數

## 操作步驟

**01 利用 DATE 及 NETWORKDAYS 函數來計算**

請開啟**練習檔案 \Part 4\Unit_069**，在 B4 儲存格，輸入「=NETWORKDAYS(DATE(B2,B3,1),DATE(B2,B3+1,0),D3:D18)」，即可依輸入的年、月計算出營業天數。

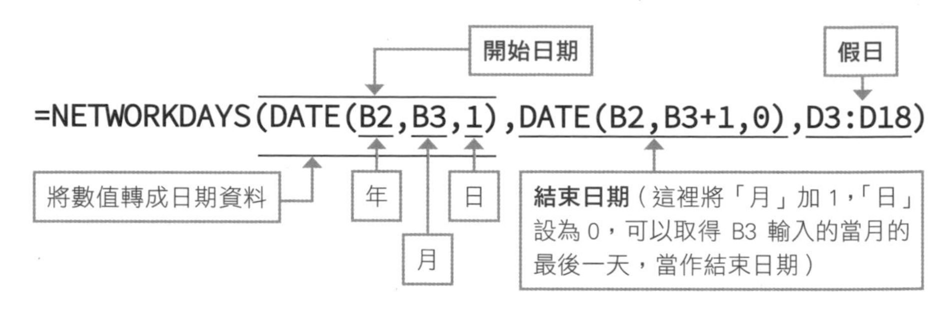


B4 =NETWORKDAYS(DATE(B2,B3,1),DATE(B2,B3+1,0),D3:D18)

| | A | B | C | D | E | F | G |
|---|---|---|---|---|---|---|---|
| 1 | 輸入年、月計算營業天數 | | | 2019年國定假日 | | | |
| 2 | 年 | 2019 | | 日期 | 國定假日 | | |
| 3 | 月 | 6 | | 01/01 | 元旦 | | |
| 4 | 營業天數 | 19 | | 02/04 | 除夕 | | |
| 5 | | | | 02/05 | 初一 | | |
| 6 | | | | 02/06 | 初二 | | |
| 7 | | | | 02/07 | 初三 | | |
| 8 | | | | 02/08 | 初四 | | |
| 9 | | | | 02/09 | 初五 | | |
| 10 | | | | 02/28 | 和平紀念日 | | |
| 11 | | | | 03/01 | 和平紀念日彈性放假 | | |
| 12 | | | | 04/04 | 兒童節 | | |
| 13 | | | | 04/05 | 民族掃墓節 | | |
| 14 | | | | 05/01 | 勞動節 | | |
| 15 | | | | 06/07 | 端午節 | | |
| 16 | | | | 09/13 | 中秋節 | | |
| 17 | | | | 10/10 | 國慶日 | | |
| 18 | | | | 10/11 | 國慶日彈性放假 | | |

| NETWORKDAYS 函數 | |
|---|---|
| 說明 | 計算除了週末及國定假日以外的工作天數。 |
| 語法 | **=NETWORKDAYS(開始日期, 結束日期, [假日])** |
| 開始日期 | 指定要從哪一天開始起算。 |
| 結束日期 | 指定結束的日期。 |
| 假日 | 指定週末或國定假日等非工作日的日期。若省略此引數，星期六及星期日會被視為非工作日。 |

剛才的範例中，我們已經事先建立好 NETWORKDAYS 函數的「假日」引數所需要的資料，如果沒有先建立表格的話，也可以直接輸入國定假日的日期，不過當日期資料較多時，公式就會變得很冗長。例如：「=NETWORKDAYS(DATE(B2,B3,1),DATE(B2,B3+1,0),{"2019/01/01","2019/02/04","2019/02/05","2019/02/06"})」，輸入時記得在日期的前後加上 { }，且日期要以雙引號括住。

# Unit 070 自動填入當月的日期與星期

**範例** 製作每月出勤表時，如何依輸入的年、月自動填入日期與星期？

DATE IF MONTH WEEKDAY

## 範例說明

在製作每月的出勤表時，得要手動建立日期及星期的資料，有沒有什麼方法可以在輸入月份後，讓 Excel 自動產生該月的日期及星期呢？

| | A | B | C | D | E | F | G | H | I | AB | AC | AD | AE | AF |
|---|---|---|---|---|---|---|---|---|---|---|---|---|---|---|
| 1 | 2019 | 年 | 10 | 月 | 出勤管理表 | | | | | | | | | |
| 2 | 日期 | 10/1 | 10/2 | 10/3 | 10/4 | 10/5 | 10/6 | 10/7 | 10/8 | 10/27 | 10/28 | 10/29 | 10/30 | 10/31 |
| 3 | 員工 | 週二 | 週三 | 週四 | 週五 | 週六 | 週日 | 週一 | 週二 | 週日 | 週一 | 週二 | 週三 | 週四 |
| 4 | 張健豪 | | | | | | | | | | | | | |
| 5 | 許銘山 | | | | | | | | | | | | | |

| | A | B | C | D | E | F | G | H | I | AB | AC | AD | AE | AF |
|---|---|---|---|---|---|---|---|---|---|---|---|---|---|---|
| 1 | 2019 | 年 | 11 | 月 | 出勤管理表 | | | | | | | | | |
| 2 | 日期 | 11/1 | 11/2 | 11/3 | 11/4 | 11/5 | 11/6 | 11/7 | 11/8 | 11/27 | 11/28 | 11/29 | 11/30 | |
| 3 | 員工 | 週五 | 週六 | 週日 | 週一 | 週二 | 週三 | 週四 | 週五 | 週三 | 週四 | 週五 | 週六 | |
| 4 | 張健豪 | | | | | | | | | | | | | |
| 5 | 許銘山 | | | | | | | | | | | | | |

希望只要輸入「年」、「月」就能自動建立好日期及星期

## 操作步驟

### 01 取得年份及月份資料，建立第一個日期

開啟**練習檔案 \Part 4\Unit_070**，在 B2 儲存格輸入「=DATE(A1,C1,1)」，從 A1 儲存格取得年份資料，從 C1 儲存格取得月份資料，「1」表示從 1 日開始。

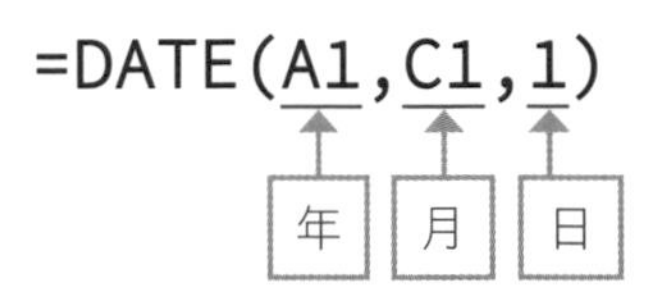


B2 =DATE(A1,C1,1)

| | A | B | C | D | E | F | G | H | I |
|---|---|---|---|---|---|---|---|---|---|
| 1 | 2019 | 年 | 10 | 月 | 出勤管理表 | | | | |
| 2 | 日期 | 10/1 | | | | | | | |
| 3 | 員工 | | | | | | | | |

### 02 建立其他日期資料

選取 C2 儲存格，輸入「=IF(B2="","",IF(MONTH(B2)<>MONTH(B2+1),"",B2+1))」，當前一天的日期為空白時，就顯示空白；若不是空白，則會將前一天的日期加上一天，如果隔天的月份與前一天的日期月份不同時，也會回傳空白，這樣當只有 30 天的月份時，就不會出現 31 日的日期。

=IF(B2="","",IF(MONTH(B2)<>MONTH(B2+1),"",B2+1))

當前一天的日期為空白時，就顯示空白

如果隔天的月份與前一天的日期月份不同時，也會回傳空白

C2 =IF(B2="","",IF(MONTH(B2)<>MONTH(B2+1),"",B2+1))

| | A | B | C | D | E | F | G | H | I | J | K | L | M | N |
|---|---|---|---|---|---|---|---|---|---|---|---|---|---|---|
| 1 | 2019 | 年 | 10 | 月 | 出勤管理表 | | | | | | | | | |
| 2 | 日期 | 10/1 | 10/2 | | | | | | | | | | | |
| 3 | 員工 | | | | | | | | | | | | | |

## 03 複製公式

選取 C2 儲存格，將公式往右複製到第 31 天 (AF2 儲存格 )。即可複製出該月份的日期。

C2 =IF(B2="","",IF(MONTH(B2)<>MONTH(B2+1),"",B2+1))

| | A | B | C | D | E | F | G | H | I | J | K | L | M | AD | AE | AF |
|---|---|---|---|---|---|---|---|---|---|---|---|---|---|---|---|---|
| 1 | 2019 | 年 | 10 | 月 | 出勤管理表 | | | | | | | | | | | |
| 2 | 日期 | 10/1 | 10/2 | 10/3 | 10/4 | 10/5 | 10/6 | 10/7 | 10/8 | 10/9 | 10/10 | 10/11 | 10/12 | 10/29 | 10/30 | 10/31 |
| 3 | 員工 | | | | | | | | | | | | | | | |
| 4 | 張健豪 | | | | | | | | | | | | | | | |

## 04 建立星期資料

選取 B3 儲存格，輸入「=IF(B2="","",WEEKDAY(B2))」，即可從 B2 儲存格取得對應的星期資料。將 B3 儲存格的公式往右複製到 AF3 儲存格。

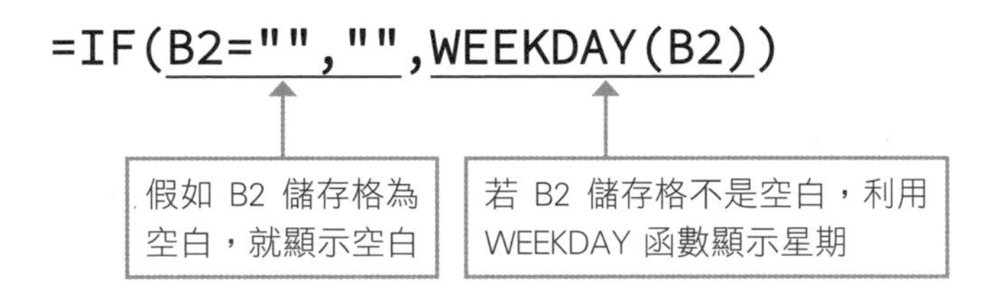


B3 =IF(B2="","",WEEKDAY(B2))

| | A | B | C | D | E | F | G | H | I | J | K | L | M | AD | AE | AF |
|---|---|---|---|---|---|---|---|---|---|---|---|---|---|---|---|---|
| 1 | 2019 | 年 | 10 | 月 | 出勤管理表 | | | | | | | | | | | |
| 2 | 日期 | 10/1 | 10/2 | 10/3 | 10/4 | 10/5 | 10/6 | 10/7 | 10/8 | 10/9 | 10/10 | 10/11 | 10/12 | 10/29 | 10/30 | 10/31 |
| 3 | 員工 | 3 | 4 | 5 | 6 | 7 | 1 | 2 | 3 | 4 | 5 | 6 | 7 | 3 | 4 | 5 |
| 4 | 張健豪 | | | | | | | | | | | | | | | |

## 05 更改儲存格格式

利用 WEEKDAY 函數取得的星期資料，會顯示為數值，我們希望顯示成「週一」、「週二」、…這樣的格式，請選取 B3：AF3 儲存格，按下 Ctrl + 1 鍵，開啟**設定儲存格格式**交談窗，如下設定：

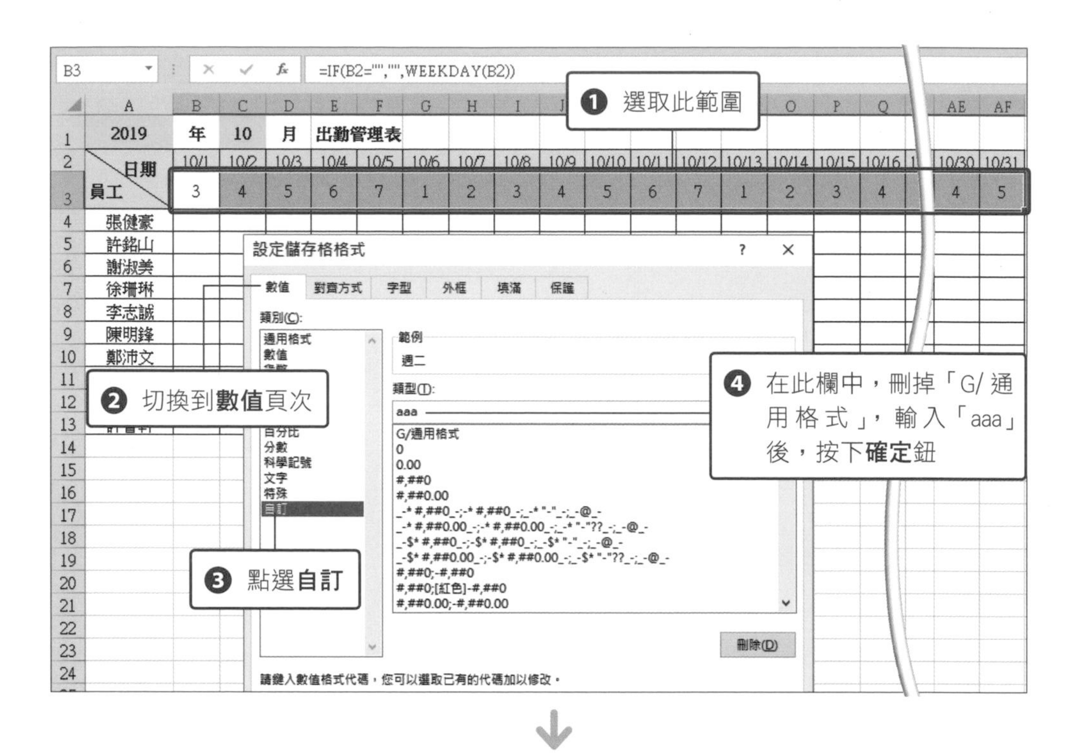

TIPS 星期的顯示方式，除了剛才介紹的「週一、週二、……」，還可顯示成星期的英文，其格式設定如右表所示：

| 格式 | 顯示方式 |
|---|---|
| aaa | 週一 |
| (aaa) | (週一) |
| aaaa | 星期一 |
| ddd | Mon |
| dddd | Monday |

## 06 輸入其他月份，自動代換日期及星期

設定好公式以後，我們試試輸入其他月份，看能不能自動帶出日期及星期資料。

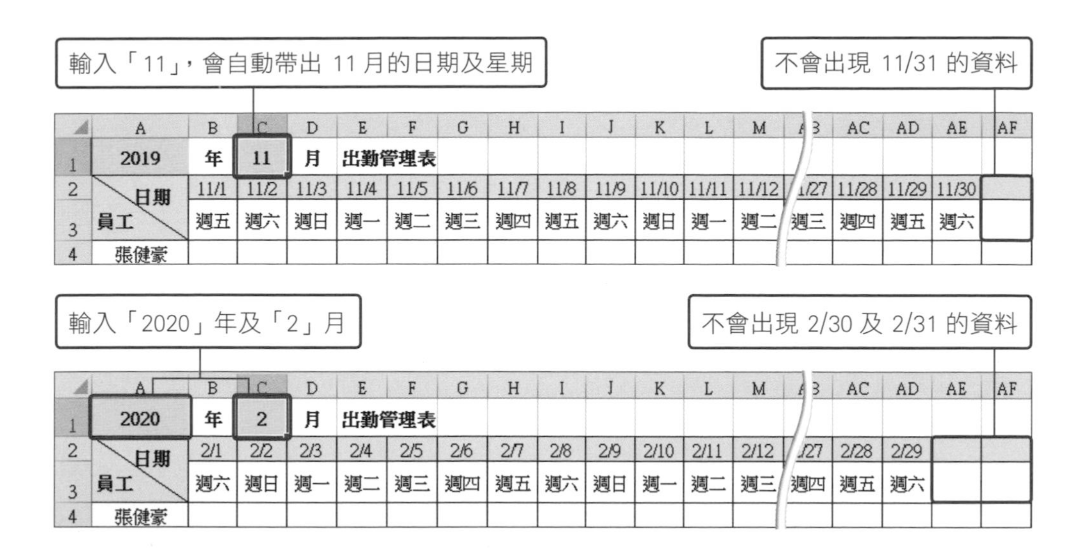


## ☑ 補充說明　可以只顯示一個字的「星期」資料嗎？

剛才將星期的儲存格格式設為「aaa」，會顯示「週一」這樣的格式，若只想顯示「一、二、三」這樣的星期格式要怎麼設定呢？

請選取 B3 儲存格，輸入「=IF(B2="","",RIGHT(TEXT(WEEKDAY(B2),"[$-404]aaaa;@"),1))」，再往右複製公式到 AF3 即可。

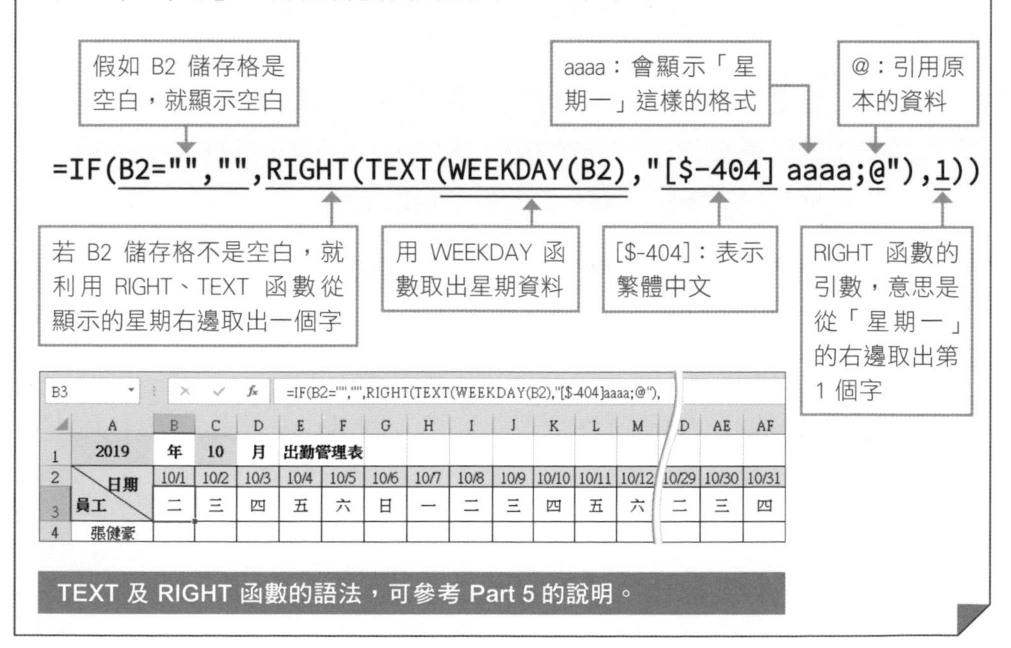


TEXT 及 RIGHT 函數的語法，可參考 Part 5 的說明。

Unit 071

# 用顏色區分「平日」與「假日」

**範例** 如何將出勤表的「週六」、「週日」標示為不同顏色？

設定格式化的條件

## 範例說明

上個單元我們已經學會在出勤表中自動顯示日期及星期的方法，但是想要更進一步將「週六」及「週日」以醒目的顏色做標示該怎麼做呢？

## 操作步驟

### 01 利用「設定格式化的條件」功能，替「週六」填色

請開啟**練習檔案 \Part 4\Unit_071**，選取 B2：AF13 儲存格範圍 ❶，按下**設定格式化的條件**鈕 ❷，選擇**新增規則** ❸：

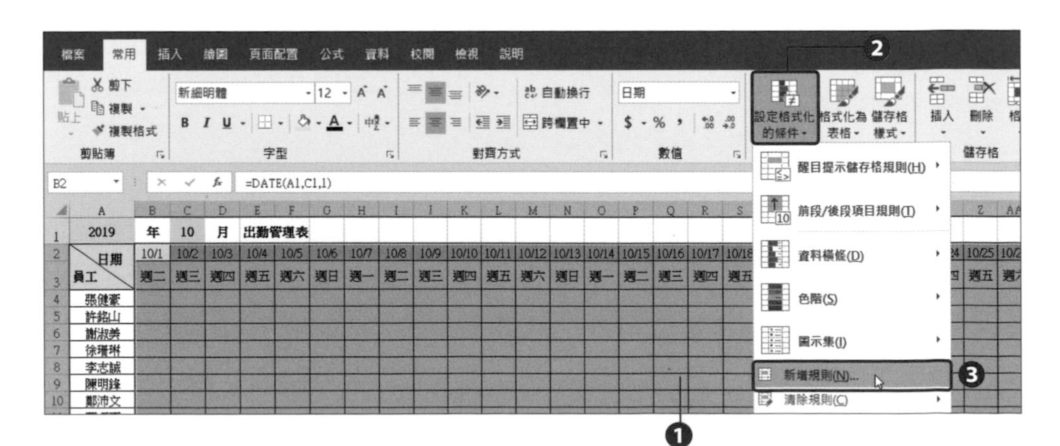

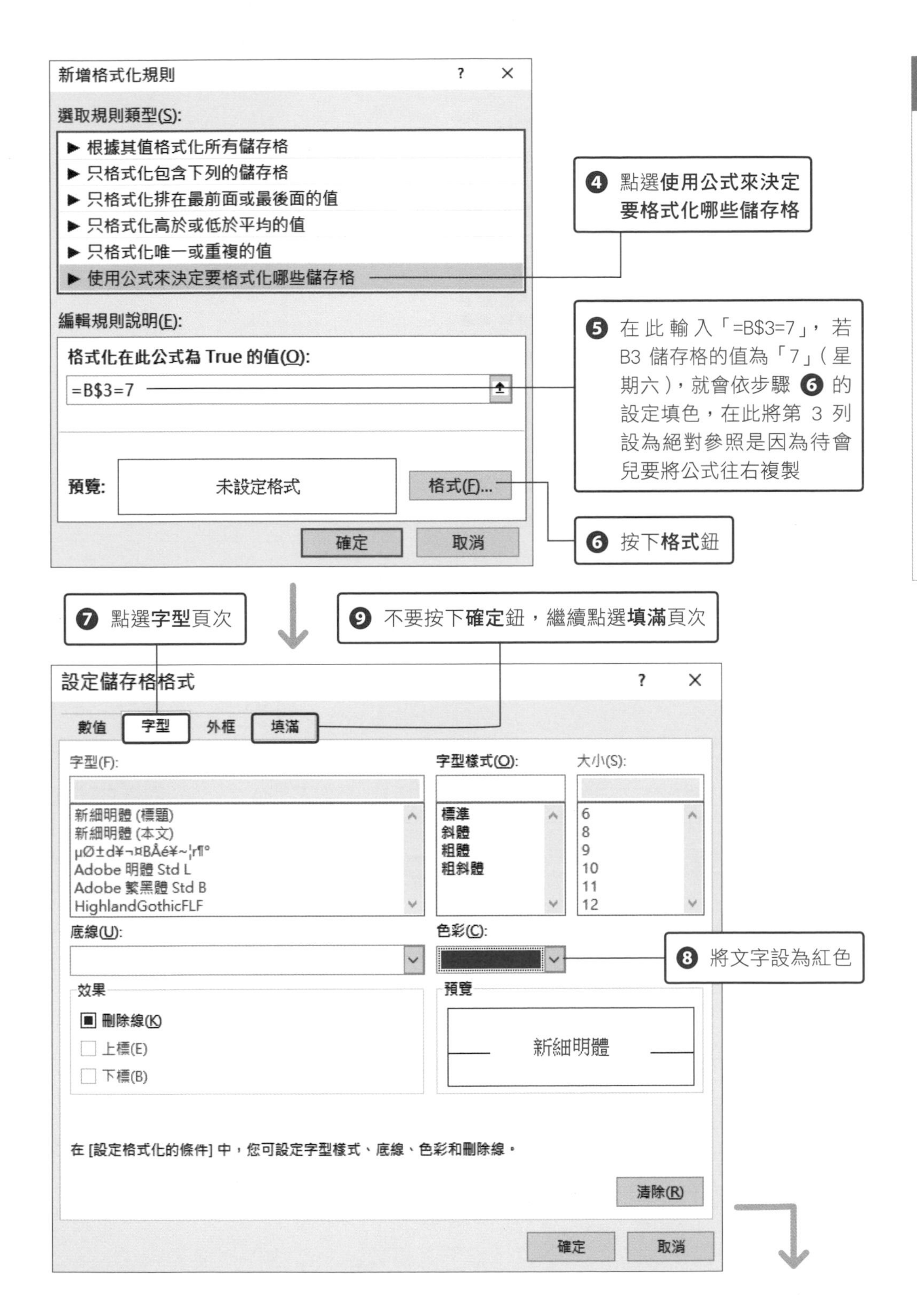
新增格式化規則
選取規則類型(S):
▶ 根據其值格式化所有儲存格
▶ 只格式化包含下列的儲存格
▶ 只格式化排在最前面或最後面的值
▶ 只格式化高於或低於平均的值
▶ 只格式化唯一或重複的值
▶ 使用公式來決定要格式化哪些儲存格
編輯規則說明(E):
格式化在此公式為 True 的值(O):
=B$3=7
預覽:
未設定格式
格式(F)...
確定
取消
❹ 點選使用公式來決定要格式化哪些儲存格
❺ 在此輸入「=B$3=7」，若 B3 儲存格的值為「7」(星期六)，就會依步驟 ❻ 的設定填色，在此將第 3 列設為絕對參照是因為待會兒要將公式往右複製
❻ 按下格式鈕
❼ 點選字型頁次
❾ 不要按下確定鈕，繼續點選填滿頁次
設定儲存格格式
數值
字型
外框
填滿
字型(F):
新細明體 (標題)
新細明體 (本文)
Adobe 明體 Std L
Adobe 繁黑體 Std B
HighlandGothicFLF
字型樣式(O):
標準
斜體
粗體
粗斜體
大小(S):
6
8
9
10
11
12
底線(U):
色彩(C):
❽ 將文字設為紅色
效果
刪除線(K)
上標(E)
下標(B)
預覽
新細明體
在 [設定格式化的條件] 中，您可設定字型樣式、底線、色彩和刪除線。
清除(R)
確定
取消

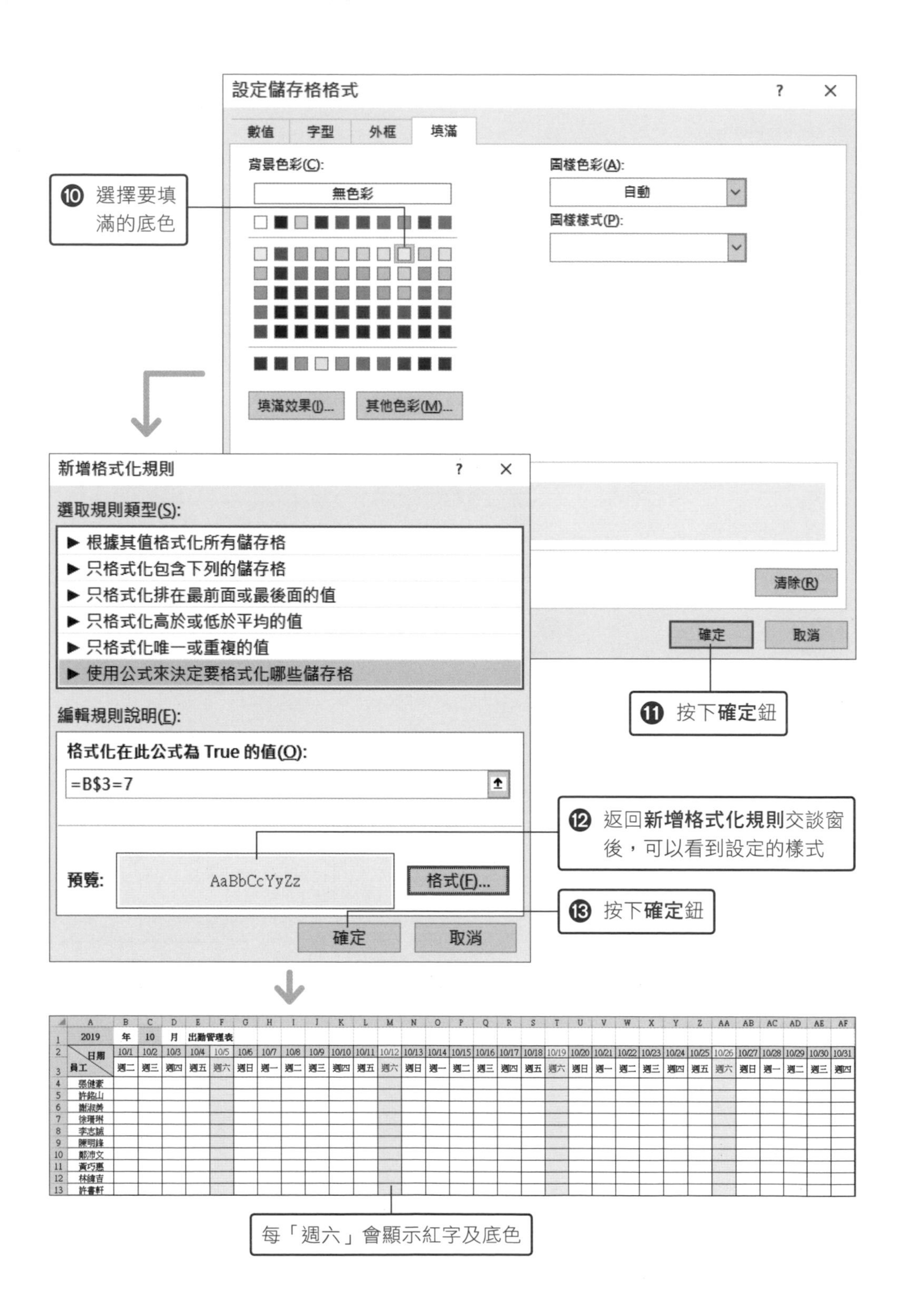
設定儲存格格式
數值
字型
外框
填滿
背景色彩(C):
無色彩
填滿效果(I)...
其他色彩(M)...
圖樣色彩(A):
自動
圖樣樣式(P):
清除(R)
確定
取消
⑩ 選擇要填滿的底色
⑪ 按下確定鈕
新增格式化規則
選取規則類型(S):
▶ 根據其值格式化所有儲存格
▶ 只格式化包含下列的儲存格
▶ 只格式化排在最前面或最後面的值
▶ 只格式化高於或低於平均的值
▶ 只格式化唯一或重複的值
▶ 使用公式來決定要格式化哪些儲存格
編輯規則說明(E):
格式化在此公式為 True 的值(O):
=B$3=7
預覽:
AaBbCcYyZz
格式(F)...
確定
取消
⑫ 返回新增格式化規則交談窗後，可以看到設定的樣式
⑬ 按下確定鈕
2019
年
10
月
出勤管理表
日期
員工
張健豪
許銘山
謝淑美
徐珊琍
李志誠
陳明鋒
鄭沛文
黃巧惠
林緯吉
許書軒
每「週六」會顯示紅字及底色

## 02 利用「設定格式化的條件」功能，替「週日」填色

設定好「週六」的顯示格式後，要繼續設定「週日」的格式，請選取 B2：AF13 儲存格範圍 ❶，按下**設定格式化的條件**鈕 ❷，選擇**新增規則** ❸：

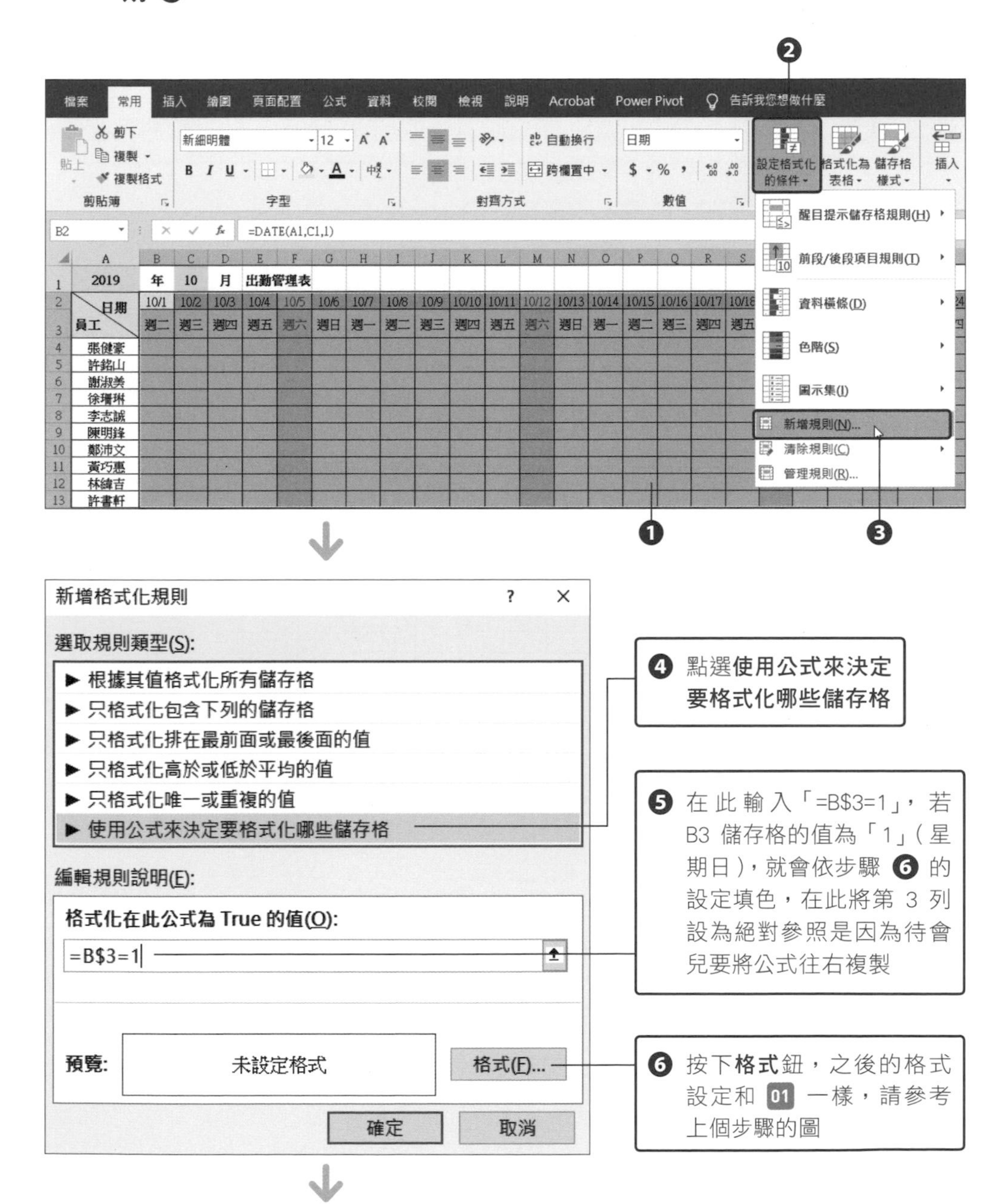

| | A | B | C | D | E | F | G | H | I | J | K | L | M | N | O | P | Q | R | S |
|---|---|---|---|---|---|---|---|---|---|---|---|---|---|---|---|---|---|---|---|
| 1 | 2019 | 年 | 10 | 月 | 出勤管理表 | | | | | | | | | | | | | | |
| 2 | 日期 | 10/1 | 10/2 | 10/3 | 10/4 | 10/5 | 10/6 | 10/7 | 10/8 | 10/9 | 10/10 | 10/11 | 10/12 | 10/13 | 10/14 | 10/15 | 10/16 | 10/17 | 10/1… |
| 3 | 員工 | 週二 | 週三 | 週四 | 週五 | 週六 | 週日 | 週一 | 週二 | 週三 | 週四 | 週五 | 週六 | 週日 | 週一 | 週二 | 週三 | 週四 | 週… |
| 4 | 張健豪 | | | | | | | | | | | | | | | | | | |
| 5 | 許銘山 | | | | | | | | | | | | | | | | | | |
| 6 | 謝淑美 | | | | | | | | | | | | | | | | | | |
| 7 | 徐珊琳 | | | | | | | | | | | | | | | | | | |
| 8 | 李志誠 | | | | | | | | | | | | | | | | | | |
| 9 | 陳明鋒 | | | | | | | | | | | | | | | | | | |
| 10 | 鄭沛文 | | | | | | | | | | | | | | | | | | |
| 11 | 黃巧惠 | | | | | | | | | | | | | | | | | | |
| 12 | 林緯吉 | | | | | | | | | | | | | | | | | | |
| 13 | 許書軒 | | | | | | | | | | | | | | | | | | |

設定完成，就會在週六及週日標示顏色

即使輸入其他月份，也會自動換色

| | A | B | C | D | E | F | G | H | I | J | K | L | M | N | O | P | Q | R | S |
|---|---|---|---|---|---|---|---|---|---|---|---|---|---|---|---|---|---|---|---|
| 1 | 2019 | 年 | 6 | 月 | 出勤管理表 | | | | | | | | | | | | | | |
| 2 | 日期 | 6/1 | 6/2 | 6/3 | 6/4 | 6/5 | 6/6 | 6/7 | 6/8 | 6/9 | 6/10 | 6/11 | 6/12 | 6/13 | 6/14 | 6/15 | 6/16 | 6/17 | 6/1… |
| 3 | 員工 | 週六 | 週日 | 週一 | 週二 | 週三 | 週四 | 週五 | 週六 | 週日 | 週一 | 週二 | 週三 | 週四 | 週五 | 週六 | 週日 | 週一 | 週… |
| 4 | 張健豪 | | | | | | | | | | | | | | | | | | |
| 5 | 許銘山 | | | | | | | | | | | | | | | | | | |
| 6 | 謝淑美 | | | | | | | | | | | | | | | | | | |
| 7 | 徐珊琳 | | | | | | | | | | | | | | | | | | |
| 8 | 李志誠 | | | | | | | | | | | | | | | | | | |
| 9 | 陳明鋒 | | | | | | | | | | | | | | | | | | |
| 10 | 鄭沛文 | | | | | | | | | | | | | | | | | | |
| 11 | 黃巧惠 | | | | | | | | | | | | | | | | | | |
| 12 | 林緯吉 | | | | | | | | | | | | | | | | | | |
| 13 | 許書軒 | | | | | | | | | | | | | | | | | | |

若是想要清除剛才的填色設定，可以切換到**常用**頁次，按下**設定格式化的條件**鈕，從選單中選擇**清除規則／清除整張工作表的規則**。

# Unit 072 自動依日期加上「週數」，並設定隔週換色

**範例** 想在個人工作日誌依日期加上週數，並將不同週數以顏色做區隔

WEEKNUM　MOD　設定格式化的條件

## 範例說明

個人工作日誌中已經填好當年度的日期資料，並將假日以紅字標示，但是想依日期加上週數，並將每週以不同顏色標示該怎麼做呢？

| | A | B | C | D |
|---|---|---|---|---|
| 1 | 週數 | 日期 | 專案代號 | 事項 |
| 2 | 1 | 01/01(週二) | | |
| 3 | 1 | 01/02(週三) | | |
| 4 | 1 | 01/03(週四) | | |
| 5 | 1 | 01/04(週五) | | |
| 6 | 1 | 01/05(週六) | | |
| 7 | 2 | 01/06(週日) | | |
| 8 | 2 | 01/07(週一) | | |
| 9 | 2 | 01/08(週二) | | |
| 10 | 2 | 01/09(週三) | | |
| 11 | 2 | 01/10(週四) | | |
| 12 | 2 | 01/11(週五) | | |
| 13 | 2 | 01/12(週六) | | |
| 14 | 3 | 01/13(週日) | | |
| 15 | 3 | 01/14(週一) | | |
| 16 | 3 | 01/15(週二) | | |
| 17 | 3 | 01/16(週三) | | |
| 18 | 3 | 01/17(週四) | | |
| 19 | 3 | 01/18(週五) | | |
| 20 | 3 | 01/19(週六) | | |
| 21 | 4 | 01/20(週日) | | |
| 22 | 4 | 01/21(週一) | | |
| 23 | 4 | 01/22(週二) | | |
| 24 | 4 | 01/23(週三) | | |
| 25 | 4 | 01/24(週四) | | |
| 26 | 4 | 01/25(週五) | | |
| 27 | 4 | 01/26(週六) | | |
| 28 | 5 | 01/27(週日) | | |
| 29 | 5 | 01/28(週一) | | |
| 30 | 5 | 01/29(週二) | | |
| 31 | 5 | 01/30(週三) | | |
| 32 | 5 | 01/31(週四) | | |
| 33 | 5 | 02/01(週五) | | |

希望從 1/1 開始，自動計算第幾週

希望每週以不同顏色標示

## 操作步驟

### 01 利用 WEEKNUM 函數計算週數

請開啟**練習檔案 \Part 4\Unit_072**，在 A2 中輸入「=WEEKNUM(B2)」❶，接著將公式往下複製到 A366 儲存格 ❷，當遇到「週日」就會自動將週數加 1。

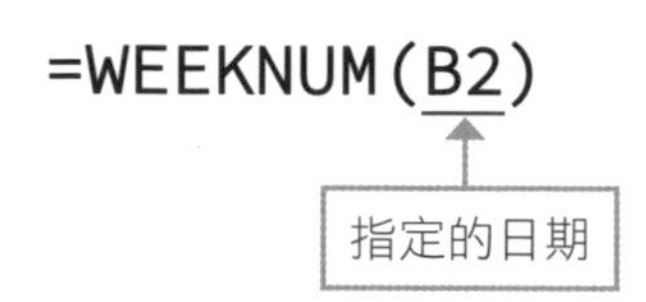


A2 | =WEEKNUM(B2)

| | A | B | C | D | E |
|---|---|---|---|---|---|
| 1 | 週數 | 日期 | 專案代號 | 事項 | |
| 2 | 1 | 01/01(週二) | | | |
| 3 | 1 | 01/02(週三) | | | |
| 4 | 1 | 01/03(週四) | | | |
| 5 | 1 | 01/04(週五) | | | |
| 6 | 1 | 01/05(週六) | | | |
| 7 | 2 | 01/06(週日) | | | |
| 8 | 2 | 01/07(週一) | | | |
| 9 | 2 | 01/08(週二) | | | |
| 10 | 2 | 01/09(週三) | | | |
| 11 | 2 | 01/10(週四) | | | |
| 12 | 2 | 01/11(週五) | | | |
| 13 | 2 | 01/12(週六) | | | |
| 14 | 3 | 01/13(週日) | | | |
| 15 | 3 | 01/14(週一) | | | |
| 16 | 3 | 01/15(週二) | | | |
| 17 | 3 | 01/16(週三) | | | |

❶ ❷

| WEEKNUM 函數 | |
|---|---|
| 說明 | 回傳當年的週數。每遇到星期日，就會自動增加週數。 |
| 語法 | **=WEEKNUM(日期序列值, [回傳類型])** |
| 日期序列值 | 指定的日期。 |
| 回傳類型 | 可以自行決定一週的開始為星期幾。預設值為1（星期日）。若是想將星期四當成一週的開始，則可設為「14」。請參考右頁的表格。 |

| 回傳類型 | 一週的開始 |
|---|---|
| 1 或省略 | 星期日 |
| 2 | 星期一 |
| 11 | 星期一 |
| 12 | 星期二 |
| 13 | 星期三 |
| 14 | 星期四 |
| 15 | 星期五 |
| 16 | 星期六 |
| 17 | 星期日 |
| 21 | 星期一 |

若想快速得知今天是當年度的第幾週，只要在儲存格中輸入「=WEEKNUM(TODAY())」即可。

## 02 奇數週的填色設定

請選取 A2：D366 ❶，按下**常用**頁次 ❷ 的**設定格式化的條件**鈕 ❸，點選**新增規則** ❹，開啟**新增格式化規則**交談窗後，點選**使用公式來決定要格式化哪些儲存格** ❺，在中間的欄位輸入「=MOD($A2,2)=1 」❻，然後按下**格式**鈕 ❼，設定要填入的顏色。

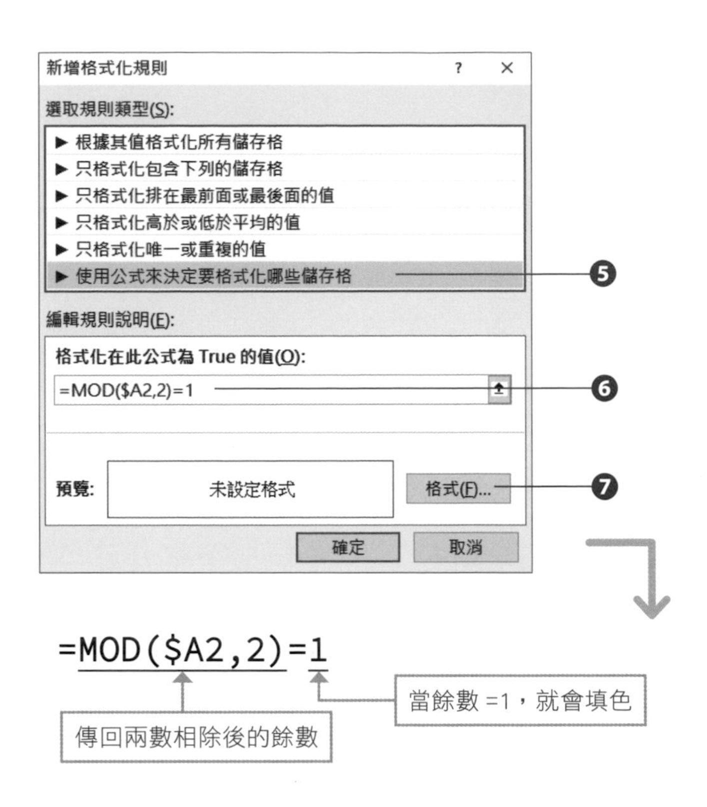

新增格式化規則
選取規則類型(S):
▶ 根據其值格式化所有儲存格
▶ 只格式化包含下列的儲存格
▶ 只格式化排在最前面或最後面的值
▶ 只格式化高於或低於平均的值
▶ 只格式化唯一或重複的值
▶ 使用公式來決定要格式化哪些儲存格
編輯規則說明(E):
格式化在此公式為 True 的值(O):
=MOD($A2,2)=1
預覽:
未設定格式
格式(F)...
確定
取消
5
6
7
=MOD($A2,2)=1
傳回兩數相除後的餘數
當餘數 =1，就會填色


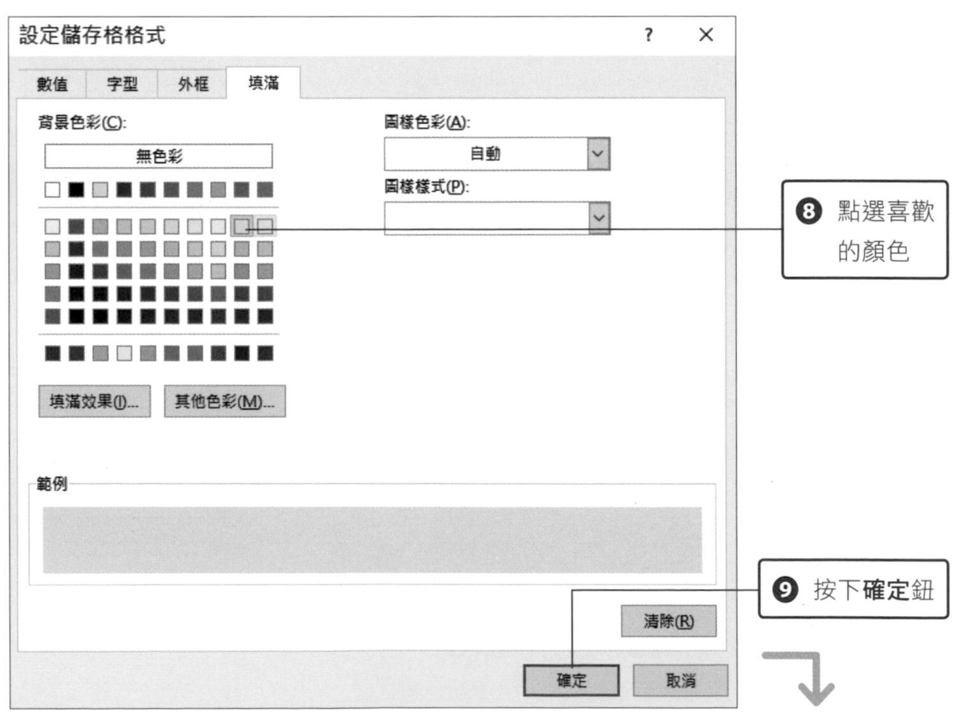

設定儲存格格式
數值
字型
外框
填滿
背景色彩(C):
無色彩
填滿效果(I)...
其他色彩(M)...
圖樣色彩(A):
自動
圖樣樣式(P):
範例
清除(R)
確定
取消
8 點選喜歡的顏色
9 按下確定鈕

## 03 偶數週的填色設定

請選取 A2：D366 ❶，按下**常用**頁次 ❷ 的**設定格式化的條件**鈕 ❸ 點選**新增規則** ❹，開啟**新增格式化規則**交談窗後，點選**使用公式來決定要格式化哪些儲存格** ❺，在中間的欄位輸入「=MOD($A2,2)=0」❻，然後按下**格式**鈕 ❼，設定要填入的顏色。

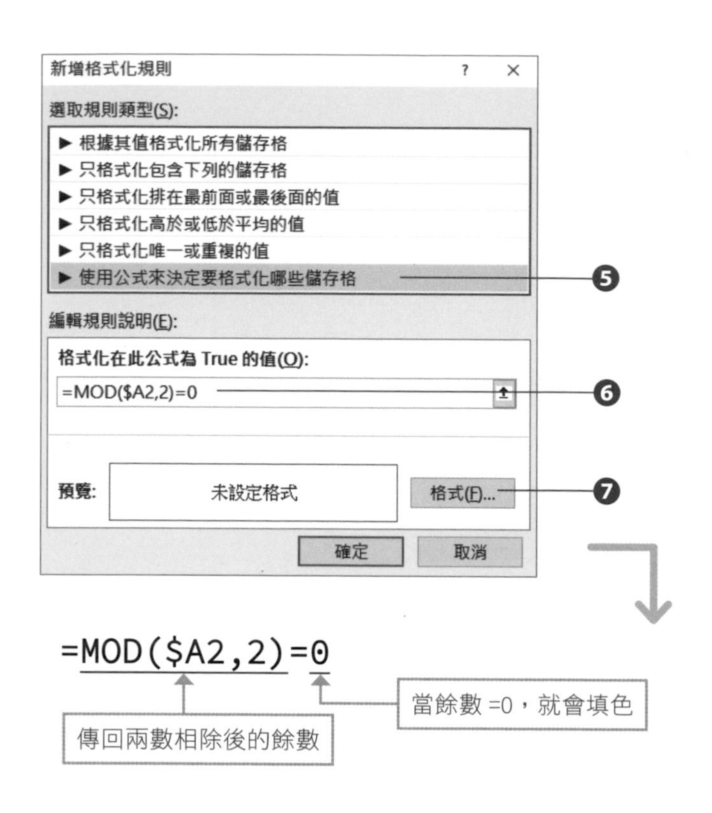
新增格式化規則
選取規則類型(S):
▶ 根據其值格式化所有儲存格
▶ 只格式化包含下列的儲存格
▶ 只格式化排在最前面或最後面的值
▶ 只格式化高於或低於平均的值
▶ 只格式化唯一或重複的值
▶ 使用公式來決定要格式化哪些儲存格
5
編輯規則說明(E):
格式化在此公式為 True 的值(O):
=MOD($A2,2)=0
6
預覽:
未設定格式
格式(F)...
7
確定
取消
=MOD($A2,2)=0
當餘數 =0，就會填色
傳回兩數相除後的餘數

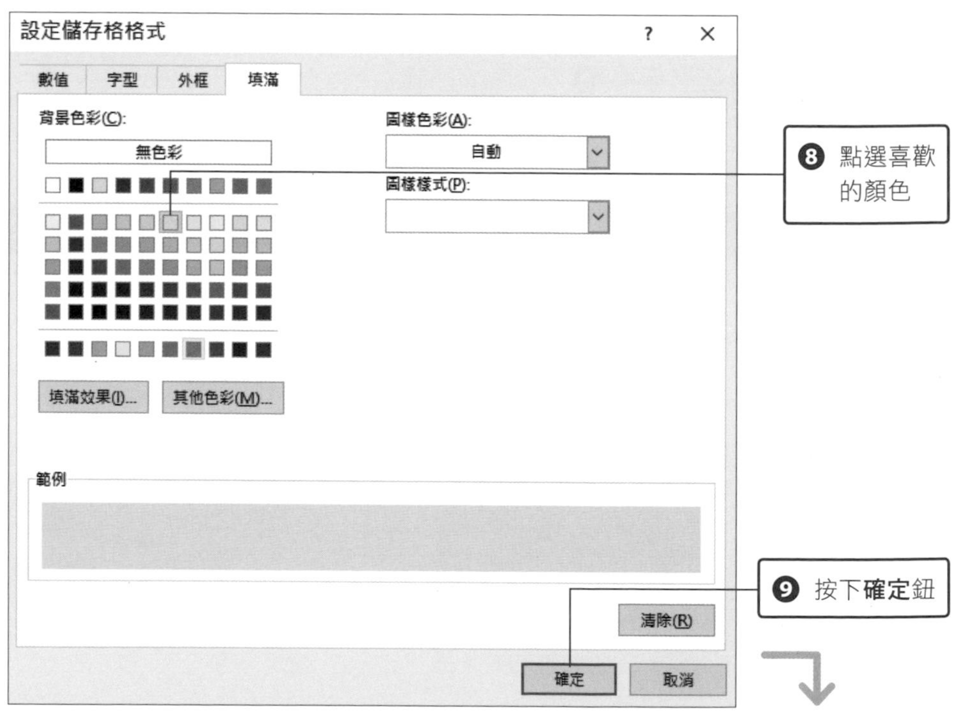
設定儲存格格式
數值
字型
外框
填滿
背景色彩(C):
無色彩
圖樣色彩(A):
自動
圖樣樣式(P):
8 點選喜歡的顏色
填滿效果(I)...
其他色彩(M)...
範例
9 按下確定鈕
清除(R)
確定
取消

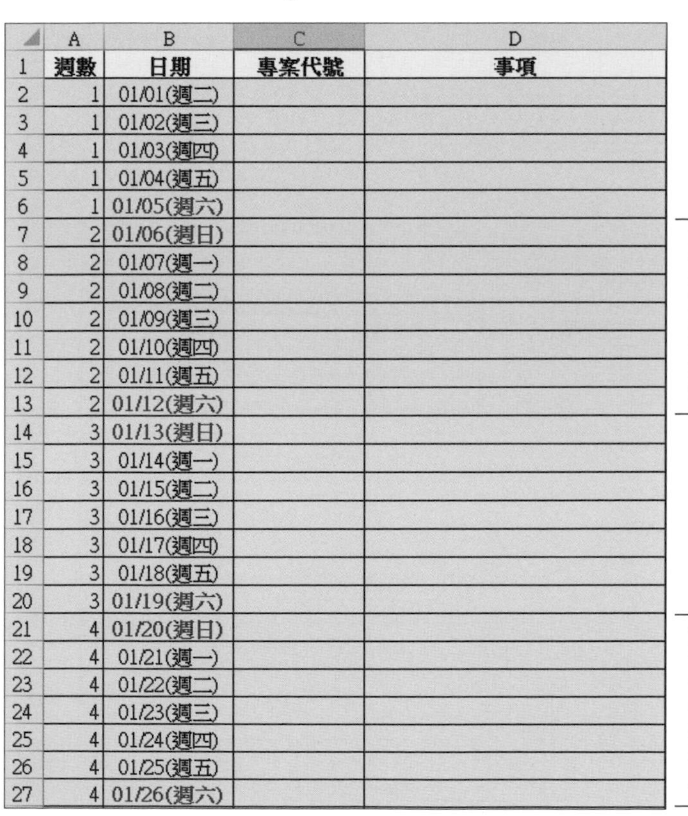

| | A | B | C | D |
|---|---|---|---|---|
| 1 | 週數 | 日期 | 專案代號 | 事項 |
| 2 | 1 | 01/01(週二) | | |
| 3 | 1 | 01/02(週三) | | |
| 4 | 1 | 01/03(週四) | | |
| 5 | 1 | 01/04(週五) | | |
| 6 | 1 | 01/05(週六) | | |
| 7 | 2 | 01/06(週日) | | |
| 8 | 2 | 01/07(週一) | | |
| 9 | 2 | 01/08(週二) | | |
| 10 | 2 | 01/09(週三) | | |
| 11 | 2 | 01/10(週四) | | |
| 12 | 2 | 01/11(週五) | | |
| 13 | 2 | 01/12(週六) | | |
| 14 | 3 | 01/13(週日) | | |
| 15 | 3 | 01/14(週一) | | |
| 16 | 3 | 01/15(週二) | | |
| 17 | 3 | 01/16(週三) | | |
| 18 | 3 | 01/17(週四) | | |
| 19 | 3 | 01/18(週五) | | |
| 20 | 3 | 01/19(週六) | | |
| 21 | 4 | 01/20(週日) | | |
| 22 | 4 | 01/21(週一) | | |
| 23 | 4 | 01/22(週二) | | |
| 24 | 4 | 01/23(週三) | | |
| 25 | 4 | 01/24(週四) | | |
| 26 | 4 | 01/25(週五) | | |
| 27 | 4 | 01/26(週六) | | |

「偶數」的週數會填上粉紅色

# Unit 073 將「今天」的日期特別標示出來

**範　例**　在個人工作日誌中，以醒目色彩標示「今天」的日期

TODAY　設定格式化的條件

## 範例說明

在填寫工作日誌時，經常需要上下捲動 Excel 視窗的捲軸，才能找到當天的日期，如果能有類似「光棒」的效果，將開啟檔案當天的日期以醒目顏色標示出來就好了！

| | A | B | C | D | E |
|---|---|---|---|---|---|
| 1 | 週數 | 日期 | 專案代號 | 事項 | |
| 245 | 36 | 09/01(週日) | | | |
| 246 | 36 | 09/02(週一) | | | |
| 247 | 36 | 09/03(週二) | | | |
| 248 | 36 | 09/04(週三) | | | |
| 249 | 36 | 09/05(週四) | | | |
| 250 | 36 | 09/06(週五) | | | |
| 251 | 36 | 09/07(週六) | | | |
| 252 | 37 | 09/08(週日) | | | |
| 253 | 37 | 09/09(週一) | | | |
| 254 | 37 | 09/10(週二) | | | |
| 255 | 37 | 09/11(週三) | | | |
| 256 | 37 | 09/12(週四) | | | |
| 257 | 37 | 09/13(週五) | | | |
| 258 | 37 | 09/14(週六) | | | |
| 259 | 38 | 09/15(週日) | | | |
| 260 | 38 | 09/16(週一) | | | |
| 261 | 38 | 09/17(週二) | | | |
| 262 | 38 | 09/18(週三) | | | |

| | A | B | C | D | E |
|---|---|---|---|---|---|
| 1 | 週數 | 日期 | 專案代號 | 事項 | |
| 245 | 36 | 09/01(週日) | | | |
| 246 | 36 | 09/02(週一) | | | |
| 247 | 36 | 09/03(週二) | | | |
| 248 | 36 | 09/04(週三) | | | |
| 249 | 36 | 09/05(週四) | | | |
| 250 | 36 | 09/06(週五) | | | |
| 251 | 36 | 09/07(週六) | | | |
| 252 | 37 | 09/08(週日) | | | |
| 253 | 37 | 09/09(週一) | | | |
| 254 | 37 | 09/10(週二) | | | |
| 255 | 37 | 09/11(週三) | | | |
| 256 | 37 | 09/12(週四) | | | |
| 257 | 37 | 09/13(週五) | | | |
| 258 | 37 | 09/14(週六) | | | |
| 259 | 38 | 09/15(週日) | | | |
| 260 | 38 | 09/16(週一) | | | |
| 261 | 38 | 09/17(週二) | | | |
| 262 | 38 | 09/18(週三) | | | |

希望在開啟檔案時，自動以醒目顏色標示當天的日期

## ◐ 操作步驟

### 01 利用「設定格式化的條件」功能來設定

開啟**練習檔案 \Part 4\Unit_073**，選取 A2：D366 ❶，按下**常用**頁次 ❷ 的**設定格式化的條件**鈕 ❸，點選**新增規則** ❹，開啟**新增格式化規則**交談窗後，點選**使用公式來決定要格式化哪些儲存格** ❺，在中間的欄位輸入「=$B2=TODAY()」❻，然後按下**格式**鈕 ❼，設定要填入的顏色。

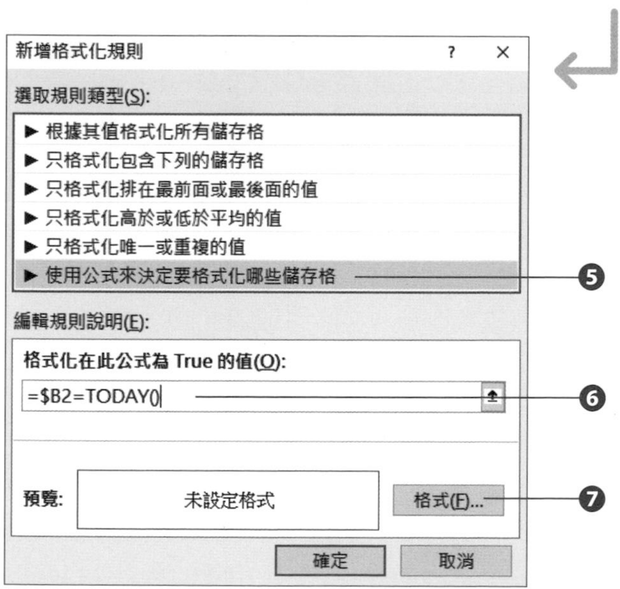

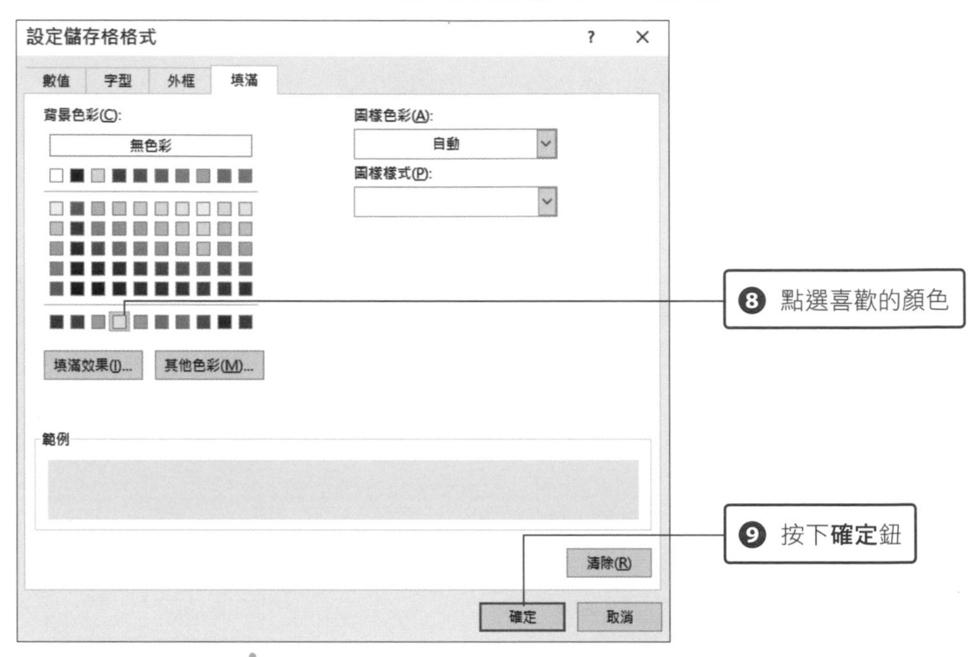


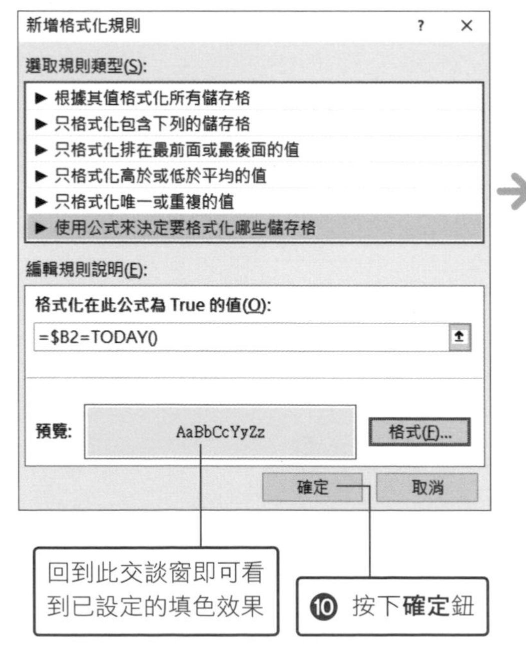


| | A | B | C | D |
|---|---|---|---|---|
| 1 | 週數 | 日期 | 專案代號 | 事項 |
| 245 | 36 | 09/01(週日) | | |
| 246 | 36 | 09/02(週一) | | |
| 247 | 36 | 09/03(週二) | | |
| 248 | 36 | 09/04(週三) | | |
| 249 | 36 | 09/05(週四) | | |
| 250 | 36 | 09/06(週五) | | |
| 251 | 36 | 09/07(週六) | | |
| 252 | 37 | 09/08(週日) | | |
| 253 | 37 | 09/09(週一) | | |
| 254 | 37 | 09/10(週二) | | |
| 255 | 37 | 09/11(週三) | | |
| 256 | 37 | 09/12(週四) | | |
| 257 | 37 | 09/13(週五) | | |
| 258 | 37 | 09/14(週六) | | |
| 259 | 38 | 09/15(週日) | | |
| 260 | 38 | 09/16(週一) | | |
| 261 | 38 | 09/17(週二) | | |
| 262 | 38 | 09/18(週三) | | |

依開啟檔案當天的日期標示醒目顏色

**TIPS** 此範例中的 TODAY() 函數，會依開啟檔案當天的日期來標示顏色，所以您所看到的日期會與書上不同。

# Unit 074 顯示國定假日名稱

**範例** 在工作日誌中顯示國定假日名稱

IFERROR VLOOKUP

## 範例說明

想在工作日誌中的對應日期輸入國定假日名稱，但一個一個輸入還要一邊對照日期有點麻煩，有什麼方法可以快速完成輸入呢？

| | A | B | C | D | E |
|---|---|---|---|---|---|
| 1 | 週數 | 日期 | 專案代號 | 事項 | |
| 34 | 5 | 02/02(週六) | | | |
| 35 | 6 | 02/03(週日) | | | |
| 36 | 6 | 02/04(週一) | | 除夕 | |
| 37 | 6 | 02/05(週二) | | 初一 | |
| 38 | 6 | 02/06(週三) | | 初二 | |
| 39 | 6 | 02/07(週四) | | 初三 | |
| 40 | 6 | 02/08(週五) | | 初四 | |
| 41 | 6 | 02/09(週六) | | 初五 | |
| 42 | 7 | 02/10(週日) | | | |
| 43 | 7 | 02/11(週一) | | | |
| 44 | 7 | 02/12(週二) | | | |
| 45 | 7 | 02/13(週三) | | | |
| 46 | 7 | 02/14(週四) | | | |
| 47 | 7 | 02/15(週五) | | | |
| 48 | 7 | 02/16(週六) | | | |
| 49 | 8 | 02/17(週日) | | | |
| 50 | 8 | 02/18(週一) | | | |
| 51 | 8 | 02/19(週二) | | | |
| 52 | 8 | 02/20(週三) | | | |
| 53 | 8 | 02/21(週四) | | | |
| 54 | 8 | 02/22(週五) | | | |
| 55 | 8 | 02/23(週六) | | | |
| 56 | 9 | 02/24(週日) | | | |
| 57 | 9 | 02/25(週一) | | | |
| 58 | 9 | 02/26(週二) | | | |
| 59 | 9 | 02/27(週三) | | | |
| 60 | 9 | 02/28(週四) | | 和平紀念日 | |
| 61 | 9 | 03/01(週五) | | 和平紀念日彈性放假 | |
| 62 | 9 | 03/02(週六) | | | |

希望在工作日誌中顯示國定假日

## 操作步驟

### 01 建立國定假日一覽表

開啟**練習檔案 \Part 4\Unit_074**，在工作日誌的空白處，建立一個國定假日對照表。若不想手動輸入，可以從網路上搜尋「2019 行事曆」、「國定假日一覽表」，直接複製現成的表格。

| | A | B | C | D | E | F | G | H |
|---|---|---|---|---|---|---|---|---|
| 1 | 週數 | 日期 | 專案代號 | 事項 | | | | |
| 2 | 1 | 01/01(週二) | | | | 日期 | 國定假日 | |
| 3 | 1 | 01/02(週三) | | | | 01/01 | 元旦 | |
| 4 | 1 | 01/03(週四) | | | | 02/04 | 除夕 | |
| 5 | 1 | 01/04(週五) | | | | 02/05 | 初一 | |
| 6 | 1 | 01/05(週六) | | | | 02/06 | 初二 | |
| 7 | 2 | 01/06(週日) | | | | 02/07 | 初三 | |
| 8 | 2 | 01/07(週一) | | | | 02/08 | 初四 | |
| 9 | 2 | 01/08(週二) | | | | 02/09 | 初五 | |
| 10 | 2 | 01/09(週三) | | | | 02/28 | 和平紀念日 | |
| 11 | 2 | 01/10(週四) | | | | 03/01 | 和平紀念日彈性放假 | |
| 12 | 2 | 01/11(週五) | | | | 04/04 | 兒童節 | |
| 13 | 2 | 01/12(週六) | | | | 04/05 | 民族掃墓節 | |
| 14 | 3 | 01/13(週日) | | | | 05/01 | 勞動節 | |
| 15 | 3 | 01/14(週一) | | | | 06/07 | 端午節 | |
| 16 | 3 | 01/15(週二) | | | | 09/13 | 中秋節 | |
| 17 | 3 | 01/16(週三) | | | | 10/10 | 國慶日 | |
| 18 | 3 | 01/17(週四) | | | | 10/11 | 國慶日彈性放假 | |
| 19 | 3 | 01/18(週五) | | | | | | |

先建立國定假日的對照表

### 02 利用 VLOOKUP 函數，以查表的方式將國定假日帶入工作日誌中

請在 D2 儲存格輸入「=IFERROR(VLOOKUP(B2,$F$3:$G$17,2,FALSE),"")」❶，再將公式往下複製到 D366 儲存格 ❷，即可將國定假日填入工作日誌中的**事項**欄位。

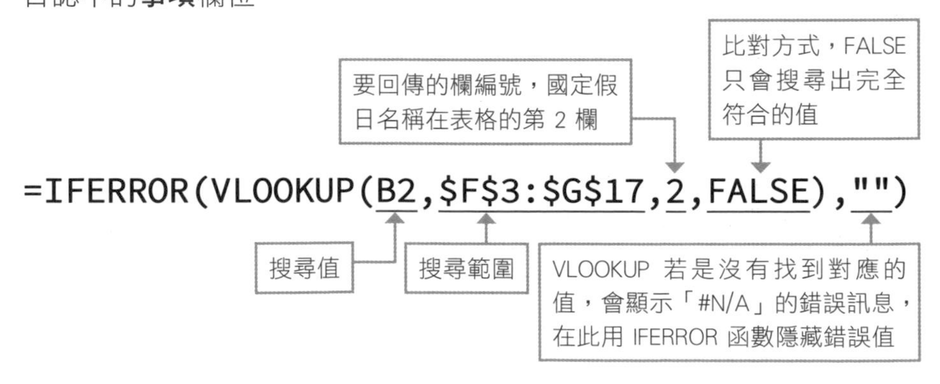

D2 =IFERROR(VLOOKUP(B2,$F$3:$G$18,2,FALSE),"")

| | A | B | C | D |
|---|---|---|---|---|
| 1 | 週數 | 日期 | 專案代號 | 事項 |
| 2 | 1 | 01/01(週二) | | 元旦 ❶ |
| 3 | 1 | 01/02(週三) | | |
| 4 | 1 | 01/03(週四) | | |
| 5 | 1 | 01/04(週五) | | |
| 6 | 1 | 01/05(週六) | | |
| 7 | 2 | 01/06(週日) | | |
| 8 | 2 | 01/07(週一) | | |
| 9 | 2 | 01/08(週二) | | |
| 10 | 2 | 01/09(週三) | | |
| 11 | 2 | 01/10(週四) | | |
| 12 | 2 | 01/11(週五) | | |
| 13 | 2 | 01/12(週六) | | |
| 14 | 3 | 01/13(週日) | | |
| 15 | 3 | 01/14(週一) | | |
| 16 | 3 | 01/15(週二) | | |
| 17 | 3 | 01/16(週三) | | |
| 18 | 3 | 01/17(週四) | | |
| 35 | 6 | 02/03(週日) | | |
| 36 | 6 | 02/04(週一) | | 除夕 |
| 37 | 6 | 02/05(週二) | | 初一 |
| 38 | 6 | 02/06(週三) | | 初二 |
| 39 | 6 | 02/07(週四) | | 初三 |
| 40 | 6 | 02/08(週五) | | 初四 |
| 41 | 6 | 02/09(週六) | | 初五 ❷ |
| 42 | 7 | 02/10(週日) | | |
| 43 | 7 | 02/11(週一) | | |
| 44 | 7 | 02/12(週二) | | |

| 日期 | 國定假日 |
|---|---|
| 01/01 | 元旦 |
| 02/04 | 除夕 |
| 02/05 | 初一 |
| 02/06 | 初二 |
| 02/07 | 初三 |
| 02/08 | 初四 |
| 02/09 | 初五 |
| 02/28 | 和平紀念日 |
| 03/01 | 和平紀念日彈性放假 |
| 04/04 | 兒童節 |
| 04/05 | 民族掃墓節 |
| 05/01 | 勞動節 |
| 06/07 | 端午節 |
| 09/13 | 中秋節 |
| 10/10 | 國慶日 |
| 10/11 | 國慶日彈性放假 |

| VLOOKUP 函數 | |
|---|---|
| 說明 | 在表格的最左欄中尋找指定值，找到後再回傳同一列中指定欄位的值。 |
| 語法 | **=VLOOKUP(搜尋值, 範圍, 欄編號, [搜尋類型])** |
| 搜尋值 | 要搜尋的值。 |
| 範圍 | 指定要搜尋的表格範圍。 |
| 欄編號 | 指定回傳值的欄編號。「範圍」最左邊的欄位為第 1 欄。 |
| 搜尋類型 | 指定為 TRUE（也可輸入「1」）或省略時，當找不到「搜尋值」，會回傳僅次於「搜尋值」的最大值。指定為 FALSE（也可輸入「0」），只會搜尋出完全符合的值，找不到時會回傳 「#N/A」。 |

| IFERROR 函數 | |
|---|---|
| 說明 | 檢查公式的計算結果是否為錯誤值，若為錯誤值則回傳指定的值。若非錯誤值，則回傳公式的計算結果。 |
| 語法 | **=IFERROR(值, 錯誤時顯示的值)** |
| 值 | 要檢查是否會出現錯誤的值。 |
| 錯誤時顯示的值 | 指定產生錯誤時，要顯示的值或儲存格參照。 |

Unit 075

# 將年月日的位數對齊顯示

範　例　希望將日期欄位中的年月日對齊顯示

SUBSTITUTE　TEXT

## 範例說明

在 Excel 中輸入的日期資料預設會靠右對齊，可是當「月」或「日」為個位數時，日期欄位就會變得參差不齊。雖然可以將儲存格格式改成「mm/dd」，在月及日的前面補「0」，但若不想補「0」的話，有沒有其他的方法呢？

| 進貨日期 | 客戶名稱 |
| --- | --- |
| 2019/4/1 | 銓東有限公司 |
| 2019/4/3 | 榮鼎有限公司 |
| 2019/4/15 | 聯鎂公司 |
| 2019/5/4 | 偉鋒有限公司 |
| 2019/5/8 | 宏升股份有限公司 |
| 2019/5/15 | 立享股份有限公司 |
| 2019/5/20 | 平洋實業 |
| 2019/7/6 | 騰華科技 |
| 2019/7/20 | 嘉迎股份有限公司 |
| 2019/8/5 | 德羽實業有限公司 |
| 2019/9/7 | 竹誠國際股份有限公司 |
| 2019/9/15 | 易杰國際 |
| 2019/10/6 | 偉鋒有限公司 |
| 2019/10/15 | 宏升股份有限公司 |
| 2019/10/22 | 聯鎂公司 |
| 2019/11/3 | 榮鼎有限公司 |
| 2019/11/9 | 騰華科技 |
| 2019/11/22 | 德羽實業有限公司 |
| 2019/12/1 | 易杰國際 |

日期資料中的月、日有個位數、十位數時，很難對齊

| 進貨日期 | 客戶名稱 |
| --- | --- |
| 2019/ 4/ 1 | 銓東有限公司 |
| 2019/ 4/ 3 | 榮鼎有限公司 |
| 2019/ 4/15 | 聯鎂公司 |
| 2019/ 5/ 4 | 偉鋒有限公司 |
| 2019/ 5/ 8 | 宏升股份有限公司 |
| 2019/ 5/15 | 立享股份有限公司 |
| 2019/ 5/20 | 平洋實業 |
| 2019/ 7/ 6 | 騰華科技 |
| 2019/ 7/20 | 嘉迎股份有限公司 |
| 2019/ 8/ 5 | 德羽實業有限公司 |
| 2019/ 9/ 7 | 竹誠國際股份有限公司 |
| 2019/ 9/15 | 易杰國際 |
| 2019/10/ 6 | 偉鋒有限公司 |
| 2019/10/15 | 宏升股份有限公司 |
| 2019/10/22 | 聯鎂公司 |
| 2019/11/ 3 | 榮鼎有限公司 |
| 2019/11/ 9 | 騰華科技 |
| 2019/11/22 | 德羽實業有限公司 |
| 2019/12/ 1 | 易杰國際 |

不想在月及日前面補「0」，想直接以一個空白來區隔

## 操作步驟

### 01 利用 SUBSTITUTE 及 TEXT 函數統一格式

請開啟**練習檔案 \Part 4\Unit_075**，在 G3 儲存格輸入「=SUBSTITUTE(TEXT(A3,"yyyy/mm/dd"),"/0","/ ")」❶，接著將公式往下複製到 G21 儲存格 ❷，即可將個位數的月及日前面補上空白。

```
=SUBSTITUTE(TEXT(A3,"yyyy/mm/dd"),"/0","/ ")
```

將 A3 的日期轉換成指定格式（在此將年以 4 位數顯示，月及日以 2 位數顯示）

利用 SUBSTITUTE 函數將十位數的「0」以半形空白取代。十位數的 0 前面有「/」，只要將「/0」取代成「/ 」（斜線和空白）就可以了

G3 =SUBSTITUTE(TEXT(A3,"yyyy/mm/dd"),"/0","/ ")

| | A | B | C | D | E | F | G |
|---|---|---|---|---|---|---|---|
| 1 | 各月應付帳款 | | | | | | |
| 2 | 進貨日期 | 客戶名稱 | 未 稅 | 稅 金 | 含 稅 | 付款方式 | |
| 3 | 2019/4/1 | 銓東有限公司 | 125,500 | 6,275 | 131,775 | 現金 | 2019/ 4/ 1 ❶ |
| 4 | 2019/4/3 | 榮鼎有限公司 | 95,487 | 4,774 | 100,261 | 現金 | 2019/ 4/ 3 |
| 5 | 2019/4/15 | 聯鎂公司 | 36,800 | 1,840 | 38,640 | 現金 | 2019/ 4/15 |
| 6 | 2019/5/4 | 偉鋒有限公司 | 34,400 | 1,720 | 36,120 | 現金 | 2019/ 5/ 4 |
| 7 | 2019/5/8 | 宏升股份有限公司 | 12,548 | 627 | 13,175 | 現金 | 2019/ 5/ 8 |
| 8 | 2019/5/15 | 立享股份有限公司 | 22,680 | 1,134 | 23,814 | 支票 | 2019/ 5/15 |
| 9 | 2019/5/20 | 平洋實業 | 118,420 | 5,921 | 124,341 | 現金 | 2019/ 5/20 |
| 10 | 2019/7/6 | 騰華科技 | 671,670 | 33,584 | 705,254 | 現金 | 2019/ 7/ 6 |
| 11 | 2019/7/20 | 嘉迎股份有限公司 | 12,000 | 600 | 12,600 | 支票 | 2019/ 7/20 |
| 12 | 2019/8/5 | 德羽實業有限公司 | 62,760 | 3,138 | 65,898 | 電匯 | 2019/ 8/ 5 |
| 13 | 2019/9/7 | 竹誠國際股份有限公司 | 25,478 | 1,274 | 26,752 | 現金 | 2019/ 9/ 7 ❷ |
| 14 | 2019/9/15 | 易杰國際 | 40,860 | 2,043 | 42,903 | 現金 | 2019/ 9/15 |
| 15 | 2019/10/6 | 偉鋒有限公司 | 54,878 | 2,744 | 57,622 | 現金 | 2019/10/ 6 |
| 16 | 2019/10/15 | 宏升股份有限公司 | 65,448 | 3,272 | 68,720 | 支票 | 2019/10/15 |
| 17 | 2019/10/22 | 聯鎂公司 | 28,000 | 1,400 | 29,400 | 現金 | 2019/10/22 |
| 18 | 2019/11/3 | 榮鼎有限公司 | 68,963 | 3,448 | 72,411 | 現金 | 2019/11/ 3 |
| 19 | 2019/11/9 | 騰華科技 | 21,657 | 1,083 | 22,740 | 現金 | 2019/11/ 9 |
| 20 | 2019/11/22 | 德羽實業有限公司 | 33,000 | 1,650 | 34,650 | 支票 | 2019/11/22 |
| 21 | 2019/12/1 | 易杰國際 | 54,878 | 2,744 | 57,622 | 現金 | 2019/12/ 1 |

| SUBSTITUTE 函數 | |
|---|---|
| 說明 | 將文字字串中的部份字串以新字串取代。 |
| 語法 | **=SUBSTITUTE(字串, 搜尋字串, 置換字串, [要置換的對象])** |
| 字串 | 指定目標字串。 |
| 搜尋字串 | 要被取代的舊字串。 |
| 置換字串 | 用來取代的新字串。 |
| 置換對象 | 指定要從第幾個舊字串開始取代為新字串（可省略）。 |

| TEXT 函數 | |
|---|---|
| 說明 | 將數字轉換成指定格式的文字。 |
| 語法 | **=TEXT(值, 顯示格式)** |
| 值 | 要設定顯示格式的數值或日期。 |
| 顯示格式 | 將想要顯示的格式以半形雙引號「"」括住。 |

## 02 將轉換後的日期以「貼上 / 值」的方式，貼回「進貨日期」欄

請選取 G3：G21 儲存格範圍，並按 Ctrl + C 鍵複製資料 ❶，接著選取 A3 儲存格 ❷，按下**貼上**鈕的下半部 ❸ 中的**值**鈕 ❹，將資料貼入**進入日期**欄。

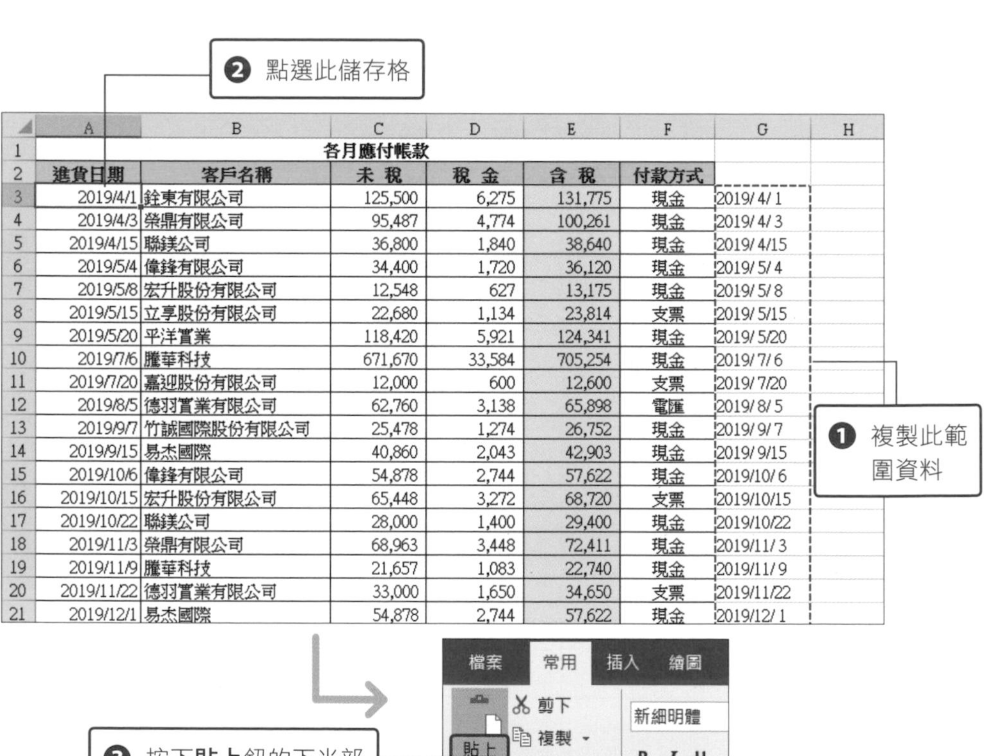


| | A | B | C | D | E | F | G | H |
|---|---|---|---|---|---|---|---|---|
| 1 | 各月應付帳款 | | | | | | | |
| 2 | 進貨日期 | 客戶名稱 | 未 稅 | 稅 金 | 含 稅 | 付款方式 | | |
| 3 | 2019/4/1 | 銓東有限公司 | 125,500 | 6,275 | 131,775 | 現金 | 2019/ 4/ 1 | |
| 4 | 2019/4/3 | 榮鼎有限公司 | 95,487 | 4,774 | 100,261 | 現金 | 2019/ 4/ 3 | |
| 5 | 2019/4/15 | 聯鎂公司 | 36,800 | 1,840 | 38,640 | 現金 | 2019/ 4/15 | |
| 6 | 2019/5/4 | 偉鋒有限公司 | 34,400 | 1,720 | 36,120 | 現金 | 2019/ 5/ 4 | |
| 7 | 2019/5/8 | 宏升股份有限公司 | 12,548 | 627 | 13,175 | 現金 | 2019/ 5/ 8 | |
| 8 | 2019/5/15 | 立享股份有限公司 | 22,680 | 1,134 | 23,814 | 支票 | 2019/ 5/15 | |
| 9 | 2019/5/20 | 平洋實業 | 118,420 | 5,921 | 124,341 | 現金 | 2019/ 5/20 | |
| 10 | 2019/7/6 | 騰華科技 | 671,670 | 33,584 | 705,254 | 現金 | 2019/ 7/ 6 | |
| 11 | 2019/7/20 | 嘉迎股份有限公司 | 12,000 | 600 | 12,600 | 支票 | 2019/ 7/20 | |
| 12 | 2019/8/5 | 德羽實業有限公司 | 62,760 | 3,138 | 65,898 | 電匯 | 2019/ 8/ 5 | |
| 13 | 2019/9/7 | 竹誠國際股份有限公司 | 25,478 | 1,274 | 26,752 | 現金 | 2019/ 9/ 7 | |
| 14 | 2019/9/15 | 易杰國際 | 40,860 | 2,043 | 42,903 | 現金 | 2019/ 9/15 | |
| 15 | 2019/10/6 | 偉鋒有限公司 | 54,878 | 2,744 | 57,622 | 現金 | 2019/10/ 6 | |
| 16 | 2019/10/15 | 宏升股份有限公司 | 65,448 | 3,272 | 68,720 | 支票 | 2019/10/15 | |
| 17 | 2019/10/22 | 聯鎂公司 | 28,000 | 1,400 | 29,400 | 現金 | 2019/10/22 | |
| 18 | 2019/11/3 | 榮鼎有限公司 | 68,963 | 3,448 | 72,411 | 現金 | 2019/11/ 3 | |
| 19 | 2019/11/9 | 騰華科技 | 21,657 | 1,083 | 22,740 | 現金 | 2019/11/ 9 | |
| 20 | 2019/11/22 | 德羽實業有限公司 | 33,000 | 1,650 | 34,650 | 支票 | 2019/11/22 | |
| 21 | 2019/12/1 | 易杰國際 | 54,878 | 2,744 | 57,622 | 現金 | 2019/12/ 1 | |

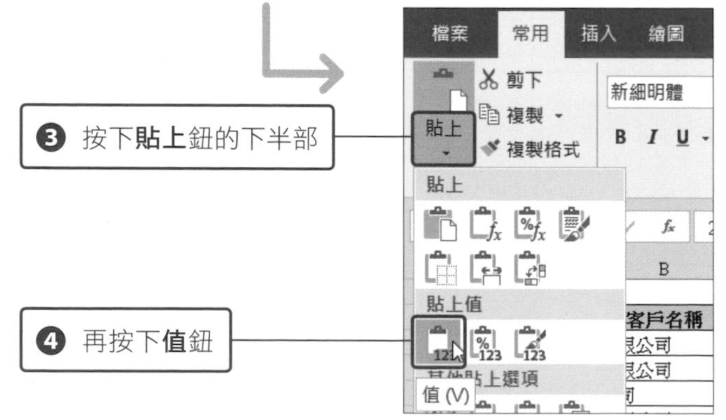

| | A | B | C | D | E | F | G | H | I | J |
|---|---|---|---|---|---|---|---|---|---|---|
| 1 | 各月應付帳款 | | | | | | | | | |
| 2 | 進貨日期 | 客戶名稱 | 未 稅 | 稅 金 | 含 稅 | 付款方式 | | | | |
| 3 | 2019/ 4/ 1 | 銓東有限公司 | 125,500 | 6,275 | 131,775 | 現金 | 2019/ 4/ 1 | | | |
| 4 | 2019/ 4/ 3 | 榮鼎有限公司 | 95,487 | 4,774 | 100,261 | 現金 | 2019/ 4/ 3 | | | |
| 5 | 2019/ 4/15 | 聯鎂公司 | 36,800 | 1,840 | 38,640 | 現金 | 2019/ 4/ | | | |
| 6 | 2019/ 5/ 4 | 偉鋒有限公司 | 34,400 | 1,720 | 36,120 | 現金 | 2019/ 5/ | | | |
| 7 | 2019/ 5/ 8 | 宏升股份有限公司 | 12,548 | 627 | 13,175 | 現金 | 2019/ 5/ | | | |
| 8 | 2019/ 5/15 | 立享股份有限公司 | 22,680 | 1,134 | 23,814 | 支票 | 2019/ 5/15 | | | |
| 9 | 2019/ 5/20 | 平洋實業 | 118,420 | 5,921 | 124,341 | 現金 | 2019/ 5/ | | | |
| 10 | 2019/ 7/ 6 | 騰華科技 | 671,670 | 33,584 | 705,254 | 現金 | 2019/ 7/ | | | |
| 11 | 2019/ 7/20 | 嘉迎股份有限公司 | 12,000 | 600 | 12,600 | 支票 | 2019/ 7/ | | | |
| 12 | 2019/ 8/ 5 | 德羽實業有限公司 | 62,760 | 3,138 | 65,898 | 電匯 | 2019/ 8/ | | | |
| 13 | 2019/ 9/ 7 | 竹誠國際股份有限公司 | 25,478 | 1,274 | 26,752 | 現金 | 2019/ 9/ | | | |
| 14 | 2019/ 9/15 | 易杰國際 | 40,860 | 2,043 | 42,903 | 現金 | 2019/ 9/ | | | |
| 15 | 2019/10/ 6 | 偉鋒有限公司 | 54,878 | 2,744 | 57,622 | 現金 | 2019/10 | | | |
| 16 | 2019/10/15 | 宏升股份有限公司 | 65,448 | 3,272 | 68,720 | 支票 | 2019/10 | | | |
| 17 | 2019/10/22 | 聯鎂公司 | 28,000 | 1,400 | 29,400 | 現金 | 2019/10 | | | |
| 18 | 2019/11/ 3 | 榮鼎有限公司 | 68,963 | 3,448 | 72,411 | 現金 | 2019/11 | | | |
| 19 | 2019/11/ 9 | 騰華科技 | 21,657 | 1,083 | 22,740 | 現金 | 2019/11 | | | |
| 20 | 2019/11/22 | 德羽實業有限公司 | 33,000 | 1,650 | 34,650 | 支票 | 2019/11 | | | |
| 21 | 2019/12/ 1 | 易杰國際 | 54,878 | 2,744 | 57,622 | 現金 | 2019/12 | | | |

新細明體 12
剪下(T)
複製(C)
貼上選項:
選擇性貼上(S)...
插入(I)
刪除(D)
清除內容(N)
儲存格格式(F)...

將日期資料貼回「進貨日期」欄後，就可刪掉輔助欄位的資料了

## 03 變更字型

雖然在 01 我們已經利用 SUBSTITUTE 及 TEXT 函數將日期格式對齊，但實際上看起來還是有點歪斜，其實這是「字型」的問題，只要更改成其他字型就可以了。例如我們將原本的「新細明體」改成「細明體」：

| 進貨日期 | 客戶名稱 | 未 稅 |
|---|---|---|
| 2019/ 4/ 1 | 銓東有限公司 | 125,500 |
| 2019/ 4/ 3 | 榮鼎有限公司 | 95,487 |
| 2019/ 4/15 | 聯鎂公司 | 36,800 |
| 2019/ 5/ 4 | 偉鋒有限公司 | 34,400 |
| 2019/ 5/ 8 | 宏升股份有限公司 | 12,548 |
| 2019/ 5/15 | 立享股份有限公司 | 22,680 |
| 2019/ 5/20 | 平洋實業 | 118,420 |
| 2019/ 7/ 6 | 騰華科技 | 671,670 |
| 2019/ 7/20 | 嘉迎股份有限公司 | 12,000 |
| 2019/ 8/ 5 | 德羽實業有限公司 | 62,760 |
| 2019/ 9/ 7 | 竹誠國際股份有限公司 | 25,478 |
| 2019/ 9/15 | 易杰國際 | 40,860 |
| 2019/10/ 6 | 偉鋒有限公司 | 54,878 |
| 2019/10/15 | 宏升股份有限公司 | 65,448 |
| 2019/10/22 | 聯鎂公司 | 28,000 |
| 2019/11/ 3 | 榮鼎有限公司 | 68,963 |
| 2019/11/ 9 | 騰華科技 | 21,657 |
| 2019/11/22 | 德羽實業有限公司 | 33,000 |
| 2019/12/ 1 | 易杰國際 | 54,878 |

原本使用「新細明體」，數字還是不整齊

| 進貨日期 | 客戶名稱 | 未 稅 |
|---|---|---|
| 2019/ 4/ 1 | 銓東有限公司 | 125,500 |
| 2019/ 4/ 3 | 榮鼎有限公司 | 95,487 |
| 2019/ 4/15 | 聯鎂公司 | 36,800 |
| 2019/ 5/ 4 | 偉鋒有限公司 | 34,400 |
| 2019/ 5/ 8 | 宏升股份有限公司 | 12,548 |
| 2019/ 5/15 | 立享股份有限公司 | 22,680 |
| 2019/ 5/20 | 平洋實業 | 118,420 |
| 2019/ 7/ 6 | 騰華科技 | 671,670 |
| 2019/ 7/20 | 嘉迎股份有限公司 | 12,000 |
| 2019/ 8/ 5 | 德羽實業有限公司 | 62,760 |
| 2019/ 9/ 7 | 竹誠國際股份有限公司 | 25,478 |
| 2019/ 9/15 | 易杰國際 | 40,860 |
| 2019/10/ 6 | 偉鋒有限公司 | 54,878 |
| 2019/10/15 | 宏升股份有限公司 | 65,448 |
| 2019/10/22 | 聯鎂公司 | 28,000 |
| 2019/11/ 3 | 榮鼎有限公司 | 68,963 |
| 2019/11/ 9 | 騰華科技 | 21,657 |
| 2019/11/22 | 德羽實業有限公司 | 33,000 |
| 2019/12/ 1 | 易杰國際 | 54,878 |

改用「細明體」就整齊多囉！

TIPS 字型除了可以改成「細明體」以外，也可以變更成其他字型，您可以從**字型**列示窗 新細明體 中多試幾種字型。

Unit 076

# 個別加總平日、假日的工時

**範例** 想計算個員的平日工作時數及假日工作時數

WEEKDAY SUMIF

## 範例說明

每個月的月初，人資要統計個員的平日及假日工作時數，以便匯整所有人的加班時數給財務人員計算加班費。但是要如何個別計算平日與假日的時數比較快呢？

| | A | B | C | D | E | F | G | H | I |
|---|---|---|---|---|---|---|---|---|---|
| 1 | 8月個員出勤記錄 | | 員工編號 | 1340 | | | | | |
| 2 | 日期 | 上班 | 下班 | 時數 | | | 平日總時數： | 197:55 | |
| 3 | 08/01(週四) | 09:20 | 19:02 | 09:42 | | | 假日總時數： | 43:50 | |
| 4 | 08/02(週五) | 09:54 | 19:10 | 09:16 | | | | | |
| 5 | 08/03(週六) | 09:56 | 17:36 | 07:40 | | | | | |
| 6 | 08/04(週日) | | | 00:00 | | | | | |
| 7 | 08/05(週一) | 09:55 | 19:10 | 09:15 | | | | | |
| 8 | 08/06(週二) | 09:20 | 18:55 | 09:35 | | | | | |
| 9 | 08/07(週三) | 09:25 | 18:40 | 09:15 | | | | | |
| 10 | 08/08(週四) | 09:15 | 17:40 | 08:25 | | | | | |
| 11 | 08/09(週五) | 09:58 | 19:12 | 09:14 | | | | | |
| 12 | 08/10(週六) | 09:20 | 19:05 | 09:45 | | | | | |
| 13 | 08/11(週日) | | | 00:00 | | | | | |
| 14 | 08/12(週一) | 09:15 | 18:54 | 09:39 | | | | | |
| 15 | 08/13(週二) | 09:05 | 18:16 | 09:11 | | | | | |
| 16 | 08/14(週三) | | | 00:00 | | | | | |
| 17 | 08/15(週四) | 09:32 | 19:04 | 09:32 | | | | | |
| 18 | 08/16(週五) | 09:14 | 18:34 | 09:20 | | | | | |
| 19 | 08/17(週六) | 09:00 | 18:35 | 09:35 | | | | | |
| 20 | 08/18(週日) | 08:55 | 18:20 | 09:25 | | | | | |
| 21 | 08/19(週一) | 09:03 | 18:34 | 09:31 | | | | | |
| 22 | 08/20(週二) | 08:52 | 17:55 | 09:03 | | | | | |
| 23 | 08/21(週三) | 08:55 | 19:06 | 10:11 | | | | | |
| 24 | 08/22(週四) | 09:04 | 18:57 | 09:53 | | | | | |
| 25 | 08/23(週五) | 09:10 | 18:58 | 09:48 | | | | | |
| 26 | 08/24(週六) | 08:55 | 16:20 | 07:25 | | | | | |
| 27 | 08/25(週日) | | | 00:00 | | | | | |
| 28 | 08/26(週一) | 09:03 | 17:05 | 08:02 | | | | | |
| 29 | 08/27(週二) | 09:14 | 18:20 | 09:06 | | | | | |

想個別計算平日與假日的工作時數

## 操作步驟

### 01 在「輔助欄位」利用 WEEKDAY 函數取得「星期」的值

請開啟**練習檔案 \Part 4\Unit_076**，在 E3 儲存格輸入「=WEEKDAY(A3,2)」❶，接著將公式往下複製到 E33 ❷。

E3 =WEEKDAY(A3,2)

| | A | B | C | D | E | F |
|---|---|---|---|---|---|---|
| 1 | 8月個員出勤記錄 | | 員工編號 | 1340 | | |
| 2 | 日期 | 上班 | 下班 | 時數 | | |
| 3 | 08/01(週四) | 09:20 | 19:02 | 09:42 | 4 | |
| 4 | 08/02(週五) | 09:54 | 19:10 | 09:16 | 5 | |
| 5 | 08/03(週六) | 09:56 | 17:36 | 07:40 | 6 | |
| 6 | 08/04(週日) | | | 00:00 | 7 | |
| 7 | 08/05(週一) | 09:55 | 19:10 | 09:15 | 1 | |
| 8 | 08/06(週二) | 09:20 | 18:55 | 09:35 | 2 | |
| 9 | 08/07(週三) | 09:25 | 18:40 | 09:15 | 3 | |
| 10 | 08/08(週四) | 09:15 | 17:40 | 08:25 | 4 | |
| 11 | 08/09(週五) | 09:58 | 19:12 | 09:14 | 5 | |
| 12 | 08/10(週六) | 09:20 | 19:05 | 09:45 | 6 | |
| 13 | 08/11(週日) | | | 00:00 | 7 | |
| 14 | 08/12(週一) | 09:15 | 18:54 | 09:39 | 1 | |
| 15 | 08/13(週二) | 09:05 | 18:16 | 09:11 | 2 | |
| 16 | 08/14(週三) | | | 00:00 | 3 | |
| 17 | 08/15(週四) | 09:32 | 19:04 | 09:32 | 4 | |
| 18 | 08/16(週五) | 09:14 | 18:34 | 09:20 | 5 | |
| 19 | 08/17(週六) | 09:00 | 18:35 | 09:35 | 6 | |
| 20 | 08/18(週日) | 08:55 | 18:20 | 09:25 | 7 | |
| 21 | 08/19(週一) | 09:03 | 18:34 | 09:31 | 1 | |

❶ ❷

### 02 用 SUMIF 函數計算平日與假日的時數

請在 H2 儲存格輸入「=SUMIF(E3:E33,"<=5",D3:D33)」，即可算出星期值為 1～5 的時數加總。接著在 H3 儲存格輸入「=SUMIF(E3:E33,">=6",D3:D33)」，即可計算出星期值為 6、7 的假日時數。

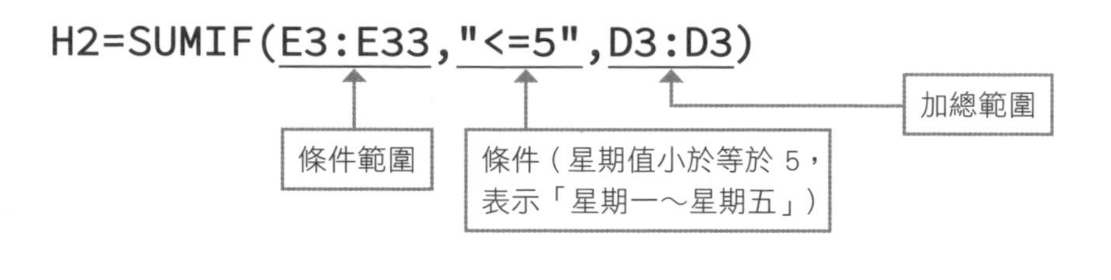


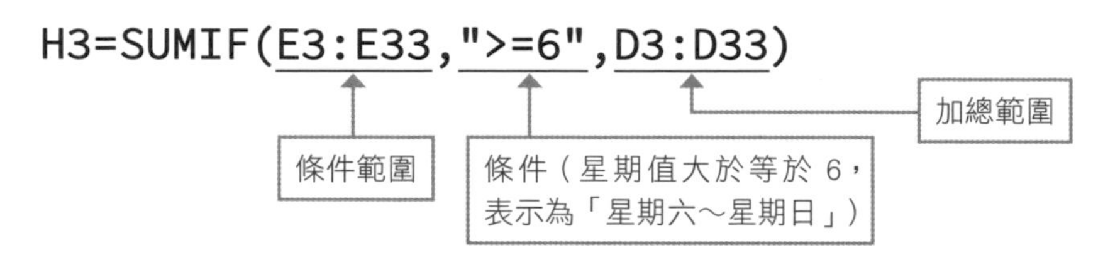


H2=SUMIF(E3:E33,"<=5",D3:D3)

H2 =SUMIF(E3:E33,"<=5",D3:D33)

| | A | B | C | D | E | F | G | H |
|---|---|---|---|---|---|---|---|---|
| 1 | 8月個員出勤記錄 | | 員工編號 | 1340 | | | | |
| 2 | 日期 | 上班 | 下班 | 時數 | | | 平日總時數： | 8.246528 |
| 3 | 08/01(週四) | 09:20 | 19:02 | 09:42 | 4 | | 假日總時數： | 1.826389 |
| 4 | 08/02(週五) | 09:54 | 19:10 | 09:16 | 5 | | | |
| 5 | 08/03(週六) | 09:56 | 17:36 | 07:40 | 6 | | | |
| 6 | 08/04(週日) | | | 00:00 | 7 | | | |
| 7 | 08/05(週一) | 09:55 | 19:10 | 09:15 | 1 | | | |
| 8 | 08/06(週二) | 09:20 | 18:55 | 09:35 | 2 | | | |
| 9 | 08/07(週三) | 09:25 | 18:40 | 09:15 | 3 | | | |

H3=SUMIF(E3:E33,">=6",D3:D33)

## 03 變更儲存格格式

02 的計算結果，您一定覺得很奇怪，整個月的平日總工時不可能只有 8 小時啊！其實只要將數值轉換成時間格式就可以了。請選取 H2 及 H3 儲存格，按下 Ctrl + 1 鍵，開啟**設定儲存格格式**交談窗，將儲存格的格式更改成「[h]:mm」。

❷ 在此輸入「[h]:mm」格式

| | A | B | C | D | E | F | G | H | I |
|---|---|---|---|---|---|---|---|---|---|
| 1 | 8月個員出勤記錄 | | 員工編號 | 1340 | | | | | |
| 2 | 日期 | 上班 | 下班 | 時數 | | | 平日總時數： | 197:55 | |
| 3 | 08/01(週四) | 09:20 | 19:02 | 09:42 | 4 | | 假日總時數： | 43:50 | |
| 4 | 08/02(週五) | 09:54 | 19:10 | 09:16 | 5 | | | | |
| 5 | 08/03(週六) | 09:56 | 17:36 | 07:40 | 6 | | | | |

計算出平日及假日的總時數了

Unit 077

# 從工作時數中扣掉休息時間

**範例** 若扣掉休息時間的工作時數超過 10 小時，以醒目顏色提醒！

TIME 設定格式化的條件

## 範例說明

依規定每日的工作時數不得超過 12 小時，為了避免員工過度勞累，人資希望在工時日報表中將超過 10 小時的記錄以醒目顏色標示，以便提醒大家不要超時工作。

| | A | B | C | D | E | F |
|---|---|---|---|---|---|---|
| 1 | 8/15工時日報表 | | | | | |
| 2 | 姓名 | 上班 | 下班 | 休息時間 | 工作時數 | |
| 3 | 張春煒 | 09:45 | 13:36 | 60 | 02:51 | |
| 4 | 許明晴 | 09:43 | 21:30 | 90 | 10:17 | |
| 5 | 林建廷 | 09:55 | 19:11 | 60 | 08:16 | |
| 6 | 陳碧函 | 09:16 | 16:59 | 60 | 06:43 | |
| 7 | 薛紹華 | 08:50 | 22:10 | 90 | 11:50 | |
| 8 | 李貽晨 | 09:34 | 21:23 | 90 | 10:19 | |
| 9 | 林詩佩 | 09:45 | 18:59 | 60 | 08:14 | |
| 10 | 王美霞 | 08:50 | 17:20 | 60 | 07:30 | |
| 11 | 謝惠鈺 | 09:18 | 17:14 | 60 | 06:56 | |
| 12 | 黃金鋒 | 09:13 | 18:35 | 60 | 08:22 | |
| 13 | 金志偉 | 09:55 | 19:55 | 90 | 08:30 | |
| 14 | 洪仁秀 | 09:43 | 19:06 | 60 | 08:23 | |
| 15 | 張文惠 | 09:28 | 20:33 | 90 | 09:35 | |
| 16 | 許東賢 | 08:55 | 18:20 | 60 | 08:25 | |
| 17 | 于惠蘭 | 09:03 | 21:48 | 90 | 11:15 | |
| 18 | 汪炳哲 | 09:56 | 19:13 | 60 | 08:17 | |
| 19 | 林若傑 | 09:42 | 19:08 | 60 | 08:26 | |
| 20 | 周基勇 | 09:50 | 19:22 | 60 | 08:32 | |
| 21 | | | | | | |
| 22 | ※午休時間為 60 分鐘，晚休時間為 30 分鐘！ | | | | | |
| 23 | | | | | | |

希望在日報表中以醒目顏色標示超過 10 小時的記錄

## 操作步驟

### 01 計算工作時數

請開啟**練習檔案 \Part 4\Unit_077**，在 E3 儲存格輸入「=C3-B3-TIME(0,D3,0)」❶，接著將公式往下複製到 E20 儲存格 ❷，即可算出所有人扣除休息時間後的總工時。

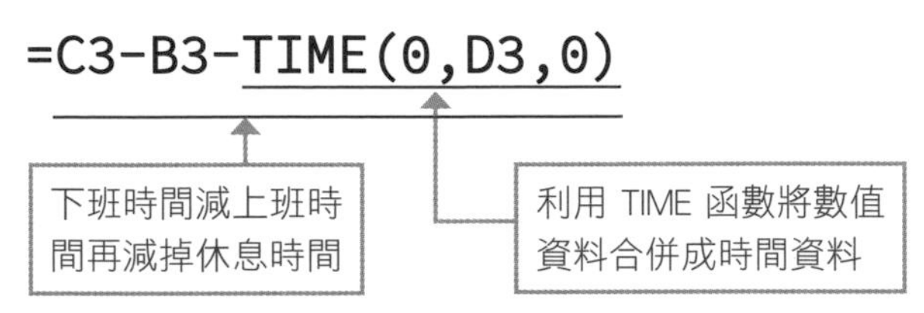


E3　=C3-B3-TIME(0,D3,0)

| | A | B | C | D | E | F |
|---|---|---|---|---|---|---|
| 1 | 8/15工時日報表 | | | | | |
| 2 | 姓名 | 上班 | 下班 | 休息時間 | 工作時數 | |
| 3 | 張春煒 | 09:45 | 13:36 | 60 | 02:51 | |
| 4 | 許明晴 | 09:43 | 21:30 | 90 | 10:17 | |
| 5 | 林建廷 | 09:55 | 19:11 | 60 | 08:16 | |
| 6 | 陳碧函 | 09:16 | 16:59 | 60 | 06:43 | |
| 7 | 薛紹華 | 08:50 | 22:10 | 90 | 11:50 | |
| 8 | 李貽晨 | 09:34 | 21:23 | 90 | 10:19 | |
| 9 | 林詩佩 | 09:45 | 18:59 | 60 | 08:14 | |
| 10 | 王美霞 | 08:50 | 17:20 | 60 | 07:30 | |
| 11 | 謝惠鈺 | 09:18 | 17:14 | 60 | 06:56 | |
| 12 | 黃金鋒 | 09:13 | 18:35 | 60 | 08:22 | |
| 13 | 金志偉 | 09:55 | 19:55 | 90 | 08:30 | |
| 14 | 洪仁秀 | 09:43 | 19:06 | 60 | 08:23 | |
| 15 | 張文惠 | 09:28 | 20:33 | 90 | 09:35 | |
| 16 | 許東賢 | 08:55 | 18:20 | 60 | 08:25 | |
| 17 | 于惠蘭 | 09:03 | 21:48 | 90 | 11:15 | |
| 18 | 汪炳哲 | 09:56 | 19:13 | 60 | 08:17 | |
| 19 | 林若傑 | 09:42 | 19:08 | 60 | 08:26 | |
| 20 | 周基勇 | 09:50 | 19:22 | 60 | 08:32 | |

❶ ❷

| TIME 函數 | |
|---|---|
| 說明 | 將個別輸入的時、分、秒資料，合併成時間資料。 |
| 語法 | =TIME(時,分,秒) |
| 時 | 指定 0～23 的數值，當數值大於 23，會以除以 24 以後的餘數顯示。 |
| 分 | 指定 0～59 的數值，當數值大於 60 或小於 1 時，時跟分的數值會自動調整。 |
| 秒 | 指定 0～59 的數值，當數值大於 60 或小於 1 時，分跟秒的數值會自動調整。 |

## 02 將工時超過 10 小時的資料以醒目顏色標示

選取 E3：E20 儲存格 ❶，點選**常用**頁次的**設定格式化的條件**鈕 ❷ 再點選**醒目提示儲存格規則**下的**大於** ❸。

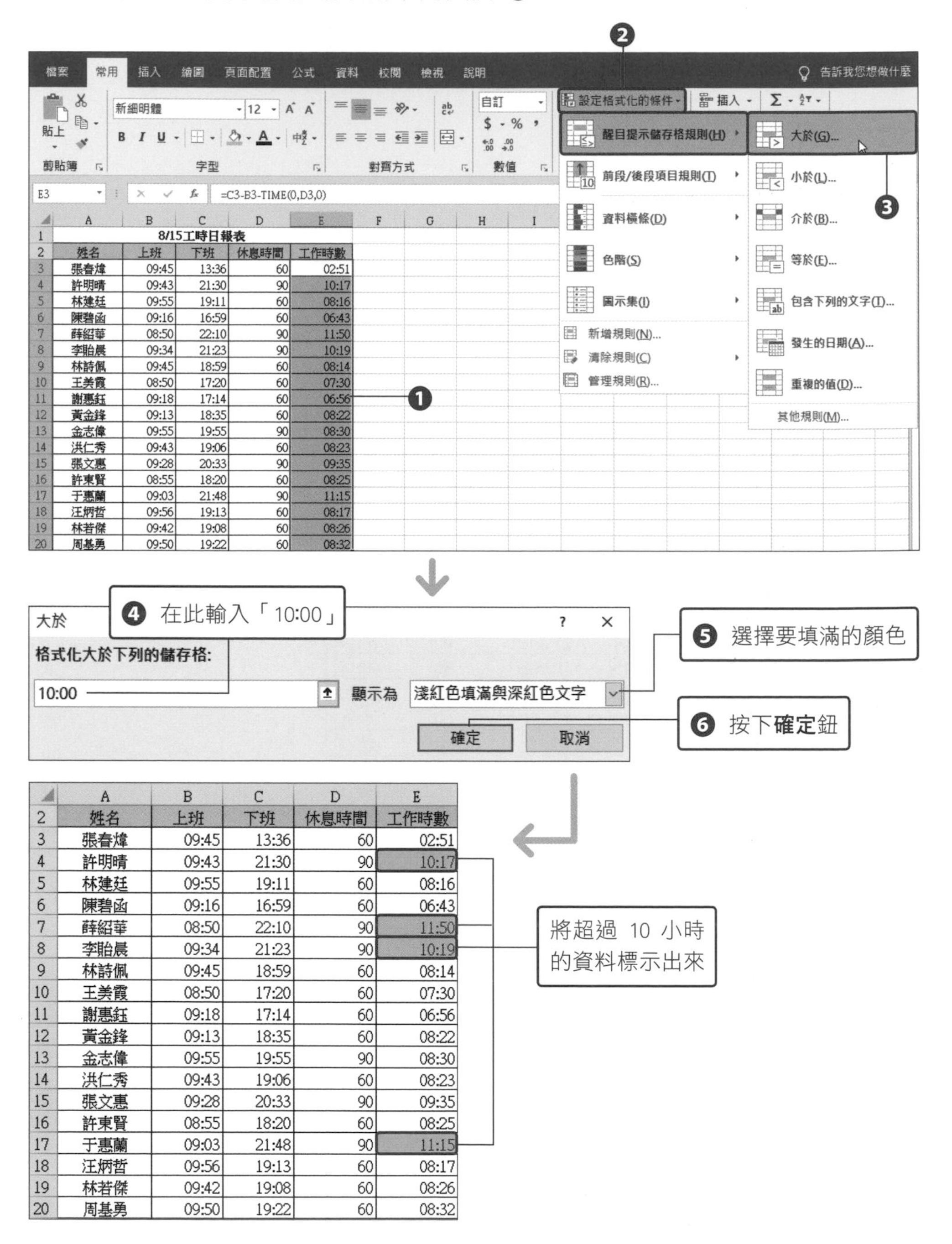

# Unit 078 修正上班打卡時間

**範例** 將早上九點以前打卡的時間，全部視為九點，並將遲到的人標示出來

MAX

## 範例說明

公司規定的上班時間為 9:00，下班時間為 18:00，若是在 9:00 之前到班，仍視為 9:00，不過超過 9:00 以後則視為遲到，會以實際打卡時間為主。若是想知道當日有多少人因遲到需要請假，我們同樣可以用**設定格式化的條件**來幫忙提醒。

| | A | B | C | D | E |
|---|---|---|---|---|---|
| 1 | 9/5出勤記錄 | | | | |
| 2 | 員工編號 | 員工姓名 | 打卡時間 | 修正時間 | |
| 3 | 1004 | 許佳宏 | 08:51 | 09:00 | |
| 4 | 1011 | 黃純玉 | 09:45 | 09:45 | |
| 5 | 1016 | 林振豪 | 08:22 | 09:00 | |
| 6 | 1020 | 吳昱輝 | 08:13 | 09:00 | |
| 7 | 1024 | 陳俊明 | 08:28 | 09:00 | |
| 8 | 1335 | 丁秀琴 | 08:43 | 09:00 | |
| 9 | 1354 | 張如欣 | 09:32 | 09:32 | |
| 10 | 1369 | 郭宜雯 | 08:47 | 09:00 | |
| 11 | 1496 | 林淑綸 | 08:46 | 09:00 | |
| 12 | 1546 | 蔡星聖 | 08:50 | 09:00 | |
| 13 | 1573 | 李筱竹 | 09:54 | 09:54 | |
| 14 | 1611 | 曾曉文 | 08:44 | 09:00 | |
| 15 | 1633 | 柯志緯 | 09:25 | 09:25 | |
| 16 | 1657 | 王建惟 | 08:47 | 09:00 | |
| 17 | 1738 | 陳進勳 | 08:33 | 09:00 | |
| 18 | 1743 | 朱秀婷 | 08:57 | 09:00 | |
| 19 | 1750 | 李姿穎 | 08:29 | 09:00 | |
| 20 | 1754 | 王哲生 | 09:45 | 09:45 | |
| 21 | | | | | |

將 9:00 以前到的人視為 9:00

將遲到的人標示出來

## 操作步驟

**01 用 MAX 函數將 9:00 之前的打卡時間視為 9:00**

請開啟**練習檔案\Part 4\Unit_078**，在 D3 儲存格輸入「=MAX(C3,"09:00")」❶，接著往下複製公式到 D20 儲存格 ❷。

```
=MAX(C3,"09:00")
```

用 MAX 函數比對 C3 儲存格與是否超過 "09:00"，若超過以實際打卡時間為主，否則顯示 "09:00"

D3 =MAX(C3,"09:00")

| | A | B | C | D | E |
|---|---|---|---|---|---|
| 1 | 9/5出勤記錄 | | | | |
| 2 | 員工編號 | 員工姓名 | 打卡時間 | 修正時間 | |
| 3 | 1004 | 許佳宏 | 08:51 | 09:00 | |
| 4 | 1011 | 黃純玉 | 09:45 | 09:45 | |
| 5 | 1016 | 林振豪 | 08:22 | 09:00 | |
| 6 | 1020 | 吳昱輝 | 08:13 | 09:00 | |
| 7 | 1024 | 陳俊明 | 08:28 | 09:00 | |
| 8 | 1335 | 丁秀琴 | 08:43 | 09:00 | |
| 9 | 1354 | 張如欣 | 09:32 | 09:32 | |
| 10 | 1369 | 郭宜雯 | 08:47 | 09:00 | |
| 11 | 1496 | 林淑綸 | 08:46 | 09:00 | |
| 12 | 1546 | 蔡星聖 | 08:50 | 09:00 | |
| 13 | 1573 | 李筱竹 | 09:54 | 09:54 | |
| 14 | 1611 | 曾曉文 | 08:44 | 09:00 | |
| 15 | 1633 | 柯志緯 | 09:25 | 09:25 | |
| 16 | 1657 | 王建惟 | 08:47 | 09:00 | |
| 17 | 1738 | 陳進勳 | 08:33 | 09:00 | |
| 18 | 1743 | 朱秀婷 | 08:57 | 09:00 | |
| 19 | 1750 | 李姿穎 | 08:29 | 09:00 | |
| 20 | 1754 | 王哲生 | 09:45 | 09:45 | |
| 21 | | | | | |



**02 用設定格式化的條件功能，標示出遲到的人**

選取 D3：D20 儲存格 ❶，點選**常用**頁次的**設定格式化的條件**鈕 ❷，再點選**醒目提示儲存格規則**下的**大於** ❸。

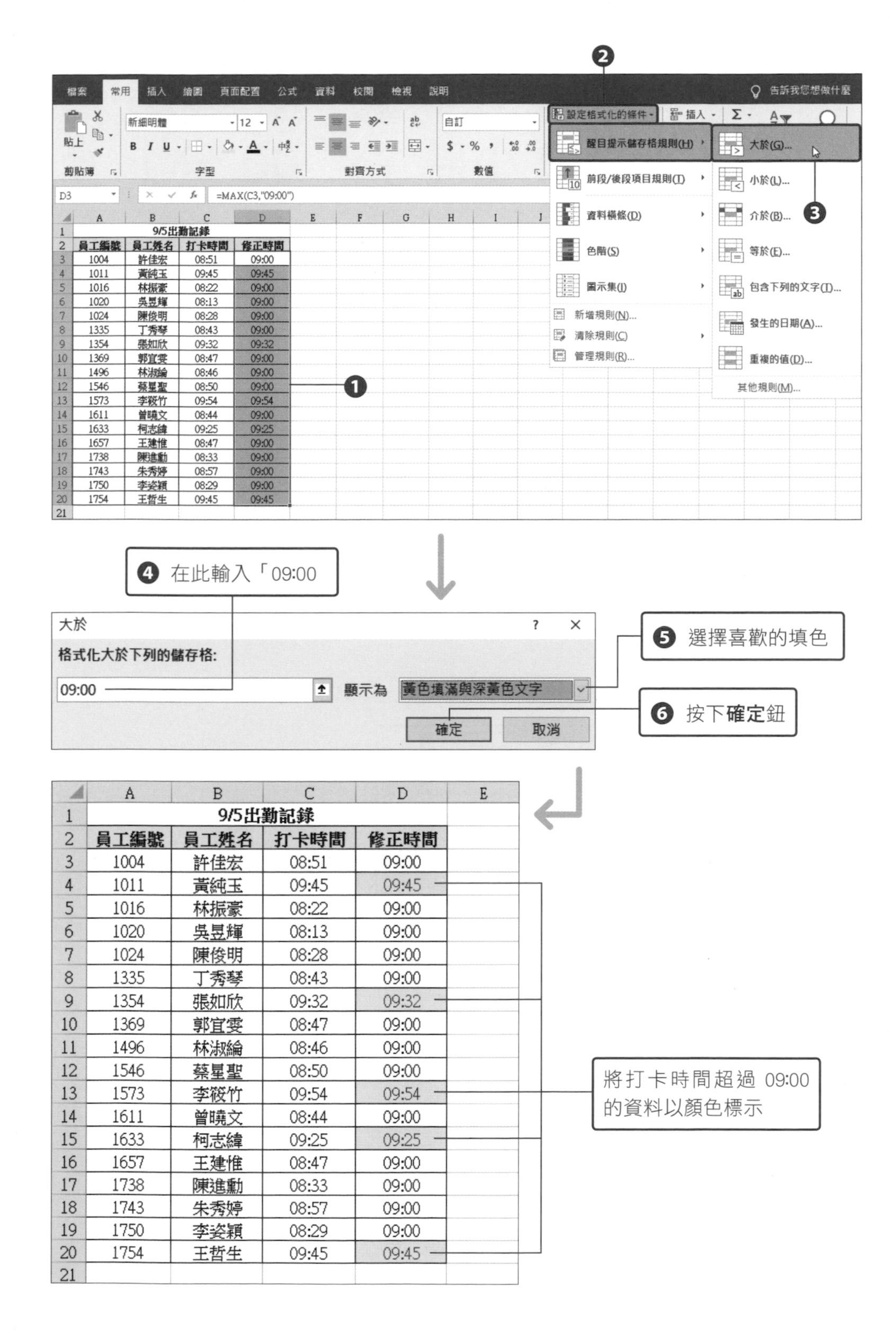
設定格式化的條件
醒目提示儲存格規則(H)
大於(G)...
小於(L)...
介於(B)...
等於(E)...
包含下列的文字(T)...
發生的日期(A)...
重複的值(D)...
其他規則(M)...
=MAX(C3,"09:00")
9/5出勤記錄
④ 在此輸入「09:00
大於
格式化大於下列的儲存格:
09:00
顯示為
黃色填滿與深黃色文字
確定
取消
⑤ 選擇喜歡的填色
⑥ 按下確定鈕
將打卡時間超過 09:00
的資料以顏色標示

Unit 079

# 計算工作時數，不要顯示「0 小時」、「00 分」

**範例** 希望將分鐘轉成以「幾小時幾分鐘」的格式，並隱藏「0 小時」或「00 分」

TEXT HOUR MINUTE

## 範例說明

想將以分鐘記錄的工時轉換成「幾小時幾分鐘」的格式，但是利用公式轉換後，有些工時會變成 0 小時 00 分，有什麼辦法可以讓 0 小時 00 分不要顯示出來。

C4 =B4/1440

| | A | B | C |
|---|---|---|---|
| 1 | 專案兼職工時統計 | | |
| 2 | | | |
| 3 | 執行的專案編號 | 工作時間 (分鐘) | 工作時數 |
| 4 | F0578 | 40 | 0時40分 |
| 5 | F9873 | 130 | 2時10分 |
| 6 | F8927 | 160 | 2時40分 |
| 7 | F9823 | 188 | 3時08分 |
| 8 | S4453 | 54 | 0時54分 |
| 9 | S5664 | 150 | 2時30分 |
| 10 | T2554 | 260 | 4時20分 |
| 11 | A6587 | 120 | 2時00分 |

| | A | B | C |
|---|---|---|---|
| 1 | 專案兼職工時統計 | | |
| 2 | | | |
| 3 | 執行的專案編號 | 工作時間 (分鐘) | 工作時數 |
| 4 | F0578 | 40 | 40 分 |
| 5 | F9873 | 130 | 2 小時 10 分 |
| 6 | F8927 | 160 | 2 小時 40 分 |
| 7 | F9823 | 188 | 3 小時 8 分 |
| 8 | S4453 | 54 | 54 分 |
| 9 | S5664 | 150 | 2 小時 30 分 |
| 10 | T2554 | 260 | 4 小時 20 分 |
| 11 | A6587 | 120 | 2 小時 |

希望隱藏 0 小時 00 分

## 操作步驟

### 01 用 TEXT、HOUR、MINUTE 函數隱藏 0 小時 00 分

請開啟**練習檔案 \Part 4\Unit_079**，在 C4 儲存格輸入如下的公式 ❶，接著往下複製公式到 C11 儲存格 ❷。

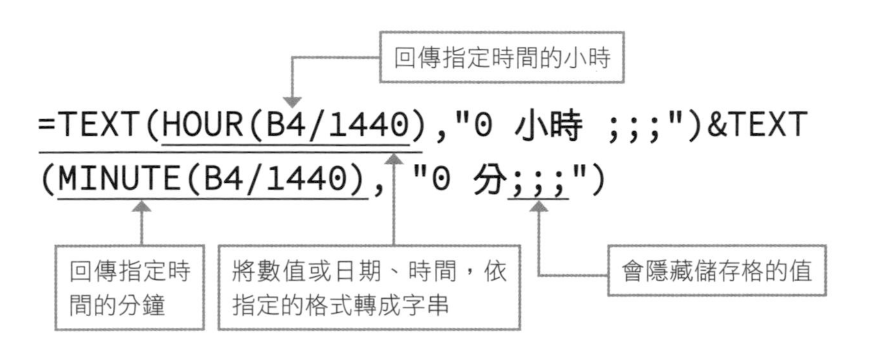


要將以「分鐘」為單位的工時轉換成以「小時」為單位，要除以「1440（1 小時 60 分鐘，1 天 24 小時，所以是「60x24=1440」）」。回傳的結果為序列值，例如：「=HOUR(B5/1440)」的公式會回傳「2 小時」，而「=MINUTE(B5/1440)」的公式則會回傳「10 分」。

C4 =TEXT(HOUR(B4/1440), "0 小時 ;;;")&TEXT(MINUTE(B4/1440), "0 分;;;")

| | A | B | C | D | E | F | G |
|---|---|---|---|---|---|---|---|
| 1 | 專案兼職工時統計 | | | | | | |
| 2 | | | | | | | |
| 3 | 執行的專案編號 | 工作時間 (分鐘) | 工作時數 | | | | |
| 4 | F0578 | 40 | 40 分 | ❶ | | | |
| 5 | F9873 | 130 | 2 小時 10 分 | | | | |
| 6 | F8927 | 160 | 2 小時 40 分 | | | | |
| 7 | F9823 | 188 | 3 小時 8 分 | | | | |
| 8 | S4453 | 54 | 54 分 | ❷ | | | |
| 9 | S5664 | 150 | 2 小時 30 分 | | | | |
| 10 | T2554 | 260 | 4 小時 20 分 | | | | |
| 11 | A6587 | 120 | 2 小時 | | | | |
| 12 | | | | | | | |

工作時間從分鐘轉換成以時、分為單位，並且將 0 小時或 00 分隱藏

如果工作時間超過 24 小時，想要隱藏顯示「0 天」，可以將公式改成：「=TEXT(HOUR(B4/1440),"0 天 ;;;")&TEXT(HOUR(B4/1440),"0 小時 ;;;")&TEXT(MINUTE(B4/1440),"0 分 ;;;")」。

Unit 080

# 兩個時間相減，以 0.5 小時為單位，捨去未滿半小時的時數

**範例** 加班時數滿半小時以 0.5 小時計，未滿半小時忽略不計

FLOOR

## 範例說明

為了體恤加班同仁的辛勞，公司規定休息日加班，可以不用遵照平日的上、下班時間，直接依實際打卡時間來計算時數。加班總時數滿半小時以 0.5 小時計，若未滿半小時則忽略不計，另外，午休時間 1 小時不列入計算。

| | A | B | C | D | E | F |
|---|---|---|---|---|---|---|
| 1 | 9 月休息日加班統計 | | | | | |
| 2 | 日期 | 姓名 | 上班 | 下班 | 加班時數 | |
| 3 | 9/7 | 李嘉穎 | 08:48 | 17:45 | 7.5 | |
| 4 | | 楊淑玲 | 08:50 | 18:13 | 8 | |
| 5 | | 胡奕儒 | 08:55 | 19:10 | 9 | |
| 6 | 9/14 | 邱元文 | 09:10 | 18:45 | 8.5 | |
| 7 | | 胡書瑋 | 09:08 | 18:37 | 8 | |
| 8 | | 陳冠廷 | 09:22 | 17:23 | 7 | |
| 9 | 9/21 | 綦耀君 | 08:33 | 18:05 | 8.5 | |
| 10 | | 楊淑玲 | 09:35 | 16:20 | 5.5 | |
| 11 | | 蘇維倫 | 09:12 | 18:23 | 8 | |
| 12 | | 李嘉穎 | 09:19 | 16:44 | 6 | |
| 13 | 9/28 | 楊淑玲 | 08:43 | 17:20 | 7.5 | |
| 14 | | 謝宜軒 | 09:20 | 15:45 | 5 | |
| 15 | | 劉德永 | 09:33 | 17:35 | 7 | |
| 16 | ＊午休時間 1 小時！ | | | | | |
| 17 | | | | | | |

如何以 0.5 小時為單位，計算每位員工的加班時數？

## 操作步驟

### 01 用 FLOOR 函數以 30 分鐘為單位捨去

請開啟**練習檔案 \Part 4\Unit_080**，在 E3 儲存格輸入如下的公式 ❶，再將公式往下複製到 E15 儲存格 ❷。

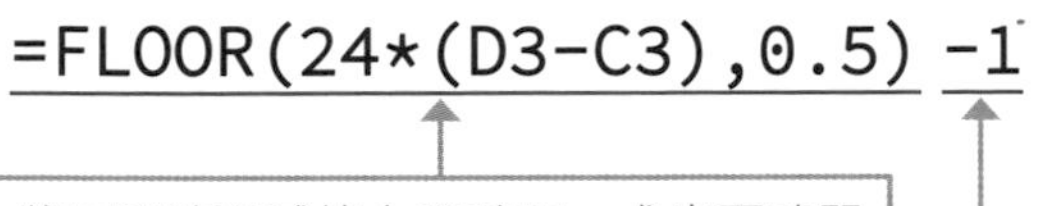


將下班時間減掉上班時間，求出兩時間相差的時數再乘以 24，得出相差的小時數後，用 FLOOR 函數將時數向下捨去到最接近 0.5 的倍數，即可算出加班工時

最後減掉 1 小時的午休時間

在 Excel 中 1 天 (24 小時 ) 是用 1 來表示，1 分鐘就是 1/24( 小時 )/60( 分鐘 )。

E3 =FLOOR(24*(D3-C3),0.5)-1

| | A | B | C | D | E | F |
|---|---|---|---|---|---|---|
| 1 | 9 月休息日加班統計 | | | | | |
| 2 | 日期 | 姓名 | 上班 | 下班 | 加班時數 | |
| 3 | 9/7 | 李嘉穎 | 08:48 | 17:45 | 12:00 | ❶ |
| 4 | | 楊淑玲 | 08:50 | 18:13 | 00:00 | |
| 5 | | 胡奕儒 | 08:55 | 19:10 | 00:00 | |
| 6 | 9/14 | 邱元文 | 09:10 | 18:45 | 12:00 | |
| 7 | | 胡書瑋 | 09:08 | 18:37 | 00:00 | |
| 8 | | 陳冠廷 | 09:22 | 17:23 | 00:00 | |
| 9 | 9/21 | 蔡耀君 | 08:33 | 18:05 | 12:00 | ❷ |
| 10 | | 楊淑玲 | 09:35 | 16:20 | 12:00 | |
| 11 | | 蘇維倫 | 09:12 | 18:23 | 00:00 | |
| 12 | | 李嘉穎 | 09:19 | 16:44 | 00:00 | |
| 13 | 9/28 | 楊淑玲 | 08:43 | 17:20 | 12:00 | |
| 14 | | 謝宜軒 | 09:20 | 15:45 | 00:00 | |
| 15 | | 劉德永 | 09:33 | 17:35 | 00:00 | |
| 16 | *午休時間 1 小時！ | | | | | |
| 17 | | | | | | |

| FLOOR 函數 | |
|---|---|
| 說明 | 將數值捨去到最接近「基準值」倍數的數值。 |
| 語法 | **=FLOOR(數值, 基準值)** |
| 數值 | 指定要捨去的數值。 |
| 基準值 | 指定基準值。 |

## 02 設定儲存格格式

接著選取 E3：E15 儲存格 ❶，將儲存格格式設為**一般**（通用格式）❷，即可列出每位員工的加班時數。

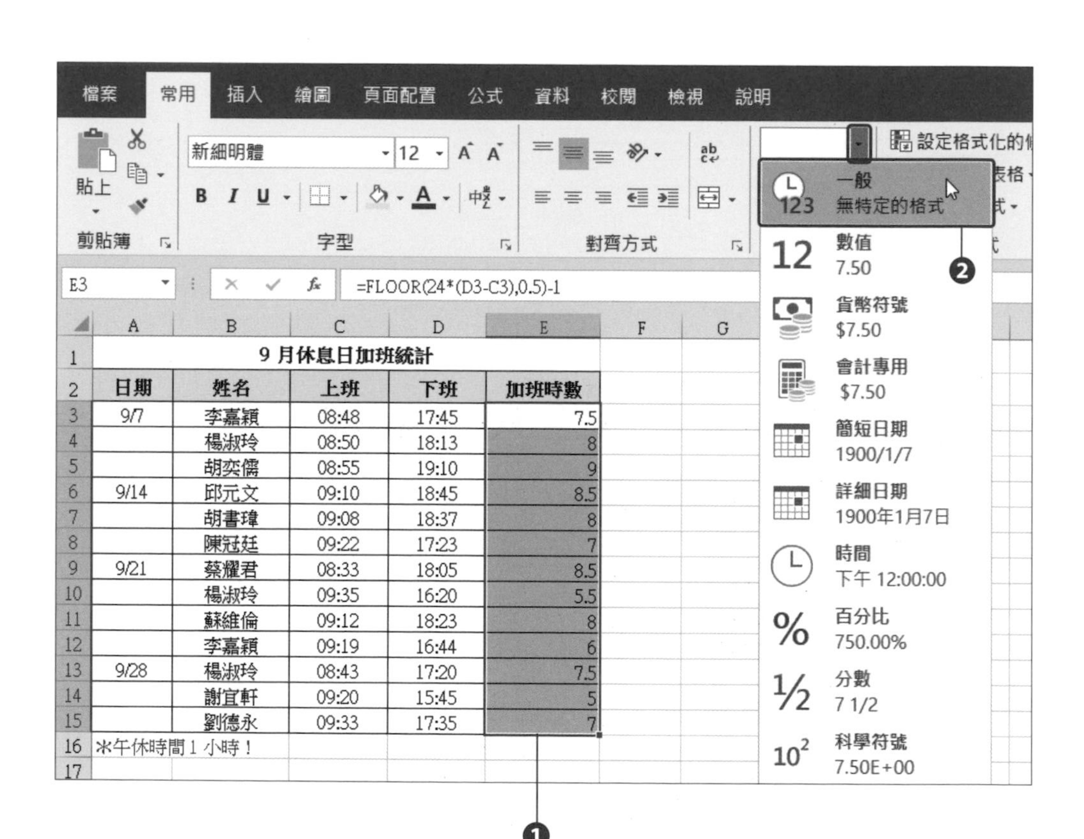

## ☑ 舉一反三　分拆小時及分鐘的方法

以剛才的範例而言，或許有人會對 Excel 時間轉換有點搞不清楚，不懂為什麼要乘以 24，沒關係，我們用更簡單的做法來拆解這樣會更有概念。

❶ 在 E3 儲存格輸入「=HOUR(D3-C3)」，往下複製公式到 E15，在此要計算「下班 - 上班的時間」，並只取出「小時」

E3　=HOUR(D3-C3)

| | A | B | C | D | E | F | G | H |
|---|---|---|---|---|---|---|---|---|
| 1 | 9 月休息日加班統計 | | | | | | | |
| 2 | 日期 | 姓名 | 上班 | 下班 | 加班小時 | 加班分鐘 | 不足30分鐘捨去 | 加班時數 |
| 3 | 9/7 | 李嘉穎 | 08:48 | 17:45 | 8 | | | |
| 4 | | 楊淑玲 | 08:50 | 18:13 | 9 | | | |
| 5 | | 胡奕儒 | 08:55 | 19:10 | 10 | | | |
| 6 | 9/14 | 邱元文 | 09:10 | 18:45 | 9 | | | |
| 7 | | 胡書瑋 | 09:08 | 18:37 | 9 | | | |
| 8 | | 陳冠廷 | 09:22 | 17:23 | 8 | | | |
| 9 | 9/21 | 蔡耀君 | 08:33 | 18:05 | 9 | | | |
| 10 | | 楊淑玲 | 09:35 | 16:20 | 6 | | | |
| 11 | | 蘇維倫 | 09:12 | 18:23 | 9 | | | |
| 12 | | 李嘉穎 | 09:19 | 16:44 | 7 | | | |
| 13 | 9/28 | 楊淑玲 | 08:43 | 17:20 | 8 | | | |
| 14 | | 謝宜軒 | 09:20 | 15:45 | 6 | | | |
| 15 | | 劉德永 | 09:33 | 17:35 | 8 | | | |
| 16 | ＊午休時間 1 小時！ | | | | | | | |

❷ 在 F3 儲存格輸入「=MINUTE(D3-C3)」，往下複製公式到 F15，在此要計算「下班 - 上班的時間」，並只取出「分鐘」

F3　=MINUTE(D3-C3)

| | A | B | C | D | E | F | G | H |
|---|---|---|---|---|---|---|---|---|
| 1 | 9 月休息日加班統計 | | | | | | | |
| 2 | 日期 | 姓名 | 上班 | 下班 | 加班小時 | 加班分鐘 | 不足30分鐘捨去 | 加班時數 |
| 3 | 9/7 | 李嘉穎 | 08:48 | 17:45 | 8 | 57 | | |
| 4 | | 楊淑玲 | 08:50 | 18:13 | 9 | 23 | | |
| 5 | | 胡奕儒 | 08:55 | 19:10 | 10 | 15 | | |
| 6 | 9/14 | 邱元文 | 09:10 | 18:45 | 9 | 35 | | |
| 7 | | 胡書瑋 | 09:08 | 18:37 | 9 | 29 | | |
| 8 | | 陳冠廷 | 09:22 | 17:23 | 8 | 1 | | |
| 9 | 9/21 | 蔡耀君 | 08:33 | 18:05 | 9 | 32 | | |
| 10 | | 楊淑玲 | 09:35 | 16:20 | 6 | 45 | | |
| 11 | | 蘇維倫 | 09:12 | 18:23 | 9 | 11 | | |
| 12 | | 李嘉穎 | 09:19 | 16:44 | 7 | 25 | | |
| 13 | 9/28 | 楊淑玲 | 08:43 | 17:20 | 8 | 37 | | |
| 14 | | 謝宜軒 | 09:20 | 15:45 | 6 | 25 | | |
| 15 | | 劉德永 | 09:33 | 17:35 | 8 | 2 | | |
| 16 | ＊午休時間 1 小時！ | | | | | | | |

接下頁

❸ 在 G3 儲存格輸入「=FLOOR(F3,30)」，往下複製公式到 G15，用 FLOOR 函數設定以 30 分鐘為單位，捨去 30 分鐘以下的時間

G3 | =FLOOR(F3,30)

| | A | B | C | D | E | F | G | H |
|---|---|---|---|---|---|---|---|---|
| 1 | 9 月休息日加班統計 | | | | | | | |
| 2 | 日期 | 姓名 | 上班 | 下班 | 加班小時 | 加班分鐘 | 不足30分鐘捨去 | 加班時數 |
| 3 | 9/7 | 李嘉穎 | 08:48 | 17:45 | 8 | 57 | 30 | |
| 4 | | 楊淑玲 | 08:50 | 18:13 | 9 | 23 | 0 | |
| 5 | | 胡奕儒 | 08:55 | 19:10 | 10 | 15 | 0 | |
| 6 | 9/14 | 邱元文 | 09:10 | 18:45 | 9 | 35 | 30 | |
| 7 | | 胡書瑋 | 09:08 | 18:37 | 9 | 29 | 0 | |
| 8 | | 陳冠廷 | 09:22 | 17:23 | 8 | 1 | 0 | |
| 9 | 9/21 | 蔡耀君 | 08:33 | 18:05 | 9 | 32 | 30 | |
| 10 | | 楊淑玲 | 09:35 | 16:20 | 6 | 45 | 30 | |
| 11 | | 蘇維倫 | 09:12 | 18:23 | 9 | 11 | 0 | |
| 12 | | 李嘉穎 | 09:19 | 16:44 | 7 | 25 | 0 | |
| 13 | 9/28 | 楊淑玲 | 08:43 | 17:20 | 8 | 37 | 30 | |
| 14 | | 謝宜軒 | 09:20 | 15:45 | 6 | 25 | 0 | |
| 15 | | 劉德永 | 09:33 | 17:35 | 8 | 2 | 0 | |
| 16 | ＊午休時間 1 小時！ | | | | | | | |
| 17 | | | | | | | | |

❹ 在 H3 儲存格輸入「=E3+(G3/60)-1」，將小時及分鐘加起來，再減掉 1 小時午休，其中的 G3/60，是要將分鐘轉成小時

H3 | =E3+(G3/60)-1

| | A | B | C | D | E | F | G | H |
|---|---|---|---|---|---|---|---|---|
| 1 | 9 月休息日加班統計 | | | | | | | |
| 2 | 日期 | 姓名 | 上班 | 下班 | 加班小時 | 加班分鐘 | 不足30分鐘捨去 | 加班時數 |
| 3 | 9/7 | 李嘉穎 | 08:48 | 17:45 | 8 | 57 | 30 | 7.5 |
| 4 | | 楊淑玲 | 08:50 | 18:13 | 9 | 23 | 0 | 8 |
| 5 | | 胡奕儒 | 08:55 | 19:10 | 10 | 15 | 0 | 9 |
| 6 | 9/14 | 邱元文 | 09:10 | 18:45 | 9 | 35 | 30 | 8.5 |
| 7 | | 胡書瑋 | 09:08 | 18:37 | 9 | 29 | 0 | 8 |
| 8 | | 陳冠廷 | 09:22 | 17:23 | 8 | 1 | 0 | 7 |
| 9 | 9/21 | 蔡耀君 | 08:33 | 18:05 | 9 | 32 | 30 | 8.5 |
| 10 | | 楊淑玲 | 09:35 | 16:20 | 6 | 45 | 30 | 5.5 |
| 11 | | 蘇維倫 | 09:12 | 18:23 | 9 | 11 | 0 | 8 |
| 12 | | 李嘉穎 | 09:19 | 16:44 | 7 | 25 | 0 | 6 |
| 13 | 9/28 | 楊淑玲 | 08:43 | 17:20 | 8 | 37 | 30 | 7.5 |
| 14 | | 謝宜軒 | 09:20 | 15:45 | 6 | 25 | 0 | 5 |
| 15 | | 劉德永 | 09:33 | 17:35 | 8 | 2 | 0 | 7 |
| 16 | ＊午休時間 1 小時！ | | | | | | | |
| 17 | | | | | | | | |

Part 5

# 文字資料的處理

在處理會員資料、產品銷售明細、客戶資料、估價單等表單，有時候需要將儲存格中的部分文字拆開到另一欄（例如將地址資料的縣市名稱取出，以便進行統計）、或是將混合數字及文字的資料拆開才能計算、或是要修改英文字母的大小寫、……等。雖然這些操作都可以用「複製/貼上」來完成，但是當資料量很大時，就是一項傷眼又吃力的苦工了！

其實只要善用 Excel 的文字類函數，就可以精確又快速地處理這些繁雜的文字資料。

Unit **081**

# 從字串的左邊、右邊或中間，取出指定的資料

**範　例**

- 想將中、英文混合的名字，分拆成兩個欄位
- 想從地址資料中，取出縣市及區域資料

LEFT　RIGHT　MID　LEN

## 範例說明

當我們從其它地方複製資料貼到 Excel 時，有些資料會被放置在同一個儲存格裡。如果想要從資料的左邊、右邊或是中間開始，取出指定字數的資料，可以善用 LEFT、RIGHT 及 MID 這三個函數。

客戶清單

| 客戶姓名 | 地址 | 英文名 | 中文名 | 縣市 | 區域 |
|---|---|---|---|---|---|
| Amy陳艾咪 | 高雄市仁武區澄德路X號 | Amy | 陳艾咪 | 高雄市 | 仁武區 |
| Sharon林雪倫 | 新北市汐止區仁愛路X號 | Sharon | 林雪倫 | 新北市 | 汐止區 |
| Alen柯艾倫 | 高雄市三民區教仁路X號 | Alen | 柯艾倫 | 高雄市 | 三民區 |
| Mia陳米亞 | 苗栗縣竹南鎮竹圍街X號 | Mia | 陳米亞 | 苗栗縣 | 竹南鎮 |
| Lisa蔡利莎 | 台北市中正區忠孝東路X號 | Lisa | 蔡利莎 | 台北市 | 中正區 |
| Emily艾蜜莉 | 桃園市蘆竹區長壽二街X號 | Emily | 艾蜜莉 | 桃園市 | 蘆竹區 |
| Justin賈斯汀 | 新北市新店區寶橋路X號 | Justin | 賈斯汀 | 新北市 | 新店區 |

想將合併在一起的中英文名字拆開成兩欄，以及將地址資料依縣市及區域拆開到不同欄位

| LEFT 函數 | |
|---|---|
| 說明 | 從字串左邊第一個字元開始，取出指定字數的字串。 |
| 語法 | **=LEFT(字串,[字數])** |
| 字串 | 指定要取出文字的字串。 |
| 字數 | 指定要擷取的字數。 |

| RIGHT 函數 | |
|---|---|
| 說明 | 從字串右邊第一個字元開始，取出指定字數的字串。 |
| 語法 | **=RIGHT(字串,[字數])** |
| 字串 | 指定要取出文字的字串。 |
| 字數 | 指定要擷取的字數。 |

| MID 函數 | |
|---|---|
| 說明 | 從字串中間開始取出指定的字數。 |
| 語法 | **=MID(字串,開始位置,字數)** |
| 字串 | 指定要取出文字的字串。 |
| 開始位置 | 指定從第幾個字元開始擷取文字。 |
| 字數 | 指定要擷取的字數。 |

LEFT 及 RIGHT 函數的**字數**引數可省略。若省略的話，取出的**字數**會視為「1」。

## 操作步驟

### 01 取出英文名字

請開啟**練習檔案 \Part 5\Unit_081**，在 C3 儲存格輸入如下的公式。此範例的中文名字固定為三個字，英文名字則沒有固定字數，所以先用 LEN 函數計算出總字數後再減掉三個中文字，剩下的就是英文名字的字數了。接著，透過 LEFT 函數，從左邊開始取出文字。

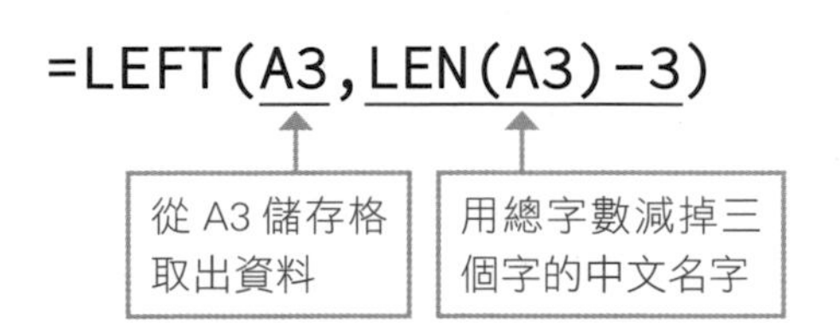


| LEN 函數 | |
|---|---|
| 說明 | 計算字串的長度。 |
| 語法 | =LEN(字串) |
| 字串 | 指定要取出文字的字串。 |

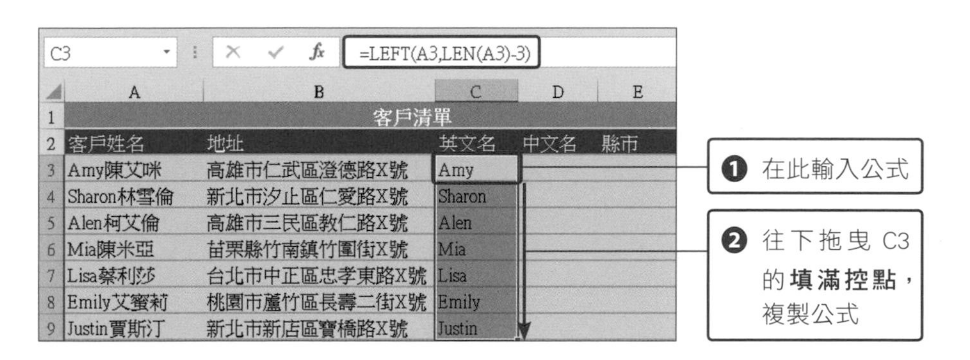


### 02 取出中文名字

在 D3 儲存格輸入「=RIGHT(A3,3)」，利用 RIGHT 函數，從右邊第一個字開始取出文字。

## 03 取出縣市名稱

請在 E3 儲存格輸入「=LEFT(B3,3)」❶，利用 LEFT 函數，從左邊數來第一個字開始取出 3 個字，再往下拖曳**填滿控點**以複製公式 ❷。

E3 =LEFT(B3,3)

| | A | B | C | D | E | F |
|---|---|---|---|---|---|---|
| 1 | 客戶清單 | | | | | |
| 2 | 客戶姓名 | 地址 | 英文名 | 中文名 | 縣市 | 區域 |
| 3 | Amy陳艾咪 | 高雄市仁武區澄德路X號 | Amy | 陳艾咪 | 高雄市 | |
| 4 | Sharon林雪倫 | 新北市汐止區仁愛路X號 | Sharon | 林雪倫 | 新北市 | |
| 5 | Alen柯艾倫 | 高雄市三民區教仁路X號 | Alen | 柯艾倫 | 高雄市 | |
| 6 | Mia陳米亞 | 苗栗縣竹南鎮竹圍街X號 | Mia | 陳米亞 | 苗栗縣 | |
| 7 | Lisa蔡利莎 | 台北市中正區忠孝東路X號 | Lisa | 蔡利莎 | 台北市 | |
| 8 | Emily艾蜜莉 | 桃園市蘆竹區長壽二街X號 | Emily | 艾蜜莉 | 桃園市 | |
| 9 | Justin賈斯汀 | 新北市新店區寶橋路X號 | Justin | 賈斯汀 | 新北市 | |
| 10 | | | | | | |

## 04 取出區域名稱

在 F3 儲存格輸入「=MID(B3,4,3)」❶，利用 MID 函數，從中間開始擷取文字，接著再往下拖曳**填滿控點**以複製公式 ❷。

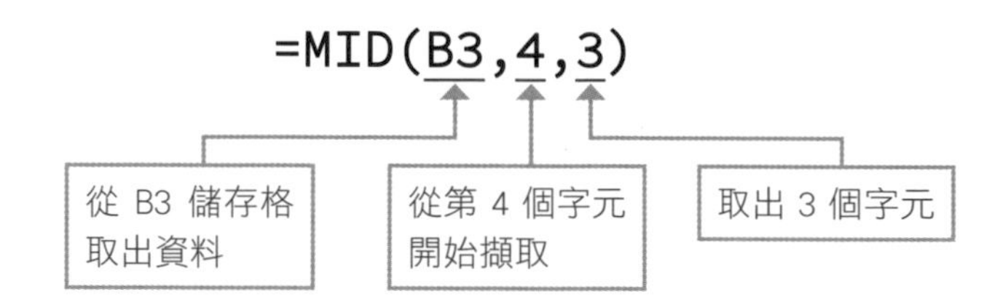


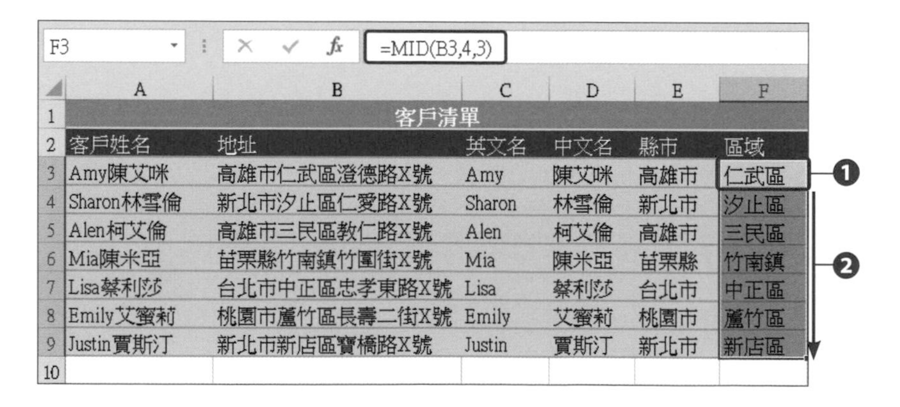

F3 =MID(B3,4,3)

| | A | B | C | D | E | F |
|---|---|---|---|---|---|---|
| 1 | 客戶清單 | | | | | |
| 2 | 客戶姓名 | 地址 | 英文名 | 中文名 | 縣市 | 區域 |
| 3 | Amy陳艾咪 | 高雄市仁武區澄德路X號 | Amy | 陳艾咪 | 高雄市 | 仁武區 |
| 4 | Sharon林雪倫 | 新北市汐止區仁愛路X號 | Sharon | 林雪倫 | 新北市 | 汐止區 |
| 5 | Alen柯艾倫 | 高雄市三民區教仁路X號 | Alen | 柯艾倫 | 高雄市 | 三民區 |
| 6 | Mia陳米亞 | 苗栗縣竹南鎮竹圍街X號 | Mia | 陳米亞 | 苗栗縣 | 竹南鎮 |
| 7 | Lisa蔡利莎 | 台北市中正區忠孝東路X號 | Lisa | 蔡利莎 | 台北市 | 中正區 |
| 8 | Emily艾蜜莉 | 桃園市蘆竹區長壽二街X號 | Emily | 艾蜜莉 | 桃園市 | 蘆竹區 |
| 9 | Justin賈斯汀 | 新北市新店區寶橋路X號 | Justin | 賈斯汀 | 新北市 | 新店區 |
| 10 | | | | | | |

Unit 082

# 從數字與文字混合的儲存格裡取出數值

**範例** 儲存格裡含有「元」、「個」等單位文字，要如何進行加總？

SUMPRODUCT LEFT LEN VALUE

## 範例說明

在 Excel 中要進行計算，儲存格裡的資料必須為數值，若是儲存格中包含了數字及文字資料該如何計算呢？例如：數字後面加上「元」、「個」、「度」等單位文字，有什麼函數可以取出數字資料並轉成數值格式呢？

| | A | B | C |
|---|---|---|---|
| 1 | 文具用品採購清單 | | |
| 2 | 品項 | 單價 | 數量 |
| 3 | 膠墨中性筆藍 | 190元 | 10個 |
| 4 | 橡皮擦 | 30元 | 8個 |
| 5 | 釘書機 | 200元 | 5個 |
| 6 | 筆記本 | 45元 | 10個 |
| 7 | 口紅膠 | 33元 | 5個 |
| 8 | 剪刀 | 70元 | 12個 |
| 9 | 美工刀 | 90元 | 12個 |
| 10 | 修正帶 | 60元 | 20個 |
| 11 | 計算機 | 350元 | 3個 |
| 12 | 活頁紙 | 60元 | 30個 |
| 13 | 透明資料夾 A4/10頁 | 60元 | 50個 |
| 14 | 資料夾 2孔/A5 | 80元 | 20個 |
| 15 | PP資料夾 A5 | 20元 | 100個 |
| 16 | 補充用透明袋/A4.30孔.100入 | 450元 | 50個 |
| 17 | | 總金額 | 0 |

想加總**單價**乘以**數量**後的金額，但是儲存格中含有數字及文字，無法進行加總計算，會顯示「0」

C17=SUMPRODUCT(B3:B16,C3:C16)

| | A | B | C | D | E |
|---|---|---|---|---|---|
| 1 | 文具用品採購清單 | | | | |
| 2 | 品項 | 單價 | 數量 | 單價(數值) | 數量(數值) |
| 3 | 性筆藍 | 190元 | 10個 | 190 | 10 |
| 4 | | 30元 | 8個 | 30 | 8 |
| 5 | | 200元 | 5個 | 200 | 5 |
| 6 | | 45元 | 10個 | 45 | 10 |
| 7 | | 33元 | 5個 | 33 | 5 |
| 8 | | 70元 | 12個 | 70 | 12 |
| 9 | | 90元 | 12個 | 90 | 12 |
| 10 | | 60元 | 20個 | 60 | 20 |
| 11 | | 350元 | 3個 | 350 | 3 |
| 12 | | 60元 | 30個 | 60 | 30 |
| 13 | 透明資料夾 A4/10頁 | 60元 | 50個 | 60 | 50 |
| 14 | 資料夾 2孔/A5 | 80元 | 20個 | 80 | 20 |
| 15 | PP資料夾 A5 | 20元 | 100個 | 20 | 100 |
| 16 | 補充用透明袋/A4.30孔.100入 | 450元 | 50個 | 450 | 50 |
| 17 | | | | 總金額 | 38,825 |

取出儲存格中的數字，並轉成數值資料，就可以計算了

E17=SUMPRODUCT(D3:D16,E3:E16)

## 操作步驟

**01 取出「單價」欄中的數字**

請開啟**練習檔案\Part 5\Unit_082**，在 D3 儲存格中輸入公式「=LEFT(B3,LEN(B3)-1)」❶，以取出 B3 儲存格中的數字。由於 B 欄儲存格皆包含「元」這個字，因此只要將儲存格中的全部字數減掉 1 個字元後，作為 LEFT 函數的**字數**引數，就可以從左邊開始取出數字了。接著，往下拖曳**填滿控點**以複製公式 ❷。

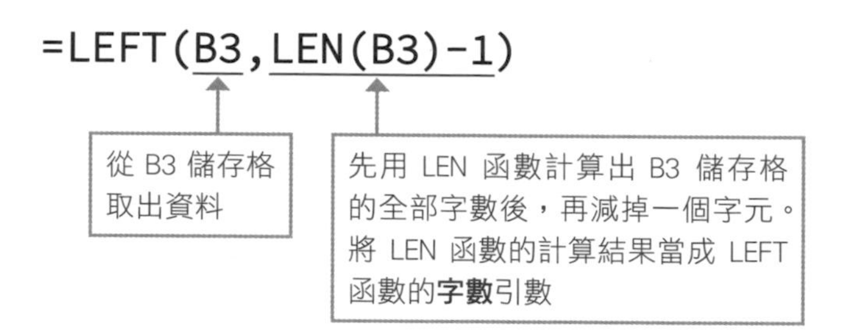

D3 =LEFT(B3,LEN(B3)-1)

| | A | B | C | D | E | F |
|---|---|---|---|---|---|---|
| 1 | 文具用品採購清單 | | | | | |
| 2 | 品項 | 單價 | 數量 | 單價(數值) | 數量(數值) | |
| 3 | 膠墨中性筆藍 | 190元 | 10個 | 190 | | |
| 4 | 橡皮擦 | 30元 | 8個 | 30 | | |
| 5 | 釘書機 | 200元 | 5個 | 200 | | |
| 6 | 筆記本 | 45元 | 10個 | 45 | | |
| 7 | 口紅膠 | 33元 | 5個 | 33 | | |
| 8 | 剪刀 | 70元 | 12個 | 70 | | |
| 9 | 美工刀 | 90元 | 12個 | 90 | | |
| 10 | 修正帶 | 60元 | 20個 | 60 | | |
| 11 | 計算機 | 350元 | 3個 | 350 | | |
| 12 | 活頁紙 | 60元 | 30個 | 60 | | |
| 13 | 透明資料夾 A4/10頁 | 60元 | 50個 | 60 | | |
| 14 | 資料夾 2孔/A5 | 80元 | 20個 | 80 | | |
| 15 | PP資料夾 A5 | 20元 | 100個 | 20 | | |
| 16 | 補充用透明袋/A4.30孔.100入 | 450元 | 50個 | 450 | | |
| 17 | | | | 總金額 | | |

## 02 將文字格式轉成數值格式

雖然上個步驟已經從 B 欄取出數字，但儲存格格式仍為文字格式，只要在公式前面加上 VALUE 函數，就可以將文字格式轉成數值格式。請選取 D3 儲存格，在**資料編輯列**中如下修改公式 ❶。再拖曳 D3 儲存格的**填滿控點**到 D16 儲存格 ❷。

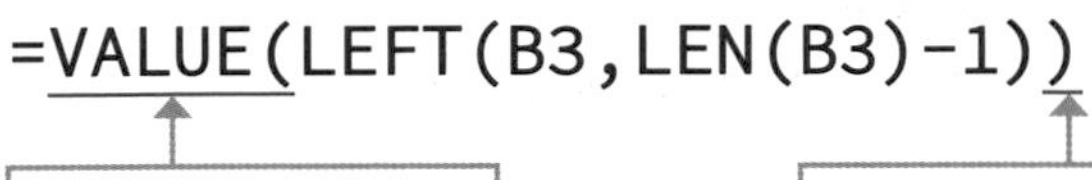


在公式最前面加上 VALUE 函數，將文字格式轉成數值格式

公式的最後記得加上 VALUE 函數對應的括號

D3 =VALUE(LEFT(B3,LEN(B3)-1)) ❶

| | A | B | C | D | E | F |
|---|---|---|---|---|---|---|
| 1 | 文具用品採購清單 | | | | | |
| 2 | 品項 | 單價 | 數量 | 單價(數值) | 數量(數值) | |
| 3 | 膠墨中性筆藍 | 190元 | 10個 | 190 | | |
| 4 | 橡皮擦 | 30元 | 8個 | 30 | | |
| 5 | 釘書機 | 200元 | 5個 | 200 | | |
| 6 | 筆記本 | 45元 | 10個 | 45 | | |
| 7 | 口紅膠 | 33元 | 5個 | 33 | | |
| 8 | 剪刀 | 70元 | 12個 | 70 | | |
| 9 | 美工刀 | 90元 | 12個 | 90 | | |
| 10 | 修正帶 | 60元 | 20個 | 60 | | |
| 11 | 計算機 | 350元 | 3個 | 350 | | |
| 12 | 活頁紙 | 60元 | 30個 | 60 | | |
| 13 | 透明資料夾 A4/10頁 | 60元 | 50個 | 60 | | |
| 14 | 資料夾 2孔/A5 | 80元 | 20個 | 80 | | |
| 15 | PP資料夾 A5 | 20元 | 100個 | 20 | | |
| 16 | 補充用透明袋/A4.30孔.100入 | 450元 | 50個 | 450 | | |
| 17 | | | | 總金額 | | |
| 18 | | | | | | |

❷

| VALUE 函數 | |
|---|---|
| 說明 | 將文字字串轉換成數字。 |
| 語法 | =VALUE(字串) |
| 字串 | 要轉換成數字的文字字串。 |

## 03 從「數量」欄取出數字並轉成數值格式

同樣的方法，請在 E3 儲存格輸入「=VALUE(LEFT(C3,LEN(C3)-1))」❶，往下複製公式到 E16 儲存格 ❷，即可從 C 欄取出數字並轉成數值 。

E3 =VALUE(LEFT(C3,LEN(C3)-1))

| | A | B | C | D | E | F |
|---|---|---|---|---|---|---|
| 1 | 文具用品採購清單 | | | | | |
| 2 | 品項 | 單價 | 數量 | 單價(數值) | 數量(數值) | |
| 3 | 膠墨中性筆藍 | 190元 | 10個 | 190 | 10 | ❶ |
| 4 | 橡皮擦 | 30元 | 8個 | 30 | 8 | |
| 5 | 釘書機 | 200元 | 5個 | 200 | 5 | |
| 6 | 筆記本 | 45元 | 10個 | 45 | 10 | |
| 7 | 口紅膠 | 33元 | 5個 | 33 | 5 | |
| 8 | 剪刀 | 70元 | 12個 | 70 | 12 | |
| 9 | 美工刀 | 90元 | 12個 | 90 | 12 | ❷ |
| 10 | 修正帶 | 60元 | 20個 | 60 | 20 | |
| 11 | 計算機 | 350元 | 3個 | 350 | 3 | |
| 12 | 活頁紙 | 60元 | 30個 | 60 | 30 | |
| 13 | 透明資料夾 A4/10頁 | 60元 | 50個 | 60 | 50 | |
| 14 | 資料夾 2孔/A5 | 80元 | 20個 | 80 | 20 | |
| 15 | PP資料夾 A5 | 20元 | 100個 | 20 | 100 | |
| 16 | 補充用透明袋/A4.30孔.100入 | 450元 | 50個 | 450 | 50 | |
| 17 | | | | 總金額 | | |

## 04 加總「單價 x 數量」

最後，在 E17 儲存格輸入「=SUMPRODUCT(D3:D16,E3:E16)」，將 D3 到 D16 分別乘上 E3 到 E16 的值，並計算加總。

E17 =SUMPRODUCT(D3:D16,E3:E16)

| | A | B | C | D | E | F |
|---|---|---|---|---|---|---|
| 1 | 文具用品採購清單 | | | | | |
| 2 | 品項 | 單價 | 數量 | 單價(數值) | 數量(數值) | |
| 3 | 膠墨中性筆藍 | 190元 | 10個 | 190 | 10 | |
| 4 | 橡皮擦 | 30元 | 8個 | 30 | 8 | |
| 5 | | | 5個 | 200 | 5 | |
| 13 | 透明資料夾 A4/10頁 | 60元 | | | | |
| 14 | 資料夾 2孔/A5 | 80元 | 20個 | 80 | 20 | |
| 15 | PP資料夾 A5 | 20元 | 100個 | 20 | 100 | |
| 16 | 補充用透明袋/A4.30孔.100入 | 450元 | 50個 | 450 | 50 | |
| 17 | | | | 總金額 | 38,825 | |

Unit 083

# 將英文字首改成大寫或是改成全部大寫或全部小寫

**範　例**　統一將課程名稱的英文字首改成大寫

PROPER　UPPER　LOWER

## 範例說明

在輸入英文資料時，得經常按 Shift 鍵切換大、小寫，不但輸入速度較慢也容易打錯，不如一次以小寫的方式輸入完畢，再利用相關函數統一轉換。

Excel 提供三個轉換英文字母大小寫的函數，分別為 PROPER、UPPER 和 LOWER。PROPER 函數可將每個單字的第一個字母轉成大寫，其餘字母轉成小寫；UPPER 函數可將全部字母轉成大寫，LOWER 函數則是將所有字母轉成小寫。

| | A | B | C | D | E |
|---|---|---|---|---|---|
| 1 | 舞蹈課程 | | | | |
| 2 | | | | | |
| 3 | 課程名稱 | 字首大寫 | 全部大寫 | 全部小寫 | |
| 4 | dancehall | Dancehall | DANCEHALL | dancehall | |
| 5 | new jazz | New Jazz | NEW JAZZ | new jazz | |
| 6 | mv dance | Mv Dance | MV DANCE | mv dance | |
| 7 | ballroom dance | Ballroom Dance | BALLROOM DANCE | ballroom dance | |
| 8 | hip hop | Hip Hop | HIP HOP | hip hop | |
| 9 | jazz dance | Jazz Dance | JAZZ DANCE | jazz dance | |
| 10 | broadway dance | Broadway Dance | BROADWAY DANCE | broadway dance | |
| 11 | line dance | Line Dance | LINE DANCE | line dance | |
| 12 | social dance | Social Dance | SOCIAL DANCE | social dance | |
| 13 | | | | | |

| PROPER 函數 | |
|---|---|
| 說明 | 將字串中的每個英文單字第一個字母轉成大寫，其餘字母轉成小寫。 |
| 語法 | =PROPER(字串) |
| 字串 | 要轉換的字串。 |

| UPPER 函數 | |
|---|---|
| 說明 | 將小寫英文字母轉成大寫。 |
| 語法 | =UPPER (字串) |
| 字串 | 要轉換的字串。 |

| LOWER 函數 | |
|---|---|
| 說明 | 將大寫英文字母轉成小寫。 |
| 語法 | =LOWER(字串) |
| 字串 | 要轉換的字串。 |

## 操作步驟

### 01 將英文字母的字首改成大寫

請開啟**練習檔案 \Part 5\Unit_083**，在 B4 儲存格輸入「=PROPER(A4)」❶，即可將 A4 儲存格的英文字首設為大寫。接著，拖曳 B4 儲存格的**填滿控點**到 B12 儲存格，往下複製公式 ❷。

B4 =PROPER(A4)

| | A | B | C |
|---|---|---|---|
| 1 | 舞蹈課程 | | |
| 2 | | | |
| 3 | 課程名稱 | 字首大寫 | 全部大寫 |
| 4 | dancehall | Dancehall | |
| 5 | new jazz | New Jazz | |
| 6 | mv dance | Mv Dance | |
| 7 | ballroom dance | Ballroom Dance | |
| 8 | hip hop | Hip Hop | |
| 9 | jazz dance | Jazz Dance | |
| 10 | broadway dance | Broadway Dance | |
| 11 | line dance | Line Dance | |
| 12 | social dance | Social Dance | |
| 13 | | | |

## 02 將所有英文字母改成大寫

在 C4 儲存格輸入「=UPPER(A4)」❶，即可將 A4 儲存格中的所有英文字母轉成大寫。接著，拖曳 C4 儲存格的**填滿控點**到 C12 儲存格，往下複製公式❷。

C4 =UPPER(A4)

| | A | B | C | D |
|---|---|---|---|---|
| 1 | 舞蹈課程 | | | |
| 2 | | | | |
| 3 | 課程名稱 | 字首大寫 | 全部大寫 | 全部小寫 |
| 4 | dancehall | Dancehall | DANCEHALL | |
| 5 | new jazz | New Jazz | NEW JAZZ | |
| 6 | mv dance | Mv Dance | MV DANCE | |
| 7 | ballroom dance | Ballroom Dance | BALLROOM DANCE | |
| 8 | hip hop | Hip Hop | HIP HOP | |
| 9 | jazz dance | Jazz Dance | JAZZ DANCE | |
| 10 | broadway dance | Broadway Dance | BROADWAY DANCE | |
| 11 | line dance | Line Dance | LINE DANCE | |
| 12 | social dance | Social Dance | SOCIAL DANCE | |

❶ ❷

## 03 將所有英文字母改成小寫

在 D4 儲存格輸入「=LOWER(C4)」❶，即可將 C4 儲存格的全部大寫英文字母轉換成小寫。接著，拖曳 D4 儲存格的**填滿控點**到 D12 儲存格，往下複製公式❷。

D4 =LOWER(C4)

| | A | B | C | D |
|---|---|---|---|---|
| 1 | 舞蹈課程 | | | |
| 2 | | | | |
| 3 | 課程名稱 | 字首大寫 | 全部大寫 | 全部小寫 |
| 4 | dancehall | Dancehall | DANCEHALL | dancehall |
| 5 | new jazz | New Jazz | NEW JAZZ | new jazz |
| 6 | mv dance | Mv Dance | MV DANCE | mv dance |
| 7 | ballroom dance | Ballroom Dance | BALLROOM DANCE | ballroom dance |
| 8 | hip hop | Hip Hop | HIP HOP | hip hop |
| 9 | jazz dance | Jazz Dance | JAZZ DANCE | jazz dance |
| 10 | broadway dance | Broadway Dance | BROADWAY DANCE | broadway dance |
| 11 | line dance | Line Dance | LINE DANCE | line dance |
| 12 | social dance | Social Dance | SOCIAL DANCE | social dance |

❶ ❷

Unit 084

# 將文字依指定的位置或字數切割成兩欄

**範例** 將咖啡豆清單中的品種和價格分成兩欄

FIND SUBSTITUTE

## 範例說明

下圖的咖啡豆清單，品種及價格都放在同一個儲存格裡不易閱讀，想將品種及價格切割成兩欄，要如何進行呢？或許你會想到可以用 MID 函數從字串中取出文字，但是 MID 函數只能取出有「固定字數」的文字，範例中的咖啡豆品種字數不一，就沒辦法用 MID 函數來處理。還好，可以用 FIND 函數搭配 SUBSTITUTE 函數來做切割。

| | A | B | C | D |
|---|---|---|---|---|
| 1 | 咖啡豆價目表 | | | |
| 2 | | | | |
| 3 | 咖啡豆清單 | 品種 | 價格 | |
| 4 | 耶加雪菲 咖啡豆(半磅)$480 | 耶加雪菲 咖啡豆 | (半磅)$480 | |
| 5 | 衣索比亞 咖啡豆(半磅)$390 | 衣索比亞 咖啡豆 | (半磅)$390 | |
| 6 | 超級肯亞 咖啡豆(半磅)$500 | 超級肯亞 咖啡豆 | (半磅)$500 | |
| 7 | 巴拿馬日曬 咖啡豆(半磅)$550 | 巴拿馬日曬 咖啡豆 | (半磅)$550 | |
| 8 | 黃金曼特寧 咖啡豆(半磅)$500 | 黃金曼特寧 咖啡豆 | (半磅)$500 | |
| 9 | 林東之金 咖啡豆(半磅)$500 | 林東之金 咖啡豆 | (半磅)$500 | |
| 10 | 瓜地馬拉安提瓜 咖啡豆(半磅)$350 | 瓜地馬拉安提瓜 咖啡豆 | (半磅)$350 | |

| FIND 函數 | |
|---|---|
| 說明 | 在字串內尋找指定的文字，並回傳該文字在字串中的起始位置。 |
| 語法 | **=FIND(搜尋字串,尋找的目標, [開始位置])** |
| 搜尋字串 | 指定要尋找的文字。 |
| 尋找的目標 | 想要尋找文字的目標（儲存格）。 |
| 開始位置 | 指定為「1」，表示從指定位置開始搜尋「尋找的目標」裡的第一個字元位置。若指定為「2」，表示從第 2 個字元開始尋找。如果省略「開始位置」預設值為「1」。 |

| SUBSTITUTE 函數 | |
|---|---|
| 說明 | 將文字字串中的部份字串以新字串取代。 |
| 語法 | **=SUBSTITUTE(字串, 搜尋字串, 置換字串, [要置換的對象])** |
| 字串 | 指定目標字串。 |
| 搜尋字串 | 要被取代的舊字串。 |
| 置換字串 | 用來取代的新字串。 |
| 要置換的對象 | 指定要從第幾個舊字串開始取代為新字串（可省略）。 |

## 操作步驟

### 01 擷取「豆」字之前的文字

請開啟**練習檔案 \Part 5\Unit_084**，在 B4 儲存格輸入「=LEFT(A4,FIND(" 豆 ",A4,1))」❶，即可取出 A4 儲存格左側開始第 1 個字到「豆」之前的文字。接著，拖曳 B4 儲存格的**填滿控點**到 B10 儲存格，往下複製公式❷。

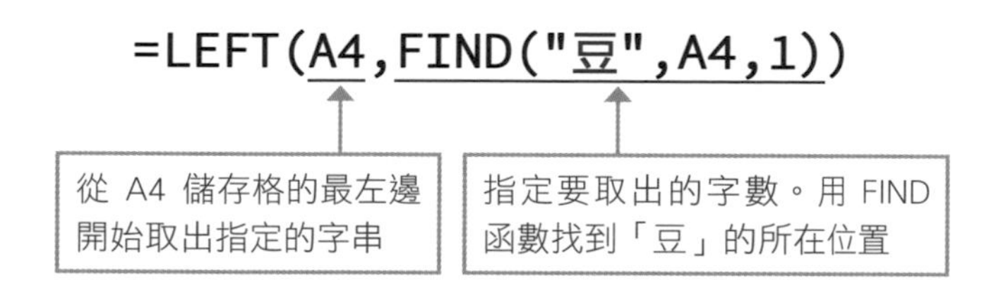


B4 =LEFT(A4,FIND("豆",A4,1))

| | A | B | C |
|---|---|---|---|
| 1 | 咖啡豆價目表 | | |
| 2 | | | |
| 3 | 咖啡豆清單 | 品種 | 價格 |
| 4 | 耶加雪菲 咖啡豆(半磅)$480 | 耶加雪菲 咖啡豆 | |
| 5 | 衣索比亞 咖啡豆(半磅)$390 | 衣索比亞 咖啡豆 | |
| 6 | 超級肯亞 咖啡豆(半磅)$500 | 超級肯亞 咖啡豆 | |
| 7 | 巴拿馬日曬 咖啡豆(半磅)$550 | 巴拿馬日曬 咖啡豆 | |
| 8 | 黃金曼特寧 咖啡豆(半磅)$500 | 黃金曼特寧 咖啡豆 | |
| 9 | 林東之金 咖啡豆(半磅)$500 | 林東之金 咖啡豆 | |
| 10 | 瓜地馬拉安提瓜 咖啡豆(半磅)$350 | 瓜地馬拉安提瓜 咖啡豆 | |

## 02 刪除 A4 儲存格中的「品種」文字

在 C4 儲存格輸入「=SUBSTITUTE(A4,B4,"")」❶，將 A4 儲存格中和 B4 儲存格相同的部分變成空白。換句話說，也就是將 A4 儲存格刪除 B4 儲存格的文字，只留下磅數及價格的部分。接著，拖曳 C4 儲存格的**填滿控點**到 C10 儲存格，往下複製公式❷。

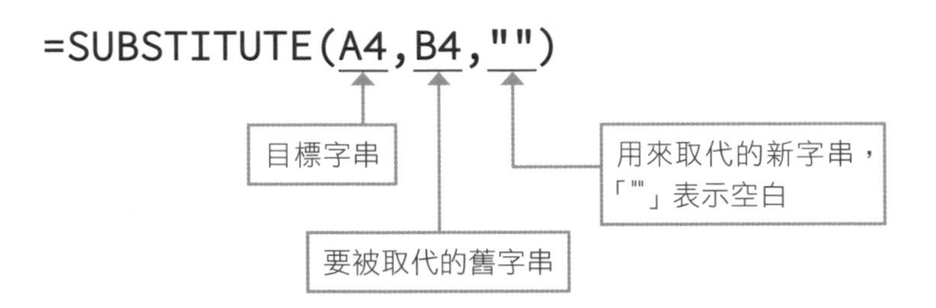


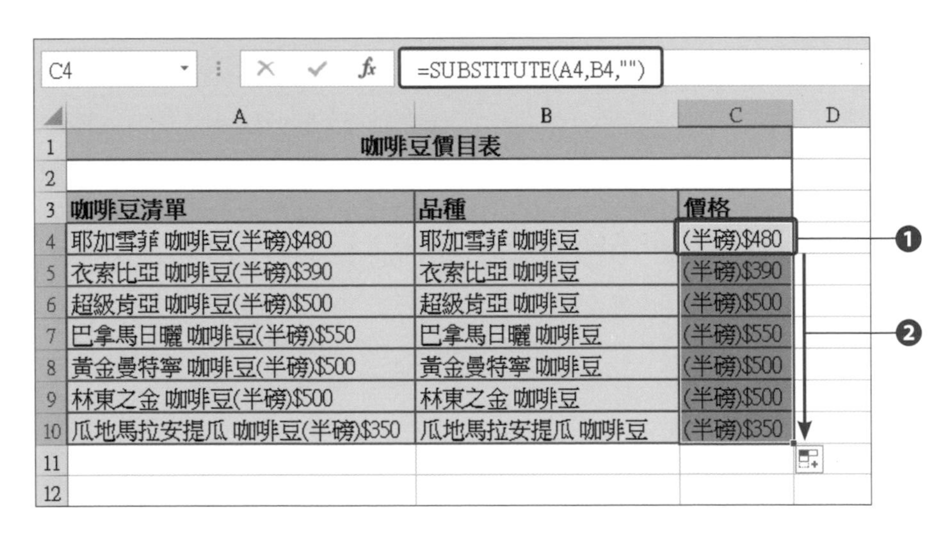


| | A | B | C | D |
|---|---|---|---|---|
| 1 | 咖啡豆價目表 | | | |
| 2 | | | | |
| 3 | 咖啡豆清單 | 品種 | 價格 | |
| 4 | 耶加雪菲 咖啡豆(半磅)$480 | 耶加雪菲 咖啡豆 | (半磅)$480 | |
| 5 | 衣索比亞 咖啡豆(半磅)$390 | 衣索比亞 咖啡豆 | (半磅)$390 | |
| 6 | 超級肯亞 咖啡豆(半磅)$500 | 超級肯亞 咖啡豆 | (半磅)$500 | |
| 7 | 巴拿馬日曬 咖啡豆(半磅)$550 | 巴拿馬日曬 咖啡豆 | (半磅)$550 | |
| 8 | 黃金曼特寧 咖啡豆(半磅)$500 | 黃金曼特寧 咖啡豆 | (半磅)$500 | |
| 9 | 林東之金 咖啡豆(半磅)$500 | 林東之金 咖啡豆 | (半磅)$500 | |
| 10 | 瓜地馬拉安提瓜 咖啡豆(半磅)$350 | 瓜地馬拉安提瓜 咖啡豆 | (半磅)$350 | |
| 11 | | | | |
| 12 | | | | |

Unit 085

# 將儲存格文字，依指定條件拆成兩欄

**範例** 將客戶地址中的縣市名稱及地址分別放在不同欄位

MID LEFT SUBSTITUTE IF OR

## 範例說明

要將儲存格的文字依指定條件拆成兩個欄位，該如何處理呢？以下圖的客戶清單為例，想將客戶地址中的縣市名稱獨立成一欄，其餘地址放在另外一欄，但由於沒有分隔符號，無法使用**資料**頁次中的**資料剖析**功能來操作，可以用什麼函數來分拆呢？

| | A | B | C | D | E |
|---|---|---|---|---|---|
| 1 | 客戶清單 | | | | |
| 2 | 客戶姓名 | &地址 | 縣市 | 區域地址 | |
| 3 | 陳艾咪 | 高雄市仁武區澄德路X號 | 高雄市 | 仁武區澄德路X號 | |
| 4 | 林雪倫 | 新北市汐止區仁愛路X號 | 新北市 | 汐止區仁愛路X號 | |
| 5 | 柯艾倫 | 高雄市三民區教仁路X號 | 高雄市 | 三民區教仁路X號 | |
| 6 | 陳米亞 | 苗栗縣竹南鎮竹圍街X號 | 苗栗縣 | 竹南鎮竹圍街X號 | |
| 7 | 蔡利莎 | 台北市中正區忠孝東路X號 | 台北市 | 中正區忠孝東路X號 | |
| 8 | 艾蜜莉 | 桃園市蘆竹區長壽二街X號 | 桃園市 | 蘆竹區長壽二街X號 | |
| 9 | 賈斯汀 | 新北市新店區寶橋路X號 | 新北市 | 新店區寶橋路X號 | |
| 10 | | | | | |

想將縣市名稱及地址分別獨立在不同欄位

| SUBSTITUTE 函數 | |
|---|---|
| 說明 | 將文字字串中的部份字串以新字串取代。 |
| 語法 | =SUBSTITUTE(字串, 搜尋字串, 置換字串, [要置換的對象]) |
| 字串 | 指定目標字串。 |
| 搜尋字串 | 要被取代的舊字串。 |
| 置換字串 | 用來取代的新字串。 |
| 要置換的對象 | 指定要從第幾個舊字串開始取代為新字串（可省略）。 |

## 操作步驟

### 01 利用 MID 及 LEFT 函數取出縣市名稱

請開啟**練習檔案 \Part 5\Unit_085**，在 C3 儲存格輸入如下公式，利用 MID 及 LEFT 函數從 B3 儲存格取出縣市名稱。接著，拖曳 C3 儲存格的**填滿控點**到 C9 儲存格，往下複製公式。

```
=LEFT(B3,(MID(B3,4,1)="市")+3)
```

從 B3 儲存格的第 4 個字元開始取 1 個字，判斷該字是不是「市」，如果是則會產生「1」，若不是則會產生「0」

因為 MID 函數判斷出來的結果為「0」，因此「+3」後，會從 B3 儲存格的左邊開始取 3 個字

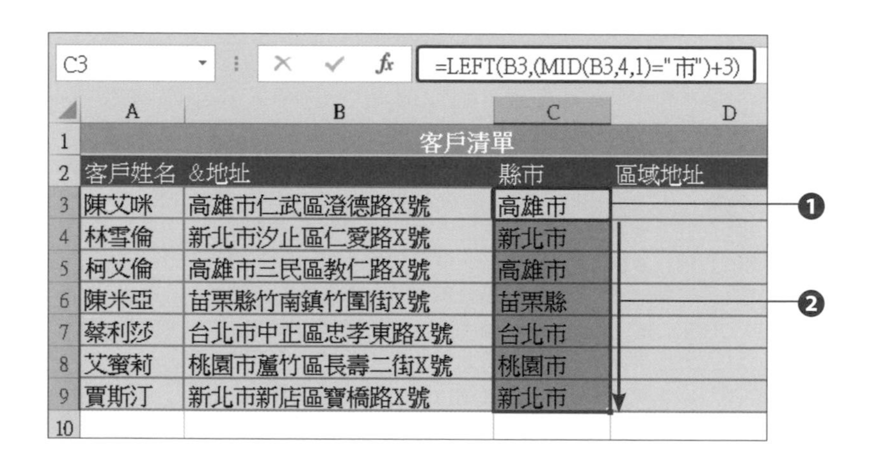


### 02 用 SUBSTITUTE 函數取出縣市名稱以外的文字

選取 D3 儲存格，輸入「=SUBSTITUTE(B3,C3,"")」❶。接著，拖曳 D3 儲存格的**填滿控點**到 D9 儲存格，往下複製公式 ❷。

```
= SUBSTITUTE(B3,C3,"")
```

將 B3 儲存格前 3 個字元變成空白，也就是將 B3 儲存格的「高雄市」刪除。於是儲存格變成「仁武區澄德路 X 號」

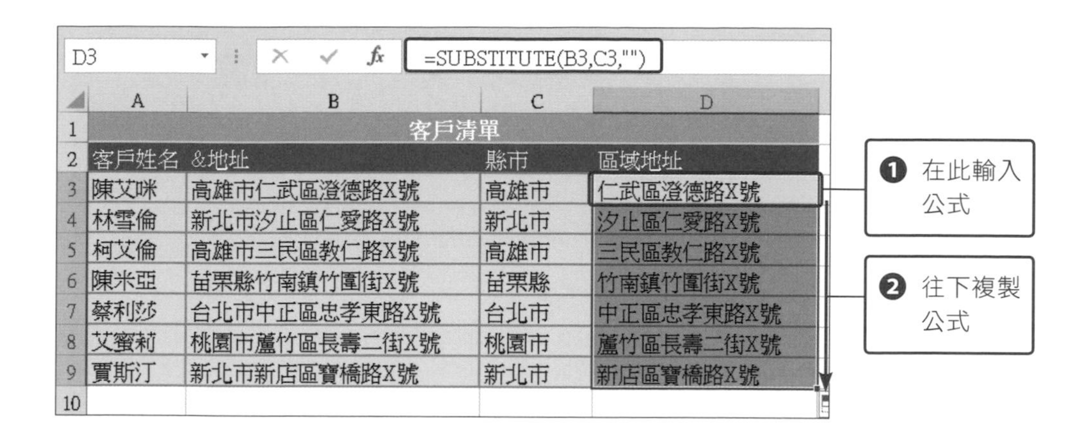
D3 =SUBSTITUTE(B3,C3,"")

| | A | B | C | D |
|---|---|---|---|---|
| 1 | 客戶清單 | | | |
| 2 | 客戶姓名 | &地址 | 縣市 | 區域地址 |
| 3 | 陳艾咪 | 高雄市仁武區澄德路X號 | 高雄市 | 仁武區澄德路X號 |
| 4 | 林雪倫 | 新北市汐止區仁愛路X號 | 新北市 | 汐止區仁愛路X號 |
| 5 | 柯艾倫 | 高雄市三民區教仁路X號 | 高雄市 | 三民區教仁路X號 |
| 6 | 陳米亞 | 苗栗縣竹南鎮竹圍街X號 | 苗栗縣 | 竹南鎮竹圍街X號 |
| 7 | 蔡利莎 | 台北市中正區忠孝東路X號 | 台北市 | 中正區忠孝東路X號 |
| 8 | 艾蜜莉 | 桃園市蘆竹區長壽二街X號 | 桃園市 | 蘆竹區長壽二街X號 |
| 9 | 賈斯汀 | 新北市新店區寶橋路X號 | 新北市 | 新店區寶橋路X號 |
| 10 | | | | |



## ☑ 舉一反三　若是客戶地址沒有輸入縣市名稱，則以空白顯示

以剛才的範例而言，當 B3 儲存格沒有輸入「縣市名稱」時，C3 儲存格就會顯示「地區名稱」。若是希望在沒有輸入「縣市名稱」時，C 欄直接顯示空白，該怎麼做呢？

請開啟**練習檔案\Part 5\Unit_085_舉一反三**，在 C3 儲存格輸入如下的公式。再拖曳 C3 儲存格的**填滿控點**到 C9 儲存格，往下複製公式。

```
=IF(OR(MID(B3,3,1)={"市","縣"}),LEFT(B3,3),"")
```

判斷地址中第 3 個字是否為「市」或「縣」

若為「市」或「縣」，則利用 LEFT 函數取出前 3 個字，若不是則顯示空白

C3 =IF(OR(MID(B3,3,1)={"市","縣"}),LEFT(B3,3),"")

| | A | B | C | D |
|---|---|---|---|---|
| 1 | 客戶清單 | | | |
| 2 | 客戶姓名 | &地址 | 縣市 | 區域地址 |
| 3 | 陳艾咪 | 高雄市仁武區澄德路X號 | 高雄市 | 仁武區澄德路X號 |
| 4 | 林雪倫 | 新北市汐止區仁愛路X號 | 新北市 | 汐止區仁愛路X號 |
| 5 | 柯艾倫 | 高雄市三民區教仁路X號 | 高雄市 | 三民區教仁路X號 |
| 6 | 陳米亞 | 苗栗縣竹南鎮竹圍街X號 | 苗栗縣 | 竹南鎮竹圍街X號 |
| 7 | 蔡利莎 | 中正區忠孝東路X號 | | 中正區忠孝東路X號 |
| 8 | 艾蜜莉 | 桃園市蘆竹區長壽二街X號 | 桃園市 | 蘆竹區長壽二街X號 |
| 9 | 賈斯汀 | 新店區寶橋路X號 | | 新店區寶橋路X號 |

地址中沒有輸入縣市名稱，則會顯示空白

# Unit 086 將數字轉換成含有區碼的電話格式

**範例** 統一電話格式，在區碼最前面補「0」並加上「( )」

IF LEN SUBSTITUTE LEFT RIGHT

## 範例說明

在儲存格中輸入行動電話或是市話號碼（如：022399-1588），開頭的數字 0 會被自動刪除。如果想要顯示開頭的 0，該怎麼辦呢？或許有人會想到直接套用**設定儲存格格式**交談窗中**數值**頁次**特殊**類別裡的**一般電話號碼**格式就可以解決，但是市話有 7 碼及 8 碼之分，若是以套用格式的方法，得先個別選取 7 碼及 8 碼的號碼再套用格式，當資料量大時，也是相當費時費力。有什麼函數可以一次統一電話格式，並加上 (02) 這樣的區碼呢？

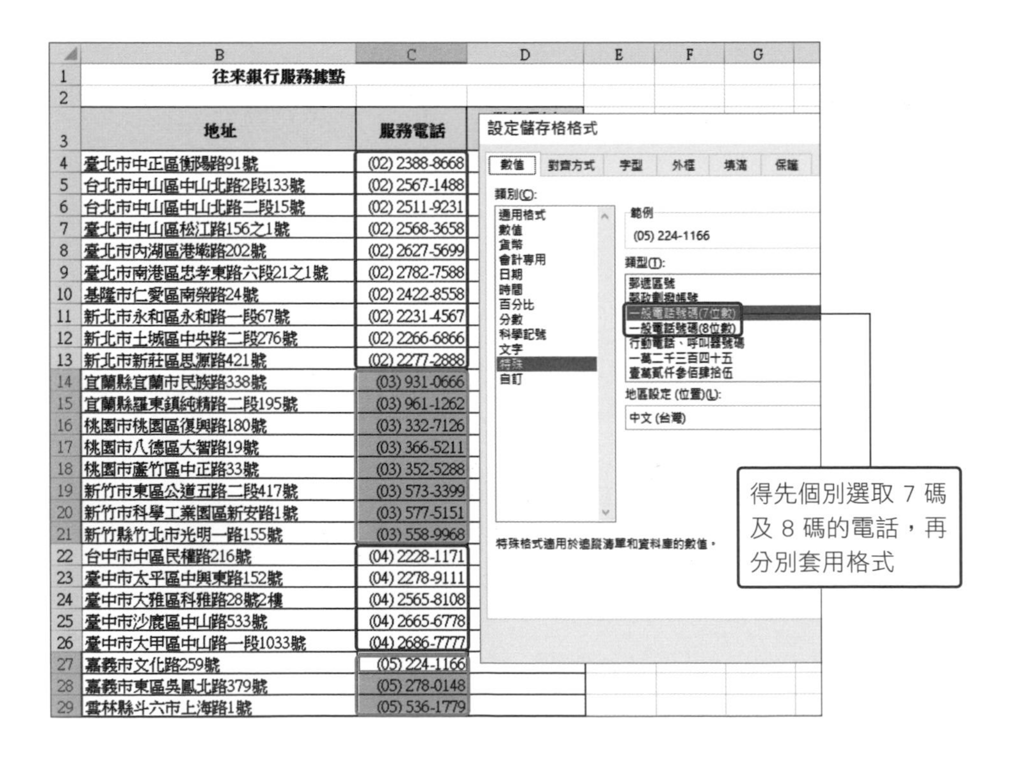

## 操作步驟

### 01 在電話號碼最前面補「0」並以「(02)」的格式顯示區碼

請開啟**練習檔案 \Part 5\Unit_086**，C 欄的服務電話第 1 碼為區碼，我們要利用 SUBSTITUTE 函數補上區碼的「0」，並在區碼前後加上括號，以「(02)」格式顯示。請在 D4 儲存格輸入「=SUBSTITUTE(C4,C4,"(0"&LEFT(C4,1)&") "&RIGHT(C4,9))」❶。再拖曳 D4 儲存格的**填滿控點**到 D39 儲存格，往下複製公式❷。

```
=SUBSTITUTE(C4,C4,"(0"&LEFT(C4,1)&") "&RIGHT(C4,9))
```

利用 LEFT 函數從 C4 儲存格取出最左邊的第 1 個字元，在該字元的前面加上「(0」，在該字元後面加上「)」

在區碼的後面，利用 & 連接 RIGHT 函數從 C4 儲存格的最右邊取出 9 個字元

D4 =SUBSTITUTE(C4,C4,"(0"&LEFT(C4,1)&") "&RIGHT(C4,9))

往來銀行服務據點

| 分行 | 地址 | 服務電話 | 服務電話(含區碼) |
|---|---|---|---|
| 衡陽分行 | 臺北市中正區衡陽路91號 | 22388-8668 | (02) 2388-8668 |
| 圓山分行 | 台北市中山區中山北路2段133號 | 22567-1488 | (02) 2567-1488 |
| 中山分行 | 台北市中山區中山北路二段15號 | 22511-9231 | (02) 2511-9231 |
| 城北分行 | 臺北市中山區松江路156之1號 | 22568-3658 | (02) 2568-3658 |
| 東內湖分行 | 臺北市內湖區港墘路202號 | 22627-5699 | (02) 2627-5699 |
| 南港分行 | 臺北市南港區忠孝東路六段21之1號 | 22782-7588 | (02) 2782-7588 |
| 基隆分行 | 基隆市仁愛區南榮路24號 | 22422-8558 | (02) 2422-8558 |
| 雙和分行 | 新北市永和區永和路一段67號 | 222314-567 | (02) 22314-567 |
| 土城分行 | 新北市土城區中央路二段276號 | 22266-6866 | (02) 2266-6866 |
| 新莊分行 | 新北市新莊區思源路421號 | 22277-2888 | (02) 2277-2888 |
| 宜蘭分行 | 宜蘭縣宜蘭市民族路338號 | 3931-0666 | (03) 3931-0666 |
| 羅東分行 | 宜蘭縣羅東鎮純精路二段195號 | 3961-1262 | (03) 3961-1262 |

| SUBSTITUTE 函數 | |
|---|---|
| 說明 | 將文字字串中的部份字串以新字串取代。 |
| 語法 | =SUBSTITUTE(字串, 搜尋字串, 置換字串, [要置換的對象]) |
| 字串 | 指定目標字串。 |
| 搜尋字串 | 要被取代的舊字串。 |
| 置換字串 | 用來取代的新字串。 |
| 要置換的對象 | 指定要從第幾個舊字串開始取代為新字串（可省略）。 |

## 02 利用 IF 及 LEN 函數處理 7 碼的電話號碼

剛才已經完成區碼的格式設定，但是先別急著收工，我們還要繼續處理 7 碼的電話號碼。目前 7 碼的電話會重複區碼的第 2 個數字，因為上個步驟的 RIGHT(C4,9)，是從右邊取出 9 個字元（含 "-" 符號）。

所以在此要利用 IF 及 LEN 函數來做判斷，當 C4 儲存格的字數大於 9（包含 "-" 符號），就執行上個步驟的公式從 C4 儲存格的右側開始取出 9 個字元並加上區碼格式；若 C4 儲存格的字數小於 9，則從 C4 儲存格的右側開始取出 8 個字元並加上區碼格式。請選取 D4 儲存格，並在**資料編輯列**中輸入底下以紅線標示的公式。

```
=IF(LEN(C4)>9,SUBSTITUTE(C4,C4,"(0"&LEFT
(C4,1)&") "&RIGHT(C4,9)),SUBSTITUTE(C4,C4,
"(0"&LEFT(C4,1)&") "&RIGHT(C4,8)))
```

選取 D4 儲存格，在**資料編輯列**中加上紅線標示的公式

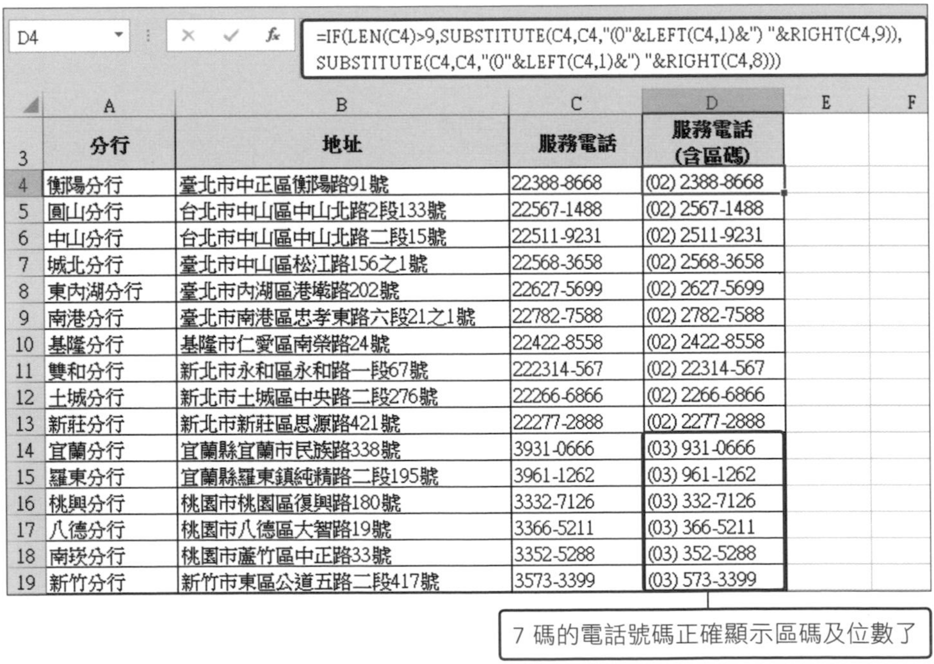

D4 =IF(LEN(C4)>9,SUBSTITUTE(C4,C4,"(0"&LEFT(C4,1)&") "&RIGHT(C4,9)),SUBSTITUTE(C4,C4,"(0"&LEFT(C4,1)&") "&RIGHT(C4,8)))

| 3 | 分行 | 地址 | 服務電話 | 服務電話(含區碼) | E | F |
|---|---|---|---|---|---|---|
| 4 | 衡陽分行 | 臺北市中正區衡陽路91號 | 22388-8668 | (02) 2388-8668 | | |
| 5 | 圓山分行 | 台北市中山區中山北路2段133號 | 22567-1488 | (02) 2567-1488 | | |
| 6 | 中山分行 | 台北市中山區中山北路二段15號 | 22511-9231 | (02) 2511-9231 | | |
| 7 | 城北分行 | 臺北市中山區松江路156之1號 | 22568-3658 | (02) 2568-3658 | | |
| 8 | 東內湖分行 | 臺北市內湖區港墘路202號 | 22627-5699 | (02) 2627-5699 | | |
| 9 | 南港分行 | 臺北市南港區忠孝東路六段21之1號 | 22782-7588 | (02) 2782-7588 | | |
| 10 | 基隆分行 | 基隆市仁愛區南榮路24號 | 22422-8558 | (02) 2422-8558 | | |
| 11 | 雙和分行 | 新北市永和區永和路一段67號 | 222314-567 | (02) 22314-567 | | |
| 12 | 土城分行 | 新北市土城區中央路二段276號 | 22266-6866 | (02) 2266-6866 | | |
| 13 | 新莊分行 | 新北市新莊區思源路421號 | 22277-2888 | (02) 2277-2888 | | |
| 14 | 宜蘭分行 | 宜蘭縣宜蘭市民族路338號 | 3931-0666 | (03) 931-0666 | | |
| 15 | 羅東分行 | 宜蘭縣羅東鎮純精路二段195號 | 3961-1262 | (03) 961-1262 | | |
| 16 | 桃興分行 | 桃園市桃園區復興路180號 | 3332-7126 | (03) 332-7126 | | |
| 17 | 八德分行 | 桃園市八德區大智路19號 | 3366-5211 | (03) 366-5211 | | |
| 18 | 南崁分行 | 桃園市蘆竹區中正路33號 | 3352-5288 | (03) 352-5288 | | |
| 19 | 新竹分行 | 新竹市東區公道五路二段417號 | 3573-3399 | (03) 573-3399 | | |

7 碼的電話號碼正確顯示區碼及位數了

# Unit 087 將兩欄的字串合併成同一欄，且分成兩列

**範例** 將員工編號與員工姓名合併在一起，並分成兩列

CONCATENATE CHAR

## 範例說明

有時候為了方便統整資料格式或是進行篩選、排序等作業，我們會在不同欄位存放有關聯的資料。例如將地址資料的縣市、區域、路名分別放置在不同欄位；或是將員工編號、員工姓名放在不同欄位。但是當需要合併這些資料時，又免不了要不斷地複製 / 貼上，有什麼函數可以快速將字串結合在一起呢？

| | A | B | C | D |
|---|---|---|---|---|
| 1 | 員工資料表 | | | |
| 2 | | | | |
| 3 | 員工編號 | 姓名 | 合併並分兩列 | |
| 4 | 1801 | 周俊平 | 1801<br>周俊平 | |
| 5 | 1802 | 陳慶元 | 1802<br>陳慶元 | |
| 6 | 1803 | 薛健治 | 1803<br>薛健治 | |
| 7 | 1804 | 劉元元 | 1804<br>劉元元 | |
| 8 | 1805 | 陳麗美 | 1805<br>陳麗美 | |
| 9 | 1806 | 蘇守康 | 1806<br>蘇守康 | |
| 10 | 1807 | 蘇莊雲 | 1807<br>蘇莊雲 | |

想將兩個字串結合在一起，並分成上下兩列

| CONCATENATE 函數 | |
|---|---|
| 說明 | 將多組字串組合成單一字串。 |
| 語法 | =CONCATENATE(字串1,[字串2],……) |
| 字串 | 指定要連結的字串。Excel 2007 之後的版本最多可指定 255 個字串；Excel 2003 最多可指定 30 個字串。 |

| CHAR 函數 | |
|---|---|
| 說明 | 將指定的字元碼轉換成對應的文字。 |
| 語法 | =CHAR (數值) |
| 數值 | 指定字元碼數值。 |

## 操作步驟

### 01 利用 CONCATENATE 函數結合多組字串

請開啟**練習檔案 \Part 5\Unit_087**，在 C4 儲存格輸入如下的公式，即可合併 A4 及 B4 儲存格。接著，拖曳 C4 儲存格的**填滿控點**到 C12 儲存格，往下複製公式。

=CONCATENATE(A4,CHAR(10),B4)

數值「10 」是換列的字元碼，因此輸入 CHAR(10) 等同加上換列的動作

C4　=CONCATENATE(A4,CHAR(10),B4)

| | A | B | C | D | E | F |
|---|---|---|---|---|---|---|
| 1 | 員工資料表 | | | | | |
| 2 | | | | | | |
| 3 | 員工編號 | 姓名 | 合併並分兩列 | | | |
| 4 | 1801 | 周俊平 | 1801 周俊平 | | | |
| 5 | 1802 | 陳慶元 | 1802 陳慶元 | | | |
| 6 | 1803 | 薛健治 | 1803 薛健治 | | | |
| 7 | 1804 | 劉元元 | 1804 劉元元 | | | |
| 8 | 1805 | 陳麗美 | 1805 陳麗美 | | | |
| 9 | 1806 | 蘇守康 | 1806 蘇守康 | | | |
| 10 | 1807 | 蘇莊雲 | 1807 蘇莊雲 | | | |
| 11 | 1808 | 蔡祈川 | 1808 蔡祈川 | | | |
| 12 | 1809 | 楊百億 | 1809 楊百億 | | | |

❶ 在此輸入公式

❷ 往下拖曳**填滿控點**，以複製公式

### 02 將儲存格設成「自動換行」

請選取 C4：C12 儲存格，按下**常用**頁次**對齊方式**區的**自動換行**鈕。

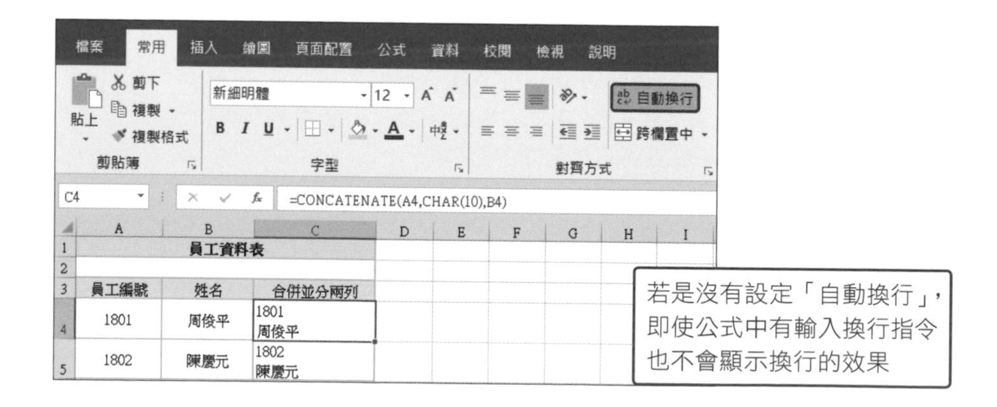

Unit 088

# 製作下拉式選單並自動帶入產品相關資料

**範　例**　點選產品類別後，自動帶出該類別的產品名稱及單價

INDIRECT　VLOOKUP　IFERROR　資料驗證　定義名稱

## 範例說明

在輸入訂購單、估價單、…等資料時，一筆筆輸入產品類別、產品名稱、單價，實在很累人，而且容易打錯字。若是能夠將這些資料以選單的方式讓使用者點選，不但可以節省輸入時間也能避免打錯，如果能夠順便在點選產品類別後，自動列出該類別下的產品名稱及單價，那就更方便了！

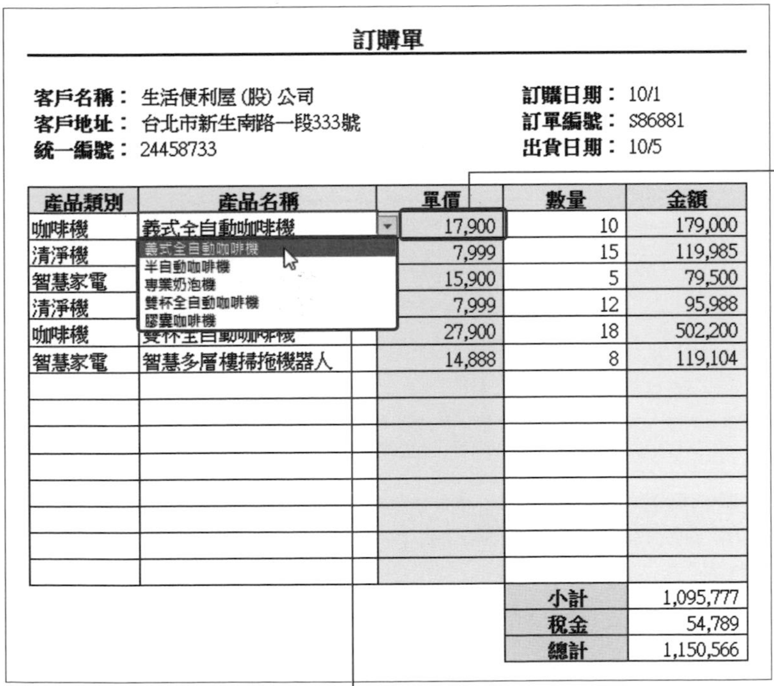

**訂購單**

**客戶名稱：** 生活便利屋(股)公司　　**訂購日期：** 10/1
**客戶地址：** 台北市新生南路一段333號　　**訂單編號：** S86881
**統一編號：** 24458733　　**出貨日期：** 10/5

| 產品類別 | 產品名稱 | 單價 | 數量 | 金額 |
|---|---|---|---|---|
| 咖啡機 | 義式全自動咖啡機 | 17,900 | 10 | 179,000 |
| 清淨機 | | 7,999 | 15 | 119,985 |
| 智慧家電 | | 15,900 | 5 | 79,500 |
| 清淨機 | | 7,999 | 12 | 95,988 |
| 咖啡機 | 雙杯全自動咖啡機 | 27,900 | 18 | 502,200 |
| 智慧家電 | 智慧多層樓掃拖機器人 | 14,888 | 8 | 119,104 |
| | | | 小計 | 1,095,777 |
| | | | 稅金 | 54,789 |
| | | | 總計 | 1,150,566 |

下拉選單：義式全自動咖啡機、半自動咖啡機、專業奶泡機、雙杯全自動咖啡機、膠囊咖啡機

點選產品名稱後，自動帶出該產品的單價

希望點選產品類別後，自動帶出該類別下的產品名稱

## 操作步驟

**01** 建立「產品類別」下拉選單

請開啟**練習檔案 \Part 5\Unit_088**，選取 A9：A22 儲存格，按下**資料**頁次的**資料驗證**鈕，開啟**資料驗證**交談窗後如下設定，就可建立產品類別的拉下選單。

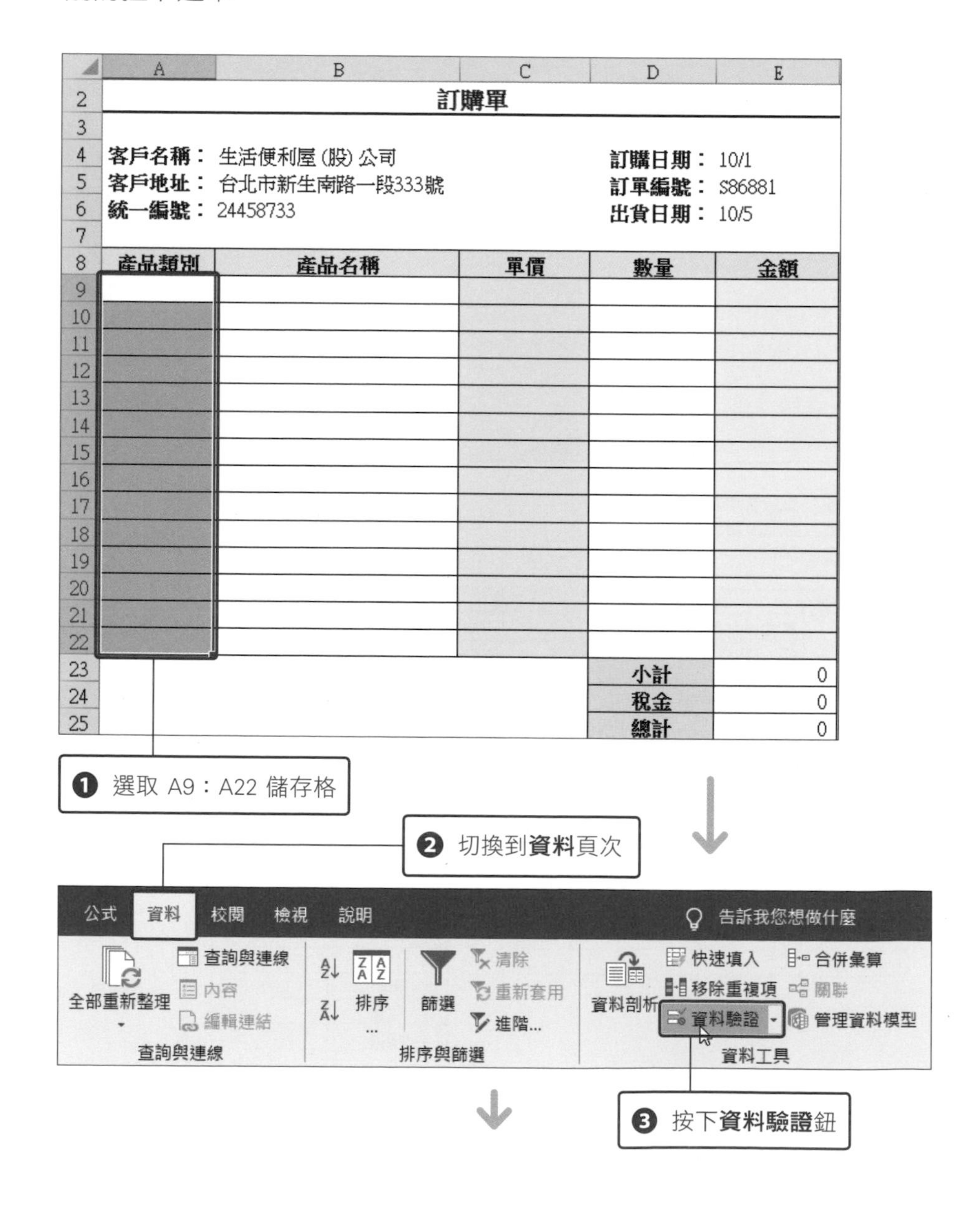

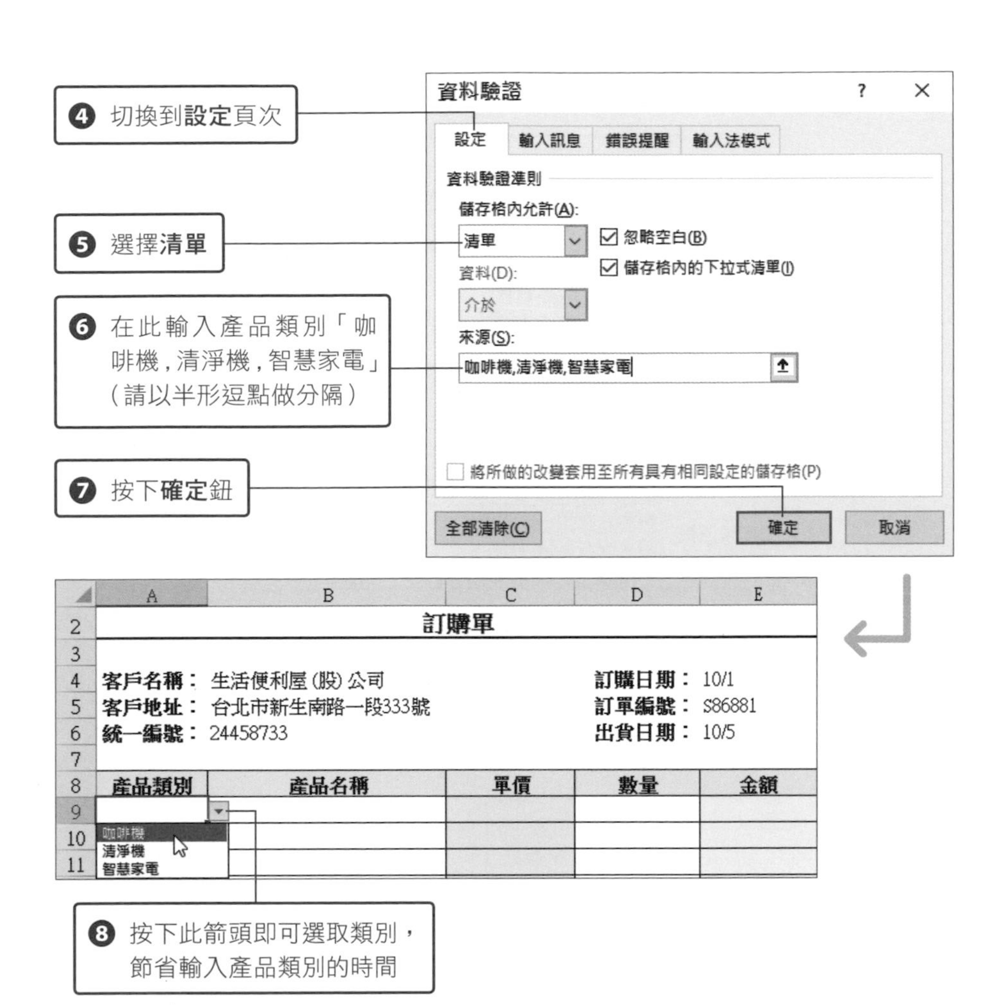


## 02 定義產品名稱

由於我們希望能在點選產品類別後，自動帶出所選類別下的產品名稱，因此要事先定義各類產品名稱。請選取 H9：H13，再到**名稱方塊**中輸入「咖啡機」，輸入後請按下 Enter 鍵。接著，請用相同的方法，個別建立「清淨機」及「智慧家電」的產品名稱。

| 定義的名稱 | 儲存格範圍 |
| --- | --- |
| 咖啡機 | H9：H13 |
| 清淨機 | H14：H17 |
| 智慧家電 | H18：H21 |

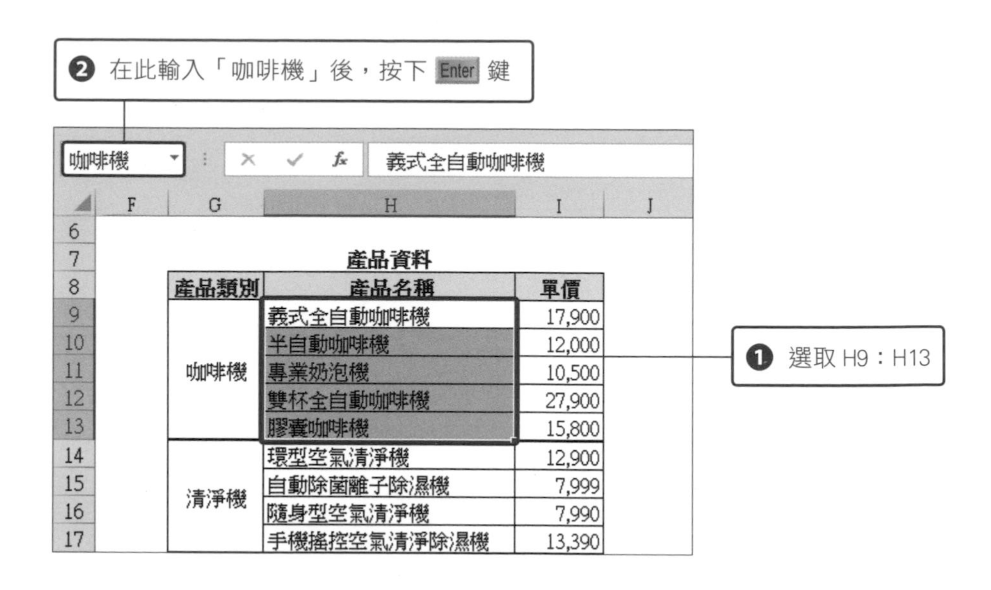


若要查看已經定義的名稱，可以切換到**公式**頁次，在**已定義之名稱**區按下**名稱管理員**鈕，即會開啟如下的交談窗：

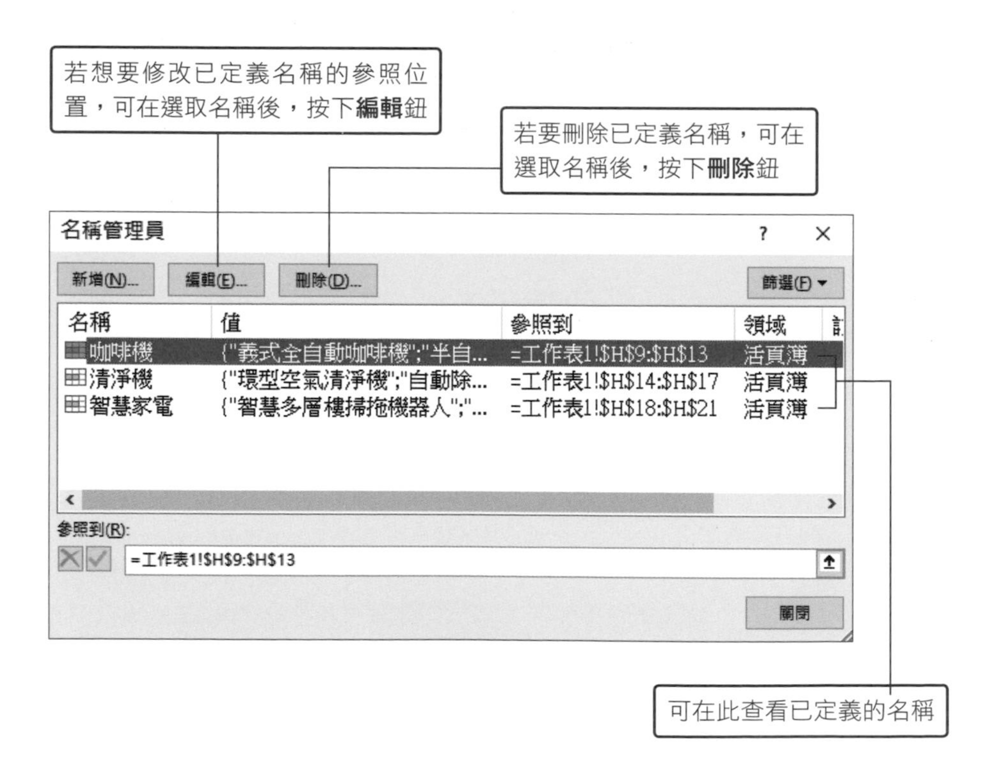

## 03 依所選的「產品類別」自動帶出「產品名稱」

請選取 B9 儲存格，切換到**資料**頁次，按下**資料驗證**鈕，開啟交談窗後如下設定，這樣在 A 欄選取產品類別後，就會自動帶出該類別下的產品名稱。

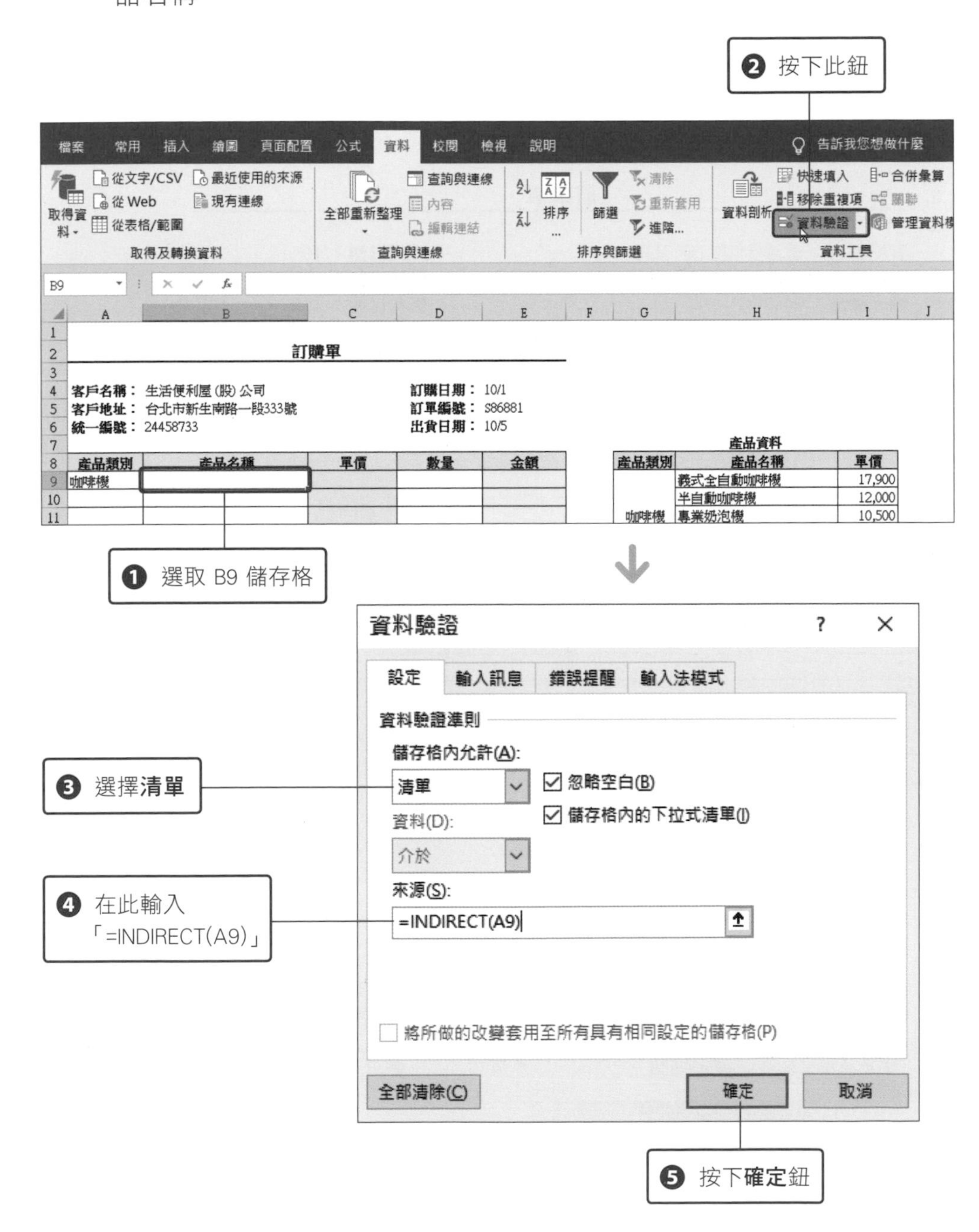

| INDIRECT 函數 | |
|---|---|
| 說明 | 回傳指定的參照位址。 |
| 語法 | =INDIRECT(參照字串, [參照形式]) |
| 參照字串 | 指定儲存格編號或是已定義的「名稱」。 |
| 參照形式 | 參照形式分成 A1 及 R1C1 兩種。若省略此引數或是輸入 TRUE，則為 A1 形式；若輸入 FALSE 則為 R1C1 形式。 |

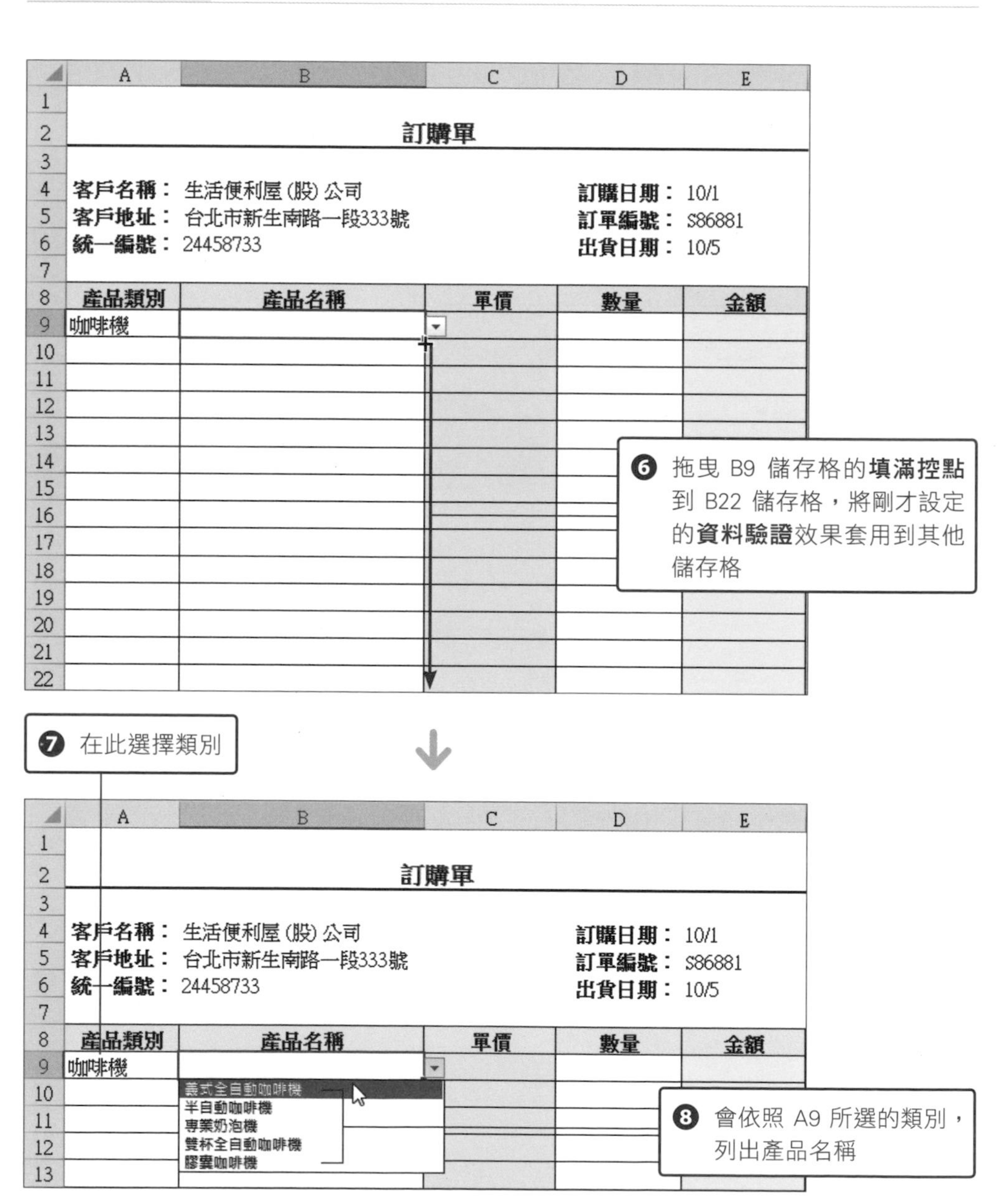

## 04 利用 VLOOKUP 及 INDIRECT 函數，依所選的「產品名稱」自動帶出「單價」

最後，我們希望選取產品名稱後，能自動帶出單價，請在 C9 儲存格輸入「=IFERROR(VLOOKUP(B9,$H$9:$I$21,2,FALSE),"")」，接著將公式往下複製到 C22 儲存格。

```
=IFERROR(VLOOKUP(B9,$H$9:$I$21,2,FALSE),"")
```

當尚未輸入產品類別及產品名稱時，單價欄會出現「#N/A」的訊息，在此利用 IFERROR 函數隱藏訊息

將 B9 儲存格當作「搜尋值」，在產品資料表（H9：I21）中搜尋，若找到相同的值就取出同一列第 2 欄的單價

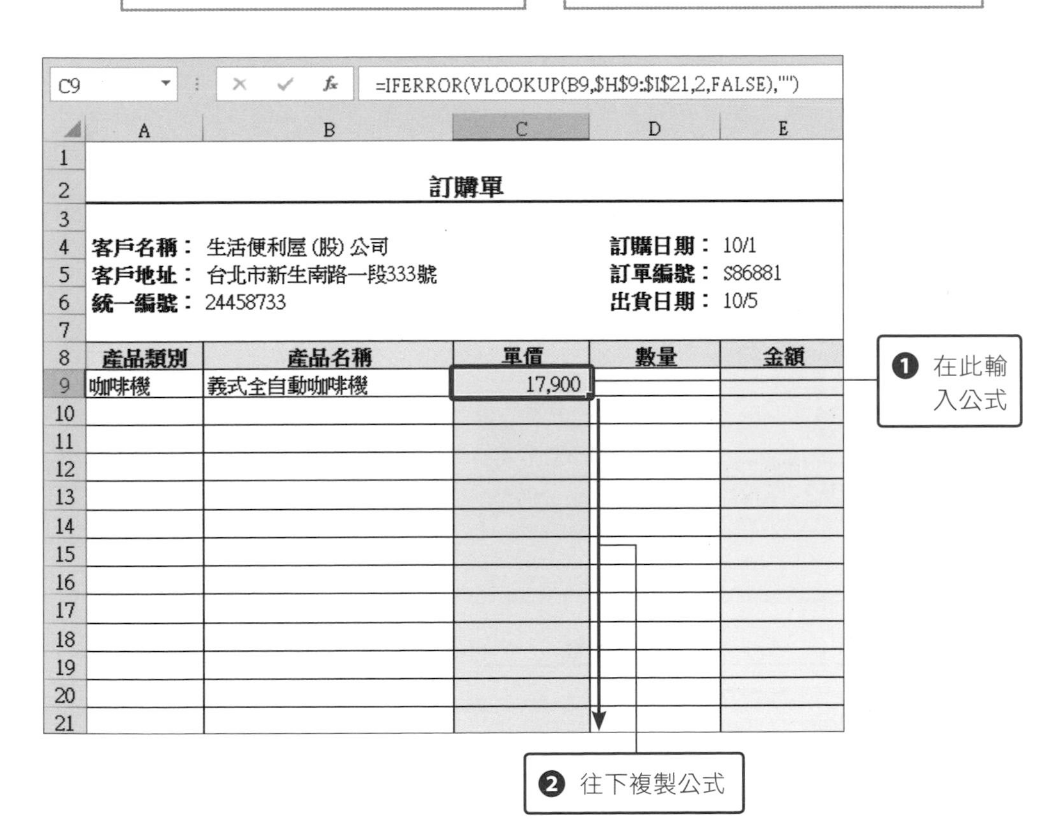


IFERROR 函數的語法，請參考 Unit 054。

VLOOKUP 函數的語法，請參考 Unit 048。

# Unit 089 從下拉式選單自動帶出同姓的名字

**範　例**　只要輸入客戶的姓氏，就會自動帶出「同姓」的顧客名字

資料驗證　OFFSET　MATCH　COUNTIF

## 範例說明

為了節省輸入訂購單的時間，希望將「客戶名稱」設計成以選單的方式點選，還有客戶名字太多時不容易從選單中挑選，是不是可以只要輸入姓氏，就自動列出同姓的客戶名字呢？

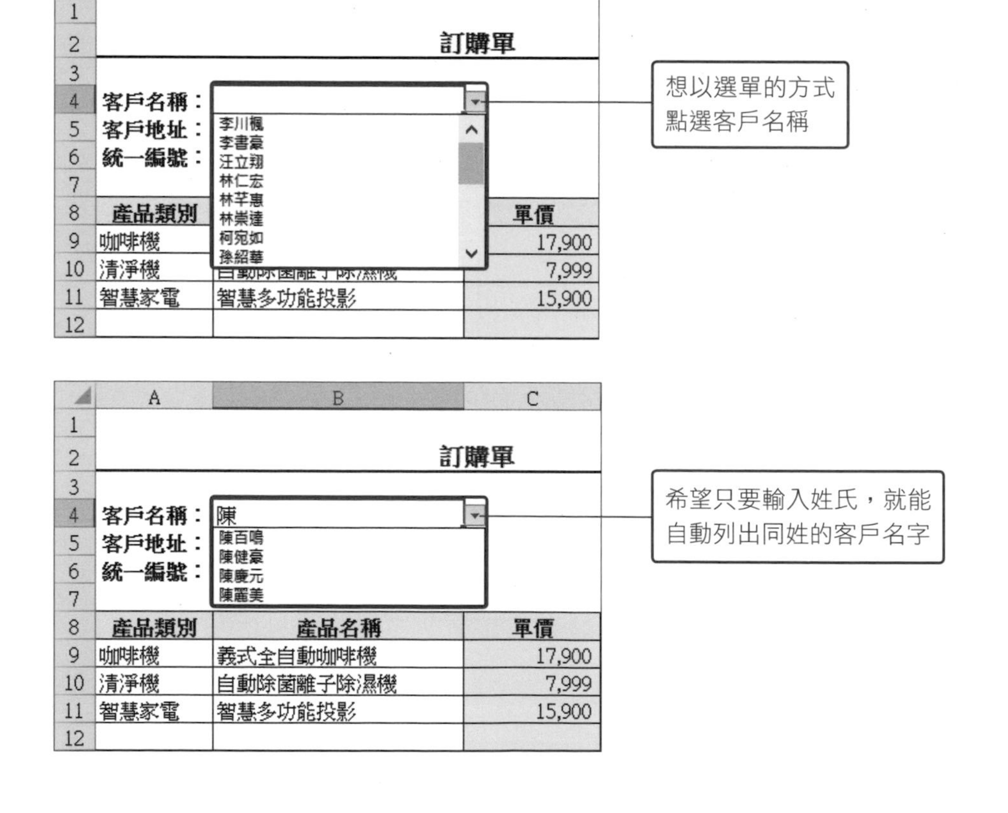

## 操作步驟

### 01 定義名稱

請開啟**練習檔案 \Part 5\Unit_089**，此範例共有兩個工作表，分別為**訂購單**及**客戶名單**，我們希望在**訂購單**工作表輸入客戶名稱時，參照**客戶名單**工作表中的資料。為了簡化公式，在此請先為客戶資料定義名稱。

請切換到**客戶名單**工作表，點選 A2 儲存格後，在**名稱方塊**輸入「姓名」後按下 Enter 鍵；接著，選取 A3：A20 儲存格，在**名稱方塊**中輸入「客戶名單」後按下 Enter 鍵。

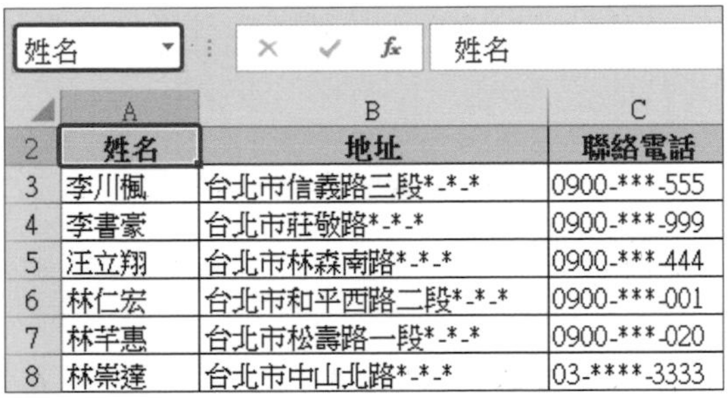

姓名 | 姓名

| | A | B | C |
|---|---|---|---|
| 2 | 姓名 | 地址 | 聯絡電話 |
| 3 | 李川楓 | 台北市信義路三段*-*-* | 0900-***-555 |
| 4 | 李書豪 | 台北市莊敬路*-*-* | 0900-***-999 |
| 5 | 汪立翔 | 台北市林森南路*-*-* | 0900-***-444 |
| 6 | 林仁宏 | 台北市和平西路二段*-*-* | 0900-***-001 |
| 7 | 林芊惠 | 台北市松壽路一段*-*-* | 0900-***-020 |
| 8 | 林崇達 | 台北市中山北路*-*-* | 03-****-3333 |

將 A2 儲存格的名稱定義為「姓名」

客戶名單 | 李川楓

| | A | B | C |
|---|---|---|---|
| 2 | 姓名 | 地址 | 聯絡電話 |
| 3 | 李川楓 | 台北市信義路三段*-*-* | 0900-***-555 |
| 4 | 李書豪 | 台北市莊敬路*-*-* | 0900-***-999 |
| 5 | 汪立翔 | 台北市林森南路*-*-* | 0900-***-444 |
| 6 | 林仁宏 | 台北市和平西路二段*-*-* | 0900-***-001 |
| 7 | 林芊惠 | 台北市松壽路一段*-*-* | 0900-***-020 |
| 8 | 林崇達 | 台北市中山北路*-*-* | 03-****-3333 |
| 9 | 柯宛如 | 台北市新生南路*-*-* | 0900-***-111 |
| 10 | 孫紹華 | 台北市汀州路三段*-*-* | 0900-***-222 |
| 11 | 張世堅 | 台北市杭州南路*-*-* | 03-****-0000 |
| 12 | 張昕杰 | 台北市南京東路二段*_*_* | 0933-***-022 |
| 13 | 許美鳳 | 台北市基隆路一段*-*-* | 03-****-7777 |
| 14 | 陳百鳴 | 台北市敦化南路*-*-* | 0900-***-888 |
| 15 | 陳健豪 | 台北市南昌路一段*-*-* | 0900-***-011 |
| 16 | 陳慶元 | 台北市民權東路*-*-* | 0900-***-000 |
| 17 | 陳麗美 | 台北市中山北路*-*-* | 0900-***-010 |
| 18 | 劉立豪 | 台北市青島東路*_*_* | 0912-***-543 |
| 19 | 謝瑞峰 | 台北市八德路一段*-*-* | 0900-***-320 |
| 20 | 蘇守康 | 台北市羅斯福路一段*-*-* | 03-****-6666 |

訂購單 | 客戶名單

將 A3：A20 儲存格的名稱定義為「客戶名單」

## 02 建立「客戶名稱」的下拉選單

請切換到**訂購單**工作表，選取 B4 儲存格，點選**資料**頁次，按下**資料驗證**鈕，開啟交談窗後如下設定，設定後請先不要按下**確定**鈕：

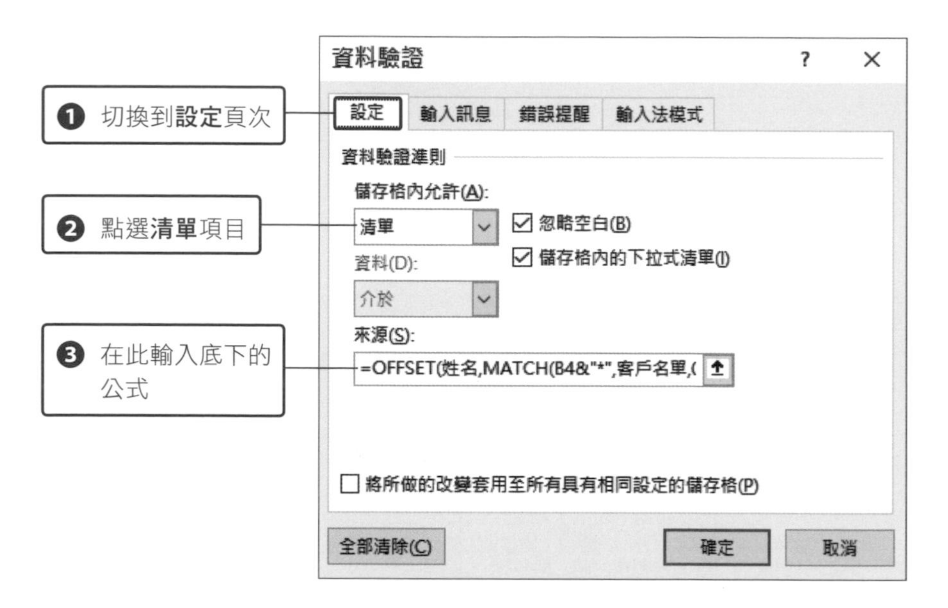


=OFFSET(姓名,MATCH(B4&"*",客戶名單,0),,COUNTIF(客戶名單,B4&"*"))

- 公式中的「姓名」為**客戶名單**工作表中的 A2 儲存格；「客戶名單」為**客戶名單**工作表中的 A3：A20 範圍。
- **客戶名單**工作表中「姓名」的位置，會移動到包含「訂購單」工作表 B4 儲存格中輸入的姓氏的姓名欄位去，再從移動到的位置回傳包含 B4 裡姓氏的姓名儲存格範圍。如此一來，含有 B4 所輸入的姓氏的姓名資料，會從第一個到最後一個都被提取出來。將公式填入**資料驗證**的**來源**欄後，輸入姓氏並按下 ▼ 箭頭，就只會顯示同姓氏的清單。

| OFFSET 函數的詳細說明，請參考 Unit 017。 | |
|---|---|
| 說明 | 回傳依據指定的儲存格，開始移動第幾欄第幾列後的儲存格資料。 |
| 語法 | =OFFSET(參照, 列數, 欄數, [高度], [寬度]) |

| MATCH 函數的詳細說明，請參考 Unit 050。 | |
|---|---|
| 說明 | 搜尋指定資料在範圍中的第幾列。 |
| 語法 | =MATCH(搜尋值, 搜尋範圍, [搜尋方法]) |

## 03 取消錯誤提醒

請切換到**錯誤提醒**頁次，取消勾選**輸入的資料不正確時顯示警訊**項目，再按下**確定**鈕。

## 04 測試

請在**訂購單**工作表的 B4 儲存格輸入「陳」，按下 ▼ 後，即會出現所有姓氏為「陳」的客戶。

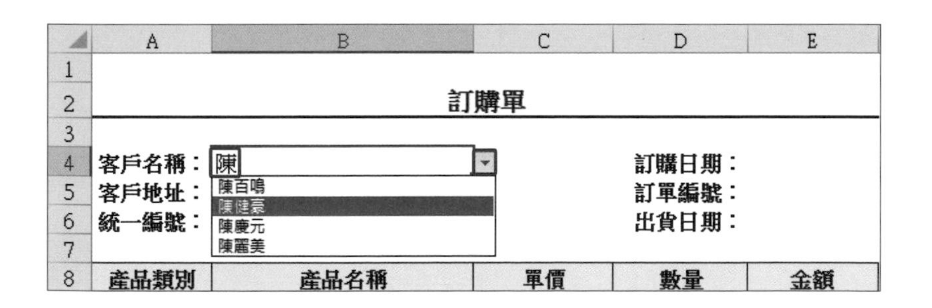

**請注意！**如果已經先從選單中選好名字，點選 ▼ 就不會出現清單的一覽表。若要顯示清單，必須再次輸入姓氏並按下 ▼。此外，在什麼都沒有輸入的情況下點選 ▼，則會顯示所有名字。

Unit 090

# 在字串中插入符號

**範例** 在所有產品編號中插入「 - 」分隔符號

REPLACE

## 範例說明

已經輸入好所有的產品編號，才發現忘了在英文及數字中間加上「 - 」分隔符號，有沒有快速的方法，可以在「PD」後面插入「-」符號呢？

| | A | B | C | D |
|---|---|---|---|---|
| 1 | 保健食品清單 | | | |
| 2 | | | | |
| 3 | 編號 | 項目 | 編號加上「-」 | |
| 4 | PD2548 | 酵素 | PD-2548 | |
| 5 | PD1257 | 益生菌 | PD-1257 | |
| 6 | PD1354 | 葉黃素 | PD-1354 | |
| 7 | PD5478 | 魚油 | PD-5478 | |
| 8 | PD6541 | 維他命C | PD-6541 | |
| 9 | PD3654 | 膠原蛋白 | PD-3654 | |
| 10 | PD2587 | 鈣 | PD-2587 | |
| 11 | PD3687 | 人蔘 | PD-3687 | |
| 12 | PD3548 | 葡萄糖胺 | PD-3548 | |
| 13 | PD5489 | 薑黃素 | PD-5489 | |
| 14 | | | | |

想在編號的第 3 個字插入 "-" 分隔符號

| REPLACE 函數 | |
|---|---|
| 說明 | 依照指定的字數，將字串中指定位置的字串置換成其他字串。 |
| 語法 | **=REPLACE(字串, 開始位置, 置換字數, 置換字串)** |
| 字串 | 指定想要被置換的字串。 |
| 開始位置 | 從第幾個字開始置換。 |
| 置換字數 | 想要置換的字數。 |
| 置換字串 | 指定用來置換的字串。 |

## 操作步驟

### 01 輸入公式

請開啟**練習檔案\Part 5\Unit_090**，在 C4 儲存格中輸入公式「=REPLACE(A4,3,0,"-")」❶，即可在第 3 個字元(也就是 PD 字母後)，加上「-」符號。接著，拖曳 C4 儲存格的**填滿控點**到 C13 儲存格，往下複製公式❷。

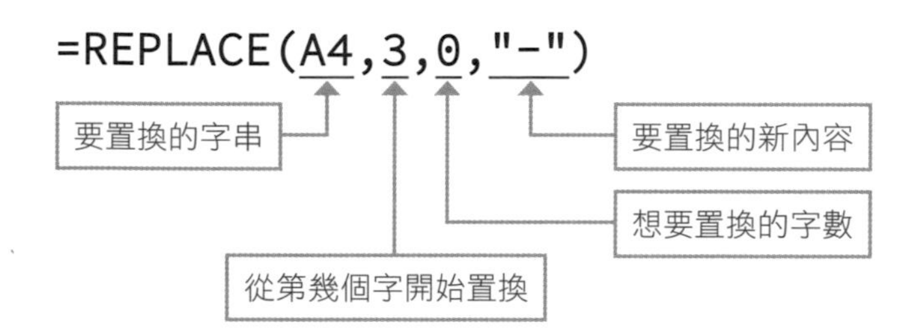


TIPS 此範例將**置換字數**設為「0」，表示不取代原儲存格中的任何文字，而是在第 3 個字元處開始增加新文字。

| | A | B | C |
|---|---|---|---|
| 1 | 保健食品清單 | | |
| 2 | | | |
| 3 | 編號 | 項目 | 編號加上「-」 |
| 4 | PD2548 | 酵素 | PD-2548 |
| 5 | PD1257 | 益生菌 | PD-1257 |
| 6 | PD1354 | 葉黃素 | PD-1354 |
| 7 | PD5478 | 魚油 | PD-5478 |
| 8 | PD6541 | 維他命C | PD-6541 |
| 9 | PD3654 | 膠原蛋白 | PD-3654 |
| 10 | PD2587 | 鈣 | PD-2587 |
| 11 | PD3687 | 人蔘 | PD-3687 |
| 12 | PD3548 | 葡萄糖胺 | PD-3548 |
| 13 | PD5489 | 薑黃素 | PD-5489 |
| 14 | | | |

在此我們以置換產品編號為例來說明 **REPLACE** 函數的用法，你還可以套用在想將名字或手機的部份字元隱藏起來時，例如：想以「張○元」、「0933-155-xxx」的方式顯示個資，就可以用 **REPLACE** 函數來取代。

Unit 091

# 將阿拉伯數字轉成國字大寫

**範例** 將支票金額轉成國字大寫

NUMBERSTRING

## 範例說明

支票上的金額規定必須以國字大寫填寫且不得塗改，若是有錯誤就得作廢。因此在填寫支票金額時必須格外謹慎。若是對於大寫金額不是很熟悉，可以利用 Excel 先將阿拉伯數字轉成國字大寫。這樣，財務人員在填寫支票時，就可以方便對照，避免填寫錯誤。

| | A | B | C | D | E | F |
|---|---|---|---|---|---|---|
| 1 | 應付票據明細 | | | | | |
| 2 | | | | | | |
| 3 | 到期日 | 開票日 | 支票號碼 | 廠商名稱 | 金額 | 大寫金額 |
| 4 | 2019/10/22 | 2019/09/05 | AB1234567 | 一品科技 | 258,015 | 貳拾伍萬捌仟零壹拾伍 元整 |
| 5 | 2019/11/05 | 2019/09/22 | AB1234568 | 鑫全 (股) 公司 | 57,605 | 伍萬柒仟陸佰零伍 元整 |
| 6 | 2019/11/30 | 2019/10/07 | AB1234569 | 東橫 IN (有) 公司 | 693,811 | 陸拾玖萬參仟捌佰壹拾壹 元整 |
| 7 | 2019/12/03 | 2019/10/15 | AB1234570 | 華苯 (股) 公司 | 735,541 | 柒拾參萬伍仟伍佰肆拾壹 元整 |
| 8 | 2019/12/05 | 2019/10/20 | AB1234571 | 嘉隆科技 (有) 公司 | 658,543 | 陸拾伍萬捌仟伍佰肆拾參 元整 |

將支票金額轉成大寫，可方便對照

| NUMBERSTRING 函數 | |
|---|---|
| 說明 | 將阿拉伯數字轉換成國字。 |
| 語法 | =NUMBERSTRING(數值, 類型) |
| 數值 | 要進行轉換的數字。 |
| 類型 | 有三種類型可選擇，請參考下表。 |

| 類型 | 說明 |
|---|---|
| 1 | 轉成國字小寫。如：五萬七千六百〇五。 |
| 2 | 轉成國字大寫。如：伍萬柒仟陸佰零伍。 |
| 3 | 轉成國字數字。如：五七六〇五。 |

## 操作步驟

### 01 利用 NUMBERSTRING 函數來轉換

請開啟**練習檔案 \Part 5\Unit_091**，在 F4 儲存格中輸入如下的公式，即可將阿拉伯數字轉成國字大寫。

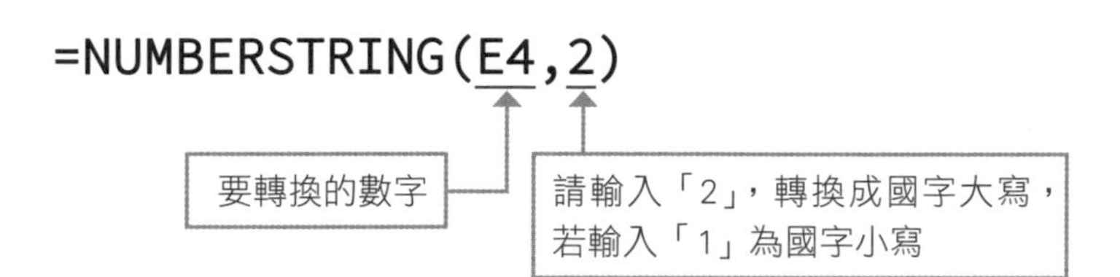


F4 =NUMBERSTRING(E4,2)

| | C | D | E | F |
|---|---|---|---|---|
| 1 | 應付票據明細 | | | |
| 2 | | | | |
| 3 | 支票號碼 | 廠商名稱 | 金額 | 大寫金額 |
| 4 | AB1234567 | 一品科技 | 258,015 | 貳拾伍萬捌仟零壹拾伍 |
| 5 | AB1234568 | 鑫全(股)公司 | 57,605 | |
| 6 | AB1234569 | 東横 IN (有)公司 | 693,811 | |
| 7 | AB1234570 | 華苯(股)公司 | 735,541 | |
| 8 | AB1234571 | 嘉隆科技(有)公司 | 658,543 | |

在此輸入公式

### 02 在大寫金額後面加上「元整」

接著，我們想在大寫金額後面加上「元整」，請選取 F4 儲存格，在公式的最後加上「&" 元整 "」❶。接著，拖曳 F4 儲存格的**填滿控點**到 F8 儲存格，往下複製公式❷。

F4 =NUMBERSTRING(E4,2)&" 元整" ❶

| | C | D | E | F |
|---|---|---|---|---|
| 1 | 應付票據明細 | | | |
| 2 | | | | |
| 3 | 支票號碼 | 廠商名稱 | 金額 | 大寫金額 |
| 4 | AB1234567 | 一品科技 | 258,015 | 貳拾伍萬捌仟零壹拾伍 元整 |
| 5 | AB1234568 | 鑫全(股)公司 | 57,605 | 伍萬柒仟陸佰零伍 元整 |
| 6 | AB1234569 | 東横 IN (有)公司 | 693,811 | 陸拾玖萬參仟捌佰壹拾壹 元整 |
| 7 | AB1234570 | 華苯(股)公司 | 735,541 | 柒拾參萬伍仟伍佰肆拾壹 元整 |
| 8 | AB1234571 | 嘉隆科技(有)公司 | 658,543 | 陸拾伍萬捌仟伍佰肆拾參 元整 |

❷

Unit 092

# 替數值加上貨幣符號及單位

**範例** 將請款單中的數值加上貨幣符號及千分位以利辨識

TEXT 儲存格格式

## 範例說明

要將儲存格中的數值加上千分位或其他符號，有兩種方式可以達成，一種是開啟**設定儲存格格式**交談窗，套用現成的**貨幣**格式或是在**自訂**類別，自行輸入要顯示的格式。另一種方法，則是利用 **TEXT** 函數來完成。本單元將分別介紹這兩種方法。

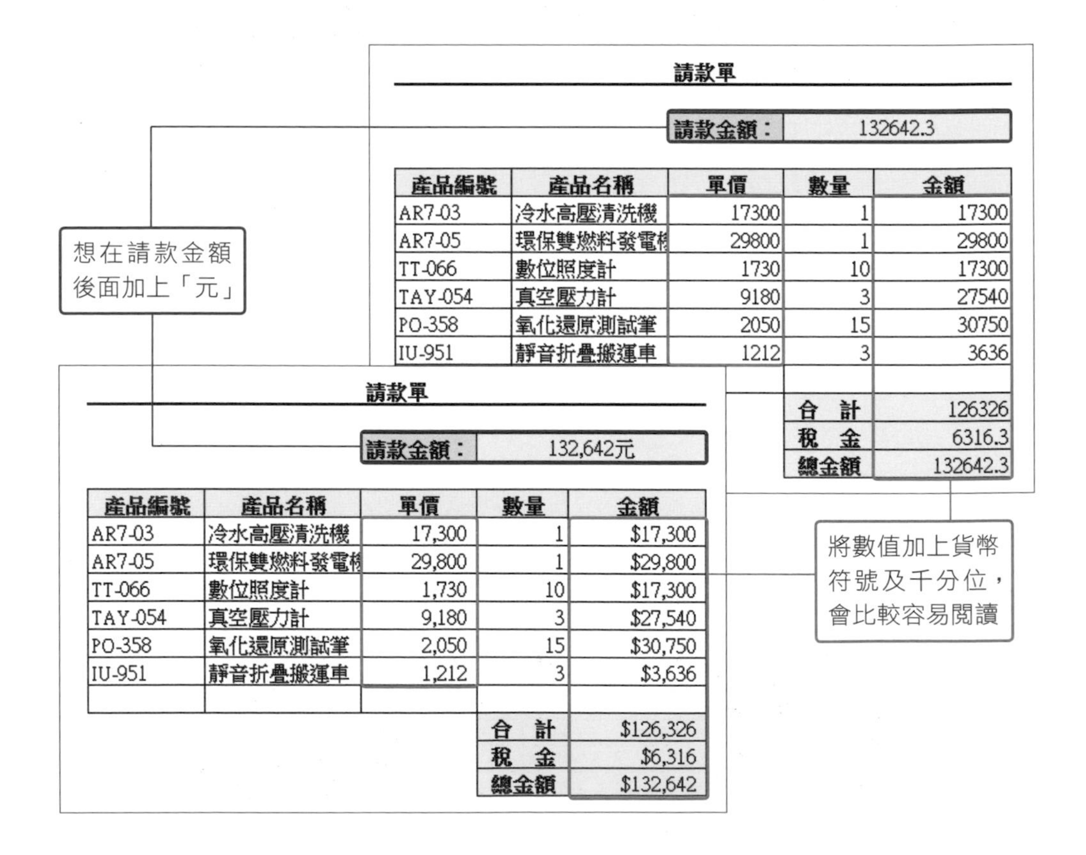

# 操作步驟

## 01 套用現成的儲存格格式

開啟**練習檔案\Part 5\Unit_092**，選取 E6：E15 儲存格，按下 Ctrl + 1 鍵，開啟**設定儲存格格式**交談窗，如下設定：

|  | B | C | D | E | F |
|---|---|---|---|---|---|
| 1 | 請款單 | | | | |
| 2 | | | | | |
| 3 | | 請款金額： | | | |
| 4 | | | | | |
| 5 | 產品名稱 | 單價 | 數量 | 金額 | |
| 6 | 冷水高壓清洗機 | 17300 | 1 | $17,300 | |
| 7 | 環保雙燃料發電機 | 29800 | 1 | $29,800 | |
| 8 | 數位照度計 | 1730 | 10 | $17,300 | |
| 9 | 真空壓力計 | 9180 | 3 | $27,540 | |
| 10 | 氧化還原測試筆 | 2050 | 15 | $30,750 | |
| 11 | 靜音折疊搬運車 | 1212 | 3 | $3,636 | |
| 12 | | | | | |
| 13 | | | 合 計 | $126,326 | |
| 14 | | | 稅 金 | $6,316 | |
| 15 | | | 總金額 | $132,642 | |

加上貨幣符號及千分位符號

C6：C11 儲存格，請自行利用相同的方法，將數值加上千分位符號，但是不包含貨幣符號。

## 02 利用 TEXT 函數設定千分位，並加上「元」

選取 D3 儲存格，輸入「=TEXT(E15,"#,###"&" 元 ")」，即可將總金額加上單位。

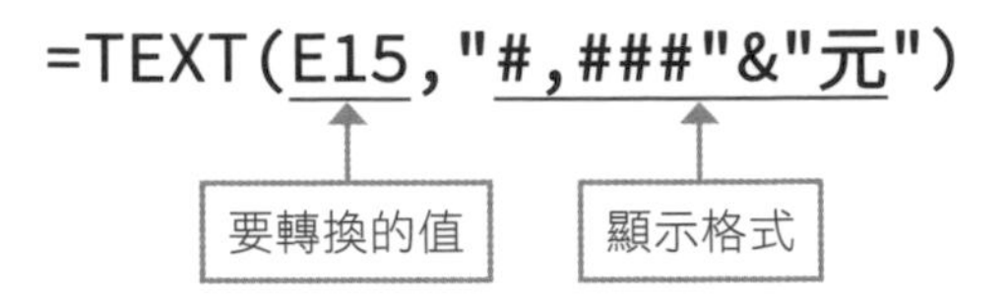


D3 =TEXT(E15,"#,###"&"元")

| | A | B | C | D | E | F |
|---|---|---|---|---|---|---|
| 1 | | | 請款單 | | | |
| 2 | | | | | | |
| 3 | | | 請款金額： | 132,642元 | | |
| 4 | | | | | | |
| 5 | 產品編號 | 產品名稱 | 單價 | 數量 | 金額 | |
| 6 | AR7-03 | 冷水高壓清洗機 | 17,300 | 1 | $17,300 | |
| 7 | AR7-05 | 環保雙燃料發電機 | 29,800 | 1 | $29,800 | |
| 8 | TT-066 | 數位照度計 | 1,730 | 10 | $17,300 | |
| 9 | TAY-054 | 真空壓力計 | 9,180 | 3 | $27,540 | |
| 10 | PO-358 | 氧化還原測試筆 | 2,050 | 15 | $30,750 | |
| 11 | IU-951 | 靜音折疊搬運車 | 1,212 | 3 | $3,636 | |
| 12 | | | | | | |
| 13 | | | | 合　計 | $126,326 | |
| 14 | | | | 稅　金 | $6,316 | |
| 15 | | | | 總金額 | $132,642 | |

在此輸入公式

| TEXT 函數 | |
|---|---|
| 說明 | 可將數字轉換成指定格式的文字。 |
| 語法 | **=TEXT(值, 顯示格式)** |
| 值 | 要設定顯示格式的數值或日期。 |
| 顯示格式 | 將指定的格式以雙引號括住。 |

| 格式代碼 | 說明 |
|---|---|
| $#,### | 貨幣代碼及千分位分隔符號。 |
| #,###0.00 | 千分位分隔符號與及 2 位數小數位數。 |
| mm/dd/yy | 日期格式，例如「08/15/20」。 |
| aaaa | 星期，例如「星期一」。 |
| h:mm AM/PM | 時間格式，例如「1:30 PM」。 |
| 0.0% | 百分比，例如「13.5%」。 |
| # ?/? | 分數，例如「5 1/2」。 |
| 0000000 | 將字串的前置字元設為零，例如輸入「1234」會顯示「0001234」。 |

# Unit 093 將文字與日期合併在同一個儲存格

**範例** 如何正確顯示「文字加日期」的格式？

TEXT & 儲存格格式

## 範例說明

要將兩個儲存格的字串合併在同一個儲存格，相信大家都知道可以用「&」符號來完成。但是當合併的資料是「字串＋日期」時，就會顯示成日期的**序列值**。如果資料量不多還可以手動修改，但若是資料量大就非常花時間了！有什麼方法可以解決這個問題呢？

A10 =A4&B4&C4

| | A | B | C |
|---|---|---|---|
| 1 | 報稅期間 | | |
| 2 | | | |
| 3 | 稅別 | 開徵日期 | 截止日期 |
| 4 | 房屋稅 | 5月1日 | 5月31日 |
| 5 | 綜合所得稅 | 5月1日 | 5月31日 |
| 6 | 地價稅 | 11月1日 | 11月30日 |
| 7 | | | |
| 8 | | | |
| 9 | 期間： | | |
| 10 | 房屋稅4358643616 | | |
| 11 | 綜合所得稅4358643616 | | |
| 12 | 地價稅4377043799 | | |
| 13 | | | |

利用「&」連結字串，日期不會正常顯示，會顯示成**序列值**

| | A | B | C |
|---|---|---|---|
| 1 | 報稅期間 | | |
| 2 | | | |
| 3 | 稅別 | 開徵日期 | 截止日期 |
| 4 | 房屋稅 | 5月1日 | 5月31日 |
| 5 | 綜合所得稅 | 5月1日 | 5月31日 |
| 6 | 地價稅 | 11月1日 | 11月30日 |
| 7 | | | |
| 8 | | | |
| 9 | 期間： | | |
| 10 | 房屋稅 05/01~05/31 | | |
| 11 | 綜合所得稅 05/01~05/31 | | |
| 12 | 地價稅 11/01~11/30 | | |
| 13 | | | |

希望顯示成「字串＋日期」

有關**序列值**的說明，請參考 4-2 頁。

## 操作步驟

### 01 利用 TEXT 函數合併儲存格

請開啟**練習檔案 \Part 5\Unit_093**，在 A10 儲存格輸入如下的公式 ❶，即可將 A4、B4、C4 的資料合併在 A10 儲存格中，並且正確顯示日期格式。接著，拖曳 A10 儲存格的**填滿控點**到 A12 儲存格，往下複製公式 ❷。

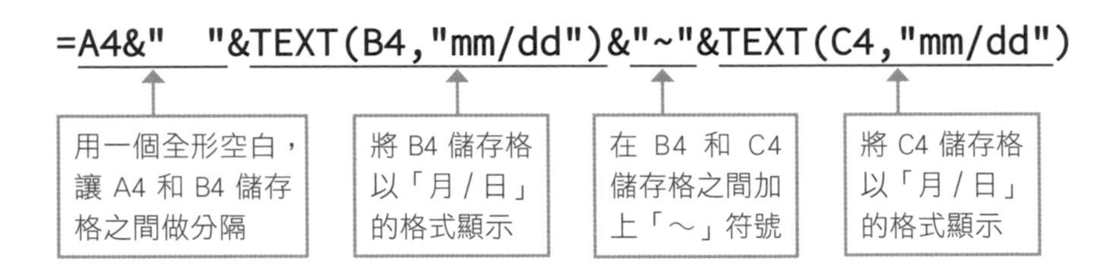


A10　fx　=A4&"　"&TEXT(B4,"mm/dd")&"~"&TEXT(C4,"mm/dd")

| | A | B | C | D | E | F | G | H |
|---|---|---|---|---|---|---|---|---|
| 1 | 報稅期間 | | | | | | | |
| 2 | | | | | | | | |
| 3 | 稅別 | 開徵日期 | 截止日期 | | | | | |
| 4 | 房屋稅 | 5月1日 | 5月31日 | | | | | |
| 5 | 綜合所得稅 | 5月1日 | 5月31日 | | | | | |
| 6 | 地價稅 | 11月1日 | 11月30日 | | | | | |
| 7 | | | | | | | | |
| 8 | | | | | | | | |
| 9 | 期間： | | | | | | | |
| 10 | 房屋稅　05/01~05/31 | | | ❶ | | | | |
| 11 | 綜合所得稅　05/01~05/31 | | | ❷ | | | | |
| 12 | 地價稅　11/01~11/30 | | | | | | | |
| 13 | | | | | | | | |

| & | |
|---|---|
| 說明 | 連結文字。「&」符號可以將「值1」、「值2」所指定的字串以及儲存格連結成一個字串。如果直接將字串指定給公式，那就必須以「"」（雙引號）將字串括起來。 |
| 語法 | =值 1 & 值 2、… |

Unit 094

# 自動產生大量編號

**範例** 如何自動產生「英文 + 1 ～ 9999」的編號？

ROW 儲存格格式

## 範例說明

在 Excel 中建立編號時，我們通常會先輸入第一個編號，接著將**填滿控點**往下拖曳，就能自動建立數列編號。但是當要建立的編號超過千或萬，操作時很難從第 1 個儲存格一路拖曳到 9999 或 99999，拖曳到一半可能會手滑中斷編號的建立，有什麼方法可以一次產生 1 ～ 9999 的號碼。

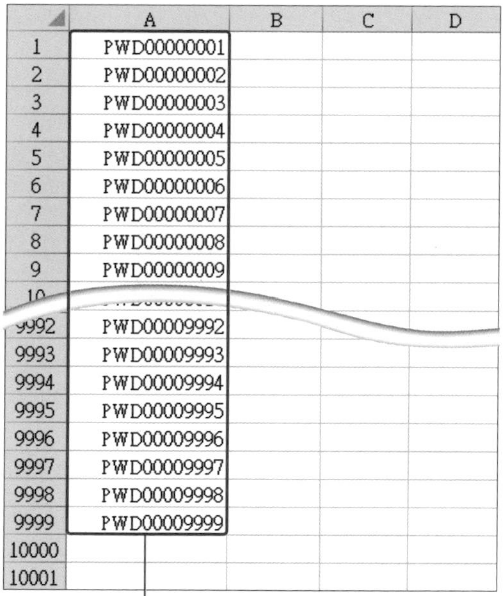

| | A | B | C | D |
|---|---|---|---|---|
| 1 | PWD00000001 | | | |
| 2 | PWD00000002 | | | |
| 3 | PWD00000003 | | | |
| 4 | PWD00000004 | | | |
| 5 | PWD00000005 | | | |
| 6 | PWD00000006 | | | |
| 7 | PWD00000007 | | | |
| 8 | PWD00000008 | | | |
| 9 | PWD00000009 | | | |
| 10 | [illegible] | | | |
| 9992 | PWD00009992 | | | |
| 9993 | PWD00009993 | | | |
| 9994 | PWD00009994 | | | |
| 9995 | PWD00009995 | | | |
| 9996 | PWD00009996 | | | |
| 9997 | PWD00009997 | | | |
| 9998 | PWD00009998 | | | |
| 9999 | PWD00009999 | | | |
| 10000 | | | | |
| 10001 | | | | |

希望自動產生 8 位數的 1 ～ 9999 編號，並在編號前面加上英文

## 操作步驟

**01** **選取 1 ～ 9999 的列編號**

請開啟 Excel，並建立一份新文件，點選 A1 儲存格 ❶ 後在**名稱方塊**輸入「A1：A9999」，再按下 Enter 鍵 ❷，即可一次選取 1 ～ 9999 列。

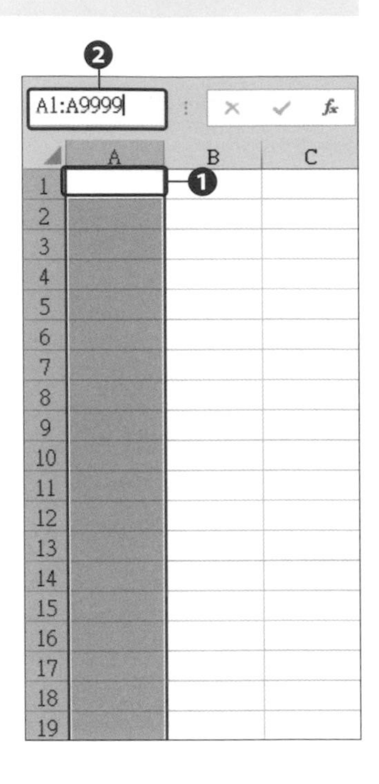


**02** **利用 ROW 函數，一次填入 1 ～ 9999 的列編號**

在選取 A1 ～ A9999 的狀態下，直接輸入「=ROW(A1)」，然後按下 Ctrl + Enter 鍵，即可填入 1～9999 的數字。

A1 | =ROW(A1)

| | A | B | C | D | E |
|---|---|---|---|---|---|
| 1 | 1 | | | | |
| 2 | 2 | | | | |
| 3 | 3 | | | | |
| 4 | 4 | | | | |
| 5 | 5 | | | | |
| 6 | 6 | | | | |
| 7 | 7 | | | | |
| 8 | 8 | | | | |
| 9 | 9 | | | | |
| 10 | 10 | | | | |
| 11 | 11 | | | | |
| 12 | 12 | | | | |
| 13 | 13 | | | | |
| 14 | 14 | | | | |
| 15 | 15 | | | | |
| 16 | 16 | | | | |
| 17 | 17 | | | | |
| 18 | 18 | | | | |
| 19 | 19 | | | | |

## 03 設定儲存格格式，顯示英文 + 8 位數的編號

在選取 A1～A9999 的狀態下，按下 Ctrl + 1 鍵，開啟**設定儲存格格式**交談窗，切換到**自訂**，在**類型**欄中輸入「"PWD"00000000」，其中 8 個 0 就代表 8 位數，輸入後按下**確定**鈕就完成了。

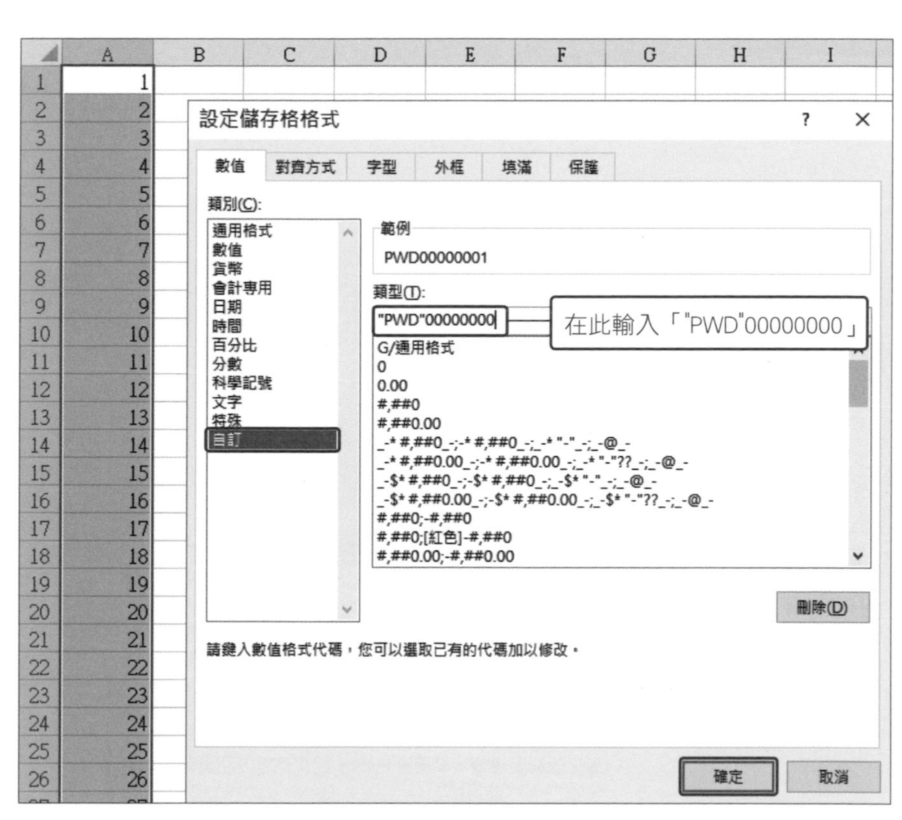


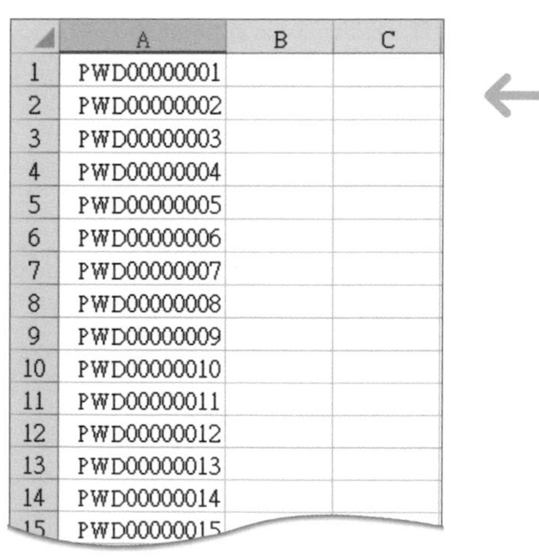

| | A | B | C |
|---|---|---|---|
| 1 | PWD00000001 | | |
| 2 | PWD00000002 | | |
| 3 | PWD00000003 | | |
| 4 | PWD00000004 | | |
| 5 | PWD00000005 | | |
| 6 | PWD00000006 | | |
| 7 | PWD00000007 | | |
| 8 | PWD00000008 | | |
| 9 | PWD00000009 | | |
| 10 | PWD00000010 | | |
| 11 | PWD00000011 | | |
| 12 | PWD00000012 | | |
| 13 | PWD00000013 | | |
| 14 | PWD00000014 | | |
| 15 | PWD00000015 | | |

Unit 095

# 字數統計

**範　例**　Excel 沒有「字數統計」功能，如何計算儲存格中的字數？

SUMPRODUCT　LEN

## 範例說明

有時候我們會利用 Excel 整齊排列的特性來製作文書類的資料，這樣可以省去繪製表格的麻煩。但是當想進行字數統計時，卻找不到相關的功能，只能複製到 Word 中查看。有什麼方法可以直接在 Excel 中統計字數？

| | A | B | C | D |
|---|---|---|---|---|
| 1 | 書籍內容介紹 | | | |
| 2 | 書名 | 本書特色 | 總字數： | 430 |
| 3 | 連結世界的100種新技術：跨領域科技改變人類的未來 | 日本權威媒體[日經BP]研究指出，「連結」是未來最重要的趨勢。人與人透過社群軟體連結、不同科技間互相融合；世界各地人們的生活、商業活動、都市、社會也逐漸彼此串聯。本書為讀者準備了100 種連結世界的關鍵技術，想要找到下一個爆紅的機會，趕快打開本書一探究竟！ | | |
| 4 | 超圖解 Python 程式設計入門 | 學習程式語言最怕枯燥語法、不知道可以用在哪？本書就以實務專案帶出基本語法，並且透過超圖解的方式，讓初學者能夠看得懂、學得會 Python 程式語言，在邊學邊做中體驗 Python 的用途。 | | |
| 5 | 瑜伽科學解析－從解剖學與生理學的角度深入學習 | 大多數瑜伽解剖學書籍和課程都把焦點放在肌肉骨骼系統，然而練習瑜伽會影響到身體所有的系統。本書解析練習瑜伽對身體各系統的主要影響和好處。先從現代生物學的定義去研究了解人體的解剖系統，然後挑戰自己，轉而從瑜伽的觀點整合所有系統協同運作。當全身系統合而為一，就會感受到自己超凡的身體能力。 | | |

想知道 A3：B5 共有多少字數

| LEN 函數 | |
|---|---|
| 說明 | 計算字串的長度。 |
| 語法 | =LEN(字串) |
| 字串 | 指定要取出文字的字串。 |

| SUMPRODUCT 函數 | |
|---|---|
| 說明 | 計算陣列元素相乘後的加總結果。 |
| 語法 | **=SUMPRODUCT(陣列1，[陣列2]…)** |
| 陣列 | 指定要計算的儲存格範圍或陣列常數。最多可指定 255 個「陣列」。<br>在指定多個陣列時，如果陣列的列數或欄數不同，會傳回「#VALUE!」的錯誤訊息。 |

## 操作步驟

### 01 利用 SUMPRODUCT 及 LEN 函數計算字數

請開啟**練習檔案 \Part 5\Unit_095**，在 D2 儲存格輸入「=SUMPRODUCT(LEN(A3:B5))」，即可計算 A3：B5 的所有字數。

D2 | =SUMPRODUCT(LEN(A3:B5))

| | A | B | C | D | E |
|---|---|---|---|---|---|
| 1 | 書籍內容介紹 | | | | |
| 2 | 書名 | 本書特色 | 總字數： | 430 | |
| 3 | 連結世界的100種新技術：跨領域科技改變人類的未來 | 日本權威媒體[日經BP]研究指出，「連結」是未來最重要的趨勢。人與人透過社群軟體連結、不同科技間互相融合；世界各地人們的生活、商業活動、都市、社會也逐漸彼此串聯。本書為讀者準備了100 種連結世界的關鍵技術，想要找到下一個爆紅的機會，趕快打開本書一探究竟！ | | | |
| 4 | 超圖解 Python 程式設計入門 | 學習程式語言最怕枯燥語法、不知道可以用在哪？本書就以實務專案帶出基本語法，並且透過超圖解的方式，讓初學者能夠看得懂、學得會 Python 程式語言，在邊學邊做中體驗 Python 的用途。 | | | |
| 5 | 瑜伽科學解析－從解剖學與生理學的角度深入學習 | 大多數瑜伽解剖學書籍和課程都把焦點放在肌肉骨骼系統，然而練習瑜伽會影響到身體所有的系統。本書解析練習瑜伽對身體各系統的主要影響和好處。先從現代生物學的定義去研究了解人體的解剖系統，然後挑戰自己，轉而從瑜伽的觀點整合所有系統協同運作。當全身系統合而為一，就會感受到自己超凡的身體能力。 | | | |

**請注意！** LEN 函數會計算英文字母、數字、中文字元以及所有空格。若是儲存格中的文字有使用 Alt ＋ Enter 鍵換列，雖然肉眼看不到此符號，但換列符號也算 1 個字數。

除了可用 SUMPRODUCT ＋ LEN 函數來計算字數外，也可以使用 SUM ＋ LEN 函數，但必須以陣列公式輸入。以此範例而言，在 D2 儲存格輸入「=SUM(LEN(A3:B5))」，要按下 Ctrl ＋ Shift ＋ Enter 鍵，讓公式變成「{=SUM(LEN(A3:B5))}」陣列公式才行。

MEMO

Part 6

# 財務資料處理

財務報表通常都有規律的統計週期，以及重複等特性，針對這類型的資料，可以善用 Excel 的財務函數，有效率地完成資料處理。例如，財會人員要進行各項結算，可以利用日期函數搭配財務函數，快速製作分析總表。或是個人要進行理財規劃時，可利用 FV、RATE 等函數來計算利息、利率。

Unit 096

# 計算指定期間的應付帳款

**範例** 每月 15 日為付款日，如何計算上個月 16 日到本月 15 日的應付帳款

EDATE MONTH SUMIF

## 範例說明

財會人員每個月需要結算各項應付帳款，如果每次結算時都要一筆筆從「訂單日期」來確認付款月份，會花費不少時間，也可能會有遺漏的情形。若是能用公式直接列出每筆資料的付款月份就方便許多。

| | A | B | C | D | E | F | G |
|---|---|---|---|---|---|---|---|
| 1 | 應付帳款明細表 | | | | | | |
| 2 | 廠商名稱：廠商1 | | | | | | |
| 3 | 訂單日期 | 單號 | 貨品 | 數量 | 單價 | 小計 | 結帳月份 |
| 4 | 7月15日 | PO01 | 滑鼠 | 10 | 200 | 2,000 | 7 |
| 5 | 7月16日 | PO02 | 螢幕 | 5 | 3000 | 15,000 | 8 |
| 6 | 7月25日 | PO03 | 主機 | 2 | 10000 | 20,000 | 8 |
| 7 | 8月3日 | PO04 | 滑鼠 | 10 | 200 | 2,000 | 8 |
| 8 | 8月12日 | PO05 | 螢幕 | 3 | 3000 | 9,000 | 8 |
| 9 | 8月21日 | PO06 | 主機 | 1 | 10000 | 10,000 | 9 |
| 10 | 8月30日 | PO07 | 主機 | 1 | 10000 | 10,000 | 9 |
| 11 | | | | | | | |
| 12 | 7/15應付帳款 | | 2,000元 | | | | |
| 13 | 8/15應付帳款 | | 46,000元 | | | | |
| 14 | 9/15應付帳款 | | 20,000元 | | | | |
| 15 | | | | | | | |

| EDATE 函數 | |
|---|---|
| 說明 | 根據開始日期計算幾個月後的日期。 |
| 語法 | =EDATE(開始日期, 月數) |
| 開始日期 | 指定要開始計算的日期。 |
| 月數 | 指定月數。月數必須以整數指定，若是輸入小數（如：「1.8」），則會無條件捨去小數點以下的數字。 |

| MONTH 函數 | |
|---|---|
| 說明 | 從日期裡取出月份。 |
| 語法 | =MONTH(序列值) |
| 序列值 | 從日期中取出「月」的值。有關「序列值」的說明請參考 4-2 頁。 |

| SUMIF 函數 | |
|---|---|
| 說明 | 加總符合條件的資料。 |
| 語法 | **=SUMIF(條件範圍, 搜尋條件, [加總範圍])** |
| 條件範圍 | 指定資料輸入的儲存格範圍。 |
| 搜尋條件 | 搜尋加總對象資料所設定的條件。 |
| 加總範圍 | 將數值資料的儲存格範圍指定為加總對象，若省略此引數，「條件範圍」資料就會被當成加總對象。 |

## 操作步驟

### 01 計算結帳月份

請開啟**練習檔案 \Part 6\Unit_096**，在 G4 儲存格，輸入如下的公式❶，接著往下拖曳 G4 儲存格的**填滿控點**到 G10 儲存格，即完成計算 ❷。

```
=MONTH(EDATE(A4,1)-15)
```

依**訂單日期**計算 1 個月後的日期

判斷下個月同個日期是否在當月 15 日前，若期間在 1 到 15 日，則月份會往前一個月。例如：2019/7/15 的下個月日期是 2019/8/15，再減去 15 日，會變成 2019/7/31，取出該日期的月份是 7 月

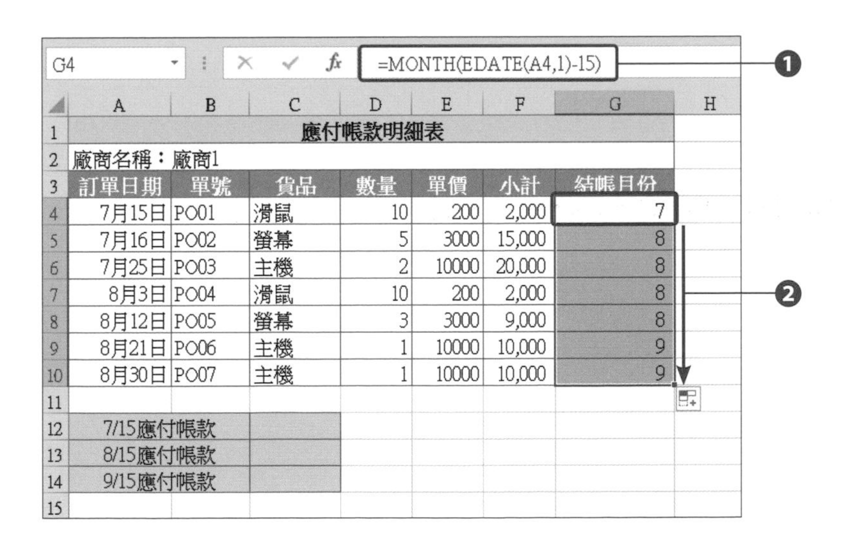
G4 =MONTH(EDATE(A4,1)-15)

| | A | B | C | D | E | F | G | H |
|---|---|---|---|---|---|---|---|---|
| 1 | 應付帳款明細表 | | | | | | | |
| 2 | 廠商名稱：廠商1 | | | | | | | |
| 3 | 訂單日期 | 單號 | 貨品 | 數量 | 單價 | 小計 | 結帳月份 | |
| 4 | 7月15日 | PO01 | 滑鼠 | 10 | 200 | 2,000 | 7 | |
| 5 | 7月16日 | PO02 | 螢幕 | 5 | 3000 | 15,000 | 8 | |
| 6 | 7月25日 | PO03 | 主機 | 2 | 10000 | 20,000 | 8 | |
| 7 | 8月3日 | PO04 | 滑鼠 | 10 | 200 | 2,000 | 8 | |
| 8 | 8月12日 | PO05 | 螢幕 | 3 | 3000 | 9,000 | 8 | |
| 9 | 8月21日 | PO06 | 主機 | 1 | 10000 | 10,000 | 9 | |
| 10 | 8月30日 | PO07 | 主機 | 1 | 10000 | 10,000 | 9 | |
| 11 | | | | | | | | |
| 12 | 7/15應付帳款 | | | | | | | |
| 13 | 8/15應付帳款 | | | | | | | |
| 14 | 9/15應付帳款 | | | | | | | |
| 15 | | | | | | | | |

## 02 加總符合條件的儲存格數值

選取 C12 儲存格，統計 7/15 的應付帳款，可用 SUMIF 函數來加總符合搜尋條件的儲存格數值，請輸入「=SUMIF($G$4:$G$10,"=7",$F$4:$F$10)」以結帳月份為搜尋範圍，若條件符合 7 月結帳，則加總其對應的小計欄位。

C12 =SUMIF($G$4:$G$10,"=7",$F$4:$F$10)

| | A | B | C | D | E | F | G | H |
|---|---|---|---|---|---|---|---|---|
| 1 | 應付帳款明細表 | | | | | | | |
| 2 | 廠商名稱：廠商1 | | | | | | | |
| 3 | 訂單日期 | 單號 | 貨品 | 數量 | 單價 | 小計 | 結帳月份 | |
| 4 | 7月15日 | PO01 | 滑鼠 | 10 | 200 | 2,000 | 7 | |
| 5 | 7月16日 | PO02 | 螢幕 | 5 | 3000 | 15,000 | 8 | |
| 6 | 7月25日 | PO03 | 主機 | 2 | 10000 | 20,000 | 8 | |
| 7 | 8月3日 | PO04 | 滑鼠 | 10 | 200 | 2,000 | 8 | |
| 8 | 8月12日 | PO05 | 螢幕 | 3 | 3000 | 9,000 | 8 | |
| 9 | 8月21日 | PO06 | 主機 | 1 | 10000 | 10,000 | 9 | |
| 10 | 8月30日 | PO07 | 主機 | 1 | 10000 | 10,000 | 9 | |
| 11 | | | | | | | | |
| 12 | 7/15應付帳款 | | 2,000元 | | | | | |
| 13 | 8/15應付帳款 | | | | | | | |
| 14 | 9/15應付帳款 | | | | | | | |
| 15 | | | | | | | | |

### ☑ 舉一反三　依信用卡結帳日計算當期應付卡費

假如信用卡結帳日是每月 10 日，可以用同樣的公式計算出本期（上個月 11 到當月10日）的卡費共多少，超過結帳日則為下一期帳單。請開啟**練習檔案\Part 6\Unit_096_舉一反三**，在 D3 儲存格輸入如下公式。

```
=MONTH(EDATE(A3,1)-10)
```

EDATE(A3,1)：消費日的下個月同個日期

-10：判斷下個月同個日期是否在當月 10 日前，若期間在 1 到 10 日，則月份會往前一個月

接下頁

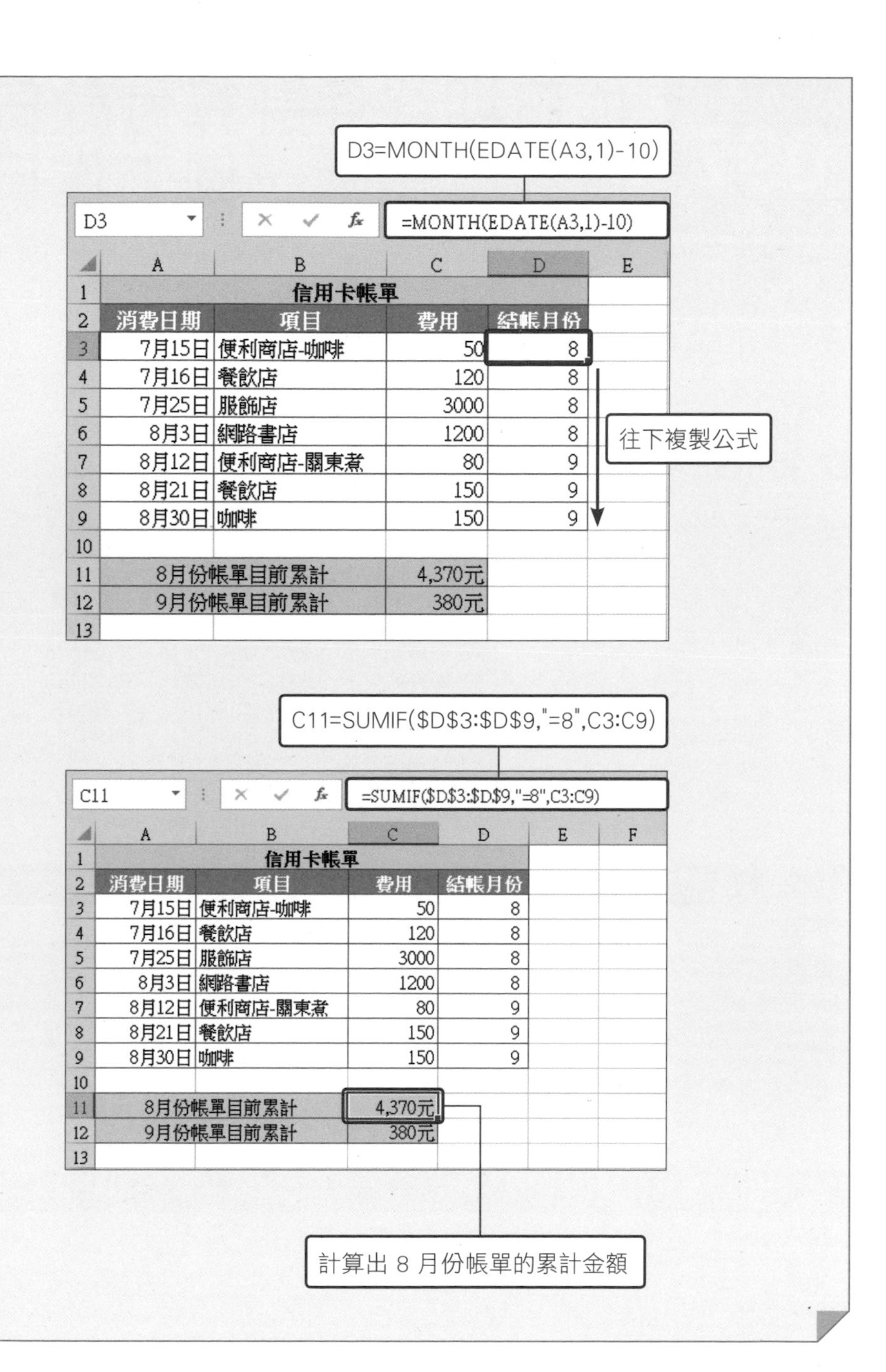


| | A | B | C | D |
|---|---|---|---|---|
| 1 | 信用卡帳單 | | | |
| 2 | 消費日期 | 項目 | 費用 | 結帳月份 |
| 3 | 7月15日 | 便利商店-咖啡 | 50 | 8 |
| 4 | 7月16日 | 餐飲店 | 120 | 8 |
| 5 | 7月25日 | 服飾店 | 3000 | 8 |
| 6 | 8月3日 | 網路書店 | 1200 | 8 |
| 7 | 8月12日 | 便利商店-關東煮 | 80 | 9 |
| 8 | 8月21日 | 餐飲店 | 150 | 9 |
| 9 | 8月30日 | 咖啡 | 150 | 9 |
| 10 | | | | |
| 11 | 8月份帳單目前累計 | | 4,370元 | |
| 12 | 9月份帳單目前累計 | | 380元 | |
| 13 | | | | |

| | A | B | C | D |
|---|---|---|---|---|
| 1 | 信用卡帳單 | | | |
| 2 | 消費日期 | 項目 | 費用 | 結帳月份 |
| 3 | 7月15日 | 便利商店-咖啡 | 50 | 8 |
| 4 | 7月16日 | 餐飲店 | 120 | 8 |
| 5 | 7月25日 | 服飾店 | 3000 | 8 |
| 6 | 8月3日 | 網路書店 | 1200 | 8 |
| 7 | 8月12日 | 便利商店-關東煮 | 80 | 9 |
| 8 | 8月21日 | 餐飲店 | 150 | 9 |
| 9 | 8月30日 | 咖啡 | 150 | 9 |
| 10 | | | | |
| 11 | 8月份帳單目前累計 | | 4,370元 | |
| 12 | 9月份帳單目前累計 | | 380元 | |
| 13 | | | | |

Unit 097

# 依日期條件計算付款日，遇假日順延一個工作日

範例　如何計算「每月 25 日結帳日，下月 10 日付款，遇假日順延至次一個工作日付款」的日期？

DATE　DAY　IF　YEAR　MONTH　WORKDAY

## 範例說明

假設有數筆信用卡消費記錄，希望能自動算出實際支付日期。若支付日期遇到假日，則順延至次一個工作日付款。

| | A | B | C | D | E |
|---|---|---|---|---|---|
| 1 | 信用卡消費記錄 | | | | |
| 2 | 消費日期 | 金額 | 支付日 | 下個月10號 | 下下個月10號 |
| 3 | 2019/9/1 | 5,000 | 2019/10/11 | 2019/10/10 | 2019/11/10 |
| 4 | 2019/9/15 | 1,280 | 2019/10/11 | 2019/10/10 | 2019/11/10 |
| 5 | 2019/9/20 | 3,000 | 2019/10/11 | 2019/10/10 | 2019/11/10 |
| 6 | 2019/9/30 | 2,650 | 2019/11/11 | 2019/10/10 | 2019/11/10 |
| 7 | 2019/10/2 | 900 | 2019/11/11 | 2019/11/10 | 2019/12/10 |
| 8 | ※結帳日每月25日，付款日下月10日 | | | | |
| 9 | ※國慶日 | 2019/10/10 | | | |

| DATE 函數 | |
|---|---|
| 說明 | 將數值格式轉成日期格式。 |
| 語法 | =DATE(年, 月, 日) |
| 年 | 指定年的數值。 |
| 月 | 指定 1～12 的數值。 |
| 日 | 指定 1～31 的數值。 |

| WORKDAY 函數 | |
|---|---|
| 說明 | 求得週末及假日以外的日期。 |
| 語法 | =WORKDAY(開始日期, 天數, [假日]) |
| 開始日期 | 指定計算的基準日期。 |
| 天數 | 指定天數。當數值為正數，表示為開始日期的〇天後，若數值為負數，表示開始日期的〇天前。 |
| 假日 | 指定非工作日的日期，例如國定假日或其他假日。省略此引數時，只有週六及週日為非工作日。 |

## 操作步驟

### 01 先列出「下個月 10 號」及「下下個月 10 號」的日期

隨著消費日期的不同，付款日可能落在下個月 10 號或下下個月 10 號，因此先製作這兩個日期讓 IF 函數判斷符合哪個條件。請開啟**練習檔案\Part 6\Unit_097**，在 D3 儲存格輸入如下的公式 ❶，再往下複製公式到 D7 儲存格 ❷。

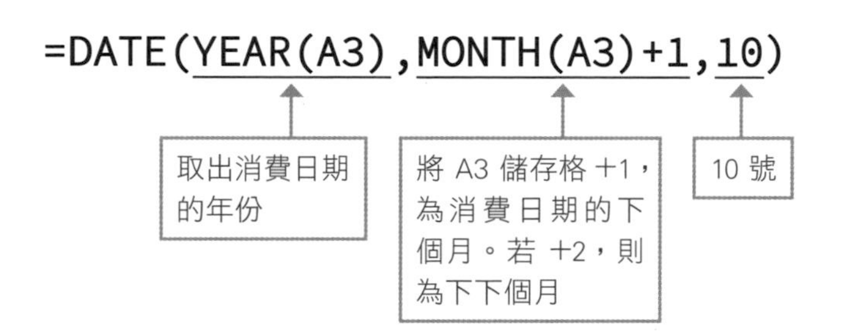

D3 =DATE(YEAR(A3),MONTH(A3)+1,10) ❶

| | A | B | C | D | E | F |
|---|---|---|---|---|---|---|
| 1 | 信用卡消費記錄 | | | | | |
| 2 | 消費日期 | 金額 | 支付日 | 下個月10號 | 下下個月10號 | |
| 3 | 2019/9/1 | 5,000 | | 2019/10/10 | | |
| 4 | 2019/9/15 | 1,280 | | 2019/10/10 | | |
| 5 | 2019/9/20 | 3,000 | | 2019/10/10 | | |
| 6 | 2019/9/30 | 2,650 | | 2019/10/10 | | |
| 7 | 2019/10/2 | 900 | | 2019/11/10 | | |
| 8 | ※結帳日每月25日，付款日下月10日 | | | | | |
| 9 | ※國慶日 | 2019/10/10 | | | | |
| 10 | | | | | | |



E3 =DATE(YEAR(A3),MONTH(A3)+2,10)

| | A | B | C | D | E | F |
|---|---|---|---|---|---|---|
| 1 | 信用卡消費記錄 | | | | | |
| 2 | 消費日期 | 金額 | 支付日 | 下個月10號 | 下下個月10號 | |
| 3 | 2019/9/1 | 5,000 | | 2019/10/10 | 2019/11/10 | |
| 4 | 2019/9/15 | 1,280 | | 2019/10/10 | 2019/11/10 | |
| 5 | 2019/9/20 | 3,000 | | 2019/10/10 | 2019/11/10 | |
| 6 | 2019/9/30 | 2,650 | | 2019/10/10 | 2019/11/10 | |
| 7 | 2019/10/2 | 900 | | 2019/11/10 | 2019/12/10 | |
| 8 | ※結帳日每月25日，付款日下月10日 | | | | | |
| 9 | ※國慶日 | 2019/10/10 | | | | |
| 10 | | | | | | |

顯示下下個月 10 號

## 02 判斷支付日期

在 C3 儲存格，輸入「= IF(DAY(A3)<=25,D3,E3)」。判斷消費日期是否在 25 號以前，如果符合則下個月 10 號支付，否則下下個月 10 號支付。

C3　=IF(DAY(A3)<=25,D3,E3)

| | A | B | C | D | E |
|---|---|---|---|---|---|
| 1 | 信用卡消費記錄 | | | | |
| 2 | 消費日期 | 金額 | 支付日 | 下個月10號 | 下下個月10號 |
| 3 | 2019/9/1 | 5,000 | 2019/10/10 | 2019/10/10 | 2019/11/10 |
| 4 | 2019/9/15 | 1,280 | | 2019/10/10 | 2019/11/10 |
| 5 | 2019/9/20 | 3,000 | | 2019/10/10 | 2019/11/10 |
| 6 | 2019/9/30 | 2,650 | | 2019/10/10 | 2019/11/10 |
| 7 | 2019/10/2 | 900 | | 2019/11/10 | 2019/12/10 |
| 8 | ※結帳日每月25日，付款日下月10日 | | | | |
| 9 | ※國慶日 | 2019/10/10 | | | |

## 03 支付日若遇到假日和國定假日，則順延一天

接著，使用 WORKDAY 函數判斷支付日是否遇到六、日和國定假日，如果是則順延一天。請選取 C3 儲存格，我們要將公式修改如下：

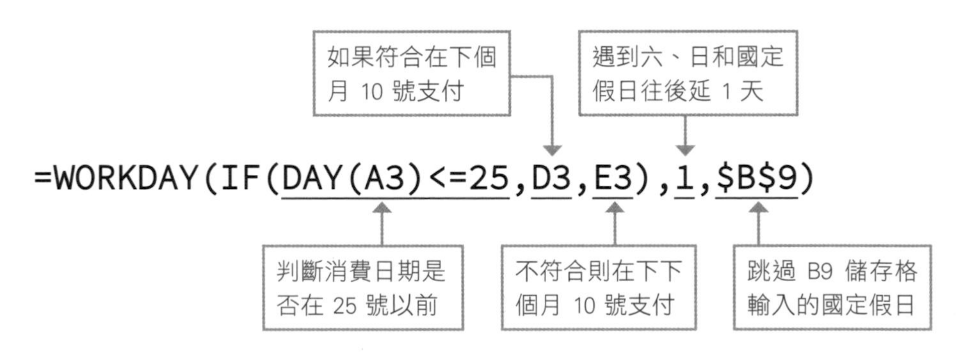


C3　= WORKDAY(IF(DAY(A3)<=25,D3,E3),1,$B$9)

| | A | B | C | D | E | F | G |
|---|---|---|---|---|---|---|---|
| 1 | 信用卡消費記錄 | | | | | | |
| 2 | 消費日期 | 金額 | 支付日 | 下個月10號 | 下下個月10號 | | |
| 3 | 2019/9/1 | 5,000 | 2019/10/11 | 2019/10/10 | 2019/11/10 | | |
| 4 | 2019/9/15 | 1,280 | 2019/10/11 | 2019/10/10 | 2019/11/10 | | |
| 5 | 2019/9/20 | 3,000 | 2019/10/11 | 2019/10/10 | 2019/11/10 | | |
| 6 | 2019/9/30 | 2,650 | 2019/11/11 | 2019/10/10 | 2019/11/10 | | |
| 7 | 2019/10/2 | 900 | 2019/11/11 | 2019/11/10 | 2019/12/10 | | |
| 8 | ※結帳日每月25日，付款日下月10 | | | | | | |
| 9 | ※國慶日 | 2019/10/10 | | | | | |
| 10 | | | | | | | |

原函數「=IF(DAY(A3)<=25,D3,E3)」，支付日為 2019/10/10，利用 WORKDAY 函數跳過國慶日，所以支付日延後一天為 2019/10/11。另外，2019/11/10 因為是假日，也會往後延一天為 2019/11/11 支付。

# Unit 098 計算定期定額投資的獲利

## 範例　估算定期定額購買基金的收益

FV

## 範例說明

定期定額購買基金是很普遍的投資方式，在一段持續的期間內，固定投入相同的金額，要贖回時再依當時的基金淨值來結算收益。藉由這種方式，一方面可以強迫自己存款，一方面也可以分散風險。想知道每個月定期購買一萬元的基金，以年報酬率 15% 來估算，三年後可以贖回多少錢呢？

| | A | B | C |
|---|---|---|---|
| 1 | 定期定額投資 | | |
| 2 | 每月購買金額 | -10,000 | |
| 3 | 預計購買期數 | 36 | |
| 4 | 預估報酬率 | 15% | |
| 5 | | | |
| 6 | 投資收益 | $451,155.05 | |

| FV 函數 | |
|---|---|
| 說明 | 用來計算未來值的函數。 |
| 語法 | **=FV(利率, 付款的總期數,每期給付金額, [現值], [付款類型]** |
| 利率 (Rate) | 各期的利率。 |
| 付款的總期數 (Nper) | 付款的總期數。 |
| 每期給付的金額 (Pmt) | 各期的支付金額。若年繳為年繳金額，月繳為月繳金額。 |
| 現值 (Pv) | 根據固定利率計算貸款或投資的現值。例如，計算貸款的話為貸款金額，購買基金為第一筆投資金額。如果省略此引數，預設值為 0。 |
| 付款類型 (Type) | 為一邏輯值，判斷付款日為期初或期末。當 Type 為 1，代表每期期初付款；Type 為 0 時，代表每期期末付款。若不填則以 0 代替。 |

## 操作步驟

**01** 請開啟**練習檔案 \Part 6\Unit_098**，在 B6 儲存格輸入「=FV(B4/12,B3,B2)」，即可計算三年後贖回的總金額為 451,155.05，扣掉本金 360,000 (10,000*36)，總共可以賺得 91,155.05 元，獲利不錯！

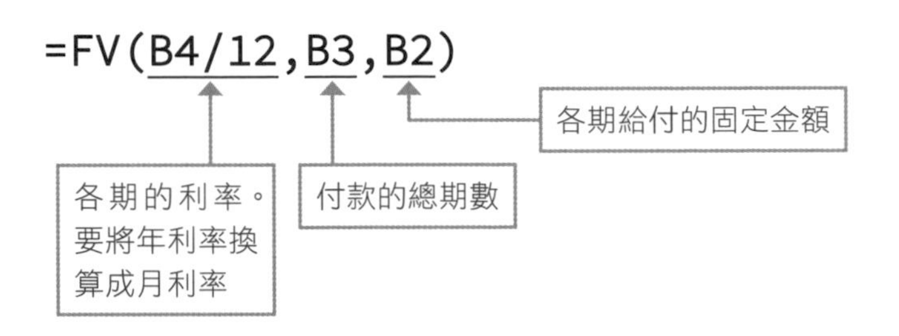

**利率**和**期數**必須是相同的單位，以上例來説，由於是每個月買一次，所以必須將年利率除以 12，換算成月利率。

B6 =FV(B4/12,B3,B2)

| | A | B | C | D | E |
|---|---|---|---|---|---|
| 1 | **定期定額投資** | | | | |
| 2 | 每月購買金額 | -10,000 | | | |
| 3 | 預計購買期數 | 36 | | | |
| 4 | 預估報酬率 | 15% | | | |
| 5 | | | | | |
| 6 | 投資收益 | $451,155.05 | | | |
| 7 | | | | | |

Unit 099

# 計算複利存款的回收值

範例 整存整付存款的回收值

FV

## 範例說明

想知道投入一筆固定金額，期間產生的本金加利息可於次期繼續生息，期滿後總共可領回多少？由於各家銀行利率及期數不同，想比較三家銀行看看哪家比較優惠。

| | A | B | C | D | E | F |
|---|---|---|---|---|---|---|
| 1 | 整存整付存款 | | | | | |
| 2 | 年利率 | 總期數 | 整筆存款 | 支付日期 | 儲蓄的期值 | |
| 3 | 0.70% | 5 | 10,000 | 月初 | $10,356 | |
| 4 | 1.09% | 10 | 20,000 | 月初 | $22,302 | |
| 5 | 1.15% | 20 | 20,000 | 月初 | $25,169 | |
| 6 | | | | | | |

| FV 函數 | |
|---|---|
| 說明 | 用來計算未來值的函數。 |
| 語法 | =FV(利率, 付款的總期數,每期給付金額, [現值], [付款類型] |
| 利率 (Rate) | 各期的利率。 |
| 付款的總期數 (Nper) | 付款的總期數。 |
| 每期給付的金額 (Pmt) | 各期的支付金額。若年繳為年繳金額，月繳為月繳金額。 |
| 現值 (Pv) | 根據固定利率計算貸款或投資的現值。例如，計算貸款的話為貸款金額，購買基金為第一筆投資金額。如果省略此引數，預設值為 0。 |
| 付款類型 (Type) | 為一邏輯值，判斷付款日為期初或期末。當 Type 為 1，代表每期期初付款；Type 為 0 時，代表每期期末付款。若不填則以 0 代替。 |

## 操作步驟

### 01 計算複利存款的回收值

請開啟**練習檔案 \Part 6\Unit_099**，在 E3 儲存格輸入如下的公式 ❶。利用 FV 函數帶入利率、總付款期數、現值、付款類型，即可得到期末複利存款的回收值。接著往下拖曳 E3 儲存格的**填滿控點**到 E5 儲存格，即可比較出哪家銀行的利率比較有利 ❷。

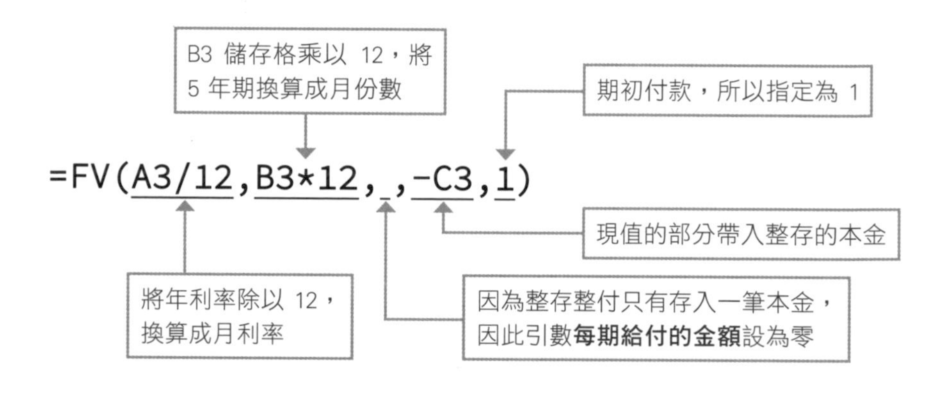


E3 =FV(A3/12,B3*12,,-C3,1) ❶

| | A | B | C | D | E | F | G |
|---|---|---|---|---|---|---|---|
| 1 | 整存整付存款 | | | | | | |
| 2 | 年利率 | 總期數 | 整筆存款 | 支付日期 | 儲蓄的期值 | | |
| 3 | 0.70% | 5 | 10,000 | 月初 | $10,356 | | |
| 4 | 1.09% | 10 | 20,000 | 月初 | $22,302 ❷ | | |
| 5 | 1.15% | 20 | 20,000 | 月初 | $25,169 | | |
| 6 | | | | | | | |

# Unit 100 計算利率

**範例** 想知道分期付款的實際利率

RATE

## 範例說明

有些購物網站常用分期付款吸引消費者，除了 0 利率之外，其實標榜的利率和實際利率是有差距的，可以利用 RATE 函數來驗證實際利率為多少。

| | A | B | C |
|---|---|---|---|
| 1 | 手機價格 | 20,000 | |
| 2 | 繳款期數 | 12 | |
| 3 | 每個月應繳金額 | 2,000 | |
| 4 | 分期利率 | 2.92% | |
| 5 | | | |

| RATE 函數 | |
|---|---|
| 說明 | 計算貸款或儲蓄的每期利率。 |
| 語法 | **=RATE(付款的總期數,每期給付的金額,現值,未來值,付款類型)** |
| 付款的總期數 (Nper) | 付款的總期數。 |
| 每期給付的金額 (Pmt) | 各期的支付金額。 |
| 現值 (Pv) | 未來各期付款現值總額。 |
| 未來值 (Fv) | 期間結束以後的總額。若省略預設值為 0。 |
| 付款類型 (Type) | 為一邏輯值，判斷付款日為期初或期末。當 Type 為 1，代表每期期初付款；Type 為 0 時，代表每期期末付款。若不填則以 0 代替。 |

## 操作步驟

**01** 開啟**練習檔案 \Part 6\Unit_100**，在 B4 儲存格輸入「=RATE(B2,-B3,B1)」，帶入總期數、每月應付金額、手機目前的價格，即可算出分期的利率。

B4 =RATE(B2,-B3,B1)

| | A | B | C | D | E |
|---|---|---|---|---|---|
| 1 | 手機價格 | 20,000 | | | |
| 2 | 繳款期數 | 12 | | | |
| 3 | 每個月應繳金額 | 2,000 | | | |
| 4 | 分期利率 | 2.92% | | | |
| 5 | | | | | |

### ☑ 舉一反三　廣告常用手法，買車分期零利率，其實包含了「隱藏利率」

假設車行一輛車現金購買價為 520,000 元，分期價為 549,000 元，提供 30 期零利率貸款。頭款金額 49,000 元，零利率貸款金額 500,000 元，分期零利率似乎很划算，但其實以現金購買價推算實際貸款金額（500,000-49,000），只需貸款 471,000 元，所以零利率貸款 500,000 元其實就是現金價包含了隱藏利率 4.68% 。隱藏利率的計算方式如下：

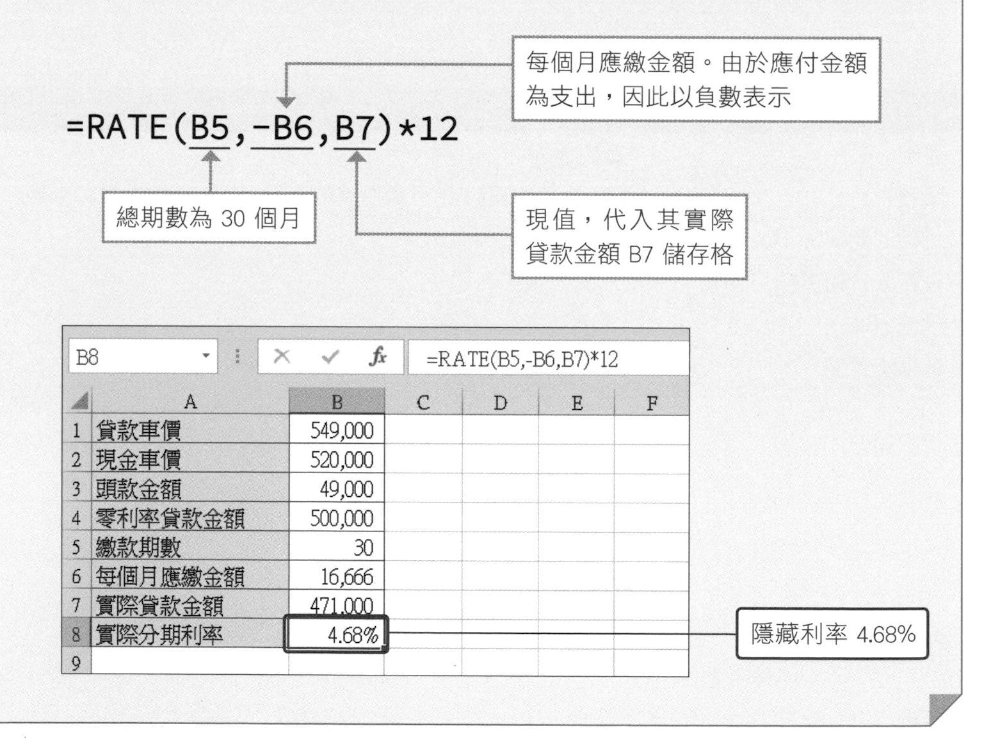


B8 =RATE(B5,-B6,B7)*12

| | A | B | C | D | E | F |
|---|---|---|---|---|---|---|
| 1 | 貸款車價 | 549,000 | | | | |
| 2 | 現金車價 | 520,000 | | | | |
| 3 | 頭款金額 | 49,000 | | | | |
| 4 | 零利率貸款金額 | 500,000 | | | | |
| 5 | 繳款期數 | 30 | | | | |
| 6 | 每個月應繳金額 | 16,666 | | | | |
| 7 | 實際貸款金額 | 471,000 | | | | |
| 8 | 實際分期利率 | 4.68% | | | | |
| 9 | | | | | | |

Part 7

# 重複資料的驗證

建立表單資料時，可能會發生資料輸入錯誤的情形，例如：不小心輸入重複的會員編號、在應該輸入數值的欄位誤打成文字、產品編號只有 10 位數卻少打或多打幾個零，像這樣的輸入作業如果能多一道檢查手續，就可以減少事後除錯的時間。

本篇除了教您在輸入資料時做驗證，也會說明如何在已建立的資料中檢查是否有重複，並將重複的資料以醒目色彩或文字標示出來。

Unit 101

# 驗證資料是否重複

範例　檢查會員編號是否重複，若重複在最後一欄顯示「會員編號已存在」

IF　COUNTIF

## 範例說明

會員編號具有「唯一性」，也就是不能有重複的會員編號，當建立完多筆資料後才想到要檢查會員編號是否重複輸入，有什麼方法可以快速檢查並將重複的資料標示出來呢？

| | A | B | C | D | E | F | G |
|---|---|---|---|---|---|---|---|
| 1 | 會員資料 | | | | | | |
| 2 | 會員編號 | 姓名 | 生日 | 手機號碼 | 地址 | Check | |
| 3 | 8317 | 謝辛如 | 1998/02/22 | 0956-324-312 | 台北市忠孝東路一段 333 號 | | |
| 4 | 8385 | 許育弘 | 2002/08/11 | 0935-963-854 | 新北市新莊區中正路 577 號 | | |
| 5 | 4879 | 張詩佩 | 1983/05/08 | 0954-071-435 | 台中市西區英才路 212 號 | | |
| 6 | 2458 | 林亞倩 | 1992/05/10 | 0913-410-599 | 台北市南港區經貿二號 1 號 | 會員編號已存在 | |
| 7 | 6547 | 王郁昌 | 1995/02/12 | 0972-371-299 | 台北市重慶南路一段 8 號 | | |
| 8 | 6987 | 宋智鈞 | 2008/08/29 | 0933-250-036 | 新北市板橋區文化路二段 10 號 | | |
| 9 | 2458 | 黃裕翔 | 2008/12/05 | 0934-750-620 | 新北市中和區安邦街 33 號 | 會員編號已存在 | |
| 10 | 3658 | 姚欣穎 | 2011/12/30 | 0954-647-127 | 台中市西屯區朝富路 188 號 | | |
| 11 | 5478 | 李家豪 | 2005/08/25 | 0982-597-901 | 苗栗市新苗街 18 號 | | |
| 12 | 8641 | 陳瑞淑 | 1983/04/24 | 0968-491-182 | 新竹市北區中山路 128 號 | | |
| 13 | 3258 | 蔡佳利 | 2010/05/15 | 0927-882-411 | 桃園市中壢區溪洲街 299 號 | | |
| 14 | 6874 | 吳立其 | 2009/10/24 | 0987-094-998 | 台南市安平區中華西路二段 533 號 | | |
| 15 | 3584 | 郭堯竹 | 1988/11/05 | 0960-798-165 | | 會員編號已存在 | |
| 16 | 6984 | 陳君倫 | 1992/10/10 | 0926-988-780 | 高雄市鳳山區文化路 67 號 | | |
| 17 | 2487 | 王文亭 | 1976/08/11 | 0988-237-421 | 新北市三峽區介壽路三段 120 號 | | |
| 18 | 3684 | 褚金輝 | 2014/09/14 | 0982-194-007 | 台中市西區台灣大道 1033 號 | | |
| 19 | 5547 | 劉明盛 | 1986/01/16 | 0931-464-962 | 彰化市彰鹿路 120 號 | | |
| 20 | 6985 | 陳蓁亞 | 2008/07/02 | | 新北市汐止區中山路 38 號 | | |
| 21 | 1547 | 楊雅惠 | 1998/06/02 | 0936-914-483 | 桃園市成功路二段 133 號 | | |
| 22 | 8965 | 曾銘山 | 2011/06/07 | 0921-841-340 | | | |
| 23 | 3584 | 林佩璇 | 2013/01/03 | 0968-575-278 | 新竹市香山區五福路二段 565 號 | 會員編號已存在 | |
| 24 | 6687 | 陳欣蘭 | 2005/11/28 | 0912-315-877 | 台南市安平區永華路二段 10 號 | | |
| 25 | 5489 | 連煒婷 | 2014/05/28 | 0913-765-496 | 新北市土城區承天路 65 號 | | |
| 26 | 6578 | 黃佳芬 | 1979/05/13 | 0923-812-346 | 高雄市苓雅區和平一路 115號 | | |
| 27 | | | | | | | |

想檢查會員編號是否重複，若有重複就顯示提醒訊息

## ▶ 操作步驟

### 01 利用 COUNTIF 函數判斷會員編號是否重複

請開啟**練習檔案\Part 7\Unit_101**，在 F3 儲存格輸入「=IF(COUNTIF($A$3:$A$26,A3)>1,"會員編號已存在","")」❶，利用 COUNTIF 函數計算會員編號的個數是否有兩個以上，若是個數大於 1，表示會員編號重複，並在 F 欄顯示「會員編號已存在」；若是個數小於 1，表示沒有重複，在 F 欄顯示空白。接著，往下拖曳 F3 儲存格的**填滿控點**到 F26 儲存格 ❷。

```
=IF(COUNTIF($A$3:$A$26,A3)>1,"會員編號已存在","")
```

計算 A3 儲存格的資料在 A3：A26 的範圍中出現過幾次

若個數大於 1，表示有資料重複，會在 F 欄顯示提示訊息，否則就顯示空白

F3 =IF(COUNTIF($A$3:$A$26,A3)>1,"會員編號已存在","")

| | A | B | C | D | E | F |
|---|---|---|---|---|---|---|
| 1 | 會員資料 | | | | | |
| 2 | 會員編號 | 姓名 | 生日 | 手機號碼 | 地址 | Check |
| 3 | 8317 | 謝辛如 | 1998/02/22 | 0956-324-312 | 台北市忠孝東路一段 333 號 | |
| 4 | 8385 | 許育弘 | 2002/08/11 | 0935-963-854 | 新北市新莊區中正路 577 號 | |
| 5 | 4879 | 張詩佩 | 1983/05/08 | 0954-071-435 | 台中市西區英才路 212 號 | |
| 6 | 2458 | 林亞倩 | 1992/05/10 | 0913-410-599 | 台北市南港區經貿二號 1 號 | 會員編號已存在 |
| 7 | 6547 | 王郁昌 | 1995/02/12 | 0972-371-299 | 台北市重慶南路一段 8 號 | |
| 8 | 6987 | 宋智鈞 | 2008/08/29 | 0933-250-036 | 新北市板橋區文化路二段 10 號 | |
| 9 | 2458 | 黃裕翔 | 2008/12/05 | 0934-750-620 | 新北市中和區安邦街 33 號 | 會員編號已存在 |
| 10 | 3658 | 姚欣穎 | 2011/12/30 | 0954-647-127 | 台中市西屯區朝富路 188 號 | |
| 11 | 5478 | 李家豪 | 2005/08/25 | 0982-597-901 | 苗栗市新苗街 18 號 | |
| 12 | 8641 | 陳瑞淑 | 1983/04/24 | 0968-491-182 | 新竹市北區中山路 128 號 | |

❶ ❷

| IF 函數 | |
|---|---|
| 說明 | 根據判斷的條件，決定要執行的動作或回傳值。 |
| 語法 | **=IF(條件式, 條件成立, 條件不成立)** |
| 條件式 | 指定要回傳 TRUE 或 FALSE 的條件式。 |
| 條件成立 | 指定當「條件式」的結果為 TRUE 時，所要回傳的值或執行的公式，沒有任何指定，會回傳「0」。 |
| 條件不成立 | 指定當「條件式」的結果為 FALSE 時，所要回傳的值或執行的公式，沒有任何指定，會回傳「0」。 |

| COUNTIF 函數 | |
|---|---|
| 說明 | 計算符合條件的儲存格個數。 |
| 語法 | =COUNTIF(搜尋目標範圍, 搜尋條件) |
| 搜尋目標範圍 | 指定判斷對象的儲存格範圍。 |
| 搜尋條件 | 要計數的條件。 |

## 02 只填入公式不填滿格式

拖曳 F3 儲存格的**填滿控點**往下複製公式時，儲存格格式會套用 F3 儲存格的底色，請按下**自動填滿選項**鈕，選擇**填滿但不填入格式**，以維持原本的格式設定。

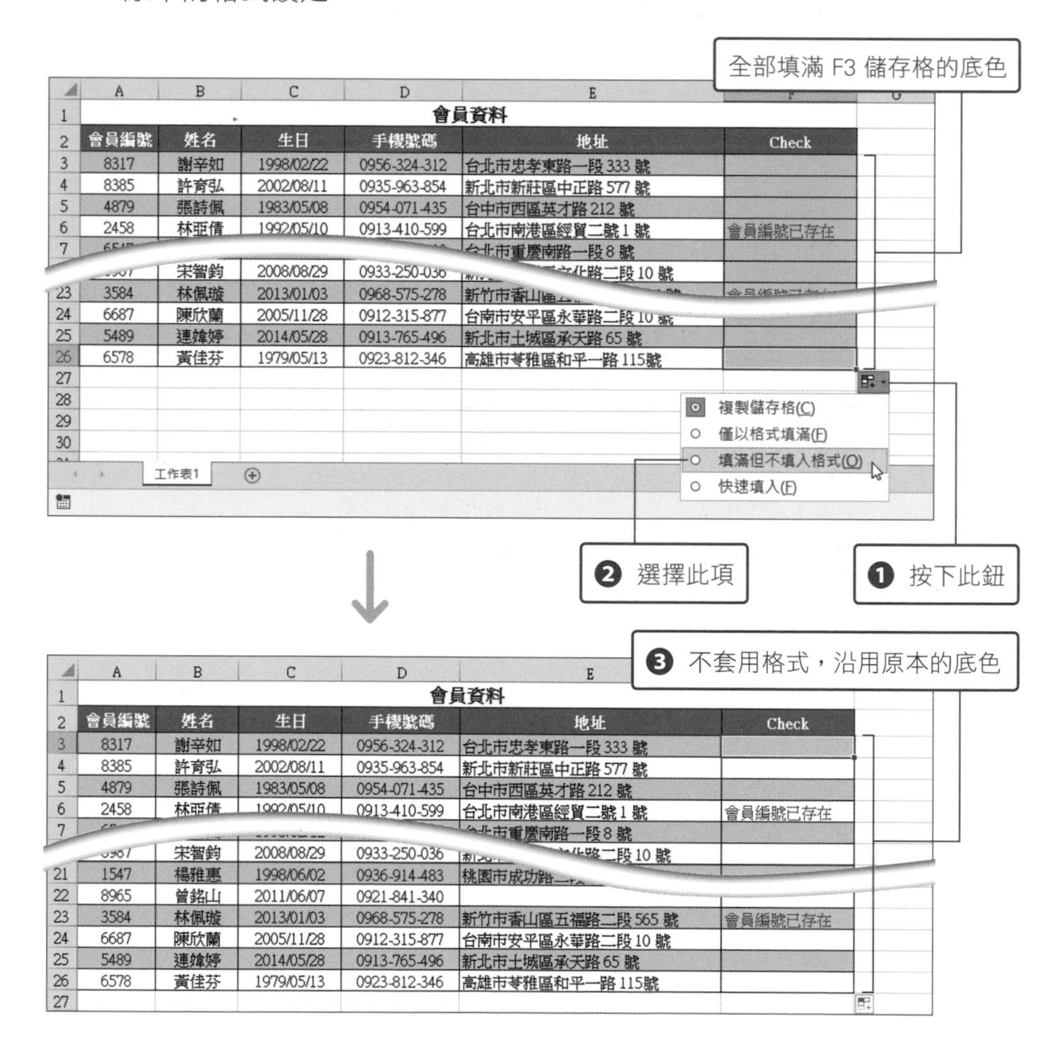

## ☑ 舉一反三　將日後新增的資料也納入檢查

剛才的公式是檢查已經輸入資料的範圍，所以公式中指定「$A$3:$A$26」，若是希望日後新增的資料也能一併檢查，可將 01 的公式改成「=IF(COUNTIF(A:A,A3)>1,"會員編號已存在","")」，讓整個 A 欄成為檢查的範圍，這樣之後輸入的資料也能成為驗證對象。

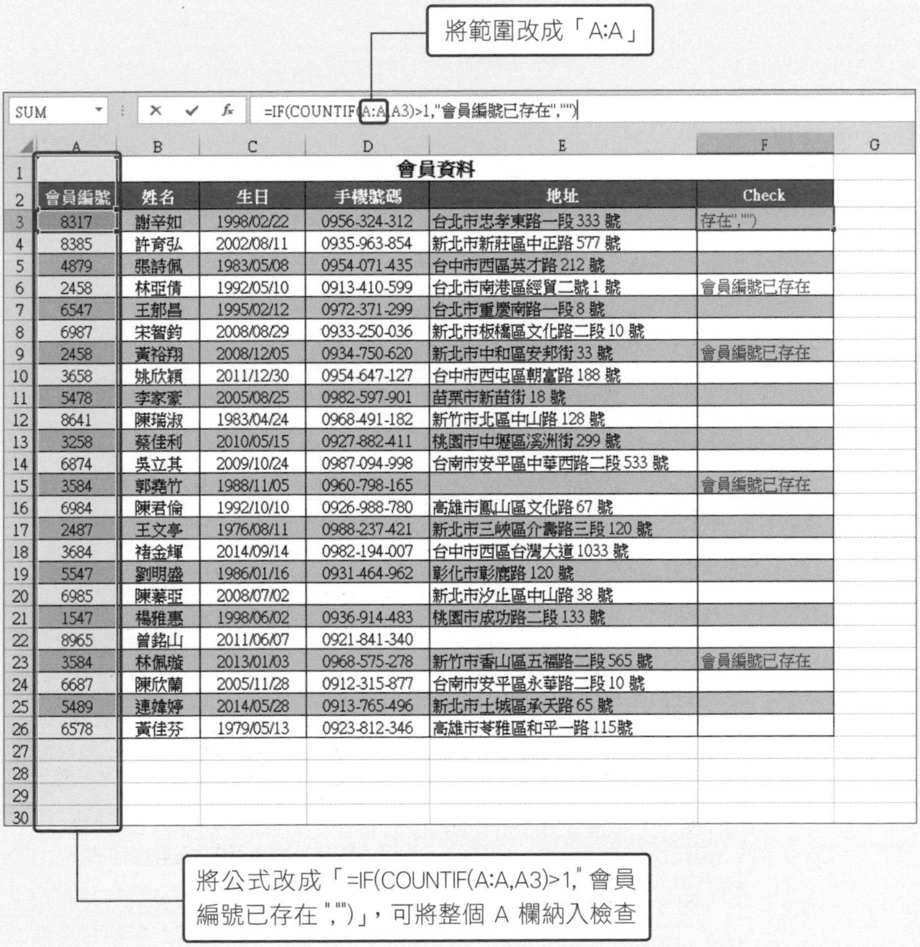

將範圍改成「A:A」

SUM　=IF(COUNTIF(A:A,A3)>1,"會員編號已存在","")

| | A | B | C | D | E | F |
|---|---|---|---|---|---|---|
| 1 | | | | 會員資料 | | |
| 2 | 會員編號 | 姓名 | 生日 | 手機號碼 | 地址 | Check |
| 3 | 8317 | 謝辛如 | 1998/02/22 | 0956-324-312 | 台北市忠孝東路一段 333 號 | 存在","") |
| 4 | 8385 | 許育弘 | 2002/08/11 | 0935-963-854 | 新北市新莊區中正路 577 號 | |
| 5 | 4879 | 張詩佩 | 1983/05/08 | 0954-071-435 | 台中市西區英才路 212 號 | |
| 6 | 2458 | 林亞倩 | 1992/05/10 | 0913-410-599 | 台北市南港區經貿二號 1 號 | 會員編號已存在 |
| 7 | 6547 | 王郁昌 | 1995/02/12 | 0972-371-299 | 台北市重慶南路一段 8 號 | |
| 8 | 6987 | 宋智鈞 | 2008/08/29 | 0933-250-036 | 新北市板橋區文化路二段 10 號 | |
| 9 | 2458 | 黃裕翔 | 2008/12/05 | 0934-750-620 | 新北市中和區安邦街 33 號 | 會員編號已存在 |
| 10 | 3658 | 姚欣穎 | 2011/12/30 | 0954-647-127 | 台中市西屯區朝富路 188 號 | |
| 11 | 5478 | 李家豪 | 2005/08/25 | 0982-597-901 | 苗栗市新苗街 18 號 | |
| 12 | 8641 | 陳瑞淑 | 1983/04/24 | 0968-491-182 | 新竹市北區中山路 128 號 | |
| 13 | 3258 | 蔡佳利 | 2010/05/15 | 0927-882-411 | 桃園市中壢區溪洲街 299 號 | |
| 14 | 6874 | 吳立其 | 2009/10/24 | 0987-094-998 | 台南市安平區中華西路二段 533 號 | |
| 15 | 3584 | 郭堯竹 | 1988/11/05 | 0960-798-165 | | 會員編號已存在 |
| 16 | 6984 | 陳君倫 | 1992/10/10 | 0926-988-780 | 高雄市鳳山區文化路 67 號 | |
| 17 | 2487 | 王文亭 | 1976/08/11 | 0988-237-421 | 新北市三峽區介壽路三段 120 號 | |
| 18 | 3684 | 褚金輝 | 2014/09/14 | 0982-194-007 | 台中市西區台灣大道 1033 號 | |
| 19 | 5547 | 劉明盛 | 1986/01/16 | 0931-464-962 | 彰化市彰鹿路 120 號 | |
| 20 | 6985 | 陳蓁亞 | 2008/07/02 | | 新北市汐止區中山路 38 號 | |
| 21 | 1547 | 楊雅惠 | 1998/06/02 | 0936-914-483 | 桃園市成功路二段 133 號 | |
| 22 | 8965 | 曾銘山 | 2011/06/07 | 0921-841-340 | | |
| 23 | 3584 | 林佩璇 | 2013/01/03 | 0968-575-278 | 新竹市香山區五福路二段 565 號 | 會員編號已存在 |
| 24 | 6687 | 陳欣蘭 | 2005/11/28 | 0912-315-877 | 台南市安平區永華路二段 10 號 | |
| 25 | 5489 | 連煒婷 | 2014/05/28 | 0913-765-496 | 新北市土城區承天路 65 號 | |
| 26 | 6578 | 黃佳芬 | 1979/05/13 | 0923-812-346 | 高雄市苓雅區和平一路 115號 | |
| 27 | | | | | | |
| 28 | | | | | | |
| 29 | | | | | | |
| 30 | | | | | | |

將公式改成「=IF(COUNTIF(A:A,A3)>1,"會員編號已存在","")」，可將整個 A 欄納入檢查

Unit 102

# 只標示第二筆重複的資料

**範例** 檢查會員編號，只將第二筆以後重複的資料標示「資料重複！」

IF COUNTIF

## 範例說明

上個單元是將所有重複的會員編號都標示出來，如果不要列出第一筆重複的資料，只要標示第二筆之後重複的資料該怎麼做呢？

| | A | B | C | D | E | F |
|---|---|---|---|---|---|---|
| 1 | | 會員資料 | | | | |
| 2 | | 會員編號 | 姓名 | 生日 | 手機號碼 | 地址 |
| 3 | | 8317 | 謝辛如 | 1998/02/22 | 0956-324-312 | 台北市忠孝東路一段 333 號 |
| 4 | | 8385 | 許育弘 | 2002/08/11 | 0935-963-854 | 新北市新莊區中正路 577 號 |
| 5 | | 4879 | 張詩佩 | 1983/05/08 | 0954-071-435 | 台中市西區英才路 212 號 |
| 6 | | 2458 | 林亜倩 | 1992/05/10 | 0913-410-599 | 台北市南港區經貿二號 1 號 |
| 7 | | 6547 | 王郁昌 | 1995/02/12 | 0972-371-299 | 台北市重慶南路一段 8 號 |
| 8 | | 6987 | 宋智鈞 | 2008/08/29 | 0933-250-036 | 新北市板橋區文化路二段 10 號 |
| 9 | 會員編號已存在！ | 2458 | 黃裕翔 | 2008/12/05 | 0934-750-620 | 新北市中和區安邦街 33 號 |
| 10 | | 3658 | 姚欣穎 | 2011/12/30 | 0954-647-127 | 台中市西屯區朝富路 188 號 |
| 11 | | 5478 | 李家豪 | 2005/08/25 | 0982-597-901 | 苗栗市新苗街 18 號 |
| 12 | | 8641 | 陳瑞淑 | 1983/04/24 | 0968-491-182 | 新竹市北區中山路 128 號 |
| 13 | | 3258 | 蔡佳利 | 2010/05/15 | 0927-882-411 | 桃園市中壢區溪洲街 299 號 |
| 14 | 會員編號已存在！ | 2458 | 吳立其 | 2009/10/24 | 0987-094-998 | 台南市安平區中華西路二段 533 號 |
| 15 | | 3584 | 郭堯竹 | 1988/11/05 | 0960-798-165 | |
| 16 | | 6984 | 陳君倫 | 1992/10/10 | 0926-988-780 | 高雄市鳳山區文化路 67 號 |
| 17 | | 2487 | 王文亭 | 1976/08/11 | 0988-237-421 | 新北市三峽區介壽路三段 120 號 |
| 18 | | 3684 | 褚金輝 | 2014/09/14 | 0982-194-007 | 台中市西區台灣大道 1033 號 |
| 19 | | 5547 | 劉明盛 | 1986/01/16 | 0931-464-962 | 彰化市彰鹿路 120 號 |
| 20 | | 6985 | 陳蓁亞 | 2008/07/02 | | 新北市汐止區中山路 38 號 |
| 21 | 會員編號已存在！ | 8317 | 楊雅惠 | 1998/06/02 | 0936-914-483 | 桃園市成功路二段 133 號 |
| 22 | | 8965 | 曾銘山 | 2011/06/07 | 0921-841-340 | |
| 23 | | 3654 | 林佩璇 | 2013/01/03 | 0968-575-278 | 新竹市香山區五福路二段 565 號 |
| 24 | | 6687 | 陳欣蘭 | 2005/11/28 | 0912-315-877 | 台南市安平區永華路二段 10 號 |
| 25 | | 5489 | 連煒婷 | 2014/05/28 | 0913-765-496 | 新北市土城區承天路 65 號 |
| 26 | | 6578 | 黃佳芬 | 1979/05/13 | 0923-812-346 | 高雄市苓雅區和平一路 115號 |

只想將第二筆以後重複的資料標出來

編號重複

## 操作步驟

### 01 利用 COUNTIF 函數計算會員編號的個數

請開啟**練習檔案 \Part 7\Unit_102**，在 G3 儲存格輸入如下的公式，計算 B3 儲存格出現幾次。接著，往下複製公式到 G26 儲存格，即可算出所有會員編號出現的次數。

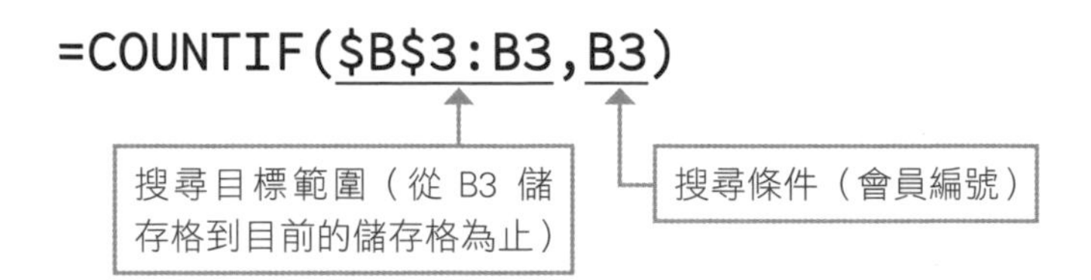


在此將 B3 儲存格當作**搜尋目標範圍**的起點，只要利用絕對參照「$」鎖住起點，那麼將公式複製到其他儲存格時，只有終點的儲存格會產生變動，因此**搜尋目標範圍**就會變成從開頭儲存格到作為計算對象的儲存格為止。

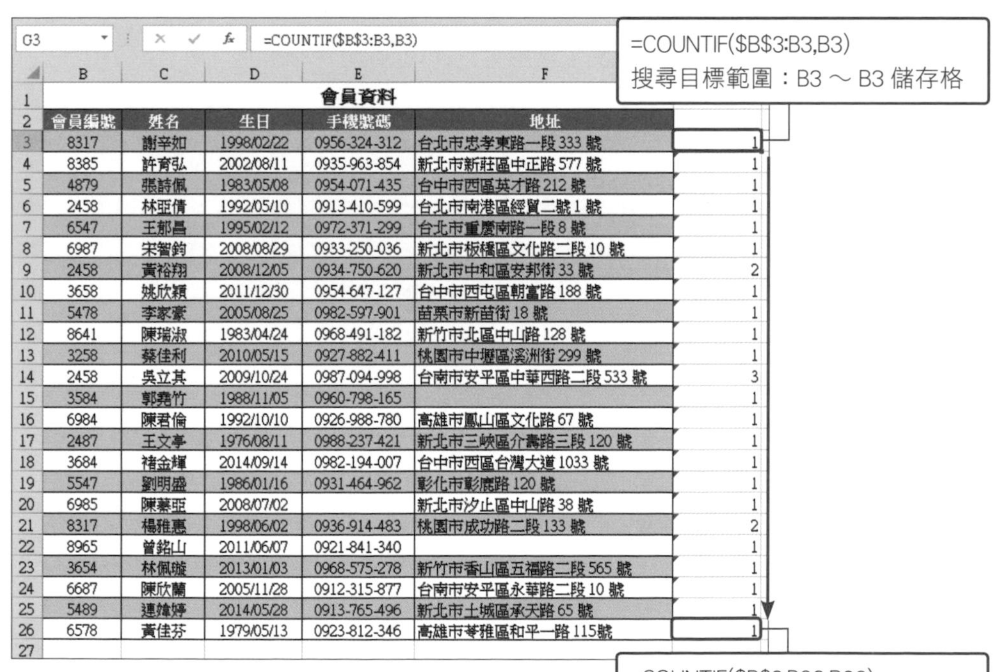


會員資料

| 會員編號 | 姓名 | 生日 | 手機號碼 | 地址 | G |
|---|---|---|---|---|---|
| 8317 | 謝辛如 | 1998/02/22 | 0956-324-312 | 台北市忠孝東路一段 333 號 | 1 |
| 8385 | 許育弘 | 2002/08/11 | 0935-963-854 | 新北市新莊區中正路 577 號 | 1 |
| 4879 | 張詩佩 | 1983/05/08 | 0954-071-435 | 台中市西區英才路 212 號 | 1 |
| 2458 | 林亞倩 | 1992/05/10 | 0913-410-599 | 台北市南港區經貿二號 1 號 | 1 |
| 6547 | 王郁昌 | 1995/02/12 | 0972-371-299 | 台北市重慶南路一段 8 號 | 1 |
| 6987 | 宋智鈞 | 2008/08/29 | 0933-250-036 | 新北市板橋區文化路二段 10 號 | 1 |
| 2458 | 黃裕翔 | 2008/12/05 | 0934-750-620 | 新北市中和區安邦街 33 號 | 2 |
| 3658 | 姚欣穎 | 2011/12/30 | 0954-647-127 | 台中市西屯區朝富路 188 號 | 1 |
| 5478 | 李家豪 | 2005/08/25 | 0982-597-901 | 苗栗市新苗街 18 號 | 1 |
| 8641 | 陳瑞淑 | 1983/04/24 | 0968-491-182 | 新竹市北區中山路 128 號 | 1 |
| 3258 | 蔡佳利 | 2010/05/15 | 0927-882-411 | 桃園市中壢區溪洲街 299 號 | 1 |
| 2458 | 吳立其 | 2009/10/24 | 0987-094-998 | 台南市安平區中華西路二段 533 號 | 3 |
| 3584 | 郭堯竹 | 1988/11/05 | 0960-798-165 | | 1 |
| 6984 | 陳君倫 | 1992/10/10 | 0926-988-780 | 高雄市鳳山區文化路 67 號 | 1 |
| 2487 | 王文亭 | 1976/08/11 | 0988-237-421 | 新北市三峽區介壽路三段 120 號 | 1 |
| 3684 | 褚金輝 | 2014/09/14 | 0982-194-007 | 台中市西區台灣大道 1033 號 | 1 |
| 5547 | 劉明盛 | 1986/01/16 | 0931-464-962 | 彰化市彰鹿路 120 號 | 1 |
| 6985 | 陳蓁亞 | 2008/07/02 | | 新北市汐止區中山路 38 號 | 1 |
| 8317 | 楊雅惠 | 1998/06/02 | 0936-914-483 | 桃園市成功路二段 133 號 | 2 |
| 8965 | 曾銘山 | 2011/06/07 | 0921-841-340 | | 1 |
| 3654 | 林佩璇 | 2013/01/03 | 0968-575-278 | 新竹市香山區五福路二段 565 號 | 1 |
| 6687 | 陳欣蘭 | 2005/11/28 | 0912-315-877 | 台南市安平區永華路二段 10 號 | 1 |
| 5489 | 連煒婷 | 2014/05/28 | 0913-765-496 | 新北市土城區承天路 65 號 | 1 |
| 6578 | 黃佳芬 | 1979/05/13 | 0923-812-346 | 高雄市苓雅區和平一路 115號 | 1 |

7 重複資料的驗證

## 02 找出會員編號重複的第二筆、第三筆、…資料

在 A3 儲存格輸入「=IF(G3>=2," 會員編號已存在！ ","")」，再將 A3 儲存格的公式往下複製到 A26 儲存格。

**=IF(G3>=2,"會員編號已存在！","")**

判斷 G3 儲存格是否大於等於 2，若條件成立，即會找出重複的第 2 筆、第 3 筆資料，並顯示「會員編號已存在！」，若條件不成立，則顯示空白

會員編號 2458 第二筆重複的資料

A3 =IF(G3>=2,"會員編號已存在！","")

| | A | B | C | D | E | F | G |
|---|---|---|---|---|---|---|---|
| 1 | | 會員資料 | | | | | |
| 2 | | 會員編號 | 姓名 | 生日 | 手機號碼 | 地址 | |
| 3 | | 8317 | 謝辛如 | 1998/02/22 | 0956-324-312 | 台北市忠孝東路一段 333 號 | 1 |
| 4 | | 8385 | 許育弘 | 2002/08/11 | 0935-963-854 | 新北市新莊區中正路 577 號 | 1 |
| 5 | | 4879 | 張詩佩 | 1983/05/08 | 0954-071-435 | 台中市西區英才路 212 號 | 1 |
| 6 | | 2458 | 林亞倩 | 1992/05/10 | 0913-410-599 | 台北市南港區經貿二號 1 號 | 1 |
| 7 | | 6547 | 王郁昌 | 1995/02/12 | 0972-371-299 | 台北市重慶南路一段 8 號 | 1 |
| 8 | | 6987 | 宋智鈞 | 2008/08/29 | 0933-250-036 | 新北市板橋區文化路二段 10 號 | 1 |
| 9 | 會員編號已存在！ | 2458 | 黃裕翔 | 2008/12/05 | 0934-750-620 | 新北市中和區安邦街 33 號 | 2 |
| 10 | | 3658 | 姚欣穎 | 2011/12/30 | 0954-647-127 | 台中市西屯區朝富路 188 號 | 1 |
| 11 | | 5478 | 李家豪 | 2005/08/25 | 0982-597-901 | 苗栗市新苗街 18 號 | 1 |
| 12 | | 8641 | 陳瑞淑 | 1983/04/24 | 0968-491-182 | 新竹市北區中山路 128 號 | 1 |
| 13 | | 3258 | 蔡佳利 | 2010/05/15 | 0927-882-411 | 桃園市中壢區溪洲街 299 號 | 1 |
| 14 | 會員編號已存在！ | 2458 | 吳立其 | 2009/10/24 | 0987-094-998 | 台南市安平區中華西路二段 533 號 | 3 |
| 15 | | 3584 | 郭堯竹 | 1988/11/05 | 0960-798-165 | | 1 |
| 16 | | 6984 | 陳君倫 | 1992/10/10 | 0926-988-780 | 高雄市鳳山區文化路 67 號 | 1 |
| 17 | | 2487 | 王文亭 | 1976/08/11 | 0988-237-421 | 新北市三峽區介壽路三段 120 號 | 1 |
| 18 | | 3684 | 褚金輝 | 2014/09/14 | 0982-194-007 | 台中市西區台灣大道 1033 號 | 1 |
| 19 | | 5547 | 劉明盛 | 1986/01/16 | 0931-464-962 | 彰化市彰鹿路 120 號 | 1 |
| 20 | | 6985 | 陳蓁亞 | 2008/07/02 | | 新北市汐止區中山路 38 號 | 1 |
| 21 | 會員編號已存在！ | 8317 | 楊雅惠 | 1998/06/02 | 0936-914-483 | 桃園市成功路二段 133 號 | 2 |
| 22 | | 8965 | 曾銘山 | 2011/06/07 | 0921-841-340 | | 1 |
| 23 | | 3654 | 林佩璇 | 2013/01/03 | 0968-575-278 | 新竹市香山區五福路二段 565 號 | 1 |
| 24 | | 6687 | 陳欣蘭 | 2005/11/28 | 0912-315-877 | 台南市安平區永華路二段 10 號 | 1 |
| 25 | | 5489 | 連煒婷 | 2014/05/28 | 0913-765-496 | 新北市土城區承天路 65 號 | 1 |
| 26 | | 6578 | 黃佳芬 | 1979/05/13 | 0923-812-346 | 高雄市苓雅區和平一路 115號 | 1 |

會員編號 8317 的第二筆重複資料

會員編號 2458 的第三筆重複資料

熟悉 IF 及 COUNTIF 函數後，可直接在 A3 儲存格中輸入「=IF(COUNTIF($B$3:B3,B3)>=2," 會員編號已存在！ ","")」，將這兩個函數組合在一起，這樣就不用先在 G 欄輸入公式了。

Unit 103

# 將重複的資料以醒目顏色標示

**範例** 檢查會員編號是否重複，並將重複的資料整列填滿醒目顏色

COUNTIF 設定格式化的條件

## 範例說明

上個單元是在「輔助欄位」中輸入公式以檢查資料是否重複，若資料需要列印出來，不希望顯示「輔助欄位」的計算過程，可改用**設定格式化的條件**功能找出重複值，並將整列資料填滿醒目顏色。

| | A | B | C | D | E | F |
|---|---|---|---|---|---|---|
| 1 | | | | 會員資料 | | |
| 2 | 會員編號 | 姓名 | 生日 | 手機號碼 | 地址 | |
| 3 | 8317 | 謝辛如 | 1998/02/22 | 0956-324-312 | 台北市忠孝東路一段 333 號 | |
| 4 | 8385 | 許育弘 | 2002/08/11 | 0935-963-854 | 新北市新莊區中正路 577 號 | |
| 5 | 4879 | 張詩佩 | 1983/05/08 | 0954-071-435 | 台中市西區英才路 212 號 | |
| 6 | 2458 | 林亞倩 | 1992/05/10 | 0913-410-599 | 台北市南港區經貿二號 1 號 | |
| 7 | 6547 | 王郁昌 | 1995/02/12 | 0972-371-299 | 台北市重慶南路一段 8 號 | |
| 8 | 6987 | 宋智鈞 | 2008/08/29 | 0933-250-036 | 新北市板橋區文化路二段 10 號 | |
| 9 | 2458 | 黃裕翔 | 2008/12/05 | 0934-750-620 | 新北市中和區安邦街 33 號 | |
| 10 | 3658 | 姚欣穎 | 2011/12/30 | 0954-647-127 | 台中市西屯區朝富路 188 號 | |
| 11 | 5478 | 李家豪 | 2005/08/25 | 0982-597-901 | 苗栗市新苗街 18 號 | |
| 12 | 8641 | 陳瑞淑 | 1983/04/24 | 0968-491-182 | 新竹市北區中山路 128 號 | |
| 13 | 8385 | 蔡佳利 | 2010/05/15 | 0927-882-411 | 桃園市中壢區溪洲街 299 號 | |
| 14 | 6874 | 吳立其 | 2009/10/24 | 0987-094-998 | 台南市安平區中華西路二段 533 號 | |
| 15 | 3584 | 郭堯竹 | 1988/11/05 | 0960-798-165 | | |
| 16 | 6984 | 陳君倫 | 1992/10/10 | 0926-988-780 | 高雄市鳳山區文化路 67 號 | |
| 17 | 2487 | 王文亭 | 1976/08/11 | 0988-237-421 | 新北市三峽區介壽路三段 120 號 | |
| 18 | 3684 | 褚金輝 | 2014/09/14 | 0982-194-007 | 台中市西區台灣大道 1033 號 | |
| 19 | 5547 | 劉明盛 | 1986/01/16 | 0931-464-962 | 彰化市彰鹿路 120 號 | |
| 20 | 6985 | 陳蓁亞 | 2008/07/02 | | 新北市汐止區中山路 38 號 | |
| 21 | 1547 | 楊雅惠 | 1998/06/02 | 0936-914-483 | 桃園市成功路二段 133 號 | |
| 22 | 8965 | 曾銘山 | 2011/06/07 | 0921-841-340 | | |
| 23 | 3654 | 林佩璇 | 2013/01/03 | 0968-575-278 | 新竹市香山區五福路二段 565 號 | |
| 24 | 6687 | 陳欣蘭 | 2005/11/28 | 0912-315-877 | 台南市安平區永華路二段 10 號 | |
| 25 | 5489 | 連緯婷 | 2014/05/28 | 0913-765-496 | 新北市土城區承天路 65 號 | |
| 26 | 6578 | 黃佳芬 | 1979/05/13 | 0923-812-346 | 高雄市苓雅區和平一路 115號 | |
| 27 | | | | | | |

想將重複的會員編號以醒目顏色標示

## ▶ 操作步驟

### 01 設定格式化的條件

請開啟**練習檔案 \Part 7\Unit_103**，選取 A3：E26 儲存格範圍 ❶，再切換到**常用**頁次，按下**設定格式化的條件**鈕，選擇**新增規則** ❷。

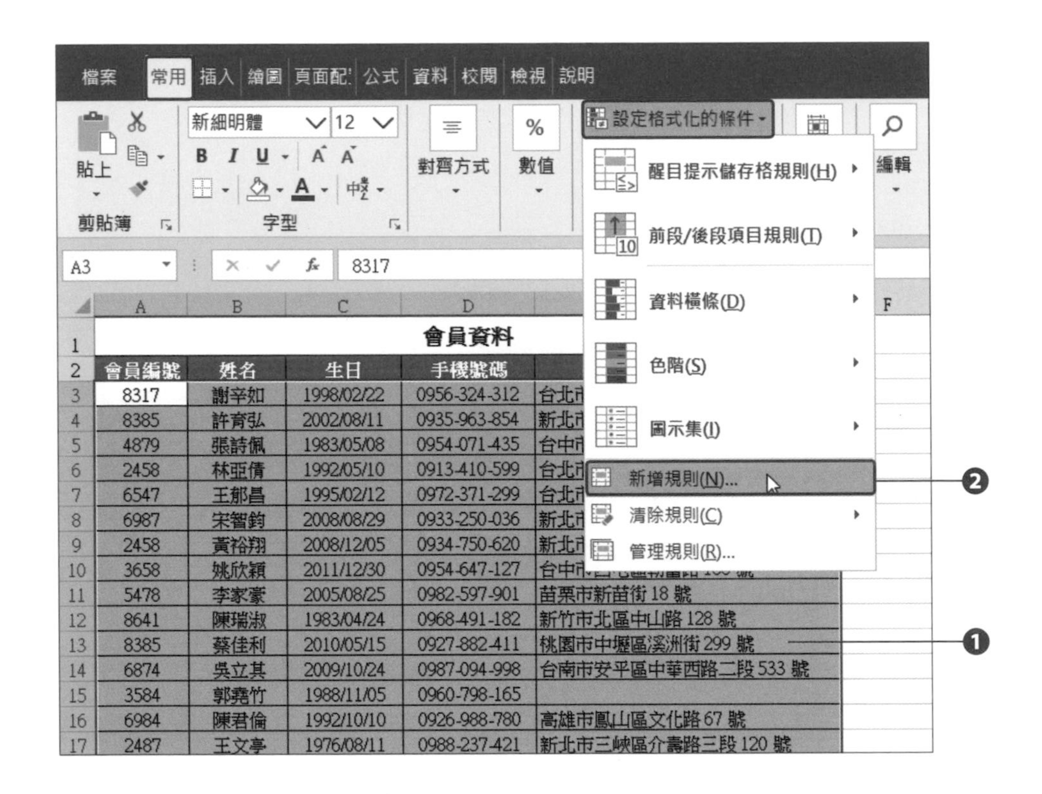


### 02 在「新增格式化規則」 交談窗中輸入公式

開啟**新增格式化規則**交談窗後，點選**使用公式來決定要格式化哪些儲存格** ❶，接著在公式欄位中輸入「=COUNTIF($A:$A,$A3)>1」❷，再按下**格式**鈕 ❸。

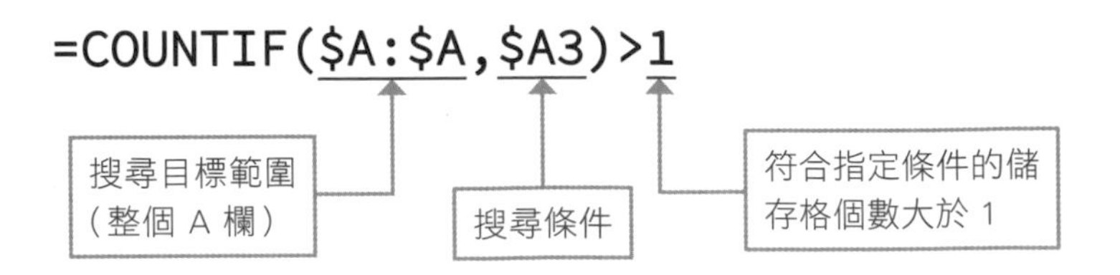

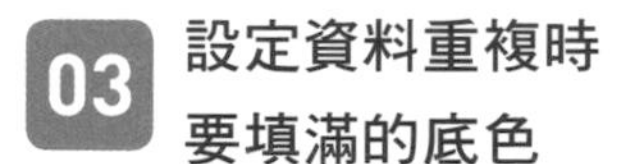

## 03 設定資料重複時要填滿的底色

請切換到**填滿**頁次，點選資料重複時要填滿的顏色❶，再按下**確定**鈕❷，就完成設定了。

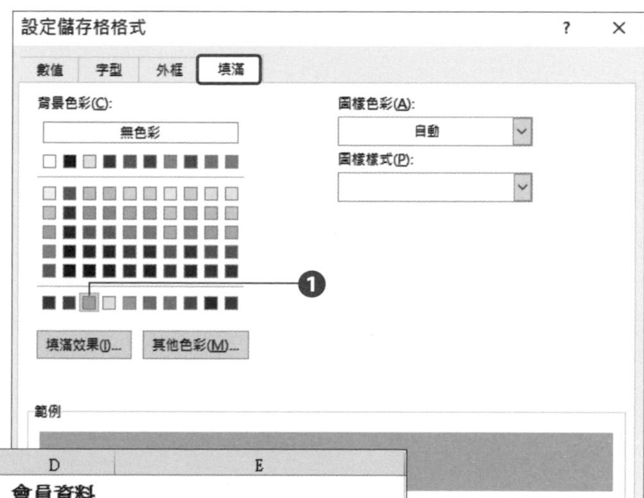

| | A | B | C | D | E |
|---|---|---|---|---|---|
| 1 | 會員資料 | | | | |
| 2 | 會員編號 | 姓名 | 生日 | 手機號碼 | 地址 |
| 3 | 8317 | 謝辛如 | 1998/02/22 | 0956-324-312 | 台北市忠孝東路一段 333 號 |
| 4 | 8385 | 許育弘 | 2002/08/11 | 0935-963-854 | 新北市新莊區中正路 577 號 |
| 5 | 4879 | 張詩佩 | 1983/05/08 | 0954-071-435 | 台中市西區英才路 212 號 |
| 6 | 2458 | 林亞倩 | 1992/05/10 | 0913-410-599 | 台北市南港區經貿二號 1 號 |
| 7 | 6547 | 王郁昌 | 1995/02/12 | 0972-371-299 | 台北市重慶南路一段 8 號 |
| 8 | 6987 | 宋智鈞 | 2008/08/29 | 0933-250-036 | 新北市板橋區文化路二段 10 號 |
| 9 | 2458 | 黃裕翔 | 2008/12/05 | 0934-750-620 | 新北市中和區安邦街 33 號 |
| 10 | 3658 | 姚欣穎 | 2011/12/30 | 0954-647-127 | 台中市西屯區朝富路 188 號 |
| 11 | 5478 | 李家豪 | 2005/08/25 | 0982-597-901 | 苗栗市新苗街 18 號 |
| 12 | 8641 | 陳瑞淑 | 1983/04/24 | 0968-491-182 | 新竹市北區中山路 128 號 |
| 13 | 8385 | 蔡佳利 | 2010/05/15 | 0927-882-411 | 桃園市中壢區溪洲街 299 號 |
| 14 | 6874 | 吳立其 | 2009/10/24 | 0987-094-998 | 台南市安平區中華西路二段 533 號 |
| 15 | 3584 | 郭堯竹 | 1988/11/05 | 0960-798-165 | |
| 16 | 6984 | 陳君倫 | 1992/10/10 | 0926-988-780 | 高雄市鳳山區文化路 67 號 |
| 17 | 2487 | 王文亭 | 1976/08/11 | 0988-237-421 | 新北市三峽區介壽路三段 120 號 |

# Unit 104 輸入重複資料時發出警告

**範例** 建立新書資料時，若輸入已存在的書號會跳出警告訊息

資料驗證 COUNTIF

## 範例說明

先前所介紹的重複資料檢查，都是在資料輸入完成才進行，若是能在輸入資料的當下就檢查是否有重複，可以節省後續的驗證時間。例如底下的範例，在建立新書資料時，若是輸入已經存在的書號，就會馬上跳出提醒。

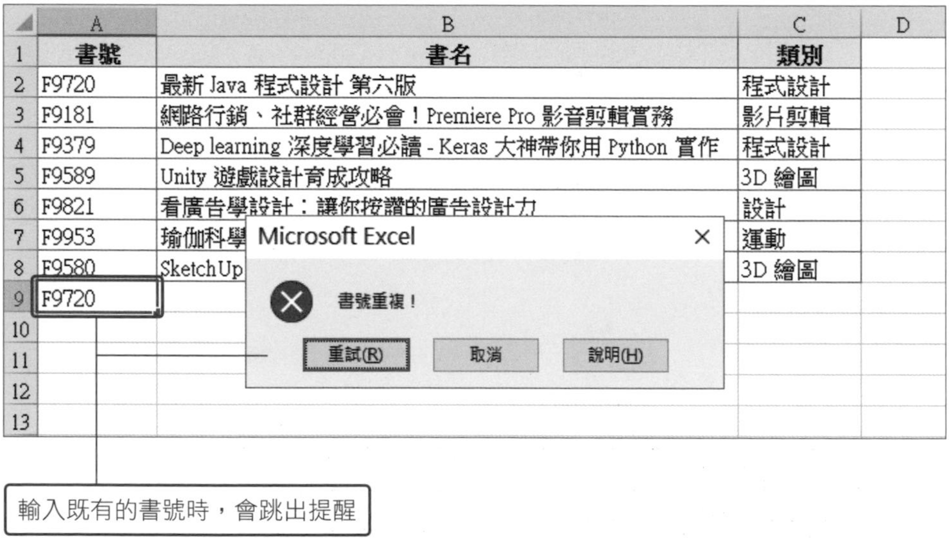

| | A | B | C | D |
|---|---|---|---|---|
| 1 | 書號 | 書名 | 類別 | |
| 2 | F9720 | 最新 Java 程式設計 第六版 | 程式設計 | |
| 3 | F9181 | 網路行銷、社群經營必會！Premiere Pro 影音剪輯實務 | 影片剪輯 | |
| 4 | F9379 | Deep learning 深度學習必讀 - Keras 大神帶你用 Python 實作 | 程式設計 | |
| 5 | F9589 | Unity 遊戲設計育成攻略 | 3D 繪圖 | |
| 6 | F9821 | 看廣告學設計：讓你按讚的廣告設計力 | 設計 | |
| 7 | F9953 | 瑜伽科學 | 運動 | |
| 8 | F9580 | SketchUp | 3D 繪圖 | |
| 9 | F9720 | | | |
| 10 | | | | |
| 11 | | | | |
| 12 | | | | |
| 13 | | | | |

Microsoft Excel

書號重複！

重試(R) 取消 說明(H)

輸入既有的書號時，會跳出提醒

## 操作步驟

**01** **設定「資料驗證」**

請開啟**練習檔案 \Part 7\Unit_104**，選取整個 A 欄 ❶，接著切換到**資料**頁次，按下**資料工具**鈕的**資料驗證** ❷。開啟**資料驗證**交談窗後，在**儲存格內允許**列示窗中選擇**自訂** ❸，就會出現**公式**的輸入欄位，請輸入「=COUNTIF(A:A,A1)=1」❹，先不要按下**確定**鈕，繼續進行 **02** 的設定。

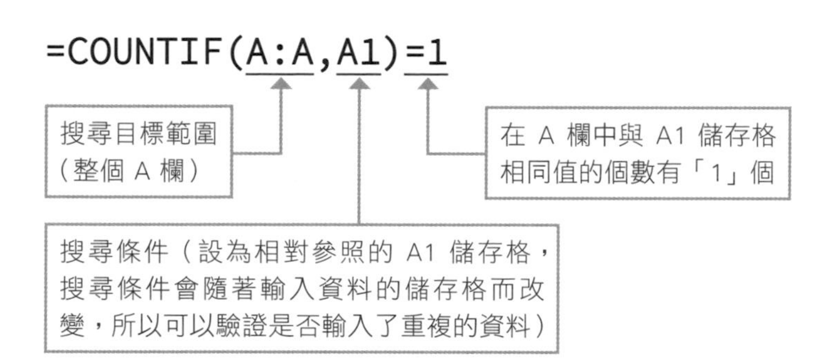


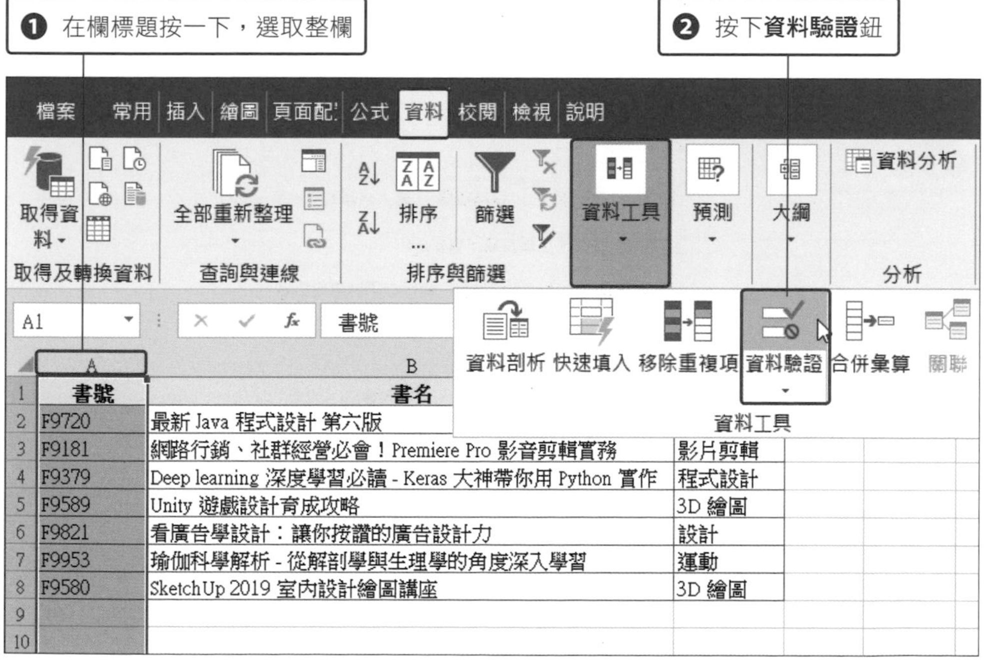

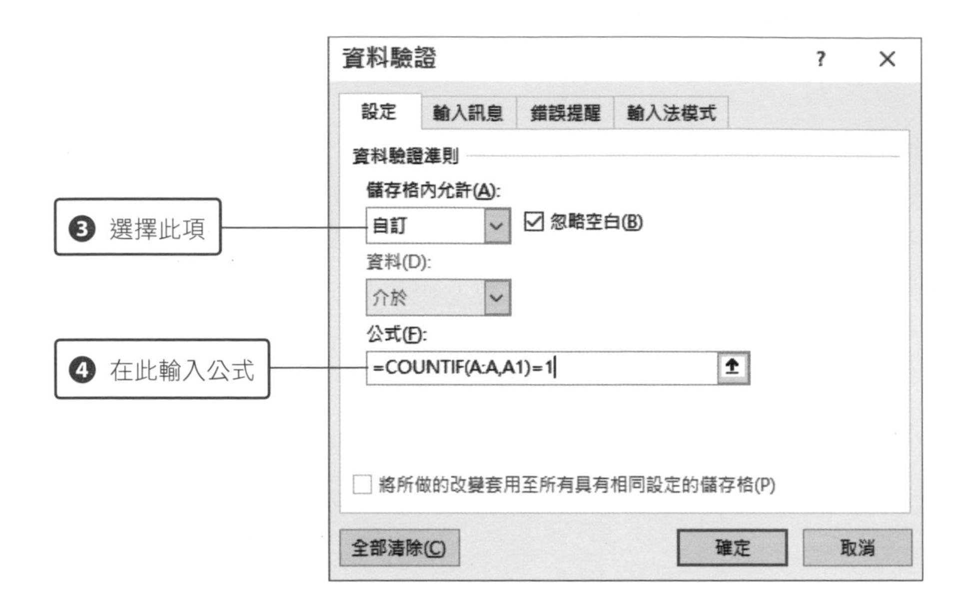


## 02 設定「錯誤提醒」

接著，切換到**資料驗證**交談窗的**錯誤提醒**頁次 ❶，在**訊息內容**輸入「書號重複！」❷，再按下**確定**鈕 ❸。

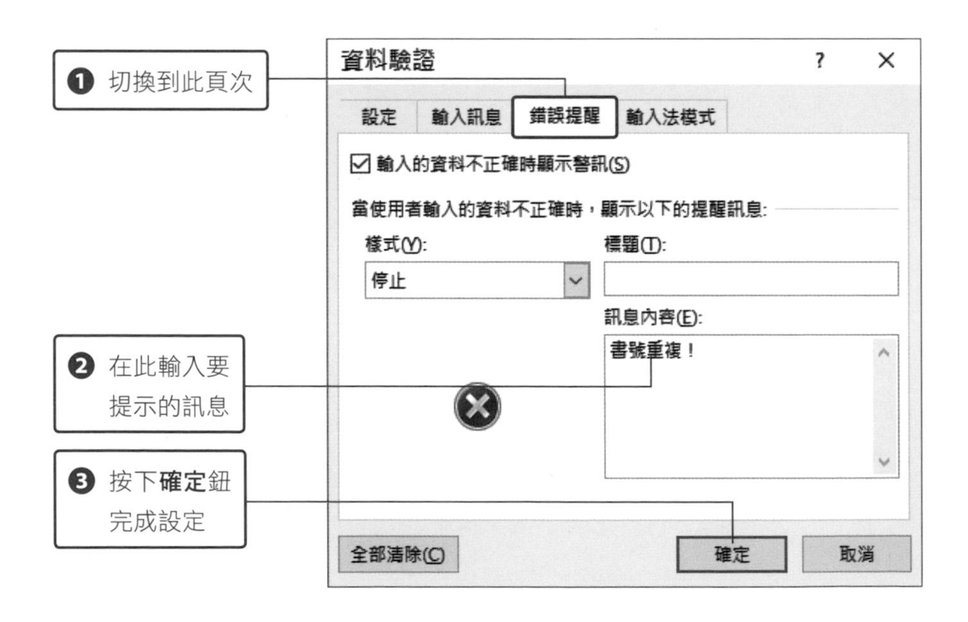

## 03 試著輸入重複的書號

設定好資料驗證後，請在 A9 儲存格輸入重複的書號（如：F9720），按下 Enter 鍵後，就會出現警告。

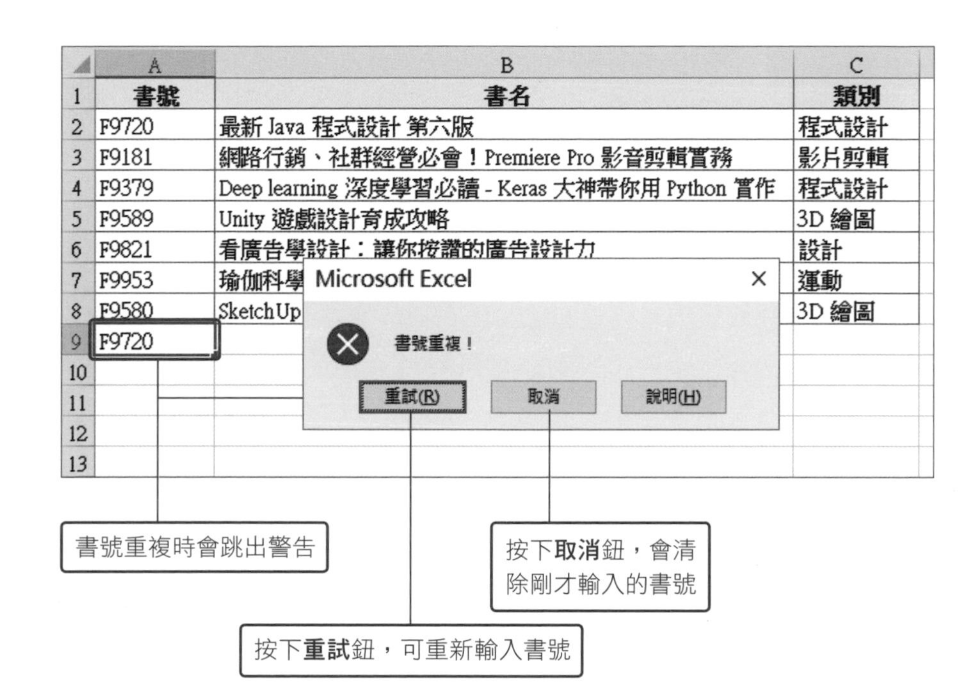

請注意！資料驗證規則只會驗證直接輸入的資料，若資料是以複製或移動的方式輸入，就不在驗證的範圍內。

Unit 105

# 輸入指定的星期時發出警告

**範　例**　輸入日期時若為「星期三」店休日，自動發出警告

資料驗證　WORKDAY.INTL

## 範例說明

很多行業都是採取預約制且有固定的休息日，像是牙醫、美甲、美髮、3C 維修中心、……等等，當店家接到顧客預約時，若是一時沒確認，可能會連固定的店休日（休診日）也讓顧客預約。為避免不必要的困擾，希望在輸入日期時能自動排除每週的店休日。

| | A | B | C | D | E | F |
|---|---|---|---|---|---|---|
| 1 | 安安牙醫診所預約名單 | | | | | |
| 2 | 預約日 | 姓名 | 電話 | 時段 | | |
| 3 | 10月1日 | 張清緯 | 0933-122-xxx | 18:00 | | |
| 4 | 10月1日 | 謝佩真 | 0918-544-xxx | 19:00 | | |
| 5 | 10月3日 | 張景宣 | 0912-333-xxx | 16:30 | | |
| 6 | 10月5日 | 黃健豪 | 0938-548-xxx | 17:50 | | |
| 7 | 10/16 | | | | | |
| 8 | | | | | | |
| 9 | | | | | | |
| 10 | | | | | | |
| 11 | | | | | | |
| 12 | | | | | | |
| 13 | | | | | | |
| 14 | | | | | | |
| 15 | | | | | | |
| 16 | | | | | | |
| 17 | | | | | | |
| 18 | | | | | | |
| 19 | | | | | | |
| 20 | | | | | | |
| 21 | | | | | | |
| 22 | ※每週三休診，不能預約！ | | | | | |
| 23 | | | | | | |

Microsoft Excel

每週三休診！

重試(R)　取消　說明(H)

輸入的日期若為星期三，就會跳出提醒

## 操作步驟

**01** **將公式寫入到「資料驗證」中**

請開啟**練習檔案 \Part 7\Unit_105**，選取 A3：A20 儲存格 ❶，切換到**資料**頁次，按下**資料工具**的**資料驗證**鈕 ❷。開啟**資料驗證**交談窗後，在**設定**頁次裡將**儲存格內允許**列示窗改選為**自訂** ❸，即會顯示**公式**欄位，請輸入「=WORKDAY.INTL(A3+1,-1,14)=A3」❹，在此請先不要按下**確定**鈕，繼續進行 02 的設定。

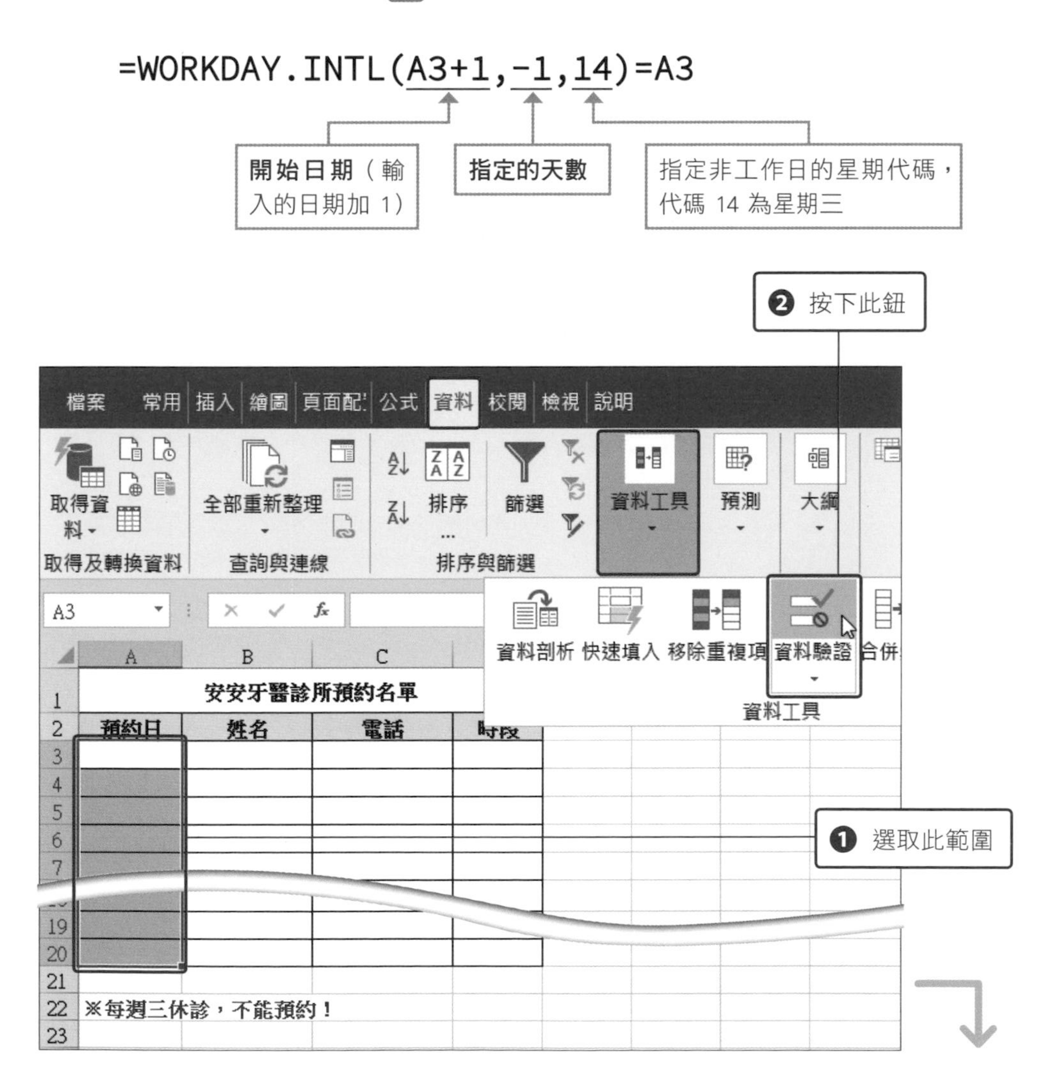

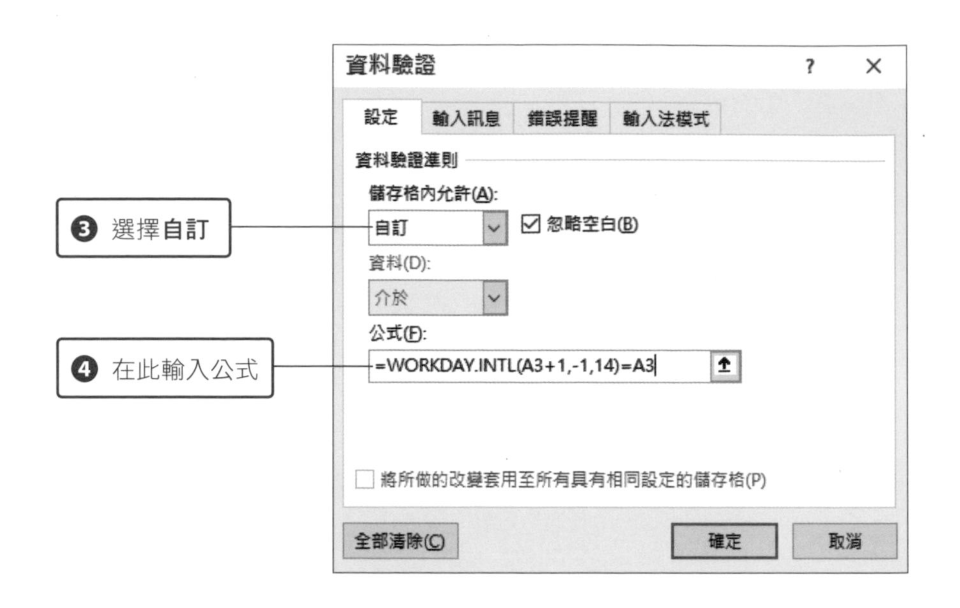


| WORKDAY.INTL 函數 | |
|---|---|
| 說明 | 可以指定店休日的星期及不定期的店休日。 |
| 語法 | =WORKDAY.INTL(開始日期, 天數, [週末], [假日]) |
| 開始日期 | 指定計算的基準日。 |
| 天數 | 指定天數。開始日期之前或之後的工作天數。數值為正數，表示○天後的日期；數值為負數，表示○天前的日期；數值為零，表示開始日期。 |
| 週末 | 參考下表以編號指定非工作日的星期。若省略此引數，則會將星期六、日視為非工作日。 |
| 假日 | 指定國定假日等非工作日的日期。 |

| 數值 | 「週末」的星期 | 數值 | 「週末」的星期 |
|---|---|---|---|
| 1 或省略 | 星期六、星期日 | 11 | 星期日 |
| 2 | 星期日、星期一 | 12 | 星期一 |
| 3 | 星期一、星期二 | 13 | 星期二 |
| 4 | 星期二、星期三 | 14 | 星期三 |
| 5 | 星期三、星期四 | 15 | 星期四 |
| 6 | 星期四、星期五 | 16 | 星期五 |
| 7 | 星期五、星期六 | 17 | 星期六 |

## 02 設定錯誤提醒

接著切換到**資料驗證**交談窗中的**錯誤提醒**頁次 ❶，在**訊息內容**欄輸入「每週三休診！」❷，再按下**確定**鈕 ❸。

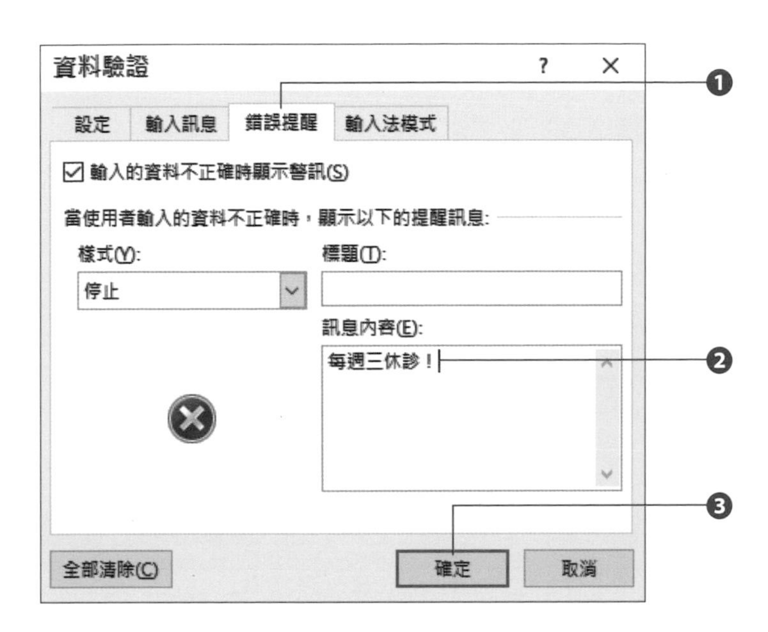


## 03 試著輸入「週三」的日期

在 A3 儲存格輸入「10/9」，按下 Enter 鍵後，因為此日期為星期三，因此會跳出警告視窗。

| | A | B | C | D | E |
|---|---|---|---|---|---|
| 1 | 安安牙醫診所預約名單 | | | | |
| 2 | 預約日 | 姓名 | 電話 | 時段 | |
| 3 | 10/9 | | | | |
| 4 | | | | | |
| 5 | | | | | |
| 6 | | | | | |
| 7 | | | | | |
| 8 | | | | | |
| 9 | | | | | |
| 10 | | | | | |
| 11 | | | | | |
| 12 | | | | | |

Microsoft Excel ×

每週三休診！

重試(R) 取消 說明(H)

# Unit 106 一次檢查多個儲存格是否為空白

**範例** 檢查會員資料的每個欄位是否有完整填寫

IF COUNTBLANK 設定格式化的條件

## 範例說明

當建立的會員資料愈來愈多，要一一檢查每個欄位是否有填寫實在很傷眼，有沒有辦法一次找出資料填寫不完整的會員呢？

| | A | B | C | D | E | F |
|---|---|---|---|---|---|---|
| 1 | 會員資料 | | | | | |
| 2 | 會員編號 | 姓名 | 生日 | 手機號碼 | 地址 | Check |
| 3 | 8317 | 謝辛如 | 1998/02/22 | 0956-324-312 | 台北市忠孝東路一段 333 號 | |
| 4 | 8385 | 許育弘 | 2002/08/11 | 0935-963-854 | 新北市新莊區中正路 577 號 | |
| 5 | 4879 | 張詩佩 | 1983/05/08 | 0954-071-435 | 台中市西區英才路 212 號 | |
| 6 | 2458 | 林亞倩 | 1992/05/10 | 0913-410-599 | 台北市南港區經貿二號 1 號 | |
| 7 | 6547 | 王郁昌 | 1995/02/12 | 0972-371-299 | 台北市重慶南路一段 8 號 | |
| 8 | 6987 | 宋智鈞 | 2008/08/29 | 0933-250-036 | 新北市板橋區文化路二段 10 號 | |
| 9 | 2458 | 黃裕翔 | 2008/12/05 | 0934-750-620 | 新北市中和區安邦街 33 號 | |
| 10 | 3658 | 姚欣穎 | 2011/12/30 | 0954-647-127 | 台中市西屯區朝富路 188 號 | |
| 11 | 5478 | 李家豪 | 2005/08/25 | 0982-597-901 | 苗栗市新苗街 18 號 | |
| 12 | 8641 | 陳瑞淑 | 1983/04/24 | 0968-491-182 | 新竹市北區中山路 128 號 | |
| 13 | 3258 | 蔡佳利 | 2010/05/15 | 0927-882-411 | 桃園市中壢區溪洲街 299 號 | |
| 14 | 6874 | 吳立其 | 2009/10/24 | 0987-094-998 | 台南市安平區中華西路二段 533 號 | |
| 15 | 3584 | 郭堯竹 | 1988/11/05 | 0960-798-165 | | 有資料沒填 |
| 16 | 6984 | 陳君倫 | 1992/10/10 | 0926-988-780 | 高雄市鳳山區文化路 67 號 | |
| 17 | 2487 | 王文亭 | 1976/08/11 | 0988-237-421 | 新北市三峽區介壽路三段 120 號 | |
| 18 | 3684 | 褚金輝 | 2014/09/14 | 0982-194-007 | 台中市西區台灣大道 1033 號 | |
| 19 | 5547 | 劉明盛 | 1986/01/16 | 0931-464-962 | 彰化市彰鹿路 120 號 | |
| 20 | 6985 | 陳蓁亞 | 2008/07/02 | | 新北市汐止區中山路 38 號 | 有資料沒填 |
| 21 | 1547 | 楊雅惠 | 1998/06/02 | 0936-914-483 | 桃園市成功路二段 133 號 | |
| 22 | 8965 | 曾銘山 | 2011/06/07 | 0921-841-340 | | 有資料沒填 |
| 23 | 3584 | 林佩璇 | 2013/01/03 | 0968-575-278 | 新竹市香山區五福路二段 565 號 | |
| 24 | 6687 | 陳欣蘭 | 2005/11/28 | 0912-315-877 | 台南市安平區永華路二段 10 號 | |
| 25 | 5489 | 連煒婷 | 2014/05/28 | 0913-765-496 | 新北市土城區承天路 65 號 | |
| 26 | 6578 | 黃佳芬 | 1979/05/13 | 0923-812-346 | 高雄市苓雅區和平一路 115號 | |
| 27 | | | | | | |

希望找出資料沒有填寫完整的會員，並以醒目顏色標示

## 操作步驟

### 01 使用 IF + COUNTBLANK 函數來檢查

請開啟**練習檔案 \Part 7\Unit_106**，在 F3 儲存格輸入「=IF(COUNTBLANK(A3:E3)=0,""," 有資料沒填 ")」❶，即可檢查 A 欄到 E 欄是否有空白，拖曳 F3 儲存格的**填滿控點**到 F26 儲存格 ❷，即可找出有欄位漏填的會員。接著，請按下**自動填滿選項**鈕 ❸，選擇**填滿但不填入格式** ❹，讓 F3：F26 儲存格維持原本的間隔一列換色的格式。

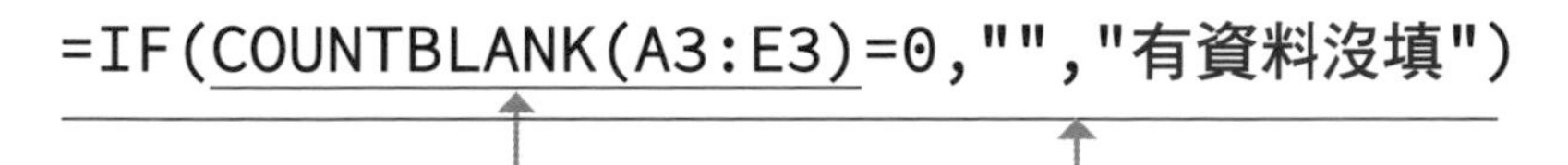


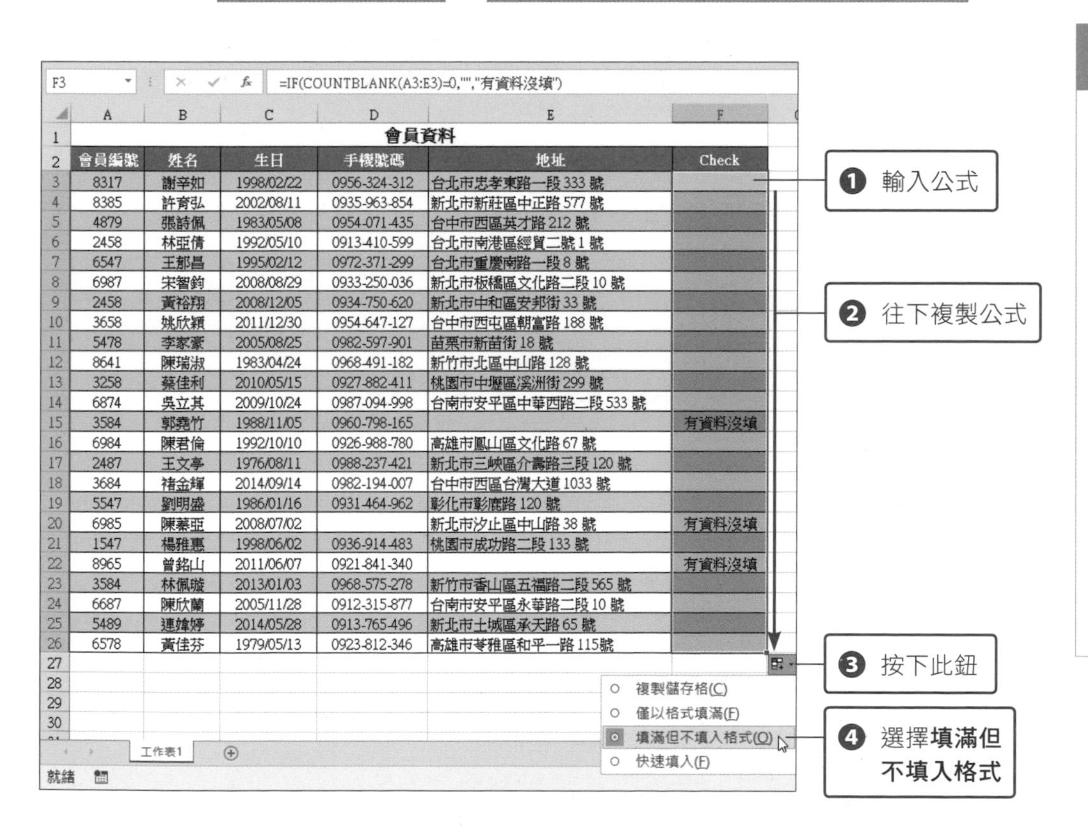


會員資料

| 會員編號 | 姓名 | 生日 | 手機號碼 | 地址 | Check |
|---|---|---|---|---|---|
| 8317 | 謝辛如 | 1998/02/22 | 0956-324-312 | 台北市忠孝東路一段 333 號 | |
| 8385 | 許育弘 | 2002/08/11 | 0935-963-854 | 新北市新莊區中正路 577 號 | |
| 4879 | 張詩佩 | 1983/05/08 | 0954-071-435 | 台中市西區英才路 212 號 | |
| 2458 | 林亞倩 | 1992/05/10 | 0913-410-599 | 台北市南港區經貿二號 1 號 | |
| 6547 | 王郁昌 | 1995/02/12 | 0972-371-299 | 台北市重慶南路一段 8 號 | |
| 6987 | 宋智鈞 | 2008/08/29 | 0933-250-036 | 新北市板橋區文化路二段 10 號 | |
| 2458 | 黃裕翔 | 2008/12/05 | 0934-750-620 | 新北市中和區安邦街 33 號 | |
| 3658 | 姚欣穎 | 2011/12/30 | 0954-647-127 | 台中市西屯區朝富路 188 號 | |
| 5478 | 李家豪 | 2005/08/25 | 0982-597-901 | 苗栗市新苗街 18 號 | |
| 8641 | 陳瑞淑 | 1983/04/24 | 0968-491-182 | 新竹市北區中山路 128 號 | |
| 3258 | 蔡佳利 | 2010/05/15 | 0927-882-411 | 桃園市中壢區溪洲街 299 號 | |
| 6874 | 吳立其 | 2009/10/24 | 0987-094-998 | 台南市安平區中華西路二段 533 號 | |
| 3584 | 郭堯竹 | 1988/11/05 | 0960-798-165 | | 有資料沒填 |
| 6984 | 陳君倫 | 1992/10/10 | 0926-988-780 | 高雄市鳳山區文化路 67 號 | |
| 2487 | 王文亭 | 1976/08/11 | 0988-237-421 | 新北市三峽區介壽路三段 120 號 | |
| 3684 | 褚金輝 | 2014/09/14 | 0982-194-007 | 台中市西區台灣大道 1033 號 | |
| 5547 | 劉明盛 | 1986/01/16 | 0931-464-962 | 彰化市彰鹿路 120 號 | |
| 6985 | 陳蓁亞 | 2008/07/02 | | 新北市汐止區中山路 38 號 | 有資料沒填 |
| 1547 | 楊雅惠 | 1998/06/02 | 0936-914-483 | 桃園市成功路二段 133 號 | |
| 8965 | 曾銘山 | 2011/06/07 | 0921-841-340 | | 有資料沒填 |
| 3584 | 林佩璇 | 2013/01/03 | 0968-575-278 | 新竹市香山區五福路二段 565 號 | |
| 6687 | 陳欣蘭 | 2005/11/28 | 0912-315-877 | 台南市安平區永華路二段 10 號 | |
| 5489 | 連煒婷 | 2014/05/28 | 0913-765-496 | 新北市土城區承天路 65 號 | |
| 6578 | 黃佳芬 | 1979/05/13 | 0923-812-346 | 高雄市苓雅區和平一路 115號 | |

| COUNTBLANK 函數 | |
|---|---|
| 說明 | 計算空白儲存格的個數。 |
| 語法 | =COUNTBLANK(儲存格範圍) |
| 儲存格範圍 | 指定要計算空白儲存格的範圍。 |

請注意！若是儲存格裡有空白字串（""）也會被列入計算；若是儲存格的值為數字 0，就不會被列入計算。

## 02 設定醒目顏色

找出有資料未填寫的會員後，可以繼續利用**設定格式化的條件**功能，讓「有資料沒填」的文字更加醒目。請選取 F3：F26 儲存格，切換到**常用**頁次，按下**設定格式化的條件**鈕，點選**醒目提示儲存格規則**下的**包含下列的文字**，並如下設定：

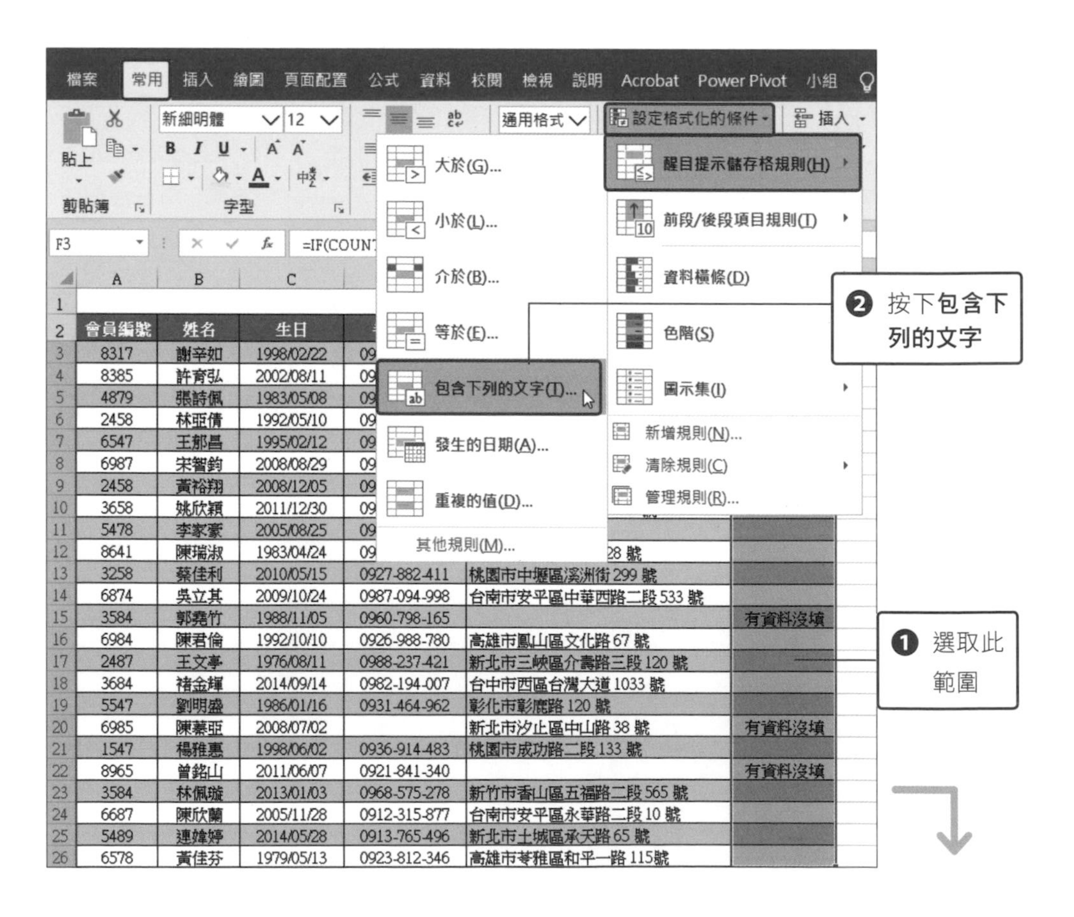

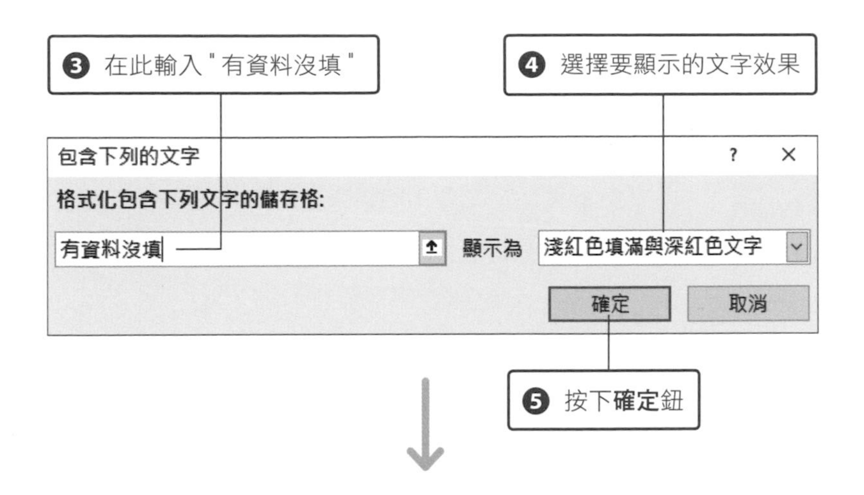


❺ 按下**確定**鈕

| | A | B | C | D | E | F | G |
|---|---|---|---|---|---|---|---|
| 1 | 會員資料 | | | | | | |
| 2 | 會員編號 | 姓名 | 生日 | 手機號碼 | 地址 | Check | |
| 3 | 8317 | 謝辛如 | 1998/02/22 | 0956-324-312 | 台北市忠孝東路一段 333 號 | | |
| 4 | 8385 | 許育弘 | 2002/08/11 | 0935-963-854 | 新北市新莊區中正路 577 號 | | |
| 5 | 4879 | 張詩佩 | 1983/05/08 | 0954-071-435 | 台中市西區英才路 212 號 | | |
| 6 | 2458 | 林亞倩 | 1992/05/10 | 0913-410-599 | 台北市南港區經貿二號 1 號 | | |
| 7 | 6547 | 王郁昌 | 1995/02/12 | 0972-371-299 | 台北市重慶南路一段 8 號 | | |
| 8 | 6987 | 宋智鈞 | 2008/08/29 | 0933-250-036 | 新北市板橋區文化路二段 10 號 | | |
| 9 | 2458 | 黃裕翔 | 2008/12/05 | 0934-750-620 | 新北市中和區安邦街 33 號 | | |
| 10 | 3658 | 姚欣穎 | 2011/12/30 | 0954-647-127 | 台中市西屯區朝富路 188 號 | | |
| 11 | 5478 | 李家豪 | 2005/08/25 | 0982-597-901 | 苗栗市新苗街 18 號 | | |
| 12 | 8641 | 陳瑞淑 | 1983/04/24 | 0968-491-182 | 新竹市北區中山路 128 號 | | |
| 13 | 3258 | 蔡佳利 | 2010/05/15 | 0927-882-411 | 桃園市中壢區溪洲街 299 號 | | |
| 14 | 6874 | 吳立其 | 2009/10/24 | 0987-094-998 | 台南市安平區中華西路二段 533 號 | | |
| 15 | 3584 | 郭堯竹 | 1988/11/05 | 0960-798-165 | | 有資料沒填 | |
| 16 | 6984 | 陳君倫 | 1992/10/10 | 0926-988-780 | 高雄市鳳山區文化路 67 號 | | |
| 17 | 2487 | 王文亭 | 1976/08/11 | 0988-237-421 | 新北市三峽區介壽路三段 120 號 | | |
| 18 | 3684 | 褚金輝 | 2014/09/14 | 0982-194-007 | 台中市西區台灣大道 1033 號 | | |
| 19 | 5547 | 劉明盛 | 1986/01/16 | 0931-464-962 | 彰化市彰鹿路 120 號 | | |
| 20 | 6985 | 陳蓁亞 | 2008/07/02 | | 新北市汐止區中山路 38 號 | 有資料沒填 | |
| 21 | 1547 | 楊雅惠 | 1998/06/02 | 0936-914-483 | 桃園市成功路二段 133 號 | | |
| 22 | 8965 | 曾銘山 | 2011/06/07 | 0921-841-340 | | 有資料沒填 | |
| 23 | 3584 | 林佩璇 | 2013/01/03 | 0968-575-278 | 新竹市香山區五福路二段 565 號 | | |
| 24 | 6687 | 陳欣蘭 | 2005/11/28 | 0912-315-877 | 台南市安平區永華路二段 10 號 | | |
| 25 | 5489 | 連煒婷 | 2014/05/28 | 0913-765-496 | 新北市土城區承天路 65 號 | | |
| 26 | 6578 | 黃佳芬 | 1979/05/13 | 0923-812-346 | 高雄市苓雅區和平一路 115號 | | |

將「有資料沒填」的文字加上醒目的顏色了

Unit 107

# 限定儲存格只能輸入指定的字元數

**範例** 限定「行動電話」欄位不能輸入超出或低於 9 個字元

LEN 資料驗證

## 範例說明

在 Excel 中若是直接輸入以「0」為開頭的數字會被忽略，得另外設定儲存格格式才能顯示。我們希望在建立客戶資料時，只要輸入行動電話的後九碼，再利用儲存格格式自動補上開頭的「0」及間隔數字的「-」符號，這樣可以縮短輸入資料的時間，並希望輸入超出或低於 9 個字元時跳出提醒，以省去後續資料檢查的麻煩。

| | A | B | C | D | E | F | G |
|---|---|---|---|---|---|---|---|
| 1 | 客戶清單 | | | | | | |
| 2 | 客戶編號 | 客戶名稱 | 統一編號 | 聯絡人 | 行動電話 | 市話 | 聯絡地址 |
| 3 | ST1251135 | 至上電子公司 | 21144500 | 張恩宇 | 0911-333-850 | (02) 2335-4878 | 台北市中正區杭州南路1號 |
| 4 | ST1258745 | 力行鋼鐵 | 24455122 | 林美玲 | 0933-155-877 | (02) 2145-8761 | 台北市大安區忠孝東路3段2號 |
| 5 | SG1235487 | 祥欣材料 | 54103588 | 蔡鴻和 | 0938-068-445 | (02) 2953-7555 | 新北市板橋區貴興路133號 |
| 6 | SH1257889 | 峰鍏化工 | 35410357 | 楊智友 | 0930-155-496 | (03) 270-6854 | 桃園市蘆竹區南崁路一段123號 |
| 7 | SQ1547896 | 融新企業 | 54879654 | 林國華 | 0932-589-631 | (04) 2265-1682 | 台中市中區中山路155號 |
| 8 | SM2154893 | 瑞意科技 | 35487961 | 陳宇雲 | 0978-555-120 | (06) 254-2223 | 台南市永康區中正路 355 號 |
| 9 | SW6548783 | 建宏壓克力 | 64587125 | 李嘉瑩 | 9654187444 | | |
| 10 | | | | | | | |
| 11 | | | | | | | |
| 12 | | | | | | | |
| 13 | | | | | | | |
| 14 | | | | | | | |
| 15 | | | | | | | |
| 16 | | | | | | | |
| 17 | | | | | | | |

Microsoft Excel

行動電話輸入錯誤！

重試(R) 取消 說明(H)

輸入行動電話時，若是少於或是多於 9 個數字，會跳出提醒

## 操作步驟

### 01 設定「行動電話」格式

請開啟**練習檔案 \Part 7\Unit_107**，選取 E3：E22 儲存格，按下 Ctrl + 1 鍵，開啟**設定儲存格格式**交談窗，並如下設定行動電話格式：

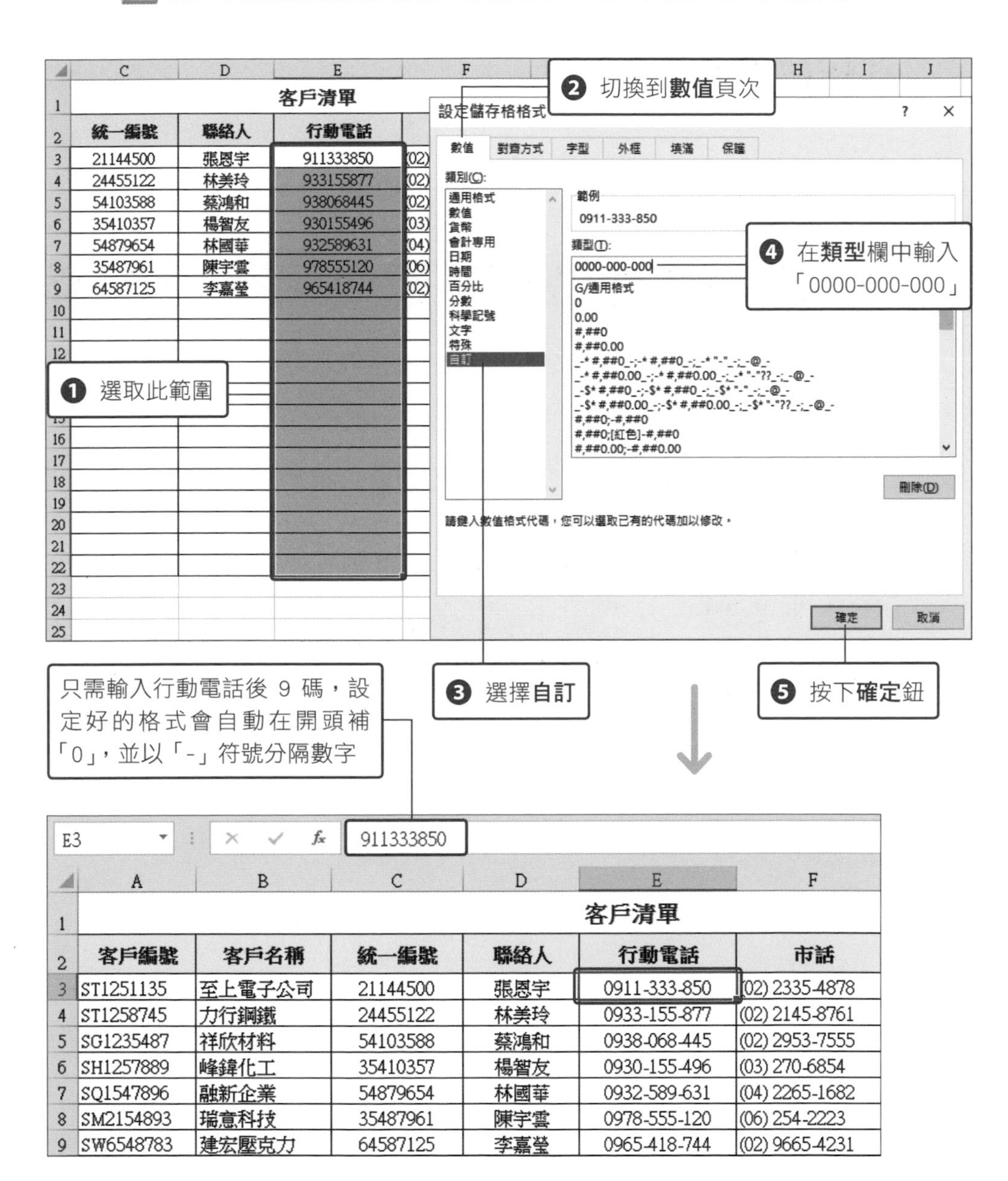


| | A | B | C | D | E | F |
|---|---|---|---|---|---|---|
| 1 | | | | 客戶清單 | | |
| 2 | 客戶編號 | 客戶名稱 | 統一編號 | 聯絡人 | 行動電話 | 市話 |
| 3 | ST1251135 | 至上電子公司 | 21144500 | 張恩宇 | 0911-333-850 | (02) 2335-4878 |
| 4 | ST1258745 | 力行鋼鐵 | 24455122 | 林美玲 | 0933-155-877 | (02) 2145-8761 |
| 5 | SG1235487 | 祥欣材料 | 54103588 | 蔡鴻和 | 0938-068-445 | (02) 2953-7555 |
| 6 | SH1257889 | 峰鍏化工 | 35410357 | 楊智友 | 0930-155-496 | (03) 270-6854 |
| 7 | SQ1547896 | 融新企業 | 54879654 | 林國華 | 0932-589-631 | (04) 2265-1682 |
| 8 | SM2154893 | 瑞意科技 | 35487961 | 陳宇雲 | 0978-555-120 | (06) 254-2223 |
| 9 | SW6548783 | 建宏壓克力 | 64587125 | 李嘉瑩 | 0965-418-744 | (02) 9665-4231 |

## 02 設定資料驗證

選取 E3：E22 儲存格 ❶，切換到**資料**頁次後，按下**資料工具**下的**資料驗證**鈕 ❷。開啟**資料驗證**交談窗後，將**設定**頁次中的**儲存格內允許**改選成**自訂** ❸，即會跳出**公式**輸入欄位，請輸入「=LEN(E3)=9」❹，在此先不要按下**確定**鈕，繼續進行 03 的設定。

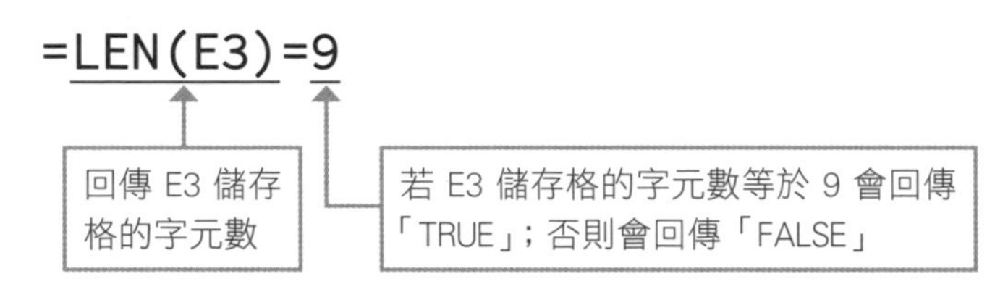


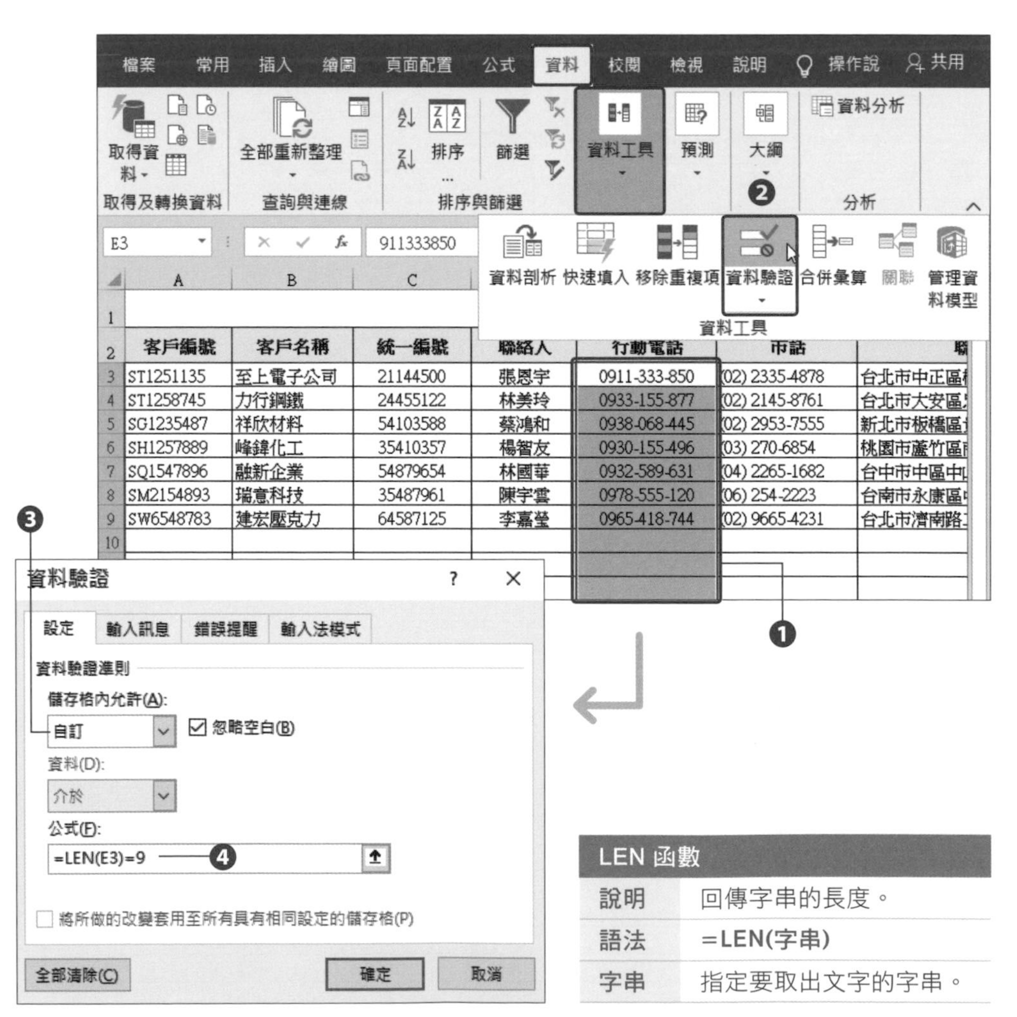


| LEN 函數 | |
|---|---|
| 說明 | 回傳字串的長度。 |
| 語法 | =LEN(字串) |
| 字串 | 指定要取出文字的字串。 |

## 03 設定錯誤提醒

接著切換到**資料驗證**交談窗的**錯誤提醒**頁次 ❶，在**訊息內容**輸入「行動電話輸入錯誤！」❷，再按下**確定**鈕 ❸。

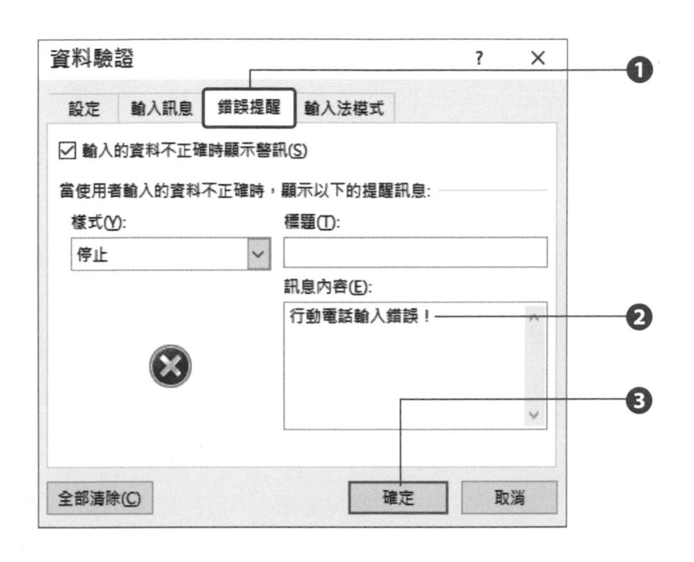


## 04 測試看看

請選取 E9 儲存格，輸入少於 9 個字元或是超過 9 個字元的行動電話，按下 Enter 鍵，就會跳出警告視窗。

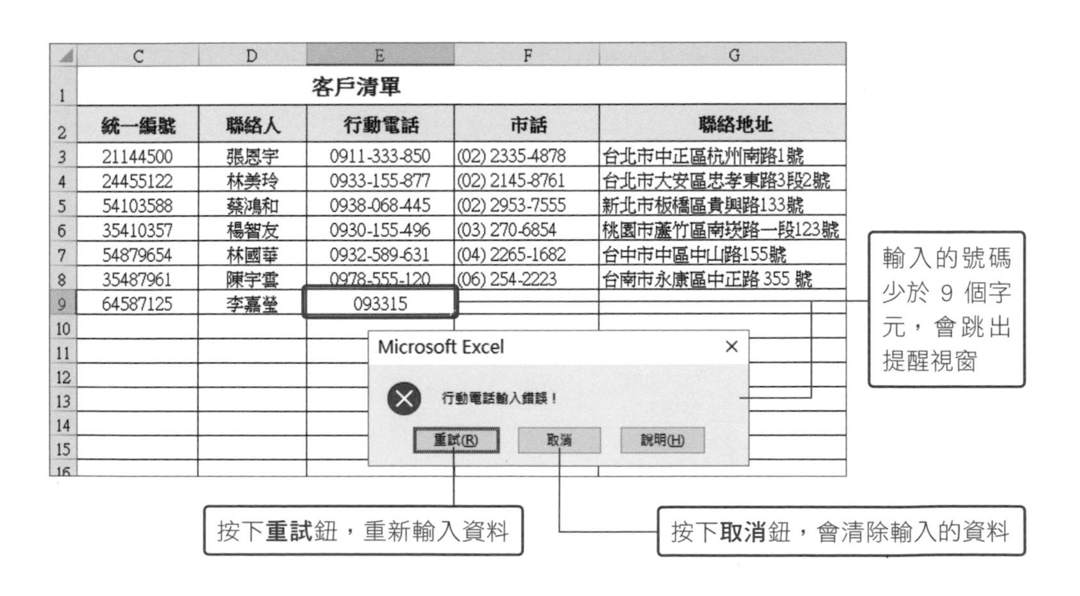

| | C | D | E | F | G |
|---|---|---|---|---|---|
| 1 | 客戶清單 | | | | |
| 2 | 統一編號 | 聯絡人 | 行動電話 | 市話 | 聯絡地址 |
| 3 | 21144500 | 張恩宇 | 0911-333-850 | (02) 2335-4878 | 台北市中正區杭州南路1號 |
| 4 | 24455122 | 林美玲 | 0933-155-877 | (02) 2145-8761 | 台北市大安區忠孝東路3段2號 |
| 5 | 54103588 | 蔡鴻和 | 0938-068-445 | (02) 2953-7555 | 新北市板橋區貴興路133號 |
| 6 | 35410357 | 楊智友 | 0930-155-496 | (03) 270-6854 | 桃園市蘆竹區南崁路一段123號 |
| 7 | 54879654 | 林國華 | 0932-589-631 | (04) 2265-1682 | 台中市中區中山路155號 |
| 8 | 35487961 | 陳宇雲 | 0978-555-120 | (06) 254-2223 | 台南市永康區中正路 355 號 |
| 9 | 64587125 | 李嘉瑩 | 093315 | | |

Unit 108

# 限定儲存格的輸入格式與字數

## 範例　限定公司的統一編號只能輸入 8 個數值

AND　LEN　ISNUMBER　資料驗證

## 範例說明

公司行號的「統一編號」是由 8 個數字所組成，為避免打錯希望能在輸入資料時檢查格式是否為數值，且不能超過或低於 8 個位元。

| | A | B | C | D | E | F |
|---|---|---|---|---|---|---|
| 1 | | | | 客戶清單 | | |
| 2 | 客戶編號 | 客戶名稱 | 統一編號 | 聯絡人 | 行動電話 | 市話 |
| 3 | ST1251135 | 至上電子公司 | 21144500 | 張恩宇 | 0911-333-850 | (02) 2335-4878 |
| 4 | ST1258745 | 力行鋼鐵 | 24455122 | 林美玲 | 0933-155-877 | (02) 2145-8761 |
| 5 | SG1235487 | 祥欣材料 | 54103588 | | | |
| 6 | SH1257889 | 峰鍏化工 | 35410357 | | | |
| 7 | SQ1547896 | 融新企業 | 54879654 | | | |
| 8 | SM2154893 | 瑞意科技 | 35487961 | | | |
| 9 | SW6548783 | 建宏壓克力 | 64587125 | | | |
| 10 | AW1235498 | 新城科技 | 125487966 | | | |



輸入的數字超出 8 位數會出現錯誤

| | A | B | C | D | E | F |
|---|---|---|---|---|---|---|
| 1 | | | | 客戶清單 | | |
| 2 | 客戶編號 | 客戶名稱 | 統一編號 | 聯絡人 | 行動電話 | 市話 |
| 3 | ST1251135 | 至上電子公司 | 21144500 | 張恩宇 | 0911-333-850 | (02) 2335-4878 |
| 4 | ST1258745 | 力行鋼鐵 | 24455122 | 林美玲 | 0933-155-877 | (02) 2145-8761 |
| 5 | SG1235487 | 祥欣材料 | 54103588 | | | |
| 6 | SH1257889 | 峰鍏化工 | 35410357 | | | |
| 7 | SQ1547896 | 融新企業 | 54879654 | | | |
| 8 | SM2154893 | 瑞意科技 | 35487961 | | | |
| 9 | SW6548783 | 建宏壓克力 | 64587125 | | | |
| 10 | AW1235498 | 新城科技 | A125487966 | | | |



輸入英文加數字也會出現錯誤

## ◐ 操作步驟

**01** **設定資料驗證**

請開啟**練習檔案 \Part 7\Unit_108**，選取 C3：C22 儲存格 ❶，切換到**資料**頁次後，按下**資料工具**下的**資料驗證**鈕 ❷。開啟**資料驗證**交談窗後，將**設定**頁次中的**儲存格內允許**改選成**自訂** ❸，即會跳出**公式**輸入欄位，請輸入「=AND(LEN(C3)=8,ISNUMBER(C3))」❹，在此先不要按下**確定**鈕，繼續進行 02 的設定。

=AND(LEN(C3)=8,ISNUMBER(C3))

條件式 1：若 C3 儲存格的字元數等於 8 會回傳「TRUE」；否則會回傳「FALSE」

條件式 2：判斷 C3 儲存格的內容是否為數值，若為數值會回傳「TRUE」；否則會回傳「FALSE」

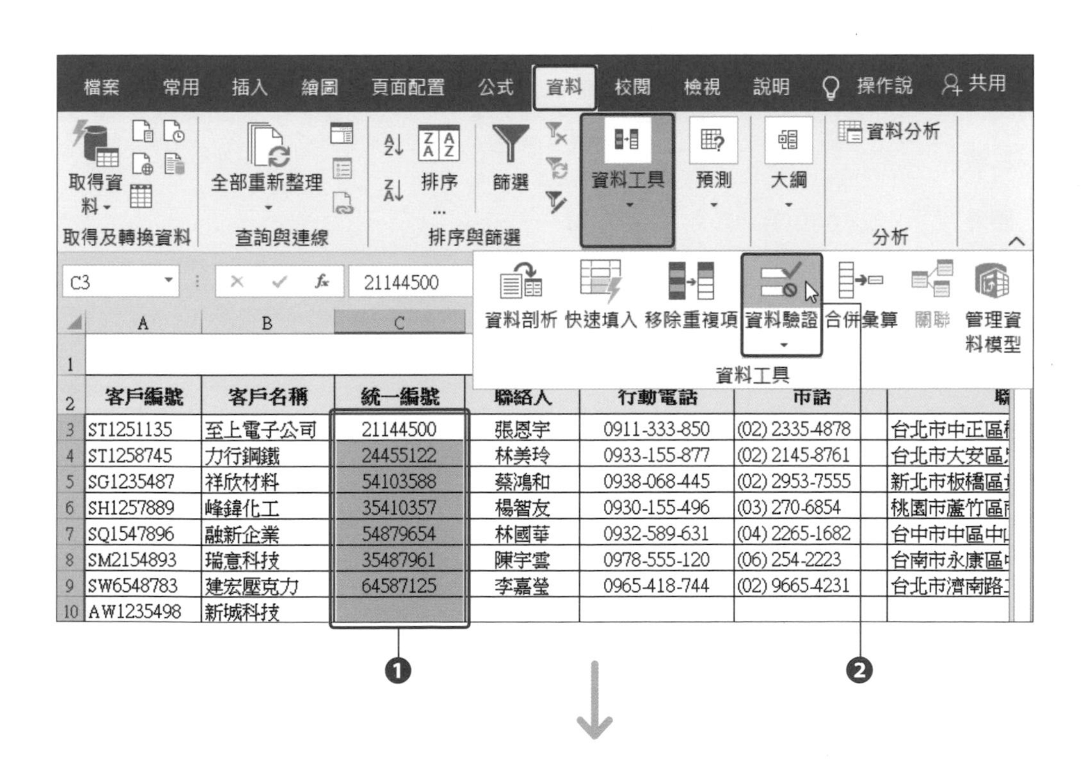

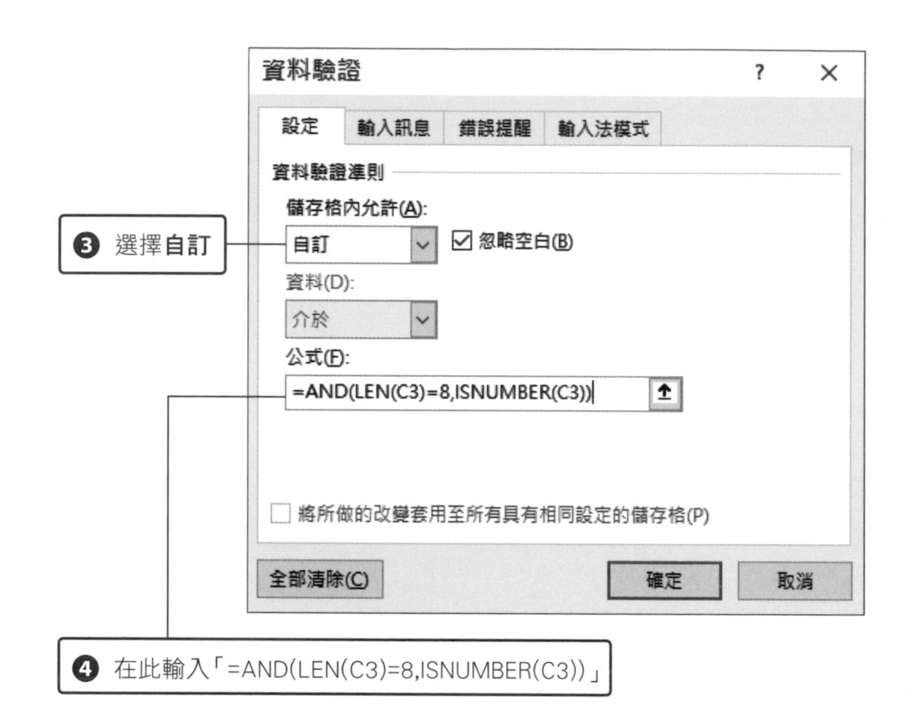


| AND 函數 | |
|---|---|
| 說明 | 判斷多個條件是否同時成立。同時成立會回傳 TRUE，只要有一個「條件式」為 FALSE 就會傳回 FALSE。 |
| 語法 | **=AND(條件式 1, [條件式 2]、……)** |
| 條件式 | 指定回傳結果為 TRUE 或 FALSE 的判斷式。 |

| ISNUMBER 函數 | |
|---|---|
| 說明 | 確認儲存格的內容是否為數值。若為數值會顯示「TRUE」，若非數值會顯示「FALSE」。 |
| 語法 | **=ISNUMBER(判斷對象)** |
| 判斷對象 | 指定想要查詢的儲存格。 |

## 02 設定錯誤提醒

接著切換到**資料驗證**交談窗的**錯誤提醒**頁次 ❶，在**訊息內容**輸入「統一編號輸入錯誤！」❷，再按下**確定**鈕 ❸。

## 03 測試看看

在 C10 儲存格，輸入錯誤的格式，就會跳出警告訊息。

| | A | B | C | D | E | F |
|---|---|---|---|---|---|---|
| 1 | | | | 客戶清單 | | |
| 2 | 客戶編號 | 客戶名稱 | 統一編號 | 聯絡人 | 行動電話 | 市話 |
| 3 | ST1251135 | 至上電子公司 | 21144500 | 張恩宇 | 0911-333-850 | (02) 2335-4878 |
| 4 | ST1258745 | 力行鋼鐵 | 24455122 | 林美玲 | 0933-155-877 | (02) 2145-8761 |
| 5 | SG1235487 | 祥欣材料 | 54103588 | | | |
| 6 | SH1257889 | 峰鍏化工 | 35410357 | | | |
| 7 | SQ1547896 | 融新企業 | 54879654 | | | |
| 8 | SM2154893 | 瑞意科技 | 35487961 | | | |
| 9 | SW6548783 | 建宏壓克力 | 64587125 | | | |
| 10 | AW1235498 | 新城科技 | A125487966 | | | |
| 11 | | | | | | |

Microsoft Excel

統一編號輸入錯誤！

重試(R) 取消 說明(H)

Unit 109

# 檢查儲存格裡的資料是否為數值

**範　例**　驗證活動預算表中所輸入的金額是否為數值

ISNUMBER　IF　AND

## 範例說明

在 Excel 輸入表單資料時，為了方便辨識有時會在數字後面加上 "元"、"個"、"支"、"盒"、…等單位，通常要顯示這些單位會用「儲存格格式」來設定，如果不是建立表單的人可能不知道已有進行這樣的設定，會直接在儲存格中輸入數字加單位（變成文字格式），當要進行加總或是其它計算時就會產生錯誤，或是雖然可以計算，但計算結果不正確。

資料看起來沒問題啊，但是加總金額不正確！

| | A | B | C | D |
|---|---|---|---|---|
| 1 | 活動預算表 | | | |
| 2 | | | | |
| 3 | | | 製表日期： | 2019-10-20 |
| 4 | | | 製表時間： | 9:00 AM |
| 5 | 編號 | 場地 | 預估 | 實際 |
| 6 | 1 | 場地費 | 20,000 元 | 15,000 元 |
| 7 | 2 | 工作人員薪水 | 35,000 元 | 40,000 元 |
| 8 | 3 | 音響設備 | 12,000 元 | 15,000 元 |
| 9 | 4 | 佈置費用 | 8,500 元 | 8,200 元 |
| 10 | 5 | 餐飲費 | 6,600 元 | 6,800元 |
| 11 | 6 | 飲料試喝 | 9,000 元 | 9,500 元 |
| 12 | 7 | 餐巾紙、衛生杯 | 1,500 元 | 1,200 元 |
| 13 | 8 | 主持人 | 18,000 元 | 20,000 元 |
| 14 | 9 | 演講者 | 12,000 元 | 12,000 元 |
| 15 | 10 | 贈品 | 8,500 元 | 8,500 元 |
| 16 | 11 | 其它 | 3,500 元 | 3,200 元 |
| 17 | | 合計 | 116,600 元 | 132,600 元 |
| 18 | | | | |

應該是 134,600 元

應該是 139,400 元

| | A | B | C | D | E |
|---|---|---|---|---|---|
| 1 | 活動預算表 | | | | |
| 2 | | | | | |
| 3 | | | 製表日期： | 2019-10-20 | |
| 4 | | | 製表時間： | 9:00 AM | |
| 5 | 編號 | 場地 | 預估 | 實際 | |
| 6 | 1 | 場地費 | 20,000 元 | 15,000 元 | |
| 7 | 2 | 工作人員薪水 | 35,000 元 | 40,000 元 | |
| 8 | 3 | 音響設備 | 12,000 元 | 15,000 元 | |
| 9 | 4 | 佈置費用 | 8,500 元 | 8,200 元 | |
| 10 | 5 | 餐飲費 | 6,600 元 | 6,800元 | 非數值格式！ |
| 11 | 6 | 飲料試喝 | 9,000 元 | 9,500 元 | |
| 12 | 7 | 餐巾紙、衛生杯 | 1,500 元 | 1,200 元 | |
| 13 | 8 | 主持人 | 18,000 元 | 20,000 元 | 非數值格式！ |
| 14 | 9 | 演講者 | 12,000 元 | 12,000 元 | |
| 15 | 10 | 贈品 | 8,500 元 | 8,500 元 | |
| 16 | 11 | 其它 | 3,500 元 | 3,200 元 | |
| 17 | | 合計 | 116,600 元 | 132,600 元 | |
| 18 | | | | | |

利用函數檢查後才發現，原來有些儲存格不是數值格式，所以在進行加總計算時被略過了

## 操作步驟

### 01 使用 ISNUMBER、AND、IF 函數來檢查

請開啟**練習檔案 \Part 7\Unit_109**，在 E6 儲存格，輸入「=IF(AND(ISNUMBER(C6),ISNUMBER(D6)),""," 非數值格式！ ")」❶，接著將公式往下複製到 E16 儲存格 ❷，即可檢查 C 欄及 D 欄輸入的資料是否為數值。

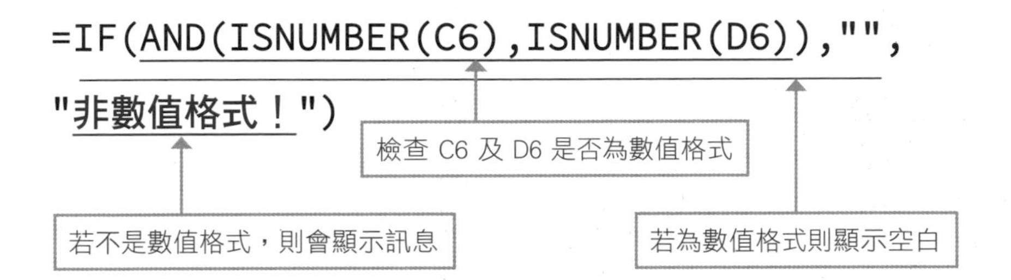


E6 | =IF(AND(ISNUMBER(C6),ISNUMBER(D6)),"","非數值格式！")

| | A | B | C | D | E | F | G | H |
|---|---|---|---|---|---|---|---|---|
| 1 | 活動預算表 | | | | | | | |
| 2 | | | | | | | | |
| 3 | | | 製表日期： | 2019-10-20 | | | | |
| 4 | | | 製表時間： | 9:00 AM | | | | |
| 5 | 編號 | 場地 | 預估 | 實際 | | | | |
| 6 | 1 | 場地費 | 20,000 元 | 15,000 元 | | ❶ | | |
| 7 | 2 | 工作人員薪水 | 35,000 元 | 40,000 元 | | | | |
| 8 | 3 | 音響設備 | 12,000 元 | 15,000 元 | | | | |
| 9 | 4 | 佈置費用 | 8,500 元 | 8,200 元 | | | | |
| 10 | 5 | 餐飲費 | 6,600 元 | 6,800元 | 非數值格式！ | | | |
| 11 | 6 | 飲料試喝 | 9,000 元 | 9,500 元 | | ❷ | | |
| 12 | 7 | 餐巾紙、衛生杯 | 1,500 元 | 1,200 元 | | | | |
| 13 | 8 | 主持人 | 18,000 元 | 20,000 元 | 非數值格式！ | | | |
| 14 | 9 | 演講者 | 12,000 元 | 12,000 元 | | | | |
| 15 | 10 | 贈品 | 8,500 元 | 8,500 元 | | | | |
| 16 | 11 | 其它 | 3,500 元 | 3,200 元 | | | | |
| 17 | | 合計 | 116,600 元 | 132,600 元 | | | | |
| 18 | | | | | | | | |

7 重複資料的驗證

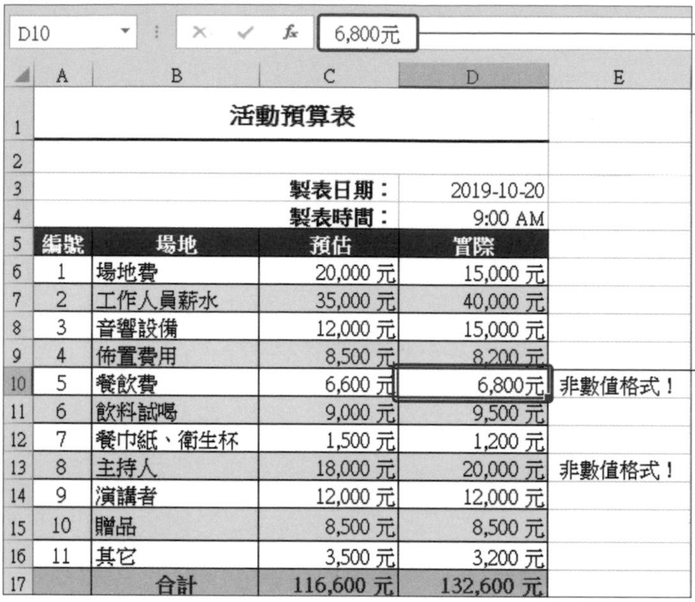

| | A | B | C | D | E |
|---|---|---|---|---|---|
| 1 | 活動預算表 | | | | |
| 2 | | | | | |
| 3 | | | 製表日期： | 2019-10-20 | |
| 4 | | | 製表時間： | 9:00 AM | |
| 5 | 編號 | 場地 | 預估 | 實際 | |
| 6 | 1 | 場地費 | 20,000 元 | 15,000 元 | |
| 7 | 2 | 工作人員薪水 | 35,000 元 | 40,000 元 | |
| 8 | 3 | 音響設備 | 12,000 元 | 15,000 元 | |
| 9 | 4 | 佈置費用 | 8,500 元 | 8,200 元 | |
| 10 | 5 | 餐飲費 | 6,600 元 | 6,800元 | 非數值格式！ |
| 11 | 6 | 飲料試喝 | 9,000 元 | 9,500 元 | |
| 12 | 7 | 餐巾紙、衛生杯 | 1,500 元 | 1,200 元 | |
| 13 | 8 | 主持人 | 18,000 元 | 20,000 元 | 非數值格式！ |
| 14 | 9 | 演講者 | 12,000 元 | 12,000 元 | |
| 15 | 10 | 贈品 | 8,500 元 | 8,500 元 | |
| 16 | 11 | 其它 | 3,500 元 | 3,200 元 | |
| 17 | | 合計 | 116,600 元 | 132,600 元 | |

D10 儲存格中輸入了「數字＋文字」，所以被當成文字格式

找出非數值格式的資料後，請選取 C 欄或 D 欄的資料並做修正（刪除「元」）

| AND 函數 | |
|---|---|
| 說明 | 判斷多個條件是否同時成立。同時成立會回傳 TRUE，只要有一個「條件式」為 FALSE 就會傳回 FALSE。 |
| 語法 | **=AND(條件式 1, [條件式 2]、……)** |
| 條件式 | 指定回傳結果為 TRUE 或 FALSE 的判斷式。 |

| ISNUMBER 函數 | |
|---|---|
| 說明 | 確認儲存格的內容是否為數值。若為數值會顯示「TRUE」，若非數值會顯示「FALSE」。 |
| 語法 | **=ISNUMBER(判斷對象)** |
| 判斷對象 | 指定想要查詢的儲存格。 |

Unit 110

# 檢查數值資料中是否含有任何文字資料

**範　例**　進貨資料的「入庫數量」若為文字資料，用醒目顏色標示出來

ISTEXT　IFERROR　設定格式化的條件

## 範例說明

資料筆數多的表格，我們很難用肉眼一一檢查應為數值格式的欄位中是否有摻雜文字格式。例如範例中的「入庫數量」欄應為數值資料，但是有時也會被填入「缺貨」或是「未到貨」等文字資料，由於「進貨金額」(入庫數量 x 單價) 是以 PRODUCT 函數計算，當「入庫數量」為文字資料也能計算，但其實計算結果是錯的，有什麼方法可將「入庫數量」中的文字標示出來，並正確計算「進貨金額」？

H4　=PRODUCT(F4,G4)

| | A | B | C | D | E | F | G | H |
|---|---|---|---|---|---|---|---|---|
| 1 | 春夏裝進貨資料 | | | | | | | |
| 2 | | | | | | | | |
| 3 | 序號 | 產品類別 | 產品編號 | 品名 | 入庫日期 | 入庫數量 | 單價 | 進貨金額 |
| 4 | 1 | 女裝 | CA1254 | 荷葉百褶長裙 | 3/1 | 300 | 599 | 179,700 |
| 5 | 2 | 運動服 | SP6332 | 咖啡紗涼感緊身上衣 | 3/5 | 1,008 | 588 | 592,704 |
| 6 | 3 | 女裝 | CA1250 | 網紗長裙 | 3/6 | 缺貨 | 788 | 788 |
| 7 | 4 | 男裝 | BT1552 | 滾邊棉質休閒長褲 | 3/6 | 587 | 1,099 | 645,113 |
| 8 | 5 | 女裝 | CA1251 | 顯瘦牛仔短褲 | 3/8 | 2,198 | 1,050 | 2,307,900 |
| 9 | 6 | 女裝 | CA1252 | 雪花質感錐形褲 | 3/10 | 589 | 799 | 470,611 |
| 10 | 7 | 男裝 | BT1553 | 牛仔寬版褲 | 3/10 | 878 | 988 | 867,464 |
| 11 | 8 | 女裝 | CA1252 | 雪花質感錐形褲 | 3/11 | 365 | 799 | 291,635 |
| 12 | 9 | 女裝 | CA1251 | 顯瘦牛仔短褲 | 3/14 | 1,590 | 1,050 | 1,669,500 |
| 13 | 10 | 童裝 | KD1583 | 動物系萌 T | 3/15 | 688 | 399 | 274,512 |
| 14 | 11 | 運動服 | SP6333 | 拼接排汗長褲 | 3/15 | 1,058 | 1,290 | 1,364,820 |
| 15 | 12 | 男裝 | BT1555 | 自然刷色牛仔襯衫 | 3/15 | 缺貨 | 578 | 578 |
| 16 | 13 | 運動服 | SP6334 | 印花運動背心 | 3/15 | 1,450 | 799 | 1,158,550 |
| 17 | 14 | 女裝 | CA1255 | 圓點連袖上衣 | 3/19 | 661 | 499 | 329,839 |

數值欄位中摻雜了文字

由於使用 PRODUCT 函數計算，即使儲存格為文字資料也能計算，但結果不正確

| | A | B | C | D | E | F | G | H |
|---|---|---|---|---|---|---|---|---|
| 1 | 春夏裝進貨資料 | | | | | | | |
| 2 | | | | | | | | |
| 3 | 序號 | 產品類別 | 產品編號 | 品名 | 入庫日期 | 入庫數量 | 單價 | 進貨金額 |
| 4 | 1 | 女裝 | CA1254 | 荷葉百褶長裙 | 3/1 | 300 | 599 | 179,700 |
| 5 | 2 | 運動服 | SP6332 | 咖啡紗涼感緊身上衣 | 3/5 | 1,008 | 588 | 592,704 |
| 6 | 3 | 女裝 | CA1250 | 網紗長裙 | 3/6 | 缺貨 | 788 | |
| 7 | 4 | 男裝 | BT1552 | 滾邊棉質休閒長褲 | 3/6 | 587 | 1,099 | 645,113 |
| 8 | 5 | 女裝 | CA1251 | 顯瘦牛仔短褲 | 3/8 | 2,198 | 1,050 | 2,307,900 |
| 9 | 6 | 女裝 | CA1252 | 雪花質感錐形褲 | 3/10 | 589 | 799 | 470,611 |
| 10 | 7 | 男裝 | BT1553 | 牛仔寬版褲 | 3/10 | 878 | 988 | 867,464 |
| 11 | 8 | 女裝 | CA1252 | 雪花質感錐形褲 | 3/11 | 365 | 799 | 291,635 |
| 12 | 9 | 女裝 | CA1251 | 顯瘦牛仔短褲 | 3/14 | 1,590 | 1,050 | 1,669,500 |
| 13 | 10 | 童裝 | KD1583 | 動物系萌T | 3/15 | 688 | 399 | 274,512 |
| 14 | 11 | 運動服 | SP6333 | 拼接排汗長褲 | 3/15 | 1,058 | 1,290 | 1,364,820 |
| 15 | 12 | 男裝 | BT1555 | 自然刷色牛仔襯衫 | 3/15 | 缺貨 | 578 | |
| 16 | 13 | 運動服 | SP6334 | 印花運動背心 | 3/15 | 1,450 | 799 | 1,158,550 |
| 17 | 14 | 女裝 | CA1255 | 圓點連袖上衣 | 3/19 | 661 | 499 | 329,839 |

希望將文字資料以醒目顏色標示

當「入庫數量」為文字時，不要計算「進貨金額」

## 操作步驟

### 01 找出「入庫數量」中的文字資料，並以醒目顏色標示

請開啟**練習檔案 \Part 7\Unit_110**，選取 F4:F85 ❶，接著到**常用**頁次裡，按下**設定格式化的條件**鈕，並選擇**新增規則** ❷。開啟**新增格式化規則**交談窗後，選擇**使用公式來決定要格式化哪些儲存格** ❸，即會出現輸入公式的欄位，請輸入「=ISTEXT(F4)」❹，再按下**格式**鈕 ❺，在**設定儲存格格式**交談窗中設定**粗體** ❻ 及**紅色** ❼，再按下**確定**鈕 ❽。

=ISTEXT(F4)

確認 F4 儲存格是否為字串，若為字串會回傳「TRUE」，若非字串會回傳「FALSE」

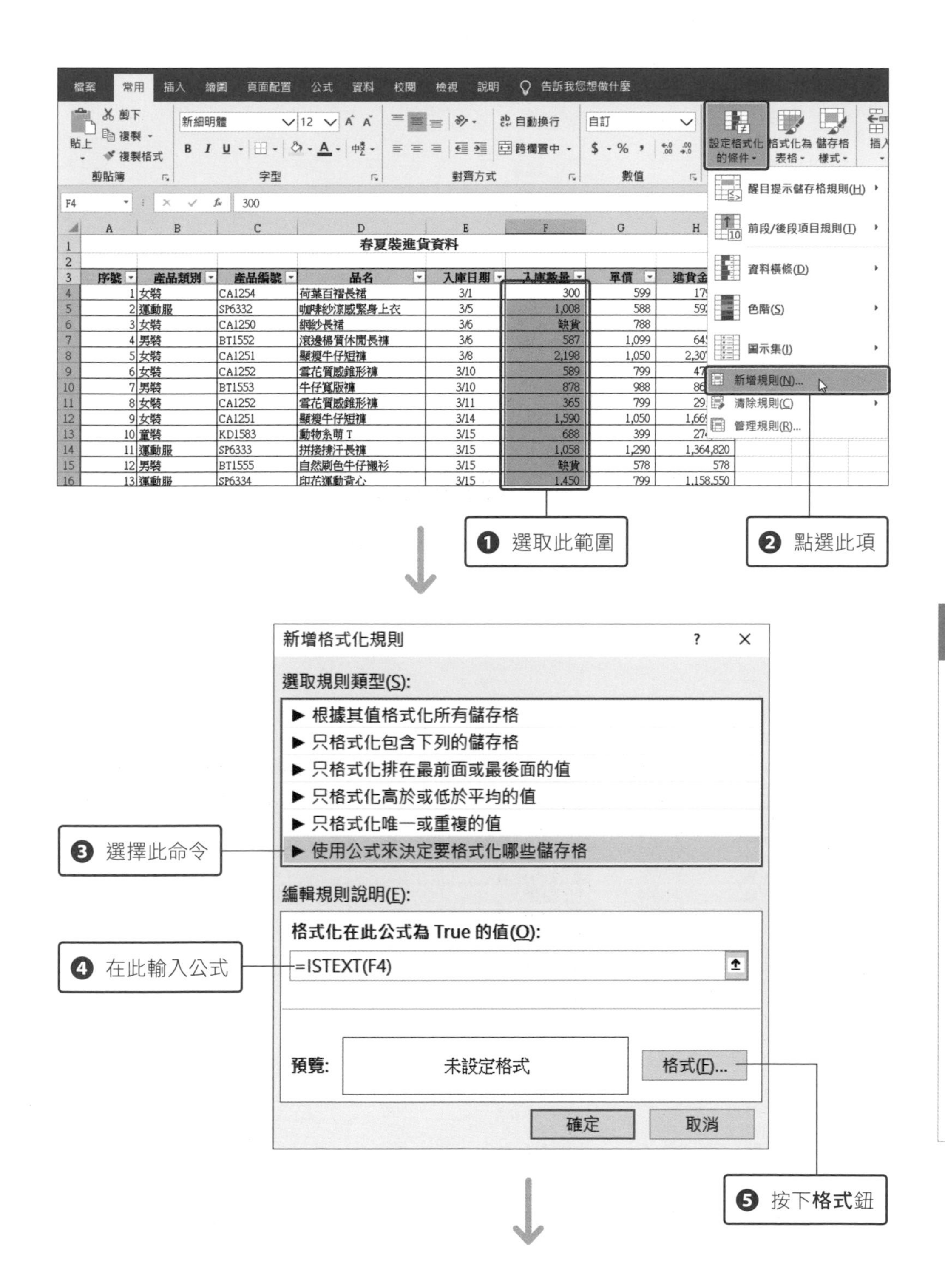

❶ 選取此範圍
❷ 點選此項
新增規則(N)...
新增格式化規則
選取規則類型(S):
▶ 根據其值格式化所有儲存格
▶ 只格式化包含下列的儲存格
▶ 只格式化排在最前面或最後面的值
▶ 只格式化高於或低於平均的值
▶ 只格式化唯一或重複的值
▶ 使用公式來決定要格式化哪些儲存格
❸ 選擇此命令
編輯規則說明(E):
格式化在此公式為 True 的值(O):
=ISTEXT(F4)
❹ 在此輸入公式
預覽:
未設定格式
格式(F)...
確定
取消
❺ 按下格式鈕

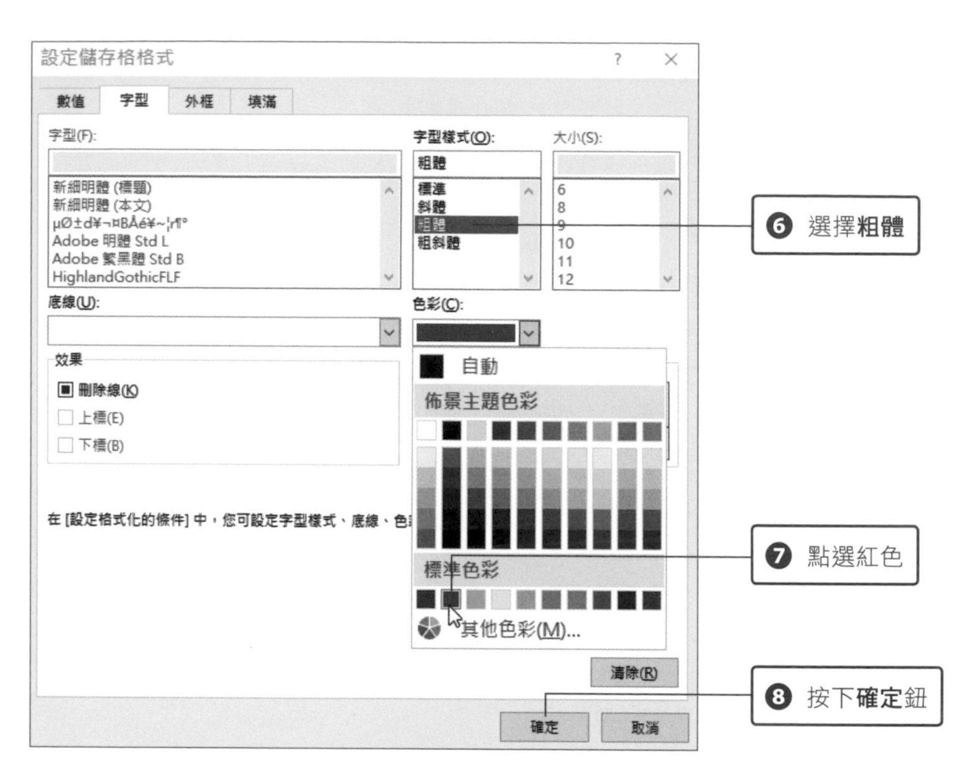

| | A | B | C | D | E | F | G | H |
|---|---|---|---|---|---|---|---|---|
| 1 | | | | 春夏裝進貨資料 | | | | |
| 2 | | | | | | | | |
| 3 | 序號 | 產品類別 | 產品編號 | 品名 | 入庫日期 | 入庫數量 | 單價 | 進貨金額 |
| 4 | 1 | 女裝 | CA1254 | 荷葉百褶長裙 | 3/1 | 300 | 599 | 179,700 |
| 5 | 2 | 運動服 | SP6332 | 咖啡紗涼感緊身上衣 | 3/5 | 1,008 | 588 | 592,704 |
| 6 | 3 | 女裝 | CA1250 | 網紗長裙 | 3/6 | 缺貨 | 788 | 788 |
| 7 | 4 | 男裝 | BT1552 | 滾邊棉質休閒長褲 | 3/6 | 587 | 1,099 | 645,113 |
| 8 | 5 | 女裝 | CA1251 | 顯瘦牛仔短褲 | 3/8 | 2,198 | 1,050 | 2,307,900 |
| 9 | 6 | 女裝 | CA1252 | 雪花質感錐形褲 | 3/10 | 589 | 799 | 470,611 |
| 10 | 7 | 男裝 | BT1553 | 牛仔寬版褲 | 3/10 | 878 | 988 | 867,464 |
| 11 | 8 | 女裝 | CA1252 | 雪花質感錐形褲 | 3/11 | 365 | 799 | 291,635 |
| 12 | 9 | 女裝 | CA1251 | 顯瘦牛仔短褲 | 3/14 | 1,590 | 1,050 | 1,669,500 |
| 13 | 10 | 童裝 | KD1583 | 動物系萌T | 3/15 | 688 | 399 | 274,512 |
| 14 | 11 | 運動服 | SP6333 | 拼接排汗長褲 | 3/15 | 1,058 | 1,290 | 1,364,820 |
| 15 | 12 | 男裝 | BT1555 | 自然刷色牛仔襯衫 | 3/15 | 缺貨 | 578 | 578 |
| 16 | 13 | 運動服 | SP6334 | 印花運動背心 | 3/15 | 1,450 | 799 | 1,158,550 |
| 17 | 14 | 女裝 | CA1255 | 圓點連袖上衣 | 3/19 | 661 | 499 | 329,839 |
| 18 | 15 | 運動服 | SP6332 | 咖啡紗涼感緊身上衣 | 3/20 | 254 | 588 | 149,352 |
| 19 | 16 | 運動服 | SP6331 | 抗UV短袖運動上衣 | 3/20 | 1,540 | 860 | 1,324,400 |
| 20 | 17 | 男裝 | BT1552 | 滾邊棉質休閒長褲 | 3/21 | 1,500 | 1,099 | 1,648,500 |
| 21 | 18 | 童裝 | KD1583 | 動物系萌T | 3/22 | 588 | 399 | 234,612 |
| 22 | 19 | 童裝 | KD1585 | 棒棒糖含棉上衣 | 3/26 | 681 | 488 | 332,328 |
| 23 | 20 | 童裝 | KD1583 | 動物系萌T | 3/27 | 658 | 399 | 262,542 |
| 24 | 21 | 女裝 | CA1255 | 圓點連袖上衣 | 3/28 | 235 | 499 | 117,265 |
| 25 | 22 | 女裝 | CA1250 | 網紗長裙 | 4/6 | 458 | 788 | 360,904 |
| 26 | 23 | 童裝 | KD1585 | 棒棒糖含棉上衣 | 4/8 | 1,541 | 488 | 752,008 |
| 27 | 24 | 女裝 | CA1250 | 網紗長裙 | 4/10 | 218 | 788 | 171,784 |
| 28 | 25 | 女裝 | CA1254 | 荷葉百褶長裙 | 4/10 | 未到貨 | 599 | 599 |
| 29 | 26 | 運動服 | SP6334 | 印花運動背心 | 4/10 | 335 | 799 | 267,665 |

將文字資料以紅色、加粗標示

| ISTEXT 函數 | |
|---|---|
| **說明** | 判斷儲存格的內容是否為字串。 |
| **語法** | **=ISTEXT(判斷對象)** |
| **判斷對象** | 想要查詢的儲存格。 |

利用 ISTEXT 判斷資料，當資料為中文或英文時，會回傳「TRUE」。若是數值、日期、時間、或者是未輸入任何資料，則會顯示「FALSE」。

## 02 修改 H 欄的「進貨金額」公式

選取 H4 儲存格，輸入「=IFERROR(F4*G4,"")」❶，再將公式往下複製到 H85 儲存格 ❷。當「入庫數量」欄輸入的是文字資料，「進貨金額」會顯示空白。

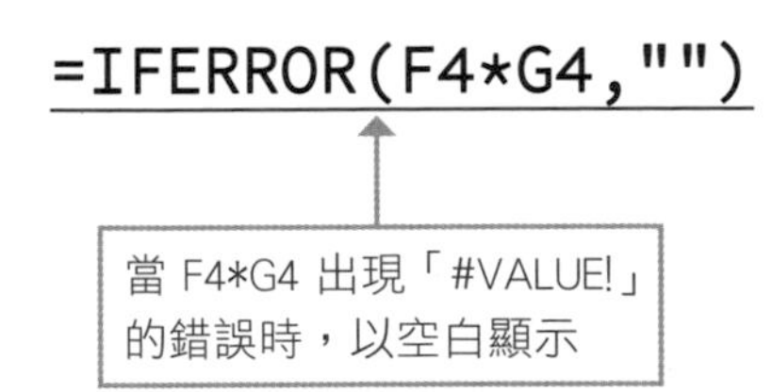


H4 =IFERROR(F4*G4,"")

春夏裝進貨資料

| 序號 | 產品類別 | 產品編號 | 品名 | 入庫日期 | 入庫數量 | 單價 | 進貨金額 |
|---|---|---|---|---|---|---|---|
| 1 | 女裝 | CA1254 | 荷葉百褶長裙 | 3/1 | 300 | 599 | 179,700 |
| 2 | 運動服 | SP6332 | 咖啡紗涼感緊身上衣 | 3/5 | 1,008 | 588 | 592,704 |
| 3 | 女裝 | CA1250 | 網紗長裙 | 3/6 | 缺貨 | 788 | |
| 4 | 男裝 | BT1552 | 滾邊棉質休閒長褲 | 3/6 | 587 | 1,099 | 645,113 |
| 5 | 女裝 | CA1251 | 顯瘦牛仔短褲 | 3/8 | 2,198 | 1,050 | 2,307,900 |
| 6 | 女裝 | CA1252 | 雪花質感錐形褲 | 3/10 | 589 | 799 | 470,611 |
| 7 | 男裝 | BT1553 | 牛仔寬版褲 | 3/10 | 878 | 988 | 867,464 |
| 8 | 女裝 | CA1252 | 雪花質感錐形褲 | 3/11 | 365 | 799 | 291,635 |
| 9 | 女裝 | CA1251 | 顯瘦牛仔短褲 | 3/14 | 1,590 | 1,050 | 1,669,500 |
| 10 | 童裝 | KD1583 | 動物系萌 T | 3/15 | 688 | 399 | 274,512 |
| 11 | 運動服 | SP6333 | 拼接排汗長褲 | 3/15 | 1,058 | 1,290 | 1,364,820 |
| 12 | 男裝 | BT1555 | 自然刷色牛仔襯衫 | 3/15 | 缺貨 | 578 | |
| 13 | 運動服 | SP6334 | 印花運動背心 | 3/15 | 1,450 | 799 | 1,158,550 |
| 14 | 女裝 | CA1255 | 圓點連袖上衣 | 3/19 | 661 | 499 | 329,839 |

7 重複資料的驗證

MEMO

# Part 8

# 其它實用技巧及跨工作表的處理

本篇將介紹一些在修改表單時的實用技巧，例如：刪除儲存格裡看不見的空白、換行符號、在不同間隔列中填滿底色、取出合併儲存格的第二列資料、按下超連結就自動顯示產品圖片、……等。

此外，我們還將說明「跨工作表」的連結以及資料的抓取，並教您建立產品目錄與多個工作表連結。

Unit 111

# 如何每隔一列填滿底色？

**範例** 將進貨資料的表格，每隔一列填滿顏色

MOD ROW SUBTOTAL 設定格式化的條件

## 範例說明

當資料筆數很多且字體顏色都一樣，在確認資料時很容易看錯，希望可以每隔一列填入底色以區隔資料。雖然可以手動選取儲存格後再填色，但是當新增或是刪除資料時，其下的資料就要重新填色，實在很麻煩！有什麼方法可以自動間隔一列填色且新增或刪除資料時也不會亂掉？

| | A | B | C | D | E | F | G | H |
|---|---|---|---|---|---|---|---|---|
| 1 | 春夏裝進貨資料 | | | | | | | |
| 2 | | | | | | | | |
| 3 | 序號 | 產品類別 | 產品編號 | 品名 | 入庫日期 | 入庫數量 | 單價 | 進貨金額 |
| 4 | 1 | 女裝 | CA1254 | 荷葉百褶長裙 | 3/1 | 300 | 599 | 179,700 |
| 5 | 2 | 運動服 | SP6332 | 咖啡紗涼感緊身上衣 | 3/5 | 1,008 | 588 | 592,704 |
| 6 | 3 | 女裝 | CA1250 | 網紗長裙 | 3/6 | 缺貨 | 788 | |
| 7 | 4 | 男裝 | BT1552 | 滾邊棉質休閒長褲 | 3/6 | 587 | 1,099 | 645,113 |
| 8 | 5 | 女裝 | CA1251 | 顯瘦牛仔短褲 | 3/8 | 2,198 | 1,050 | 2,307,900 |
| 9 | 7 | 男裝 | BT1553 | 牛仔寬版褲 | 3/10 | 878 | 988 | 867,464 |
| 10 | 8 | 女裝 | CA1252 | 雪花質感錐形褲 | 3/11 | 365 | 799 | 291,635 |
| 11 | 9 | 女裝 | CA1251 | 顯瘦牛仔短褲 | 3/14 | 1,590 | 1,050 | 1,669,500 |
| 12 | 10 | 童裝 | KD1583 | 動物系萌 T | 3/15 | 688 | 399 | 274,512 |
| 13 | 11 | 運動服 | SP6333 | 拼接排汗長褲 | 3/15 | 1,058 | 1,290 | 1,364,820 |
| 14 | 12 | 男裝 | BT1555 | 自然刷色牛仔襯衫 | 3/15 | 缺貨 | 578 | |
| 15 | 13 | 運動服 | SP6334 | 印花運動背心 | 3/15 | 1,450 | 799 | 1,158,550 |
| 16 | 14 | 女裝 | CA1255 | 圓點連袖上衣 | 3/19 | 661 | 499 | 329,839 |
| 17 | 15 | 運動服 | SP6332 | 咖啡紗涼感緊身上衣 | 3/20 | 254 | 588 | 149,352 |

以手動的方式每隔一列填色，當資料有增加或刪除時就得重新填色

## 操作步驟

### 01 設定格式化的條件

請開啟**練習檔案 \Part 8\Unit_111**，選取 A4：H85 ❶，接著到**常用**頁次裡，按下**設定格式化的條件**鈕，並選擇**新增規則** ❷。開啟**新增格式化規則**交談窗後，選擇**使用公式來決定要格式化哪些儲存格** ❸，即會出現輸入公式的欄位，請輸入「=MOD(ROW(),2)=1」❹，再按下**格式**鈕 ❺，在**設定儲存格格式**交談窗中切換到**填滿**頁次 ❻，點選喜歡的顏色 ❼，再按下**確定**鈕 ❽。

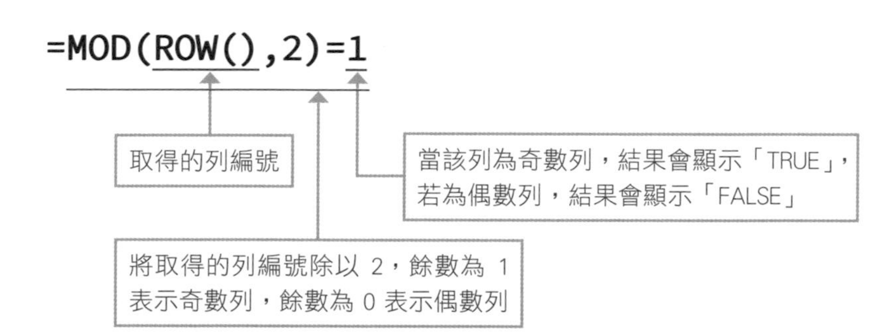


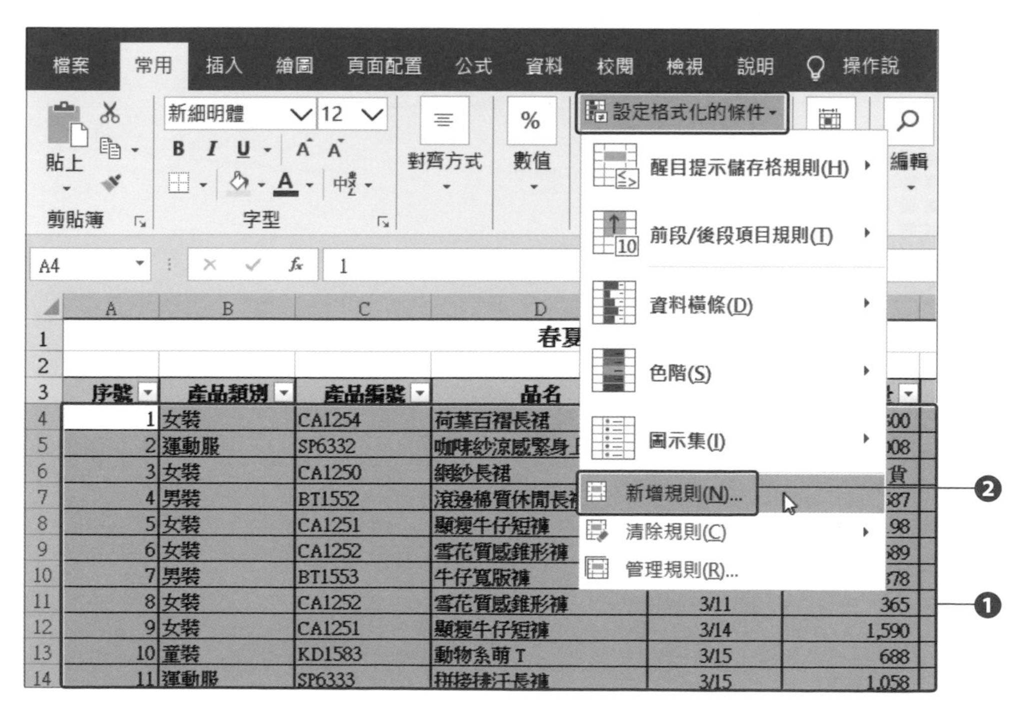

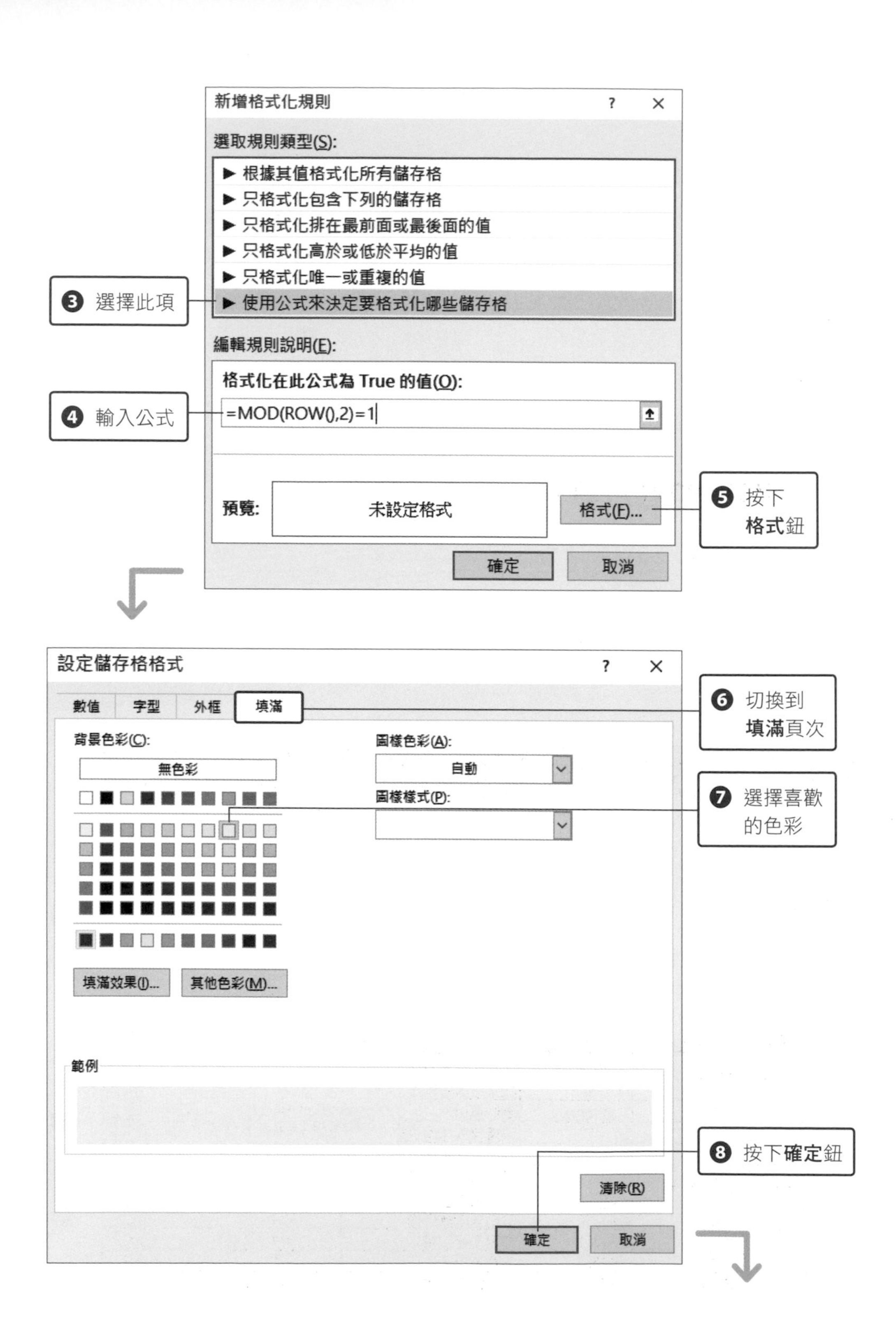
新增格式化規則
選取規則類型(S):
▶ 根據其值格式化所有儲存格
▶ 只格式化包含下列的儲存格
▶ 只格式化排在最前面或最後面的值
▶ 只格式化高於或低於平均的值
▶ 只格式化唯一或重複的值
▶ 使用公式來決定要格式化哪些儲存格
❸ 選擇此項
編輯規則說明(E):
格式化在此公式為 True 的值(O):
=MOD(ROW(),2)=1
❹ 輸入公式
預覽:
未設定格式
格式(F)...
❺ 按下格式鈕
確定
取消
設定儲存格格式
數值
字型
外框
填滿
❻ 切換到填滿頁次
背景色彩(C):
無色彩
圖樣色彩(A):
自動
圖樣樣式(P):
❼ 選擇喜歡的色彩
填滿效果(I)...
其他色彩(M)...
範例
清除(R)
❽ 按下確定鈕
確定
取消

| | A | B | C | D | E | F | G | H |
|---|---|---|---|---|---|---|---|---|
| 1 | 春夏裝進貨資料 | | | | | | | |
| 2 | | | | | | | | |
| 3 | 序號 | 產品類別 | 產品編號 | 品名 | 入庫日期 | 入庫數量 | 單價 | 進貨金額 |
| 4 | 1 | 女裝 | CA1254 | 荷葉百褶長裙 | 3/1 | 300 | 599 | 179,700 |
| 5 | 2 | 運動服 | SP6332 | 咖啡紗涼感緊身上衣 | 3/5 | 1,008 | 588 | 592,704 |
| 6 | 3 | 女裝 | CA1250 | 網紗長裙 | 3/6 | 缺貨 | 788 | |
| 7 | 4 | 男裝 | BT1552 | 滾邊棉質休閒長褲 | 3/6 | 587 | 1,099 | 645,113 |
| 8 | 5 | 女裝 | CA1251 | 顯瘦牛仔短褲 | 3/8 | 2,198 | 1,050 | 2,307,900 |
| 9 | 6 | 女裝 | CA1252 | 雪花質感錐形褲 | 3/10 | 589 | 799 | 470,611 |
| 10 | 7 | 男裝 | BT1553 | 牛仔寬版褲 | 3/10 | 878 | 988 | 867,464 |
| 11 | 8 | 女裝 | CA1252 | 雪花質感錐形褲 | 3/11 | 365 | 799 | 291,635 |
| 12 | 9 | 女裝 | CA1251 | 顯瘦牛仔短褲 | 3/14 | 1,590 | 1,050 | 1,669,500 |
| 13 | 10 | 童裝 | KD1583 | 動物系萌 T | 3/15 | 688 | 399 | 274,512 |
| 14 | 11 | 運動服 | SP6333 | 拼接排汗長褲 | 3/15 | 1,058 | 1,290 | 1,364,820 |
| 15 | 12 | 男裝 | BT1555 | 自然刷色牛仔襯衫 | 3/15 | 缺貨 | 578 | |

間隔一列填滿顏色了

| MOD 函數 | |
|---|---|
| 說明 | 求得兩數值相除的餘數。 |
| 語法 | **=MOD(數值，除數)** |
| 數值 | 被除數。當指定數值以外的值，會回傳 "#VALUE!" 的錯誤訊息。 |
| 除數 | 如果指定為 "0"，則會回傳 "#DIV/0!" 的錯誤訊息。 |

| ROW 函數 | |
|---|---|
| 說明 | 取得指定儲存格的列編號。 |
| 語法 | **=ROW(參照)** |
| 參照 | 指定想要查詢列編號的儲存格或儲存格範圍。若省略輸入「參照」，則會傳回輸入 ROW 函數的儲存格列編號。 |

建立好「格式化的條件」後，如果想要修改公式，你可以在按下**設定格式化的條件**鈕後，選擇**管理規則**，開啟**設定格式化的條件規則管理員**交談窗，在**顯示格式化規則**列示窗選擇**這個工作表**，即會顯示整個工作表中所設定的格式化條件，在要修改的條件上雙按，即可修改公式。

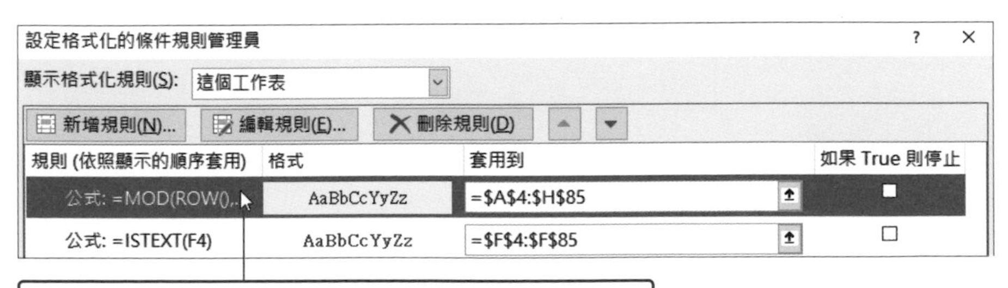


在此雙按，即會開啟**編輯格式化規則**交談窗修改公式

## 02 試試新增或刪除整列資料

請選取「序號」為 6 的整列資料，並在該筆資料上按滑鼠右鍵，選擇**刪除**，將此列資料刪掉，刪除資料後底下的資料會自動調整顏色。

| | A | B | C | D | E | F | G | H |
|---|---|---|---|---|---|---|---|---|
| 1 | 春夏裝進貨資料 | | | | | | | |
| 2 | | | | | | | | |
| 3 | 序號 | 產品類別 | 產品編號 | 品名 | 入庫日期 | 入庫數量 | 單價 | 進貨金額 |
| 4 | 1 | 女裝 | CA1254 | 荷葉百褶長裙 | 3/1 | 300 | 599 | 179,700 |
| 5 | 2 | 運動服 | SP6332 | | | 1,008 | 588 | 592,704 |
| 6 | 3 | 女裝 | CA1250 | | | 缺貨 | 788 | |
| 7 | 4 | 男裝 | BT1552 | | | 587 | 1,099 | 645,113 |
| 8 | 5 | 女裝 | CA1251 | | | 2,198 | 1,050 | 2,307,900 |
| 9 | 6 | 女裝 | CA1252 | | 3/10 | 589 | 799 | 470,611 |
| 10 | 7 | 男裝 | BT1553 | | 3/10 | 878 | 988 | 867,464 |
| 11 | 8 | 女裝 | CA1252 | | 3/11 | 365 | 799 | 291,635 |
| 12 | 9 | 女裝 | CA1251 | | 3/14 | 1,590 | 1,050 | 1,669,500 |
| 13 | 10 | 童裝 | KD1583 | | 3/15 | 688 | 399 | 274,512 |
| 14 | 11 | 運動服 | SP6333 | | 3/15 | 1,058 | 1,290 | 1,364,820 |
| 15 | 12 | 男裝 | BT1555 | | 3/15 | 缺貨 | 578 | |
| 16 | 13 | 運動服 | SP6334 | | 3/15 | 1,450 | 799 | 1,158,550 |
| 17 | 14 | 女裝 | CA1255 | | 3/19 | 661 | 499 | 329,839 |
| 18 | 15 | 運動服 | SP6332 | | 3/20 | 254 | 588 | 149,352 |
| 19 | 16 | 運動服 | SP6331 | | 3/20 | 1,540 | 860 | 1,324,400 |
| 20 | 17 | 男裝 | BT1552 | | 3/21 | 1,500 | 1,099 | 1,648,500 |
| 21 | 18 | 童裝 | KD1583 | | 3/22 | 588 | 399 | 234,612 |
| 22 | 19 | 童裝 | KD1585 | | 3/26 | 681 | 488 | 332,328 |



❶ 選取此筆資料

❷ 按下**刪除**

| | A | B | C | D | E | F | G | H |
|---|---|---|---|---|---|---|---|---|
| 1 | 春夏裝進貨資料 | | | | | | | |
| 2 | | | | | | | | |
| 3 | 序號 | 產品類別 | 產品編號 | 品名 | 入庫日期 | 入庫數量 | 單價 | 進貨金額 |
| 4 | 1 | 女裝 | CA1254 | 荷葉百褶長裙 | 3/1 | 300 | 599 | 179,700 |
| 5 | 2 | 運動服 | SP6332 | 咖啡紗涼感緊身上衣 | 3/5 | 1,008 | 588 | 592,704 |
| 6 | 3 | 女裝 | CA1250 | 網紗長裙 | 3/6 | 缺貨 | 788 | |
| 7 | 4 | 男裝 | BT1552 | 滾邊棉質休閒長褲 | 3/6 | 587 | 1,099 | 645,113 |
| 8 | 5 | 女裝 | CA1251 | 顯瘦牛仔短褲 | 3/8 | 2,198 | 1,050 | 2,307,900 |
| 9 | 7 | 男裝 | BT1553 | 牛仔寬版褲 | 3/10 | 878 | 988 | 867,464 |
| 10 | 8 | 女裝 | CA1252 | 雪花質感錐形褲 | 3/11 | 365 | 799 | 291,635 |
| 11 | 9 | 女裝 | CA1251 | 顯瘦牛仔短褲 | 3/14 | 1,590 | 1,050 | 1,669,500 |

刪除第 6 筆資料，後面的填色會自動調整

## ☑ 舉一反三　想要每隔五列設定顏色，該怎麼做呢？

剛才的方法是每隔一列換色，若是想要每隔五列換色，你可以在**新增格式化規則**交談窗中的公式欄輸入「=MOD(ROW(),5)=0」，換言之，就是依照列數來設定除數。其餘設定和前面的步驟一樣。

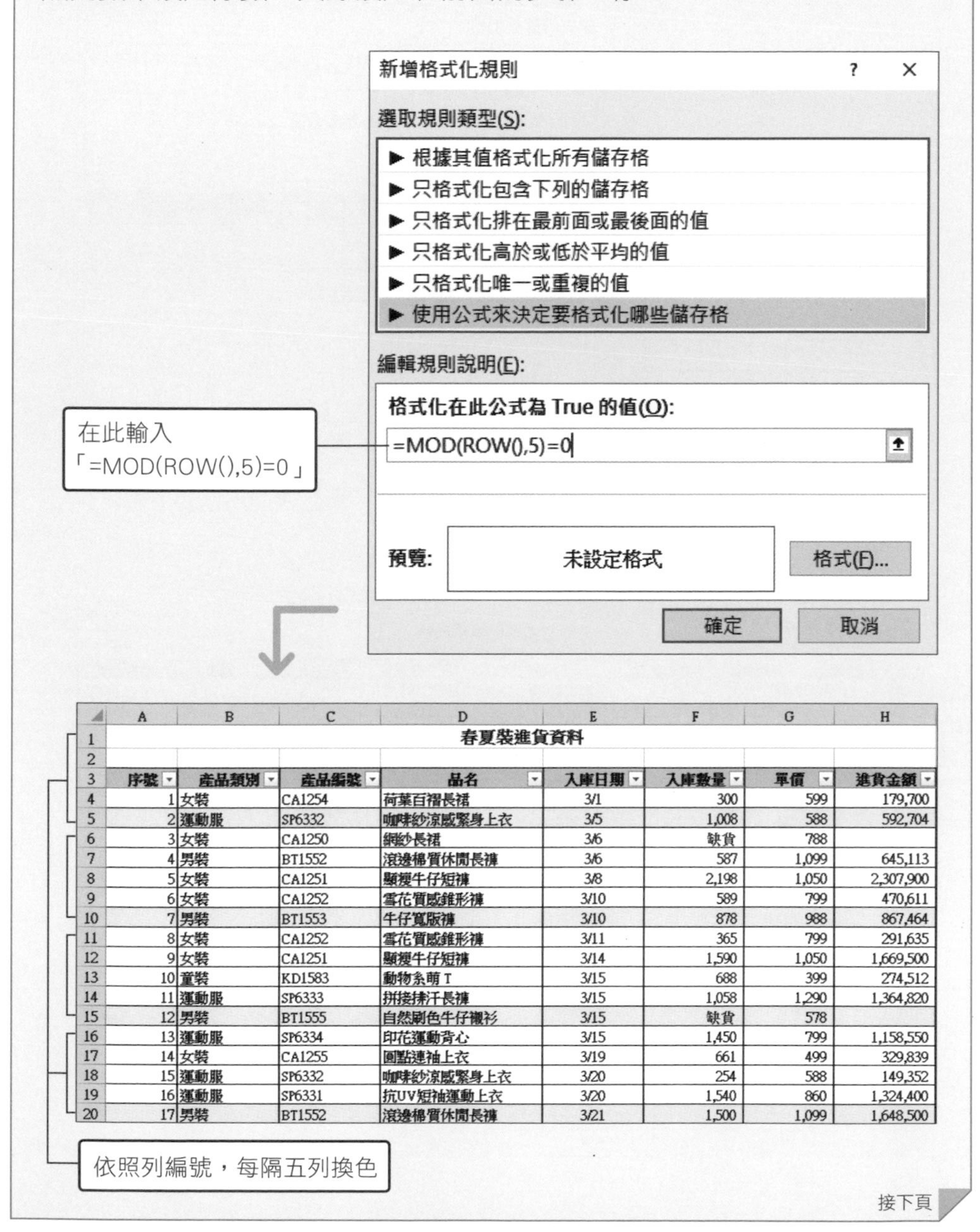


| | A | B | C | D | E | F | G | H |
|---|---|---|---|---|---|---|---|---|
| 1 | 春夏裝進貨資料 | | | | | | | |
| 2 | | | | | | | | |
| 3 | 序號 | 產品類別 | 產品編號 | 品名 | 入庫日期 | 入庫數量 | 單價 | 進貨金額 |
| 4 | 1 | 女裝 | CA1254 | 荷葉百褶長裙 | 3/1 | 300 | 599 | 179,700 |
| 5 | 2 | 運動服 | SP6332 | 咖啡紗涼感緊身上衣 | 3/5 | 1,008 | 588 | 592,704 |
| 6 | 3 | 女裝 | CA1250 | 網紗長裙 | 3/6 | 缺貨 | 788 | |
| 7 | 4 | 男裝 | BT1552 | 滾邊棉質休閒長褲 | 3/6 | 587 | 1,099 | 645,113 |
| 8 | 5 | 女裝 | CA1251 | 顯瘦牛仔短褲 | 3/8 | 2,198 | 1,050 | 2,307,900 |
| 9 | 6 | 女裝 | CA1252 | 雪花質感錐形褲 | 3/10 | 589 | 799 | 470,611 |
| 10 | 7 | 男裝 | BT1553 | 牛仔寬版褲 | 3/10 | 878 | 988 | 867,464 |
| 11 | 8 | 女裝 | CA1252 | 雪花質感錐形褲 | 3/11 | 365 | 799 | 291,635 |
| 12 | 9 | 女裝 | CA1251 | 顯瘦牛仔短褲 | 3/14 | 1,590 | 1,050 | 1,669,500 |
| 13 | 10 | 童裝 | KD1583 | 動物系萌 T | 3/15 | 688 | 399 | 274,512 |
| 14 | 11 | 運動服 | SP6333 | 拼接排汗長褲 | 3/15 | 1,058 | 1,290 | 1,364,820 |
| 15 | 12 | 男裝 | BT1555 | 自然刷色牛仔襯衫 | 3/15 | 缺貨 | 578 | |
| 16 | 13 | 運動服 | SP6334 | 印花運動背心 | 3/15 | 1,450 | 799 | 1,158,550 |
| 17 | 14 | 女裝 | CA1255 | 圓點連袖上衣 | 3/19 | 661 | 499 | 329,839 |
| 18 | 15 | 運動服 | SP6332 | 咖啡紗涼感緊身上衣 | 3/20 | 254 | 588 | 149,352 |
| 19 | 16 | 運動服 | SP6331 | 抗UV短袖運動上衣 | 3/20 | 1,540 | 860 | 1,324,400 |
| 20 | 17 | 男裝 | BT1552 | 滾邊棉質休閒長褲 | 3/21 | 1,500 | 1,099 | 1,648,500 |

接下頁

如果想要依資料的序號每隔五列換色，那麼請將公式修改成「=MOD(ROW()+3,5)=1」，因為資料的第 1 筆序號是從列編號 4 開始。

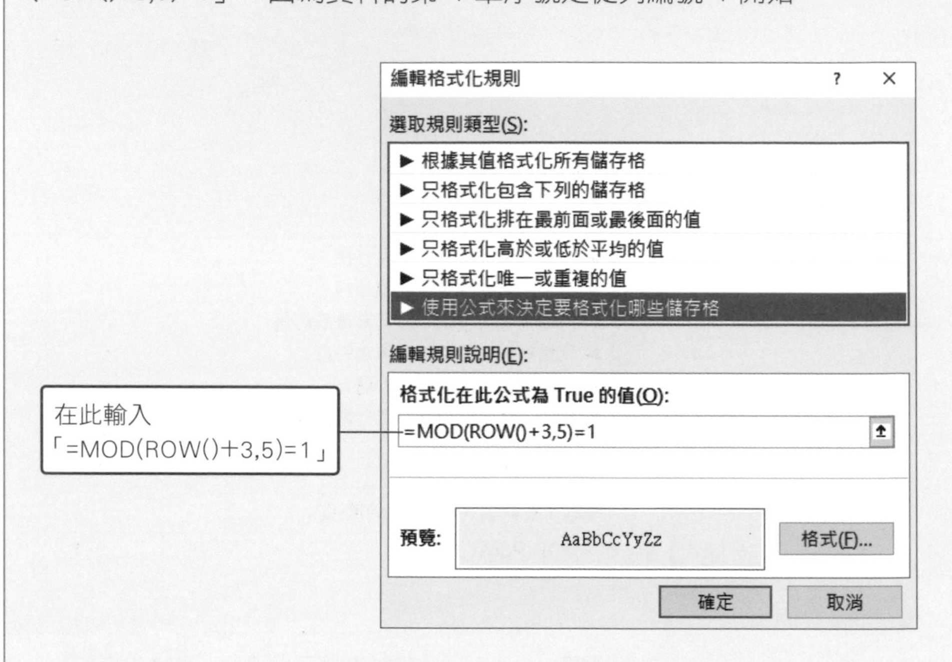


| | A | B | C | D | E | F | G | H |
|---|---|---|---|---|---|---|---|---|
| 1 | 春夏裝進貨資料 | | | | | | | |
| 2 | | | | | | | | |
| 3 | 序號 | 產品類別 | 產品編號 | 品名 | 入庫日期 | 入庫數量 | 單價 | 進貨金額 |
| 4 | 1 | 女裝 | CA1254 | 荷葉百褶長裙 | 3/1 | 300 | 599 | 179,700 |
| 5 | 2 | 運動服 | SP6332 | 咖啡紗涼感緊身上衣 | 3/5 | 1,008 | 588 | 592,704 |
| 6 | 3 | 女裝 | CA1250 | 網紗長裙 | 3/6 | 缺貨 | 788 | |
| 7 | 4 | 男裝 | BT1552 | 滾邊棉質休閒長褲 | 3/6 | 587 | 1,099 | 645,113 |
| 8 | 5 | 女裝 | CA1251 | 顯瘦牛仔短褲 | 3/8 | 2,198 | 1,050 | 2,307,900 |
| 9 | 6 | 女裝 | CA1252 | 雪花質感錐形褲 | 3/10 | 589 | 799 | 470,611 |
| 10 | 7 | 男裝 | BT1553 | 牛仔寬版褲 | 3/10 | 878 | 988 | 867,464 |
| 11 | 8 | 女裝 | CA1252 | 雪花質感錐形褲 | 3/11 | 365 | 799 | 291,635 |
| 12 | 9 | 女裝 | CA1251 | 顯瘦牛仔短褲 | 3/14 | 1,590 | 1,050 | 1,669,500 |
| 13 | 10 | 童裝 | KD1583 | 動物系萌T | 3/15 | 688 | 399 | 274,512 |
| 14 | 11 | 運動服 | SP6333 | 拼接排汗長褲 | 3/15 | 1,058 | 1,290 | 1,364,820 |
| 15 | 12 | 男裝 | BT1555 | 自然刷色牛仔襯衫 | 3/15 | 缺貨 | 578 | |
| 16 | 13 | 運動服 | SP6334 | 印花運動背心 | 3/15 | 1,450 | 799 | 1,158,550 |
| 17 | 14 | 女裝 | CA1255 | 圓點連袖上衣 | 3/19 | 661 | 499 | 329,839 |
| 18 | 15 | 運動服 | SP6332 | 咖啡紗涼感緊身上衣 | 3/20 | 254 | 588 | 149,352 |
| 19 | 16 | 運動服 | SP6331 | 抗UV短袖運動上衣 | 3/20 | 1,540 | 860 | 1,324,400 |
| 20 | 17 | 男裝 | BT1552 | 滾邊棉質休閒長褲 | 3/21 | 1,500 | 1,099 | 1,648,500 |
| 21 | 18 | 童裝 | KD1583 | 動物系萌T | 3/22 | 588 | 399 | 234,612 |
| 22 | 19 | 童裝 | KD1585 | 棒棒糖含棉上衣 | 3/26 | 681 | 488 | 332,328 |
| 23 | 20 | 童裝 | KD1583 | 動物系萌T | 3/27 | 658 | 399 | 262,542 |

依資料的序號，每隔五列換色

## ☑ 舉一反三 資料經過「篩選」後，填色全亂了？

當資料筆數很多，我們常需要用**篩選**找出指定條件的資料，但是資料經過篩選，剛才設定的間隔一列填色會亂掉，這該怎麼處理呢？

| | A | B | C | D | E | F | G | H |
|---|---|---|---|---|---|---|---|---|
| 1 | 春夏裝進貨資料 | | | | | | | |
| 2 | | | | | | | | |
| 3 | 序號 | 產品類別 | 產品編號 | 品名 | 入庫日期 | 入庫數量 | 單價 | 進貨金額 |
| 7 | 4 | 男裝 | BT1552 | 滾邊棉質休閒長褲 | 3/6 | 587 | 1,099 | 645,113 |
| 10 | 7 | 男裝 | BT1553 | 牛仔寬版褲 | 3/10 | 878 | 988 | 867,464 |
| 15 | 12 | 男裝 | BT1555 | 自然刷色牛仔襯衫 | 3/15 | 缺貨 | 578 | |
| 20 | 17 | 男裝 | BT1552 | 滾邊棉質休閒長褲 | 3/21 | 1,500 | 1,099 | 1,648,500 |
| 32 | 29 | 男裝 | BT1553 | 牛仔寬版褲 | 4/11 | 688 | 988 | 679,744 |
| 33 | 30 | 男裝 | BT1554 | 英字燙印圓領短袖上衣 | 4/12 | 678 | 988 | 669,864 |
| 34 | 31 | 男裝 | BT1552 | 滾邊棉質休閒長褲 | 4/14 | 887 | 1,099 | 974,813 |
| 36 | 33 | 男裝 | BT1555 | 自然刷色牛仔襯衫 | 4/15 | 687 | 578 | 397,086 |
| 45 | 42 | 男裝 | BT1555 | 自然刷色牛仔襯衫 | 4/20 | 488 | 578 | 282,064 |
| 53 | 50 | 男裝 | BT1555 | 自然刷色牛仔襯衫 | 5/7 | 1,580 | 578 | 913,240 |
| 55 | 52 | 男裝 | BT1552 | 滾邊棉質休閒長褲 | 5/10 | 999 | 1,099 | 1,097,901 |
| 61 | 58 | 男裝 | BT1553 | 牛仔寬版褲 | 5/13 | 678 | 988 | 669,864 |
| 79 | 76 | 男裝 | BT1554 | 英字燙印圓領短袖上衣 | 6/11 | 777 | 988 | 767,676 |
| 81 | 78 | 男裝 | BT1554 | 英字燙印圓領短袖上衣 | 6/18 | 未到貨 | 988 | |
| 83 | 80 | 男裝 | BT1554 | 英字燙印圓領短袖上衣 | 6/20 | 1,205 | 988 | 1,190,540 |

只想篩選出「男裝」的資料，但篩選後原本間隔一列的填色全亂了

要解決這個問題，請在**新增格式化規則**交談窗中的公式欄輸入「=MOD(SUBTOTAL(3,$A$4:$A4),2)」，用 SUBTOTAL 函數計算非空白的資料個數，再用 MOD 函數除以 2。

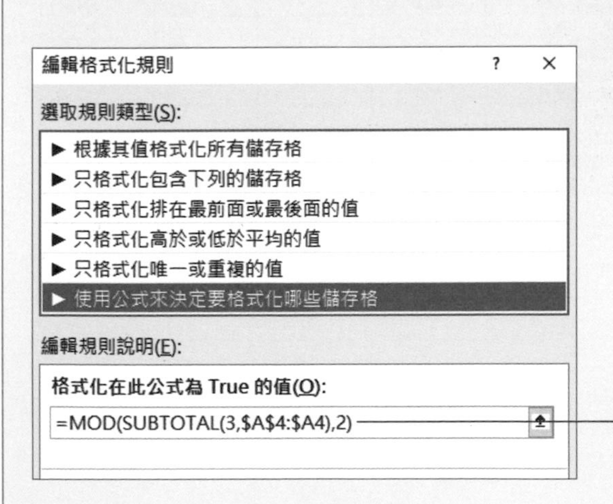


加上 SUBTOTAL 函數計算非空白的資料個數

接下頁

| 序號 | 產品類別 | 產品編號 | 品名 | 入庫日期 | 入庫數量 | 單價 | 進貨金額 |
|---|---|---|---|---|---|---|---|
| | | | 邊棉質休閒長褲 | 3/6 | 587 | 1,099 | 645,113 |
| | | | 仔寬版褲 | 3/10 | 878 | 988 | 867,464 |
| | | | 自然刷色牛仔襯衫 | 3/15 | 缺貨 | 578 | |
| | | | 邊棉質休閒長褲 | 3/21 | 1,500 | 1,099 | 1,648,500 |
| | | | 仔寬版褲 | 4/11 | 688 | 988 | 679,744 |
| | | | 英字燙印圖領短袖上衣 | 4/12 | 678 | 988 | 669,864 |
| | | | 邊棉質休閒長褲 | 4/14 | 887 | 1,099 | 974,813 |
| | | | 自然刷色牛仔襯衫 | 4/15 | 687 | 578 | 397,086 |
| | | | 自然刷色牛仔襯衫 | 4/20 | 488 | 578 | 282,064 |
| | | | 自然刷色牛仔襯衫 | 5/7 | 1,580 | 578 | 913,240 |
| | | | 邊棉質休閒長褲 | 5/10 | 999 | 1,099 | 1,097,901 |
| | | | 仔寬版褲 | 5/13 | 678 | 988 | 669,864 |
| | | | 英字燙印圖領短袖上衣 | 6/11 | 777 | 988 | 767,676 |
| | | | 英字燙印圖領短袖上衣 | 6/18 | 未到貨 | 988 | |
| | | | 英字燙印圖領短袖上衣 | 6/20 | 1,205 | 988 | 1,190,540 |

設定好公式，請按下 B 欄的資料篩選鈕，只留下「男裝」資料

**春夏裝進貨資料**

| 列 | 序號 | 產品類別 | 產品編號 | 品名 | 入庫日期 | 入庫數量 | 單價 | 進貨金額 |
|---|---|---|---|---|---|---|---|---|
| 7 | 4 | 男裝 | BT1552 | 滾邊棉質休閒長褲 | 3/6 | 587 | 1,099 | 645,113 |
| 10 | 7 | 男裝 | BT1553 | 牛仔寬版褲 | 3/10 | 878 | 988 | 867,464 |
| 15 | 12 | 男裝 | BT1555 | 自然刷色牛仔襯衫 | 3/15 | 缺貨 | 578 | |
| 20 | 17 | 男裝 | BT1552 | 滾邊棉質休閒長褲 | 3/21 | 1,500 | 1,099 | 1,648,500 |
| 32 | 29 | 男裝 | BT1553 | 牛仔寬版褲 | 4/11 | 688 | 988 | 679,744 |
| 33 | 30 | 男裝 | BT1554 | 英字燙印圖領短袖上衣 | 4/12 | 678 | 988 | 669,864 |
| 34 | 31 | 男裝 | BT1552 | 滾邊棉質休閒長褲 | 4/14 | 887 | 1,099 | 974,813 |
| 36 | 33 | 男裝 | BT1555 | 自然刷色牛仔襯衫 | 4/15 | 687 | 578 | 397,086 |
| 45 | 42 | 男裝 | BT1555 | 自然刷色牛仔襯衫 | 4/20 | 488 | 578 | 282,064 |
| 53 | 50 | 男裝 | BT1555 | 自然刷色牛仔襯衫 | 5/7 | 1,580 | 578 | 913,240 |
| 55 | 52 | 男裝 | BT1552 | 滾邊棉質休閒長褲 | 5/10 | 999 | 1,099 | 1,097,901 |
| 61 | 58 | 男裝 | BT1553 | 牛仔寬版褲 | 5/13 | 678 | 988 | 669,864 |
| 79 | 76 | 男裝 | BT1554 | 英字燙印圖領短袖上衣 | 6/11 | 777 | 988 | 767,676 |
| 81 | 78 | 男裝 | BT1554 | 英字燙印圖領短袖上衣 | 6/18 | 未到貨 | 988 | |
| 83 | 80 | 男裝 | BT1554 | 英字燙印圖領短袖上衣 | 6/20 | 1,205 | 988 | 1,190,540 |
| 87 | | | | | | | 進貨總金額 | 10,803,869 |

只篩選出「男裝」資料，且資料每隔一列換色

接下頁

| SUBTOTAL 函數 | |
|---|---|
| 說明 | 計算清單或資料庫中的資料。 |
| 語法 | **=SUBTOTAL(計算方法, 範圍1,[範圍2]…)** |
| 計算方法 | 計算時使用的函數。可指定數字1～11或是101～111，各編號對應的函數，請參考下表。 |
| 範圍 | 指定計算對象的儲存格範圍。 |

| 計算方法<br>(包含手動隱藏的列) | 計算方法<br>(排除手動隱藏的列) | 函數 |
|---|---|---|
| 1 | 101 | AVERAGE(平均值) |
| 2 | 102 | COUNT(資料個數) |
| 3 | 103 | COUNTA(計算非空白資料個數) |
| 4 | 104 | MAX(最大值) |
| 5 | 105 | MIN(最小值) |
| 6 | 106 | PRODUCT(乘積) |
| 7 | 107 | STDEV(依樣本求標準差) |
| 8 | 108 | STDEVP(依整個母體求標準差) |
| 9 | 109 | SUM(加總) |
| 10 | 110 | VAR(依樣本求變異數) |
| 11 | 111 | VARP(依整個母體求變異數) |

「手動隱藏列」的補充說明：

當沒有進行資料篩選時，手動隱藏部份的列，使用引數「9」，加總結果會包含已手動隱藏的列，若使用引數「109」，則加總結果不會包含手動隱藏的列。

當資料經過篩選，手動隱藏部分的列，使用引數「9」和「109」都不會包含已經隱藏的列的值。

Unit 112

# 將合併的儲存格，每隔一筆資料填滿底色

**範　例**　將排班表間隔一個日期填入底色

COUNTA　MOD

## 範例說明

為了資料的美觀與整齊，我們常會利用**合併儲存格**的方式，將同性質的資料合併在一起，但是合併後的儲存格不利於計算，若是想要每隔一筆資料就填滿底色，也不能用上個單元介紹的 MOD 及 ROW 函數來達成，有什麼函數可以讓合併的儲存格填色呢？

| | A | B | C | D |
|---|---|---|---|---|
| 1 | 排班日期 | 姓名 | 班別 | 時數 |
| 2 | 10/1 | 謝佩君 | 早班 | 6 |
| 3 | | 陳琬鈺 | 午班 | 7 |
| 4 | | 王仲翔 | 午班 | 8 |
| 5 | | 潘雅阡 | 晚班 | 6 |
| 6 | | 蔡孟南 | 早班 | 7 |
| 7 | | 吳琦翔 | 晚班 | 5 |
| 8 | 10/2 | 郭齊勳 | 早班 | 8 |
| 9 | | 楊明欣 | 早班 | 8 |
| 10 | | 蔡孟南 | 晚班 | 5 |
| 11 | | 陳琬鈺 | 午班 | 6 |
| 12 | | 張馨玲 | 晚班 | 6 |
| 13 | 10/3 | 馮志誠 | 早班 | 8 |
| 14 | | 王仲翔 | 晚班 | 5 |
| 15 | | 吳琦翔 | 午班 | 7 |
| 16 | | 謝佩君 | 晚班 | 8 |
| 17 | | 夏國正 | 午班 | 7 |
| 18 | | 楊明欣 | 早班 | 7 |
| 19 | 10/4 | 郭齊勳 | 晚班 | 8 |
| 20 | | 吳琦翔 | 午班 | 8 |
| 21 | | 曾文育 | 早班 | 5 |
| 22 | | 蔡孟南 | 午班 | 8 |
| 23 | | 陳琬鈺 | 早班 | 8 |
| 24 | | 張馨玲 | 晚班 | 7 |

利用**設定格式化的條件**設定「=MOD(ROW(),2)=0」，未合併的儲存格會每隔一列填色，但合併的儲存格不能每隔一筆資料就填色

| | A | B | C | D |
|---|---|---|---|---|
| 1 | 排班日期 | 姓名 | 班別 | 時數 |
| 2 | 10/1 | 謝佩君 | 早班 | 6 |
| 3 | | 陳琬鈺 | 午班 | 7 |
| 4 | | 王仲翔 | 午班 | 8 |
| 5 | | 潘雅阡 | 晚班 | 6 |
| 6 | | 蔡孟南 | 早班 | 7 |
| 7 | | 吳琦翔 | 晚班 | 5 |
| 8 | 10/2 | 郭齊勳 | 早班 | 8 |
| 9 | | 楊明欣 | 早班 | 8 |
| 10 | | 蔡孟南 | 晚班 | 5 |
| 11 | | 陳琬鈺 | 午班 | 6 |
| 12 | | 張馨玲 | 晚班 | 6 |
| 13 | 10/3 | 馮志誠 | 早班 | 8 |
| 14 | | 王仲翔 | 晚班 | 5 |
| 15 | | 吳琦翔 | 午班 | 7 |
| 16 | | 謝佩君 | 晚班 | 8 |
| 17 | | 夏國正 | 午班 | 7 |
| 18 | | 楊明欣 | 早班 | 7 |
| 19 | 10/4 | 郭齊勳 | 晚班 | 8 |
| 20 | | 吳琦翔 | 午班 | 8 |
| 21 | | 曾文育 | 早班 | 5 |
| 22 | | 蔡孟南 | 午班 | 8 |
| 23 | | 陳琬鈺 | 早班 | 8 |
| 24 | | 張馨玲 | 晚班 | 7 |

希望依日期合併的儲存格，每隔一筆資料填色

## 操作步驟

### 01 設定格式化的條件

請開啟**練習檔案 \Part 8\Unit_112**，選取 A2:D94 ❶，接著到**常用**頁次裡，按下**設定格式化的條件**鈕，並選擇**新增規則** ❷。開啟**新增格式化規則**交談窗後，選擇**使用公式來決定要格式化哪些儲存格** ❸，即會出現輸入公式的欄位，請輸入「=MOD(COUNTA($A$2:$A2),2)」❹，再按下**格式**鈕 ❺，在**設定儲存格格式**交談窗中切換到**填滿**頁次 ❻，點選喜歡的顏色 ❼，再按下**確定**鈕 ❽。

=MOD(COUNTA($A$2:$A2),2)

利用 COUNTA 函數計算範圍中非空白的儲存格數量，再用 MOD 函數除以 2

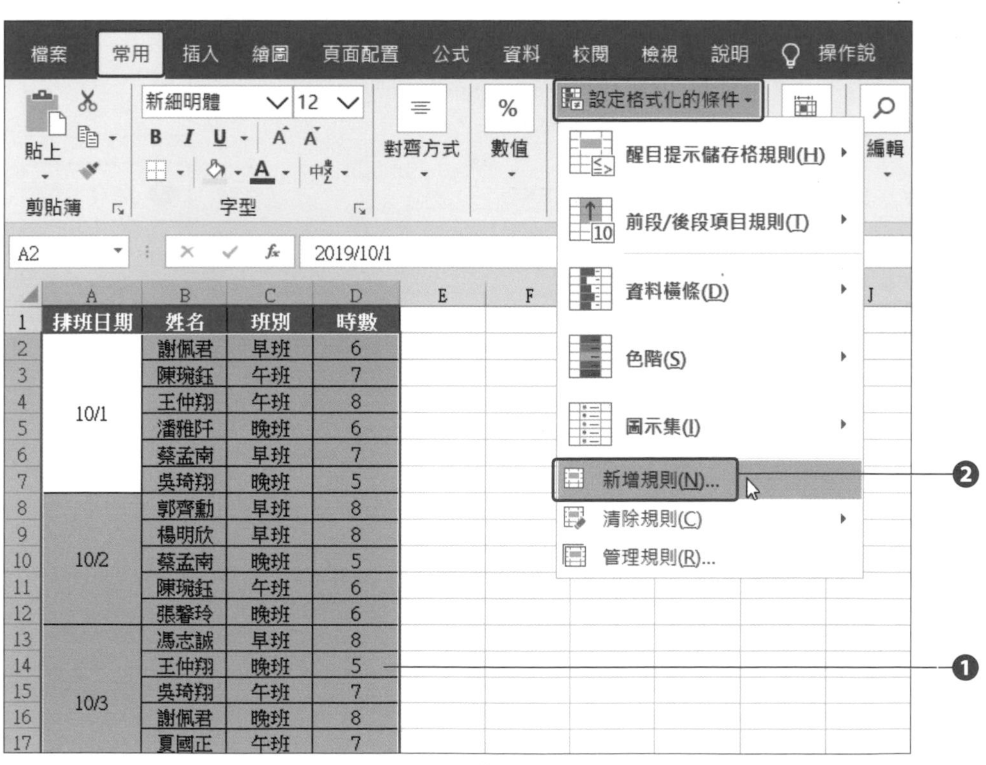

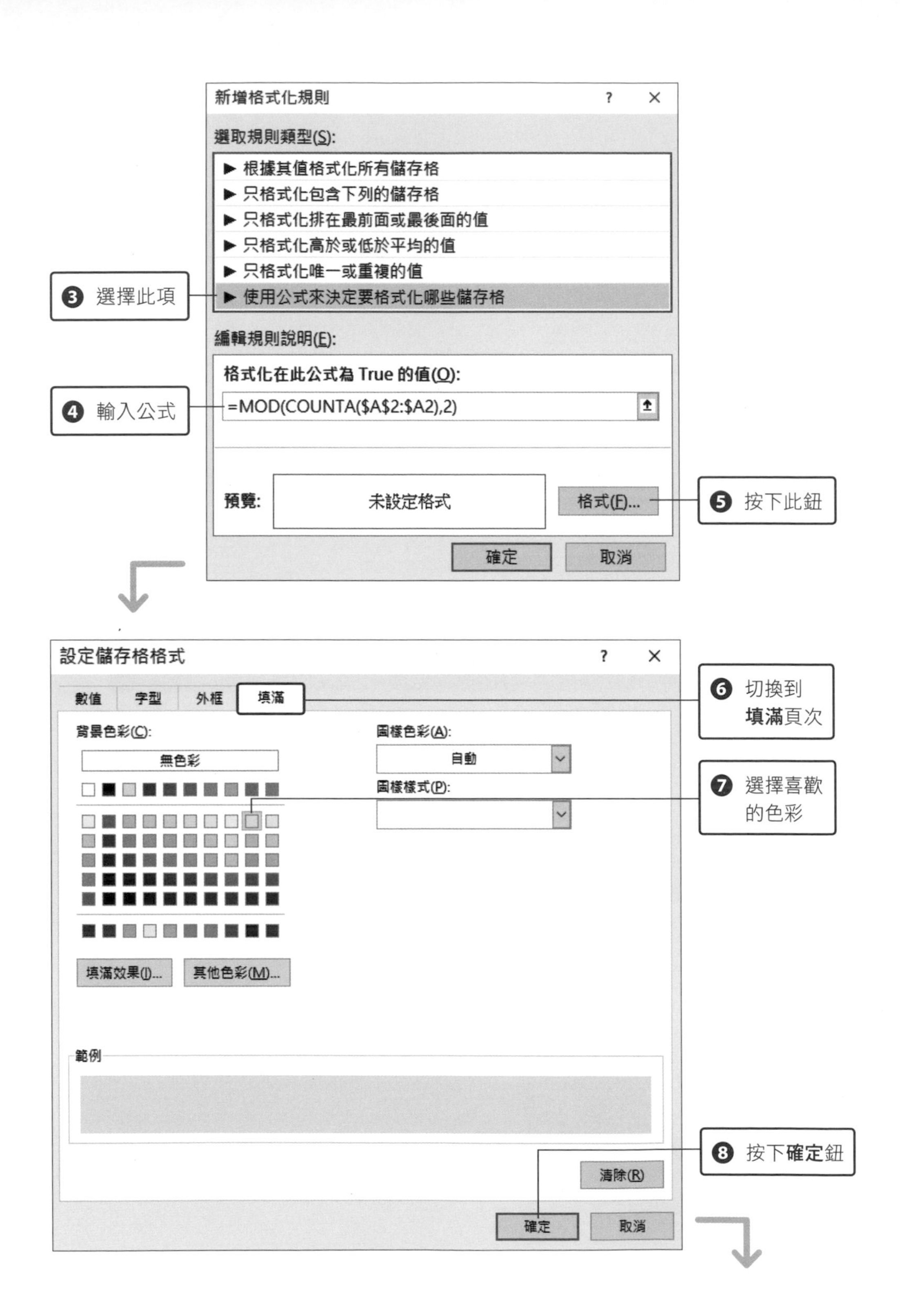
新增格式化規則
選取規則類型(S):
▶ 根據其值格式化所有儲存格
▶ 只格式化包含下列的儲存格
▶ 只格式化排在最前面或最後面的值
▶ 只格式化高於或低於平均的值
▶ 只格式化唯一或重複的值
▶ 使用公式來決定要格式化哪些儲存格
❸ 選擇此項
編輯規則說明(E):
格式化在此公式為 True 的值(O):
=MOD(COUNTA($A$2:$A2),2)
❹ 輸入公式
預覽:
未設定格式
格式(F)...
❺ 按下此鈕
確定
取消
設定儲存格格式
數值
字型
外框
填滿
❻ 切換到
填滿頁次
背景色彩(C):
無色彩
圖樣色彩(A):
自動
圖樣樣式(P):
❼ 選擇喜歡
的色彩
填滿效果(I)...
其他色彩(M)...
範例
清除(R)
❽ 按下確定鈕
確定
取消

| | A | B | C | D | E |
|---|---|---|---|---|---|
| 1 | 排班日期 | 姓名 | 班別 | 時數 | |
| 2 | 10/1 | 謝佩君 | 早班 | 6 | |
| 3 | | 陳琬鈺 | 午班 | 7 | |
| 4 | | 王仲翔 | 午班 | 8 | |
| 5 | | 潘雅阡 | 晚班 | 6 | |
| 6 | | 蔡孟南 | 早班 | 7 | |
| 7 | | 吳琦翔 | 晚班 | 5 | |
| 8 | 10/2 | 郭齊勳 | 早班 | 8 | |
| 9 | | 楊明欣 | 早班 | 8 | |
| 10 | | 蔡孟南 | 晚班 | 5 | |
| 11 | | 陳琬鈺 | 午班 | 6 | |
| 12 | | 張馨玲 | 晚班 | 6 | |
| 13 | 10/3 | 馮志誠 | 早班 | 8 | |
| 14 | | 王仲翔 | 晚班 | 5 | |
| 15 | | 吳琦翔 | 午班 | 7 | |
| 16 | | 謝佩君 | 晚班 | 8 | |
| 17 | | 夏國正 | 午班 | 7 | |
| 18 | | 楊明欣 | 早班 | 7 | |
| 19 | 10/4 | 郭齊勳 | 晚班 | 8 | |
| 20 | | 吳琦翔 | 午班 | 8 | |
| 21 | | 曾文育 | 早班 | 5 | |
| 22 | | 蔡孟南 | 午班 | 8 | |
| 23 | | 陳琬鈺 | 早班 | 8 | |
| 24 | | 張馨玲 | 晚班 | 7 | |
| 25 | 10/5 | 楊明欣 | 晚班 | 5 | |
| 26 | | 郭齊勳 | 早班 | 6 | |
| 27 | | 謝佩君 | 午班 | 7 | |
| 28 | | 夏國正 | 晚班 | 5 | |
| 29 | | 張馨玲 | 早班 | 7 | |
| 30 | | 王仲翔 | 午班 | 6 | |
| 31 | 10/6 | 吳琦翔 | 午班 | 5 | |
| 32 | | 馮志誠 | 晚班 | 7 | |
| 33 | | 蔡孟南 | 早班 | 8 | |
| 34 | | 郭齊勳 | 午班 | 7 | |
| 35 | | 林筱玉 | 午班 | 7 | |
| 36 | | 夏國正 | 晚班 | 5 | |

每間隔一個日期填滿顏色

| COUNTA 函數 | |
|---|---|
| 說明 | 計算範圍中不是空白的儲存格數量。 |
| 語法 | =COUNTA(數值 1, [數值 2],……) |
| 數值 | 指定要計算的值或儲存格範圍的資料總數。 |

Unit 113

# 取出「合併儲存格」中的第二行資料

**範例** 從「部門＋姓名」的合併儲存格中取出姓名資料

REPLACE FIND CHAR

## 範例說明

有時為了配合紙本表單的設計，我們會將資料放在同一個儲存格中，並以上、下兩行來排列。例如：員工資料的「部門＋姓名」、會員地址的「縣市＋區域」、聯絡電話的「市話＋行動電話」、…等等。雖然合併儲存格後會讓整個表格看起來比較清爽，但不方便進行資料統計，如果想將合併儲存格的第二行資料抽取出來獨立放在一欄，該怎麼做呢？

| | A | B | C | D |
|---|---|---|---|---|
| 1 | 員工資料 | | | |
| 2 | | | | |
| 3 | 到職日 | 年資 | 部門/姓名 | 姓名 |
| 4 | 2018/05/30 | 1年 | 財務部<br>于惠蘭 | 于惠蘭 |
| 5 | 2011/08/09 | 8年 | 人事部<br>白美惠 | 白美惠 |
| 6 | 2016/05/20 | 3年 | 人事部<br>朱麗雅 | 朱麗雅 |
| 7 | 2016/03/08 | 3年 | 人事部<br>宋秀惠 | 宋秀惠 |
| 8 | 2007/11/15 | 11年 | 研發部<br>李沛偉 | 李沛偉 |
| 9 | 2018/09/03 | 1年 | 工程部<br>汪炳哲 | 汪炳哲 |
| 10 | 2016/11/10 | 2年 | 研發部<br>谷瑄若 | 谷瑄若 |
| 11 | 2018/06/05 | 1年 | 業務部<br>周基勇 | 周基勇 |
| 12 | 2018/04/22 | 1年 | 產品部<br>林巧沛 | 林巧沛 |

想將第二列的資料取出來，單獨放在一欄

## ▶ 操作步驟

### 01 利用 REPLACE、FIND、CHAR 函數取出資料

請開啟**練習檔案 \Part 8\Unit_113**，在 D4 儲存格輸入「=REPLACE(C4,1,FIND(CHAR(10),C4),"")」❶，再將公式往下複製到 D41 儲存格 ❷。用 REPLACE 函數將 C4 儲存格中的第一列文字取代成空白，即會剩下第二列的資料。

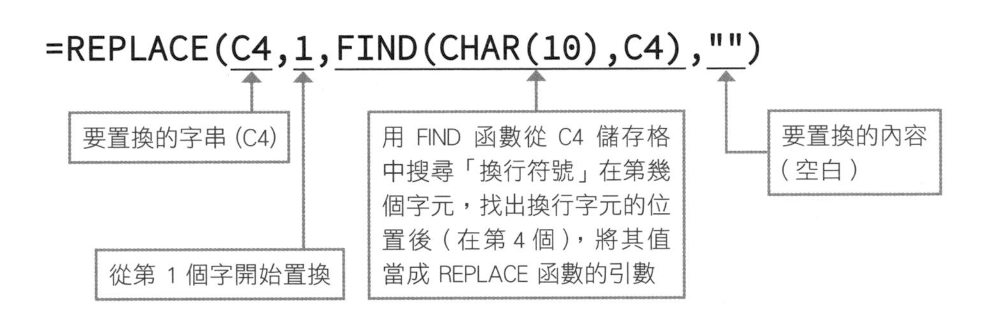


D4 =REPLACE(C4,1,FIND(CHAR(10),C4),"")

| | A | B | C | D | E | F | G |
|---|---|---|---|---|---|---|---|
| 1 | 員工資料 | | | | | | |
| 2 | | | | | | | |
| 3 | 到職日 | 年資 | 部門/姓名 | 姓名 | | | |
| 4 | 2018/05/30 | 1年 | 財務部<br>于惠蘭 | 于惠蘭 | ❶ | | |
| 5 | 2011/08/09 | 8年 | 人事部<br>白美惠 | 白美惠 | | | |
| 6 | 2016/05/20 | 3年 | 人事部<br>朱麗雅 | 朱麗雅 | | | |
| 7 | 2016/03/08 | 3年 | 人事部<br>宋秀惠 | 宋秀惠 | ❷ | | |
| 8 | 2007/11/15 | 11年 | 研發部<br>李沛偉 | 李沛偉 | | | |
| 9 | 2018/09/03 | 1年 | 工程部<br>汪炳哲 | 汪炳哲 | | | |
| 10 | 2016/11/10 | 2年 | 研發部<br>谷瑄若 | 谷瑄若 | | | |
| 11 | 2018/06/05 | 1年 | 業務部<br>周基勇 | 周基勇 | | | |

| REPLACE 函數 | |
|---|---|
| 說明 | 依照指定的字數，將字串中指定位置的字串置換成其他字串。 |
| 語法 | **=REPLACE(字串, 開始位置, 置換字數, 置換字串)** |
| 字串 | 指定想要被置換的字串。 |
| 開始位置 | 從第幾個字開始置換。 |
| 置換字數 | 想要置換的字數。 |
| 置換字串 | 指定用來置換的字串。 |

| FIND 函數 | |
|---|---|
| 說明 | 在字串內尋找指定的文字，並回傳該文字在字串中的起始位置。 |
| 語法 | **=FIND(搜尋字串, 尋找的目標, [開始位置])** |
| 搜尋字串 | 指定要尋找的文字。 |
| 尋找的目標 | 想要尋找文字的目標（儲存格）。 |
| 開始位置 | 指定為「1」，表示從指定位置開始搜尋「尋找的目標」裡的第一個字元位置。若指定為「2」，表示從第 2 個字元開始尋找。如果省略「開始位置」預設值為「1」。 |

| CHAR 函數 | |
|---|---|
| 說明 | 將指定的字元碼轉換成對應的文字。 |
| 語法 | **=CHAR(數值)** |
| 數值 | 指定字元碼數值。 |

# Unit 114 一次刪除儲存格裡多餘的空白、括號及換行符號

**範例** 清除會員地址中多餘的空白、括號及換行符號

TRIM CLEAN SUBSTITUTE

## 範例說明

有時候我們會從資料庫、網頁或是其他文件複製資料到 Excel，但是複製過來的格式往往不如預期，可能多出了換行符號、空白，讓資料格式變得很亂，雖然可以用內建的**尋找及取代**功能來清除，但是得要來回取代多次才行，有沒有一次清除儲存格中的空白、括號及換行符號的方法？

部份地址的開頭多了空白

區域名稱有些有括號有些沒有

| | A | B | C | D | E | F |
|---|---|---|---|---|---|---|
| 1 | 會員資料 | | | | | |
| 2 | 會員編號 | 姓名 | 生日 | 地址 | 手機號碼 | 清除後的地址 |
| 3 | 1254 | 吳立其 | 2009/10/24 | 台南市<br>(安平區)<br>中華西路二段 533 號 | 0987-094-998 | 台南市安平區中華西路二段 533 號 |
| 4 | 2368 | 黃裕翔 | 2008/12/05 | 新北市<br>(中和區)<br>安邦街 33 號 | 0934-750-620 | 新北市中和區安邦街 33 號 |
| 5 | 2458 | 林亞倩 | 1992/05/10 | 台北市<br>(南港區)<br>經貿二號 1 號 | 0913-410-599 | 台北市南港區經貿二號 1 號 |
| 6 | 2487 | 王文亭 | 1976/08/11 | (新北市)<br>三峽區<br>介壽路三段 120 號 | 0988-237-421 | 新北市三峽區介壽路三段 120 號 |
| 7 | 3258 | 蔡佳利 | 2010/05/15 | 桃園市<br>(中壢區)<br>溪洲街 299 號 | 0927-882-411 | 桃園市中壢區溪洲街 299 號 |
| 8 | 3654 | 林佩璇 | 2013/01/03 | 新竹市<br>香山區<br>五福路二段 565 號 | 0968-575-278 | 新竹市香山區五福路二段 565 號 |

每筆資料的換行數都不同

希望將地址以一列完整顯示

## 操作步驟

### 01 利用 TRIM、CLEAN、SUBSTITUTE 函數來清除

請開啟**練習檔案 \Part 8\Unit_114**，在 F3 儲存格輸入「=TRIM(CLEAN(SUBSTITUTE(SUBSTITUTE(D3,")",""),"(","")))」❶，再將公式往下複製到 F17 儲存格 ❷，即可清除儲存格中的空白、左右括號及換行符號。

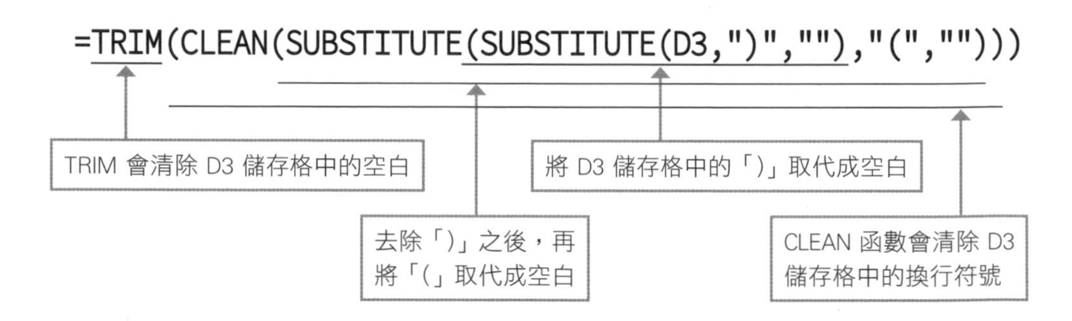


F3 =TRIM(CLEAN(SUBSTITUTE(SUBSTITUTE(D3,")",""),"(","")))

會員資料

| 會員編號 | 姓名 | 生日 | 地址 | 手機號碼 | 清除後的地址 |
|---|---|---|---|---|---|
| 1254 | 吳立其 | 2009/10/24 | 台南市 (安平區) 中華西路二段 533 號 | 0987-094-998 | 台南市安平區中華西路二段 533 號 |
| 2368 | 黃裕翔 | 2008/12/05 | 新北市 (中和區) 安邦街 33 號 | 0934-750-620 | 新北市中和區安邦街 33 號 |
| 2458 | 林亞倩 | 1992/05/10 | 台北市 (南港區) 經貿二號 1 號 | 0913-410-599 | 台北市南港區經貿二號 1 號 |
| 2487 | 王文亭 | 1976/08/11 | (新北市) 三峽區 介壽路三段 120 號 | 0988-237-421 | 新北市三峽區介壽路三段 120 號 |
| 3258 | 蔡佳利 | 2010/05/15 | 桃園市 (中壢區) 溪洲街 299 號 | 0927-882-411 | 桃園市中壢區溪洲街 299 號 |

| SUBSTITUTE 函數 | |
|---|---|
| 說明 | 將文字字串中的部份字串以新字串取代。 |
| 語法 | **=SUBSTITUTE(字串, 搜尋字串, 置換字串, [要置換的對象])** |
| 字串 | 指定目標字串。 |
| 搜尋字串 | 要被取代的舊字串。 |
| 置換字串 | 用來取代的新字串。 |
| 置換對象 | 指定要將第幾個舊字串取代為新字串（可省略）。 |

| CLEAN 函數 | |
|---|---|
| 說明 | 刪除換行，讓資料以一列顯示。 |
| 語法 | **=CLEAN (字串)** |
| 字串 | 刪除所有無法列印的字元。 |

CLEAN 函數除了可刪除換行符號外，也包含 ASCII 碼 0～31 的對應文字。

| TRIM 函數 | |
|---|---|
| 說明 | 刪除空格。 |
| 語法 | **=TRIM(字串)** |
| 字串 | 指定要刪除空格的字串。會刪除字串中多餘的全形或半形空格，單字與單字間會保留一個空格。 |

Unit 115

# 利用「超連結」開啟檔案

**範例** 只要按下超連結就會顯示產品照

HYPERLINK

## 範例說明

在進行產品介紹時，如果能搭配顯示產品照，會讓人有更深刻的印象，有什麼方法可以像瀏覽網頁一樣，按一下就顯示照片？

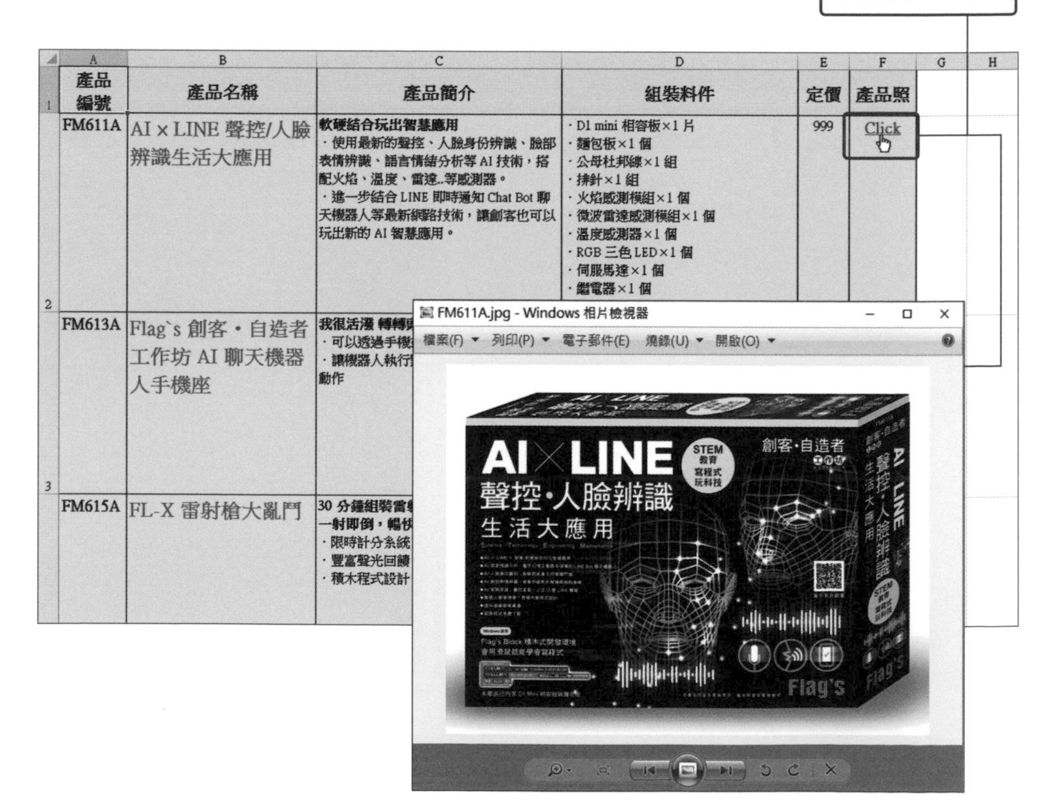

# ▶ 操作步驟



## 01 設定圖檔的連結位置

請開啟**練習檔案 \Part 8\Unit_115**，在 F3 儲存格輸入「=HYPERLINK(A2&".jpg","Click")」❶，接著往下複製公式到 F3 儲存格 ❷。在此我們將圖片的檔名命名為「產品編號 .jpg」，所以在 HYPERLINK 函數中設定圖檔名稱時，可以直接用 A2 儲存格的字串加上 ".jpg"。

```
=HYPERLINK(A2&".jpg","Click")
```

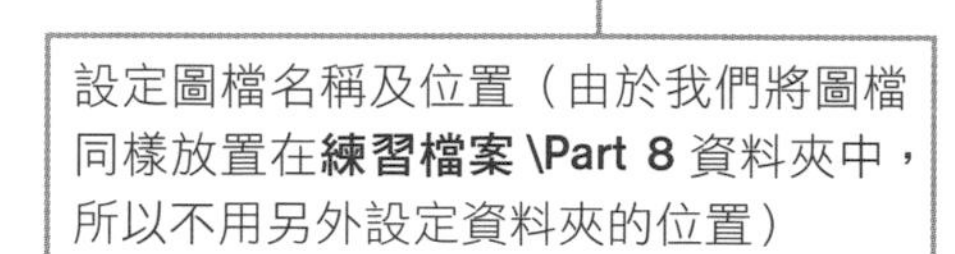


F2 =HYPERLINK(A2&".jpg","Click")

| | A | B | C | D | E | F | G |
|---|---|---|---|---|---|---|---|
| 1 | 產品編號 | 產品名稱 | 產品簡介 | 組裝料件 | 定價 | 產品照 | |
| 2 | FM611A | AI × LINE 聲控/人臉辨識生活大應用 | 軟硬結合玩出智慧應用<br>・使用最新的聲控、人臉身份辨識、臉部表情辨識、語言情緒分析等 AI 技術，搭配火焰、溫度、雷達..等感測器。<br>・進一步結合 LINE 即時通知 Chat Bot 聊天機器人等最新網路技術，讓創客也可以玩出新的 AI 智慧應用。 | ・D1 mini 相容板×1 片<br>・麵包板×1 個<br>・公母杜邦線×1 組<br>・排針×1 組<br>・火焰感測模組×1 個<br>・微波雷達感測模組×1 個<br>・溫度感測器×1 個<br>・RGB 三色 LED×1 個<br>・伺服馬達×1 個<br>・繼電器×1 個<br>・喇叭×1 個 | 999 | Click | |
| 3 | FM613A | Flag`s 創客・自造者工作坊 AI 聊天機器人手機座 | 我很活潑 轉轉頭也難不倒我<br>・可以透過手機或是語音遙控控制馬達<br>・讓機器人執行點點頭 搖搖頭等多種互動動作 | ・D1 mini 相容控制板×1 片<br>・Micro-USB 傳輸線×1 條<br>・伺服馬達×2 組<br>・伺服馬達雲台×1 組<br>・10cm 公對公杜邦線×1排<br>・麵包板×1 個<br>・1 對 2 Micro-USB 充電線×1 條<br>・Micro-USB 對 Type-C 轉接頭×1 個<br>・白色橡皮筋×2 條<br>・外觀紙板×1 組 | 999 | Click | |
| | FM615A | FL-X 雷射槍大亂鬥 | 30 分鐘組裝雷射槍及自動升降靶機一射即倒，暢快體驗<br>・限時計分系統，多人、自我挑戰無極限<br>・豐富聲光回饋，辦公室一玩再玩超療癒<br>・積木程式設計，自由編寫玩法多樣變化 | ・Arduino nano 相容控制板×1 片<br>・雷射槍、靶機紙板組×1 組<br>・伺服馬達組×1 個<br>・紅光雷射模組×1 個<br>・數位顯示模組×1 個<br>・光敏電阻模組×1 個<br>・微動開關組×1 個 | 999 | Click | |

❶ ❷

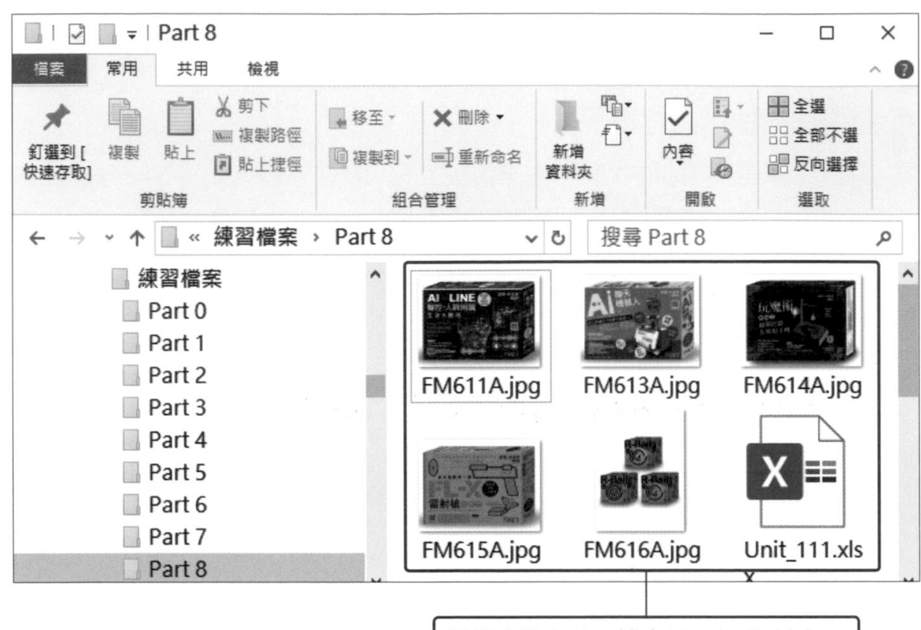


圖檔存放在**練習檔案 \Part 8** 資料夾下

| HYPERLINK 函數 | |
|---|---|
| **說明** | 按一下含有超連結的儲存格，會開啟指定的連結、圖片或檔案。 |
| **語法** | **=HYPERLINK (連結位置，[顯示方式])** |
| **連結位置** | 連結的路徑及檔名要以半形雙引號「" "」框住。可以指定網址、儲存格或是檔案。 |
| **顯示方式** | 指定儲存格中所要顯示的字串。省略時會顯示檔案路徑加檔名。 |

HYPERLINK 函數的「連結位置」引數，可設定的格式如下。

| 連結位置 | 範例 |
|---|---|
| 網頁的 URL | http://www.flag.com.tw |
| E-Mail | mailto:service@flag.com.tw |
| 檔案 | C:\DATA\test.xlsx |
| 資料夾 | C:\DATA |
| 其他活頁簿中的儲存格 | [C:\DATA\test.xlsx]工作表1!B5 |
| 相同活頁簿中的儲存格 | [test.xlsx]工作表1!B5 |

所謂檔案**路徑**就是以半形的「\」反斜線為間隔，依序輸入磁碟名稱、資料夾名稱。

想要選取插入超連結的儲存格時，可以點選儲存格裡沒有套用超連結的字串，或是在超連結的文字上按住滑鼠左鍵不放，直到滑鼠指標顯示＋字型後，再放開滑鼠。或是先選取相鄰的儲存格後，再用鍵盤的方向鍵移動。

## 02 測試看看

完成設定後，按下 F3 儲存格的連結，即會開啟產品照。

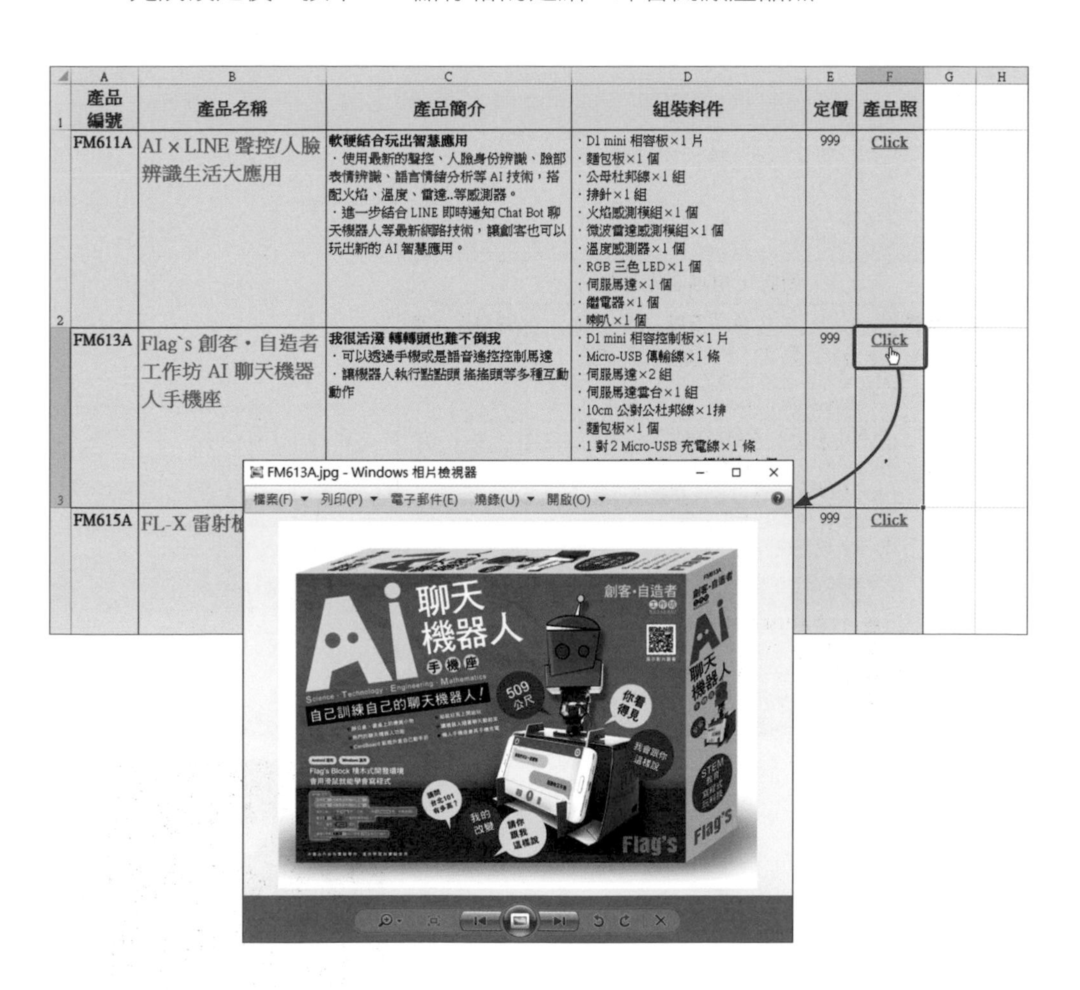

Unit 116

# 將工作表名稱建立成「目錄」，解決工作表太多不易點選的問題

**範例** 各產品介紹分別放在不同工作表中，希望在第一個工作表製作「產品目錄」

HYPERLINK REPLACE INDEX GET.WORKBOOK ROW FIND

## 範例說明

將每項產品簡介獨立放在不同工作表中，可以方便呈現產品內容，但是當工作表愈來愈多反而不容易切換，希望能在第一個工作表中建立類似「目錄」的功能，當點按工作表名稱後就自動切換到該工作表。

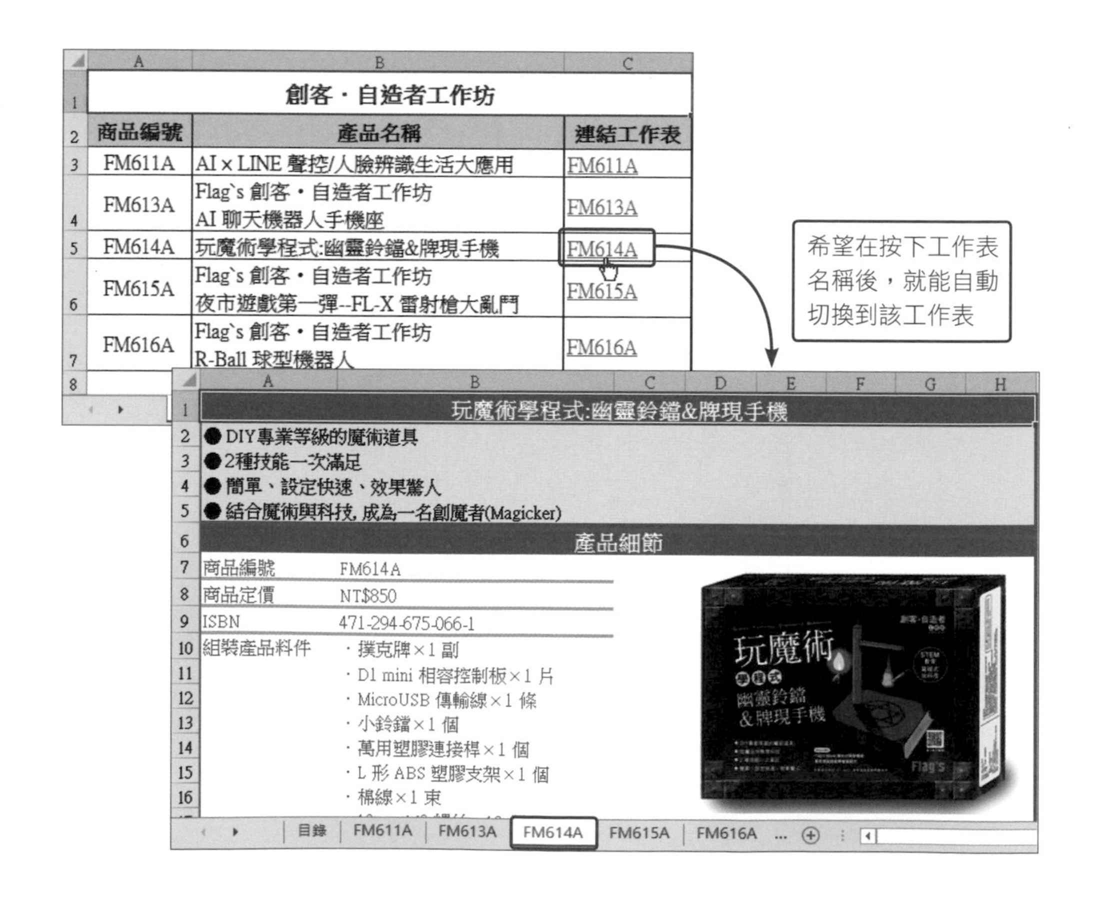

## 操作步驟

**01** **利用 GET.WORKBOOK 函數，取出活頁簿中所有工作表名稱**

請開啟**練習檔案 \Part 8\Unit_116**，按下**公式**頁次的**定義名稱**鈕，開啟**新名稱**交談窗，然後如下做設定。

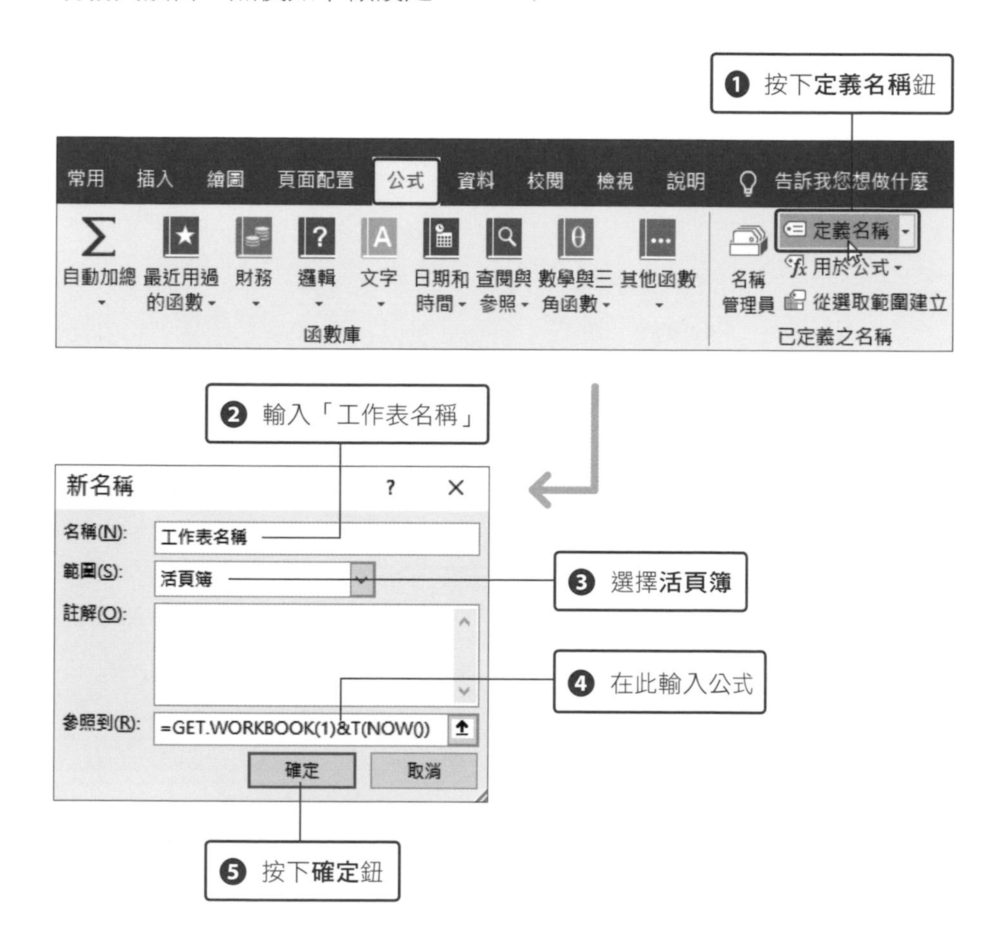

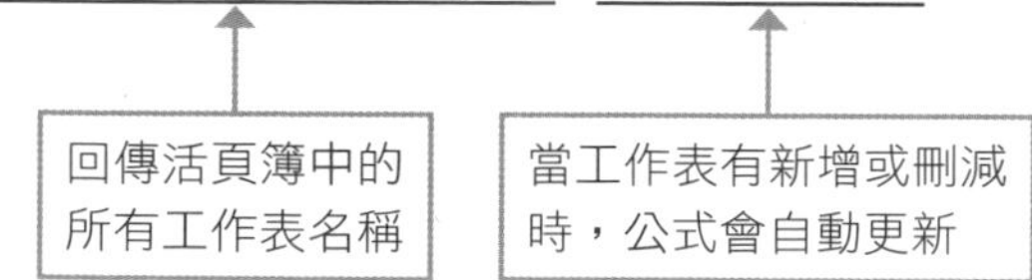

| GET.WORKBOOK 函數 | |
|---|---|
| 說明 | 回傳活頁簿中的工作表名稱。此為巨集函數，不能直接輸入到儲存格中，需搭配**定義名稱**功能。 |
| 語法 | **=GET.WORKBOOK(類型)** |
| 類型 | 常用的類型有 3 種。「1」回傳所有工作表名稱、「3」列出目前作用中的工作表名稱、「4」計算活頁簿中有幾個工作表。 |

請注意！當活頁簿中使用 GET.WORKBOOK 這類巨集函數，必須將檔案儲存為 **Excel 啟用巨集的活頁簿 (*.xlsm)** 格式。

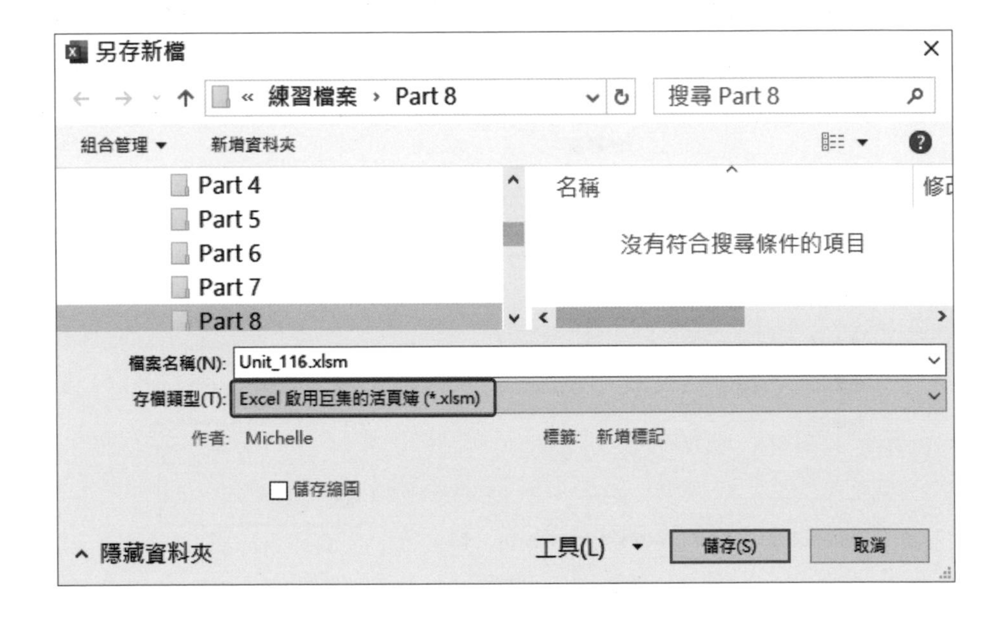


## 02 用 HYPERLINK、REPLACE、INDEX、FIND 及 ROW 函數連結各工作表

請切換到**目錄**工作表，在 C3 儲存格中輸入「=HYPERLINK("#"&REPLACE(INDEX( 工作表名稱 ,ROW(A2)),1,FIND("]", 工作表名稱 ),"")&"!A1", REPLACE(INDEX( 工作表名稱 ,ROW(A2)),1,FIND("]", 工作表名稱 ),""))」，接著往下複製公式到 C7 儲存格。

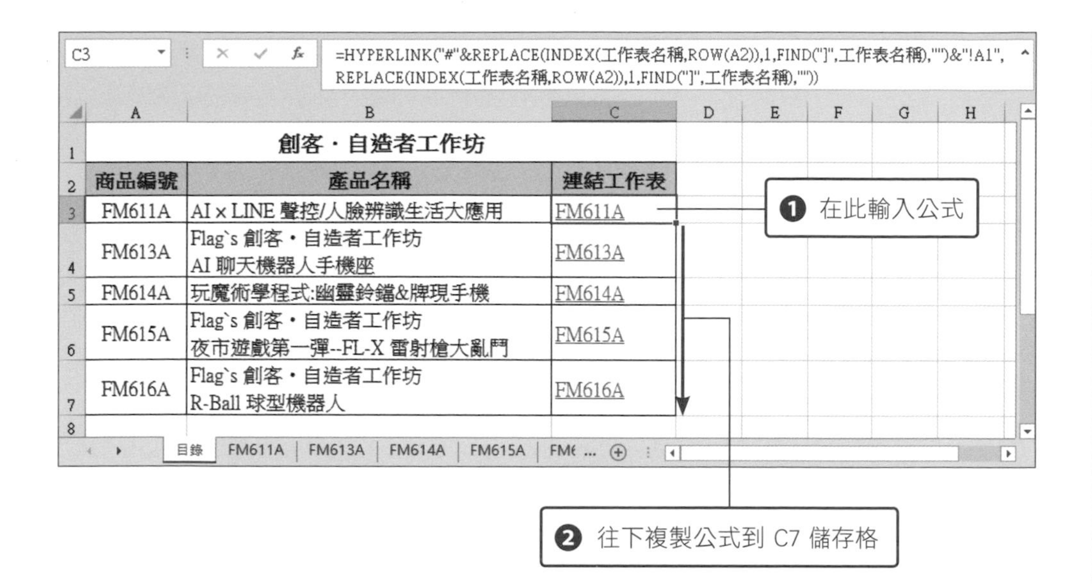


## 公式說明

```
=HYPERLINK("#"&REPLACE(INDEX(工作表名稱,ROW(A2)),
1,FIND("]",工作表名稱),"")&"!A1",REPLACE(INDEX
(工作表名稱,ROW(A2)),1,FIND("]",工作表名稱),""))
```

- HYPERLINK 函數可以連結到指定位址。
- ROW 函數會回傳儲存格的列編號。
- INDEX 函數會回傳指定欄、列編號中交集的儲存格參照。
- REPLACE 函數可以將指定字數的字串內容取代另一指定的字串。
- FIND 函數可以求得指定尋找的字串顯示在字串中的第幾個字數。

STEP1 中取得的工作表名稱會連活頁簿的完整檔名也一起回傳。在工作表名稱為「FM611A」的情況下，取出的工作表名稱為「[Unit_116.xlsm]FM611A」。

若只想要取得工作表名稱時，就要刪除活頁簿名稱。在「REPLACE(INDEX( 工作表名稱 , ROW(A2)), 1, FIND("]", 工作表名稱 ), "")」公式中，工作表名稱清單中的第 2 個工作表名稱為「[Unit_116.xlsm]FM611A」，所以「]」之前的活頁簿名稱就需要被置換成空白。也就是只要取出工作表名稱「FM611A」。

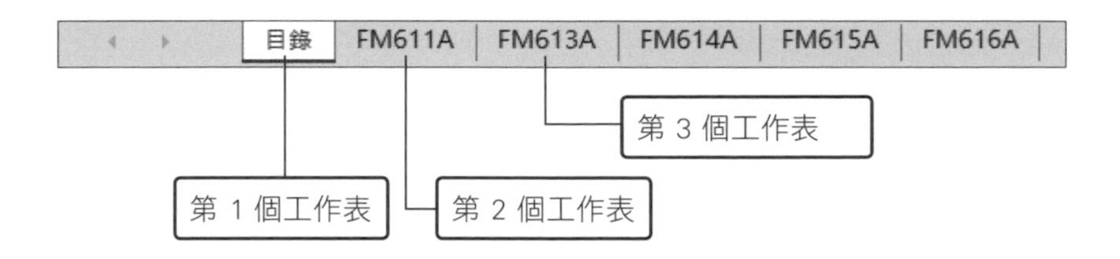


使用取得的工作表名稱，將公式撰寫成「=HYPERLINK("#"&REPLACE(INDEX( 工作表名稱 , ROW(A2)), 1, FIND("]", 工作表名稱 ), "")&"!A1", REPLACE(INDEX(" 工作表名稱 ", ROW(A2)), 1,FIND("]", 工作表名稱 ), ""))」後，就會連結到「FM611A」工作表的儲存格 A1。

將公式往下複製，會變成「=HYPERLINK("#"&REPLACE(INDEX( 工作表名稱 , ROW(A3)), 1, FIND("]", 工作表名稱 ), "")&"!A1", REPLACE(INDEX(" 工作表名稱 ", ROW(A3)), 1, FIND("]", 工作表名稱 ), ""))」，就會連結到工作表名稱清單中的第 3 個工作表名稱「FM613A」工作表的儲存格 A1。

利用這個方式，將公式往下複製，就能連結到各個工作表的 A1 儲存格。完成後，**目錄**工作表中的所有工作表名稱可連結到對應的工作表。

**03 測試看看**

建立公式後，C 欄會顯示各個工作表名稱，按一下即可切換到對應的工作表。

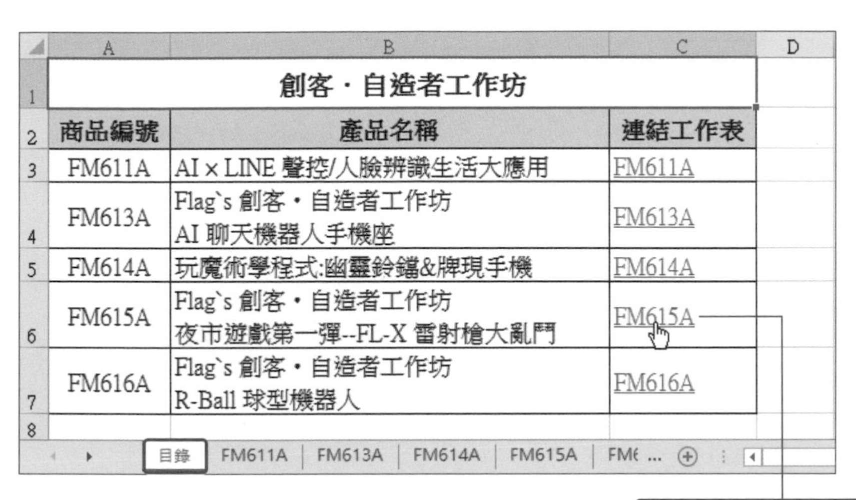

| 創客・自造者工作坊 | | |
|---|---|---|
| 商品編號 | 產品名稱 | 連結工作表 |
| FM611A | AI x LINE 聲控/人臉辨識生活大應用 | FM611A |
| FM613A | Flag`s 創客・自造者工作坊<br>AI 聊天機器人手機座 | FM613A |
| FM614A | 玩魔術學程式:幽靈鈴鐺&牌現手機 | FM614A |
| FM615A | Flag`s 創客・自造者工作坊<br>夜市遊戲第一彈--FL-X 雷射槍大亂鬥 | FM615A |
| FM616A | Flag`s 創客・自造者工作坊<br>R-Ball 球型機器人 | FM616A |



❶ 按一下此工作表名稱

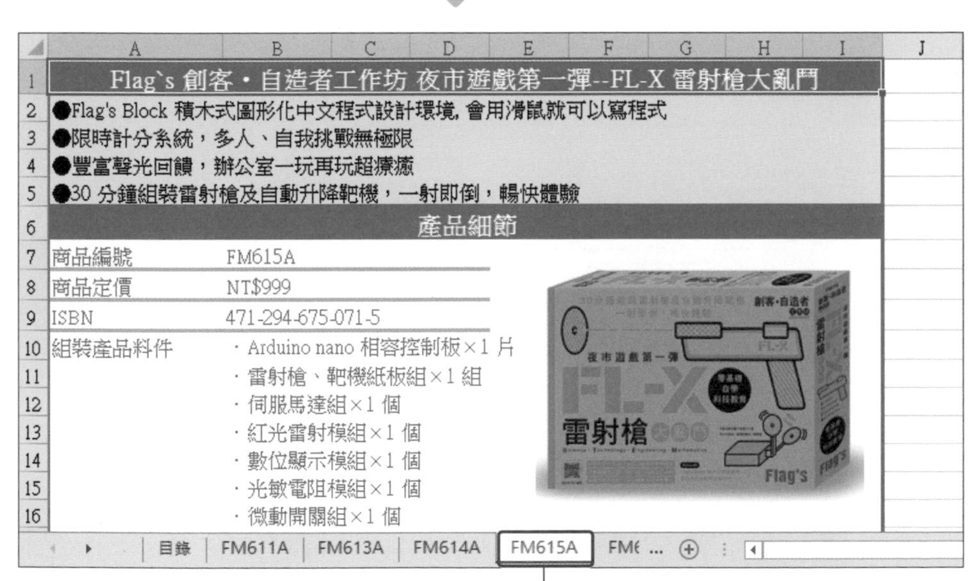


❷ 切換到對應的工作表

## 04 新增工作表

請選取 **FM616** 工作表，再按下右側的 + 鈕，我們要在這個工作表之後新增一個工作表。接著，切換到**目錄**工作表，將 C7 儲存格的公式往下複製，就會自動產生新工作表名稱了。

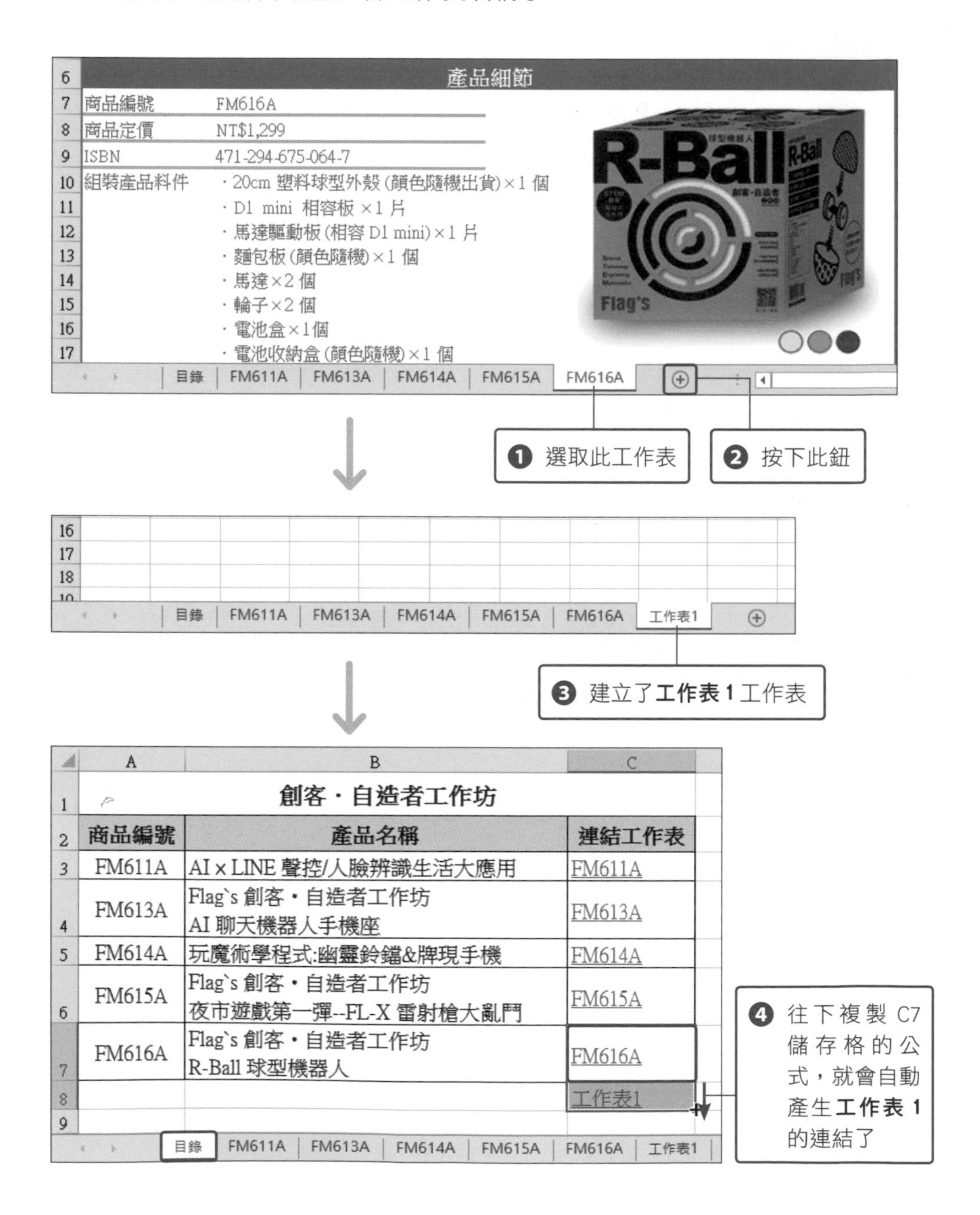

# Unit 117 將單一工作表資料拆開到多個工作表



**範例** 想將會員資料依生日月份拆開到對應月份的工作表中

IF COUNT INDEX SMALL TEXT ROW

## 範例說明

想將彙整好的會員資料，依照生日月份拆開到對應的月份工作表中，以便會員生日時能寄送優惠通知。但是要一筆一筆依生日月份複製到不同工作表實在很花時間，有沒有快速的方法能依生日月份帶入資料？

| | A | B | C | D | E | F |
|---|---|---|---|---|---|---|
| 1 | 會員資料 | | | | | |
| 2 | 會員編號 | 姓名 | 生日 | 手機號碼 | 地址 | |
| 3 | 29729245 | 謝辛如 | 1998/02/22 | 0956-324-312 | 台北市忠孝東路一段 333 號 | |
| 4 | 79958489 | 許育弘 | 2002/08/11 | 0935-963-854 | 新北市新莊區中正路 577 號 | |
| 5 | 28915702 | 張炳新 | 1983/05/08 | 0954-071-435 | 台中市西區英才路 212 號 | |
| 6 | 19528508 | 林亞倩 | 1992/05/10 | 0913-410-599 | 台北市南港區經貿二號 1 號 | |
| 7 | 81665798 | 王郁昌 | 1995/02/12 | 0972-371-299 | 台北市重慶南路一段 8 號 | |
| 8 | 13429623 | 宋智鈞 | 2008/08/29 | 0933-250-036 | 新北市板橋區文化路二段 10 號 | |
| 9 | 52211181 | 黃裕翔 | 2008/12/05 | 0934-750-620 | 台北市新生南路一段 8 號 | |
| 10 | 26323670 | 姚欣穎 | 2011/12/30 | 0954-647-127 | 台中市西屯區朝富路 188 號 | |
| 11 | 32250942 | 陳美珍 | 1986/11/18 | 0911-322-603 | 新北市中和區安邦街 33 號 | |
| 12 | 17448505 | 李家豪 | 2005/08/25 | 0982-597-901 | 苗栗市新苗街 18 號 | |
| 13 | 95868920 | 陳瑞淑 | 1983/04/24 | 0968-491-182 | 新竹市北區中山路 128 號 | |
| 14 | 83952910 | 蔡佳利 | 2010/05/15 | 0927-882-411 | 桃園市中壢區溪洲街 299 號 | |
| 15 | 46232124 | 吳立其 | 2007/01/03 | 0987-094-998 | 台南市安平區中華西路二段 533 號 | |
| 16 | 65959127 | 郭堯竹 | 1988/11/05 | 0960-798-165 | 新北市新莊區幸福路 888 號 | |
| 17 | 99029850 | 陳君倫 | 1992/10/10 | 0926-988-780 | 高雄市鳳山區文化路 67 號 | |
| 18 | 64391892 | 王文亭 | 1976/08/11 | 0988-237-421 | 新北市三峽區介壽路三段 120 號 | |
| 19 | 86146889 | 褚金輝 | 2014/09/14 | 0982-194-007 | 台中市西區台灣大道 1033 號 | |
| 20 | 18648629 | 劉明盛 | 1986/01/16 | 0931-464-962 | 彰化市彰鹿路 120 號 | |
| 21 | 47356378 | 陳蓁亞 | 2008/03/14 | 0933-115-008 | 新北市汐止區中山路 38 號 | |
| 22 | 16873227 | 楊雅惠 | 1998/06/02 | 0936-914-483 | 桃園市成功路二段 133 號 | |
| 23 | 78661285 | 曾銘山 | 2011/06/07 | 0921-841-340 | 新北市蘆洲區中正路 8 號 | |
| 24 | 42606851 | 林佩璇 | 2013/01/03 | 0968-575-278 | 新竹市香山區五福路二段 565 號 | |
| 25 | 23961428 | 陳欣蘭 | 2005/11/28 | 0912-315-877 | 台南市安平區永華路二段 10 號 | |
| 26 | 63534356 | 連煒婷 | 2014/05/28 | 0913-765-496 | 新北市土城區承天路 65 號 | |
| 27 | 93800760 | 黃佳芬 | 1979/07/06 | 0923-812-346 | 高雄市苓雅區和平一路 115號 | |
| 28 | 45478870 | 謝龍昇 | 2000/05/07 | 0910-122-345 | 苗栗縣恆春鎮草埔路 100 號 | |
| 29 | 64560181 | 許利誠 | 1988/11/16 | 0920-544-988 | 新竹市香山區牛埔南路 300號 | |
| 30 | 93403692 | 林承亞 | 2009/09/27 | 0938-448-600 | 台北市八德路二段 888號 | |
| 31 | 94104356 | 游祥如 | 2004/06/09 | 0936-288-100 | 台北市三重區重光街 100號 | |

會員資料 | 1月 | 2月 | 3月 | 4月 | 5月 | 6月 | 7月 | 8月 | 9月 | 10月 | 11月 | 12月

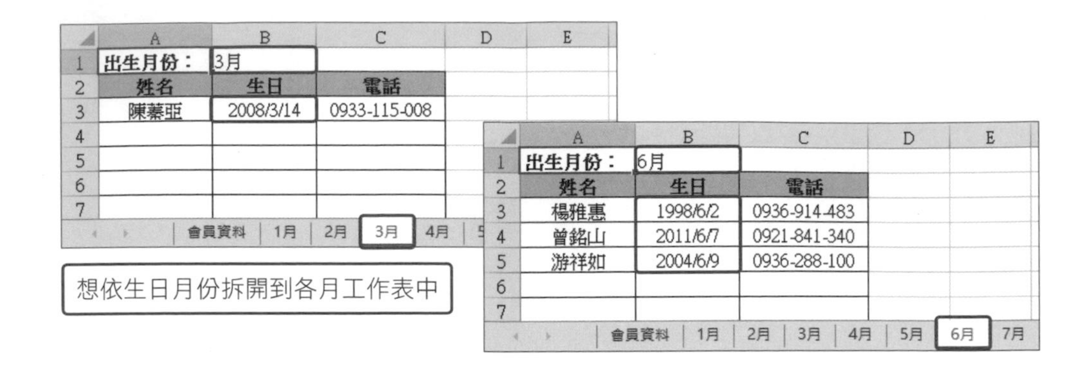


## 操作步驟

### 01 利用「輔助欄位」取出月份

請開啟**練習檔案 \Part 8\Unit_117**，在**會員資料**工作表的 F3 儲存格，輸入「=IF(C3="","",TEXT(C3,"m 月 "))」，接著將公式往下複製到 F31 儲存格。

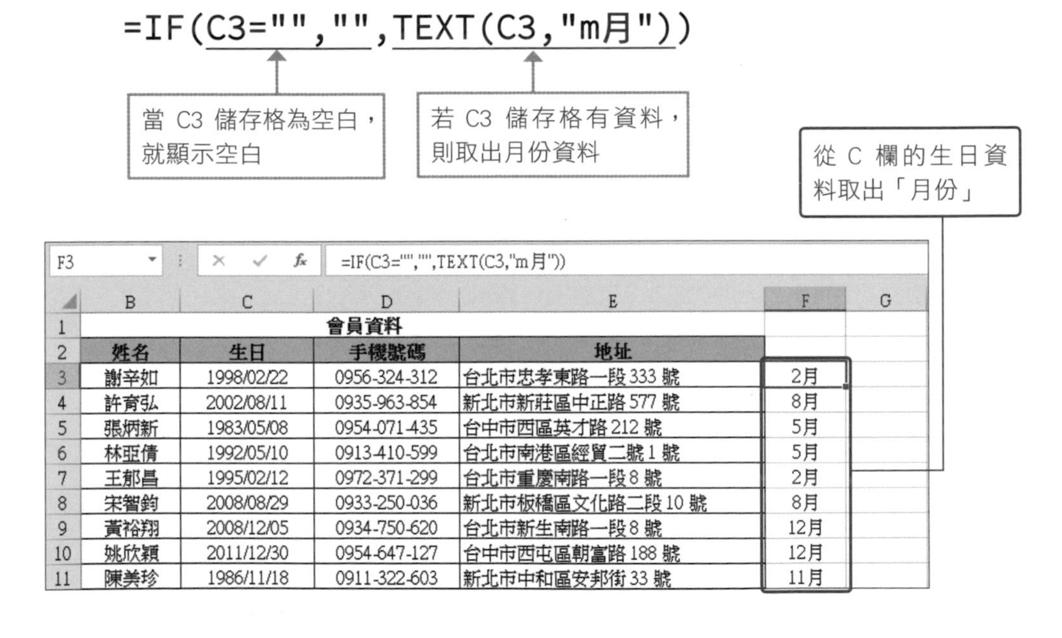


| | B | C | D | E | F |
|---|---|---|---|---|---|
| 1 | 會員資料 | | | | |
| 2 | 姓名 | 生日 | 手機號碼 | 地址 | |
| 3 | 謝辛如 | 1998/02/22 | 0956-324-312 | 台北市忠孝東路一段 333 號 | 2月 |
| 4 | 許育弘 | 2002/08/11 | 0935-963-854 | 新北市新莊區中正路 577 號 | 8月 |
| 5 | 張炳新 | 1983/05/08 | 0954-071-435 | 台中市西區英才路 212 號 | 5月 |
| 6 | 林亞倩 | 1992/05/10 | 0913-410-599 | 台北市南港區經貿二號 1 號 | 5月 |
| 7 | 王郁昌 | 1995/02/12 | 0972-371-299 | 台北市重慶南路一段 8 號 | 2月 |
| 8 | 宋智鈞 | 2008/08/29 | 0933-250-036 | 新北市板橋區文化路二段 10 號 | 8月 |
| 9 | 黃裕翔 | 2008/12/05 | 0934-750-620 | 台北市新生南路一段 8 號 | 12月 |
| 10 | 姚欣穎 | 2011/12/30 | 0954-647-127 | 台中市西屯區朝富路 188 號 | 12月 |
| 11 | 陳美珍 | 1986/11/18 | 0911-322-603 | 新北市中和區安邦街 33 號 | 11月 |

此範例我們輸入「"m 月 "」，表示要顯示生日的「月份」；若輸入「"yyyy 年 "」，則只會顯示生日的「年份」；若輸入「"DD 日 "」，則會顯示生日的「日期」。

| TEXT 函數 | |
|---|---|
| 說明 | 可將數字轉換成指定格式的文字。 |
| 語法 | =TEXT(值, 顯示格式) |
| 值 | 要設定顯示格式的數值或日期。 |
| 顯示格式 | 將指定的格式以雙引號括住。 |



## 02 在各月份的工作表取出資料

請切換到 **1 月**工作表，在 B1 儲存格輸入「1 月」。接著，在 D3 儲存格輸入「=IF( 會員資料 !F3=$B$1,ROW(A1),"")」，將公式往下複製到 D31 儲存格。

**=IF(會員資料!F3=$B$1,ROW(A1),"")**

判斷**會員資料**工作表的 F3 儲存格是否等於 **1 月**工作表的 B1 儲存格，若相等則帶入 ROW(A1)；若不相等則顯示空白

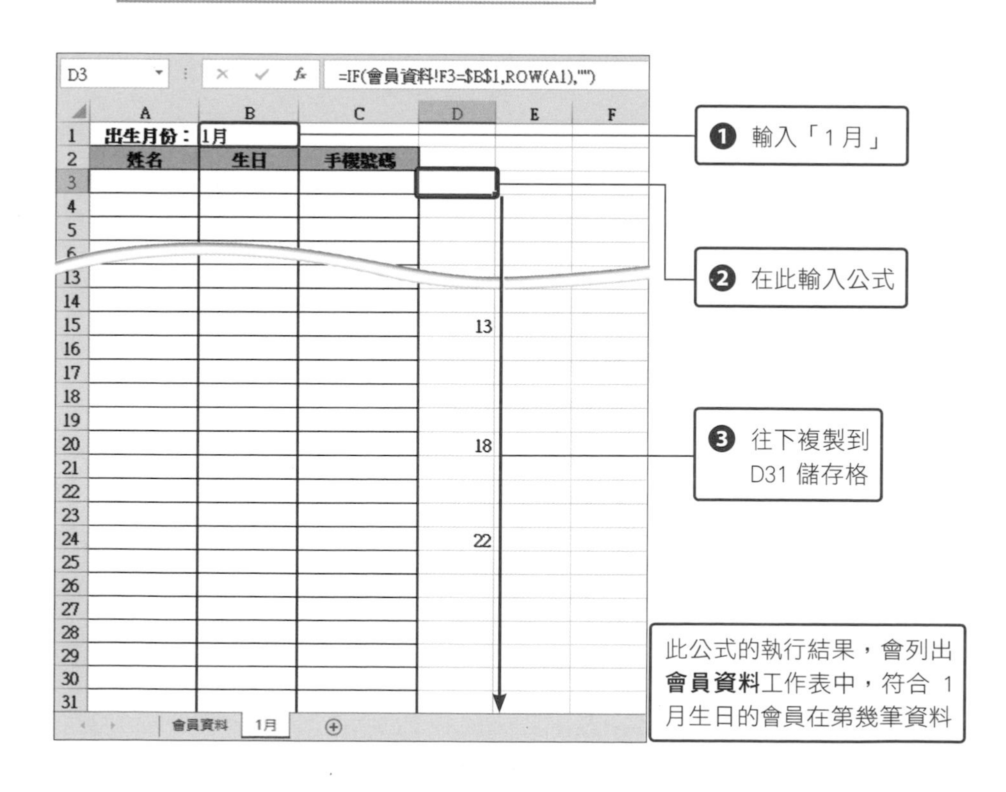


此公式的執行結果，會列出**會員資料**工作表中，符合 1 月生日的會員在第幾筆資料

## 03 從「會員資料」工作表，取出符合「月份」的會員姓名

請在 **1 月**工作表的 A3 儲存格輸入「=IF(COUNT($D$3:$D$31)< ROW(A1),"",INDEX( 會員資料 !$A$3:$E$31,SMALL($D$3:$D$31,ROW(A1)),2))」，接著將公式往下複製。

用 COUNIT 函數計算含有數字的儲存格個數

```
A3=IF(COUNT($D$3:$D$31)<ROW(A1),"",INDEX(會員資料!
$A$3:$E$31,SMALL($D$3:$D$31,ROW(A1)),2))
```

利用 INDEX 函數回傳指定欄、列編號交會的儲存格參照

用 SMALL 函數回傳由小至大排序的第幾筆值

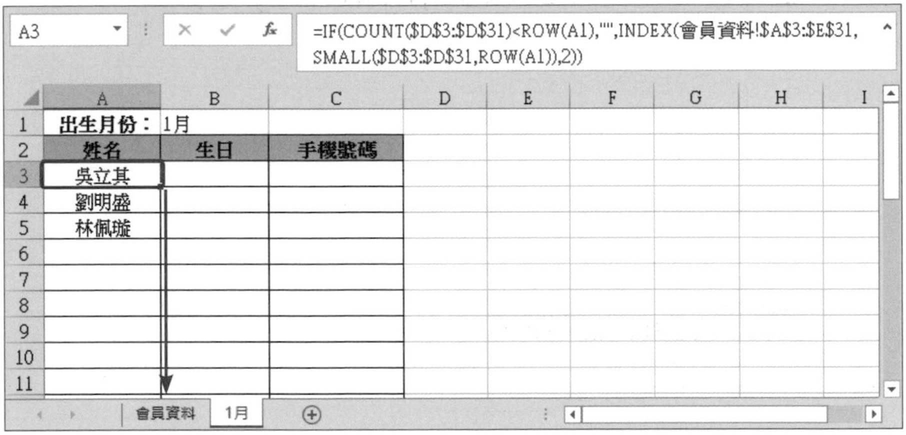

A3 　 =IF(COUNT($D$3:$D$31)<ROW(A1),"",INDEX(會員資料!$A$3:$E$31,SMALL($D$3:$D$31,ROW(A1)),2))

| | A | B | C | D | E | F | G | H | I |
|---|---|---|---|---|---|---|---|---|---|
| 1 | 出生月份： | 1月 | | | | | | | |
| 2 | 姓名 | 生日 | 手機號碼 | | | | | | |
| 3 | 吳立其 | | | | | | | | |
| 4 | 劉明盛 | | | | | | | | |
| 5 | 林佩璇 | | | | | | | | |
| 6 | | | | | | | | | |
| 7 | | | | | | | | | |
| 8 | | | | | | | | | |
| 9 | | | | | | | | | |
| 10 | | | | | | | | | |
| 11 | | | | | | | | | |

會員資料　1月

當 D3：D31 中所顯示的數字小於目前執行列的列號，條件成立時，會回傳空白，不成立時，會從 D3：D31 所顯示的數字中從較小的數字開始取出**會員資料**工作表中儲存格 A3：E31 的資料。也就是依儲存格 D3：D31 所顯示的列號，取得對應的第幾筆會員資料

## 04 從「會員資料」工作表，取出符合「月份」的會員生日及手機號碼

請將 A3 儲存格的公式往右複製到 B3 儲存格，並將 B3 儲存格 VLOOKUP 函數的「欄位」引數改成「3」；接著將 B3 儲存格的公式往右複製到 C3 儲存格，將 C3 儲存格的「欄位」引數改成「4」。選取 B3 及 C3 儲存格後往下複製公式到 C31 儲存格。

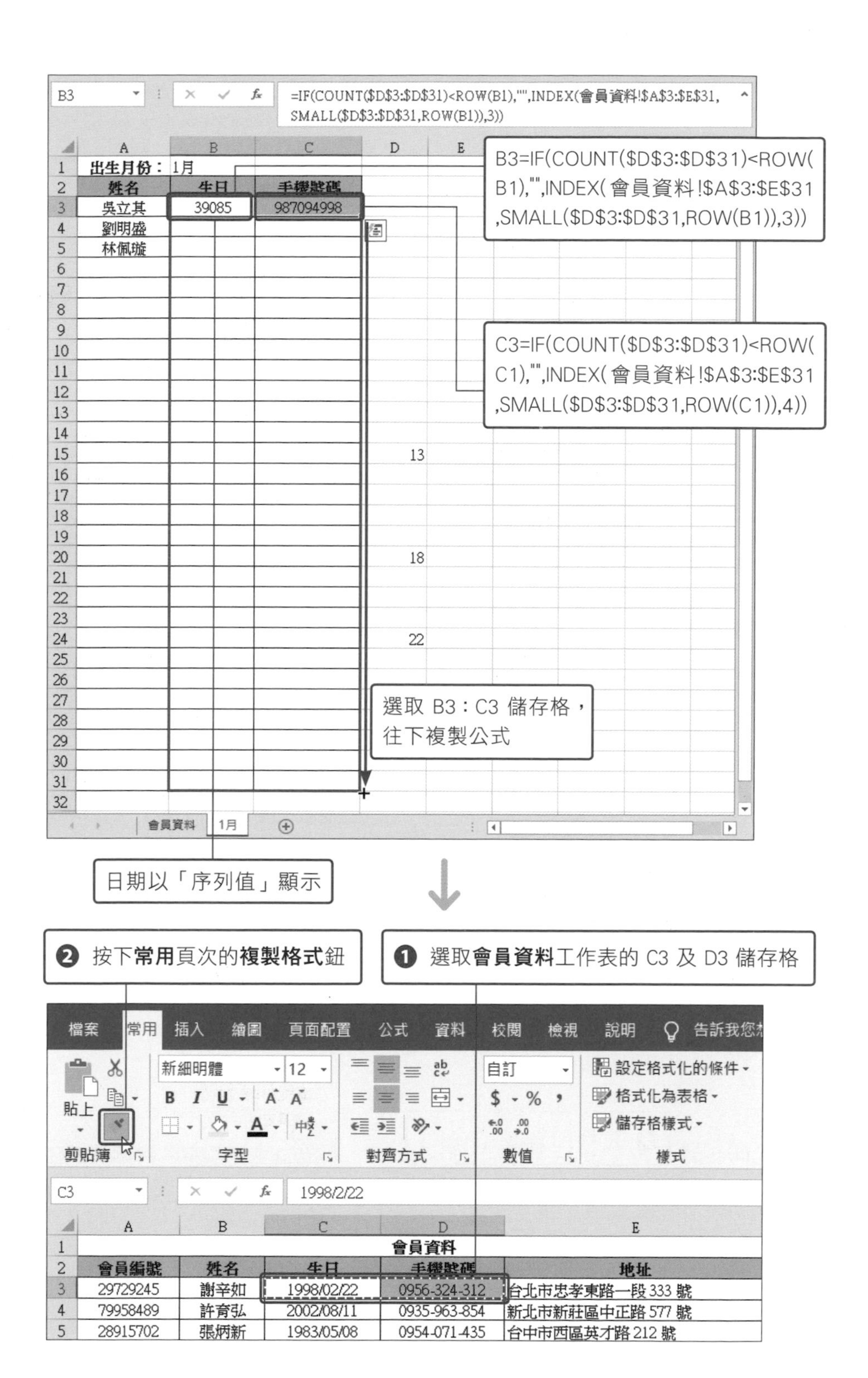
=IF(COUNT($D$3:$D$31)<ROW(B1),"",INDEX(會員資料!$A$3:$E$31,
SMALL($D$3:$D$31,ROW(B1)),3))
出生月份：1月
姓名
生日
手機號碼
吳立其
39085
987094998
劉明盛
林佩璇
B3=IF(COUNT($D$3:$D$31)<ROW(B1),"",INDEX(會員資料!$A$3:$E$31,SMALL($D$3:$D$31,ROW(B1)),3))
C3=IF(COUNT($D$3:$D$31)<ROW(C1),"",INDEX(會員資料!$A$3:$E$31,SMALL($D$3:$D$31,ROW(C1)),4))
選取 B3：C3 儲存格，往下複製公式
日期以「序列值」顯示
❷ 按下常用頁次的複製格式鈕
❶ 選取會員資料工作表的 C3 及 D3 儲存格
1998/2/22
會員資料
會員編號
姓名
生日
手機號碼
地址
29729245
謝宰如
1998/02/22
0956-324-312
台北市忠孝東路一段 333 號
79958489
許育弘
2002/08/11
0935-963-854
新北市新莊區中正路 577 號
28915702
張炳新
1983/05/08
0954-071-435
台中市西區英才路 212 號

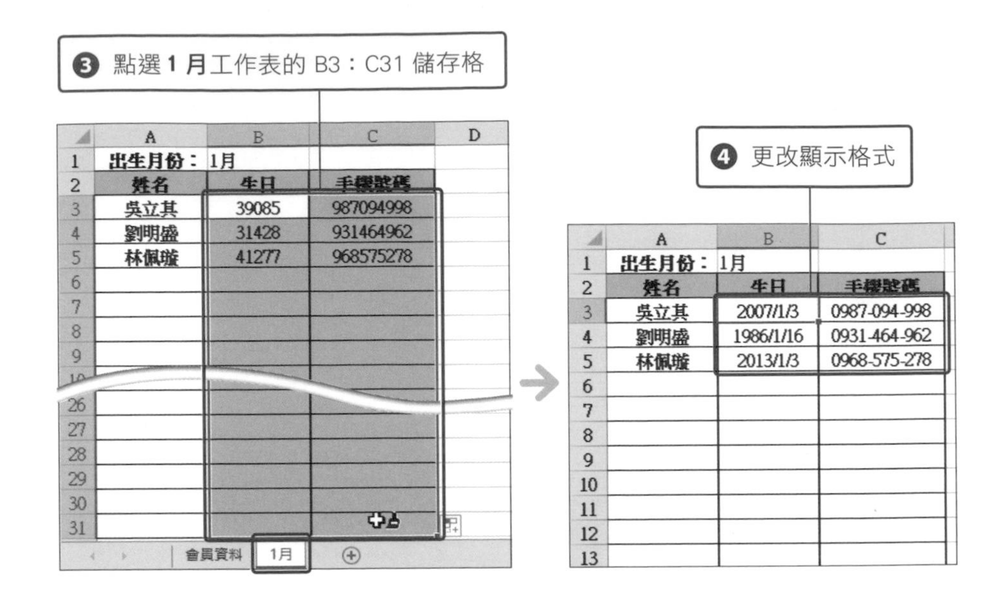


## 05 複製工作表，並更改月份

將剛才設定好公式的 **1 月**工作表複製 11 份，並依月份修改工作表名稱在各工作表的 B1 儲存格輸入月份，就可自動依月份帶入資料了。

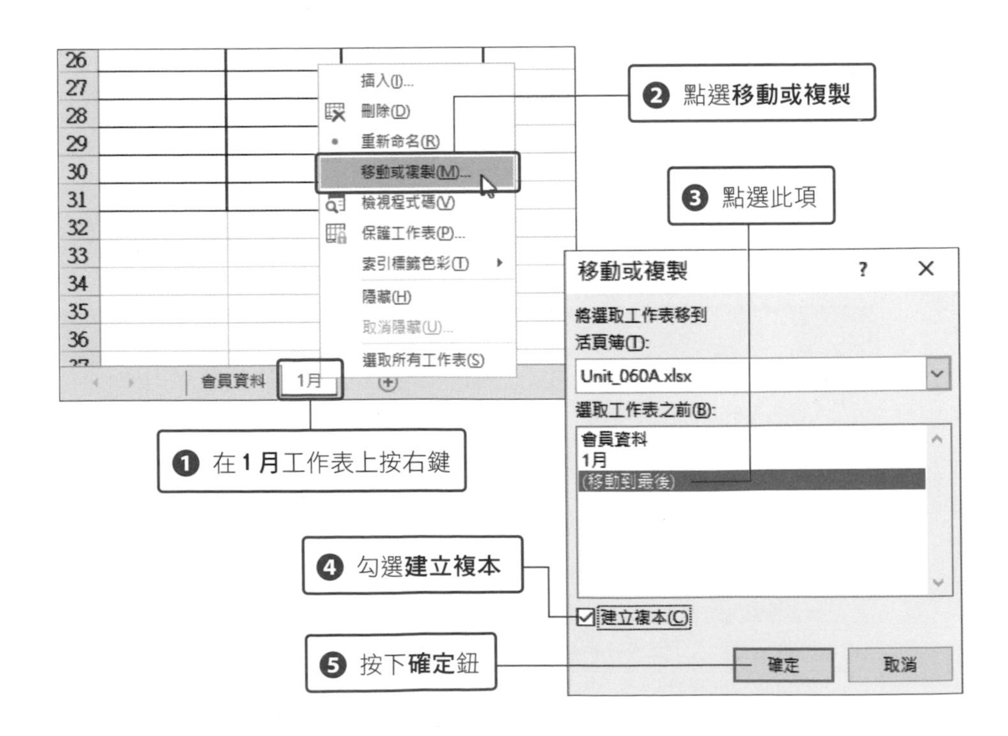

## ☑ 補充說明 自動建立多個工作表

以剛才的範例而言，要自行複製 11 次工作表，並修改工作表的月份名稱，操作起來也是有點麻煩。其實你可以搭配「樞紐分析表」功能，自動建立多個工作表喔！

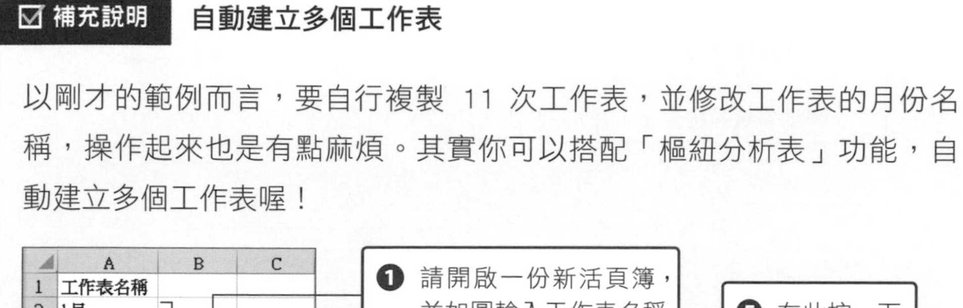
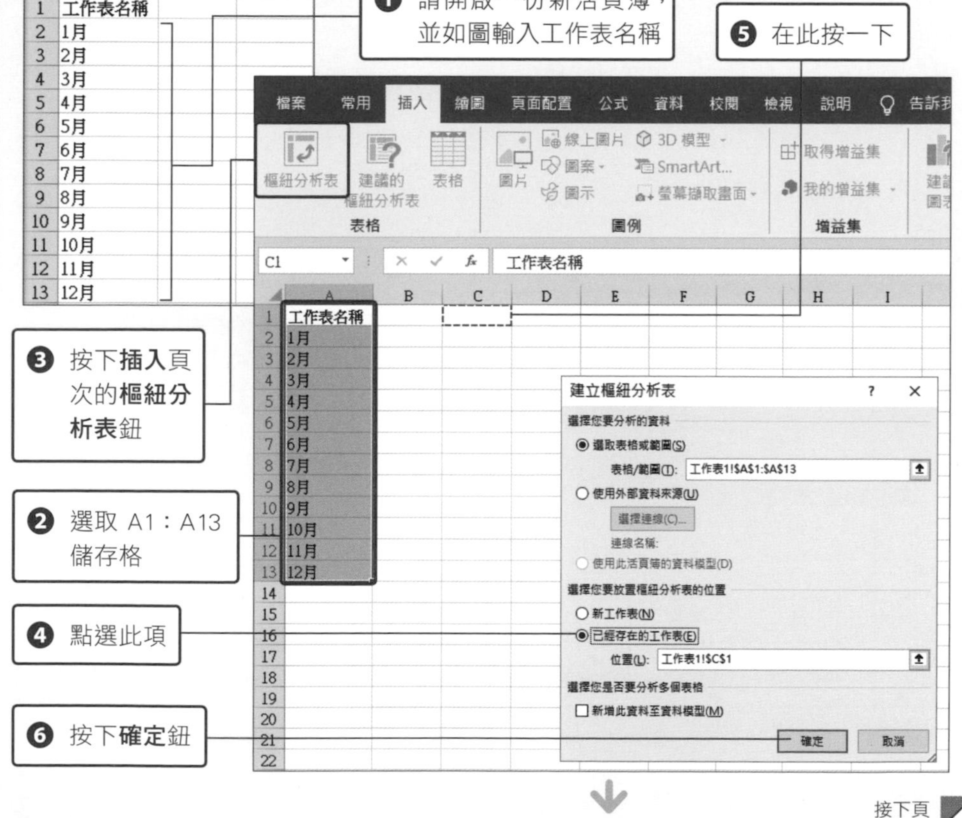


接下頁

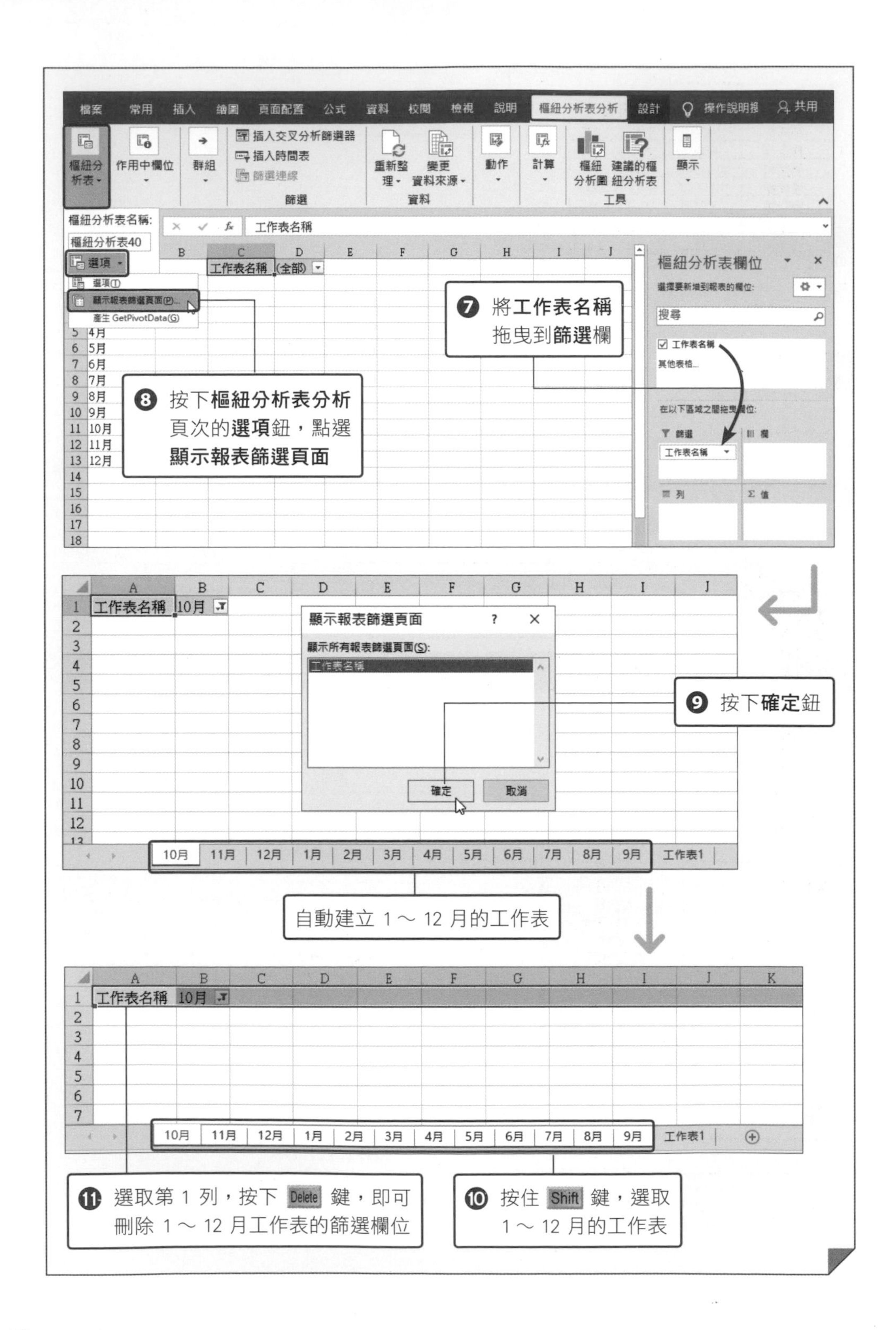

7 將工作表名稱拖曳到篩選欄
8 按下樞紐分析表分析頁次的選項鈕，點選顯示報表篩選頁面
9 按下確定鈕
自動建立 1～12 月的工作表
11 選取第 1 列，按下 Delete 鍵，即可刪除 1～12 月工作表的篩選欄位
10 按住 Shift 鍵，選取 1～12 月的工作表

# Unit 118 跨工作表抓取資料

**範例** 不同工作表，如何自動抓取「上個月餘額」，變成「本月的前期餘額」？

GET.WORKBOOK NOW INDIRECT INDEX SHEET

## 範例說明

統計零用金時，每個月都要手動連結「上個月的餘額」，當作本月的「前期餘額」，由於經常要重複操作，是否有更簡便的方法自動帶入「前期餘額」呢？

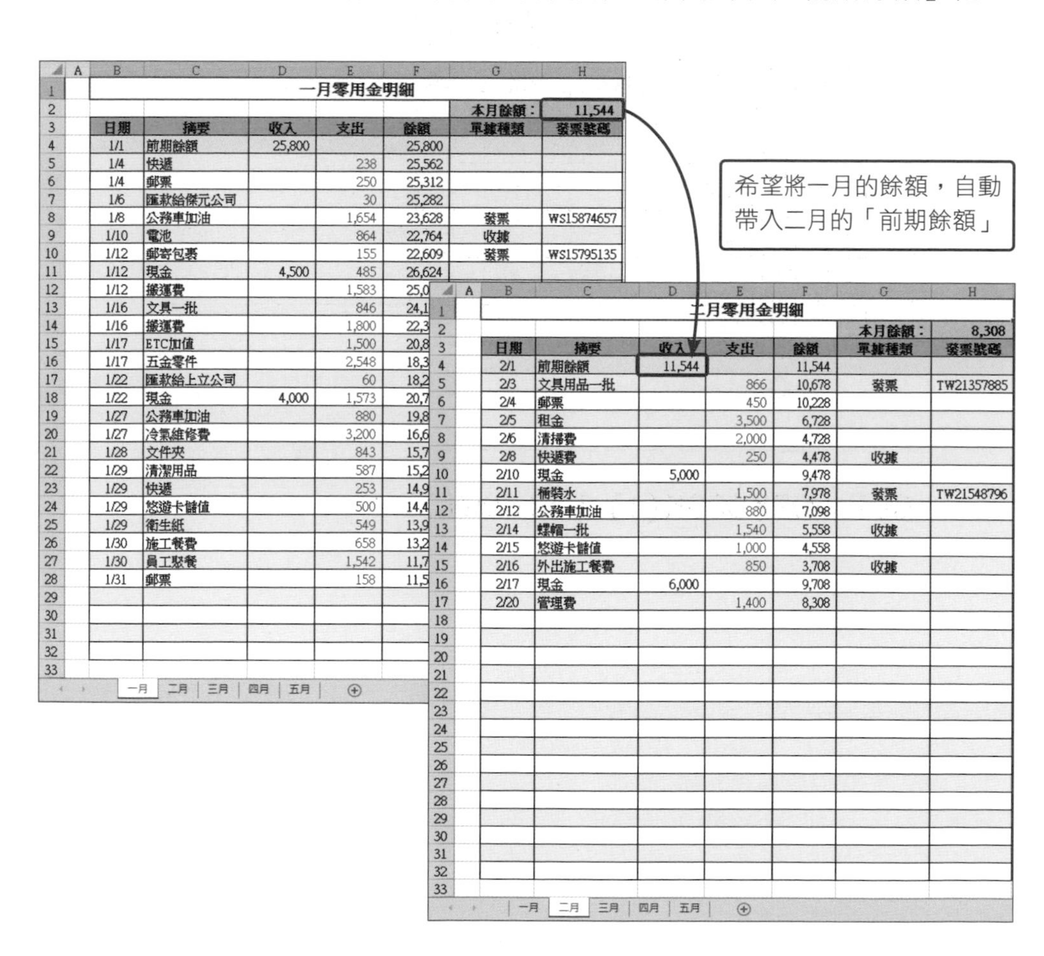

一月零用金明細

本月餘額：11,544

| 日期 | 摘要 | 收入 | 支出 | 餘額 | 單據種類 | 發票號碼 |
|---|---|---|---|---|---|---|
| 1/1 | 前期餘額 | 25,800 | | 25,800 | | |
| 1/4 | 快遞 | | 238 | 25,562 | | |
| 1/4 | 郵票 | | 250 | 25,312 | | |
| 1/6 | 匯款給傑元公司 | | 30 | 25,282 | | |
| 1/8 | 公務車加油 | | 1,654 | 23,628 | 發票 | WS15874657 |
| 1/10 | 電池 | | 864 | 22,764 | 收據 | |
| 1/12 | 郵寄包裹 | | 155 | 22,609 | 發票 | WS15795135 |
| 1/12 | 現金 | 4,500 | 485 | 26,624 | | |
| 1/12 | 搬運費 | | 1,583 | 25,0 | | |
| 1/16 | 文具一批 | | 846 | 24,1 | | |
| 1/16 | 搬運費 | | 1,800 | 22,3 | | |
| 1/17 | ETC加值 | | 1,500 | 20,8 | | |
| 1/17 | 五金零件 | | 2,548 | 18,3 | | |
| 1/22 | 匯款給上立公司 | | 60 | 18,2 | | |
| 1/22 | 現金 | 4,000 | 1,573 | 20,7 | | |
| 1/27 | 公務車加油 | | 880 | 19,8 | | |
| 1/27 | 冷氣維修費 | | 3,200 | 16,6 | | |
| 1/28 | 文件夾 | | 843 | 15,7 | | |
| 1/29 | 清潔用品 | | 587 | 15,2 | | |
| 1/29 | 快遞 | | 253 | 14,9 | | |
| 1/29 | 悠遊卡儲值 | | 500 | 14,4 | | |
| 1/29 | 衛生紙 | | 549 | 13,9 | | |
| 1/30 | 施工餐費 | | 658 | 13,2 | | |
| 1/30 | 員工聚餐 | | 1,542 | 11,7 | | |
| 1/31 | 郵票 | | 158 | 11,5 | | |

一月 二月 三月 四月 五月

二月零用金明細

本月餘額：8,308

| 日期 | 摘要 | 收入 | 支出 | 餘額 | 單據種類 | 發票號碼 |
|---|---|---|---|---|---|---|
| 2/1 | 前期餘額 | 11,544 | | 11,544 | | |
| 2/3 | 文具用品一批 | | 866 | 10,678 | 發票 | TW21357885 |
| 2/4 | 郵票 | | 450 | 10,228 | | |
| 2/5 | 租金 | | 3,500 | 6,728 | | |
| 2/6 | 清掃費 | | 2,000 | 4,728 | | |
| 2/8 | 快遞費 | | 250 | 4,478 | 收據 | |
| 2/10 | 現金 | 5,000 | | 9,478 | | |
| 2/11 | 桶裝水 | | 1,500 | 7,978 | 發票 | TW21548796 |
| 2/12 | 公務車加油 | | 880 | 7,098 | | |
| 2/14 | 螺帽一批 | | 1,540 | 5,558 | 收據 | |
| 2/15 | 悠遊卡儲值 | | 1,000 | 4,558 | | |
| 2/16 | 外出施工餐費 | | 850 | 3,708 | 收據 | |
| 2/17 | 現金 | 6,000 | | 9,708 | | |
| 2/20 | 管理費 | | 1,400 | 8,308 | | |

一月 二月 三月 四月 五月

## 操作步驟

### 01 利用 GET.WORKBOOK 函數，取出活頁簿中所有工作表名稱

請開啟**練習檔案 \Part 8\Unit_118**，按下**公式**頁次的**定義名稱**鈕，開啟**新名稱**交談窗如下設定。

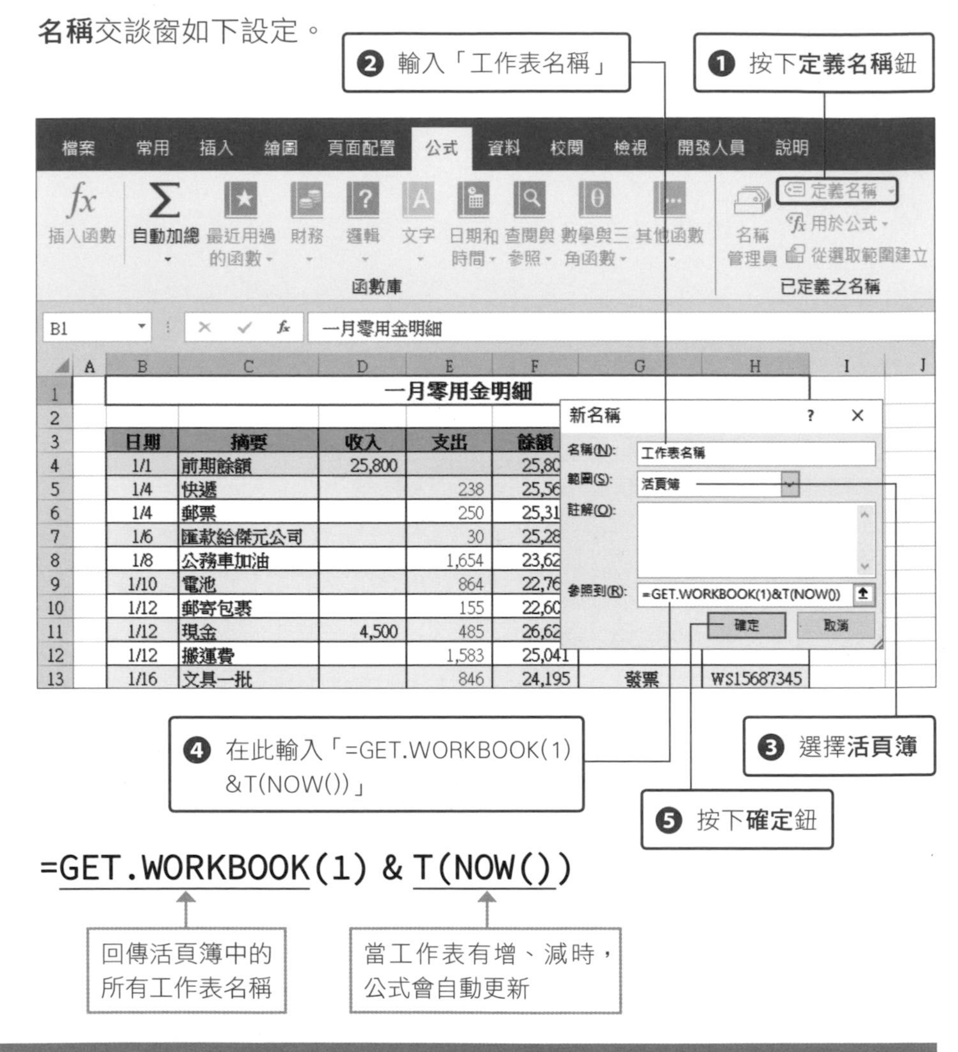


| GET.WORKBOOK 函數 | |
|---|---|
| 說明 | 回傳活頁簿中的工作表名稱。此為巨集函數，不能直接輸入到儲存格中，需搭配**定義名稱**功能。 |
| 語法 | **=GET.WORKBOOK(類型)** |
| 類型 | 常用的類型有 3 種。「1」回傳所有工作表名稱、「3」列出目前作用中的工作表名稱、「4」計算活頁簿中有幾個工作表。 |

### ☑ 補充說明　GET.WORKBOOK 的類別

例如，在定義名稱中輸入「=GET.WORKBOOK(1)」，在 A1 儲存格中輸入「=INDEX(名稱, ROW(A1))」，往下複製公式，即會顯示活頁簿中的所有工作表名稱。

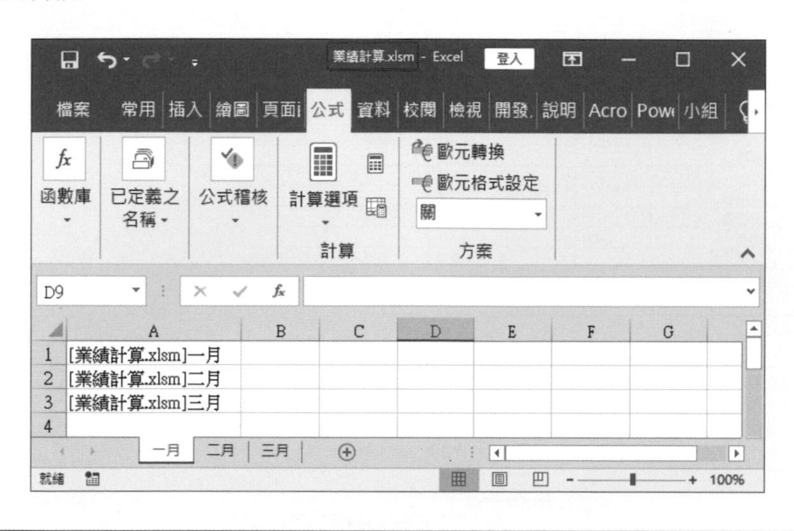


**TIPS** 請注意！當活頁簿中使用 GET.WORKBOOK 這類巨集函數，必須將檔案儲存為 **Excel 啟用巨集的活頁簿 (*.xlsm)** 格式。

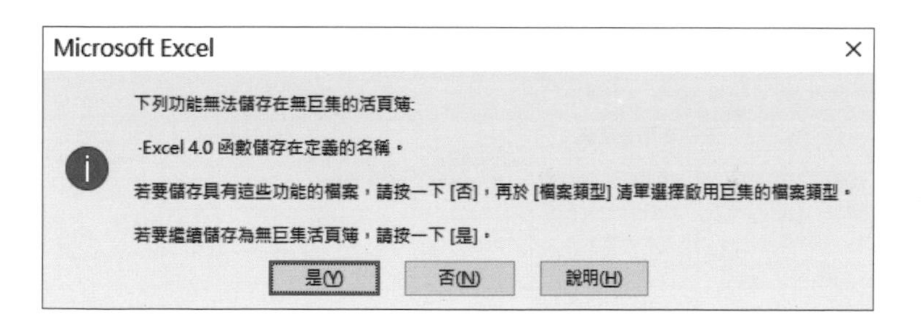


## 02 利用 INDIRECT、INDEX、SHEET 函數將上個月餘額連結到這個月

按住 Shift 鍵，選取「二月」～「五月」工作表，在 D4 儲存格輸入「=INDIRECT("'"&INDEX(工作表名稱,SHEET()-1)&"'!H2")」，這樣選取的工作表就會輸入相同的公式。

=INDIRECT("'"&INDEX(工作表名稱,SHEET()-1)&"'!H2")

一次選取多個工作表後，可同時從輸入公式的各個工作表編號中取得工作表名稱，再參照所有上一個工作表的 H2 儲存格的值

WEEKDAY　=INDIRECT("'"&INDEX(工作表名稱,SHEET()-1)&"'!H2")

| | A | B | C | D | E | F | G | H | I |
|---|---|---|---|---|---|---|---|---|---|
| 1 | | 二月零用金明細 | | | | | | | |
| 2 | | | | | | | 本月餘額： | 8,308 | |
| 3 | | 日期 | 摘要 | 收入 | 支出 | 餘額 | 單據種類 | 發票號碼 | |
| 4 | | 2/1 | 前期餘額 | =INDIRECT("'"&INDEX(工作表名稱,SHEET()-1)&"'!H2") | | | | | |
| 5 | | 2/3 | 文具用品一批 | | 866 | 10,678 | 發票 | TW21357885 | |
| 6 | | 2/4 | 郵票 | | 450 | 10,228 | | | |
| 7 | | 2/5 | 租金 | | 3,500 | 6,728 | | | |
| 8 | | 2/6 | 清掃費 | | 2,000 | 4,728 | | | |
| 9 | | 2/8 | 快遞費 | | 250 | 4,478 | 收據 | | |
| 10 | | 2/10 | 現金 | 5,000 | | 9,478 | | | |
| 11 | | 2/11 | 桶裝水 | | 1,500 | 7,978 | 發票 | TW21548796 | |

一月　二月　三月　四月　五月

一次選取多個工作表，是將**工作表群組化**，此時所進行的操作會套用到所有工作表中

D4　=INDIRECT("'"&INDEX(工作表名稱,SHEET()-1)&"'!H2")

| | A | B | C | D | E | F | G | H | I |
|---|---|---|---|---|---|---|---|---|---|
| 1 | | 三月零用金明細 | | | | | | | |
| 2 | | | | | | | 本月餘額： | 11,943 | |
| 3 | | 日期 | 摘要 | 收入 | 支出 | 餘額 | 單據種類 | 發票號碼 | |
| 4 | | 3/1 | 前期餘額 | 8,308 | | 8,308 | | | |
| 5 | | 3/2 | 現金 | 10,000 | | 18,308 | | | |
| 6 | | 3/4 | 電話費 | | 340 | 17,968 | | | |
| 7 | | 3/5 | 管理費 | | 1,400 | 16,568 | | | |
| 8 | | 3/7 | 影印費 | | 387 | 16,181 | 發票 | TT21584468 | |
| 9 | | 3/8 | 公務車加油 | | 1,400 | 14,781 | 發票 | TT21547896 | |

一月　二月　三月　四月　五月

自動帶入**二月**工作表的餘額

D4　=INDIRECT("'"&INDEX(工作表名稱,SHEET()-1)&"'!H2")

| | A | B | C | D | E | F | G | H | I |
|---|---|---|---|---|---|---|---|---|---|
| 1 | | 五月零用金明細 | | | | | | | |
| 2 | | | | | | | 本月餘額： | 17,840 | |
| 3 | | 日期 | 摘要 | 收入 | 支出 | 餘額 | 單據種類 | 發票號碼 | |
| 4 | | 5/1 | 前期餘額 | 14,255 | | 14,255 | | | |
| 5 | | 5/2 | 管理費 | | 1,400 | 12,855 | | | |
| 6 | | 5/3 | 現金 | 8,000 | | 20,855 | | | |
| 7 | | 5/5 | 水費 | | 550 | 20,305 | 發票 | WE25487934 | |
| 8 | | 5/8 | 電費 | | 2,000 | 18,305 | | | |
| 9 | | 5/10 | 延長線 | | 1,200 | 17,105 | 發票 | WE25487684 | |

一月　二月　三月　四月　五月

自動帶入**四月**工作表的餘額

| SHEET 函數 | |
|---|---|
| 說明 | 從工作表名稱查詢工作表編號。 |
| 語法 | **=SHEET(值)** |
| 值 | 想要查詢工作表編號的工作表名稱或儲存格參照。若輸入工作表名稱時，要以雙引號括住，例如：=SHEET("三月")。 |

# 附錄

## 函數語法索引及
## 函數字母索引

| & | 5-42 |
| --- | --- |
| 說明 | 連結文字。「&」符號可以將「值1」、「值2」所指定的字串以及儲存格連結成一個字串。如果直接將字串指定給公式，那就必須以「"」（雙引號）將字串括起來。 |
| 語法 | =值 1 & 值 2、… |

| AND 函數 | 2-16 |
| --- | --- |
| 說明 | 判斷多個條件是否同時成立。同時成立會回傳 TRUE，只要有一個「條件式」為 FALSE 就會傳回 FALSE。 |
| 語法 | =AND (條件式1, [條件式2]、……) |

| AVERAGE 函數 | 0-25 |
| --- | --- |
| 說明 | 計算平均值。 |
| 語法 | =AVERAGE(數值1, [數值2]、……) |

| AVERAGEIF 函數 | 1-38 |
| --- | --- |
| 說明 | 計算符合條件的平均值。 |
| 語法 | =AVERAGEIF (條件範圍, 條件, [平均範圍]) |

| CHAR 函數 | 5-21 |
| --- | --- |
| 說明 | 將指定的字元碼轉換成對應的文字。 |
| 語法 | =CHAR (數值) |

| CHOOSE 函數 | 1-67 |
| --- | --- |
| 說明 | 利用數值來顯示對應的值。 |
| 語法 | =CHOOSE(引用的數值, 值1, [值2], [值3]……) |

| CLEAN 函數 | 8-21 |
| --- | --- |
| 說明 | 刪除換行，讓資料以一列顯示。 |
| 語法 | =CLEAN (字串) |

| COLUMN 函數 | 1-50 |
|---|---|
| 說明 | 求得指定儲存格的欄編號。 |
| 語法 | =COLUMN(參照) |

| COLUMNS 函數 | 2-34 |
|---|---|
| 說明 | 回傳指定陣列或參照的欄數。 |
| 語法 | =COLUMNS(陣列) |

| CONCATENATE 函數 | 4-19 |
|---|---|
| 說明 | 將多組字串組合成單一字串。 |
| 語法 | =CONCATENATE(字串1,[字串2],……) |

| COUNT 函數 | 2-35 |
|---|---|
| 說明 | 計算含有數值的儲存格個數。 |
| 語法 | =COUNT(數值 1, [數值 2],……) |

| COUNTA 函數 | 2-32 |
|---|---|
| 說明 | 計算範圍中不是空白的儲存格數量。 |
| 語法 | =COUNTA(數值 1, [數值 2],……) |

| COUNTBLANK 函數 | 7-22 |
|---|---|
| 說明 | 計算空白儲存格的個數。 |
| 語法 | =COUNTBLANK(儲存格範圍) |

| COUNTIF 函數 | 1-46 |
|---|---|
| 說明 | 計算符合條件的儲存格個數。 |
| 語法 | =COUNTIF(搜尋目標範圍, 搜尋條件) |

| COUNTIFS 函數 | 1-78 |
|---|---|
| 說明 | 同時滿足所有條件才進行個數的加總。 |
| 語法 | =COUNTIFS(搜尋目標範圍1, 搜尋條件1, 搜尋目標範圍2, 搜尋條件2、……) 。 |

| DATE 函數 | 4-6 |
|---|---|
| 說明 | 將數值格式轉成日期格式。 |
| 語法 | =DATE (年,月,日) |

| DATEDIF 函數 | 1-69 |
|---|---|
| 說明 | 計算兩個日期之間的天數、月數或年數，並以指定的單位顯示。 |
| 語法 | =DATEDIF(開始日期, 結束日期, 單位) |

| DAVERAGE 函數 | 1-90 |
|---|---|
| 說明 | 從資料庫中尋找符合其他表格條件的平均值。 |
| 語法 | =DAVERAGE(資料庫, 搜尋欄, 條件範圍) |

| DGET 函數 | 2-43 |
|---|---|
| 說明 | 搜尋清單或資料庫中符合條件的單一值。 |
| 語法 | =DGET(資料庫, 欄位, 搜尋條件) |

| DMAX 函數 | 1-88 |
|---|---|
| 說明 | 從資料庫中尋找符合其他表格條件的最大值。 |
| 語法 | =DMAX(資料庫, 搜尋欄, 條件範圍) |

| DMIN 函數 | 1-89 |
|---|---|
| 說明 | 從資料庫中尋找符合其他表格條件的最小值。 |
| 語法 | =DMIN(資料庫, 搜尋欄, 條件範圍) |

| DSUM 函數 | 2-45 |
|---|---|
| 說明 | 將清單或資料庫欄位中符合條件的數值相加。 |
| 語法 | =DSUM(資料庫, 欄位, 搜尋條件) |

| EDATE 函數 | 4-24 |
|---|---|
| 說明 | 根據開始日期計算幾個月後的日期。 |
| 語法 | =EDATE(開始日期, 月數) |

| FIND 函數 | 5-12 |
| --- | --- |
| 說明 | 在字串內尋找指定的文字，並回傳該文字在字串中的起始位置。 |
| 語法 | =FIND(搜尋字串,尋找的目標, [開始位置]) |

| FIXED 函數 | 1-86 |
| --- | --- |
| 說明 | 將數值四捨五入到指定的小數位數，並轉換成文字格式。 |
| 語法 | =FIXED(數值, 位數，不包括逗號) |

| FLOOR 函數 | 4-74 |
| --- | --- |
| 說明 | 將數值捨去到最接近「基準值」倍數的數值。 |
| 語法 | =FLOOR(數值, 基準值) |

| FV 函數 | 6-9 |
| --- | --- |
| 說明 | 用來計算未來值的函數。 |
| 語法 | =FV(利率, 付款的總期數,每期給付金額, [現值], [付款類型] |

| GET.WORKBOOK 函數 | 8-28 |
| --- | --- |
| 說明 | 回傳活頁簿中的工作表名稱。此為巨集函數，不能直接輸入到儲存格中，需搭配定義名稱功能。 |
| 語法 | =GET.WORKBOOK(類型) |

| HLOOKUP 函數 | 3-8 |
| --- | --- |
| 說明 | 在表格的第一列中尋找指定值，找到後回傳同一欄中指定列的值。 |
| 語法 | =HLOOKUP(搜尋值, 範圍, 列編號, [搜尋類型]) |

| HYPERLINK 函數 | 8-24 |
| --- | --- |
| 說明 | 按一下含有超連結的儲存格，會開啟指定的連結、圖片或檔案。 |
| 語法 | =HYPERLINK (連結位置，[顯示方式]) |

| ISNUMBER 函數 | 7-30 |
|---|---|
| 說明 | 確認儲存格的內容是否為數值。若為數值會顯示「TRUE」，若非數值會顯示「FALSE」。 |
| 語法 | =ISNUMBER(判斷對象) |

| ISODD函數 | 1-83 |
|---|---|
| 說明 | 判斷數值是否為奇數。 |
| 語法 | =ISODD(數值) |

| ISTEXT 函數 | 7-39 |
|---|---|
| 說明 | 判斷儲存格的內容是否為字串。 |
| 語法 | =ISTEXT(判斷對象) |

| LARGE 函數 | 2-23 |
|---|---|
| 說明 | 回傳資料集中第 K 個最大值。 |
| 語法 | =LARGE(陣列, K) |

| LEFT 函數 | 5-2 |
|---|---|
| 說明 | 從字串左邊第一個字元開始，取出指定字數的字串。 |
| 語法 | =LEFT(字串,[字數]) |

| LEN 函數 | 5-3 |
|---|---|
| 說明 | 計算字串的長度。 |
| 語法 | =LEN(字串) |

| LOOKUP 函數 | 3-38 |
|---|---|
| 說明 | 在單欄（或單列）的範圍中尋找指定的搜尋值，再回傳另一個單欄（或單列）範圍中的對應值。 |
| 語法 | =LOOKUP(搜尋值, 搜尋範圍, 對應範圍) |

| LOWER 函數 | 5-10 |
| --- | --- |
| 說明 | 將大寫英文字母轉成小寫。 |
| 語法 | =LOWER(字串) |

| MATCH 函數 | 3-14 |
| --- | --- |
| 說明 | 搜尋指定資料在範圍中的第幾列。 |
| 語法 | =MATCH(搜尋值, 搜尋範圍, [搜尋方法]) |

| MAX 函數 | 2-43 |
| --- | --- |
| 說明 | 取得最大值。 |
| 語法 | =MAX(數值1, [數值2]……) |

| MID 函數 | 4-6 |
| --- | --- |
| 說明 | 從字串的中間位置開始，取出指定的字數。 |
| 語法 | =MID(字串, 開始位置, 字數) |

| MIN 函數 | 2-9 |
| --- | --- |
| 說明 | 可以取得數值資料中的最小值。 |
| 語法 | =MIN(數值1, 數值2,……) |

| MOD 函數 | 1-74 |
| --- | --- |
| 說明 | 求得兩數值相除的餘數。 |
| 語法 | =MOD(數值，除數) |

| MONTH 函數 | 1-19 |
| --- | --- |
| 說明 | 從日期裡取出月份。 |
| 語法 | =MONTH(序列值) |

| NETWORKDAYS 函數 | 4-32 |
| --- | --- |
| 說明 | 計算除了週末及國定假日以外的工作天數。 |
| 語法 | =NETWORKDAYS(開始日期, 結束日期, [假日]) |

| NETWORKDAYS.INTL 函數 | 4-30 |
| --- | --- |
| 說明 | 此函數為 Excel 2007 開始新增的函數。可以計算從「開始日期」到「結束日期」的工作天數，排除指定的「週末」及「國定假日」。 |
| 語法 | =NETWORKDAYS.INTL(開始日期, 結束日期, [週末], [假日]) |

| NUMBERSTRING 函數 | 5-36 |
| --- | --- |
| 說明 | 將阿拉伯數字轉換成國字。 |
| 語法 | =NUMBERSTRING(數值, 類型) |

| OFFSET 函數 | 1-37 |
| --- | --- |
| 說明 | 回傳依據指定的儲存格，開始移動第幾欄第幾列後的儲存格資料。 |
| 語法 | =OFFSET(參照, 列數, 欄數, [高度], [寬度]) |

| OR 函數 | 2-17 |
| --- | --- |
| 說明 | 判斷多個條件是否有任一個條件成立。只要有一個條件成立，就會回傳 TRUE，所有條件都為 FALSE 才會回傳 FALSE。 |
| 語法 | =OR(條件式 1, [條件式 2]、……) |

| PERCENTILE 函數 | 2-12 |
| --- | --- |
| 說明 | 回傳陣列中數值的第 K 個百分比的值。百分比是統計學上的計算方法，意思是把數值從小到大排序，取出第 K/100 個值。 |
| 語法 | =PERCENTILE(陣列, K) |

| PRODUCT 函數 | 1-23 |
| --- | --- |
| 說明 | 計算多個數值相乘的結果。 |
| 語法 | =PRODUCT(數值1,[數值2]…) |

| PROPER 函數 | 5-9 |
|---|---|
| 說明 | 將字串中的每個英文單字第一個字母轉成大寫，其餘字母轉成小寫。 |
| 語法 | =PROPER(字串) |

| RAND 函數 | 2-19 |
|---|---|
| 說明 | 隨機產生 0 以上 1 以下的亂數。此函數不需加上引數。只要重新整理公式，或再次開啟檔案，亂數就會重新產生。 |

| RANK 函數 | 1-63 |
|---|---|
| 說明 | 回傳指定數值在一數列中的排名順序。 |
| 語法 | =RANK(數值, 範圍, [排序方式]) |

| RATE 函數 | 6-13 |
|---|---|
| 說明 | 計算貸款或儲蓄的每期利率。 |
| 語法 | =RATE(付款的總期數,每期給付的金額,現值,未來值,付款類型) |

| REPLACE 函數 | 5-34 |
|---|---|
| 說明 | 依照指定的字數，將字串中指定位置的字串置換成其他字串。 |
| 語法 | =REPLACE(字串, 開始位置, 置換字數, 置換字串) |

| REPT 函數 | 2-40 |
|---|---|
| 說明 | 依指定的次數重複顯示文字。 |
| 語法 | =REPT(文字, 重複的次數) |

| RIGHT 函數 | 5-2 |
|---|---|
| 說明 | 從字串右邊第一個字元開始，取出指定字數的字串。 |
| 語法 | =RIGHT(字串,[字數]) |

| ROUNDDOWN 函數 | 1-70 |
|---|---|
| 說明 | 在指定的位數進行無條件捨去。 |
| 語法 | =ROUNDDOWN(數值, 位數) |

| ROW 函數 | 1-36 |
|---|---|
| 說明 | 取得指定儲存格的列編號。 |
| 語法 | =ROW(參照) |

| SHEET 函數 | 8-44 |
|---|---|
| 說明 | 從工作表名稱查詢工作表編號。 |
| 語法 | =SHEET(值) |

| SMALL 函數 | 2-28 |
|---|---|
| 說明 | 回傳陣列中第 K 個最小值。 |
| 語法 | =SMALL(陣列, K) |

| SUBSTITUTE 函數 | 4-57 |
|---|---|
| 說明 | 將文字字串中的部份字串以新字串取代。 |
| 語法 | =SUBSTITUTE(字串, 搜尋字串, 置換字串, [要置換的對象]) |

| SUBTOTAL 函數 | 1-14 |
|---|---|
| 說明 | 計算清單或資料庫中的資料。 |
| 語法 | =SUBTOTAL(計算方法, 範圍1,[範圍2]…) |

| SUM 函數 | 1-5 |
|---|---|
| 說明 | 計算指定數值、儲存格或儲存格範圍的所有數值加總。 |
| 語法 | =SUM(數值 1,[數值 2],…) |

| SUMIF 函數 | 1-36 |
|---|---|
| 說明 | 加總符合條件的資料。 |
| 語法 | =SUMIF(條件範圍, 搜尋條件, [加總範圍]) |

| SUMIFS 函數 | 1-55 |
|---|---|
| 說明 | 加總符合多項條件的儲存格。 |
| 語法 | =SUMIFS(加總範圍, 條件範圍1, 條件1,[條件範圍2, 條件2],……) |

| SUMPRODUCT 函數 | 1-26 |
|---|---|
| 說明 | 計算陣列元素相乘後的加總結果。 |
| 語法 | =SUMPRODUCT(陣列1，[陣列2]…) |

| TEXT 函數 | 4-58 |
|---|---|
| 說明 | 將數字轉換成指定格式的文字。 |
| 語法 | =TEXT(值, 顯示格式) |

| TIME 函數 | 4-9 |
|---|---|
| 說明 | 將個別輸入的時、分、秒資料，合併成時間資料。 |
| 語法 | =TIME(時,分,秒) |

| TODAY 函數 | 1-69 |
|---|---|
| 說明 | 傳回目前日期的序列值。 |
| 語法 | =TODAY() |

| TRANSPOSE 函數 | 1-59 |
|---|---|
| 說明 | 會回傳垂直與水平互相轉換的陣列。 |
| 語法 | =TRANSPOSE(陣列) |

| TRIM 函數 | 8-21 |
|---|---|
| 說明 | 刪除空格。 |
| 語法 | =TRIM(字串) |

| UPPER 函數 | 5-10 |
|---|---|
| 說明 | 將小寫英文字母轉成大寫。 |
| 語法 | =UPPER (字串) |

| VALUE 函數 | 5-7 |
|---|---|
| 說明 | 將文字字串轉換成數字。 |
| 語法 | =VALUE(字串) |

**VLOOKUP 函數** **3-6**

說明　在表格的最左欄中尋找指定值，找到後再回傳同一列中指定欄位的值。

語法　=VLOOKUP(搜尋值, 範圍, 欄編號, [搜尋類型])

**WEEKDAY 函數** **1-40**

說明　回傳日期資料所對應的星期值。

語法　=WEEKDAY(序列值, [回傳類型])

**WEEKNUM 函數** **4-44**

說明　回傳當年的週數。每遇到星期日，就會自動增加週數。

語法　=WEEKNUM(日期序列值, [回傳類型])

**WORKDAY 函數** **6-6**

說明　求得週末及假日以外的日期。

語法　=WORKDAY(開始日期, 天數, [假日])

**WORKDAY.INTL 函數** **7-18**

說明　可以指定店休日的星期及不定期的店休日。

語法　=WORKDAY.INTL(開始日期, 天數, [週末], [假日])

**YEAR 函數** **1-29**

說明　從日期中取出「年」。

語法　=YEAR(序列值)

## 符號



## A



## C



## D



## E



## F



## G



## H

## R



## S



## T



## U



## V



## W



## Y

旗標 FLAG

好書能增進知識 提高學習效率 卓越的品質是旗標的信念與堅持

旗 標 FLAG
http://www.flag.com.tw